工控技术精品丛书

三菱 FX 系列 PLC
定位控制应用技术

李金城　付明忠　编著

U0299661

电子工业出版社

Publishing House of Electronics Industry

北京·BEIJING

内 容 简 介

应用步进电动机和伺服电动机进行定位控制的技术目前已经非常普及，但专门阐述这方面内容的技术书籍还相当缺乏，特别是以初学者为对象的从入门到提高的读物基本还处于空白阶段。

本书以三菱 FX 系列 PLC 为目标机型，以想学习和掌握定位控制应用技术的初学者为对象，详细介绍了 PLC 在定位控制技术中的应用知识。

为使初学者能在较短的时间里学习和掌握定位控制技术，本书特别加强了基础知识的学习，包括定位控制基本知识、FX 系列 PLC 定位控制性能及脉冲输出和定位指令的详细解读，使读者对定位控制的组成、结构和控制方式等有基本的了解。在此基础上，以逐步提高的方式对 MR-J3 伺服驱动器、FX2N-1PG 定位控制模块及 FX2N-20GM 定位控制单元的功能、参数、操作等方面的知识进行了全面、系统、深入、具体的介绍。通过这种从入门到提高的学习，使读者也能从入门到应用地学到定位控制应用技术。本书编写力求通俗易懂、深入浅出、联系实际、注重应用，书中精选的实例可供读者在实际应用中参考。

本书适合所有想通过自学来掌握三菱 FX 系列 PLC 定位控制技术的人员，同时也可作为 PLC 控制技术的培训教材和机电一体化专业的教学参考书。

与本书配套的视频课程由深圳技成科技有限公司负责制作，网址为 http://www.jcpeixun.com。

图书在版编目（CIP）数据

三菱 FX 系列 PLC 定位控制应用技术 / 李金城，付明忠编著. —北京：电子工业出版社，2014.2
ISBN 978-7-121-22268-9
（工控技术精品丛书）

Ⅰ. ①三… Ⅱ. ①李… ②付… Ⅲ. ①plc 技术—程序设计 Ⅳ. ①TM571.6

中国版本图书馆 CIP 数据核字（2013）第 317863 号

策划编辑：陈韦凯
责任编辑：康　霞
印　　刷：北京七彩京通数码快印有限公司
装　　订：北京七彩京通数码快印有限公司
出版发行：电子工业出版社
　　　　　北京市海淀区万寿路 173 信箱　邮编　100036
开　　本：787×1 092　1/16　印张：33　字数：861 千字
版　　次：2014 年 2 月第 1 版
印　　次：2024 年 8 月第 21 次印刷
定　　价：68.00 元

凡所购买电子工业出版社图书有缺损问题，请向购买书店调换。若书店售缺，请与本社发行部联系，联系及邮购电话：（010）88254888，88258888。

质量投诉请发邮件至 zlts@phei.com.cn，盗版侵权举报请发邮件至 dbqq@phei.com.cn。

本书咨询联系方式：bjcwk@163.com，（010）88254441。

前　言

随着 PLC 技术、变频技术和伺服控制技术的迅猛普及和推广，以步进电动机和伺服电动机为执行元件的定位控制技术在工业生产中，特别是在非标专用生产设备和通用设备的改造中得到了越来越广泛的应用，而学习和应用定位控制技术就成为广大自动化技术人员的迫切需求。目前，在众多的自动化出版物中，专门讲解步进与伺服控制技术的书籍相当稀缺，而针对初学者关于定位控制的入门书籍几乎是空白。广大读者朋友和技成培训学员在阅读了作者编写的《PLC 模拟量与通信控制应用实践》和《三菱 FX$_{2N}$ PLC 功能指令应用详解》这两本书后，特别希望作者也能编写一本关于步进和伺服在定位控制方面的入门书籍，使他们能够在较短时间里学会和应用简单的定位控制技术。读者朋友的需求、信任和鼓励是作者编写本书的初衷和动力，从思考到动笔，从动笔到完稿，历时两年多，中间度过了许多不眠之夜，参阅了大量资料，进行了多次反复的推敲和修改，验证了大部分案例程序，终于完成了本书的编写。尽管如此，但心中仍惶惶然，担心自己学识水平有限，文字功底不足，从内容到编写都不能满足广大读者朋友的要求而产生期望越大失望越大的感觉。但是，作为一种尝试，作者希望本书能起到抛砖引玉之效，期望以后更多、更好的关于定位控制及运动量控制的好书出版，以满足广大自动化技术工控人员的需求。

本书是以三菱电机的三菱 FX 系列 PLC 为目标机型，以广大自动化技术的初学者为对象而编写的一本专门讲解定位控制技术的入门书籍，全部由 6 部分组成，内容及章节安排如下。

（1）定位控制基础知识（第 1 章）。

（2）三菱 FX$_{3U}$ PLC 定位控制技术（第 2~4 章）。

（3）步进电动机定位控制技术（第 5 章）。

（4）三菱 MR-J3 伺服驱动器应用技术（第 6、7 章）。

（5）定位模块 FX$_{2N}$-1PG 定位控制技术（第 8 章）。

（6）定位单元 FX$_{2N}$-20GM 定位控制技术（第 9~12 章）。

6 部分的内容既有关联，也互相独立。读者无须按顺序可按照自己的需求进行阅读，但定位控制基础知识则是每一个初学者必须阅读的章节。

本书由李金城，付明忠编著。其中，李金城负责全书的统稿工作，付明忠参与了本书第 6 章，以及第 7 章的部分编写工作，同时还对本书 FX$_{2N}$-20GM 定位单元的编写提供了宝贵意见，审核并校阅了关于 MR-J3 伺服驱动器和 FX$_{2N}$-20GM 定位单元相关章节的初稿。

本书面向从事工业控制自动化的工程技术人员，生产第一线的初、中、高级维修电工和刚毕业的工科院校机电专业的学生。编写时力求深入浅出、通俗易懂、联系实际、注重应用。为了使读者尽快地掌握定位控制技术应用，书中精选了大量的程序样式和示例。这些样式和示例，多数经过了实际测试，但由于应用环境工况不一定完全相同，读者不要完全照搬，应结合自己的控制要求进行修改和补充。

本书适合所有想通过自学来掌握三菱 FX 系列 PLC 定位控制技术的人员，同时也可作为PLC 控制技术的培训教材和机电一体化专业的教学参考书。

在本书编写过程中，得到了技成培训唐倩工程师、曾鑫工程师和李金龙的协助，李震涛同志为书稿整理工作付出了辛勤的劳力，在此对他们表示衷心的感谢。

在本书编写过程中参考了大量资料，限于篇幅，不能一一列出，在此也向有关资料的作者表示衷心的感谢。同时，由于编者水平有限，书中一定会有很多疏漏之处，难免会存在各种错误，恳请广大读者朋友和广大工控技术人员批评指正。

与本书配套的视频课程由深圳技成科技有限公司负责制作发行，有需要的读者可与该公司联系，网址为 http://www.jcpeixun.com，联系电话：4001114100。

读者在阅读过程中遇到问题，欢迎与作者联系，电子邮箱：jc1350284@163.com。

李金城

目　录

第1章 定位控制基础知识

学习指导：本章主要对定位控制的相关基础知识进行阐述，这些基础知识对后面的学习十分重要，可使读者在学习定位控制应用技术时少走一些弯路，但这些基础知识之间没有一定的先后学习顺序，读者可以根据需要选学某一个或某几个章节，也可以在学习定位控制应用技术过程中涉及某些基础知识时再回头学习。

1.1 定位控制介绍

1.1.1 定位控制与定位控制方式

定位控制是指当控制器发出控制指令后使运动件（如机床工作台）按指定速度完成指定方向上的指定位移。定位控制是运动量控制的一种，又称位置控制、点位控制。在本书中统称为定位控制。

定位控制应用非常广泛，如机床工作台的移动，电梯的平层、定长处理，立体仓库的操作机取货、送货及各种包装机械、输送机械等。和模拟量控制、运动量控制一样，定位控制已成为当今自动化技术的一个重要内容。

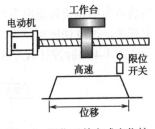

图1-1 限位开关方式定位控制示意图

早期的定位控制是利用限位开关来完成的。在需要停止的位置安装一限位开关（可以是行程开关、接近开关和光电开关等），当运物物体（如工作台）在运动过程中碰到限位开关时便切断电动机的电源，使工作台自由滑行停止，如图1-1所示。

这种定位控制方式简单，仅需一个限位开关即可。其缺点是定位精度极差，因为物体自由滑行停止，拖动系统完全处于自由制动惯性状态，停机时间完全由系统的惯性决定，而系统的惯性与负荷的大小、滑行阻力等有关，很难准确把握，所以其停止位置是不确定的。有人通过加装制动装置来提高定位精度，虽然效果要好一点，但制动装置在某些工况下是不允许的，而且维护也不甚方便。定位精度仍然不能满足要求。

变频器出现后，很多人想到利用变频器的功能来提高定位控制精度。变频器有直流制动功能、多段速功能。在装置上设置两个开关，一个为减速开关，当工作台碰到该开关时，利用变频器的多段速功能，使电动机由当前高速运行切换到低速运行，然后碰到限位开关后自由滑行停止。由于在低速切断电源，因此系统的惯性大大降低，停止位置精度较高速时有很大的提高。同时，利用变频器内部的直流制动功能，由于直流制动能产生较大的制动转矩，当电动机转速降为零时，制动转矩也降为零，使电动机能迅速停止，定位精度也得到提高。但直流制动无法防止一旦停电时所产生的严重问题，一旦断电，直流制动转矩为零，根本不能制动。因此多数情况还是要外加制动装置。利用变频器减速停止定位精度在低速为 600～6000mm/min 时，停止精度可达±0.5～±5mm。这种双速控制方式定位控制示意图如图 1-2 所示。

双速控制方式因其简单而使精度能得到提高。由于变频器越来越普及使用，使这种控制方式在精度要求不高的情况下被广泛采用。

作为限位开关改进的是脉冲计数方式。这种方式完全取消了外置限位开关，依靠程序进行定位控制，如图 1-3 所示。

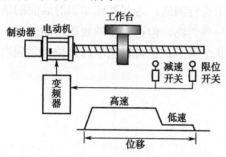
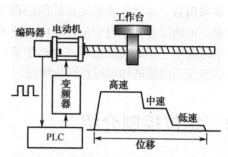

图 1-2　双速控制方式定位控制示意图　　　图 1-3　脉冲计数方式定位控制示意图

图 1-3 中，引入了 PLC（也可以是其他数字控制设备，如单片机、工控机、PC 等）作为定位系统的控制器。一个增量式编码器与电动机轴端相连。当电动机带动工作台移动时，与电动机轴端相连的旋转编码器会发出脉冲，脉冲的数量与位移多少对应。编码器的输出脉冲被送入 PLC 的高速计数器输入端口（或相应的高速计数特殊功能模块），PLC 则利用内置高速计数器对输入脉冲进行计数，并编制相应程序，利用高速计数器比较置位指令对相关的计数当前值输出相应的动作。例如，当计数输入当前值为某一位置时进行高速、中速、低速切换，当计数输入当前值为指定位移量时发出信号，使电动机停止转动，降速定位。这种控制方式去掉了外置限位开关，速度切换可以多段进行，只要改变脉冲输入当前值就等于改变停止位置，使用十分方便。图 1-4 为脉冲计数方式在定长切断定位控制中的典型应用。

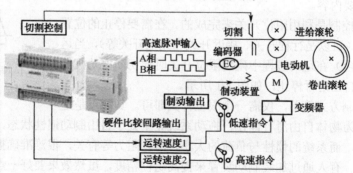

图 1-4　脉冲计数方式在定长切断控制中的应用示意图

然而，由于影响定位精度的因素与限位开关相同，定位精度并不能得到提高，成本却比双速控制方式增加不少。

上述三种定位控制方式又称为速度控制方式。它们的共同点是当发出位置到达信号后，从电动机断电到电动机停止运转这段时间均为自由滑行时间，自由滑行时间与负荷大小、滑行阻力等系统惯性有很大的关系，难以精度控制。因此，速度控制方式的定位精度就难以进一步提高。这种状况直到出现伺服定位控制系统后才得到改善。

"伺服系统"是指执行机构严格按照控制命令的要求而动作，即控制命令未发出时，执行机构是静止不动的，而控制命令发出后，执行机构按照命令执行，当控制命令消失后，执行机构立即停止。现以图 1-5 来说明伺服系统的位置控制方式定位控制和上述速度控制方式定位控制的不同及位置控制方式能够提高精度定位的原理。

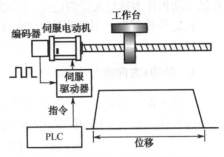

图 1-5　位置控置方式定位控制示意图

首先，我们注意到，执行器以伺服电动机代替了普通感应式电动机。在定位控制中，只有当伺服电动机和步进电动机被引入到定位控制系统作为执行器后，定位控制（包括其他运动量控制）的速度和精度才得到很大提高，能够满足更高的控制要求。这是因为伺服电动机和步进电动机都是一种与控制信号随动的执行器，控制信号存在，它们就按照控制命令运动，控制信号一旦停止，它们也随之马上停止，不会产生像感应电动机那样的自由滑行时间，也就是说，在定位控制时，它们的停止位置只受控制信号的控制。如果位移控制命令相当精确，则定位控制精度也会相当精确。

其次，用伺服驱动器代替了变频器，同时将伺服电动机的同轴编码器脉冲输出送到伺服驱动器中，而不是像脉冲计数方式那样送入 PLC 中，而 PLC 在这里所起的作用是向伺服驱动器发出定位控制命令。在定位控制运行图上与脉冲计数方式相同的是没有外置限位开关；与脉冲计数方式不同的是没有为减小停止时物体惯性的低速切换，可以直接从高速向停止位置运行。

为什么伺服控制方式能够进行高精度定位呢？它的工作原理是这样的。在位置控制中，PLC 直接向伺服驱动器发出定位控制指令（转速、转向和位移距离），伺服驱动器开始运行后，与伺服电动机轴端相连的编码器就把运行状况（转速和已经移动的距离）传送至驱动器，驱动器会把编码器传来的信号与控制信号相比较，根据比较结果对伺服电动机进行连续速度控制，使其停止在控制指令所指定的位移距离上。

与速度控制方式相比，位置控制方式的特点如下。

（1）由控制器直接发出定位控制指令。

（2）位置控制是一个闭环控制系统（实际上是半闭环控制），伺服驱动器根据定位运行实际情况对伺服电动机连续地进行速度控制，以达到精确定位。

（3）用伺服电动机（或步进电动机）作为执行元件。

1.1.2　定位控制脉冲输出方式

随着电子技术和计算机技术的快速发展，特别是交流变频调速技术的发展，产生了交流伺服数字控制系统。交流伺服驱动器是一个带有 CPU 的智能装置，它不但可以接收外部模拟信号，而且可以直接接收外部脉冲信号而完成定位控制功能。因此，目前在定位控制中，不论是步进电动机还是伺服电动机基本上都是采用脉冲信号控制的。采用脉冲信号作为定位控制信号，其优点是：①系统的精度高，而且精度可以控制。只要减小脉冲当量就可以提高精度，而且精度可以控制。这是模拟量控制无法做到的。②抗干扰能力强，只要适当提高信号电平，干扰影响就很小，而模拟量在低电平时抗干扰能力较差。③成本低廉，控制方便，定位控制只要一个能输出高速脉冲的装置即可，调节脉冲频率和输出脉冲数就可以很方便地控制运动速度和位移，程序编制简单、方便。本书所介绍的就是采用脉冲信号作为定位控制信号和基于伺服电动机和步进电动机作为执行元件的定位控制系统。

在定位控制中，用高速脉冲去控制运动物体的速度方向和位移时常用的脉冲控制方式有下面 4 种。

1. 脉冲+方向控制

这种控制方式是：一个脉冲输出高速脉冲，脉冲的频率控制运动的速度，脉冲的个数控制运动的位移，另一个脉冲控制运动的方向。如图 1-6 所示。

图 1-6　脉冲+方向控制波形

这种控制方式的优点是只需要一个高速脉冲输出口，但方向控制的脉冲状态必须在程序中给予控制。

2. 正/反向脉冲控制

这种控制方式是：通过两个高速脉冲控制物体的运动，这两个脉冲的频率一样，其中一个为正向脉冲，另一个为反向脉冲，如图 1-7 所示。

与脉冲+方向控制相比，这种方式要占用两个高速脉冲输出口，而 PLC 的高速脉冲输出口本来就比较少，因此这种方式在 PLC 中很少采用，PLC 中采用的大多是脉冲+方向控制方式。

这种脉冲控制方式一般在定位模块或定位单元中作为脉冲输出的选项而被采用。

图 1-7　正/反向脉冲控制波形

3. 双相（A-B）脉冲控制

这种控制方式也需要两个高速脉冲串，但它与正/反向脉冲控制方式不同。正/反向控制脉冲在一个时间里只能出现一个方向的脉冲，不能同时出现两个脉冲控制。而双相（A-B）脉冲控制是 A 相和 B 相脉冲同时输出的，这两个脉冲的频率一样。其方向控制是由 A 相和 B 相的相位关系决定的，当 A 相超前 B 相相位 90° 时为正向，当 B 相超前 A 相相位 90° 时为反向，如图 1-8 所示。

增量式编码器所输出的脉冲串就是双相（A-B）脉冲。

4. 差动线驱动脉冲控制

差动线驱动又称差分线驱动。上面所介绍的三种脉冲输出方式在电路结构上不管是采用集电极开路输出还是电压输出电路。其本质上是一种单端输出信号，即脉冲信号的逻辑值是由输出端电压所决定的（信号地线电压为 0）。差分信号也是两根线传输信号，但这两个信号的振幅相等，相位相反，称之为差分信号。当差分信号送到接收端时，接收端通过比较这两个信号的差值来判断逻辑值 "0" 或 "1"。图 1-9 为差分信号脉冲控制波形。当采用差分信号作为输出信号时，接收端必须是差分放大电路结构才能接收差分信号。目前，已开发出专门用于差动线传输的发送/接收 IC，如 AM26LS31/32 等。

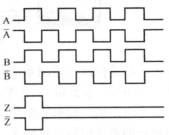

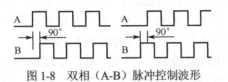

图 1-8 双相（A-B）脉冲控制波形　　　图 1-9 差动线驱动脉冲控制波形

与单端输出相比，差分线驱动的优点是：抗干扰能力强，能有效抑制电磁干扰（EMI），逻辑值受信号幅值变化影响小，传输距离长（10m）。

由于差分信号的两根线都必须发送脉冲，因此差分信号是一种双端输出信号。与单端输出信号相比，差分信号需要两个脉冲输出端口，故在 PLC 的基本单元上很少采用差分信号输出方式。

差分信号也有两种输出方式：脉冲+方向和正/反向脉冲输出。应用时应注意。

1.1.3　PLC 定位控制系统的组成

图 1-10 为采用步进电动机或伺服电动机为执行元件的位置控制系统框图。

图中，控制器为发出位置控制命令的装置，其主要作用是通过编制程序下达控制指令，使步进电动机或伺服电动机按控制要求完成位移和定位。控制器可以是单片机、工控机、PLC 和定位模块等。驱动器又叫放大器，其作用是把控制器送来的信号进行

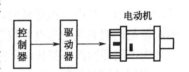

图 1-10　位置控制系统框图

功率放大，用于驱动电动机运转，根据控制命令和反馈信号对电动机进行连续速度控制。可以说，驱动器是集功率放大和位置控制为一体的智能装置。

使用 PLC 作为位置控制系统的控制器已成为当前应用的一种趋势。目前，PLC 都能提供一轴或多轴的高速脉冲输出及高速硬件计数器，许多 PLC 还设计有多种脉冲输出指令和定位指令，使定位控制的程序编制十分简易、方便，与驱动器的硬件连接也十分简单。特别是 PLC 用户程序的可编性，使 PLC 在位置控制中如鱼得水，得心应手。

PLC 控制步进或伺服驱动器进行位置控制大致有以下方式：通过数字 I/O 方式进行控制、通过模拟量输出方式进行控制、通过通信方式进行控制和通过高速脉冲方式进行控制。

通过输出高速脉冲进行位置控制是目前比较常用的方式。PLC 的脉冲输出指令和定位指令都是针对这种方法设置和应用的。输出高速脉冲进行位置控制又有三种控制模式。

1. 开环控制

当用步进电动机进行位置控制时，由于步进电动机没有反馈元件，因此控制是一个开环控制。如图 1-11 所示。

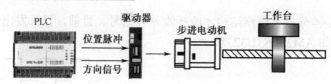

图 1-11　开环控制系统图

步进电动机运行时，控制系统每发一个脉冲信号，该脉冲信号通过驱动器就使步进电动机旋转一个角度（步距角）。若连续输入脉冲信号，则转子就一步一步地转过一个一个角度，故称步进电动机。根据步距角的大小和实际走的步数，只要知道其初始位置，便可知道步进电动机的最终位置。每输入一个脉冲，电动机旋转一个步距角，电动机总的回转角与输入脉冲数成正比，所以控制步进脉冲的个数可以对电动机精确定位。同样，每输入一个脉冲，电动机旋转一个步距角，当步距角大小确定后，电动机旋转一周所需的脉冲数是一定的，所以步进电动机的转速与脉冲信号的频率成正比。控制步进脉冲信号的频率可以对电动机精确调速。

步进电动机作为一种控制用的特种电动机，因其没有累积误差（精度为 100%）而广泛应用于各种开环控制。步进电动机的缺点是控制精度较低。电动机在较高速或大惯量负载时，会造成失步（电动机运转时运转的步数不等于理论上的步数称为失步），特别是步进电动机不能过负载运行，哪怕是瞬间，都会造成失步，严重时停转或不规则地原地反复动。

2. 半闭环回路控制

当用伺服电动机做定位控制执行元件时，由于伺服电动机末端都带有一个与电动机同时运动的编码器。当电动机旋转时，编码器就发出表示电动机转动状况（角位移量）的脉冲个数。编码器是伺服系统的速度和位置控制的检测和反馈元件。根据反馈方式的不同，伺服定位系统又分为半闭环回路控制和闭环回路控制两种控制方式。

半闭环回路控制如图 1-12 所示。

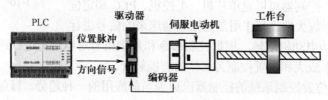

图 1-12　半闭环回路控制系统图

在系统中，PLC 只负责发送高速脉冲命令给伺服驱动器，而驱动器、伺服电动机和编码器组成一个闭环回路。其定位工作原理可用图 1-13 来说明。

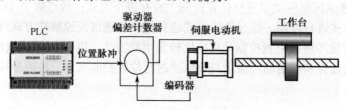

图 1-13　半闭环控制定位原理图

PLC 发出位置脉冲指令后电动机开始运转，同时编码器也将电动机的运转状态（实际位移量）反馈至驱动器的偏差计数器中。通过比较目标位置和电动机的实际位置，利用二者的偏差通过伺服驱动器中的位置控制器来产生电动机速度的调节指令,当偏差较大时,产生指定的速度指令,当偏差较小时,产生逐次递减的速度指令,使电动机减速运行。当编码器所反馈的脉冲个数与位置脉冲指令的脉冲个数相等时偏差为 0,电动机马上停止转动,表示定位控制的位移量已经达到。

这种控制方式控制简单且精度足够(适合于大部分的应用)。为什么称为半闭环呢?这是因为编码器反馈的不是实际经过传动机构的真正位移量(工作台),并且反馈也不是从输出(工作台)到输入(PLC)的闭环,所以称作半闭环。而它的缺点也是因为不能真正反映实际经过传动机构的真正位移量,所以当机构磨损、老化或不良时就没有办法给予检测或补偿。

和步进电动机一样,伺服电动机总的回转角与输入脉冲数成正比,控制位置脉冲的个数可以对电动机精确定位;电动机的转速与脉冲信号的频率成正比,控制位置脉冲信号的频率可以对电动机精确调速。

3. 闭环回路控制

闭环回路控制如图 1-14 所示。

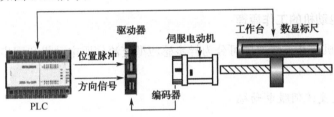

图 1-14　闭环回路控制系统图

在闭环回路控制中,除了装在伺服电动机上的编码器将位移检测信号直接反馈到伺服驱动器外,还外加位移检测器装在传动机构的位移部件上,真正反映实际位移量,并将此信号反馈到 PLC 内部的高速硬件计数器,这样就可进行更精确的控制,并且可避免上述半闭环回路的缺点。

在定位控制中,一般采用半闭环回路控制就能满足大部分控制要求。除非是对精度要求特别高的定位控制才采用闭环回路控制。PLC 中的各种定位指令也是针对半闭环回路控制的。

1.2　伺服电动机和伺服驱动器

1.2.1　伺服电动机

伺服电动机在伺服控制系统中作为执行元件得到广泛应用。和步进电动机不同的是,伺服电动机是将输入的电压信号变换成转轴的角位移或角速度而输出的。改变控制电压可以改变伺服电动机的转向和转速。图 1-15 为三菱伺服电动机的外形图。

伺服电动机按其使用的电源性质不同分为直流伺服电动机和交流伺服电动机两大类。

直流伺服电动机具有良好的调速性能、较大的启动转矩及快速响应等优点,在 20 世纪 60~70 年代得到迅猛发展,使定位控制由步进电动机的开环控制发展成闭环控制,控制精度得到很大提高。但是，直流伺服电动机存在结构复杂、难以维护等严重缺陷，使其进一步发展受到限制。目前在定位控制中已逐步被交流伺服电动机所替代。

图 1-15　三菱伺服电动机外形图

交流伺服电动机是基于计算机技术、电力电子技术和控制理论的突破性发展而出现的。尤其是 20 世纪 80 年代以来，矢量控制技术的不断成熟极大地推动了交流伺服技术的发展，使交流伺服电动机得到越来越广泛的应用。与直流伺服电动机相比，交流伺服电动机结构简单，完全克服了直流伺服电动机所存在的电刷、换向器等机械部件所带来的各种缺陷，加之其过载能力强和转动惯量低等优点，使交流伺服电动机已成为定位控制中的主流产品。

1. 交流伺服电动机的工作原理

交流伺服电动机按其工作原理可分为异步感应型交流伺服电动机和同步永磁型交流伺服电动机。下面分别给予介绍。

1）异步感应型交流伺服电动机

异步感应型交流伺服电动机分二相伺服电动机和三相伺服电动机，但它们的基本结构和工作原理与普通的二相、三相感应电动机相似。为了满足伺服控制系统的要求，交流伺服电动机必须具有宽广的调速范围、线性的机械特性、快速响应和无"自转"现象（控制电压为零时伺服电动机立即停止转动）。因此，在伺服电动机的设计上与普通的感应电动机有所不同。例如，将转子的长度和直径设计得较大以减小转动惯量；转子不采用闭口槽，优化转子槽形，提高效率和转矩等。

目前，在定位控制中，感应型交流伺服电动机的应用不如永磁型伺服电动机，二相感应型交流伺服电动机仅用于 0.5～100W 的小功率系统，而且 50W 以上基本已被永磁型伺服电动机代替。三相感应型交流伺服电动机结构坚固，主要用于 7.5kW 以上的大功率系统中，所以本书对感应型伺服电动机不做进一步介绍。

2）同步永磁型交流伺服电动机

同步永磁型交流伺服电动机由定子和转子两部分组成，如图 1-16 所示。定子主要包括定子铁芯和三相对称定子绕组；转子主要由永磁体、导磁轭和转轴组成。永磁体贴在导磁轭上，导磁轭套在转轴上。转子同轴连接有编码器。

当永磁交流伺服电动机的定子电磁绕组中通过对称的三相电流时，定子将产生一个转速为 n（称为同步转速）的旋转磁场，在稳定状态下，转子的转速与旋转磁场的转速相同（同步电动机），于是定子的旋转磁场与转子的永磁体所产生的主极磁场保持静止，它们之间相互作用，产生电磁转矩，拖动转子旋转。这就是永磁交流伺服电动机的工作原理。永磁交流伺服电动机的转子采用永磁体后，在过载特性和制动性能上远远胜过感应型交流伺服电动机。

图 1-16　同步永磁型伺服电动机结构示意图

永磁交流伺服电动机的转子采用永磁体，只要其定子绕组中加入电流，即使在转速为 0 时仍然能够输出额定转矩，这一功能称为"零速伺服锁定"功能。另外，如果电动机在运行时停电，感应电动势会在定子绕组中产生一个短路电流，此电流产生的转矩为制动转矩，可以使电动机快速制动。这两个特点使得在交流伺服控制系统中所使用的伺服电动机大部分为永磁交流伺服电动机。

2. 交流伺服电动机组件

交流伺服控制系统的核心是通过矢量控制技术对交流伺服电动机的磁场和转矩分别进行独立控制，达到和直流电动机一样的调节效果。交流伺服控制系统是一个闭环控制系统，控制系统要求必须随时把电动机的当前运动状态反馈到控制器中，这个任务则是由位置、速度测量传感元件完成的。当负载发生变化时，转子的转速也会发生变化，这时，通过测量传感元件检测转子的位置和速度。根据反馈的位置、转速等，控制器对定子绕组中电流的大小、相位和频率进行调节，分别产生连续的磁场和转矩调节并作用到转子上，直到完成控制任务（可参考看图 1-13 所示的半闭环控制定位原理图）。这就是交流伺服电动机闭环控制原理。

在交流伺服控制中，位置和速度检测传感器是必不可少的，而伺服电动机同轴所带的编码器就是一个位置速度传感器。通过它把伺服电动机的当前状态反馈到控制器中。因此，在实际应用中，所有的交流伺服电动机都是一台机组，由定子、转子和编码器组成。

三菱中、小功率交流伺服电动机都是带旋转编码器的伺服电动机组件。

3. 伺服电动机的选用

伺服电动机的选用比普通电动机复杂得多，普通电动机仅需考虑其输出功率、额定转速和保护安装方式三个方面就可以。但对伺服电动机来说，除了考虑功率与转速外，还必须依电动机所驱动的机构特性——负载特性而定，如果没有负载特性的数据，就需要根据理论分析的公式进行一系列计算，得出负载的惯量、负载转矩，推算出加速、减速所需转矩，必要时还需要计算停止运动时的保持转矩，最后根据各种转矩来选用合适的伺服电动机。这个计算过程对初学者并不适合。一种通用的方法就是进行类比，即参考同行业同类型的设备进行负载机构的质量、配置、方式、运动速度等对比，再参考类比设备的电动机型号的各项参数进行初步选择，然后通过试用来确定所选用型号的电动机是否合适，如不合适，还需另选，直到合适为止。

伺服电动机的选择原则如下。

1）负载电动机惯量比

通常伺服驱动器都有一个参数用来表示负载的转动惯量与电动机转动惯量之比。这个比值很重要，它是充分发挥伺服系统与机械之间达到最佳效能的前提。三菱 **MR-J3** 伺服驱动器的这个参数是 **PB06**。一般电动机的转动惯量可以从伺服电动机手册上查到，而负载的转动惯量则通过计算才能得到。这个计算对初学者并不适合。在有自动调整模式的伺服驱动中，这个比值可以通过在线自动调整得到，如发现比值已经超过伺服电动机手册上所规定的倍数，就要考虑更换伺服电动机。

通常情况下，从转子惯量大小来看，交流伺服电动机一般分为超低惯量、低惯量和中惯量几个档次。在负载启动、停止、制动频繁的场合，宜选择惯量值较大的伺服电动机。

2）转矩

电动机的额定转矩必须完全满足负载转矩的需要，一般情况下，电动机转矩稍大于负载转矩即可。因为电动机的最大转矩可达其额定转矩的 3 倍。需要注意的是，连续工作的负载转矩要小于等于电动机的额定转矩，负载的最大转矩要小于等于电动机的最大转矩。

在定位控制中，伺服电动机很少长期工作在恒速运行状态，而多数工作在频繁的启动、停止状态，在加速和减速状态必须输出 3～5 倍的额定转矩，电流也会成比例上升。发热要比长期工作在恒速运行状态严重，这一点在选用时必须考虑。

3）转速

转速选择也是一个重要因素。一般地说，伺服电动机的额定转速是指在额定功率下电动机连续运行时的转速。伺服电动机在额定转速的基础上进行加/减速运行，在加速时其转矩会超过额定转矩，电动机在额定转速下功能才能得到最好的发挥。因此，应根据工作机械的最大速度来选择电动机的额定转速。额定转速应大于工作机械的最大速度。

1.2.2　伺服驱动器

1. 简介

在交流伺服控制系统中，控制器所发出脉冲信号并不能直接控制伺服电动机的运转，需要通过一个装置来控制电动机的运转，这个装置就是交流伺服驱动器，简称伺服驱动器。图 1-17 所示为三菱交流伺服驱动器外形图。

图 1-17　三菱交流伺服驱动器外形图

伺服驱动器又叫伺服放大器，它的作用是把控制器送来的信号进行转换并功率放大，用于驱动电动机运转，根据控制命令和反馈信号对电动机进行连续速度控制。可以说，驱动器是集功率放大和位置控制为一体的智能装置。伺服驱动器对伺服电动机的作用类似于变频器对普通三相交流感应电动机的作用。因此，把伺服驱动器和变频器进行比较分析有助于更好地理解伺服驱动器。

从原理上讲，它们都采用变频控制技术，但变频器的本质是通过改变感应电动机的供电频率来达到改变电动机转速的目的的，而伺服驱动器则是通过变频技术来实现位置的跟随控制，其速度和转矩调节均是服务于位置控制的。

从控制方式来看，变频器的控制方式较多，有开环 V/F 控制、闭环 V/F 控制、转差频率控制及有速度传感器和无速度传感器的矢量控制等方式，但基本上常用的是开环 V/F 控制方式。而伺服驱动器的常用控制方式为带编码器反馈的半闭环矢量控制方式。

从所采用的控制信号形式来说，变频器多数采用模拟量信号作为控制信号，而伺服驱动器则是采用脉冲信号（数字量信号）作为控制信号的。

伺服驱动器和变频器一样，带有一个操作显示面板，其作用是对驱动器状态（工作方式）、诊断、报警和内置参数进行操作和显示。驱动器的端口连接有主回路输入/输出、模拟量输入/输出、开关量输入/输出、位置给定输入/输出、反馈脉冲输出、编码器输入和通信连接等。由于伺服驱动器和变频器所驱动的对象不同，在实际使用上有很大不同。变频器所驱动的是三相交流异步电动机，它的三相输出电源线可以不分相序与电动机连接，调换任意两根相线可以改变电动机的转向，伺服驱动器则不行，它的三相电源输出线必须按规定的相序与伺服电动机的同名端相连，不能接错，若接错，电动机则不转。一台变频器可以拖动一台等于或小于它输出功率的电动机，也可以拖动电动机功率总和小于它输出功率的多台电动机，而且变频器对电动机的品牌没有要求，只要是额定电压相同，功率相匹配的电动机都可以拖动。但伺服驱动器则不然，由于它工作在矢量控制方式，矢量控制是以电动机的各项基本参数为依据进行的，在设计时已把相应的电动机基本参数考虑在软件中，所以一台驱动器只能拖动一台伺服电动机，而且驱动器和伺服电动机原则上是由同一厂家生产的，匹配时必须严格按照厂家手册所规定的选配。

变频器控制电动机一般采用开环控制方式，在某些要求较高的场合，也可以采用编码器反馈的闭环矢量控制方式。伺服驱动器则完全采用与伺服电动机同步的旋转编码器半闭环矢量控制方式。在控制电路设计上，编码器反馈信号被分解成转子位置速度反馈和位置反馈信号分别对转矩、速度和位置进行闭环自动调节。加之伺服电动机特有的过载特性和制动特性，使得伺服驱动器的调速范围远大于变频器，其调速比可达 5000 以上，调速精度也远高于变频器，速度误差可以控制在小于 0.01%，速度响应更是远远快过变频器，一般变频器的频率响应仅 2～20Hz，即使闭环矢量控制也只能达到 40～50Hz，而伺服驱动器可达到 400～600Hz。在过载能力上，伺服驱动器在输出频率为 0 时仍然有额定转矩输出，而变频器基本上做不到。在制动性能上，电动机在运行时停电会马上产生较大的制动转矩，更适合快速制动的场合。上面这些差别决定了伺服驱动器和变频器的应用场合是不一样的。一般变频器多数用在速度调节上，仅在矢量控制方式上才能进行速度和转矩控制，而在位置控制上，由于感应电动机的惯性，变频器虽能进行位置控制，但控制精度并不能提高。伺服驱动器的控制性能远高于变频器，可以说凡是变频器能够控制的场合，伺服驱动器一般都可以替代，凡是控制要求较高的场合，更是非伺服驱动器不可。特别是在位置控制上，目前绝大部分都是采用伺服驱动器来控制的（或步进驱动控制）。

总的来说，变频器是一台主要用在传动控制上进行变频调速的通用装置，而伺服驱动器是一台主要用于位置控制的一对一专用装置。

伺服驱动器控制的缺点是：价格较贵，成本较高，适用于恒转矩调速的场合，不能用于恒功率调速场合。目前，伺服电动机和伺服驱动器的功率还不能做到变频器那么大。

伺服驱动器有三种控制方式：位置控制、速度控制和转矩控制。它们分别对电动机的运行位置、运行速度和输出转矩进行控制。三种控制方式中，最常用的是位置控制方式。在下面章节中将对三种控制方式特别是位置控制方式进行一些简单讲解。

用于定位控制时，必须给伺服驱动器发出定位控制指令。目前，定位控制指令都是以脉冲串的形式送入伺服驱动器的，对于产生定位脉冲串的控制器并没有一定的要求，只要能产生符合要求的脉冲串就行。常见的脉冲发生控制器有 PLC、单片机、各种定位控制模块、运动控制卡等。本书重点介绍三菱 FX PLC 及三菱 FX 定位模块与伺服驱动器的应用。

本书第 6 章、第 7 章专门介绍了三菱 MR-J3 伺服驱动器的应用知识。

2. 结构组成与工作原理

本节仅对伺服驱动器的内部主要电路结构、信号流程做一些简单介绍，使读者有所了解，详细的讲解可参见其他书籍或资料。

图 1-18 为伺服驱动器内部电路框图。下面就图中各部分进行一些讲解。

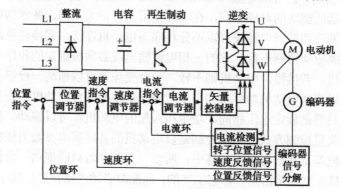

图 1-18　伺服驱动器内部电路框图

1）主电路

主电路为将电源为 50Hz 的交流电转变为电压、频率可变的交流电的装置，它由整流、电容、再生制动和逆变四部分组成，如图 1-19 所示。

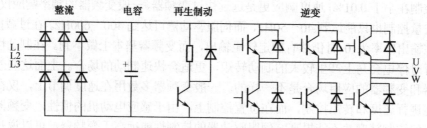

图 1-19　伺服驱动器主电路图

（1）整流回路。将交流电转变成直流电，为逆变电路提供直流电源，可分为单相和三相整流桥不控整流电路。

（2）平滑电容。对整流电源进行平滑，减小其脉动成分。

（3）再生制动。所谓再生制动就是指电动机的实际转速高于指令速度时产生能量回馈的现象。再生制动回路就是用来消耗这些回馈能源的装置。按照再生制动回路的种类，可以分为：小容量（0.4kW 以下）采用电容再生方式；中容量（0.4～11kW）采用电阻再生制动方式，其中又可分为内置电阻方式、外接电阻方式、外接制动单元方式；大容量（11kW 以上）采用电源再生方式。

（4）逆变回路。逆变电路一般采用脉宽调制（PWM）技术，通过电子电力器件的通、断（由控制电路控制）将直流电转换成一定形状的脉冲序列，在交流调速中可以代替正弦波驱动电动机。采用 PWM 技术，只要改变脉冲的宽度与分配方式便可以同时改变电压、电流的幅值和频率，从而控制电动机的转速和转矩。

（5）动态制动器。这个部件在变频器中是没有的，是专为伺服电动机增加的，图中未画出。当电动机停止时，它能吸收伺服电动机所积蓄的惯性能力，对伺服电动机进行制动。

2）控制电路

伺服驱动器的控制电路比变频器复杂得多，变频器的基本应用是开环控制，当附加编码器并通过 PG 板反馈后才形成闭环控制。而伺服驱动器的三种控制方式均为闭环控制。控制电路原理如图 1-18 所示。由图可知，控制电路由三个闭合的环路组成，其中内环为电流环，外环为速度环和位置环。现将伺服驱动器的三种控制方式简介如下。

（1）转矩控制。通过外部模拟量的输入或对直接地址赋值来设定电动机轴对外输出转矩的大小，主要应用于需要严格控制转矩的场合。转矩控制由电流环组成。在变频器中采用编码器的矢量控制方式就是电流环控制。电流环又叫伺服环，当输入给定转矩指令后，驱动器将输出恒定转矩。如果负载转矩发生变化，电流检测和编码器将把电动机运行参数反馈到电流环输入端和矢量控制器，通过调节器和控制器自动调整电动机的转速变化。

（2）速度控制。通过模拟量的输入或脉冲的频率对转动速度的控制为速度控制。速度控制是由速度环完成的，当输入速度给定指令后，由编码器反馈的电动机速度被送到速度环的输入端与速度指令进行比较，其偏差经过速度调节器处理后通过电流调节器和矢量控制器电路来调节逆变功率放大电路的输出使电动机的速度趋近指令速度，保持恒定。

速度调节器实际上是一个 PID 控制器。对 P、I、D 控制参数进行整定就能使速度恒定在指令速度上。速度环虽然包含电流环，但这时电流并没有起输出转矩恒定的作用。仅起到输入转矩限制功能的作用。

（3）位置控制。位置控制是伺服中最常用的控制，位置控制模式一般是通过外部输入脉冲的频率来确定转动速度大小的，通过脉冲的个数确定转动的角度，所以一般应用于定位装置。

位置控制由位置环和速度环共同完成。在位置环输入位置指令脉冲，而编码器反馈的位置信号也以脉冲形式送入输入端，在偏差计数器进行偏差计数，计数的结果经比例放大后作为速度环的指令速度值，经过速度环的 PID 控制作用使电动机运行速度保持与输入位置指令的频率一致。当偏差计数为 0 时，表示运动位置已到达。关于位置调节器的组成及功能将在下面进行详细讲解。

伺服驱动器虽然有三种控制方式，但只能选择一种控制方式工作，可以在不同的控制方式间进行切换，但不能同时选择两种控制方式。

上面简单地介绍了伺服驱动器的主电路和控制电路的组成及其功能。主电路本质上是一个变频电路，它是由各种电子、电力元器件组成的，是一个硬件电路。控制电路根据信号的处理则分为模拟控制方式和数字控制方式两种，模拟控制方式是由各种集成运算放大器、电子元器件等组成的模拟电子线路实现的。数字控制方式则内含微处理器（CPU），由 CPU 和数字集成电路，加上使用软件算法来实现各种调节运算功能。数字控制方式的一个重要优点是真正实现了三环控制，而模拟控制方式只能实现速度环和电流环的控制。因此，目前进行位置控制的伺服驱动器都采用数字控制方式，而且主流的伺服驱动器均采用数字信号处理器（DSP）作为控制核心，可以实现比较复杂的控制算法，实现数字化、网络化和智能化。

1.2.3　偏差计数器和位置增益

在位置环中，位置调节器由偏差计数器和位置增益控制器组成，如图 1-20 所示。

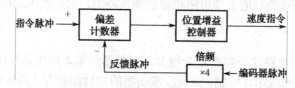

图 1-20　位置调节器组成框图

1．偏差计数器和滞留脉冲

偏差计数器的作用是对指令脉冲数进行累加，同时减去来自编码器的反馈脉冲。由于指令脉冲与反馈脉冲存在一定的延迟时间差，这就决定了偏差计数器必定存在一定量的偏差脉冲，这个脉冲称为滞留脉冲。在位置控制中滞留脉冲非常重要，它决定了电动机的运行速度和运行位置。

滞留脉冲作为偏差计数器的输入脉冲指令，经位置增益控制器比例放大后作为速度环的速度指令对电动机进行速度和位置控制。速度指令和滞留脉冲成正比。当滞留脉冲不断增加时，电动机做加速运行。加速度与滞留脉冲的增加率有关，当滞留脉冲不再增加时，电动机以一定速度匀速运行。当滞留脉冲减少时，电动机进行减速运行。当滞留脉冲为零时，电动机马上停止运行。

现以图 1-21 来说明滞留脉冲对电动机转速和定位控制过程的影响。说明未考虑输出脉冲加减速情况。

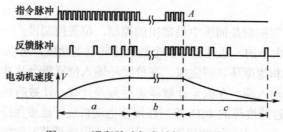

图 1-21　滞留脉冲与电动机速度的关系

1）加速运行

指令脉冲驱动条件成立后把一定频率、一定数量的指令脉冲送入偏差计数器，而由于相应的延迟和电动机从停止到快速运转需要一定的时间，这就使得反馈脉冲的输入速度远慢于指令脉冲的输入速度，偏差计数器的滞留脉冲越来越多，随着滞留脉冲的增加，电动机的速度也越来越快。随着电动机转速的增加，反馈脉冲加入的频率也越来越快，这就使得滞留脉冲的增加开始放慢，而滞留脉冲的增加放慢又使得电动机的加速放慢，这一点从图上电动机的加速曲线可以看出。当电动机的转速达到指令脉冲所指定的速度时，指令脉冲的输入和反馈脉冲的输入达到平衡，而滞留脉冲不再增加。电动机进入匀速运行阶段。

2）匀速运行

在这一阶段，由于指令脉冲的输入和反馈脉冲的输入已经平衡，不会产生新的滞留脉冲，所以偏差计数器中的滞留脉冲一定时电动机就以指定的速度匀速运行。当指令脉冲的数量达到指令的目标值时（它表示位置已到），指令脉冲马上停止输出，如图中 A 点。但电动机由于偏差计数器中仍然存在滞留脉冲，所以不会停止运行而进入减速运行阶段。

3）减速运行

在这一阶段，指令脉冲已停止输入，仅有反馈脉冲输入，而每一个反馈脉冲的输入都会使滞留脉冲减少，滞留脉冲的减少又使电动机转速降低，就这样电动机转速越来越低，直到最后一个滞留脉冲被抵消为止，滞留脉冲数变为 0，电动机也马上停止运行。从减速过程可以看出，随着滞留脉冲减少而电动机的速度越来越低，最后稳稳地停在预定位置上的控制方式可以获得很高的位置控制精度。

2. 位置增益

偏差计数器的输出是其滞留脉冲数，一般来说，该脉冲数转换成速度指令的量值较小，必须将其放大后才能转换成速度指令。这个起滞留脉冲放大作用的装置就是位置增益控制器。增益就是放大倍数。

位置调节器的增益设置对电动机的运动有很大影响。增益设置较大，动态响应好，电动机反应及时，位置滞后量越小，但也容易使电动机处于不稳定状态，产生噪声及振动（来回摆动），停止时会出现过冲现象。增益设置较小，虽然稳定性得到提高，但动态响应变差，位置滞后量增大，定位速度太慢，甚至脉冲停止输出好久都不能及时停止。仅当位置增益调至适当时，定位的速度和精度才达到最好。

位置增益的设置与电动机负载的运动状况、工作驱动方式和机构安装方式都有关系。在伺服驱动器中，位置增益一般情况下都使用自动调谐模式，由驱动器根据负载的情况自动进行包括位置增益在内的多种参数设定。仅当需要手动模式对位置增益进行调整时才人工对该增益进行设置。

3. 反馈脉冲分辨率

图 1-22 中，编码器脉冲经 4 倍频后作为反馈脉冲输入偏差计数器，下面对 4 倍频做一些说明。

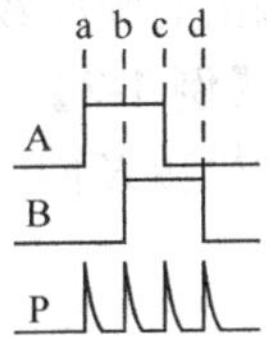

当编码器的输出脉冲波形为 A-B 相脉冲时，每一组 A-B 相脉冲都有两个上升沿 a、b 和两个下降沿 c、d。把 A-B 相脉冲经过一个电路对其边沿进行检测并做微分处理得到四个微分脉冲，然后再对这四个微分脉冲进行计数，得到四倍于编码器脉冲的脉冲串，图中的四倍频电路实际上就是一个对 A-B 相脉冲边沿进行微分处理并计数的电路，然后把这个 4 倍频的脉冲作为反馈脉冲送入偏差计数器与指令脉冲抵消而产生滞留脉冲。这样做有什么好处呢？在伺服定位控制中，编码器的每周脉冲数（也称编码器的分辨率）与定位精度有很大关系。分辨率

图 1-22　4 倍频说明

越高，定位精度也就越高。通过 4 倍频电路一下子就把编码器的分辨率提高了 4 倍。定位精度也提高了 4 倍。这就是伺服驱动器中广泛采用 4 倍频电路的原因。为了区别起见，把编码器的每周脉冲数仍称为每周脉冲数（pls/r），而把输入到偏差计数器的反馈脉冲数称为编码器的分辨率，其含义为电动机转动一圈所需的脉冲数。在定位控制的相关计算中，如电动机的转速、电子齿轮比的设置等，使用的是编码器的分辨率而不是编码器的每周脉冲数。因此，当涉及定位控制相关计算时，必须注意生产商关于编码器的标注：如标注为每周脉冲数，则必须乘 4 转换成电动机一圈脉冲数；如标注为分辨率，则直接为电动机一圈脉冲数。

1.3 脉冲当量与电子齿轮比设置

1.3.1 脉冲当量

伺服定位控制系统用于加工控制时，加工的精度是一个非常重要的控制指标。例如，在工作台直线位移时，其移动距离的精度范围与加工精度息息相关。精度范围越小，则加工精度越高。对这种精度范围的衡量用分辨率来表示。如前所述，在用 PLC 作为控制器的伺服定位控制系统中是采用输出脉冲来进行控制的，输出脉冲的频率控制电动机的转速，而输出脉冲的数目控制位置移动的距离。这种情况下，定位控制的分辨率是用脉冲当量来表示的。

什么是脉冲当量？脉冲当量的定义是当控制器输出一个定位控制脉冲时所产生的定位控制移动的位移。对直线运动来说是指移动的距离，对圆周运动来说是指其转动的角度。脉冲当量的单位一般采用 μm/pls 或 deg/pls。脉冲当量越小，定位控制的分辨率越高，加工精度也越高。那么，一个伺服控制系统的脉冲当量是如何计算的呢？下面通过实例加以说明。

【例 1-1】 如图 1-23 所示，控制器 PLC 输出脉冲数为 P，丝杠螺距为 D，编码器分辨率为 P_m，试求该伺服系统的脉冲当量 δ。

设工作台行程为 d，丝杠在输入脉冲数 P 时转动 N_S 圈，则有 $d=D \cdot N_S$。设电动机圈数为 N，即 $N=N_S$，而电动机圈数为 $N=P/P_m$。

将上式分别代入，有：

$$\delta = \frac{d}{P} = \frac{D \cdot N_S}{P} = \frac{D \cdot N}{P} = \frac{D}{P} \cdot \frac{P}{P_m} = \frac{D}{P_m}$$

当电动机接收脉冲数 P_0 等于 PLC 所发出脉冲数 P 时，伺服系统的脉冲当量 $\delta=D/P_m$，与 PLC 所输出的脉冲数 P 无关。

【例 1-2】 如图 1-24 所示，这也是一种常见的伺服结构，机械减速器的减速比为 $K:1$。当电动机转 K 圈时，丝杠才转 1 圈。

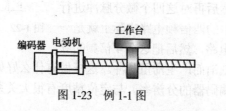

图 1-23 例 1-1 图

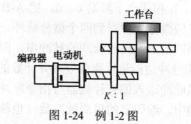

图 1-24 例 1-2 图

设丝杠圈数为 N_S，则电动机圈数为 KN_S。同样：

$$\delta = \frac{d}{P} = \frac{D \cdot N_S}{P} = \frac{D}{P} \cdot \frac{N}{K} = \frac{D}{P} \cdot \frac{1}{K} \cdot \frac{P}{P_m} = \frac{D}{P_m K}$$

结论类似于【例 1-1】，在电动机接收脉冲数 P_0 等于 PLC 所发出脉冲数 P 时，伺服系统的脉冲当量 $\delta = D/(P_m \cdot K)$。与 PLC 所输出的脉冲数 P 无关，但与减速比 K 有关，K 的变化会影响脉冲当量 δ 的大小。这一点对电子齿轮比的理解会有很大启发。

【例 1-3】 如图 1-25 所示为以控制圆盘转动的伺服定位系统，这时其所位移的是转动角度，脉冲当量为 PLC 每发出一个脉冲圆盘所转动的角度值。

假设 PLC 发出 P 个脉冲，圆盘转了 X 度，则有：

$$\delta = \frac{X}{P} = \frac{360° N_S}{P} = \frac{360°}{P} \cdot \frac{N}{K} = \frac{360°}{P} \cdot \frac{1}{K} \cdot \frac{P}{P_m} = \frac{360°}{P_m K}$$

结论相同，系统的脉冲当量仅与 P_m 和减速比 K 有关，在直线位移时，脉冲当量的单位为 μm/pls，在圆周运动时，把 1° 写成 1deg，那么脉冲当量为 deg/pls。

【例 1-4】 图 1-26 所示为驱动轮驱动输送带或线材前进的伺服定位系统。这时，其位移为输送带或线材移动的距离。

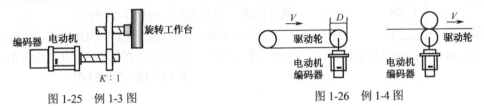

图 1-25 例 1-3 图   图 1-26 例 1-4 图

由图可知，电动机转动一圈时，位移 d 与驱动轮的周长有关。设驱动轮直径为 D，则其周长为 πD。因此，当 PLC 发出的脉冲数 P 等于电动机一圈脉冲数时，驱动轮正好转动一圈。则有：

$$\delta = \frac{d}{P} = \frac{d}{P_m} = \frac{\pi D}{P_m}$$

【例 1-5】 如图 1-27 所示为齿条齿轮传动机构，设齿轮的模数为 m，齿数为 Z，这时齿条的位移 d 与齿轮的分度圆有关。根据机械常识知，齿轮的分度圆直径为 mZ，则其分度圆周长为 πmZ。假设 PLC 输出的脉冲数等于电动机一圈脉冲数，则有

$$\delta = \frac{d}{P} = \frac{d}{P_m} = \frac{\pi mZ}{P_m}$$

图 1-27 例 1-5 图

上面 5 个例子说明，伺服系统的脉冲当量仅与系统本身的参数（螺距 D、驱动轮直径 D、模数 m、齿数 Z、减速比 K 和编码器分辨率 P_m）有关，与伺服电动机所接收到的脉冲数无关，如果伺服电动机所接收到的脉冲数 P_0 等于 PLC 所输出的脉冲数 P，则脉冲当量 δ 与 PLC 的输出脉冲数 P 无关。这种仅与伺服系统的结构和组成参数有关的脉冲当量称为系统的固有脉冲当量 δ_0。

上面所介绍的是伺服电动机的固有脉冲当量计算，关于步进电动机的固有脉冲当量计算在第 4 章中讲解。

1.3.2 电子齿轮与电子齿轮比

在定位控制中，电子齿轮是一个十分重要的概念，电子齿轮比是一个十分重要的设置，初学者必须掌握它。

电子齿轮是由机械齿轮传动启发而设计的，在机械传动中，如果转速过大或过小，可以通过各种变速机构进行速度变换。其中齿轮传动是最常用的变速机构。两个齿数不同的齿轮组成齿轮传动，其传动比为两个齿轮的齿数比。如果主动轮齿数多过从动轮齿数，则为加速；反之为减速。机械齿轮可以进行速度变换，这种变换原理用到伺服驱动器上就变成电子齿轮比。

1. 什么是电子齿轮

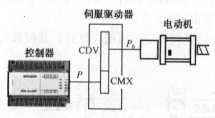

图 1-28 电子齿轮作用示意图

电子齿轮是在伺服驱动器上设置的一对参数。在没有电子齿轮时,控制器输出的脉冲数通过伺服驱动器完全传送给伺服电动机，也即伺服电动机所接收到的脉冲数等于控制器输出的脉冲数，而电子齿轮就是在控制器和电动机之间的一对软齿轮，如图 1-28 所示。

图中，CMX 为主动轮，CDV 为从动轮，如果 P_0 为电动机所接收到的脉冲数，P 为控制器所输出的脉冲数，则有：

$$P \cdot CMX = P_0 \cdot CDV$$

或

$$P_0 = \frac{CMX}{CDV} \cdot P$$

或

$$\frac{P_0}{P} = \frac{CMX}{CDV}$$

定义：CDV 为电子齿轮分母，CMX 为电子齿轮分子，CMX/CDV 为电子齿轮比。调节电子齿轮比（即设置不同的分母、分子值）就可以在控制器输出相同的脉冲数 P 时得到不同的电动机接收脉冲数 P_0。

通俗地说，电子齿轮就好像是一个比例系数控制器，控制器的输出脉冲经过电子齿轮后被放大或缩小若干倍再送给伺服驱动器的偏差计数器作为计数器的输入脉冲。只不过，电子齿轮的比例系数可以是整数，更多时候是分数，调节非常灵活。

电子齿轮的功能和机械式齿轮一样，但它是由内部电子电路结构及软件一起来完成的，所以称为电子齿轮。它是伺服驱动器在完成定位控制时所必须要设置的功能。不管何种品牌的伺服驱动器都必须有电子齿轮参数设置。读者如果要完全掌握定位控制技术应用，必须要学习和掌握电子齿轮知识及其设置。

与机械式齿轮相比，电子齿轮具有应用简单方便，调节范围宽，调节灵活等优点。三菱 MR-J3 伺服驱动器 CMX 和 CDV 的设置范围为 $1 \sim 2^{20}$，在此范围内可进行任意设定的电子齿轮比组合。

2. 电子齿轮的作用

电子齿轮的主要作用有两点。

1）调节脉冲当量，提高加工精度

在编码器分辨率较低时，可以用电子齿轮比使脉冲当量变得更小。

在编码器分辨率较高但脉冲当量是小数时，可以用电子齿轮比使脉冲当量变为整数。以上电子齿轮的两个作用都使定位控制的精度得到提高。

2）调整电动机的转速

控制器发出的脉冲频率都是有限制的，如果伺服电动机的编码器分辨率稍高，则就会发生控制器即使发出最高输出频率也不能使电动机工作在额定转速的情况，而电动机的额定转速是电动机工况最好、效率最高的转速。如果最高输出频率不能使电动机达到最大转速而又希望电动机工作在额定转速时，则可以通过电子齿轮比进行调整。

关于上述两种电子齿轮的作用和脉冲当量等内容将在下一节中进行较为详细的讲解。

1.3.3　电子齿轮比的应用和设置

1. 脉冲当量的调节

电子齿轮主要用于脉冲当量的调节，同时在不考虑精度要求的情况下，还可以用于调节电动机的转速。下面对在这两个应用中如何设置电子齿轮比分别予以叙述。

有两个原因需要调节脉冲当量。一是提高加工精度，二是调节脉冲当量为整数值，以便于计算输出脉冲数和减小定位计算误差。

在下面的计算中一律采用编码器分辨率进行计算。在 1.2.3 节中曾经说明过，在伺服驱动器中，编码器的每圈脉冲数会变成 4 倍数的脉冲作为伺服电动机的每圈脉冲数而反馈到偏差计数器的输入端，而进行电子齿轮比设置时是以伺服电动机的每圈脉冲数参与计算的。因此，为区别起见，把编码器的每圈脉冲数仍称为每圈脉冲数，而把经过倍频后的脉冲数称为编码器的分辨率。三菱伺服电动机所提供的均是编码器的分辨率，直接参与电子齿轮的计算。而有些伺服电动机提供的是编码器的每圈脉冲数，则必须乘以 4 后再参与电子齿轮比的计算。请读者务必注意。

【例 1-6】　如图 1-29 所示，丝杠螺距 $D=10\text{mm}$，编码器分辨率 $P_m=4096$，希望设置系统脉冲当量 $\delta=1\mu\text{m/pls}$，试设置电子齿轮比。

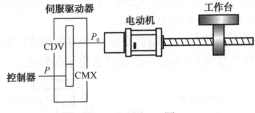

图 1-29　例 1-6 图

解：先求系统的固有脉冲当量 δ_0：

$$\delta_0 = \frac{D}{P_m} = \frac{10\times1000}{4096} = 2.44\ \mu\text{m/pls}$$

再求系统脉冲当量 δ：

$$\delta = \frac{CMX}{CDV}\delta_0$$

则有

$$\frac{CMX}{CDV} = \frac{\delta}{\delta_0} = \frac{1}{2.44} = \frac{4096}{10 \times 1000}$$

电子齿轮比设置为 CMX=4096，CDV=10000，脉冲当量由 2.44μm/pls 提高到 1μm/pls，分辨率提高了，加工精度也提高了。

【例 1-7】 如图 1-30 所示，减速比 K=4，螺距 D=10mm，编码器分辨率 P_m=8192，希望系统脉冲当量为 1μm/pls，试设置电子齿轮比。

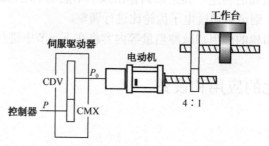

图 1-30 例 1-7 图

解： 先求系统的固有脉冲当量 δ_0：

$$\delta_0 = \frac{D}{P_m K} = \frac{10 \times 1000}{8192 \times 4} = 0.305 \mu m/pls$$

代入有

$$\frac{CMX}{CDV} = \frac{\delta}{\delta_0} = \frac{1}{0.305} = \frac{32\,768}{10\,000}$$

电子齿轮比设置为 CMX=32768，CDV=10000。

读者可能会提出疑问，为什么在本例中脉冲当量的设置反而比其固有脉冲当量大了（1μm>0.305μm），这不是降低加工精度了吗？是的，表面看来精度是降低了，但却带来了两个明显的好处。一是由于脉冲当量为 1μm，因此在实际计算输出脉冲数量时，非常方便，是一个整数。例如，直线移动 10cm，则输出脉冲为（10×10×1000）/1=100 000 个。二是减小误差，如果脉冲当量是 0.305μm，同样 10cm 其脉冲个数不是一个整数，有了误差。如果应用相对定位指令，这个误差还会累积。而把脉冲当量定为 1μm，则不存在这个误差。当然，如果感到精度不够，还可以把脉冲当量定为 0.1μm，甚至 0.01μm。

【例 1-8】 如图 1-31 所示，这是一个圆盘定位控制伺服系统，编码器分辨率 P_m=4096，减速比为 3：1。希望设置脉冲当量为 0.1deg/pls，试设置电子齿轮比。

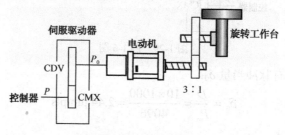

图 1-31 例 1-8 图

解：先计算系统的固有脉冲当量 δ_0

$$\delta_0 = \frac{360°}{P_m K} = \frac{360°}{4096 \times 3} = 0.0293° / \text{pls}$$

代入公式有：

$$\frac{CMX}{CDV} = \frac{\delta}{\delta_0} = \frac{0.1}{0.0293} = \frac{12\,288}{3600}$$

电子齿轮比设置为：CMX=12288，CDV=3600。

【例 1-9】 已知伺服电动机编码器分辨率 $m=262144$，滚珠丝杠的螺距 $D=8\text{mm}$。

解：（1）计算固有脉冲当量 δ_0。

$$\delta_0 = \frac{D}{P_m} = \frac{8 \times 1000}{262\,144} = 0.03052\mu\text{m/pls}$$

（2）要求脉冲当量为 $\delta=2\mu\text{m/pls}$，电子齿轮比应设为多少？

代入：

$$\delta = \frac{CMX}{CDV} \delta_0$$

则有：

$$\frac{CMX}{CDV} = \frac{\delta}{\delta_0} = \frac{2 \times 262\,144}{8 \times 1000} = \frac{65\,536}{1000}$$

电子齿轮比设置为：CMX=65536，CDV=1000，

【思考题 1】 如图 1-23，丝杠螺距 $D=5\text{mm}$，编码器分辨率 $P_m=10000$，希望设置系统脉冲当量 $\delta=1\mu\text{m/pls}$ 试设置电子齿轮比。

【思考题 2】 如图 1-24，减速比 $K=6$，螺距 $D=10\text{mm}$，编码器分辨率 $P_m=16384$，希望系统脉冲当量为 $1\mu\text{m/pls}$，试设置电子齿轮比。

【思考题 3】 如图 1-25，这是一个圆盘定位控制伺服系统，编码器分辨率 $P_m=8192$，减速比为 5：1。希望设置脉冲当量为 1deg/pls，试设置电子齿轮比。

【思考题 4】 已知伺服电动机编码器分辨率 $m=131\,072$，滚珠丝杠的螺距 $D=6\text{mm}$，

（1）计算固有脉冲当量 δ_0

（2）要求脉冲当量为 $\delta=10\text{um/pls}$，电子齿轮比应设为多少？

2. 电子齿轮比的简便快速设定

电子齿轮比 CMX/CDV 还有一种更为简便的设定方法。

根据上面分析，有公式：

$$\frac{CMX}{CDV} = \frac{\delta}{\delta_0}$$

如果把电子齿轮分子 CMX 固定设定为伺服电动机编码器分辨率 P_m，即 CMX=P_m，那么电子齿轮分母 CDV 等于什么呢？将 CMX=P_m 代入上式得：

$$\frac{CMX}{CDV} = \frac{\delta}{\delta_0} = \frac{P_m}{CDV}$$

$$CDV = \frac{CMX}{\delta} \cdot \delta_0 = \frac{P_m}{\delta} \delta_0 = \frac{P_m}{\delta} \cdot \frac{D}{P_m} = \frac{D}{\delta}$$

式中，D 为伺服电动机转动一圈的位移量（或转动角度），而 δ 为指令脉冲的脉冲当量（即系统所要求的脉冲当量）。

由此得出：如果设 CMX 为编码器分辨率 P_m，则 CDV 为电动机一圈位移量除以系统设定的脉冲当量。这就是电子齿轮比的简便快速设定。下面举例说明。

【例 1-10】 如图 1-29 所示，丝杠螺距 $D=10\text{mm}$，编码器分辨率 $P_m=4096$，希望设置系统脉冲当量 $\delta=1\mu\text{m/pls}$，试设置电子齿轮比。

解： 设 CMX=P_m=4096。电动机一圈位移量为 $D=10\text{mm}$

所以，CDV=10mm/0.001mm=10 000

电子齿轮比：CMX/CDV=4096/10 000。答案和【例 1-6】一样。

【例 1-11】 如图 1-30 所示，减速比 $K=4$，螺距 $D=10\text{mm}$，编码器分辨率 $P_m=8192$，希望系统脉冲当量为 $1\mu\text{m/pls}$，试设置电子齿轮比。

解： 设 CMX=P_m=8192。电动机一圈位移量为 $D/4=10\text{mm}/4=2.5\text{mm}$

所以，CDV=2.5mm/0.001mm=2500

电子齿轮比：CMX/CDV=8192/2500。答案和【例 1-5】一样。

【例 1-12】 如图 1-31 所示，这是一个圆盘定位控制伺服系统，编码器分辨率 $P_m=4096$，减速比为 3:1。希望设置脉冲当量为 0.1deg/pls，试设置电子齿轮比。

解： 设 CMX=P_m=4096。电动机一圈位移角度为 $D=360°/3=120°$

所以，CDV=120°/0.1°=1200

电子齿轮比：CMX/CDV=4096/1200。答案和【例 1-6】一样。

【例 1-13】 已知伺服电动机编码器分辨率 $m=262\ 144$，滚珠丝杠的螺距 $D=8\text{mm}$，要求脉冲当量为 $\delta=2\text{um/pls}$，电子齿轮比应设为多少？

解： 设 CMX=P_m=262 144。电动机一圈位移量为 $D=8\text{mm}$

所以，CDV=8mm/0.002mm=4000

电子齿轮比：CMX/CDV=262 144/4000。答案和【例 1-7】一样。

对比一下固有脉冲当量计算方法和这种简便快速设定方法。显然这种方法在电子齿轮比的设定上要简便很多。希望读者掌握这种电子齿轮比的简便设置方法。

对三菱伺服驱动器来说，其编码器分辨率 P_m 是固定的。MR-J2 系列为 131 072，MR-J3 为 2621 44。电子齿轮比的设定可以简单化。如果将 CMX 设定为伺服电动机分辨率 262 144，则 CDV 只要设定为满足定位要求的电动机一圈脉冲数即可。一般只要将参数 PA06（分子）设定为 P_m，而将 PA07（分母）设定为每转指令脉冲数（可进行约分处理）即可。详细说明请参看第 7 章 7.1.2 节。

3. 电动机转速的调整

如果对加工精度要求不予过多考虑，电子齿轮还可以对电动机转速进行调整。

控制器发出的脉冲频率都是有限制的，FX$_{1S}$/FX$_{1N}$ 的最大输出频率是 100Hz。如果伺服电动机的同轴编码器分辨率 P_m 稍高，就会发生控制器即使发出最大输出频率也不能使电动机工作在额定转速。而电动机的额定转速是电动机工况最好、效率最高的转速，如果最大输出频率不能使电动机达到最大转速而又希望电动机工作在额定转速，则可以通过电子齿轮比进行调整。

电子齿轮对电动机转速的调整可以通过图 1-32 来说明。图中，f_M 为控制器输出的最大脉冲频率；f_{M0} 为经过电子齿轮后的脉冲频率；n_M 为电子齿轮比为 1:1 时的电动机最大转速；n_{M0}

为经过电子齿轮比后的电动机最大转速。

$$\frac{CMX}{CDV} = \frac{f_{M0}}{f_M} = \frac{n_{M0}}{n_M}$$

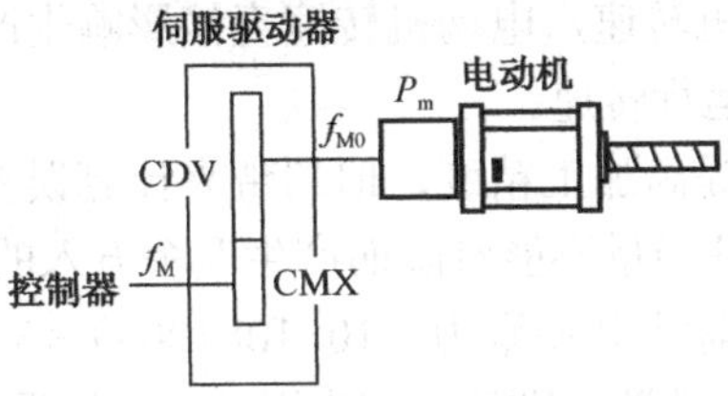

图 1-32　电子齿轮对电动机转速调整

【**例 1-14**】　电动机额定转速为 3000r/min，PLC 最大输出频率为 100kHz，编码器分辨率 $m=4096$。如果希望电动机工作在额定转速，试设定电子齿轮比。

先设 CMX/CDV=1，当 PLC 输出最大频率脉冲 100Hz 时，电动机达到最大转速，此最大转速为：

$$n_M = \frac{f_M \times 60}{P_m} = \frac{100\,000 \times 60}{4096} = 1465 \text{r/min}$$

最大转速远小于额定转速 3000r/min。这时，可适当调整电子齿轮比使 PLC 输出最大频率脉冲 100Hz，电动机转速达到其额定转速。

由式得：

$$\frac{CMX}{CDV} = \frac{n_N}{n_M} = \frac{3000}{(60 \times 100\,000)/4096} = \frac{3000 \times 4096}{60 \times 100\,000} = \frac{2048}{1000}$$

电子齿轮比设置为：CMX=2048，CDV=1000。

【**例 1-15**】　已知伺服电动机的编码器分辨率 $m=131\,072$，额定转速为 3000r/min，PLC 发送脉冲最大输出频率为 200kHz，要求达到额定转速，那么电子齿轮比应设为多少？

$$\frac{CMX}{CDV} = \frac{n_N}{n_M} = \frac{3000}{(60 \times 100\,000)/131\,072} = \frac{3000 \times 131\,072}{60 \times 100\,000} = \frac{131\,072}{2000}$$

电子齿轮比设置为：CMX=131 072，CDV=2000。

4．电子齿轮应用注意事项

1）电子齿轮比的取值

伺服驱动器对电子齿轮的分母 CDV、分子 CMX 取值规定了一定范围，三菱 MR-J3 伺服驱动器规定为 1~1 048 576。

电子齿轮比的取值一般应控制在（1/50）<CMX/CDV<500 范围内（不同的伺服驱动器上限值会有所不同，电子齿轮比的分母 CDV、分子 CMX 取值规定了一定范围）。超出这个范围过大或过小可能会导致电动机在加速或减速运行时发生噪声，也可能使电动机不按照设定的速度和加/减速时间来运行而直接导致定位发生错误。

2）脉冲当量的取值及所引起的误差

脉冲当量的取值首先考虑的是要满足控制精度的要求，在满足精度要求的前提下，其取值应按 10 的 n 次方来选取，对直线位移，应选取 10μm、1μm、0.1μm 等；对圆周运动，角位移应选取 1deg、0.1deg、0.01deg 等。这样选取的优点是定位输出数可以是整数值（不产生四舍五入）且不会产生计算定位误差。

脉冲当量的取值还需考虑电动机的转速，因为脉冲当量的取值会影响电子齿轮比的取值，电子齿轮比的值又会影响电动机转速，电动机转速直接影响生产效率。在满足加工精度的前提下，应尽量提高电动机的实际运行转速。

电子齿轮比的设置虽然能提高加工精度，但却带来计算误差的问题，产生错误的原因是定位移动的位移量与所设置的脉冲当量不能整除而产生四舍五入的情况。例如，位移量为 10cm，而脉冲当量为 3μm 时，其定位输出脉冲数为（10×10×1000）÷3=33333.33。

因为输出脉冲数只能设置为整数，则势必产生误差。这种误差对绝对定位控制来说，其误差仅在一个脉冲当量内。但如果应用相对定位控制，这种误差会随着多次执行相对定位控制而累积，使误差越来越大，从而使位移量发生偏离。这一点是在使用相对定义控制系统和单向运转的转盘控制系统中必须要考虑的问题。当然，解决计算误差最好是取脉冲当量为 1μm，这样就不会产生计算误差，但这又涉及电子齿轮比的取值和电动机运行速度能否满足控制要求的问题。

3）电子齿轮比约分所引起的误差

初学者往往会对电子齿轮比的约分感到迷惑。当一个电子齿轮比的分子、分母在计算确定后如果出现有约分的情况，到底要不要约分呢？也就是要不要根据分数的运算法则把它们化成最简分数呢？在伺服驱动中，约分和不约分的实际比值是一致的。因此，约与不约都是可以的。

但有一种情况则是必须要进行约分处理的。这就是当分母值 CDV 和分子值 CMX 在计算确定后大于伺服驱动器手册中所规定的取值范围时，则必须要进行约分，把它们的取值通过约分缩小在取值范围里。这时，如果 CMX 和 CDV 有公约数，则可按约分进行化简。这种化简不影响精度，但如果 CMX 和 CDV 没有公约数又必须进行约分处理，那如何约分则必须考虑应尽量使约分后的值最接近约分前的值。现举例给予说明。

【例 1-16】 如图 1-33 所示，已知伺服电动机的编码器分辨率 $m=262\,144$，同步带减速比为 625/12544，希望设置脉冲当量为 0.01deg/pls。试设置电子齿轮比。

伺服驱动器电子齿轮的分母 CDV、分子 CMX 的取值范围为 1～1 048 576。

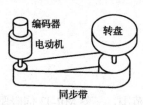

图 1-33　例 1-16 图

先计算系统的固有脉冲当量 δ_0：

$$\delta_0 = \frac{360^\circ}{P_m K} = \frac{360^\circ \times 625}{261\,244 \times 12\,544}/\text{pls}$$

代入公式有

$$\frac{\text{CMX}}{\text{CDV}} = \frac{\delta}{\delta_0} = \frac{0.01^\circ \times 261\,244 \times 12\,544}{360^\circ \times 625} = \frac{102\,760\,448}{703\,125}$$

由上式可知，分子、分母已没有公约数，不能进行进一步化简。但其分子值 CMX=102760448 已远远超过驱动器的设定值范围，所以必须进行约分。这时，约分有两种方法，一种方法是以分子为主动约分，分母则小数点后四舍五入处理，分子约分到取值范围内为止。另一种方法是以分母为主动约分，分子则四舍五入处理，直到分母约分到取值范围内为止。下面比较一下这两种约分效果。

以分子为主动约分：

$$\frac{\text{CMX}}{\text{CDV}} = \frac{102\,760\,448}{703\,125} = \frac{1\,048\,576}{7175} = 146.142\,996\,5$$

以分母为主动约分：

$$\frac{CMX}{CDV} = \frac{102\,760\,448}{703\,125} = \frac{822\,084}{5625} = 146.148\,266\,7$$

原电子齿轮比的近似值：

$$\frac{CMX}{CDV} = \frac{102\,760\,448}{703\,125} = 146.148\,192\,7$$

比较一下可见，以分母为主动约分和原电子齿轮的比值更为接近。故选 CMX=822084，CDV=5625。

1.3.4　定位控制中的计算

1. 参数与计算公式

定位控制中，除了上面所讲的关于电子齿轮比、脉冲当量的计算外，不同的控制要求还涉及其他方面的一些计算。对于初学者来说，往往会忽略这些计算或不知如何进行计算。这一节对这些常用计算及其方法进行介绍。

下面以图 1-34 所示的工况来说明所涉及的一些参数和它们之间的关系。

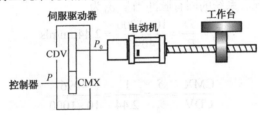

图 1-34　伺服工况示意图

表 1-1 列出了定位控制各部分的参数名称、符号和说明。

表 1-1　定位控制各部分的参数表

分　类	名　称	符　号	说　明
伺服系统参数	脉冲当量	δ	根据控制要求确定
控制器参数	最大脉冲频率	f_M	控制器输出最大频率
	定位脉冲数	P	由定位距离确定脉冲数
	运行脉冲频率	f	控制器输出运行频率
伺服驱动器参数	电子齿轮比	MD	MD=CMX/CDV
电动机参数	编码器分辨率	P_m	编码器固有参数
	电动机额定转速	n_N	电动机固有参数
	电动机最大运行转速	n_M	在控制器最大脉冲频率 f_m 下的转速
	电动机运行转速	n	根据控制要求确定
工作台参数	螺距	D	丝杠固有参数
	工作台运行速度	V	根据控制要求确定
	工作台最大运行速度	V_M	在控制器最大频率 f_m 下的运行速度
	工作台运行距离	d	根据控制要求确定

对控制器来说，应用定位指令时必须决定定位脉冲数和定位运行频率 f。其关系式为：

$$\begin{cases} P = \dfrac{d}{\delta} & \text{（1-1）} \\[3mm] f = \dfrac{nP_{\mathrm{m}}}{\mathrm{MD}} & \text{（1-2）} \end{cases}$$

对电动机来说，其运行转速 n 为：

$$n = \frac{f \cdot \mathrm{MD}}{P_{\mathrm{m}}} \qquad \text{（1-3）}$$

对工作台来说，其移动速度 V 为：

$$V = f\delta \times 60 \qquad (1/\mathrm{min}) \qquad \text{（1-4）}$$

2. 计算示例

电子齿轮比可以调节脉冲当量，同时也可以调节电动机转速，但这两方面是矛盾的。下面通过一个例子进行说明。

【例 1-17】如图 1-34 所示，电动机的额定转速 $n_{\mathrm{N}}=3000\mathrm{r/min}$，PLC 最大输出频率为 100kHz，丝杠螺距 $D=10\mathrm{mm}$，编码器分辨率 $P_{\mathrm{m}}=4096$：

（1）要求系统脉冲当量 $\delta=1\mu\mathrm{m/pls}$，试设置电子齿轮比。

由【例 1-6】计算得到，系统的固有脉冲当量 δ_0 为

$$\delta_0 = \frac{D}{P_{\mathrm{m}}} = \frac{10 \times 1000}{4096} = 2.44\mu\mathrm{m/pls}$$

则：

$$\frac{\mathrm{CMX}}{\mathrm{CDV}} = \frac{\delta}{\delta_0} = \frac{1}{2.44} = \frac{4096}{10 \times 1000}$$

脉冲当量由 $2.44\mu\mathrm{m/pls}$ 提高到 $1\mu\mathrm{m/pls}$，分辨率提高了，加工精度也提高了。

调节脉冲当量的同时还必须核算一下电动机的转速，因为伺服电动机都有一定的额定转速，在本例中为 3000r/min，在运行中，当 PLC 输出最大脉冲频率时，电动机的转速是不能超过其额定转速的，如超过，则必须计算出 PLC 在实际应用中所能够输出的最高频率，供定位程序参考。

电动机的最大转速 n_{M} 由计算公式（1-3）代入有：

$$n_{\mathrm{M}} = \frac{f \cdot \mathrm{MD}}{P_{\mathrm{m}}} = \frac{f_{\mathrm{M}}}{P_{\mathrm{m}}} \cdot \frac{\mathrm{CMX}}{\mathrm{CDV}} \times 60 = \frac{100\,000 \times 4096 \times 60}{4096 \times 10\,000} = 600\mathrm{r/min}$$

未超出其额定转速 $n_{\mathrm{N}}=3000\mathrm{r/min}$.

应用中有时候还需要知道工作台移动的速度是多少，可用公式（1-4）代入计算工作台最大移动速度 V_{M}。

$$V_{\mathrm{M}} = f_{\mathrm{M}}\delta \times 60 = 100\,000 \times 60 \times 1\mu\mathrm{m} = 600\mathrm{cm/min}$$

工作台最大移动速度为每分钟 600cm。

（2）如果希望电动机工作在额定转速，试设定电子齿轮比。

由【例 1-14】得电子齿轮比设置为：CMX=2048，CDV=1000。核算一下这时系统的脉冲当量 δ 是多少，以供定位指令设定输出脉冲时使用。

$$\delta = \delta_0 \cdot \frac{\mathrm{CMX}}{\mathrm{CDV}} = 2.44 \times \frac{2048}{1000} = 5\mu\mathrm{m/pls}$$

脉冲当量由 1mm 变为 5mm 时分辨率变大了，定位精度降低了。

【例 1-18】如图 1-30 所示，电动机的额定转速 n_N=2000r/min，PLC 最大输出频率为 100kHz，减速比 K=4，螺距 D=10mm，编码器分辨率 Pm=8192，希望系统脉冲当量为 1μm/pls，试设置电子齿轮比。

$$\frac{CMX}{CDV} = \frac{\delta}{\delta_0} = \frac{1}{0.305} = \frac{32\,768}{10\,000}$$

对电动机的最大转速进行核算：

$$n_M = \frac{f_M \cdot MD}{P_m} = \frac{f_M}{P_m} \cdot \frac{CMX}{CDV} \times 60 = \frac{100\,000 \times 32\,768 \times 60}{8192 \times 10\,000} = 2400 \text{r/min}$$

n_M 大于电动机额定转速 2000r/min。这时，如果 PLC 仍然输出最大频率，则电动机转速超限，所以在实际应用中必须对脉冲输出的最高频率进行限制。应用中最高输出脉冲频率 f_m 为

$$f_m = \frac{f_M n_N}{n_M} = \frac{100 \times 2000}{2400} = 83.3 \text{kHz}$$

在上例中，未超出其额定转速，所以在应用指令时，输出频率不受限制。而本例中已超出其额定转速，所以在应用定位指令编写程序时，输出脉冲的频率不能超过 83.3kHz。

工作台移动的最大速度为：

$$V_M = f_M \delta \times 60 = 83\,300 \times 60 \times 1 = 500 \text{cm/min}$$

工作台移动的最大速度是每分钟 500cm。

【例 1-19】已知伺服电动机的额定转速 n_N=2000r/min，PLC 最大输出频率为 100kHz，编码器分辨率 m=262 144，滚珠丝杠的螺距 D=8mm，伺服系统要求工件在 2s 里完成 40cm 行程。试设计完成上述要求定位指令的电子齿轮比、输出脉冲频率和输出脉冲个数。

该题并没有对脉冲当量提出要求，对工件运行速度提出要求实际上是对电动机转速提出要求。因此，电子齿轮比应由电动机转速确定。

工件速度：

$$V = \frac{d}{t} = \frac{40}{2} = 20 \text{cm/s}$$

电动机转速：

$$n = \frac{V}{D} = \frac{20}{0.8} = 25 \text{r/s}$$

未超过电动机额定转速。电子齿轮比的设置余地比较大，在满足工件速度要求的前提下，尽量使脉冲当量小，以提高定位精度。

观察下面公式，在式（1-5）中，系统的固有脉冲当量为常数，而脉冲当量 δ 则随着电子齿轮比值的减小而减小。而在式（1-6）中，当电动机转速 n 一定时，脉冲频率越大，电子齿轮比越小，脉冲当量 δ 也越小。

$$\delta = \delta_0 \cdot \frac{CMX}{CDV} \qquad (1\text{-}5)$$

$$n = \frac{f \cdot MD}{P_m} = \frac{f}{P_m} \cdot \frac{CMX}{CDV} \qquad (1\text{-}6)$$

因此，把控制器的脉冲输出频率选为其最大输出频率 100kHz，$f=f_M$ 代入式（1-6），有：

$$\frac{CMX}{CDV} = \frac{n P_m}{f_M} = \frac{25 \times 262\,144}{100\,000} = \frac{65\,536}{1000}$$

电子齿轮比的设置为：CMX=65 536，CDV=1000。

脉冲当量 δ 为：

$$\delta = \delta_0 \cdot \frac{CMX}{CDV} = \frac{D}{P_m} \cdot \frac{CMX}{CDV} = \frac{8000}{262\,144} \times \frac{65\,536}{1000} = 2\mu m/pls$$

控制器的输出脉冲数 P 为：

$$P = \frac{d}{\delta} = \frac{400\,000}{2} = 200\,000 \text{ pls}$$

故定位指令的输出脉冲数为 200 000 pls，脉冲输出频率为 100 kHz。

通过上面的三个例题，对于电子齿轮比的设置和定位程序中指令脉冲的数量和频率选择有如下建议。

（1）如果控制要求以定位精度为主要考虑，则应根据脉冲当量来设置电子齿轮比。电子齿轮比设置后，应该核算电动机转速和工件位移速度，如果电动机转速不超过其额定转速就选择控制器最大输出频率为指令脉冲的频率。指令脉冲数则根据相应位移距离计算。如果电动机转速超过其额定转速，则还要进一步核算其运行时的最高输出频率，而指令脉冲的输出频率必须小于这个最高频率。

（2）如果控制要求以提高电动机功效为主要考虑，则应以电动机额定转速为依据来设置电子齿轮比。这时，为了最大限度地提高定位精度，则应选择控制器最大输出频率为指令脉冲的脉冲频率，并以此核算系统脉冲当量，计算出指令脉冲的输出脉冲数。

1.4 编码器

1.4.1 编码器简介

在定位控制中，位置控制传感器是交流伺服控制系统的重要组成单元。在某种意义上说，交流伺服控制系统的性能优劣取决于位置传感器的性能。

用于交流伺服控制系统的位置检测传感器主要有旋转变压器、感应同步器、光电编码器和磁性编码器等。这些传感器既可以用于位置检测，也可用于速度检测。而在定位控制中，随着光电子学和数字技术的发展，光电编码器已广泛应用于交流伺服控制系统中，本书也仅就光电编码器做一些介绍和讲解。

光电编码器又称光电角位置传感器，是一种集光、机、电为一体的数字式角度/速度传感器。它采用光电技术将轴、角移动信息转换成数字脉冲信号，与计算机和显示装置连接后可实现动态测量和实时控制，它包括光学技术、精密加工技术、电子处理技术等。与其他同类用途传感器相比，光电编码器具有精度高、测量范围广、体积小、质量轻、使用可靠和易于维护等优点，被广泛应用于交流伺服控制系统中做位置和速度检测用。

按编码器运动部件的运动方式来分，可分为旋转式和直线式两种。由于伺服电动机为旋转运动，可以借助机械机构变换成直线运动，反之亦然。所以，直线式编码器在实际中用得很少，仅在某些结构形式和运动方式都有利于使用的场合才被采用，而且旋转式编码器容易做成封闭式、小型化，且传感长度不受限制，环境适应能力较强，因而获得了广泛应用。本书也仅讨论各种类型的旋转式编码器。

旋转式编码器从结构上来看主要有实心轴式和空心轴式两大类。如图 1-35 所示。

(a) 实心轴式 (b) 空心轴式

图 1-35 编码器外观图

1.4.2 编码器分类

旋转式编码器从脉冲与对应位置（角度）的关系来分，有增量式编码器、绝对式编码器和伪绝对式编码器三类。下面分别给予介绍。

1. 增量式编码器

增量式编码器的基本结构如图 1-36 所示。它由码盘、光源（LED）、遮光板和感光元件四部分组成。

码盘一般由光学玻璃制成，码盘上有一个刻有均匀透光缝隙的码道，相邻两个缝隙之间代表一个增量周期。码盘的一侧是光源——发光二极管，码盘的另一侧是感光元件和位于感光元件与码盘之间的遮光板。遮光板上刻有与码盘相应的透光缝隙，它用来通过或阻挡光源和感光元件之间的光线。通常，遮光板上所刻制的两条缝隙使输出信号的电角度相差 90°。这样，当码盘转动时，感光元件所接收到的感光信号经放大和整形后变成一对输出相位相差 90°的 A 相和 B 相脉冲信号。同时，在增量式编码器的码盘上还有一条只刻有一个透光缝隙的码道，而在遮光板上同半径的对应位置也刻有一条缝隙，码盘每转动一周就发出一个 Z 相脉冲，Z 相脉冲信号也叫零位标志脉冲，它作为码盘的基准标志而给计数系统提供一个初始的零位信号。图 1-37 为一增量式编码器结构剖析图。

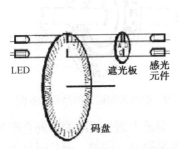

图 1-36 增量式编码器的结构示意图

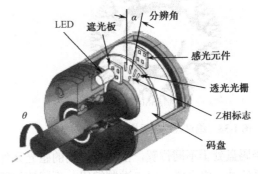

图 1-37 增量式编码器的剖析图

图 1-37 中，两个相邻透光缝隙之间的对应圆心角称为分辨角 α，由于透光缝隙是均匀刻制的，所以 $\alpha = 360°/$ 缝隙数。如果某编码器的码道有 4096 个缝隙，即 $\alpha = 360°/4096 = 0.088°$。

增量式编码器输出信号为一连串脉冲，每一个脉冲对应一个分辨角 α，增量式编码器的分辨率定义为编码器转动一周所发生的脉冲数，也就是用脉冲数/转（P/r）来表示的，换言之，码盘上码道的透光缝隙越多，分辨率就越高。所谓分辨率是指检测传感器所能检测到的最小角位移（或位移）量，它仅取决于传感器的本身，与其他无关。在实际使用中，常常把增量式编码器的分辨率说成多少线。例如，分辨率为 1000P/r 的称为 1000 线。知道了分辨角 α 的大小，其转动角位移等于分辨角乘以转动的脉冲数 N，即 $\theta=\alpha N$。

增量式编码器的优点是结构简单，响应快，抗干扰能力强，寿命长，可靠性高，适合长距离传输，因此被大量应用在速度检测和定位控制中。在 1.4.3 节中，将对增量式编码器进行专门介绍。

在定位控制中，其角位移（也可以换算成线位移）与编码器输出的脉冲个数成正比，因此控制脉冲的个数就可以控制位移的距离。但是，这种控制方式存在严重缺陷：增量式编码器的特点是每一个输出脉冲对应于一个单位位移量（也叫做增量位移），但却不能通过输出脉冲区别出是哪一个增量位移量，即无法区别出在哪个位置上的增量。因此，编码器只能产生相对增量位移量，这就造成两个问题。首先，它只控制相对位移量，即相对当前位置的位移量。如果这个相对位置本身就存在误差，那么整个定位控制系统都会受到影响，而且这种误差还会不断累积下去，最后会使整个定位控制不能正常工作。其次，由于它不能检测出轴的转动绝对位置。因此，如果发生停电，哪怕是瞬间断电，都会造成当前位置信息的丢失。当重新上电时，必须要执行一次重新回原点（定位控制的参考点）操作，才能保证定位控制的准确性。这种情况导致了另一种类型的编码器——绝对式编码器的出现。

2. 绝对式编码器

与增量式编码器不同的是，绝对式编码器能够输出转轴转动的绝对位置信号。这和绝对式编码器码盘上的组成有很大关系。在绝对式编码器的码盘上沿径向方向有若干个同心码道，每条码道也是由透光码道组成的，这些透光缝隙是按照相应的码制关系来刻制的。如图 1-38 所示为一绝对式编码器的光学图案码盘。码盘的一侧是光源，另一侧是感光元件，感光元件和码道的数量相对应，如图 1-39 所示。

图 1-38　绝对式编码器格雷码光学图案

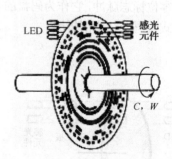

图 1-39　绝对式编码器的结构示意图

当码盘处于不同位置，由径向排列的感光元件根据每个码道上透光缝隙的不同会产生相应的电平信号，组合成一组二进制编码。不同的位置其二进制编码是不同的，而且码盘上二进制编码器全为 0 的位置是固定的。这样，在转轴的任意位置都可以读出一个固定的、与位置相对应的二进制编码，这就是绝对式编码器能够表示转轴位置的工作原理。常用的码制有二进制码、格雷码和 BCD 码等。

图 1-40 和图 1-41 所示为一个仅作说明的三位二进制码码盘和格雷码码盘示意图。

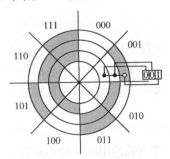
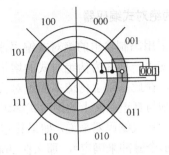

图 1-40 三位二进制码码盘示意图　　　　　　图 1-41 三位格雷码码盘示意图

二进制码是一种有权码，但这种编码方式在码盘转至某些边界时，编码器输出便出现问题。例如，当转盘转至 001～010 边界时（如图 1-40 所示）这里有两个编码改变，如果码盘刚好转到理论上的边界位置，编码器输出多少？由于是在边界，001 和 010 都是可以接收的编码。然后由于机械装配的不完美，左边的光电二极管在边界两边都是 0，不会产生异议，而中间和左边的光电二极管则可能会是"1"或者"0"，假定中间是 1 左边也是 1，则编码器就会输出 011，这是与编码盘所转到的位置 010 不相同的编码，同理，输出也可能是 000，这也是一个错误。通常在任何边界只要是一个以上的数位发生变化时都可能产生此类问题，最坏的情况是三位数位都发生变化的边界，如 000～111 边界和 011～100 边界，错码的概率极高。因此，纯二进制编码是不能作为编码器的编码的。

与上面纯二进制码相比，格雷码的特点是：任何相邻的码组之间只有一位数位变化（如图 1-41 所示），这就大大减小了由一个码组转换到相邻码组时在边界上所产生的错码的可能。因此，格雷码是一种错误少的编码方式，属于可靠性编码。格雷码是无权码，每一位码没有确定的大小，因此不能直接进行大小比较和算术运算，要利用格雷码进行定位还必须经过码制转换变成纯二进制码，再由上位机读取和运算。

绝对式编码器仅能在单圈范围里进行绝对位置的检测，其测量角位移的范围只限于 360°以内，因此当位移量超出一圈范围时，它也不能进行绝对位置的检测。这就产生了多圈编码器。

多圈编码器利用钟表齿轮机械传动的原理在单圈式编码器基础上改进而成。当中心码盘转动时，通过齿轮组带动表示转动圈数的码盘转动，同时检测圈数码盘和中心码盘的编码扩大了绝对式编码器的测量范围。

多圈编码器的另一个优点是由于测量范围大，在安装时不必费劲找零点，将某一中间位置作为起始点就可以，从而大大简化了安装调试难度。

绝对式编码器有固定零点，表示位置的信息代码又是唯一的，具有抗干扰能力强，停电后位置信息不会丢失，无累积误差等多重优点，在高精度的定位控制中得到了广泛的应用。绝对式编码器的缺点是制造工艺复杂，价格贵。

绝对式编码器输出的是多位数码，因此在结构上必须有多线输出（一位数据一根线），其与 PLC 的连接方式有并行输出和串行输出两种。并行输出就是直接将编码器的数位线接到输入口上，直接将编码器的数据送入到 PLC。这种方式连接简单，输出即时，对于位数不多的绝对值编码器来说多数可以采用这种方式。这种方式的缺点是必须采用格雷码的绝对式编码器，原因如上所述。接口必须良好，传输距离一般在 2m 左右，而串行输出是一种采用通信方式来传输绝对式编码器数据的方式，这种方式必须要配置相应的接口设备才能完成。串行输出的最大特点是所用的传输线较少，传输距离远。

3. 伪绝对式编码器

上述采用码制输出的绝对式编码器在欧美伺服控制系统里比较常用，但在日系伺服控制系统中大都使用一种称为伪绝对式的增量编码器。这种伪绝对式编码器的中心码盘仍然为一增量式编码器，在此基础上仿造多圈绝对编码器增加了记录中心码盘旋转次数的附加码盘。在具体使用上则与真正意义上的绝对式编码器有较大差别。

对于增量式编码器来说，如果其零点位置确认，（即零点脉冲固定，这点可以用和 Z 相脉冲相对应的那个脉冲来确定），那么在 360°范围内，转过零点的输出脉冲的增量脉冲数就表示了其运动位置的绝对数据。同样，超出一圈后可以用记录到的圈数和中心码盘转过零点脉冲的增量脉冲数来表示。这就是伪绝对式编码器的基本工作原理。

当伺服系统使用这种伪绝对式编码器时必须在任何情况下都要保存位置数据（圈数和增量脉冲数）。一旦断电，编码器本身不能反映其位置数据信息，所以必须在编码电路上增加后备电池和储存器，储存器用来保持位置数据信息，而后备电池则是用来保证系统断电后信息不会丢失的。同时，在首次开机、电池不及时更换和编码器的传输线断开时都必须重新进行一次原点回归（对零点脉冲固定）操作。

对于三菱伺服控制系统来说，除了上面所述之外，在重新上电后必须按规定的接线方式立即把位置数据信息通过 ABS 指令传送给 PLC 的当前值数据寄存器。关于 ABS 指令的功能及应用详见第 3 章绝对位置读取指令 ABS。

1.4.3　增量式编码器的使用

1. 编码器主要电性能参数

增量式编码器的主要参数有下面几个：

1）电源电压

电源电压是指编码器外接电源电压，一般为 DC5～DC24V。

2）分辨率

分辨率是指编码器每圈输出的脉冲数，俗称多少线。每一种型号的编码器都会做成不同分辨率的产品。线数越多，分辨率越高。分辨率较低的常用在计数和转速检测上，分辨率高的常用在定位控制中。一般分辨率在 10～10 000 线之间。

3）最高响应频率

最高响应频率是指编码器输出脉冲的最高频率，它限制了编码器实际使用的最高转速。

4）最高转速

最高转速是指编码器运行的最大转速，在不同的分辨率下，其运行转速不能超过下式。

$$转速 \leqslant \frac{最大响应频率（Hz）}{每转脉冲数} \times 60r/min$$

5）信号输出方式

信号输出方式指编码器所输出的脉冲波形式，有单脉冲信号输出、A-B 相带原点信号输出、双相带原点信号输出、差分线驱动信号输出等，详见后述。

6）输出信号类型

输出信号类型是指编码器信号电子电路的输出形式，有集体极开路输出、电压输出、推挽输出和差分驱动输出等，详见后述。

2. 增量编码器的分辨率、倍频与细分技术

在 1.2 节伺服电动机和伺服驱动器中曾说明过编码器发出的脉冲经过 4 倍频电路后送入偏差计数器。除了倍频，编码器还可以进行细分，获得更高的分辨率。

增量编码器的 A/B 输出波形一般有两种，一种是有陡直上升沿和陡直下降沿的方波信号，另一种是缓慢上升与下降，波形类似正弦曲线的 sin/cos 曲线波形信号输出，A 与 B 相差 1/4T 周期 90°相位，如果 A 是类正弦 sin 曲线，那 B 就是类余弦 cos 曲线。

对增量脉冲信号是 sin/cos 类正余弦的信号来说，后续电路可通过读取波形相位的变化用模数转换电路来细分 5 倍、10 倍、20 倍，甚至 100 倍以上，分好后再以方波波形输出。细分后输出 A/B/Z 方波的还可以再次 4 倍频。这就是为什么某些伺服电动机编码器分辨率做得很高的原因。例如，三菱 MR-J3 伺服驱动器的编码器分辨率为 131 072（2 的 17 次方）。实际上，其原始刻线可以是 2048 线（2 的 11 次方，11 位），通过 16 倍（4 位）细分得到 32 768 的分辨率（2 的 15 次方，15 位），再经 4 倍频（2 位）得到 131 072 的分辨率（2 的 17 次方，17 位）。

但是，细分对于编码器的旋转速度是有要求的，一般都较低。另外，如原始码盘的刻线精度不高、波形不完美，或细分电路本身的限制，细分也会波形严重失真、大小步、丢步等，使用时需注意，不要被它的"17 位"所迷惑。

3. 编码器输出信号的方式

不同型号的增量式编码器，其输出脉冲的方式也不相同。简述如下。

1）单脉冲输出

单脉冲输出仅输出一个占空比为 50%的脉冲波形，如图 1-42 所示。单脉冲输出的编码器分辨率较低，仅有几十线。用在脉冲计数和转速测量上较多。

2）A-B 相脉冲输出

使用最多的增量式编码器输出是 A、B、Z 三相脉冲输出，也有的只输出 A、B 两相脉冲。A、B、Z 三相脉冲的输出波形如图 1-43 所示。Z 相脉冲信号也叫零位标志脉冲，码盘每转动一周发出一个 Z 相脉冲，它作为码盘的基准标志而给计数系统提供一个初始零位信号。

图 1-42　单脉冲输出波形图

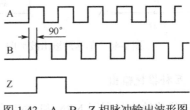

图 1-43　A、B、Z 相脉冲输出波形图

由图可知，A、B 两相脉冲输出是在相位上相差 90°的正交脉冲。如果编码器的旋转方向不同，A、B 两相的超前滞后关系也不同，据此可以判别编码器的旋转方向。增量型编码器旋转方向的定义是：从其轴端方向看，顺时针转动为正转，此时 A 相脉冲超前 B 相脉冲 90°，其判别是 B 相脉冲的上升沿落在 A 相脉冲里。逆时针转动为反转，此时 B 相脉冲超前 A 相脉冲 90°。B 相脉冲的下降沿落在 A 相脉冲内，如图 1-44 所示。

3）差分线性驱动脉冲输出

差分线性驱动输出为一对互为反相的两个信号，如图 1-45 所示。这种输出信号由于取消了信号地线，对以共模方式出现的干扰信号有很强的抗干扰能力。在工业环境应用中，因能传输更长距离而获得越来越广泛的应用。

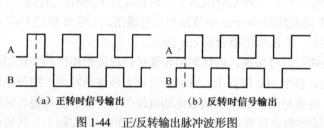

（a）正转时信号输出　　（b）反转时信号输出

图 1-44　正/反转输出脉冲波形图　　　　　图 1-45　单脉冲输出波形图

4. 编码器输出信号类型

1）集电极开路输出

集电极开路输出是电子开关、各种电子设备的电子输出端口最常用的电路输出方式。其电路输出是把晶体管的发射极作为公共端，而集电极悬空输出的电路。根据所用晶体管的不同，又分为 NPN 集电极开路输出（见图 1-46（a））和 PNP 集电极开路输出（见图 1-46（b））。两种输出的区别在于 NPN 为电流从外面流入晶体管，而 PNP 则为电流从晶体管流出。

2）电压输出

电压输出是在集电极输出电路的基础上，在电源和集电极之间接上一个电阻（俗称上拉电阻），使集电极输出电压比较稳定，如图 1-47 所示。

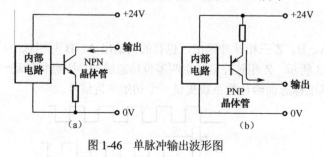

图 1-46　单脉冲输出波形图

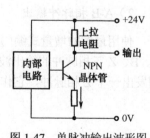

图 1-47　单脉冲输出波形图

3）互补推挽输出

互补推挽输出是利用 NPN 和 PNP 两个晶体管轮流导通而输出高/低电平的电路，与模拟电路推挽功率放大电路类似。图 1-48 中，当 NPN 管导通时，输出低电平，此时 PNP 管为关断状态，反之输出为高电平时，则 PNP 管导通，而 NPN 管为关断状态。互补推挽输出电路的优点是，既可与 NPN 型集电极输入的设备连接也可与 PNP 型集电极输入的设备连接，且传输距离也较集电极开路输出的稍长一些。

4）差分线性驱动输出

差分线性驱动输出电路是产生差分线性驱动输出脉冲信号的电路。其利用集成运算放大器产生相位相反的一组脉冲信号 A 和 A 反，如图 1-49 所示，采用的是 RS-422 标准。这种电路输出的信号必须是具有差分输入电路的设备才能接收的。其抗干扰性能很强，传输距离远比上述电路都长。

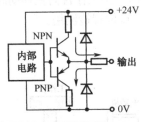
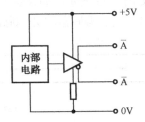

图 1-48 单脉冲输出波形图　　　　图 1-49 单脉冲输出波形图

5. 编码器的应用

1）做转速测量用

编码器实际上就是一个脉冲发生器。它与普通电子脉冲发生器不同的是，需要外力带动它转动才能输出脉冲。它的应用也常常与带动它转动的物体有关。

编码器的一个重要应用就是测量旋转体的转速。用编码器检测转速有两种方法。

（1）在高速时，一般采用输出脉冲计数法。

如图 1-50 所示，即在某个时段时间 T s 内对编码器输出脉冲进行计数，假设编码器一周脉冲数为 n，在时间 T s 内输出脉冲个数为 m，则其转速 N 为：

$$N = \frac{m}{nT} \times 60 \text{r/min}$$

（2）在低速时，则采用输入脉冲捕捉法。

引入一频率为 f_c 的高速脉冲源，在编码器所发生的两个脉冲之间的时间内去捕捉频率为 f_c 的高速脉冲个数 m，如图 1-51 所示，假设编码器一周的脉冲数为 n，捕捉到的脉冲数为 m，则其转速 N 为：

$$N = \frac{f_c}{nm} \times 60 \text{r/min}$$

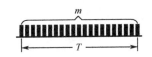
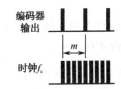

图 1-50 编码器转速高速检测　　　　图 1-51 编码器转速低速检测

2）做位置检测用

编码器的另一个重要应用是可以用于定位控制，如图 1-52 所示。当伺服电动机通过驱动轮带动输送带前进时，如果驱动轮周长为 L，编码器一圈脉冲数为 n，则在输送带上的位移距离 d 可转换成编码器输出脉冲数 P，其关系为：

$$P = \frac{dn}{L}$$

当控制器接收到编码器送来的脉冲数达到 P 时及时停止电动机转动。这种定长控制方法远比用行程开关控制精度要高得多。

同样，如在机床主轴末端和主轴相连接一编码器，则工作台行走距离完全可以转换成编码器脉冲数。如图 1-53 所示，如设定工作台向右移动为正方向，当工作台向左移动时，编码器则发出反向脉冲，而且编码器的 Z 相脉冲还可作为工作点的原点位置检测用。

图 1-52　编码器转速高速检测　　　　　　图 1-53　编码器转速高速检测

3）做伺服系统反馈元件用

在闭环伺服控制系统中，编码器常和伺服电动机轴端相连，这时编码器实际发出的脉冲数常常代表伺服电动机在一圈中的相对位置被反馈到伺服驱动器中，和控制器发来的指令脉冲进行比较而控制伺服电动机的运行，这时编码器是作为闭环反馈元件使用的。这一点在上面的章节中均有所阐述，这里不再重复。

6. 编码器接线

1）做脉冲发生器用

增量式编码器经常用作高速脉冲输出，它可以连接计数器、PLC、单片机等。对三菱 FX 系列 PLC 来说，其中 A、B 相脉冲信号输出典型连接如图 1-54 所示。

FX 系列 PLC 的内部高速计数器有 4 种类型，其中能够连接 A、B 相脉冲输入的高速计数器为 C251～C255，而脉冲输入端口只能是 X0～X7，并且规定，C251、C252、C254 的输入端口 A 相为 X0，B 相为 X1，如图 1-54 所示。C253、C255 的输入端口 A 相为 X3，B 相为 X4。关于 FX 系列 PLC 的高速计数器及其应用可参看《三菱 FX$_{2N}$ PLC 功能指令详解》一书的第 12 章，这里不再详述。

由于编码器有不同的输出方式，因此在和 PLC 连接时，必须考虑到 PLC 的信号输入方式，两者必须相配合才行。

2）做伺服系统反馈元件用

在伺服控制中，编码器是与伺服电动机连接在一起的，它与伺服驱动器的连接是用专用电缆连接的,不需要考虑它的接线,如图 1-55 所示。如果还要与 PLC 相连,则由驱动器的另一端口出线相连。详细讲解请参看本书第 6 章。

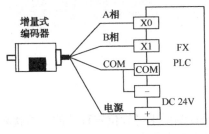

图 1-54 编码器与 PLC 连接

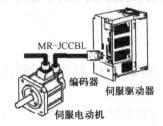

图 1-55 编码器与伺服驱动器连接

7. 编码器检测

增量式编码器可以用万用表(指针式)初步检测它的好坏。方法是:给编码器通电,用万用表相应直流电压挡量测 A、B、C 三相的输出电压,用手缓慢转动编码器的轴。A、B 相应该是指针在一定范围内来回摆动,而 Z 相在一圈内仅摆动一次。如果某相不发生摆动,则说明该相已经损坏。

初步检测后,最好再用示波器观察输出波形,检测波形是否失真,脉冲是否缺失,A、B 相是否相位差为 90° 等。

8. 编码器安装和维护

编码器属于高精度机电一体化设备,其安装必须十分注意,关键是在任何情况下都要保证编码器的轴/径向负载不要超过额定范围,所有的编码器都装有负载轴承,轴承的寿命取决于编码器轴上的负载,减小编码器轴上的负载可以确保编码器的使用寿命。

对实心轴编码器来说,如果编码器轴和用户轴之间采用刚性连接,则在安装过程中两者之间有任何偏移,或因用户轴的窜动、跳动都会有很高的负载作用在编码器轴上,从而造成编码器轴系和码盘的损坏。为了避免产生超额的负载,编码器轴与用户端输出轴之间需要采用弹性软连接,弹性联轴器可以消除轴间偏移量,消除振动和轴向位移。

对空心轴编码器来说,在大部分情况下,编码器都直接与机器轴采用刚性连接,在这种情况下编码器外壳不能和机器刚性连接。为保证编码器外壳不随轴而旋转,应采用弹性支架或定位销连接,这样既能固定编码器又可以削减机器的振动。编码器安装完成后所有的旋转部件,如轴、联轴器、测量轮和支架等都必须加以防护。

安装时严禁敲击和摔打碰撞,以免损坏轴系和码盘,长期使用时要定期检查固定编码器的螺钉是否松动。

电气方面,开机前应仔细检查产品说明书与编码器型号是否相符、接线是否正确。配线时应采用屏蔽电缆,避免在强电磁波环境中使用,配线之前要确保已经关掉电源。应避免电缆与高压或动力线并行配线,接地端的选择原则是:在电路中接地端必须是唯一的,如果系统中其他元件需要接地,则必须是单独地连接到此唯一的接地端上等。

在编码器使用时,环境是对编码器寿命的一个显著影响因素,使用时要注意周围有无振源及干扰源,不是防漏结构的编码器不要溅上水、油等,必要时要加上防护罩,注意环境温度、湿度是否在仪器使用要求范围内。

1.5　定位控制运行模式分析

1.5.1　相对定位和绝对定位

在定位控制中，控制对象如工件是在不断按照控制要求进行位置移动的。这就涉及工件移动的移动量和其所处的相应位置的表示问题，也涉及控制器使用何种指令能明确告诉工件的移动量和停止位置。

在工件做直线运动时，把其运动直线看成一个坐标系。坐标系的原点就是工件运动的起始位置，这个起始位置称为原点。

一旦原点确定，坐标系上其他位置的尺寸均可用与原点的距离和方向来标记，这种位置的表示方法称为绝对坐标。这样做的好处是，坐标系上任意位置的尺寸是唯一的。在定位时，只要告诉绝对坐标就能非常准确地定位，而且也马上知道该位置在哪里。在实际工作中还有一种定位的表示方法，它是以工件当前位置作为计算的起点，用与当前位置的距离和方向来表示。把这种表示方法称为相对位移。很明显，当定位控制位置确定后，相对位移的大小与当前位置所在绝对坐标有关。同一坐标位置会因为当前位置值的不同而有不相同的位移。

在定位控制中经常碰到相对定位和绝对定位的概念。所谓相对定位和绝对定位是针对起始计算位置的设置而言的。利用绝对坐标值来进行定位称为绝对定位。利用相对位移来进行定位称为相对定位。

现用图 1-56 来说明。图中，O 点为工件的原点。假定工件的当前位置在 A 点，要求工件移动后停在 C 点，如何来表示其位移呢？在 PLC 中，用两种方法来表示工件的位移。

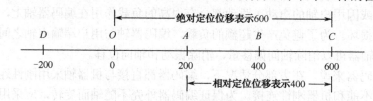

图 1-56　相对定位和绝对定位

1）相对定位

相对位移是指定位置坐标与工件当前位置坐标的位移量。由图可以看出，工件的当前位置为 200，只要移动 400 就到达 C 点，因此移动位移量为 400。用相对位移来表示为 400。相对位移量与当前位置有关，当前位置不同，则位移量也不一样，表示也不同。如果设定向右移动为正值（表示电动机正转），则向左移动为负值（表示电动机反转）。例如，从 A 点移到 C 点，表示为 400；从 A 点移到 D 点，相对位移量为 400，表示为-400。以相对位移量来计算的位移表示称为相对定位，相对定位又称增量式定位。

2）绝对定位

绝对定位是指定位位置与坐标原点的位移量。同样，由当前位置 A 点移到 C 点时，绝对定位的定位表示为 600，也就是 *C* 点的坐标值，可见绝对定位仅与定位位置的坐标有关，而与当前位置无关。同样，如果从 *A* 点移动到 *D* 点，则绝对定位的定位表示为-200。

由上述分析可知，这两种定位的表示含义是完全不同的，相对定位所表示的是实际位移量，而绝对定位表示的是定位位置的绝对坐标值。显然，如果定位控制是由一段一段的移位连接而成的，并知道各自的位移量，则使用相对定位控制比较方便，而当仅知道每次移动的坐标位置时，则用绝对定位控制比较方便。

在实际伺服控制系统中，这两种定位方式的控制过程是不一样的，执行相对定位指令时，每次执行的以当前位置为参考点进行定位移动，其位移量是直接由定位指令发出的，而执行绝对定位指令时定位指令给出的是绝对坐标值，其实际位移量则是由 PLC 根据当前位置坐标和定位位置坐标值自动进行计算得到的。

三菱 FX 系列 PLC 由脉冲输出指令和定位指令进行定位控制，但脉冲输出指令只能进行相对定位，而定位指令则既有相对定位，也有绝对定位。

1.5.2　原点和零点

在定位控制系统中，工件的运动可以定义在坐标系中运动，这样坐标系中的原点就是工件运动的起始位置。对于这个起始位置，在定位控制中经常会碰到机械原点、电气原点、机械零点和电气零点等名词术语。由于目前对这些术语并没有一个统一的定义和说明，往往同一术语不同资料有不同的讲解，而同一讲解术语却不同，初学者对此十分困惑。编者就这个问题提出了自己的一些看法和理解，供广大读者参考。读者也可就这个问题展开一些讨论，使这个问题更加清晰。

1）机械原点与电气原点

机械原点的叫法最早出现在数控机床、加工中心等高精度自动化设备上。这些设备加工精度很高，在其加工程序的编制中，各种数据都是以坐标的数值来标明的。有了坐标系统，必定有坐标的起始位置，这就是坐标的原点，原点一旦确定，各种加工数据都是以原点为参考点核算的，这个原点就是设备的机械原点，设备在每加工一批工件前都必须进行原点回归。因此，机械原点是设备本身所固有的，一旦设备装配好，其机械原点的位置也就确定了。

一般来说，设备的机械原点是通过各种无源或有源开关来确定的，由于这些开关精度有限，加之工件为高速回归，就产生了原点重置性较差的问题，也就是每次原点回归的原点位置会不完全一样，这就影响了高精度的加工。为了解决机械原点重置性较差的问题，人们采用了开关加编码器 Z 相脉冲来确定原点位置的方式。这种方式的原点是这样确定的：在工件上附加一个挡块（俗称 DOG 块），当工件进行原点回归时，先以高速向原点方向运动。当 DOG 块的前端碰到原点开关（俗称 DOG 开关、近点开关）后马上减速至低速运行。当 DOG 块的后端离开 DOG 开关时开始对编码器的零相（Z 相）脉冲进行计数，计数到设定的数值后停止。停止点为原点位置。

采用这种方式后原点重置性能好了，原点位置的精度也提高了，但该原点仅与机械原点相近，并不与机械原点重合。采用这种方式，原点位置仅与 DOG 块和 DOG 开关及零相脉冲数有关。当 DOG 块和 DOG 开关安装完毕，且零相脉冲设置一定后，原点位置就已确定。把这个由开关加编码器的方式所确定的原点称为电气原点。

机械原点是设备原有的坐标原点，而电气原点则是所有加工数据的参考点，也可以是工件的起始位置。机械原点和电气原点并不是一个点，它们并不重合，电气原点位置非常灵活，用户可以很方便地进行调整，但一般情况下，为保证工件运行较大的行程，总是把电气原点设置在靠近机械原点的地方。

2）电气零点与机械零点

在位置控制中，所有的加工工件位置数据都是以相对于电气原点的绝对位置值存放在一个指定的数据寄存器中，称为工件位置当前值寄存器 CP，其内容是随工件位置变化而变化的。显然，对电气原点来说，CP 的值应为 0。但是，在定位控制中，位置都是相对的，绝对位置是相对于电气原点（CP=0）而言的，而相对位置则是相对于当前位置（CP≠0）而言的。那么，在实际操作中，是不是一定要把原点位置定于如上所述的电气原点位置呢？也就是说，是不是一定要把原点位置的值设为 0 呢？

了解了绝对位置值 CP 是相对于 CP=0 的点的位置这个道理后就可以知道，CP=0 的点位置是可以在定位控制的有效行程内任一点位置设置的，其必要条件是确定好这个位置后，其当前值数据寄存器值必须为 0，这种可在任意点设置为 CP=0 的点为与电气原点相区别，把它称为电气零点。意思是当前值 CP=0 的点。这时，电气原点的绝对位置值就不为 0，而是与电气零点存在一定距离的绝对位置值，这个值根据它与电气零点相对位置关系可正可负。

电气原点与电气零点的区别是：电气原点是在控制中执行了原点回归指令（有一定要求和步序）后所回到的点，这个点是固定的。仅与外部设置（DOG 块，DOG 开关）和内部设置（零相脉冲数）有关，一旦确定不再变化；而电气零点是在当前值寄存器数据 CP=0 的点，它可以在任意点设置。改变电气原点的当前绝对地址值，相当于改变电气零点的位置。在实践定位控制中，常常把电气原点的绝对地址值设为 0，这时电气原点和电气零点合二为一，为同一点，一般统称为原点。在本书以后的讲解中，如果没有特殊说明，所指原点、原点回归均是指这种合二为一的电气原点。

如果在一个定位控制运动中，所有的位置数据都是用相对位置来完成的，这时工件的起始位置当前值 CP 是不是 0 就不重要，因为它不影响工件的定位。也就是说，当工件在全部控制过程中均采用相对定位方式来完成定位控制时，就不需要强调其起始位置值是多少，只要是满足控制要求的点均可，这种对工件加工起始位置 CP≠0 的点称为机械零点。

机械零点仅在全部是相对位置运动时作为工件起始点处理。当机械零点时的当前位置值 CP=0 时，机械零点和电气零点重合为一点。本书中不讨论机械零点的问题，一般情况下，认为机械零点和电气零点是同一个点。

综上所述，机械原点是指设备出厂时所指定的坐标零点位置，电气原点则是专指应用原点回归指令后所停止的点。而电气零点则是当前值 CP=0 的工件加工起始位置，机械零点则是指当前值 CP 不为 0 的工件加工起始位置点，而在一般应用中，把电气原点与电气零点合二为一的点统称为原点，本书也不例外。

1.5.3　原点回归模式分析

在定位控制中，原点的确定涉及原点回归问题，也就是说，在每次断电后重复工作前都先要做一次原点回归操作。这是因为每次断电后，机械所停止的位置不一定是原点，但 PLC 内部当前位置数据寄存器都已清零，这样就需要机械做一次原点回归操作而保持一致。即使程序在执行前能够把当前位置读取到内部当前位置寄存器中，无须断电复电后做原点回归操作，但控制系统在首次投入运行时也必须先做一次原点回归操作，确保原点位置的准确性，所以原点回归操作在定位控制中是必不可少的。

原点回归模式有两种回归方式：DOG 块信号原点回归和零相信号计数原点回归。

1．DOG 块信号原点回归

图 1-57 所示为 DOG 块信号原点回归动作示意图。

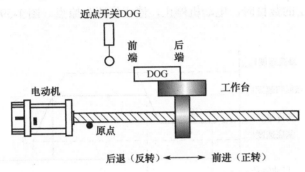

图 1-57 DOG 块原点回归动作示意图

图 1-58 为 DOG 块信号原点回归控制分析图。

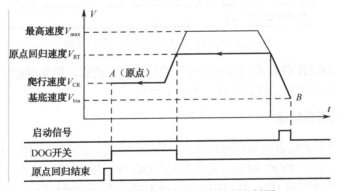

图 1-58 DOG 块信号原点回归控制分析图

（1）启动原点回归指令后，机械由当前位置 B 加速至设定的原点回归速度 V_{RT}。

（2）以原点回归速度快速向原点移动。一般原点回归速度比较大，这样可以较快地原点回归。

（3）当工作台 DOG 块前端碰到近点开关 DOG 时（近点开关 DOG 由 OFF 变为 ON 时），机械由原点回归速度 V_{RT} 开始减速到爬行速度 V_{CR} 为止。

（4）机械以爬行速度 V_{CR} 继续向原点移动，爬行速度一般较低，目的是能在慢速下准确地停留在原点。

（5）当工作台 DOG 块后端碰到近点开关 DOG 时（近点开关 DOG 由 ON 变成 OFF 时）马上停止，停止位置即为回归的原点 A。

原点回归指令 ZRN 执行的是 DOG 块信号原点回归模式。

2. 零相信号计数原点回归

DOG 块信号原点回归模式的缺陷是对 DOG 块的长度有一定要求的。为保证原点回归能在爬行速度上回归到原点位置，DOG 块的长度必须大于机械在从原点回归速度减速至爬行速度这段时间里所走的距离。否则，机械将以高于爬行速度的速度停止。这就会影响原点位置的重置性。在实际定位控制中，DOG 块的长度往往会受到机械结构或工况的限制，不能按照要求的长度去做，这样势必影响原点回归的操作。因此。在很多定位控制设备上对其进行了补充。其方法是在近点开关 DOG 由 ON 变成 OFF 时，对编码器输出的 Z 相信号（零相信号）进行计数，当零相信号到达所设定的数目时，电动机停止，停止位置为原点。图 1-59 为零相信号计数原点回归控制分析。

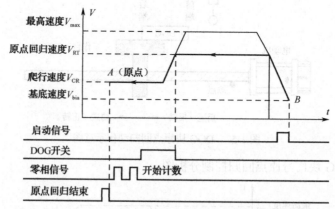

图 1-59　零相信号计数原点回归控制分析

原点回归指令 DSZR 执行的是零相信号计数原点回归模式，但其零相信号数为 1，而 1PG 和 20GM 则可设置零相信号的计数个数（多于 1 个）。

3. 原点回归的搜索功能

对 DOG 块信号不带搜索的原点回归来说，其开始位置只能在近点开关 DOG 的右边区域内进行原点回归动作。如果 DOG 块仍与近点开关 DOG 保持接触(仍压住近点开关 DOG)或 DOG 块处于近点开关左边区域或 DOG 块与限位开关保持接触都不能进行原点回归。这就使不带搜索功能的原点回归模式应用受到了很大限制。为此，又开发出了带搜索功能的原点回归模式。

这时，原点回归模式有 4 种可能。分析如下。

（1）开始位置在近点开关 DOG 右边区域（图 1-60 中的 A 点）

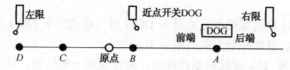

图 1-60　带 DOG 搜索功能原点回归控制分析 1

这种情况和上面不带 DOG 搜索功能的原点回归所处的情况一致。因此，其原点回归模式也相同，不再叙述。

（2）开始位置在 DOG 块仍与近点开关 DOG 保持接触区域内（图 1-61 中的 B 点）。

图 1-61　带 DOG 搜索功能原点回归控制分析 2

在这种情况下，其原点回归动作过程如下。

① 以原点回归速度向与原点回归方向相反的方向（图中向右）移动。

② DOG 块前端碰到开近点开关 DOG 后减速停止，并离开近点开关 DOG。

③ 以原点回归速度向原点回归方向开始移动。DOG 块前端再次碰到近点开关 DOG，开始减速到爬行速度继续移动，在检测到 DOG 块后端后检测到第一个零点信号时停止。

（3）开始位置在近点开关 DOG 左边区域（图 1-62 中的 C 点）。

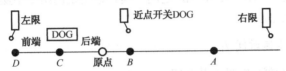

图 1-62　带 DOG 搜索功能原点回归控制分析 3

在这种情况下，其原点回归动作过程如下。

① 以原点回归方向开始移动（图中向左移动）。

② DOG 块前端碰到左边限位开关信号时减速停止。

③ 以原点回归速度向与原点回归方向相反的方向（图中向右）移动。

④ DOG 块前端碰到近点开关 DOG 后减速停止，并离开近点开关 DOG。

⑤ 以原点回归速度向原点回归方向开始移动，DOG 块前端再次碰到近点开关 DOG，开始减速到以爬行速度继续移动，在检测到 DOG 块后端后检测到第一个零点信号时停止。

（4）开始位置在 DOG 块与限位开关保持接触处（图 1-63 中的 D 点）。

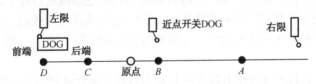

图 1-63　带 DOG 搜索功能原点回归控制分析 4

在这种情况下，其原点回归动作过程如下。

① 以原点回归速度向与原点回归方向相反的方向（图中向右）移动。

② DOG 块前端碰到近点开关 DOG 后减速停止，并离开近点开关 DOG。

③ 以原点回归速度向原点回归方向开始移动，DOG 块前端再次碰到近点开关 DOG，开始减速到以爬行速度继续移动，在检测到 DOG 块后端后检测到第一个零点信号时停止。

4. 速度/位置和时间参数

在进行定位控制运行模式分析时会涉及与运行有关的一些速度参数和时间参数。对这些参数的含义及它们的确定方式将陆续做一些说明。

在这一节中用到的参数如下。

1）原点回归速度 V_{RT}

这是电动机执行原点回归指令时所确定的最初回归速度。该速度由指令操作数设定，或由其指定的特殊数据寄存器确定。

原点回归速度应大于等于基底速度而小于等于最高速度。如果设定值大于最高速度，则按最高速度运行，但最大不能超过 100kHz。原点回归速度也应设定得比伺服驱动器的最大响应频率小。

2）爬行速度 V_{CR}

这是在原点回归过程中，为保证每次原点都停止在同一位置，由原点回归速度减速至爬行速度而完成原点回归动作。因此，这个速度必须远低于原点回归速度而又高于基底速度（见下节介绍）。这个速度一般在 10～32 767Hz 之间。爬行速度是由指令中操作数设定的，或由其指定的特殊数据寄存器所决定。

3）加速时间 T_a 和减速时间 T_b

加速时间 T_a 和减速时间 T_b 见下节介绍。

1.5.4 单速运行模式分析

1. 单速定位运行模式分析

当电动机驱动执行机构以一种运行速度从位置 A 向位置 B 移动时，称为单速定位运行模式。单速定位运行模式在执行过程中不是一开始就用运行速度运行的，而是要经历升速、恒速和减速过程。如图 1-64（a）所示，单速定位运行时，电动机运行从 0 或基底速度开始加速至运行速度，然后以运行速度向 B 点运行，在快到达 B 点时会自动逐渐减速而停止。

单速运行模式是定位控制中最基本也是最常用的运行模式，一般的定位控制指令都是针对单速运行模式所设计的。在定位控制中，工件的复杂定位实际上就是一段一段单速运行模式的连接。

单速运行模式在运行时又分绝对位置运行和相对位置运行两种方式，绝对位置方式运行时，指令中的目标位置值必须用距原点的绝对位置值给出，而相对位置方式运行时，指令中的目标位置值仅是本次运行的位移值。

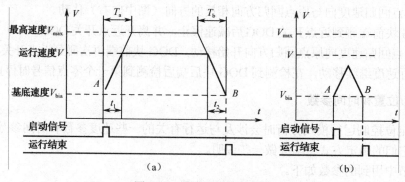

图 1-64 单速运行控制分析

单速运行模式中，如果运行距离较短而加减速时间较长时会出现工件未加速到运行速度时就已减速至目标位置的情况。如图 1-64（b）所示。

2. 速度/位置和时间参数

单速运行中涉及的速度/位置和时间参数如下。

1）最高速度 V_{max}

不论是步进电动机还是伺服电动机其转速均是有限制的，一般情况下，最大转速不要超过其额定转速，但在采用脉冲信号作为定位控制信号时，最大转速还受到 PLC 最高输出频率的限制。因此，一般都是把 PLC 最高输出频率作为其最高速度的。

2）运行速度 V

运行速度 V 为电动机运行时的速度，即定位指令的输出脉冲频率，由指令的操作数设置。

3）基底速度 V_{bia}

当使用定位指令控制步进电动机时，步进电动机系统的极限启动频率比较低，而当指定运行频率大于极限启动频率时，如果直接从 0 启动到运行频率，则会发生失步和振动现象，为此，设置了基底速度。其含义是：当脉冲输出频率达到基底速度时，开始加速到运行速度。基底速度一般应设置为最高速度的 1/10 以下，如果为该值以上时，就取最高速度的 1/10。

对伺服电动机来说，基底速度可设置为 0。

4）加速时间 T_a

加速时间 T_a 是指电动机从基底速度加速到最高速度所需的时间，如图 1-64 所示。实际运行时的运行速度一般都小于最高速度。因此，单速运行的实际加速时间 t_1 要小于加速时间 T_a。但是，在可变速脉冲指令 PLSV 中，仅当加减速动作标志位 M338=ON 时，加减速时间才有效。

5）减速时间 T_b

减速时间 T_b 是指电动机从最高速度减速到基底速度所需的时间。实际运行时的减速时间 t_2 也比减速时间 T_b 要小，如图 1-64 所示。

6）加减速时间 T

三菱 FX 系列 PLC 的机型不同，其加/减速时间设置也稍有差别。对 FX$_{1S}$、FX$_{1N}$ 来说，它们在使用定位指令时的加减速时间是同一数值。不区分是加速还是减速，统一称为加减速时间 T。而对 FX$_{3U}$ 系列来说，其加速时间和减速时间是分别设置的，分别为 T_a 和 T_b。T_a 和 T_b 的值可以相同也可以不同。

7）运行位移

运行位移是指工件单速运行时的位移。一般由指令给出，但必须注意，运行模式的位置运行方式是绝对定位方式运行还是相对定位方式运行。这两种运行方式的目标位移值是完全不同的。

3. 单速手动（JOG）运行模式分析

手动（JOG）运行模式是单速运行模式的一个特例，手动又叫点动，当按住正转或反转按钮时，电动机做正/反转运行。当松开按钮时，电动机减速停止，即"点一点，动一动，不点不动"。其运行过程如图 1-65 所示。

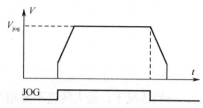

图 1-65　单速手动（JOG）运行模式分析

手动（JOG）运行是定位控制中不可缺少的运行模式。不管何种定位控制，都要求在程序中编入手动正/反转运行程序，这是因为手动程序起到两个重要的作用。一是当定位控制系统硬件电路及驱动器设置全部完成后，首先要运行的是手动正/反转，通过手动运行可以验证电路连接是否正确，再观察电动机运行情况，对驱动器各项参数进行适当调整。由于手动运行速度 V_{jog} 比较低，进行上述验证和调整均不会造成损失。二是在生产过程中需要对位置进行调整（如核准元件、核对位移等），利用手动运行十分方便。手动运行速度 V_{jog} 比较低，在最高速度 V_{max} 和基底速度 V_{bia} 之间选择。

1.5.5　中断定长运行模式分析

1. 中断单速定长运行模式

中断单速定长运行模式是单速运行模式的一种变通和补充，其运行时序如图 1-66 所示。当运行启动后，工件以指令规定的运行速度 V 一直在移动，没有具体的目标位置，直到运行中有中断信号输入时，运行就以速度 V 运行到指令设定的位置时减速停止。因此，这是一种在中断信号发生后的单速定长运行模式。在中断发生前，工件虽然也在运行，但它是没有目标位置的，称为无限制运行段。而中断发生后，则以信号产生的位置为当前位置而进行相对位置方式定长运行。

由于中断信号是随机的，因此中断单速定长运行模式常用在那些定位控制由随机信号确定的场合，如在一些材料不是随连续输送的场合进行定长切断等。

2. 速度/位置和时间参数

（1）中断单速定长运行中涉及速度与时间的参数包括最高速度 V_{max}、运行速度 V、基底速度 V_{bia}、加速时间 T_a 和减速时间 T_b。它们的含义及设定均与单速运行模式相同。

（2）运行位移。

在中断单速定长运行中，其目标位移值只能是以相对定位方式所表示的位移值。

3. 中断双速定长运行模式

如果把中断单速定长运行模式变成用两种速度进行，那么就是中断双速定长运行模式。如图 1-67 所示。当第 1 个中断信号为 ON 时，减速到第 2 种速度运行，直到第 2 种中断信号为 ON 时，完成所指定的定长位移后减速停止。

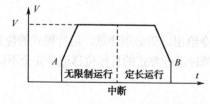

图 1-66　中断单速定长运行控制分析

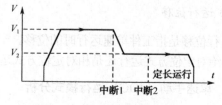

图 1-67　中断双速定长运行

1.5.6　多速运行模式分析

1. 双速运行模式分析

1）双速运行模式

在定位控制实际应用中，为了提高生产效率和保证加工精度，需要在一个定位控制中用两种速度运行。例如，工件的快进—工进等控制就是。这时，可用两次单速运行模式进行定位连续运行来完成。但是，单速运行模式有一个缺陷，它每次运行都要减速到停止后才能进行第 2 次单速运行，如图 1-68 所示。

而双速运行模式则克服了这个缺陷，工件的运行速度 1 减速到速度 2 时就可以以运行速度 2 继续运行完成运行位移 2 后结束。如图 1-69 所示。与图 1-68 相比，可缩短运行时间，提高生产效率。

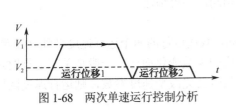

图 1-68　两次单速运行控制分析

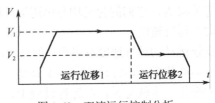

图 1-69　双速运行控制分析

2）速度/位置和时间参数

（1）双速运行模式中涉及速度与时间的参数有最高速度 V_{max}、基底速度 V_{bia}、加速时间 T_a 和减速时间 T_b，它们的含义均与单速运行模式的参数相同，不再阐述。

（2）运行速度。

两个运行速度 V_1 和 V_2 之间不存在大小关系，实际运行时既可以由高速向低速运行，也可以由低速向高速运行。

（3）运行位移。

运行位移也有两个，与运行速度相对应，同样可以选择绝对定位或相对定位方式来进行设定。

2. 变速运行模式分析

1）变速运行模式

双速运行模式仅能变速一次，如果需要三速、四速乃至更多的变速，则只能用单速运行模式进行如图 1-64 所示的连续运行。这种方法要反复使用定位指令和反复修改定位数据。在某些控制中仅要求进行变速运行，其位置控制通过外部开关控制，希望只要改变速度参数就能连续改变运行速度，完成控制任务。这种能进行多种运行速度变换的运行模式叫做变速运行模式。

变速运行模式控制分析如图 1-70 所示。

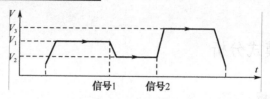

图 1-70　变速运行控制分析

在三菱 FX PLC 中，多速运行是通过程序设计直接改变速度指令而进行速度变换的，也就是说，是在脉冲输出的同时修改脉冲输出的频率而达到变速目的的。因此，在开始、频率变化和停止时都没有加/减速时间控制。由于在短时间里实现速度变换，所以很容易引起惯性冲击。这对某些负载较大的变速运行来说要特别注意变速运行对机械的冲击作用。

变速运行模式在运行中一般不要改变运行方向，因为方向的改变会使机械造成意想不到的意外事故，如实际需要改变方向，则必须使电动机得到充分的停止，再输出不同方向的频率值。

2）速度/位置和时间参数

（1）变速运行模式中涉及速度与时间的参数有最高速度 V_{max}、基底速度 V_{bia}、加速时间 T_a 和减速时间 T_b，它们的含义均与单速运行模式参数相同，不再阐述。

（2）运行速度。

变速运动的运行速度有多个，但与双速运行不同，双速运行的两个运行速度是独立设置的，而变速运动的多个运行速度实际上只是一个运行速度的参数变化而已，一般是单速运行时速度参数的变化。也就是说，在运行过程中，通过控制信号首先改变速度参数，则运行速度随即以改变后的速度运行，而不是事先设置好的。

（3）运行位移。

变速运行中，每一种运行速度的运行位移是由外部变速信号控制的，没有具体的目标位置。

1.5.7　表格定位运行模式

表格定位运行模式与上述定位运行模式都不同，上述运行模式都有相应的定位控制指令配套实现。例如，原点回归模式有原点回归指令完成，手动（JOG）运行模式有 PLSY 指令完成等。表示定位控制的操作要求（输出频率，输出脉冲、方向）一般都在定位控制指令中体现。但是表格定位模式不同，它是把定位控制的操作模式、操作要求（输出频率、脉冲个数、脉冲方向）以指令的形式事先存放在一些存储单元内，形成一张表格，表格中的每一行表示一个定位控制操作。这张表格随同程序一起写入 PLC 中。

下面通过一个简单的例子来说明表格定位指令的应用过程与执行功能。图 1-71 为一定位控制要求运行图，它共有两段定位控制运动，先从原点（0 处）运行到绝对位置值为 3000 处，然后再返回到绝对位置值为 1200 处。

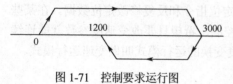

图 1-71　控制要求运行图

图中有两个定位控制过程，都是单速运行定位模式。如果用定位控制指令做，则用两次绝对位置定位指令 DRVA 来完成，而在表格定位指令中，先把这两个绝对位置定位指令分别编制在一张表格中，然后在程序中按顺序分别使用表格定位指令去定位表格中执行相应的行操作。

表格定位运行模式的应用和子程序调用十分相似。在定位控制程序中，应用表格定位控制指令调用表格中的某一行（实际上是调用该行所编制的定位控制指令）就可完成相应的定位控制运动。表格运行模式在需要多种运行操作的定位控制中应用十分方便，可以简化程序。详细的表格定位操作模式在第 3 章表格定位指令中进行讲解。

1.6　联动与插补分析

1.6.1　独立单轴连动与 2 轴同步联动

在定位控制中，一个输出脉冲信号只能控制一台步进或伺服电动机的运动，称为独立单轴运行。一个独立单轴的运行轨迹只能是直线运动或圆周运动。当一台设备有多个独立单轴时，定位控制运动就产生独立单轴连动和多轴同步联动的说法。连动和联动均是工控人员一种通俗的叫法，目前也没有统一的明确说法。下面就连动和联动做一些说明，读者不要去纠缠名词术语是否合理，重点是理解它们在定位控制运动中的真实含义。

1. 连动

什么叫独立单轴连动？在定位控制中，如果有多个独立单轴在运动，但它们之间的运动轨迹是互相独立的，也就是，每一个独立单轴都在自己的直线（或圆周）内运行，各轴的控制分别用各自不同的程序，运行方式（自动、手动、原点回归等）、启动和停止都分别进行控制。它们相互之间在运动轨迹上没有任何关联。但是在控制器的协调下，同一时间内可以有多个独立单轴同时在运动。这种独立单轴的同时运动称为独立单轴连动，简称连动。

连动时，每个独立单轴都有自己的运动轨迹，所带的物体在自己的运动轨迹上运动，与其他独立单轴没有相互关联。因此，定位控制程序设计也是按照控制要求向每个独立单轴编写定位控制指令的。与通常的单轴多段定位控制程序编写类似。这里不再分析。

2. 联动

当一个物体的运动同时受到两个或 3 个独立单轴的控制时，称为多轴同步联动。如果从运动的轨迹角度来看，独立单轴的运动轨迹仅是一条直线（或在一个圆周上），而双轴联动的轨迹是在一个平面内的曲线，而三轴联动的轨迹是在一个立体空间内的曲线，所以联动又称为连续轨迹控制或协调运动控制，简称联动。

通常情况下，两轴同步联动时常用两个独立单轴组成平面直角坐标系，一个为 X 轴，另一个为 Y 轴，如图 1-72（a）所示，三轴同步联动时组成空间直角坐标系，如图 1-72（b）所示。

在定位控制中，多轴同步联动比多个独立单轴连动控制复杂得多。下面，仅针对工件在平面上的位移控制进行一些简单介绍。二轴同步联动的定位控制中，必须对二轴的位移进行协调控制，才能使工件按预定的运动轨迹位移。目前，对这种协调控制有两种处理方法，一种是轨迹方程法，另一种是插补法。

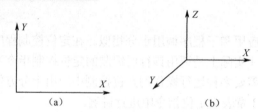

图 1-72　平面直角坐标系与空间直角坐标系

1.6.2　轨迹控制分析

轨迹方程法的前提是定位控制对象在平面上的运动轨迹必须有确定的参数方程表达式。所谓参数方程是指曲线上任一点的坐标（x,y）都是某个变量 t 的函数。因此，曲线方程 $Y=f(X)$ 就变成了一个参变数 t 的方程组，如下式：

$$\begin{cases} x = f_1(t) \\ y = f_2(t) \end{cases}$$

下面仅就直线和圆介绍一下轨迹控制的程序设计思路。

1．直线轨迹控制分析

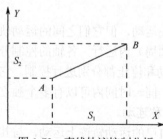

图 1-73　直线轨迹控制分析

图 1-73 为一平面坐标上的直线运动。物体从当前点 A 沿直线位移至目标位置 B，设直线在 X 轴方向上的位移距离为 S_1，在 Y 轴方向上的位移为 S_2。X 轴的运动速度为 V_1，Y 轴的运动速度为 V_2，则有：

$$\begin{cases} S_1 = V_1 t \\ S_2 = V_2 t \end{cases}$$

为保证运行轨迹是直线 AB，X 轴和 Y 轴运行同时开始还必须同时结束，即运行时间是一样的，则由上述方程得到：

$$t = \frac{S_1}{V_1} = \frac{S_2}{V_2}$$

上面的数学分析说明，在应用独立两轴同步控制同一物体在平面上进行非轴向方向上的直线运动时，只要保证两轴的位移与速度之比相等就可以完成平面上的直线运动。因此，在应用定位控制指令（PLSY、DRVI、DRVA 等）分别对两轴进行同步控制时，如果两轴的输出脉冲数和输出脉冲频率之比相等，则可以完成平面上非轴向方向上的直线运动。

这种直线轨迹控制方法理论分析是可以使用的，但由于在实际应用时受到加减速时间的影响，即在加速时间和减速时间里位移与速度之比会因不相等而产生同步，另外还会受到程序扫描的影响，即两轴的定位指令是不可以同时执行的，也就是说，在刚开始和结束时也是不同步的，这些都会影响运动的精度。

2．圆轨迹控制分析

上面对直线的轨迹分析不能应用到其他曲线上，对其他曲线则采用增量控制算法。这种轨迹控制法的算法是：选择参数方程的参变数 t 为运动增量，使其增量做微小的（Δt）增加或减小的变化。PLC 根据参数方程表达式分别计算其在 X 方向和 Y 方向上的增量值，如果其中有一个方向上的增量值出现单位位移量的增、减时，则发出指令使对象在该方向上进行前进或后退一个单位位移量的运动。如果计算结果在 X 方向和 Y 方向上都没有出现某个方向上的单位位移量的增、减时，则继续增加 Δt 变化，又重新重复上述计算及运动过程，直到参数 t 的变化使对象完成整个运动轨迹为止。

下面以圆为例给予简单说明。圆的参数方程为（假定圆心在坐标原点）图 1-74 右边的表达式，式中 R 为圆的半径。

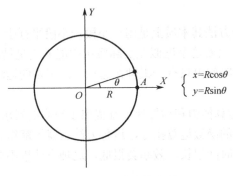

$$\begin{cases} x = R\cos\theta \\ y = R\sin\theta \end{cases}$$

图 1-74 圆的参数方程

对于圆的轨迹控制法算法如图 1-75 所示，说明如下。

（1）进行初始化处理，设定坐标的初始值，清 θ，在图中假定起点为 A，则坐标初始值为 $X=R$，$Y=0$，$\theta=0$。

（2）根据精度要求，设定 X、Y 方向上的单位位移量，位移量以脉冲当量的整数倍为宜，单位位移量是 X 轴和 Y 轴每次移动的量，它的大小决定曲线轨迹与参数方程的曲线之间的误差，这个误差不会大于单位位移量。

（3）设定参数 θ 的增量 $\Delta\theta$，增量 $\Delta\theta$ 的大小设置为每一次增加 $\Delta\theta$ 后都不能使 ΔX 或 ΔY 的增量大于单位位移量，即

$$\Delta X_1 = X(\theta+\Delta\theta) - X(\theta) \qquad （X 轴增大方向）$$
$$\Delta X_2 = X(\theta) - X(\theta+\Delta\theta) \qquad （X 轴减小方向）$$
$$\Delta Y_1 = Y(\theta+\Delta\theta) - Y(\theta) \qquad （Y 轴增大方向）$$
$$\Delta Y_2 = Y(\theta) - Y(\theta+\Delta\theta) \qquad （Y 轴减小方向）$$

都必须小于（最多等于）单位位移量。

（4）参数 θ 在当前位置上增加 $\Delta\theta$，那么 $\theta_i = \theta_{i-1} + \Delta\theta$，然后根据参数方程式分别计算 X_i，Y_i 的值，即

$$\begin{cases} X_i = R\cos\theta_i \\ Y_i = R\sin\theta_i \end{cases}$$

（5）分四次计算 ΔX 与 ΔY 的值，即

$$\Delta X_1 = X_i - X_{i-1} \qquad \Delta X_2 = X_{i-1} - X_i$$
$$\Delta Y_1 = Y_i - Y_{i-1} \qquad \Delta Y_2 = Y_{i-1} - Y_i$$

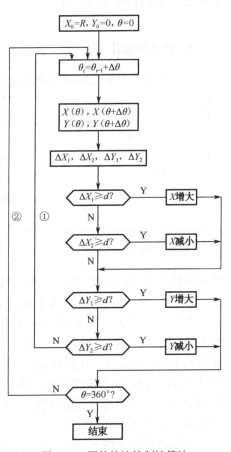

图 1-75 圆的轨迹控制法算法

（6）每一次计算值都必须与单位位移量进行比较，只要结果是大于或等于单位位移量就发出定位指令，使 X 轴或 Y 轴在增加方向或减小方向上运行一个单位位移量，位移后的 X 或 Y 的值为新的位差值 X_{i-1} 或 Y_{i-1}。

（7）如果四次比较都小于单位位移量，则参数 θ 再次增加一个 $\Delta\theta$，重复（4）、（5）、（6）步，如图 1-75 中的①所示。

（8）如果四次比较产生 X 或 Y 方向上的位移时，在移动后必须判断是否到达终点（$\theta=360°$），到达终点则结束，未到达终点则参数 θ 再次增加 $\Delta\theta$，重复（4）、（5）、（6）步，如图 1-75 中的②所示。

由上述分析可知，这种方法其本质上是用一小段一小段平行于 X 轴和 Y 轴的微小直线来近似代替圆参数方程曲线的。只要这个近似在实际应用中能够满足精度要求就可以运用。所谓联动仍然是单轴运动，在一定时间内只有一根轴在运动。两根轴的运动是通过 PLC 的程序来进行协调的。

轨迹控制法对 PLC 的运算能力和运算速度都提出了较高的要求，例如，如果 PLC 不具备浮点数运算能力，就没有相关的函数运算指令，这种方法也就不能得到实现。同样，如果 PLC 的运算速度较低，则程序运行时间很长，效率会很低，这种方法也不会得到应用。

1.6.3　插补控制分析

1. 什么叫插补

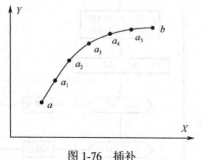

图 1-76　插补

什么叫插补？和上面所介绍的轨迹方程法一样，插补也是用一小段一小段直线来近似代替曲线的一种控制方法。轨迹方程控制是运用曲线的参数方程直接进行计算来控制 X 轴或 Y 轴位移的，插补则是在曲线（不能用参数方程表示）的起点和终点之间插入一系列中间点（也叫插值），然后对每两点之间的曲线用一小段直线或圆弧来代替。这种完成曲线轨迹的位移的方法叫做插补，如图 1-76 所示。

常用的插补方法有直线插补和圆弧插补两种。这两种插补仅是替代的方法不同，直线插补用直线来近似代替曲线上两个插值之间的线段，而圆弧插补用一小段圆弧来近似代替两个插值之间的线段，但不论是直线插补还是圆弧插补都不是 X 轴和 Y 轴同时联动完成的，而是由一小段一小段的 X 轴或 Y 轴的位移完成的，如同轨迹方程控制一样。

如何去协调 X 轴或 Y 轴的运动使之完成直线或圆弧插补控制，这种算法称为插补算法。常用的算法有脉冲增量插补算法（又叫逐点比较法），它适用于步进电动机和伺服电动机，另一种是数据采样插补算法，比较复杂，适用于伺服电动机。不论哪种算法用 PLC 去设计插补程序控制 X 轴和 Y 轴完成曲线的位移，对一般工控技术人员都是一件较为困难的任务。因为本书是针对初学定位控制的读者所编写的，所以这里仅对插补进行一些知识性的介绍，不讲解具体程序的编制，读者如需进一步学习，可参考相关资料。

下面将分别介绍采用逐点比较法的直线插补和圆弧插补算法，使大家对插补的控制过程有进一步的了解。

2. 直线插补分析（逐点比较法）

不论是直线插补还是圆弧插补，其基本原理都是采用逐点比较法，在叙述直线插补和圆弧插补前先对逐点比较法做一个大概了解。

逐点比较法的基本原理是：在工件（动点）运行过程中不断地将工件与插补直线或圆弧进行相对位置比较，并根据比较结果使工件朝着偏差减小的方向进行平行于 X 轴或 Y 轴的阶梯形直线运动，直到到达直线或圆弧的终点为止。

逐点比较法可以通过图 1-77 进行说明，图中，MN 是插补直线，P 点是动点，动点只能在 X 轴方向上或 Y 轴方向上移动，当 P 在 MN 的下方时，P 点只能在 Y 轴方向上进行位移才能减小它与 MN 的偏差，而当 P 在 MN 的上方时也同样可以分析，P 点只能在 X 轴方向上进行位移才能减小它与 MN 的偏差，就这样逐点与直线比较，不断在 X 轴或 Y 轴方向上一点一点移动，直到到达终点 N 为止。插补实质上就是用这样一小段一小段平行于 X 轴或 Y 轴的阶梯折线代替 MN 的。只要这一小段一小段阶梯折线进给相当微小（如仅一个脉冲当量），那么插补的折线与直线 MN 的位置误差也不会超过 1 个脉冲当量。只要把脉冲当量取得相当小，用到机床加工上，精度可以做到相当高。

直线插补和圆弧插补都采用逐点比较法，但它们的算法不同。先介绍直线插补的算法。设第一象限直线 ON，终点坐标 $N(X_N, Y_N)$，工件位于动点 $P(X, Y)$，动点 P 通过插补方式完成直线 ON 的位移。如图 1-78 所示。

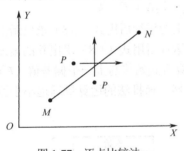

图 1-77　逐点比较法

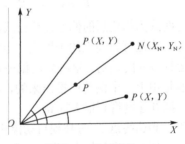

图 1-78　直线插补

由图可见，动点 P 的位置可以有 3 种情况：一是在 ON 的下方，这时工件应进行 Y 轴方向上的位移才能减小与 ON 的偏差；二是在 ON 的上方，这时工件应进行 X 轴方向上的位移才能减小与 ON 的偏差；三是工件正好处于 ON 直线上，那么如何来判断工件所处的位置呢？

假定动点 P 在 ON 的下方，连接 OP 可以从图中看出，OP 的斜率 $\tan\theta_P$ 一定小于 ON 的斜率 $\tan\theta_N$，即

$$\tan\theta_P < \tan\theta_N$$

则有：

$$\frac{Y}{X} < \frac{Y_N}{X_N}$$

整理得：
$$YX_N - Y_N X < 0$$

式中，X，Y 为动点 P 坐标值，X_N，Y_N 为 N 点坐标值。同样，对 P 点位于 ON 线上和 ON 上方进行类似分析，就会得到：

$$YX_N - Y_N X < 0 \qquad （P \text{点位于} ON \text{下方}）$$
$$YX_N - Y_N X = 0 \qquad （P \text{点位于} ON \text{上}）$$

$$YX_N - Y_N X > 0 \qquad (P\text{ 点位于 }ON\text{ 上方})$$

令 $F = YX_N - Y_N X$，定义为偏差位置判别式，因此只要计算出 F 值的大小就可以控制工件的位移方向，如图 1-79 所示。

当 $F=0$ 时，工件可以进行 X 轴方向上的位移，也可进行 Y 轴方向上的位移。通常规定为向 X 轴方向上的位移。

当 $F<0$，工件进行 Y 轴方向上的位移。

当 $F>0$，工件进行 X 轴方向上的位移。

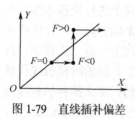

图 1-79　直线插补偏差位置判别

工件每位移一步后都必须将工件的新坐标值代入判别式 F，算出新的 F 值，确定工件下一步的运行方向，如此反复下去，直到到达终点为止。这种以上述算法为基础的用阶梯形线段替代 ON 直线的方法叫直线插补。

上述算法需要进行二次乘法和一次减法，运算还是复杂，会直接影响插补速度。为了简化运算，对判别式做一些变换。在图 1-79 中，当 $F \geqslant 0$ 时，沿 X 轴方向运行 1 步（1 个脉冲当量值）到达点（$X+1$，Y），令新的位置偏差为 F'，则由代入判别式 F 得到。

$$F' = YX_N - Y_N(X+1) = YX_N - Y_N X - Y_N = F - Y_N \qquad (1-7)$$

当 $F<0$ 时，工件向 Y 轴方向运行 1 步到达（X，$Y+1$），令新的偏差值为 F'，同样可以得到：

$$F' = (Y+1)X_N - Y_N X = YX_N + X_N - Y_N X = F + X_N \qquad (1-8)$$

上述两式为简化后的偏差计算公式，进行 X 轴方向上的运行后用式（1-8）求出新的偏差值作为 F 进一步运行方向上的判别式。走完 Y 轴方向上的运行后用式（1-8）求出新的偏差值作为下一步运行方向的判别。这种新的偏差位置判别式的计算方式始终与上一个偏差值（F）有关，新的偏差是由上一个偏差递推出来的，称为递推法。显然，递推法的运算量远远小于原来的运算方法，插补速度得到很大提高。

当工件到达终点 N 时必须自动停止运行。因此，每运行 1 步都必须进行终点判断。最常用的终点判断是设计一个长度计数器，其计数长度为 X 轴方向和 Y 轴方向上的运行步数之和。工件无论在 X 轴方向上还是在 Y 轴方向上每运行 1 步，计数器当前值都减 1，当计数器长度为 0 时表示已到达终点，插补结束。

综上所述，可以画出逐点比较法直线插补子程序框图，如图 1-80 所示。

图中，初始化的内容为输入终点坐标 X_N、Y_N，设定长度计数器值 $n = X_N + Y_N$，设置初始偏差值 $F_0 = 0$。

下面举例说明直线插补的过程。对第一象限直线 ON 进行插补，N 点坐标为（4,3），直线插补的起点为原点，这时 $F_0 = 0$，长度计数器值为 7，共 7 步。其插补过程如图 1-81 和表 1-2 所示。

以上介绍的是第一象限直线，但如果直线在第二、第三、第四象限，则工件在 X 轴及 Y 轴的位移方向上会有所不同。如图 1-82 所示。例如，当 $F \geqslant 0$ 时，工

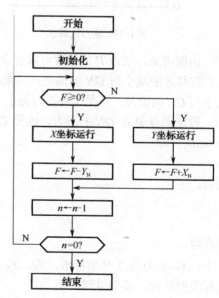

图 1-80　逐点比较法直线插补子程序框图

件在第一、第四象限向 X 轴正方向移动，而在第二、第三象限则向 X 轴负方向移动。同样，当 $F<0$ 时，工件在一、二象限向 Y 轴正方向移动，而在三、四象限向 Y 轴负方向移动。但是，不管在哪个象限都采用与第一象限相同的偏差计算公式，只是式中的终点坐标均取绝对值代入计算。当然，插补子程序也需要根据象限不同而适当变化。

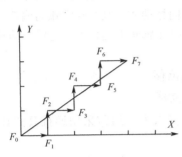

图 1-81　直线插补过程图

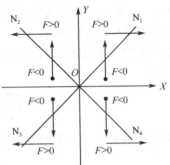

图 1-82　四种不同的直线插补处理

表 1-2　插补过程计算表

序　号	偏差 F 判别	运　行	偏 差 计 算	长度计数器
0			$F_0=0$	7
1	$F_0=0$	X 轴$+1$	$F_1=F_0-Y_N=-3$	6
2	$F_1=-3<0$	Y 轴$+1$	$F_2=F_1+X_N=1$	5
3	$F_2=1>0$	X 轴$+1$	$F_3=F_2-Y_N=-2$	4
4	$F_3=-2<0$	Y 轴$+1$	$F_4=F_3+X_N=2$	3
5	$F_4=2>0$	X 轴$+1$	$F_5=F_4-Y_N=-1$	2
6	$F_5=-1<0$	Y 轴$+1$	$F_6=F_5+X_N=3$	1
7	$F_6=3>0$	X 轴$+1$	$F_7=F_6-Y_N=0$	0

3. 圆弧插补分析（逐点比较法）

理解了直线插补的原理与工作流程后圆弧插补就比较容易掌握了。圆弧插补利用圆弧代替曲线，而工件则是在圆弧附近朝着偏差减小的方向做阶梯形的直线移动。圆弧插补中也存在一个工件位置的判别。圆弧的逐点比较法插补一般以圆心为坐标原点。在第一象限里给出逆时针圆弧 MN，M 为起点坐标，为 $(X_0，Y_0)$，N 为终点坐标，为 $(X_N，Y_N)$，P 为动点（工件），坐标为 $(X，Y)$，如图 1-83 所示。

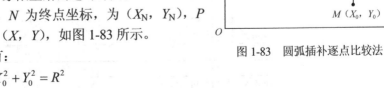

图 1-83　圆弧插补逐点比较法

根据圆的解析方程有：

$$\begin{cases} X_0^2+Y_0^2=R^2 \\ X^2+Y^2=OP^2 \end{cases}$$

式中，R 为圆弧 MN 的半径，OP 为 P 点到圆心的距离。动点 P 与圆弧 MN 的关系有三种情况：在圆弧外、圆弧上和圆弧内。插补时，动点必须朝与圆弧 MN 偏差减小的方向运行。设偏

差判别式为 $F=(X^2+Y^2)(X_0^2+Y_0^2)$，则根据动点 $P(X,Y)$ 的三种情况有下列结论。

$P(X,Y)$ 在圆外，这时 $OP > R$，得到 $F > 0$。

$P(X,Y)$ 在圆上，这时 $OP = R$，得到 $F = 0$。

$P(X,Y)$ 在圆内，这时 $OP < R$，得到 $F < 0$。

不难看出，偏差的判别式以圆弧 MN 为界，如在界外，则 P 点只有向 X 轴负方向移动才能减小与圆弧的偏差，而在界内，则 P 点只有向 Y 轴正方向移动才能减小与圆弧的偏差，而在界上，可以向 X 轴负方向或向 Y 轴正方向移动。一般规定向 X 轴负方向移动。这样，插补的位移方向就变成：

$$\begin{cases} F \geq 0, & \text{向}X\text{轴负方向位移} \\ F < 0, & \text{向}Y\text{轴负方向位移} \end{cases}$$

同样偏差判别式 $F=(X^2+Y^2)-(X_0^2+Y_0^2)$，运算工作量太大。通常采用递推公式计算进行运算。

如 $F \geq 0$，则动点向 X 轴负方向运行 1 步。有：

$$F' = (X-1)^2 + Y^2 - (X_0^2 + Y_0^2)$$
$$= X^2 - 2X + 1 + Y^2 - (X_0^2 + Y_0^2)$$
$$= (X^2 + Y^2) - (X_0^2 + Y_0^2) - 2X + 1 = F - 2X + 1$$

如 $F < 0$，则动点向 Y 轴正方向运行 1 步，有：

$$F' = X^2 + (Y+1)^2 - (X_0^2 + Y_0^2)$$
$$= X^2 + Y^2 + 2Y + 1 - (X_0^2 + Y_0^2)$$
$$= (X^2 + Y^2) - (X_0^2 + Y_0^2) - 2Y + 1 = F - 2Y + 1$$

所以，第一象限逆时针圆弧插补的递推公式为：

$$\begin{cases} F' = F - 2X + 1 & (F \geq 0\text{时}) \\ F' = F + 2Y + 1 & (F < 0\text{时}) \end{cases}$$

圆弧插补也存在终点判断问题，其方法和直线插补一样，设计一个长度计数器，其计数长度为在 X 轴和 Y 轴上所走的总步数，为 $|X_N - X_0| + |Y_N - X_0|$。每走一步对计数器进行减 1 计算，当计数值为 0 时，表示到达终点。

圆弧插补也存在象限不同处理方式不同的问题，但它比直线插补复杂的是同一象限还有顺时针和逆时针圆弧之分，这样就形成 8 种不同的处理。

这些处理的区别仅在于 X 轴和 Y 轴移动的方向不同，它们的偏差判别式及其计算过程都是相同的。8 种不同的圆弧插补处理可参见图 1-84。

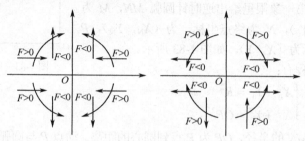

图 1-84 八种不同的圆弧插补处理

相比直线插补，圆弧插补的优点是达到相当的精度，曲线的插值点可相对少一些。除此之外，有的还用二次曲线插补，运算更加复杂。

关于插补的知识就介绍到这里。在平面上两个坐标点之间走曲线，通过编制上述插补程序送入 PLC 来控制 X 轴和 Y 轴完成控制任务，从理论上说是可以实现的，但仔细分析一下却十分困难。首先，一条曲线要分成多少段才能满足精度要求？每一段的坐标都要送入 PLC 事先存储起来，数据量相当大，占用大量内存，而每一小段都必须进行插补运算，运算量又非常大。如果 PLC 的运算速度不够快，效率则会非常低。因此，完全用 PLC 编制插补程序来完成曲线运动的控制基本上没有人采用。多数是采用硬件插补器（由数字逻辑电路组成）和软件插补配合组成，如各种运动控制卡就是如此。

1.6.4 插补指令简介

对于在平面上常用的直线和圆，常常编制插补程序自动完成，做成运动单元或运动模块形式，单独或与 PLC 配合使用。这些模块中的程序是编好的，使用者只要输入按手册规定的直线插补和圆弧插补命令，工件就会自动走出一条斜直线和一个圆。学习和应用都十分方便。三菱定位控制单元 FX2N-20GM、FX3U-20SSCH 和 Q 系列的运动模块 QD75 都具有这种功能。下面对指令应用知识做一些说明。

1. 直线插补

所谓直线插补就是在坐标平面上 A，B 两点连接成一条直线，如图 1-85 所示，通常 A 为起点，B 为终点（目标位置）。在直线插补指令中，一般起点为当前位置点，无须设置，而终点 B 则需要在指令中设置，分别给 X 轴和 Y 轴设置终点坐标值（增量值或绝对地址值）。直线插补指令是按照插补原理进行的，不需要轨迹分析法的位移与速度成比例。两轴运行速度为同一值。

2. 圆弧插补

圆弧插补的含义是在平面上用一条圆弧把已知两点连接起来。由数学知识可知，过两点 A，B 的圆弧的圆心一定在两点连线的垂直平分线上。如图 1-86（a）所示，以垂直平分线上任一点 O 为圆心，都可以作一条半径为 OA 的过 A，B 两点的圆弧，因此，连接 A，B 两点的圆弧有无数条。

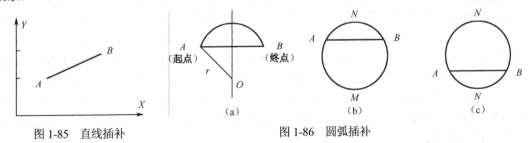

图 1-85 直线插补   图 1-86 圆弧插补

一旦圆心 O 指定后，过 A，B 两点的圆弧也有大弧和小弧之分。如图 1-86（b）所示，图中 AMB 为大弧，ANB 为小弧。

在进行圆弧插补指令操作时，当工件从 A 点（起点）运行到 B 点（终点）时，还存在一个运行方向问题。当工件顺时针从 A 点运行到 B 点时，其走出的是小弧 ANB，而逆时针走出的是

大弧 *AMB*，而在图 1-86（c）中正相反，顺时针走出的是大弧，逆时针走出的是小弧。

一般来说，起点 *A* 是工件的当前位置点，终点 *B* 是圆弧插补指令所设置的操作数。当前位置点、终点、圆心坐标、半径、大弧、小弧、顺时针和逆时针，这些都是学习插补指令所需要掌握的知识点。

3. 应用注意

在实际应用插补指令进行直线和圆弧定位时有一点必须注意，在设置 *X* 轴和 *Y* 轴的脉冲当量时，它们的脉冲当量值必须一致。否则，所走出的直线和圆弧是一条变形的直线和变形的圆弧。

1.7　端口电路和信号传输

1.7.1　信号回路分析法

在定位控制系统设计中，定位控制的接线是比较复杂的。虽然接线工作占的比重较小，大部分工作还是控制系统的编程设计工作，但它是编程设计的基础，只有接线正确后才能顺利地进行编程设计工作，而保证接线工作的正确就必须对定位控制各个硬件环节的输入/输出电路有一个比较清楚的了解。本节将对硬件的输入/输出电路结构和它们如何构成信号传输回路进行简要的说明，目的是希望透过对端口接线的分析来掌握基本分析方法，为控制系统的端口正确接线打下基础。

控制的端口接线有两个内容：一个内容是信号的功能接线。一般来说，控制器（PLC、定位模块和定位单元）和驱动器的输入/输出端口分成两大类，一类是模拟量输入/输出端口，这里不进行讨论。另一类是数字量输入/输出端口。在定位控制中，用到都是数字量端口。数字量端口又分成两种，一种是通用端口，如 PLC 的 I/O 端口就是这种端口，有时又叫编程口。编程口的功能是由用户所定义的，一旦定义了其功能，在编程时都必须根据该功能编制程序。另一种是专用端口，这些端口的功能是控制器或驱动器本身所指定的。用户如需使用这些端口必须按照其定义的功能处理。所谓信号的功能接线就是指上述这些功能定义端口之间的连接。例如，伺服驱动器的定位脉冲输入端口是一个专用端口，它只能接收定位脉冲的输入，不能随意指定一个端口为脉冲输入端口。同样，伺服驱动器的 *Z* 相信号输出端口是一个专用输出端口，它只输出编码器 *Z* 相信号，这个信号做什么用、用到哪里则由用户确定。如果想把它作为原点回归时的零相脉冲计数，则必须接到控制器相应的功能输入端口，不能接错，接错会控制不正确。功能端口的接线是读者要重点掌握的接线。本书在以后的章节中将对所介绍的控制器（FX_{3U} PLC、FX_{2N}-1PG 和 FX_{2N}-20GM）和驱动器（YKC2806M 步进驱动器和 MR-J3 伺服驱动器）的功能端口接线做非常详尽的讲解。

第二个内容是端口电路的正确连接，这也是本节所要讲的知识。不同的控制器或设备器端口电路的结构会不同。例如，同样是输入端口，有的采用单向二极管光耦合电路，有的采用双向二极管并联光耦合电路，有的与内置电源相连，有的无内置电源，有的是电流输入型，有的是电流输出型等。由于电路结构不同，相互间连接也会不同。如要正确连接，则必须了解其电路结构、信号传输过程等。关于端口的电路连接属于硬件范畴电子电路方面的知识，一般初学工控技术的人容易忽略，也不大容易理解。一般来说，定位控制组件的端口电路结构可以从其相关的使用手册上查到。因此，向供货商索取这些资料或自己用其他方法获取这些资料是每一个工控人员所必须做的工作程序之一。本书不针对端口电路的结构做电子电路分析，重点是教会读者端口电路连接的基本分析方法。懂得了基本分析方法就会举一反三地用到任何端口电路的正确连接上。

图 1-87 为一无源开关输入信号回路，端子 1、2 的右面是信号接收电路（相当于 PLC、模块、驱动器的数字量输入端口电路），开关则为信号源，电源提供信号电路的电流。当开关进行接通和断开动作时，发光二极管就会导通发光，截止不发光，从而使光电耦合器产生导通和截止，相当于把"0"和"1"送入输入端。图 1-88 为一有源开关信号电流回路，端子 1、2 仍然为信号接收端，而端子 3、4 则为有源电子开关信号源。它可以是外接有源开关（如光电开关、接近开关等），也可以相当于 PLC、模块、驱动器的输出端口电路。有源开关是利用晶体管的导通和截止两种状态作为开关的通和断工作的。和无源开关相比，它的最大特点是开关的频率非常高，即导通和截止状态的转换时间非常短，非常适合定位控制中脉冲的发送和接收。因此，在选用 PLC 作为定位控制器时，必须要选晶体管输出型的（-MT）而不能选继电器输出型的（-MR）。电子开关的缺点是，它导通时开关两端存在很小的电压降，它截止时开关回路存在很小的漏电流。当然，这些缺点可以通过各种方法把其影响降到最小。和无源开关相比，它的另一个特点是开关本身需要电源。因此，在有源开路信号回路中就出现了两个电源，一个电源为有源电子开关电源，另一个电源为信号回路电源。

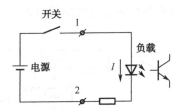

图 1-87　无源开关信号电流回路

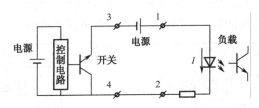

图 1-88　有源开关信号电流回路

有源电子开关的控制电源可以取自外接电源，也可以与信号传输回路共用一个电源。下面重点讨论有源电子开关的信号传输回路。

回路分析是电子电路最基本的分析方法。任何复杂的电路结构都可以化简成一个个基本回路来分析。因此，掌握基本回路的分析方法在学习电路连接时特别重要。基本回路是由开关、负载和电源组成的一个闭合回路。具体到定位控制中，开关为脉冲信号源，为输出电路。负载为脉冲信号接收器，为输入电路。

一个信号传输回路是由电源、开关信号的发送（信号源）和信号的接收（负载）所组成的。而在定位控制中，信号源多数为有源开关。这里，有源开关控制电路本身也需要电源供给，因此如上所述，除了信号传输回路的电源外，还增加了有源开关电源。

信号传输的分析有以下两方面的内容。

（1）信号源（开关）、信号接收器（负载）和电源要能组成一个闭合的回路。具体到实际电路中，就是电源取自哪里（模块或驱动器内部还是外置），从电源的正极出发能不能经过开关，负载形成一条闭合的回路。当开关为有源开关时还必须考虑有源开关的电源取自哪里（与回路电源共用还是单置），有源开关电源与其控制电路也必须形成一个基本回路。

（2）信号能正确传输。具体到实际电路中就是基本回路中各个元件的连接必须能形成回路电流（仅做定性分析，不做定量考虑）

要进行上述分析，这就涉及有关模块和驱动器内部相关电子电路的信息问题。例如，内部电路结构、信号传输方式、输入端口和输出端口的电流方向，内部有没有电源，能否供外接使用等。没有这些详细资料就不能进行正确连接。因此，向供货商索取这些资料或用其他方法获取这些资料是工控人员必须做的工作。

1.7.2 端口电路结构

这一节集中了解一下本书所介绍的各个定位控制器和驱动器的输入/输出端口电路结构。

1. FX₃ᵤ PLC 端口电路结构

1）输入端口电路结构

FX₃ᵤ PLC 输入端口电路结构如图 1-89 所示。它由两个互为反向并联连接的二极管组成的信号接收电路组成。图中仅画了一个输入端口，其余输入端口电路均相同。X 为输入端口，S/S 为 X 端口的公共端。DC24V 为其内置电源。如果利用其内置电源作为信号回路的电源，则根据 S/S 端和电源极性连接不同形成两种不同的接法。图 1-90 为电流输出型接法，也叫漏型电路。这时外接开关后，信号电流是从 X 端流出的。图 1-91 为电流输入型接法，也叫源型电路。这时外接开关后，信号电流是从 X 端口流入的。当然，也可以利用外置电源作为信号回路的电源，这时外置电源的极性如何接入也会形成漏型或源型电路。

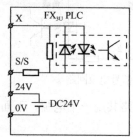

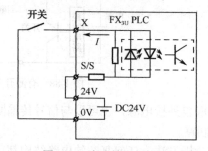

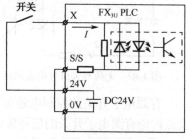

图 1-89　输入端口电路　　　　图 1-90　电流输出型接法　　　　图 1-91　电流输入型接法

当外接有源开关信号源时，不同输入电路（源型或漏型）其对信号源电路的要求也会不同。例如，源型电路输入，电流是输入型的，因此信号源电路的电流必须是输出的才能匹配。这也是如上所述，不但在电路结构上能形成一个信号回路，还要能产生回路信号电流。

2）输出端口电路结构

FX₃ᵤ PLC 晶体管输出型电路如图 1-92 所示。输出电路也分漏型和源型两种，从电路图可以看出，其内部电路结构是一样的，都是一个 NPN 开关晶体管。当把集电极作为 Y 端口，发射极作为公共端 COM 时，则为漏型接法，反之则为源型接法。注意，接法不同，外置电源的极性不同。

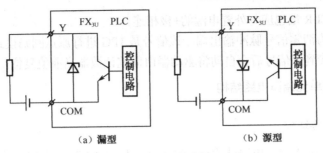

（a）漏型　　　　　　　　　（b）源型

图 1-92　FX_{3U} PLC 输出端口电路

2. 1PG 定位模块端口电路结构

1）输入端口电路结构

1PG 定位模块的输入端口有 DOG、STOP 和 PGO。这三个端口的输入电路结构如图 1-93 和图 1-94 所示。

由图可见，DOG 与 STOP 端口结构相同，与 FX_{3U} PLC 的输入端口一致，S/S 端口为 DOG 和 STOP 的共端，其本身对外置电源的极性没有要求，可根据信号源的性质确定电源的极性。PG0 为 Z 相脉冲输入端口，它是一个单向二极管电路，因此外置电源的+极必须和 PG0+端口相连接，而 PG0-则为信号输入端口。

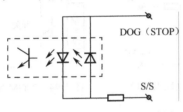

图 1-93　1PG DOG 端口输入电路

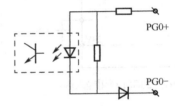

图 1-94　1PG PG0 端口输入电路

2）输出端口电路结构

1PG 输出端口有高速脉冲输出口 VIN、FP、RP、COMD 和清零脉冲输出端口 CLR、COM1。其输出电路结构如图 1-95 和图 1-96 所示。图中，未标出开关管控制电路。

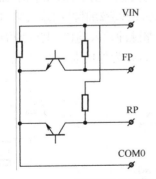

图 1-95　1PG 高速脉冲输出电路

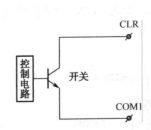

图 1-96　1PG CLR 输出电路

脉冲输出端口电路结构与 FX_{3U} PLC 输出端口一样，由一个 NPN 开关管构成，VIN 端口为脉冲输出信号回路的电源输入端子，应连接外置电源的+极。COM0 为两个脉冲输出 FP 和 RP

的公共端。同理，CLR 端也应与外置电源的+极相连。

CLR、COM1 为清零信号脉冲输出端。该信号是 1PG 进行原点回归模式结束时向驱动器发出的信号，驱动器接到该信号后会自动将驱动器内偏差计数器当前值复位归零。

3. 20GM 定位单元端口电路结构

1）输入端口电路结构

20GM 定位单元输入端口电路结构有两种形式，如图 1-97 和图 1-98 所示。图 1-97 所示端口结构有通用输入端口 X0～X7，专用输入端口 START、STOP、ZRN、FWD、RVS、LSF、LSR、DOG 等。图 1-98 所示端口结构有伺服输入端口 SVRDY、SVEND 和 PG0。

2）输出端口电路结构

20GM 定位单元的输出端口电路结构如图 1-99 所示，为 NPN 型晶体管电子开关。所有输出端口都一样。

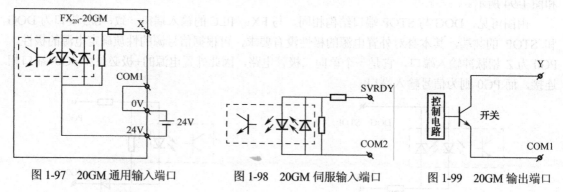

图 1-97　20GM 通用输入端口　　　图 1-98　20GM 伺服输入端口　　　图 1-99　20GM 输出端口

4. MR-J3S 伺服驱动器端口电路结构

1）输入端口电路结构

MR-J3S 伺服驱动器输入端电路也有两种结构，如图 1-100、图 1-101 和图 1-102 所示。

图 1-100 为数字量输入端口电路，它与上面所介绍的类似。图 1-101 和图 1-102 为驱动器定位脉冲输入端口电路结构。不同之处是图 1-101 为接收差动线驱动脉冲的输入端口。差动脉冲由 PP（NP）和 PG（NG）端口输入。而图 1-102 为集电极开路脉冲输入端口，其脉冲输入由 PP（NP）和 OPC 两个端口输入，OPC 为外接电源"+"端，DOCOM 为外接电源"–"端。

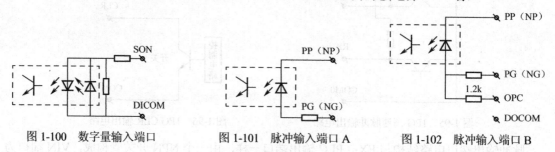

图 1-100　数字量输入端口　　　图 1-101　脉冲输入端口 A　　　图 1-102　脉冲输入端口 B

2）输出端口电路结构

MR-J3S 输出端口电路结构如图 1-103 和图 1-104 所示。图 1-103 为数字量输出端口电路。NPN 开关管输出端加了一个全波整流桥，由整流桥的对角两端引出作为开关量信号输出端口。这样处理的目的是可以形成源型和漏型两种不同的输出电路。缺点是会形成一定的压降（多了两个二极管的压降）。

图 1-104 为驱动器的编码器脉冲输出端，它和伺服电动机的轴端编码器所发出的脉冲同步，这是一个差动线驱动输出端口。其接口输入电路也必须是差动线驱动输入电路。另外，还有一个 Z 相脉冲输出端口，它输出编码器 Z 相脉冲信号，它是一个 NPN 开关集电极开路输出电路，和图 1-95 一样，不再画出。

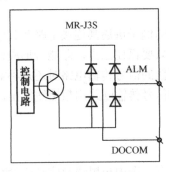

图 1-103　数字量输出端口

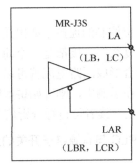

图 1-104　差动线驱动输出端口

5. YKC2806M 步进驱动器端口电路结构

步进驱动器一般只有输入端口，接收来自控制器的定位脉冲和方向脉冲信号，还有一个输入端口为脱机信号输入。这三个端口的电路结构是一样的，为一单向二极管光电耦合电路，如图 1-105 所示。

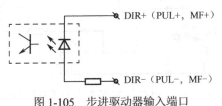

图 1-105　步进驱动器输入端口

6. 有源电子开关信号输出电路结构

定位控制中经常会用到一些有源电子开关。例如，接近开关、光电开关、红外开关、霍尔开关等，一般来说，在控制器或驱动器内部的电子开关都是由 NPN 型开关管构成的开关电路，但在有源电子开关存在两种晶体管型的电子开关，即 NPN 型和 PNP 型。

图 1-106（a）为 NPN 型集电极开路电子开关输出电路结构。图中 24V 电源为电子开关本身的内部控制电路电源，而信号回路电源则要另外提供。开关信号在晶体管集电极-发射极间形成，因此信号源两端是"输出"端和"0V"端，形成回路电流时，电流必须流入电子开关，这是一种电流输入型输出电路结构，而图 1-106（b）为 PNP 型集电极开路电子开关电路。其信号输出端口为"+24V"端和"输出"端。电流是流出的，是一种电流输出型输出电路结构。

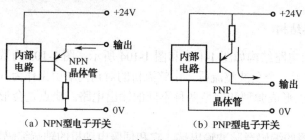

图 1-106 有源电子开关电路

（a）NPN 型电子开关　　　　（b）PNP 型电子开关

1.7.3 脉冲信号的传输示例

下面从定位控制的连接中取出几个实际端口连接的例子讲述其连接电路及其分析，目的是告诉读者任何复杂的连接都是一个简单的控制回路。只要抓住三点，即能否形成传输回路、谁提供电源和能否形成回路电流就可以很快判断出所连接的信号传输电路对还是不对，判断连接的错误所在。在示例中，刚开始讲解时会对所形成的信号传输回路用粗黑线标出，在以后的示例中将不再标出。读者可自行分析信号传输回路。

1. FX₃U PLC 与有源电子开关的连接

图 1-107 为 NPN 型电子开关与 FX₃U PLC 的连接图，图中粗黑线为信号传输回路，从 PLC 的 24V₊ 端出发，经 S/S 端→二极管→X0 端→输出端→NPN 开关管→0V 端→0V 端→24V₋ 极，形成一个信号回路，且电流流向一致，PLC 为电流输出，而电子开关为电流输入。这是正确的连接。

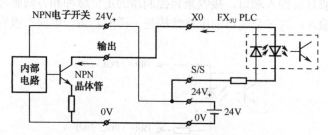

图 1-107 FX₃U PLC 与 NPN 型电子开关正确的连接

图 1-108 为 PNP 型电子开关与 FX₃U PLC 的正确连接图，图中粗黑线为信号传输回路，读者可自行分析其连接的正确性。

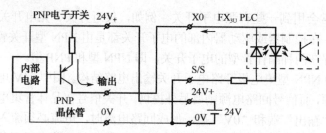

图 1-108 FX₃U PLC 与 PNP 型电子开关正确的连接

图 1-109 是对电路不太了解的初学者常常碰到的错误接法。FX₂N PLC 含有 24V 内置电源且

一端已内部连接到输入端 X0。很多初学者往往从外部接线思考（也是三根线），把 PNP 型电子开关和 NPN 型电子开关一样连接。如果把 PNP 型电子开关电路画出来，如图 1-110 所示，就会发现根本不能形成信号传输回路，从电源 24V+极出发，走到最后又回到 24V+极，如图中粗黑线所示。

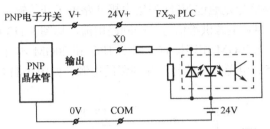

图 1-109　FX$_{2N}$ PLC 与 PNP 型电子开关错误的连接

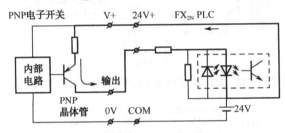

图 1-110　FX$_{2N}$ PLC 与 PNP 型电子开关错误连接分析

图 1-111 是正确的连接，这时 FX$_{2N}$ PLC 内置电源没有用到，必须设置外置电源，而且外置电源既是 PNP 型电子开关的电源，也是信号传输回路的电源。如图中粗黑线所示。

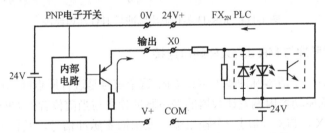

图 1-111　FX$_{2N}$ PLC 与 PNP 型电子开关正确的连接

2．FX$_{3U}$ PLC 与 MR-J3 高速脉冲端口电路连接

图 1-112 为 FX$_{3U}$ PLC 之高速脉冲输出端口 Y0（Y1）与 MR-J3 伺服驱动器脉冲输入端口的连接原理图。由于 MR-J3 的输入电路是单向二极管光电耦合电路，因此与之能相配合的是 FX$_{3U}$ 系列漏型输出的 PLC，这点要在应用时注意。

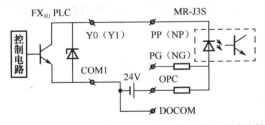

图 1-112　FX$_{3U}$ PLC 与 MR-J3 高速脉冲端口电路连接

1PG 20GM 的高速脉冲端口电路结构是一样的，其连接也和 FX3U PLC 相同。

3. MR-J3 零相输出脉冲与控制器端口连接

MR-J3 有一个编码器零相（Z 相）脉冲输出，控制器通过接收零相脉冲并进行计数来确定原点回归的原点位置。该信号是通过 NPN 型集电极开路电子开关输出的。当与 FX$_{3U}$ PLC 相连接时，通过 PLC 的内置 24V 电源供给信号传输回路电流，如图 1-113 所示。

但当该信号与 1PG 及 20GM 相连接时，由于 1PG 和 20GM 本身不带有内置电源。这时必须利用 MR-J3 的内置 15V 电源作为信号传输回路的电源，如图 1-114 所示，脉冲信号由 PR15 和 OP 端口发出。

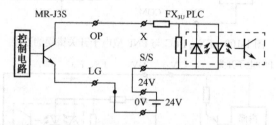

图 1-113　MR-J3 零相输出脉冲与 FX$_{3U}$ PLC 端口连接

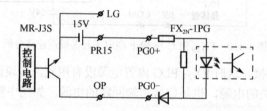

图 1-114　MR-J3 零相输出脉冲与 1PG 端口连接

4. 控制器清零脉冲与 MR-J3 CLR 端口连接

MR-J3 驱动器有一个清零脉冲输入端口 CR。这个信号是进行原点回归后由控制器向 MR-J3 发出的，目的是清除驱动器内偏差计数器的滞留脉冲使之与当前位置值 CP=0 保持一致。

图 1-115 为 FX$_{3U}$ PLC 利用一个输出端口发出清零脉冲信号，其信号传输回路的电源由 MR-J3 外接 24V 电源提供。1PG、20GM 的清零信号连接与上图一样，不再画出。

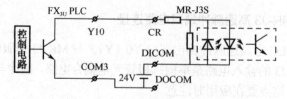

图 1-115　FX$_{3U}$ PLC 与 MR-J3 CLR 端口连接

第2章 FX PLC 定位控制介绍

学习指导： 本章对三菱 FX 系列 PLC 的定位控制功能做一些简单的综合性介绍。在这一章中罗列出许多关于 FX 系列 PLC 的定位控制数据表格也可作为资料进行查询。因此，这一章并非所有读者都需要阅读，有的读者可以跳过这一章直接进入以后的章节开始学习。

2.1 FX 系列 PLC 的定位控制功能

2.1.1 FX₁S、FX₁N 的定位控制功能

在 FX 系列 PLC 中，FX₁S、FX₁N 属于经济型 PLC，特别是在定位控制的一些简单应用中，单独使用 PLC 就可以完成一些如单速定长进给控制的工作时，FX₁S、FX₁N 的性价比最好。

FX₁S、FX₁N 的定位控制功能特点如下。

（1）PLC 本身配备了 5 种定位控制指令和两种脉冲输出指令，可执行 4 种定位控制运行模式。

（2）不需要专用的定位控制模块就能完成定位控制任务，实现了经济型的定位控制系统构成。

（3）可以输出独立 2 轴、最大为 100kHz 的脉冲串。

FX₁S、FX₁N 的缺点是功能指令相对少一些，没有浮点数及浮点数运算，但这些对定位控制影响较小。因此，在简易的定位控制中，FX₁S、FX₁N 得到了广泛应用。

FX₁S、FX₁N 的定位控制见表 2-1。

表 2-1 FX₁S、FX₁N 定位控制功能

名　称		性　能
控制轴数		独立 2 轴
插补功能		无
最大输出频率		100kHz
编程语言		顺控程序
基本单元		晶体管输出型
脉冲输出指令	脉冲输出（PLSY）	○
	带加/减速脉冲输出（PLSR）	○
	脉冲输出形式	脉冲＋方向

续表

名　　称		性　　能
定位控制指令	原点回归（ZRN）	○（无搜索功能）
	可变速脉冲输出（PLSV）	○
	相对定位（DRVI）	○
	绝对定位（DRVA）	○
	ABS 值读取（ABS）	○
	脉冲输出形式	脉冲＋方向
定位运行模式	原点回归操作	○
	手动（JOG）操作	○
	单速定位操作	○
	可变速操作	○

2.1.2　FX$_{2N}$ 的定位控制功能

在 FX 系列 PLC 中，FX$_{2N}$ 自身功能最差，主要由下面两个原因造成，一是 FX$_{2N}$ 只有脉冲输出指令而没有定位控制指令；二是其输出脉冲频率最高 20kHz。因此，FX$_{2N}$ PLC 直接用于定位控制中功能较差，但三菱电机开发了一些定位模块和定位单元与 FX$_{2N}$ 配套使用完成各种不同要求的定位控制（这些定位模块、定位单元也可与 FX$_{3U}$ 配套使用）。

FX$_{2N}$ 的定位控制功能见表 2-2。

表 2-2　FX$_{2N}$ 的定位控制功能

名　　称		性　　能
控制轴数		独立 2 轴
插补功能		无
最大输出频率		20kHz
编程语言		顺控程序
基本单元		晶体管输出型
脉冲输出指令	脉冲输出（PLSY）	○
	带加/减速脉冲输出（PLSR）	○
	脉冲输出形式	脉冲＋方向
定位控制指令	原点回归（ZRN）	—
	可变速脉冲输出（PLSV）	—
	相对定位（DRVI）	—
	绝对定位（DRVA）	—
	ABS 值读取（ABS）	—
	脉冲输出形式	脉冲＋方向

名　　称		性　　能
定位运行模式	手动（JOG）操作	○
	单速定位操作	○
	可变速操作	○

2.1.3　FX~3U~的定位控制功能

FX$_{3U}$是 FX 系列 PLC 中运算速度最快，功能最强大的 PLC。在定位控制上，FX$_{3U}$的功能特点如下。

（1）和 FX$_{1S}$、FX$_{1N}$一样，不需要专用的定位控制模块就能完成定位控制任务。

（2）可以独立 3 轴，最大输出 100kHz 的脉冲串，与专用适配器 FX$_{3U}$·2HSY-ADP 相连可以独立 4 轴，最大输出 200kHz 的脉冲串。

（3）PLC 本身配备有 8 种定位指令和 2 种脉冲输出指令，可执行 7 种定位控制运行模式。

FX$_{3U}$的定位控制功能见表 2-3。关于 FX$_{3U}$ PLC 的定位控制功能将在第 3 章中进行详细讲解。

表 2-3　FX$_{3U}$的定位控制功能

名　　称		性　　能
控制轴数		独立 3 轴
插补功能		无
最大输出频率		100kHz
编程语言		顺控程序
基本单元		晶体管输出型
脉冲输出指令	脉冲输出（PLSY）	○
	带加/减速脉冲输出（PLSR）	○
	脉冲输出形式	脉冲＋方向
定位指令	原点回归（ZRN）	○
	带 DOG 搜索的原点回归（DSZR）	○
	相对定位（DRVI ）	○
	绝对定位（DRVA）	○
	中断定位（DVIT）	○
	可变速脉冲输出（PLSV）	○
	表格设定定位（DTBL）	○
	ABS 值读取（ABS）	○
	脉冲输出形式	脉冲＋方向
定位运行模式	手动（JOG）操作	○
	原点回归操作	○
	带 DOG 搜索的原点回归操作	○

续表

名　　称		性　　能
定位运行模式	单速定位操作	○
	中断定长定位操作	○
	可变速操作	○
	表格定位操作	○

2.2 定位控制模块和控制单元

2.2.1 FX₂N 的定位控制模块

由于 FX$_{2N}$ PLC 的输出脉冲频率仅为 20kHz，且无内置定位指令功能，这就削弱了 FX$_{2N}$ PLC 在定位控制中的应用。为此，三菱电机开发了与 FX$_{2N}$（同样，也能与 FX$_{1N}$、FX$_{3U}$ 等配套）配套的定位模块。当 FX$_{2N}$ PLC 与这些定位模块配套使用时就能发挥出更强大的定位功能。

定位模块有 FX$_{2N}$-1PG 和 FX$_{2N}$-10PG 两种（见图 2-1），它们是作为特殊模块与 PLC 连接而完成定位控制功能的。用 PLC 读/写指令 FROM/TO 对它们进行操作。

FX$_{2N}$-1PG 配置了 7 种定位运行模式，因此最适合 1 轴的简易定位。此外，连接两台以上时可以对多轴进行独立控制。

FX$_{2N}$-10PG 最高可输出 1MHz 的高速脉冲，可以在 1Hz～1MHz 范围内以 1Hz 的间隔频率输出。从专用的启动端子可以输出最短为 1ms 的脉冲串，在定位运行或手动（JOG）运行中可以自由改变运行速度（强化位置、速度控制功能）。此外，配备了通过进给率成批改变速度的功能，支持近似 S 形的加减速功能、表格

图 2-1　定位模块 FX$_{2N}$-1PG 和 FX$_{2N}$-10PG

运行功能、通过最大 30kHz 的外部输入脉冲进行的同步比例运行功能。

本书在第 8 章中专门对 FX$_{2N}$-1PG 的性能、端口接线、BFM#、运行模式及程序设计等进行详细讲解。同时，在第 8 章 8.5 节也对 FX$_{2N}$-10PG 的性能和新增定位功能做简要介绍。读者可参看后面的章节进行了解、学习。这里不再重复。

FX$_{2N}$-1PG 和 FX$_{2N}$-10PG 不但适用于 FX$_{2N}$ PLC，也适用于 FX$_{1N}$ PLC、FX$_{3U}$ PLC，但不适用于 FX$_{1S}$ PLC。

2.2.2 FX₂N 的定位控制单元

1. 定位控制单元 FX₂N-10GM 和 FX₂N-20GM

常用的定位专用单元有 FX$_{2N}$-10GM 和 FX$_{2N}$-20GM 两种（见图 2-2），它们和定位模块的功

能类似。但它们最大的特点是可以自己单独运行，即在没有 PLC 基本单元的情况下可以通过特定的编程语言（cod 编程）编制定位控制程序来控制电动机的运行。

FX$_{2N}$-10GM 作为 1 轴定位专用单元，配备了各种定位运行模式，可以连接带绝对位置检测功能的伺服驱动器，也可以连接手动脉冲发生器等，可以在没有 PLC 的情况下单独运行。

FX$_{2N}$-20GM 是具有直线插补、圆弧插补的真正 2 轴定位专用单元，配备了各种定位运行模式，可以连接带绝对位置检测功能的伺服驱动器，也可以连接手动脉冲发生器等，可以在没有 PLC 的情况下单独运行。

图 2-2　定位单元 FX$_{2N}$-10GM 和 FX$_{2N}$-20GM

FX$_{2N}$-10GM 和 FX$_{2N}$-20GM 不但适用于 FX$_{2N}$ PLC，也适用于 FX$_{1N}$ PLC、FX$_{3U}$ PLC，但不适用于 FX$_{1S}$ PLC。

FX$_{2N}$-10GM 和 FX$_{2N}$-20GM 定位控制单元的规格性能见表 2-4。

表 2-4　FX$_{2N}$-10GM、FX$_{2N}$-20GM 的性能规格

项　目	FX$_{2N}$-10GM	FX$_{2N}$-20GM
控制轴数	1 轴	2 轴
插补	没有	有
运行形态	作为 PLC 上的特殊单元扩展，或者单独使用（不可以扩展输入/输出）	作为 PLC 上的特殊单元扩展，或者单独使用（可以扩展输入/输出）
程序内存	内置 3.8K 步 E^{2}PROM（不可以使用存储器盒）	内置 7.8K 步 RAM（电池保持） 可以使用 FX2NC-E^{2}PROM-16 型存储板卡（选件），不可以使用带时钟功能的存储板卡
内存掉电保持	由 E^{2}PROM 保持（无须电池）	标配 FX$_{2NC}$-32BL 型锂电池
定位单位（相对/绝对）	指令单位 0.001、0.01、0.1mm/deg/0.1inch 或 1、10、100、1000PLS 最大指令值±999999（间接指定时为 32 位）	
累计地址	±2147483647 个脉冲	
速度指令	最大 200kHz153000cm/min（200kHz 以下），但是用 FX$_{2N}$-20GM 执行插补动作时最大为 100kHz 自动梯形加减速	
原点回归	手动或自动的 DOG 式机械原点回归（有自动被搜索功能）。通过设定电气原点可以自动进行原点回归	
绝对位置检测	通过带 ABS 检测功能的 MR-JZ（S）及 MR-H 型伺服电动机也可以检测绝对位置	
控制输入	【操作系统】 MANU（手动）、FWD（手动正转）、RVS（手动反转）、ZRN（原点回归）、START（自动启动）、STOP（停止）、手动脉冲发生器（2kHz）、步进运行输入（参数设定） 【机械系统】 DOG（近点信号）、LSF（正转限位）、LSR（反转限位）、中断 4 点 【伺服系统】 SVRDY（伺服 READY）、SVEND（伺服 END）、PG0（零点信号）	
	通用：X0～X3（4 点）	可以输入通用：主机 X0～X7，扩展模块 X10～X67

项　　目	FX₂N-10GM	FX₂N-20GM
控制输出	伺服系统：FP（正转脉冲）、RP（反转脉冲）、CLR（偏差计数器清零）	
	通用：Y0～Y5（6 点）	可以输出通用：主机 Y0～Y7，扩展模块 Y10～Y67
控制方式	通过专用编程工具向定位单元写入程序，执行定位控制	
	使用表格方式时，通过 FROM/TO 指令执行定位控制	没有表格方式
程序编号	○x00～○x99（定位程序） ○100（子任务程序）	○00～○99（同时 2 轴） ○x00～○x99、○y00～○y99（独立 2 轴） ○100（子程序任务）
定位指令	cod 编号方式（与指令助记符合用）13 种	Cod 编号方式（与指令助记符合用）19 种
顺控指令	LD、LDI、AND、ANDI、OR、ORI、ANB、ORB、SET、RST、NOP 11 种	
应用指令	FNC 编号方式 29 种	FNC 编号方式 30 种
参数	系统设定 9 种，定位用 27 种，输入/输出控制用 18 种	系统设定 9 种，定位用 27 种，输入/输出控制用 19 种
	可以使用特殊数据存储器，通过程序更改设置（系统设定除外）	
运行模式	手动（JOG）操作、原点回归操作（有 DOG 搜索功能）、电气原点回归操作、单速定位操作、双速定位操作、多段速定位操作、中断停止操作、中断单速停止操作、中断双速定位操作、表格运行操作、手动脉冲发生器输入操作	手动（JOG）操作、原点回归操作（有 DOG 搜索功能）、电气原点回归操作、单速定位操作、双速定位操作、多段速定位操作、中断停止操作、中断单速停止操作、中断双速定位操作、插补操作、手动脉冲发生器输入操作
M 代码	m00：程序停止（WAIT），m02：结束程序（END），m01，m03～m99 可以任意使用（AFTER 模式、WITH 模式）。子任务使用 m100（WAIT）、m102（END）	
软元件	输入 X0～X3、X375～X377 输出 Y0～Y5 辅助继电器 M0～M511、M9000～M9175 指针 P0～P127 数据存储器 D0～D1999（通用） D4000～D6999（文件寄存器、锁存寄存器） D9000～D9313（特殊） 变址 V0～V7（16 位用）、Z0～Z7（32 位用）	输入 X0～X3、X375～X377 输出 Y0～Y67 辅助继电器 M0～M99、M100～M511、M9000～M9175 指针 P0～P127 D0～D99（通用），D100～D3999（通用锁定） D4000～D6999（文件寄存器、锁存寄存器） D9000～D9313（特殊） 变址 V0～V7（16 位用）、Z0～Z7（32 位用）
占用 I/O 点数	8 点（计算在输入/输出侧均可）	
与 PLC 通信	采用 FROM/TO 指令通过 BFM 执行	
驱动电源	DC24V±10%～15%，5W	DC24V±10%～15%，10W
适用 PLC	FX₁N、FX₂N、FX₃U	
质量	0.3kg	0.4kg

2. 其他定位控制单元（见图 2-3）

除了定位模块 1PG、10PG 和定位单元 10GM、20GM 外还有 3 种有关定位的模块，由于不太常用，仅做简单介绍。

FX_{3U}-2HSY-ADP　　　　FX_{3U}-20SSC-H　　　　FX_{2N}-1RM-SET

图 2-3　其他控制单元

1）角度控制单元 FX$_{2N}$-1RM-SET

1RM 是一个可以检测机械转动角度的定位单元，它是通过附带的无电刷分解器（F2-720RSV）检测转动角度来实现高精度的转动位置控制的。使用 1RM 可以很方便地实现动作角度的设定和监视显示。

1RM 的检测分辨率为 720 分度/转或 360 分度/转，检测精度为 0.5°或 1°。1RM 又被称为可编程凸轮开关，可以与 PLC 一起使用，也可以单独使用。单独使用时，可以通过使用 FX$_{2N}$-32CCL 型 CC-Link 接口模块连接到 CC-Link 系统上。

1RM 常用于各种食品机械、包装机械、印刷机械和各种组装机械完成各种精确的多工位操作的定位操作上。

2）高速脉冲输出适配器 FX$_{3U}$-2HSY-ADP

FX$_{3U}$-2HSY-ADP 高速脉冲适配器是为 FX$_{3U}$ PLC 专用的高速脉冲输出适配器，可以连接差动线性接收型的伺服电动机，独立 2 轴输出，输出最高频率为 200kHz。

2HSY 不具有独立控制能力，必须连接在 FX$_{3U}$ 基本单元上，由基本单元向其供电。其输出脉冲控制也是由 FX$_{3U}$ 的高速输出脉冲控制的，定位指令使用的是 FX$_{3U}$ 的内置脉冲输出和定位指令。2HSY 的优点是不占用 PLC 的 I/O 点，输出频率可达 200kHz。当 FX$_{3U}$ 与两台 2HSY 连接时可以控制独立 4 轴的定位运行。这时，FX$_{3U}$ 的脉冲输出口由 3 个（Y0、Y1、Y2）变成了 4 个（Y0、Y1、Y2、Y4）。

在第 3 章中将对 FX$_{3U}$-2HSY-ADP 高速脉冲适配器进行详细介绍。

3）定位模块 FX$_{3U}$-20SSC-H

定位模块 FX$_{3U}$-20SSC-H 是为 FX$_{3U}$ PLC 开发的高性价比、高精度、耐噪声、性能优越的 2 轴输出的定位控制模块。

20SSC 的一个很大特点是可以采用 SSCNET111 光缆，因而可以屏蔽各种噪声干扰。20SSC 支持 MR-J3 伺服电动机的高分辨率编码器，在追求精度的控制中，以及低速区域的稳定性方面发挥了作用。

通过 SSCNET111 的高同步性，高速串行通信实现了高精度的 2 轴控制，支持多种运行模式（包括 2 轴直线插补、圆弧插补、2 轴同时启动）的定位控制功能。

2.2.3　三菱 PLC 定位控制系统结构

　　小型 PLC 都内置有高速脉冲输出口，各种品牌的 PLC 对此均有专门说明。三菱 FX 系列 PLC 的 FX$_{1S}$/FX$_{1N}$/FX$_{2N}$ 系列规定了 Y0、Y1 为高速脉冲输出口，FX$_{3U}$ 系列规定了 Y0、Y1、Y2 为高速脉冲输出口。PLC 利用这些高速脉冲输出口可以直接通过驱动器对电动机进行控制发挥其最佳性能。这时，一般采用脉冲+方向的方式输出脉冲串，利用高速脉冲输出口输出高速脉冲串，利用非高速脉冲输出口进行方向控制。FX$_{1S}$/FX$_{1N}$/FX$_{2N}$ 可以控制独立 2 轴，而 FX$_{3U}$ 则可控制 3 轴。如图 2-4 所示。

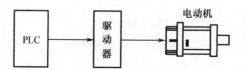

图 2-4　FX PLC 定位控制系统结构一

　　三菱 FX$_{2N}$ 定位控制模块（1PG、10PG）和定位专用单元（10GM、20GM）也设置有高速脉冲输出口，其中 1PG、10PG 和 10GM 均只有一个脉冲输出口，而 20GM 有 2 个脉冲输出口。

　　这两种控制模块在实际应用中又有不同，定位控制模块为扩展模块，其本身并不具备单独控制功能，必须配合控制器（三菱 FX 系列 PLC）才能使用。PLC 通过指令对模块的数据（缓冲存储器 BFM）进行读/写操作，进行各种位置运动的参数设置，通过输入端口完成位置控制功能，如图 2-5 所示。

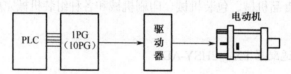

图 2-5　FX PLC 定位控制系统结构二

　　定位专用控制单元本身就是一个控制器，有自己的编程语言和编程软件，可直接进行位置控制，无须连接 PLC，如图 2-6 所示。当进行多轴控制时，多个位置单元的位置控制的协调还需通过 PLC 进行。当然，PLC 也可以通过读/写指令位置单元的各种数据进行读/写操作。

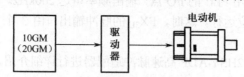

图 2-6　FX PLC 定位控制系统结构三

　　当需要控制更多独立单轴进行定位运行时可以采用多个 PLC 来完成，也可以通过增加定位模块（单元）来解决。

　　FX$_{3U}$ PLC 可以通过增加两台 FX$_{3U}$-2HSY-ADP 高速输出适配器构成独立 4 轴定位控制。这时，FX$_{3U}$ PLC 的高速脉冲输出口增加为 Y0、Y1、Y2、Y3 四个。如图 2-7 所示。

　　FX PLC 可以通过最多增加 7 台 1PG（10PG）对独立 7 轴进行定位控制。这时，PLC 通过读/写指令 FROM/TO 对独立 7 轴进行速度/位置参数设置和运行控制。同样，PLC 可以通过增加 8 台 10GM（20GM）对独立 8 轴进行运行控制。这时，对独立 8 轴的控制由 10GM（20GM）完成，而 PLC 主要起各轴间的运行协调控制和通过读/写指令进行数据读/写操作的作用。

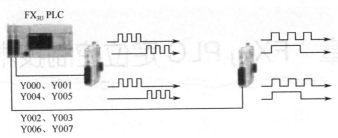

图 2-7　FX PLC 定位控制系统结构四

第 3 章 FX₃ᵤ PLC 定位控制技术应用

$\quad$**学习指导**：本章和第 4 章专门介绍 FX₃ᵤ PLC 在定位控制技术中的应用。这一章内容包括 FX₃ᵤ PLC 进行定位控制技术应用所涉及的基础知识和与定位有关的定位控制功能指令的讲解。掌握上述知识是利用 FX₃ᵤ PLC 实现定位控制的基础。

$\quad$本章所讲的内容基本也适用于 FX₃ᵤc 系列和 FX₃ᴳ 系列 PLC。

3.1 预备知识

3.1.1 FX₃ᵤ PLC 新增编程软元件

$\quad$相比于 FX₂ɴ PLC，FX₃ᵤ PLC 新增加了两个与定位控制有关的编程软元件，说明如下。

1. 位元件 D□.b

$\quad$这是一个针对数据寄存器的二进制位进行直接操作的编程位元件，其内容与取值见表 3-1。

表 3-1 位元件 D□.b 的内容与取值

操 作 数	内容与取值
D□	数据寄存器编号，□=0～8511
b	数据寄存器中二进制位编号，b=0～F

$\quad$数据寄存器 D 是一个 16 位的寄存器，其二进制位由低位到高位分别编号为 0～F，如图 3-1 所示。

D□ | F | E | D | C | B | A | 9 | 8 | 7 | 6 | 5 | 4 | 3 | 2 | 1 | 0 |

图 3-1 编号

$\quad$**【例 3-1】** 试说明位元件 D□.b 的含义。

$\quad$（1）D0.3 $\qquad$ 数据寄存器 D0 的 b3 位，即第 4 个二进制位。

$\quad$（2）D100.0 $\qquad$ 数据寄存器 D100 的 b0 位，最低位。

$\quad$（3）D350.F $\qquad$ 数据寄存器 D350 的 b15 位，最高位。

$\quad$（4）D1002.7 $\qquad$ 数据寄存器 D1002 的 b7 位，即低 8 位的最高位。

$\quad$D□.b 是一个位元件，在应用上和辅助继电器 M 一样，有无数个常开/常闭触点，本身也可以作为线圈进行驱动。图 3-2 为其应用的简单说明程序。当把 H8421 送入 D0 后，其最高位为 1。

位开关 D0.F 常开触点闭合，驱动位元件 D0.3。位元件 D0.3 的常开触点闭合，驱动 Y0 输出，常闭触点 D0.3 断开，Y1 无输出。同时，当 D0.3 被驱动后，D0 中的 b3 位由 0 变为 1，这时 D0 所表示的数也发生了变化，原来是 H8421，现在变成 H8429，软件中显示的是带符号的十进制 K-31703。

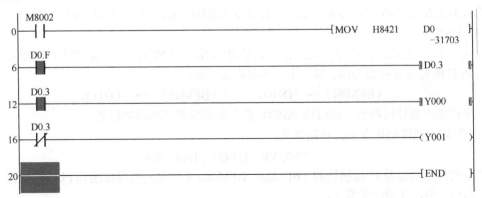

图 3-2 D□.b 简单说明程序

位元件 D□.b 也可做某些功能指令的操作数，如 CMP D0 D1 D2.0，当（D0）>（D1）时，D2.0 为 1，当（D0）=（D1）时，D2.1 为 1，而当（D0）<（D1）时，D2.2 为 1。

2. 字元件 U□/G□

为方便操作特殊功能模块的缓冲存储器 BFM，特为 FX3U 系列 PLC 开发了一个专门用于特殊功能模块缓冲存储器 BFM 操作的编程软元件 U□/G□，其内容与取值见表 3-2。

表 3-2 字元件 U□/G□ 的内容与取值

操 作 数	内容与取值
U□	特殊功能模块位置编号，□=0～7
G□	特殊功能模块缓冲存储器 BFM#编号，□=0～32 767

由于缓冲存储器 BFM 是一个 16 位的寄存器，所以 U□/G□ 和数据寄存器 D、V、Z 一样是一个字元件。

在功能指令中，字元件 U□/G□ 是作为操作数出现的，因此，给特殊功能模块的缓冲存储器 BFM 的操作带来了很大方便。

对于 FX1S/FX1N 和 FX2N 来说，如果想对缓冲存储器 BFM 的内容进行各种数据处理操作，必须先通过指令 FROM 将 BFM 的内容读到某个数据寄存器 D 中，然后通过 D 进行各种数据处理操作。FROM 指令运算周期较长，多个 FROM 指令执行会引起看门狗定时器出错，而 FX3U 有了特殊模块专用字元件 U□/G□ 后，功能指令可以直接对 BFM 进行操作，不再需要通过 FROM/TO 指令读写，这给程序设计带来很大改进。

U□/G□ 的使用和数据寄存器 D 一样，只不过它是特殊模块的缓冲存储器 BFM 的内容而已。现举几例加以说明。

【例 3-2】 试说明指令执行功能含义。

（1）MOVP H3310 U0\G0

这是一个向 BFM#写入数据的指令，其执行功能是把十六进制数 H3310 传送到 0#模块的 BFM#0 的单元中，其完成功能和指令 TOP　K0　K0　H3310　K1 一样。

（2）MOV　U1\G4　D10

这是一个从 BFM 读出数据的指令，其执行功能是把 1#模块的 BFM#4 单元的内容传送到 PLC 的数据寄存器 D10 中，其完成的功能和指令 FROM　K1　K4　D10　K1 一样。

（3）DMOV　U2\G4　D10

这是一个 32 位的读出指令，其执行功能是把 2#模块的 BFM#4 和 BFM#5 两个单元的内容传送到 PLC 的数据寄存器 D10、D11 中，其对应关系是：

$$（BFM\#4）\to （D10），\qquad （BFM\#5）\to （D11），$$

如果传送点数超过两点，则可用 BMOV 指令来完成多点传送的任务。

【例 3-3】　试说明指令执行功能含义。

$$BMOVP　U4\backslash G5　D10　K4$$

指令的执行功能是把 4#模块的（BFM#5～BFM#8）4 个单元内容传送到 PLC 的数据寄存器（D10～D13）中，其对应关系是：

$$（BFM\#5）\to （D10），\qquad （BFM\#6）\to （D11），$$
$$（BFM\#7）\to （D12），\qquad （BFM\#8）\to （D13）。$$

其完成功能和指令 FROM　K4　K5　D10　K4 一样。

【例 3-4】　试说明指令执行功能含义。

（1）ADD　H3310　U0\G8　D20

指令的执行功能是把十六进制数 H3310 和 0#模块内 BFM#8 单元的内容相加，结果送到 D20 中。

（2）ZCP　D10　D20　U1\G5　M0

指令的执行功能是将 1#模块的 BFM#5 单元的数与 D10、D20 的数进行比较，如果（BFM#5）<（D10），则置 M0 为 ON，如果（D10）≤（BFM#5）≤（D20），则置 M1 为 ON，如果（BFM#5）>（D20），则置 M2 为 ON。

（3）DECO　D10　U2\G4　K4

指令的执行功能是使 D10 的低 4 位 b3b2b1b0 所组成的二进制编码值 m，将 2#模块的 BFM#4 单元的 bm 位置 ON，其余全部置 0。

由上面 3 例可以看出，在功能指令中，字元件 U□/G□ 仅被看为一个 16 位的字元件参与操作。在使用中，U 不能进行变址操作，而 G 可以进行变址操作。例如，G10V0，（V0）=K3，则变址地址为 G（10+3）=G13，表示 BFM#13 单元。

3.1.2　FX PLC 定位控制相关软元件及内容含义

在第 1 章 1.5 节中介绍了在定位控制中常用的几种定位控制运行模式和与其相关的速度、位置和时间参数。这些速度、位置和时间参数在 FX PLC 中是用特殊数据寄存器 D 来存储的。

除上面的定位控制参数外，涉及定位控制的还有一些反映定位控制中各种功能的状态标志，而这些状态标志是由特殊辅助继电器 M 的状态来表示的，因此在学习和应用定位指令编制定位程序时，必须结合这些特殊继电器 M 和数据寄存器 D 一起理解。

1. 相关特殊软元件

由于 FX₁S/FX₁N/FX₂N 和 FX₃U 系列先后开发的时间不同，因此在涉及的特殊辅助继电器和数据寄存器的编址会有所不同，读者在使用时必须注意，下面分别进行介绍。读者注意，这里所列表格供集中查阅用。下面讲解指令应用时也会再单独列出。

1）FX₁S/FX₁N/FX₂N 系列 PLC

FX₁S/FX₁N/FX₂N 系列 PLC 的定位控制指令相关特殊软元件见表 3-3 和 3-4。

表 3-3　FX₁S/FX₁N/FX₂N 相关特殊数据寄存器

编 号		内 容 含 义	出 厂 值	应 用 指 令
Y0	Y1			
D8140（低位）	D8142（低位）	绝对位置当前值寄存器	0	PLSV/DRVI/DRVA
D8141（高位）	D8143（高位）			
D8145		基底速度（Hz）V_D	0	ZRN/DRVI/DRVA
D8147（高位）	D8146（低位）	最高速度（Hz）V_M	100000	ZRN/DRVI/DRVA
D8148		加减速时间（ms）	100	ZRN/DRVI/DRVA

表 3-4　FX₁S/FX₁N/FX₂N 相关特殊辅助继电器

编 号		内 容 含 义	应 用 指 令
Y0	Y1		
【M8029】		指令执行完成标志位，执行完毕 ON	ZRN/DRVI/DRVA
M8140		清零信号输出功能有效标志位	ZRN
M8145	M8146	脉冲输出停止	ZRN/DRVI/DRVA
【M8147】	【M8148】	脉冲输出中监控（BUSY/READY）	ZRN/DRVI/DRVA

说明：有【 】者为只读寄存器，无【 】者为可读写寄存器

2）FX₃U 系列 PLC

FX₃U 系列 PLC 有 3 个脉冲输出口，可以直接控制 3 轴运行。因此，针对每个脉冲输出口都有其相对应的相关软元件。相关特殊数据寄存器见表 3-5，相关特殊辅助继电器见表 3-6。

表 3-5　FX₃U 相关特殊数据寄存器

编 号				内 容 含 义	出 厂 值	应 用 指 令
Y0	Y1	Y2	Y3			
D8336				中断输入指定	—	DVIT
D8340（低位）	D8350（低位）	D8360（低位）	D8360（低位）	绝对位置当前值寄存器	0	ZRN/DSZN/DRVI/ DRVA/DVIT/PLSV
D8341（高位）	D8351（高位）	D8361（高位）	D8361（高位）			
D8342	D8352	D8362	D8362	基底速度（Hz）	0	ZRN/DSZN/DRVI/ DRVA/DVIT/PLSV
D8342（低位）	D8353（低位）	D8363（低位）	D8363（低位）	最高速度（Hz）	100 000	ZRN/DSZN/DRVI/ DRVA/DVIT/PLSV
D8344（高位）	D8354（高位）	D8364（高位）	D8364（高位）			
D8345	D8355	D8365	D8365	爬行速度（Hz）	1000	DSZN

编　号				内容含义	出 厂 值	应用指令
Y0	Y1	Y2	Y3			
D8346（低位） D8347（高位）	D8356（低位） D8357（高位）	D8366（低位） D8367（高位）	D8366（低位） D8367（高位）	原点回归速度 （Hz）	50 000	DSZN
D8348	D8358	D8368	D8368	加速时间（ms）	100	ZRN/DSZN/DRVI/ DRVA/DVIT/PLSV
D8349	D8359	D8369	D8369	减速时间（ms）	100	ZRN/DSZN/DRVI/ DRVA/DVIT/PLSV
D8464	D8365	D8366	D8366	清零信号软元件 指定	—	ZRN/DSZN

表 3-6　FX₃U 相关特殊辅助继电器

编　号				内容含义	应用指令
Y0	Y1	Y2	Y3		
【M8029】				指令执行完成标志位，执行完毕 ON	ZRN/DSZN/DRVI/ DRVA/DVIT
【M8329】				指令执行异常结束标志位，执行完毕 ON	ZRN/DSZN/DRVI/ DRVA/DVIT
M8338				中断输入指令功能有效	PLSV
M8336				中断信号源选择	DVIT
【M8340】	【M8350】	【M8360】	【M8370】	脉冲输出中监控	ZRN/DSZN/DRVI/ DRVA/DVIT
M8341	M8351	M8361	M8371	清零信号输出功能有效	ZRN/DSZN
M8342	M8352	M8362	M8372	原点回归方向指定	DSZN
M8343	M8353	M8363	M8373	正转极限	ZRN/DSZN/DRVI/ DRVA/DVIT
M8344	M8354	M8364	M8374	反转极限	ZRN/DSZN/DRVI/ DRVA/DVIT
M8345	M8355	M8365	M8375	近点信号逻辑反转	DSZN
M8346	M8356	M8366	M8376	零点信号逻辑反转	DSZN
M8347	M8357	M8367	M8377	中断信号逻辑反转	DVIT
【M8348】	【M8358】	【M8368】	【M8378】	定位指令驱动中	ZRN/DSZN/DRVI/ DRVA/DVIT
M8349	M8359	M8369	M8379	脉冲输出停止	ZRN/DSZN/DRVI/ DRVA/DVIT
M8460	M8461	M8462	M8463	用户中断输入中断信号源	DVIT
M8464	M8465	M8466	M8467	清零信号软元件指定功能有效	ZRN/DSZN

说明：有【 】者为只读寄存器，无【 】者为可读写寄存器

FX₃ᵤ 系列 PLC 如果外接了两台高速输出适配器 FX₃ᵤ-2HSY-ADP 后，则可以构成独立 4 轴定位控制，这时 PLC 上的输出口 Y3 也作为高速脉冲输出口，在这两种情况下，输出口 Y3 也有其相对应的特殊软元件。

2. 绝对位置当前值数据寄存器

定位控制速度、位置参数的含义基本上已在 1.5 节控制运行模式中做过相关说明，这里不再重复。下面仅就绝对位置当前值数据寄存器做一些讲解。

定位控制中是通过发送脉冲的数量来进行定位的，因此通过记录脉冲的数量就可以确定物体运行的位置。三菱 FX 系列 PLC 专门设置了一组特殊数据寄存器来存放物体运行的当前位置值，称为当前值寄存器。当前值寄存器由两个指定的编号相连的寄存器组成一个 32 位数据寄存器。在原点位置上，当前值寄存器的数据是 0，当物体做正转方向（前进）运动时，当前值寄存器的数据随输出脉冲的个数增加而增加，当物体做反转方向（后退）运动时，则随输出脉冲的个数而减少。因此，当前值所存储的数据始终是以原点位置为参考点的当前位置值，即为绝对地址值，与所用定位指令的性质无关。

为保证定位控制的准确性，定位控制系统在正式运行前必须使当前值寄存器在原点位置时为 0。此后，当前值寄存器在下面两种情况会变为 0。一是进行原点回归操作，二是当 PLC 断电时，当前值寄存器的当前值就会被清除而变 0。

而对于第二种情况，重新上电后，当前值寄存器的内容就不是物体当前位置的绝对地址值。这时，必须通过一定的操作使当前值寄存器的内容和物体位置一致，要么进行原点回归使当前值寄存器数值为 0，要么使用指令从伺服系统中读取当前位置值。这是应用伺服定位控制的注意要点。

对不同系列的 PLC，不同的脉冲输出口所指定的当前值寄存器的编号是不同的。详细指定情况请参看表 3-3 和表 3-5，这里不再重复列出。

在实际使用中，当前值寄存器的数值在正反转方向上都不能超过最大存储值。如果溢出则会最大正值 2 147 483 647 变最小负值-2 147 483 648，最小负值变最大正值。

上面所介绍的关于当前值数据寄存器的知识是针对三菱 FX 系列 PLC 定位指令而言的，定位指令是指 DSZR、ZRN、DRVI、DRVA、DVIT 和 PLSV。而对脉冲输出指令 PLSY、PLSR 来说，当前值寄存器则固定为 Y00（D8141、D8140），Y01（D8143、D8142），与所使用的 FX 系列无关，而且在使用 PLSY 和 PLSR 指令时，其当前值寄存器的数值是随着脉冲数量的增加而增加的，与方向无关。也就是说，不管是正转还是反转，当前值寄存器总是增加的，它所存储的是脉冲输出指令 PLSY 和 PLSR 所输出脉冲的总和，而不是当前绝对位置值。因此，在使用 FX₁ₛ/FX₁ₙ 进行定位控制时，如果在程序中混合应用定位指令和脉冲输出指令，则必须注意上述关于当前值寄存器数值变化的差异。而对 FX₃ᵤ 来说，其脉冲输出指令和定位指令是两个不同编号的当前值寄存器。在定位程序中，最好不要使用脉冲输出指令来进行定位控制，全部使用定位指令进行定位控制。

3. 动作指令用标志位说明

在定位控制中，使用伺服电动机时应在定位行程的两端设置限位开关。除了可以对 PLC 设置正/反转限位开关外，还可以针对伺服驱动器设置限位开关。这两组限位开关的作用是不同的。如图 3-3 所示，内侧一组（LSF、LSR）是针对 PLC 的脉冲输出而设置的。当运行中碰到这些开关时，脉冲输出应立即停止或减速停止。外侧一组（MR-J3）是针对伺服驱动器 MR-J2 设置的。其信号应接入伺服驱动器的 I/O 输入端口，当运行中碰到这些开关时，伺服电动机的运行也会立即停止。这两组开关的相对位置是确定的，即内侧为 PLC 的，外侧为伺服驱动器的。在实际应用中，PLC 限位应先动作于伺服限位。这两个限位开关的区别是 PLC 限位影响定位控制中的标志位动作，产生不同的控制功能，而伺服限位仅仅是使伺服电动机自动停止，而对 PLC 的控制指令运行却没有影响。

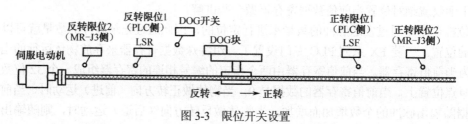

图 3-3　限位开关设置

图中的 DOG 开关和 DOG 块为执行原点回归指令 ZRN 和 DSZN 用，如使用步进电动机，则无须 DOG 块。而 DOG 开关仅做原点开关用，当然也不能执行指令 ZRN 和 DSZN 进行原点回归。

下面就动作指令用标志位进行简单说明。

1）正/反转极限标志位

当定位装置在定位运行中碰到行程极限限位开关（LSR、LSF）时，驱动该标志位为 ON，则脉冲输出立即停止或减速停止。

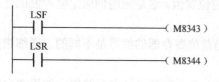

图 3-4　极限标志位驱动程序。

对 PLC 而言，程序中也不是用 LSF 或 LSR 直接作为定位指令的驱动条件去停止脉冲输出的，而是通过 LSF、LSR 控制正/反转极限标志位的状态去停止脉冲输出的。也就是说，在程序中用 LSF、LSR 开关信号去控制正/反转极限标志位的状态来完成。图 3-4 为极限标志位驱动程序。

各脉冲输出口对应的正/反转极限标志位见表 3-7。在运行中，这些标志位一旦为 ON，则脉冲输出立即停止。

表 3-7　正/反转极限标志位

脉冲输出端口	正转极限标志位	反转极限标志位	对象指令和停止动作	
			PLSV*	DSRN, DVIT, ZRN, PLSV, DRVI, DRVA, PLSV
Y0	M8343	M8344	标志位为 ON，脉冲输出立即停止	标志位为 ON，脉冲输出减速停止
Y1	M8353	M8354		
Y2	M8363	M8364		
Y3	M8373	M8374		

说明：*仅当 M8338=OFF 时。

2）信号控制逻辑标志位

在数字控制技术中常常碰到信号的正/负逻辑控制问题，所谓正负逻辑就是信号有效的对应关系。例如，当信号从低电平（0）上升到高电平（1）时有效，为正逻辑，而当信号从高电平（0）下降到低电平（1）时有效，则为负逻辑。具体到开关信号逻辑中，则当开关由断开 OFF（0）变为闭合 ON（1）时有效，则为正逻辑控制关系，而当开关由闭合 ON（0）变为断开 OFF（1）时有效，则为负逻辑关系。

在定位控制的开关信号中，也存在正/负逻辑设定问题。FX₃U PLC 仅对原点回归 DOG 开关信号、原点回归零点信号和中断定长定位的中断信号做了正/负逻辑控制的设定，其逻辑规定由相关的特殊辅助继电器的状态所决定。当状态标志为 OFF 时，则为正逻辑，开关信号由 OFF 变为 ON 时有效，这时相应的信号开关应按常开接入。当状态标志位为 ON 时，则为负逻辑，开关信号由 ON 变为 OFF 时有效，这时相应的开关信号应按常闭接入。这一点初学者要特别注意。在实际控制中，对涉及安全的限位开关都以负逻辑控制关系处理，因为常闭触点断开要比常开触点闭合响应快。在其他控制中则根据控制要求进行选择。

关于 FX₃U PLC 三种开关信号的控制信号逻辑在相应的定位指令中进行详细说明。

3）脉冲输出状态标志位

FX₃U PLC 对高速脉冲输出设计了几种状态标志位。

（1）脉冲输出立即停止标志位。

在定位指令执行过程中，如果该标志位为 ON，则输出脉冲立即停止。同样，电动机也会立即停止动作。因电动机急停，特别是在高速下急停，则存在损坏设备的危险性，务必慎用。但如果在不停止会发生重大事故的情况下，应使用该标志位。关于脉冲输出立即停止标志位的使用在第 4 章中有专门的应用讲解。

当该标志位为 ON 后，再次输出脉冲前，应先将该标志位置 OFF，再将定位指令 OFF 后再启动定位控制。

脉冲输出立即停止标志位见表 3-8。

表 3-8　脉冲输出立即停止标志位

脉冲输出端口	脉冲停止标志位	动　　作
Y0	M8349	对于正在输出脉冲的脉冲输出端，其对应标志位置 ON 后正在输出的脉冲立即停止
Y1	M8359	
Y2	M8369	
Y3	M8379	

（2）脉冲输出监控标志位。

该标志位为脉冲输出监控标志位。通过它可以了解脉冲输出端口是否正在输出脉冲。脉冲输出监控标志位见表 3-9。

表 3-9　脉冲输出监控标志位

脉冲输出端口	脉冲输出监控标志位	动　　作
Y0	M8340	脉冲输出中（BUSY）：ON 脉冲停止中（READY）：OFF
Y1	M8350	
Y2	M8360	
Y3	M8370	

4）指令执行状态标志位

（1）指令驱动标志位。

当对定位指令进行驱动时，该标志位为 ON。与脉冲输出口是否有脉冲输出无关，只与驱动条件是否成立有关。标志位可用于对驱动条件进行监控。当 n 个定位指令使用同一脉冲输出时，请使用互锁。定位指令驱动标志位见表 3-10。

表 3-10　定位指令驱动标志位

脉冲输出端口	指令驱动标志位	动　　作
Y0	M8348	
Y1	M8358	正在驱动：ON；停止驱动：OFF
Y2	M8368	
Y3	M8378	

（2）指令执行结束标志位。

当指令执行结束后，该标志位为 ON。结束标志位有两个，一是正常指令执行结束后，标志位 M8029 为 ON，如为异常结束，则 M8329 为 ON。何谓异常，不同的定位指令其含义不同。例如，对 DSZR 和 ZRN 指令来说，当原点回归过程中检测不到 DOG 开关的情况就是异常，这时 M8329 为 ON。

指令结束标志位都是只读标志位，一般应紧随定位指令后应用。关于 M8029 的使用在第 4 章中有专门的应用讲解。指令执行结束标志位见表 3-11。

表 3-11　指令执行结束标志位

脉冲输出端口	正常结束标志位	异常结束标志位
Y0		
Y1	M8029	M8329
Y2		
Y3		

5）原点回归相关标志位

（1）原点回归方向标志位。

原点回归方向指定位装置是向正转方向回归原点还是向反转方向回归原点。

对 ZRN 指令来说，其原点回归只能朝反转方向（绝对位置当前值减小方向）进行。如果需要在正转方向上进行原点回归，可以通过编制程序解决。对 DSZN 指令来说，它是通过原点回归方向标志位的状态来决定回归方向的。上述原点回归方向的指定均在相应的指令中进行讲解。

（2）清零信号相关标志位。

清零信号是定位控制器在执行原点回归结束并在原点位置停止后向伺服驱动器发出的一个信号，用于清除伺服驱动器内部偏差计数器的滞留脉冲。目的是消除伺服驱动器的跟随误差，使之与当前值寄存器保持一致。

FX3U PLC 的清零信号输出有两种方式。一种是固定清零信号输出端口，另一种是由清零信号端口地址寄存器的内容来指定清零信号输出端口。不管哪种方式都必须先将清零信号输出功能有效标志位置为 ON。在此前提下，再由软元件指定标志位的状态决定采用哪种方式。如果为指定清零信号输出端口方式，则还需设计程序指定清零信号的输出端口。

关于清零信号的相关标志位及其状态功能将在原点回归指令 DSZN 中详细说明。

6）DVIT 指令中断信号指定标志位

DVIT 指令是一个中断定长定位指令，该指令在执行后先按指定速度运行，直到接到中断信号后才按指令所指定的定长（相对位置值）运行到结束。对这个中断信号的来源有两种方式。一是指定信号输入端口，二是通过中断信号存储器的内容来决定中断信号的输入端口。这两种方式是由中断输入信号指定标志位的状态所决定的。

关于中断输入信号指定标志位和指定输入端口的规定在 DVIT 指令中讲解。

4．脉冲输出和定位指令初始化操作

脉冲输出和定位指令在执行前除在指令的操作数中有表示外，还必须把操作数中不能表达的与定位有关的速度和加减速时间数据写入相关指定的数据寄存器中，同时还必须对某些相关的特殊辅助继电器 M 的状态进行置位或复位处理。这些在指令执行前要做的步骤称为指令的初始化操作。初始化操作可通过 MOV 指令编制程序写入或通过软件设置统一写入。

软件设置写入操作如下。

打开 GX 编程软件，单击"工程"栏内"参数/PLC 参数"，出现如图 3-5 所示的"FX 参数设置"对话框。

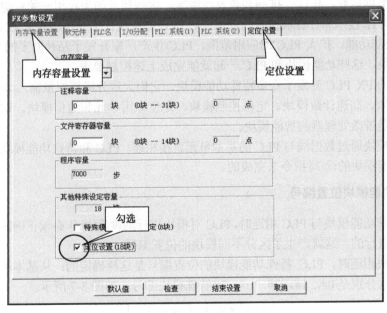

图 3-5 "FX 参数设置"对话框

（1）在"内存容量设置"中，对"定位设置（18 块）"选择"√"。

（2）单击"定位设置"，出现定位参数设置列表，如图 3-6 所示。根据需要对表中参数进行设置，设置完毕，单击"结束设置"按钮。相应的初始化参数值会随程序写入 PLC 传送到相应的数据寄存器。

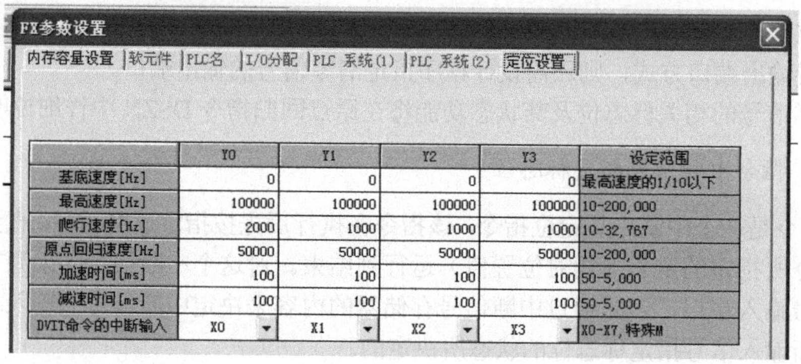

	Y0	Y1	Y2	Y3	设定范围
基底速度[Hz]	0	0	0	0	最高速度的1/10以下
最高速度[Hz]	100000	100000	100000	100000	10~200,000
爬行速度[Hz]	2000	1000	1000	1000	10~32,767
原点回归速度[Hz]	50000	50000	50000	50000	10~200,000
加速时间[ms]	100	100	100	100	50~5,000
减速时间[ms]	100	100	100	100	50~5,000
DVIT命令的中断输入	X0	X1	X2	X3	X0~X7,特殊M

图 3-6 "定位参数设置"对话框

3.1.3 FX 特殊功能模块介绍

1. 特殊功能模块

最初 PLC 是替代继电器控制系统出现的一种新型控制装置。早期的 PLC 最基本的应用是开关量逻辑控制，但是随着现代工业控制的发展对 PLC 提出了许多控制要求，例如，对温度、压力等连续变化的模拟量控制；对直线运动或圆周运动的运动量定位控制；对各种数据完成采集、分析和处理的数据运算、传送、排列和查表功能等。这些要求如果仅用开关量逻辑控制方式是不能完成的，但 IT 技术和计算机技术的发展使对 PLC 完成现代工业控制要求又成为可能。为了增加 PLC 的控制功能，扩大 PLC 的应用范围，PLC 生产厂家开发了品种繁多的与 PLC 相配套的特殊功能模块，这些功能模块和 PLC 一起就能完成上述控制要求。

三菱电机为 FX PLC 开发了众多特殊功能模块，它们大致分成模拟量输入/输出模块、温度传感器输入模块、高速计数模块、定位控制模块、定位专用单元和通信模块。这些特殊的功能模块实质上都是带微处理器的智能模块。

特殊功能模块通过数据线与 PLC 的基本单元直接相连。PLC 和特殊功能模块的数据交换是通过对特殊功能模块的读/写指令来完成的。

2. 特殊功能模块位置编号

当多个特殊功能模块与 PLC 相连时，PLC 对模块进行的读/写操作必须正确区分是对哪一个特殊功能模块进行的。这就产生了区分不同模块的位置编号。

当多个模块相连时，PLC 特殊功能模块的位置编号是这样确定的：从基本单元最近的模块算起，由近到远分别是 0#，1#，2#，…，7# 特殊模块编号，如图 3-7 所示。

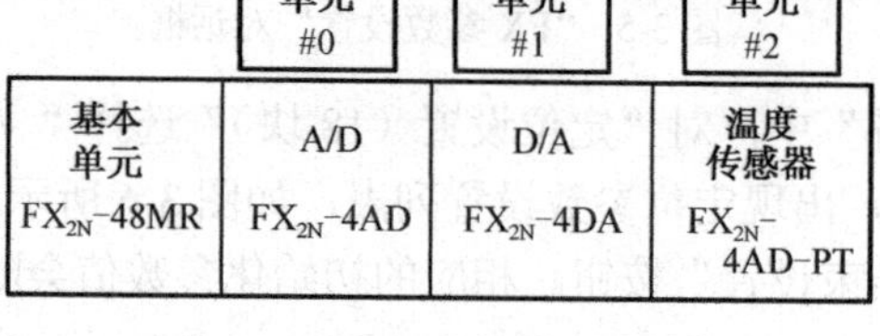

图 3-7 特殊功能模块位置编号

但当其中含有扩展模块或扩展单元时，扩展模块或单元不算入编号，特殊模块编号则跳过扩展单元仍由近到远从 0# 编起，如图 3-8 所示。

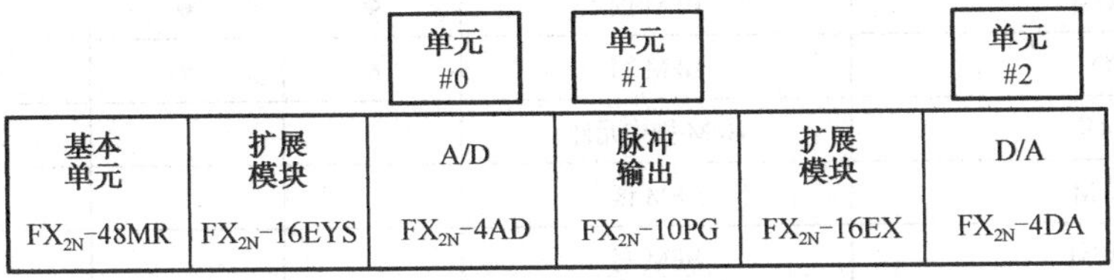

		单元 #0	单元 #1		单元 #2
基本 单元	扩展 模块	A/D	脉冲 输出	扩展 模块	D/A
FX_{2N}–48MR	FX_{2N}–16EYS	FX_{2N}–4AD	FX_{2N}–10PG	FX_{2N}–16EX	FX_{2N}–4DA

图 3-8　含有扩展单元的特殊功能模块位置编号

一个 PLC 的基本单元最多能够连接 8 个特殊模块，编号从 0#～7#。FX_{3U} PLC 的 I/O 点数最多是 384 点，它包含了基本单元的 I/O 点数、扩展模块或单元的 I/O 点数和特殊模块所占用的 I/O 点数。特殊模块所占用的 I/O 点数可查询手册得到。FX_{2N} 的特殊功能模块一般占用 8 个 I/O 点，计算在输入点/输出点均可。

3. 特殊功能模块中的缓冲存储器（BFM）

每个特殊功能模块里有若干个 16 位存储器，手册中名称为缓冲存储器（BFM），缓冲存储器是 PLC 与特殊功能模块进行信息交换的中间单元。输入时，由特殊功能模块将外部数据量转换成数字量后先暂存在 BFM 内，当 PLC 需要时再由 PLC 通过特殊功能模块读取指令复制到 PLC 的字软元件进行处理。输出时，PLC 将数字量通过特殊功能模块写入指令送入特殊功能模块 BFM 内，再由特殊功能模块自动转换成数据量送入外部控制器或执行器中，这是特殊功能模块 BFM 的主要功能，除此之外，BFM 还具有以下功能。

（1）模块应用设置功能。特殊功能模块在具体应用时，要求对其各种参数进行选择性设置，如各种速度的设置、运行功能的设置等。这些都是通过特殊功能模块写入指令针对 BFM 不同单元的内容设置来完成的。

（2）识别和查错功能。每一个都有一个识别码固化在某个 BFM 单元里用来进行模块识别。当模块发生故障时，BFM 的某个单元会存有故障状态信息。通过特殊功能模块读取指令复制到 PLC 内进行识别和监视。

特殊功能模块的 BFM 数量并不相同，每个 BFM 缓冲存储器都是一个 16 位的二进制寄存器。在数字技术中，16 位二进制数为一个"字"，因此每个 BFM 都是一个"字"单元。在介绍模拟量模块的 BFM 功能时，常常把某些 BFM 的内容叫做"××字"，如通道字、状态字等。当需要两个 16 位 BFM 组成 32 位时，一般都是由相邻的两个 BFM 单元组成的。

对特殊功能模块的学习和应用，除了选型、输入/输出接线和它的位置编号外，对其 BFM 的学习是关键，这是学习特殊功能模块的难点和重点。实际上学习这些模块的应用就是学习这些缓冲存储器的内容及它的读/写。

4. PLC 与特殊功能模块 BFM 的信息交换

PLC 与特殊功能模块的信息交换是通过功能指令编制程序来完成的。功能指令有 3 种，不同 FX 系列 PLC 其能使用的功能指令是不同的，见表 3-12。

表 3-12 FX 系列 PLC 可用 BFM 读/写指令

指令助记符	功　能	FX$_{1S}$	FX$_{1N}$	FX$_{2N}$	FX$_{3U}$
FROM	BFM 读	●	●	●	●
TO	BFM 写	●	●	●	●
U□/G□	BFM 操作元件				●
RBFM	BFM 读				●
WBFM	BFM 写				●

3.1.4　FX$_{3U}$–2HSY–ADP 高速脉冲适配器介绍

1. 简介

FX$_{3U}$-2HSY-ADP 高速脉冲输出适配器是专门为 FX$_{3U}$ PLC 开发的一块高速脉冲输出功能块。当 PLC 需要连接差动线驱动输入脉冲的伺服或步进驱动器时，通过 2HSY 适配器进行脉冲方式的转换，或当一个继电器输出的 PLC 需要进行定位控制时，也可以通过 2HSY 适配器进行定位控制。一个 FX$_{3U}$ PLC 的基本单元最多可以连接两个 2HSY 适配器。

2HSY 适配器不具有独立控制能力，必须连接在 FX$_{3U}$ 基本单元上，由基本单元向其供电。其输出脉冲控制也是由 FX$_{3U}$ 的高速输出脉冲控制的，定位指令使用的是 FX$_{3U}$ 的内置脉冲输出和定位指令。当 2HSY 适配器被连接到 FX$_{3U}$ 基本单元上时，可视为基本单元本体的一部分，其定位控制指令、定位控制程序均和基本单元一样。

2HSY 适配器的优点是不占用 PLC 的 I/O 点，输出频率可以达到 200kHz。当 FX$_{3U}$ 与 2 台 2HSY 适配器连接时，可以控制独立 4 轴的定位运行。

2HSY 适配器的外形如图 3-9 所示。

2HSY 适配器的外形尺寸及各部分组成如图 3-10 和表 3-13 所示。

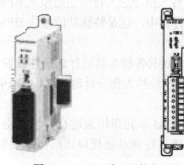

图 3-9　2HSY 适配器的外形图

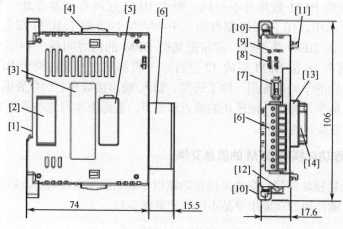

图 3-10　2HSY 适配器的外形尺寸

表 3-13　2HSY 适配器的各部分组成

序　号	名　　称	序　号	名　　称
[1]	DIN 导轨安装槽	[8]	输出脉冲指示 LED（红色）
[2]	高速 I / O 特殊适配器接头盖	[9]	电源指示 LED（绿色）
[3]	铭牌	[10]	直接安装孔
[4]	专用适配器滑锁	[11]	专用适配器固定钩
[5]	通信/模拟适配器接头盖	[12]	DIN 导轨安装钩
[6]	高速输出脉冲输出端子	[13]	通信/模拟适配器专用连接器
[7]	输出脉冲方式设定开关	[14]	高速 I/O 适配器专用连接器

2HSY 适配器的规格性能见表 3-14。

表 3-14　2HSY 适配器的规格性能

项　　目	规　　格
控制轴	独立 2 轴
输出点数	4 点，不占用 PLC 的 I/O 点
输出类型	差动线驱动输出（相当于 AM26C31）
输出方式	正/反转脉冲输出或脉冲+方向输出
输出电压	DC5V 脉冲
最大输出频率	200kHz
负载电流	25mA 以下
最大接线长度	10m
外部电源	60mA/24V DC（由 PLC 提供）
隔离方式	光耦隔离
接线	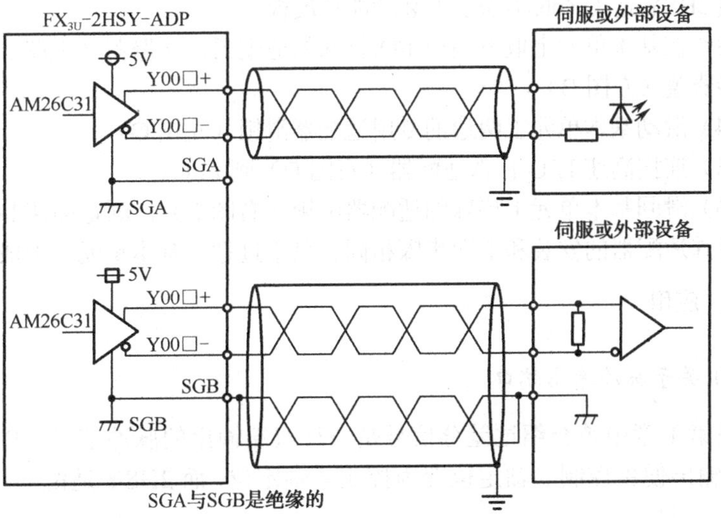

2. 连接

2HSY 适配器是一款高速脉冲输出适配器，除此之外，FX$_{3U}$ PLC 还开发有高速脉冲输入适配器（FX$_{3U}$-4HSX-ADP）、模拟量适配器和通信适配器。这些适配器都统一在 FX$_{3U}$ 基本单元的左侧，与 PLC 相连。当模拟量/通信适配器与 PLC 相连时还必须在基本单元上加装功能扩展板 FX$_{3U}$-CNV-BD。

连接高速脉冲 I/O 适配器时，应遵循以下原则进行。

（1）仅连接高速脉冲 I/O 适配器时，PLC 不需要安装功能扩展板 FX$_{3U}$-CNV-BD。

（2）当连接模拟量/通信适配器时，则需要安装功能扩展板。

（3）混合使用高速脉冲 I/O 适配器和模拟量/通信适配器时，需要安装功能扩展板。在连接适配器时，应先连接高速脉冲 I/O 适配器，然后再连接模拟量/通信适配器。

（4）一个 PLC 基本单元最多只能连接两个 2HSY 适配器，按照与 PLC 基本单元的连接顺序分别命名为 1# 适配器和 2# 适配器。

具体连接过程参看图 3-11，步骤如下。

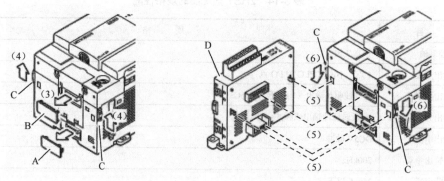

图 3-11　连接过程参考图

（1）关闭电源，断开所有连接到 PLC 基本单元和 2HSY 适配器的电缆，拆卸安装在 DIN 导轨上或直接用螺钉安装的主单元和 2HSY 适配器。

（2）在基本单元上安装一个扩展板。关于功能扩展板的安装请参考 FX$_{3U}$ 系列用户硬件手册。仅连接 2HSY 适配器时不需要安装功能扩展板。

（3）在基本单元上取下高速 I/O 特殊的适配器连接器盖（左图 A）和通信/模拟特殊适配器的连接器盖（左图 B）。

（4）滑动基本单元上两边的专用适配器滑锁（左图 C）。

（5）连接高速 I/O 特殊适配器（右图 D）到 PLC。

（6）滑回基本单元上特殊的适配器滑锁（右图 C），固定高速 I/O 特殊适配器。

特殊适配器的安装和上面步骤相同。只不过把"基本单元"换成"特殊适配器"来进行。

3. 应用

1）关于脉冲输出端口

在第 1 章中曾介绍过差分信号是一种双端输出的脉冲信号。FX$_{3U}$ PLC 连接 2HSY 适配器后，输出便由控制 3 轴定位变为控制 4 轴定位，而 2HSY 适配器占用 8 个脉冲输出口 Y0～Y7。

当 2HSY 与 PLC 相连时，同样的输出口编号会同时分配给 PLC 和 2HSY。当使用其中一个输出端时，另一个相同编号的输出端便不能再做他用，也就是不能再有连线接出。

使用时必须注意，当 FX₃ᵤ PLC 连接两台 2HSY 适配器时，对 2HSY 适配器的输出端编号做了如图 3-12 所示的分配。由图可见，对第 1 台（1#）2HSY 适配器，其脉冲输出端口分配为 Y0+Y4 和 Y1+Y5。第 2 台（2#）2HSY 适配器，输出端口分配为 Y2+Y6 和 Y3+Y7。

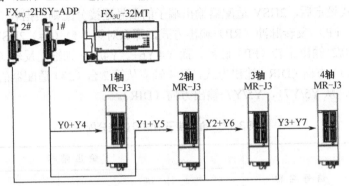

图 3-12　输出端编号分配

2HSY 适配器上共有 10 个接线端子。除了 8 个脉冲输出端子外，还有两个接地端子 SGA 和 SGB。这两个接地端子是相互绝缘的。8 个脉冲输出端子都标有名称，其和 PLC 的输出端口编号对应关系见表 3-15。

表 3-15　端子名称与输出端口编号的对应关系

2HSY 端子名称	对应输出端口编号	
	1#	2#
Y0/2+	Y000+	Y002+
Y0/2−	Y000−	Y002−
Y4/6+	Y004+	Y006+
Y4/6−	Y004−	Y006−
SGA	SGA	SGA
Y1/3+	Y001+	Y003+
Y1/3−	Y001−	Y003−
Y5/7+	Y005+	Y007+
Y5/7−	Y005−	Y007−
SGB	SGB	SGB

2）关于脉冲输出方式

2HSY 适配器有两种脉冲输出方式：正/反转脉冲输出和脉冲+方向输出。这两种方式是通过面板上的脉冲方式开关来设定的。操作见表 3-16。

表 3-16　FX₃ᵤ-2HSY-ADP 脉冲输出方式

开　关	名　　称	脉冲输出方式
向上	FP·RP side	正转脉冲（FP）/反转脉冲（RP）
向下	PLS·DIR	脉冲+方向

2HSY 适配器的脉冲输出方式必须和脉冲接收设备所规定的方式一致。也就是说，先决定接收设备，如伺服驱动器的方式设定，再决定 2HSY 适配器的设定。如果两者的脉冲方式设定不一致，脉冲就不能正确传输。

脉冲输出方式开关必须在 PLC 断电或运行方式拨向"STOP"且没有脉冲输出时进行。

脉冲输出方式设定后，2HSY 适配器输出端子的信号连接分配则根据表 3-17 确定。例如，如果是正转脉冲（FP）/反转脉冲（RP）输出方式，那么对第 1 台（1#）2HSY 适配器第 2 轴来说，其 Y0/2+、Y0/2−输出正转（FP）脉冲，而 Y4/Y6+、Y4/Y6−则输出反转（RP）脉冲。又如，如果为脉冲（PLS）+方向（DIR）输出方式，第 4 轴应从第 2 台（2#）适配器的 Y1/Y3+、Y1/Y3−输出脉冲（PLC），从 Y5/Y7+、Y5/Y7−输出方向（DIR）。

表 3-17　输出端子的信号连接分配

脉冲输出方式	信 号 名 称	输 出 编 号			
		1#		2#	
		1 轴	2 轴	3 轴	4 轴
FP+RP	FP	Y0	Y1	Y2	Y3
	RP	Y4	Y5	Y6	Y7
	SG	SG1	SG2	SG3	SG4
PLS+DIR	PLS	Y0	Y1	Y2	Y3
	DIR	Y4	Y5	Y6	Y7
	SG	SG1	SG2	SG3	SG4

3）关于脉冲输出运行

当基本单元为继电器输出型时，其本体不能进行定位控制，但如果连接 2HSY 适配器后，则可以利用 2HSY 适配器的高速输出功能进行定位控制。这在执行定位指令或其他高速脉冲输出指令时，与基本单元为晶体管输出型 PLC 会稍有一点差别，见表 3-18。

表 3-18　指 令 执 行

指 令	输出脉冲运行		
	2HSY	PLC	
		晶 体 管 型	继 电 器 型
PLSY、PLSR、DSZR、DVIT、TBL、ZRN、PLSV、DRVI、DRVA	适用	适用[1]	当指令被激活时，相应的输出为 ON（LED 也为 ON）
PWM	适用	适用	不适用于 PWM 指令[2]
其他指令	适用	适用	ON

* 1. 在基本单元晶体管输出时，输出频率上限为 100kHz。如果负载是在频率超过 100kHz 操作使用脉冲时，PLC 可能被损坏。

* 2. PWM 指令有不支持的原因，如继电器的输出响应延迟、抖动的接触等。

3.2　特殊功能模块 BFM 读/写指令

3.2.1　BFM 读指令 FROM

1. 指令格式

FNC 78：【D】 FROM 【P】　　程序步：9/17

可用软元件见表 3-19。

表 3-19　FROM 指令可用软元件

操作数	位 元 件					字 元 件										常	数
	X	Y	M	S	D□/b	KnX	KnY	KnM	KnS	T	C	D	R	U□/G□	V	Z	K	H
m1												●	●				●	●
m2												●	●				●	●
D.						●	●	●	●	●	●	●	●		●	●		
n												●	●				●	●

FROM 指令梯形图如图 3-13 所示。

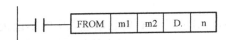

| FROM | m1 | m2 | D. | n |

图 3-13　FROM 指令梯形图

操作数内容与取值如下。

操 作 数	内容与取值
m1	特殊模块位置编号，m1=0～7
m2	读出数据的特殊模块缓冲存储器 BFM 的首址，m2=0～32767
D.	BFM 数据传送到 PLC 的存储字元件首址
n	传送数据个数，n=1～32767

解读：当驱动条件成立时，把位置编号为 m1 的特殊模块中以 BFM# m2 为首址的 n 个缓冲存储器的内容读到 PLC 中以 D 为首址的 n 个字元件中。

2. 指令功能说明

下面通过例子来具体说明指令功能。

【例 3-5】　试说明指令执行功能含义

（1）FROM　K1　　K30　　D0　　K1

把 1# 模块的 BFM#30 单元中的内容复制到 PLC 的 D0 单元中。

（2）FROM　　K0　　K5　　　D10　　K4

把 0# 模块的（BFM#5～BFM#8）4 个单元中的内容复制到 PLC 的（D10～D13）单元中。其对应关系是：

$$(BFM\#5) \rightarrow (D10), \qquad (BFM\#6) \rightarrow (D11)$$
$$(BFM\#7) \rightarrow (D12), \qquad (BFM\#8) \rightarrow (D13)$$

（3）FROM　　K1　　K29　　K4 M10　　K1

用 1# 模块 BFM#29 的位值控制 PLC 的 M10～M25 继电器的状态。位值为 0，M 断开；位值为 1，M 闭合。例如，BFM#29 中的数值是 1000 0000 0000 0111，那么它所对应的继电器 M10，M11，M12 和 M25 是闭合的，其余继电器都是断开的。

FROM 指令也可有 32 位应用，这时传送数据个数为 $2n$ 个。

【例 3-6】 试说明指令执行功能的含义。

　　　　　　　　　　DFROM　　　K0　　　K5　　　D100　　　K2

这是 FROM 指令的 32 位应用，注意这个 K2 表示传送 4 个数据，指令执行功能含义是把 0# 模块（BFM#5～BFM#8）4 个单元中的内容复制到 PLC 的（D100～D103）单元中，其对应关系是：

$$(BFM\#6)\quad(BFM\#5) \rightarrow (D101)\quad(D100)$$
$$(BFM\#8)\quad(BFM\#7) \rightarrow (D103)\quad(D102)$$

在 32 位指令中处理 BFM 时，指令指定的 BFM 为低位，编号紧接的 BFM 为高位。

3. 指令应用

1）中断标志位 M8028

当 M8028=0 时，FROM，TO 指令执行时自动进入中断禁止状态，在这期间发生的输入中断或定时器中断均不能执行，在 FROM，TO 指令执行完毕后立即执行。另外 FROM，TO 指令可以在中断程序中使用。

当 M8028=1 时，在 FROM，TO 指令执行期间可以进入中断状态，但 FROM，TO 指令却不能在中断程序中使用。

2）运算时间延长的处理

当一台 PLC 直接连接多台特殊功能模块时，可编程控制器对特殊功能模块的缓冲存储器初始化运行时间会变长，运算的时间也会变慢。另外，执行多个 FROM，TO 指令或传送多个缓冲存储器的时间也会变长，过长的运算时间则会引起监视定时器（看门狗定时器）超时。为了防止这种情况的发生，可以采用以下方法。

（1）修改监视定时器的设定值。FX PLC 的监视定时器设定值是由特殊数据寄存器 D8000 存储的，这是一个可改写的数据寄存器，其初始值为 200ms，可以通过 MOV 指令进行改写。如图 3-14 所示。

图中，把定时时间修改为 300ms，其下加了 WDT 指令，表示定时时间由这里开始启动监视，如果不加 WDT 指令，则修改后的监视定时时间要等到下一个扫描周期才开始生效。

监视定时器设定值范围最大为 32 767ms。如果设置过大会导致运算异常检测的延迟，所以一般在运行没有问题的情况下置初始值为 200ms。

（2）分段监视。

当一个程序运行周期较长时，可在程序中间插入 WDT 指令进行分段监视，这时等于把一个运行时间较长的时间分成几段进行监视，每一段都不超过 200ms，如图 3-15 所示。

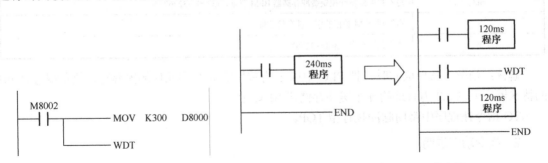

图 3-14　监视定时器定时值修改程序　　　　图 3-15　分段监视 WDT 的应用

（3）当分批写入读出数据不会对控制运行产生影响时，也可以使用分批读/写指令 RBFM 和 WBFM。

（4）错开多个 FROM，TO 指令执行的时间。

3.2.2　BFM 写指令 TO

1. 指令格式

FNC 79：【D】 TO 【P】　　程序步：9/17

可用软元件见表 3-20。

表 3-20　TO 指令可用软元件

操作数	位 元 件					字 元 件										常 数	
	X	Y	M	S	D□/b	KnX	KnY	KnM	KnS	T	C	D	R	U□/G□	V	Z	K	H
m1												●	●				●	●
m2												●	●				●	●
S.						●	●	●	●	●	●	●	●		●	●	●	●
n												●	●				●	●

梯形图如图 3-16 所示。

图 3-16　TO 指令梯形图

操作数内容与取值如下。

操 作 数	内容与取值
m1	特殊模块位置编号，m1=0～7
m2	写入数据到特殊模块缓冲存储器 BFM 首址，m2=0～32767
S.	写入到 BFM 数据的字元件存储首址
n	传送数据个数，n=1～32767

解读：当驱动条件成立时，把 PLC 中以 S 为首址的 n 个字元件的内容写入位置编号为 m1 的特殊模块中以 m2 为首址的 n 个缓冲存储器 BFM 中。

TO 指令在程序中常用脉冲执行型 TOP。

2. 指令功能说明

下面通过例子来具体说明指令功能。

【例 3-7】 试说明指令执行功能的含义。

（1）TOP　　K1　　K0　　H3300　　K1

把十六进制数 H3300 复制到 1# 模块的 BFM#0 单元中。

（2）TOP　　K0　　K5　　D10　　K4

把 PLC 的（D10～D13）4 个单元中的内容写入位置编号为 0# 模块的（BFM#5～BFM#8）4 个单元中，其对应关系是：

$$(D10) \rightarrow (BFM\#5)$$
$$(D11) \rightarrow (BFM\#6)$$
$$(D12) \rightarrow (BFM\#7)$$
$$(D13) \rightarrow (BFM\#8)$$

（3）TOP　　K1　　K4　　K4 M10　　K1

把 PLC 的 M10～M25 继电器的状态所表示的 16 位数据的内容写入位置编号为 1# 模块 BFM#4 缓冲存储器中。M 断开位值为 0；M 闭合位值为 1。

TO 指令也可有 32 位应用，这时传送数据个数为 2n 个。

【例 3-8】 试说明指令执行功能的含义。

DTOP　　K0　　K5　　D100　　K2

这是 TO 指令的 32 位应用，注意这个 K2 表示传送 4 个数据，指令执行功能的含义是把 PLC 的（D100～D103）单元中的内容复制到位置编号为 0# 的模块（BFM#5～BFM#8）缓冲存储器中。

$$(D101)\quad(D100) \rightarrow (BFM\#6)\quad(BFM\#5)$$
$$(D103)\quad(D102) \rightarrow (BFM\#8)\quad(BFM\#7)$$

在 32 位指令中处理 BFM 时，指令指定的 BFM 为低位，编号紧接的 BFM 为高位。

3.2.3　BFM 分时读出指令 RBFM

1. 指令格式

FNC 278：　　　RBFM　　程序步：11

可用软元件见表 3-21。

表 3-21　RBFM 指令可用软元件

操作数	位 元 件					字 元 件										常 数	
	X	Y	M	S	D□/b	KnX	KnY	KnM	KnS	T	C	D	R	U□/G□	V	Z	K	H
m1												●	●				●	●
m2												●	●				●	●
D.												●	●					
n1												●	●				●	●
n2												●	●				●	●

梯形图如图 3-17 所示。

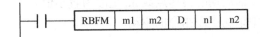

图 3-17　RBFM 指令梯形图

操作数内容与取值如下。

操 作 数	内容与取值
m1	特殊模块位置编号，m1=0～7
m2	要读出数据的特殊模块缓冲存储器 BFM 的首址，m2=0～3 2767
D.	保存读出 BFM 数据的字元件存储首址
n1	要读出 BFM 单元的个数，n1=1～32 767
n2	每个扫描周期传送的 BFM 单元个数，n2=1～32 767

解读：当驱动条件成立时，将 m1# 模块的以 BFM#m2 为首址的 n1 个缓冲存储器的内容进行分时读到 PLC 内以 D 为首址的 n1 个数据寄存器中。每个扫描周期仅读出 n2 个，在 n1/n2 个扫描周期内读取完毕。

2. 指令功能说明

分时读出指令在从特殊功能模块内读出较多数据（连续 BFM 单元的数据块）时较为有用。这在读取数据较多的特殊通信模块（如 CC-LINK）中应用较多。

当数据读取较多时（如 n1 个），RBFM 指令会自动将所传送的 BFM 单元数据按照每个扫描周期仅传送 n2 个数据，在 n1/n2 个扫描周期内分时传送（最后一次不管余多少都算一次），如图 3-18 所示。

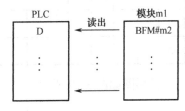

图 3-18　RBFM 指令读出示意图

3. 相关软元件

与 RBFM 指令相关的软元件见表 3-22。

表 3-22　与 RBFM 指令相关的软元件

编　号	名　　称	内 容 含 义
M8029	指令执行结束	当指令正常结束时为 ON
M8328	指令不执行	针对相同模块编号，正在执行其他的 RBFM 指令和 WBFM 指令时为 ON
M8329	指令执行异常结束	当指令异常结束时为 ON

　　如果程序中有多条 RBFM 或 WBFM 指令时，正在执行其中一条指令时，其他分时指令均处于待机状态。待指令执行结束后才会解除待机状态，然后执行下一条分时指令。

4. 指令应用

　　（1）当 m1 所表示的模块编号不存在时，出错标志位 M8067 置 ON。D8067 保存错误代码。
　　（2）每个扫描周期传递点数较多时会发生看门狗定时器出错。处理方法除延长看门狗定时器的时间外还可以将每个扫描周期的传递点数 n2 更改为较小值。
　　（3）指令在执行过程中请勿中断指令的驱动。

3.2.4　BFM 分时写入指令 WBFM

1. 指令格式

FNC 279：　　　WBFM　　程序步：11
WBFM 指令可用软元件见表 3-23。

表 3-23　WBFM 指令可用软元件

操作数	位 元 件					字 元 件										常 数	
	X	Y	M	S	D□/b	KnX	KnY	KnM	KnS	T	C	D	R	U□/G□	V	Z	K	H
m1												●	●				●	●
m2												●	●				●	●
D.												●	●					
n1												●	●				●	●
n2												●	●				●	●

　　梯形图如图 3-19 所示。

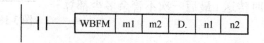

图 3-19　WBFM 指令梯形图

　　操作数内容与取值如下。

操 作 数	内容与取值
m1	特殊模块位置编号，m1=0～7
m2	要写入数据的特殊模块缓冲存储器 BFM 首址，m2=0～32 767
D.	保存写入到 BFM 数据的字元件存储首址
n1	要读出 BFM 单元的个数，n1=1～32 767
n2	每个扫描周期传送的 BFM 单元个数，n2=1～32 767

解读：当驱动条件成立时，将 PLC 内以 D 为首址的 n1 个数据寄存器中的内容分时写入 m1# 模块的以 BFM#m2 为首址的 n1 个缓冲存储器中。每个扫描周期仅写入 n2 个，在 n1/n2 个扫描周期内写入完毕。

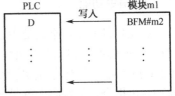

图 3-20 WBFM 指令写入示意图

2. 指令功能说明

WBFM 指令执行功能与 RBFM 指令相反，它是从 PLC 中向模块的 BFM 写入数据中，如图 3-20 所示。

3. 指令应用

WBFM 指令的应用与 RBFM 指令一样，不再叙述。

3.3 脉冲输出指令

3.3.1 脉冲输出指令 PLSY

1. 指令格式

FUN 57：【D】PLSY   程序步：7/13

PLSY 指令可用软元件见表 3-24。

表 3-24 PLSY 指令可用软元件

操作数	位 元 件					字 元 件										常 数	
	X	Y	M	S	D□/b	KnX	KnY	KnM	KnS	T	C	D	R	U□/G□	V	Z	K	H
S1.						●	●	●	●	●	●	●	●	●	●	●	●	●
S2.						●	●	●	●	●	●	●	●	●	●	●	●	●
D.		●																

梯形图如图 3-21 所示。

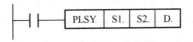

图 3-21 PLSY 指令梯形图

操作数内容与取值如下。

操 作 数	内容与取值
S1.	输出脉冲频率或其存储地址
S2.	输出脉冲个数或其存储地址
D.	指定脉冲串输出口，仅限 Y0 或 Y1

解读：当驱动条件成立时，从输出口 D 输出一个频率为 S1、脉冲个数为 S2、占空比为 50% 的脉冲串。

2. 指令功能

在定位控制中，不论是步进电动机还是伺服电动机，在通过输出高速脉冲进行定位控制时，电动机的转速是由脉冲的频率所决定的，电动机的总回转角度则由输出脉冲的个数决定。而 PLSY 指令是一个能发出指定脉冲频率下指定脉冲个数的脉冲输出指令，因此 PLSY 指令虽叫做脉冲输出指令，但实际上就是一个定位控制指令。

对三菱 FX 系列 PLC 来说，PLSY 指令经常在 FX$_{1S}$/FX$_{1N}$/FX$_{2N}$ PLC 的定位控制中使用，特别是在对步进电动机的控制中用得较多。

3. 相关特殊软元件

脉冲输出指令在执行时涉及一些特殊继电器 M 和数据寄存器 D，它们的含义和功能见表 3-25 和表 3-26。

表 3-25　相关特殊辅助继电器

编　号	内容含义	适用机型
M8145	停止 Y0 脉冲输出　（立即停止）	FX$_{1S}$、FX$_{1N}$、FX$_{2N}$
M8146	停止 Y1 脉冲输出　（立即停止）	
【M8147】	Y0 脉冲输出中监控　（BUSY/READY）	FX$_{1S}$、FX$_{1N}$、FX$_{2N}$
【M8148】	Y1 脉冲输出中监控　（BUSY/READY）	
【M8029】	指令执行完成标志位，执行完毕 ON	FX$_{1S}$、FX$_{1N}$、FX$_{2N}$、FX$_{3U}$

表 3-26　相关特殊数据寄存器

编　号	位　数	出厂值	内容含义	适用机型
D8140（低位）	32	0	Y0 输出位置当前值，应用脉冲指令 PLSY、PLSR 时，对脉冲输出值进行累加当前值	FX$_{1S}$、FX$_{1N}$、FX$_{2N}$、FX$_{3U}$
D8141（高位）				
D8142（低位）	32	0	Y1 输出位置当前值，应用脉冲指令 PLSY、PLSR 时，对脉冲输出值进行累加当前值	
D8143（高位）				
D8136（低位）	32	0	Y0、Y1 输出脉冲和计数的累计值	
D8137（高位）				

在学习和应用脉冲输出指令时，必须结合这些软元件一起理解。特殊数据寄存器的内容均可用 DMOV 指令进行清零。

在 FX₃ᵤ PLC 中应用 PLSY 指令（含 PLSR 指令）时必须注意，其所涉及的相关特殊软元件是与 FX₁ₛ/FX₁ₙ/FX₂ₙ 有区别的。当在 FX₃ᵤ 中用于 PLSY 指令时，所涉及的特殊辅助继电器见表 3-6，而其相关特殊数据寄存器见表 3-26。例如，要停止 PLSY 指令的脉冲输出时，应用 M8349，而不是 M8145。其脉冲当前值数据寄存器仍为 D8141、D8140，而不是 D8341、D8340。因此，建议在 FX₃ᵤ 中最好不要混用 PLSY 指令和定位指令 DRVI、DRVA，因为混用后当使用 PLSY 指令时，D8141、D8140 在变化，而 D8341、D8340 却不变化。使用 DRVI、DRVA 指令时情况相反，这样可能会引起控制动作的混乱。

4. 指令应用

1）关于输出频率 S1 和输出脉冲个数 S2

输出频率 S1：FX₂ₙ 为 2～20kHz，FX₁ₛ、FX₁ₙ、FX₃ᵤ 为 1～100kHz。

输出脉冲个数 S2：【16 位】1～32 767，【32 位】1～2 147 483 647。

脉冲个数 S2 必须在指令未驱动时进行设置。如指令执行过程中改变脉冲个数，指令则不执行新的脉冲个数数据，而是要等到再次驱动指令后才执行新的数据。而输出频率 S1 则不同，其在执行过程中随 S1 的改变而马上改变。

2）脉冲输出方式

指令驱动后采用中断方式输出脉冲串，因此不受扫描周期影响。如果在执行过程中指令驱动条件断开，则输出马上停止，再次驱动后又从最初开始输出。如果输出连续脉冲（S2=K0），则驱动条件断开，输出马上停止。

如果在脉冲执行过程中，当驱动条件不能断开时又希望脉冲停止输出，则可利用驱动特殊继电器 M8145（对应 Y0）和 M8146（对应 Y1）来立即停止输出，见表 3-25。

如果希望监控脉冲输出，则可利用 M8147 和 M8148 的触点驱动相应显示，见表 3-25。

3）关于当前值数据寄存器 D8141、D8140 的说明

PLSY 指令可以利用指定的方向输出口的状态进行正/反转，但是，不管其是正转还是反转，当前值寄存器 D8141、D8140 的变化总是在累计统计 PLSY、PLSR 指令所发出的脉冲数，而不是工件位置的当前值，因此不能利用 PLSY 指令来监控工件的当前位置。这一点和 DRVI、DRVA 指令有很大区别。

4）连续脉冲串的输出

把指令中脉冲个数设置为 K0，则指令的功能变为输出无数个脉冲串，如图 3-22 所示。如要停止脉冲输出，则只要断开驱动条件或驱动 M8145（Y0 口）、M8146（Y1 口）即可。

```
─┤├─        ┌──────┬───────┬────┬────┐
            │ DPLSY │ K1000 │ K0 │ Y0 │
            └──────┴───────┴────┴────┘
```

图 3-22　输出连续脉冲 PLSY 指令格式

这条指令在定位控制中常常用来做点动调试用，按住按钮，指令输出脉冲，电动机运行。松开按钮，输出停止，电动机停止。调节输出频率可以调节电动机运行的快慢。

5）PLC 选型与外接电路说明

如前所述，由于高速脉冲输出频率都比较高，必须选择晶体管型输出的 PLC 型号。这时对

FX$_{2N}$ 系列 PLC 来说，由于晶体管关断时间在输出电流较小时会变长，所以还需在输出回路上增加如图 3-23 所示的虚拟电阻，并使晶体管输出电阻电流达到 100mA。

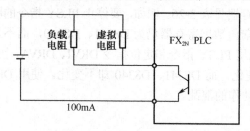

图 3-23　外接虚拟电阻电路

对于 FX$_{1S}$、FX$_{1N}$ 系列 PLC 来说，即使不接虚拟电阻，在 DC5～24V（10～100mA）的条件下，也能输出 100kHz 下的频率脉冲。

上面所述适用于 PLSY、PWM 和 PLSR 指令的应用。

5. 指令的使用限制

在三菱 FX 系列 PLC 中，对指令 PLSY 和 PLSR 来说其输出脉冲的当前值均为同一数据寄存器存储（D8141，D8140）；同时，指令 PLSY、PLSR、PWM 均可以从 Y0 或 Y1 输出高速脉冲，因此在实际使用时，高速脉冲输出指令的应用必须要受到一定程度的限制，如输出口限制、使用的次数限制等，这里对高速脉冲指令 PLSY、PLSR 和 PWM 的应用限制统一做一个说明。

（1）对 PWM 指令来说，编程中只能使用一次，并且其所占用的高速脉冲输出口不能重复使用。也就是说，PWM 指令所指定的脉冲输出口不能再为其他指令所用。

（2）关于 PLSY 和 PLSR 指令的使用限制则比较复杂，对于低于 V2.11 以下版本的 FX$_{2N}$系列，PLSY 和 PLSR 指令在编程中只限于其中一个编程一次。而高于 V2.11 以上版本的 FX$_{1S}$、FX$_{1N}$、FX$_{2N}$ 系列，在编程过程中可同时使用两个 PLSY 或两个 PLSR 指令，在 Y0 和 Y1 得到两个独立的脉冲输出，也可同时使用一个 PLSY 和一个 PLSR 指令分别在 Y0、Y1 得到两个独立的输出脉冲。

（3）FX$_{1S}$、FX$_{1N}$ 系列的 PLC、PLSY 指令可以在程序中反复使用，但必须注意，使用同一脉冲输出口的 PLSY 指令不允许同时驱动两个或两个以上的 PLSY 指令，同时驱动会产生双线圈现象，无法正常工作。

（4）对于 PLSY、PLSR 指令与 SPD 指令或与高速计数器同时使用的情况，处理脉冲频率的总和也受到限制，请参看编程手册。

3.3.2　带加/减速的脉冲输出指令 PLSR

1. 指令格式

FUN 59：【D】PLSR　　　程序步：9/17

PLSR 指令可用软元件见表 3-27。

表 3-27 PLSR 指令可用软元件

操作数	位 元 件					字 元 件										常 数	
	X	Y	M	S	D□/b	KnX	KnY	KnM	KnS	T	C	D	R	U□/G□	V	Z	K	H
S1.						●	●	●	●	●	●	●	●	●	●	●	●	●
S2.						●	●	●	●	●	●	●	●	●	●	●	●	●
S3.						●	●	●	●			●	●	●	●	●	●	●
D.		●																

梯形图如图 3-24 所示。

图 3-24 PLSR 梯形图

操作数内容与取值如下。

操 作 数	内容与取值
S1.	输出脉冲最高频率或其存储地址
S2.	输出脉冲数或其存储地址
S3.	加减速时间或其存储地址
D.	指定脉冲输出口，仅限 Y0 或 Y1

解读：当驱动条件成立时，从输出口 D 输出一最高频率为 S1、脉冲个数为 S2、加/减速时间为 S3、占空比为 50% 的脉冲串。

2. 步进电动机的失步与过冲

在一些控制简单或要求低成本的运动控制系统中常会用到步进电动机。当步进电动机以开环的方式进行位置控制时，负载位置对控制回路没有反馈，步进电动机就必须正确响应每次励磁变化。如果励磁频率选择不当，步进电动机就不能移动到新的位置，即发生失步现象或过冲现象。失步就是漏掉了脉冲没有运动到指定的位置，过冲与失步相反，是运动超过了指定的位置。因此，在步进电动机开环控制系统中，如何防止失步和过冲是开环控制系统能否正常运行的关键。

产生失步和过冲现象的原因很多，当失步和过冲现象分别出现在步进电动机启动和停止的时候，其原因一般是系统的极限启动频率比较低，而要求的运行速度往往比较高，如果系统以要求的运行速度直接启动，因为该速度已经超限启动频率而不能正常启动，轻则发生失步，重则根本不能启动，产生堵转。系统运行起来后，如果达到终点时立即停止发送脉冲令其立即停止，则由于系统惯性的作用，步进电动机会转过控制器所希望的停止位置而发生过冲。

为了克服步进电动机失步和过冲现象，应该在启动停止时加入适当的加减速控制。通过一个加速和减速过程，以较低的速度启动，而后逐渐加速到某一速度运行，再逐渐减速直至停止，可以减少甚至完全消除失步和过冲现象。

脉冲输出指令 PLSY 是不带加减速控制的脉冲输出。当驱动条件成立时，在很短的时间里脉冲频率上升到指定频率。如果指定频率大于系统的极限启动频率，则会发生失步和过冲现象。为此，三菱 FX 系列 PLC 又开发了带加/减速控制的脉冲输出指令 PLSR。

在实际应用中，PLSR 指令在 FX_{2N} 系列和 FX_{1S}、FX_{1N}、FX_{3U} 系列的应用是有差别的。下面分别进行指令应用介绍。

3. FX_{2N} 系列 PLSR 指令应用

1）关于输出频率 S1 和输出脉冲个数 S2

输出频率 S1 的设定范围是 10～20 000Hz，频率设定必须是 10 的整数倍。

输出脉冲个数 S2 的设定范围是：16 位运算为 110～32 767,32 位运算为 110～2 147 486 947。当设定值不满 110 时，脉冲不能正常输出。

2）脉冲输出方式

PLSR 指令与 PLSY 指令的区别在于 PLSR 指令在脉冲输出的开始及结束阶段可以实现加速和减速过程，其加速时间和减速时间一样，由 S3 指定。

S3 的具体设定范围由下式决定：

$$5 \times \frac{90\,000}{S1} \leq S3 \leq 818 \times \frac{S2}{S1}$$

按照上述公公计算时，其下限值不能小于 PLC 扫描时间最大值的 10 倍以上（扫描时间最大值可在特殊数据寄存器 D8012 中读取），其上限值不能超过 5000ms。

FX_{2N} 系列 PLSR 指令的加/减速时间是根据和所设定的时间进行 10 级均匀阶梯式的方式进行的，如图 3-25 所示。

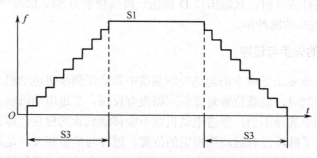

图 3-25　FX_{2N} 系列 PLSR 指令输出方式

如果图中的阶梯频率（为 S1 的 1/10）还会使步进电动机产生失步和过冲现象，则应降低输出频率 S1。

4. FX_{1S}、FX_{1N}、FX_{3U} 系列 PLSR 指令应用

1）关于输出频率 S1 和输出脉冲个数 S2

输出频率 S1 的设定范围为：FX_{1S}、FX_{1N}，10～100 000Hz；FX_{3U}，10～200 000Hz。

输出脉冲个数 S2 的设定范围是：FX_{1S}、FX_{1N}，16 位运算为 110～32 767；32 位运算为 110～2 147 486 947。设定值低于 110 时，脉冲不能正常输出。FX_{3U}，16 位运算为 1～32 767，32 位运

算为 1～2 147 486 947。

2）脉冲输出方式

FX₁S、FX₁N、FX₃U 的 PLSR 指令的是一个线性连续的加/减速过程，如图 3-26 所示。

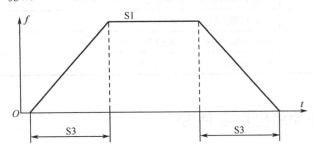

图 3-26　FX₁S、FX₁N、F₃U 系列 PLSR 指令输出方式

其加减速时间 S3 的设定范围为 50～5000ms。

对 FX₁S、FX₁N 来说，其实际上输出频率有一个最低值，由下面公式决定：

$$f_{\min} = \sqrt{\frac{S1 \times 1000}{2t}}$$

最低频率的含义是，在进行加/减速控制时，其加速时间是指从最低频率升到输出频率 S1 的时间，减速时间是指从输出频率 S1 降到最低频率的时间，而从 0 到最低频率（启动时）和从最低频率到 0（停止时）为跳跃时间。试举例说明。

【例 3-9】　设 PLSR 指令的 S1 为 50 000Hz，加速时间为 100ms，则其最低频率 $f_{\min}$ 为：

$$f_{\min} = \sqrt{\frac{S1 \times 1000}{2t}} = \sqrt{\frac{50\,000 \times 1000}{2 \times 100}} = 500\text{Hz}$$

其实际脉冲输出方式如图 3-27 所示。

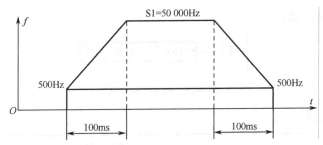

图 3-27　FX₁S、FX₁N 系列 PLSR 指令最低频率说明

对 FX₃U 来说不存在这个最低频率的限制，如图 3-26 所示。

5. 相关特殊软元件

PLSR 指令的相关特殊软元件同 PLSY 指令，见表 3-25，表 3-26。但对 FX₃U PLC 来说，其脉冲输出停止标志位和脉冲输出监控标志位不同，见表 3-28。

其他应用说明：如必须选择晶体管输出型号，其使用次数限制等均与 PLSY 指令相同，这里不再赘述。但 PLSR 指令不存在输出无数个脉冲串的设定，应用时必须注意。

表 3-28　FX_{3U} 相关特殊辅助继电器

编　　号	内　容　含　义
M8349	停止 Y0 脉冲输出　（立即停止）
M8359	停止 Y1 脉冲输出　（立即停止）
【M8340】	Y0 脉冲输出中监控　（BUSY/READY）
【M8350】	Y1 脉冲输出中监控　（BUSY/READY）

3.3.3　可变速脉冲输出指令 PLSV

1. 指令格式

FUN 157：【D】PLSV　　　程序步：9/17

PLSV 指令可用软元件如表 3-29 所示。

表 3-29　PLSV 指令可用软元件

操作数	位 元 件					字 元 件										常　　数	
	X	Y	M	S	D□.b	KnX	KnY	KnM	KnS	T	C	D	R	U□/G□	V	Z	K	H
S.						●	●	●	●	●	●	●	●		●	●	●	●
D1.		●																
D2.		●	●	●	●													

说明：操作数中，位元件 D□.b 和字元件 U□/G□仅对 FX_{3U} PLC 有效。

梯形图如图 3-28 所示。

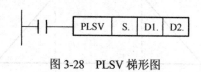

图 3-28　PLSV 梯形图

操作数内容与取值如下。

操　作　数	内容与取值
S.	脉冲输出频率或其存储地址【16 位】−32 768～+32 767，0 除外。 【32 位】−100 000～+100 000，0 除外
D1.	输出脉冲端口
D2.	指定旋转方向的输出端口，ON：正转；OFF：反转

解读：当驱动条件成立时，从输出口 D1 输出频率为 S 的脉冲串，脉冲串所控制的电动机转向信号由 D2 口输出，如 S 为正值，则 D2 输出为 ON，电动机正转；如 S 为负值，则 D2 输出为 OFF，电动机反转。

2. 指令功能

PLSV 指令是一个带旋转方向输出的可变速脉冲输出指令。现举例加以说明。

【例3-10】 试说明指令 PLSV　D0　Y0　Y4 的执行含义。

分析如下：

S=D0 表示输出脉冲串的频率由 D0 的值决定，改变 D0 值可以改变电动机转速。脉冲串由高速脉冲输出口 Y0 输出，输出频率 D0 为正值，Y4 为 ON。

PLSV 指令中没有相关输出脉冲数量的参数设置，因而该指令本身不能用于精确定位，其最大的特点是在脉冲输出的同时可以修改脉冲输出频率，并控制运动方向。在实际应用中用来实现运动轴的速度调节，如运动的多段速度控制等动态调整功能。

PLSV 指令的速度变化可以通过外部开关信号或 PLC 内部位元件信号控制。图 3-29 表示了其动态调整频率的时序。

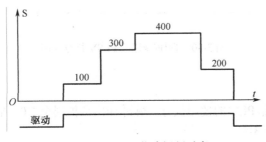

图 3-29　PLSV 指令运行时序

3. 指令在 FX₁ₛ/FX₁ₙ/FX₂ₙ 中的应用注意事项

PLSV 指令的其他应用说明，如相关特殊软元件必须选择晶体管输出型号，输出端口只能是 Y0 或 Y1 等，均与 PLSY 指令相同，这里不再赘述。但 PLSV 指令不存在程序中仅使用一次的规定。PLSV 指令可在程序中多次使用，但是在指令的驱动时间必须注意下面事项。

（1）在脉冲输出过程中，如果将 S 变为 K0，则脉冲输出会马上停止。同样，如果驱动条件在脉冲输出过程中断开，则输出马上停止。如需再次输出，请在输出中标志位（M8147 或 M8148）处于 OFF 并经过 1 个扫描周期以上时间时输出其他频率的脉冲。

（2）虽然 PLSV 指令为可随时改变脉冲的频率，但在脉冲输出过程中最好不要改变输出脉冲的方向（即由正频率变为负频率或相反），由于机械的惯性瞬间改变电动机旋转方向可能会造成想不到的意外事故，如果要变更方向，可先将输出频率设为 K0，并设定电动机充分停止时间，再输出不同方向的频率值。

（3）PLSV 指令的缺点是在开始、频率变化和停止时均没有加/减速动作，这就影响了指令的使用，因此常常把 PLSV 指令和斜坡指令 RAMP 配合使用，利用斜坡指令 RAMP 的递增/递减功能来实现 PLSY 指令的加/减速，程序如图 3-30 所示。

4. FX₃ᵤ PLC 对指令 PLSV 的改进功能

上述 PLSV 指令不带加/减速动作的缺陷在 FX₃ᵤ 中得到改进。

改进功能包括两方向内容：一是相关软元件发生了变化。二是增加了加/减速选择功能。现分别讲解如下。

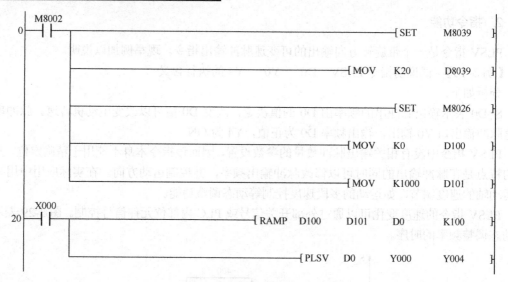

图 3-30　带加/减速的 PLSV 指令应用

1）相关软元件

相关软元件按照 FX_{3U} PLC 的使用执行。脉冲输出端扩展至 Y0、Y1、Y2、Y3。各种速度、时间参数的存储地址见表 3-5。

在标志位方面，PLSY 指令增加了正/反转极限标志位，指令驱动中标志位和脉冲输出中监控标志位等见表 3-6。

2）加/减速选择功能

PLSV 指令在 FX_{1S}/FX_{1N}/FX_{2N} 中的开始、频率变化及停止时间均没有加减速动作，FX_{3U} 为此特做了改进，增加了加/减速动作功能。但 FX_{3U} 仍然保持原有的无加/减速动作的功能，其功能模式由特殊继电器 M8338 的状态决定（见表 3-6）。

（1）M8338=OFF，无加/减速动作模式。

在这种模式下，PLSV 指令在开始、频率变化及停止时间均没有加/减速动作。这和上面所述 FX_{1S}/FX_{1N}/FX_{2N} 的情况一样，不再叙述。

（2）M8338=ON，有加/减速动作模式。

在这种模式下，PLSV 指令在开始、频率变化及停止时都带有加/减速动作功能，如图 3-31 所示。

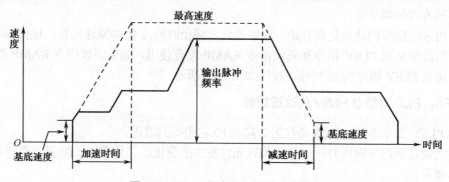

图 3-31　PLSV 指令有加减速动作模式

图中，各种速度及加/减速时间的设置均在特殊数据寄存器里设定（见表3-5）。

3）指令应用注意

（1）在脉冲输出过程中，如果将 S 变为 K0，则脉冲输出带加/减速时会减速停止，不带加/减速时立即停止。如需再次输出，可在输出中标志位（M8348 或 M8358）处于 OFF，并经过 1个扫描周期以上时间时输出其他频率的脉冲。

（2）虽然 PLSV 指令为可随时改变脉冲的频率，但在脉冲输出过程中最好不要改变输出脉冲的方向（即由正频率变为负频率或相反），由于机械的惯性瞬间改变电动机旋转方向可能会造成想不到的意外事故，如果要变更方向，则可先将输出频率设为 K0，并设定电动机的充分停止时间，再输出不同方向的频率值。

（3）在脉冲输出过程中，如果驱动条件断开，脉冲输出减速停止，不带加/减速时立即停止，但执行完成标志位 M8029 不为 ON。

（4）在运行中，如正/反转极限标志位动作，则输出脉冲会减速停止。此时，指令执行异常标志位 M8329 为 ON，结束指令的执行。

（5）不能同时执行同一脉冲输出口的指令 PLSV、PLSR 和 PLSY。

（6）指令执行结束后旋转方向的信号输出 OFF。

3.4 定位控制指令

3.4.1 概述

在第 1 章中曾经讲过定位控制的控制三要素：转速、转向和位移量。从这三要素的要求来看，脉冲输出指令虽然能作为定位控制用，但使用起来十分不方便，PLSY、PLSR 指令能够输出脉冲频率（转速）和脉冲个数（位移量），但却不能直接控制旋转方向，必须用另外一个输出口信号作为方向控制信号，而在程序中必须对方向信号进行程序编制。PLSV 指令为运行中改变转速的指令，但不能进行定位控制。为此，三菱电机专门为 FX 系列 PLC 开发了专用于定位控制的定位控制功能指令。这些功能指令是根据 FX 系列 PLC 机型的开发而陆续推出的。因此，其适用的 FX 系列 PLC 机型是有区别的。表 3-30 列出了 FX 系列的所有脉冲输出指令和定位控制指令及其适用机型。

表 3-30　脉冲输出指令和定位控制指令及其适用机型

助 记 符	名　　称	FX₁S	FX₁N	FX₂N	FX₃U
PLSY	脉冲输出	●	●	●	●
PLSR	带加/减速脉冲输出	●	●	●	●
PLSV	可变度脉冲输出	●	●		●
ZRN	原点回归	●	●		●
DSZN	带搜索原点回归				●

续表

助 记 符	名 称	FX₁S	FX₁N	FX₂N	FX₃U
DRVI	相对定位	●	●		●
DRVA	绝对定位	●	●		●
ABS	ABS 当前值读取	●	●		●
DVIT	中断定位				●
TBL	表格设定定位				●

由表中可以看出，从应用定位控制指令的角度来看，FX₂N 没有定位控制指令可以使用，仅有两条简单的脉冲输出指令，且其脉冲输出最大频率仅为 20kHz，而指令最丰富的是 FX₃U。FX₁S/FX₁N 有基本的定位控制指令。因此，在设计定位控制系统时，如果仅为单轴输出，且控制过程并不复杂，则 FX₁S/FX₁N 是性价比最高的选择。一般情况下，尽量不要选 FX₂N 做定位控制基本单元。如果精度要求较高或是二轴输出，则可选 FX₃U 作为基本单元。

应用定位控制指令时 PLC 必须是晶体管输出型。

3.4.2 原点回归指令 ZRN

1. 指令格式

FNC 156：【D】ZRN   程序步：9/17

ZRN 指令可用软元件见表 3-31。

表 3-31   ZRN 指令可用软元件

操作数	位 元 件					字 元 件											常 数	
	X	Y	M	S	D□/b	KnX	KnY	KnM	KnS	T	C	D	R	U□/G□	V	Z	K	H
S1.						●	●	●	●	●	●	●	●	●	●	●		●
S2.						●	●	●	●	●	●	●	●	●	●	●		●
S3.	●	●	●	●														
D.		●																

梯形图如图 3-32 所示。

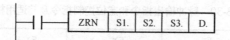

| | | ZRN | S1. | S2. | S3. | D. |

图 3-32   ZRN 梯形图

操作数内容与取值如下。

操 作 数	内容与取值
S1.	原点回归开始速度　【16 位】10～32 767Hz。
	【32 位】10～1 000 000Hz

续表

操 作 数	内容与取值
S2.	爬行速度 10～32 767Hz
S3.	近点信号的输入端口
D.	脉冲输出端口，仅为 Y0 或 Y1

解读：当驱动条件成立时，机械以 S1 指定的原点回归速度从当前位置向原点移动，在碰到以 S3 指定的 DOG 信号由 OFF 变为 ON 时开始减速，一直减到 S2 指定的爬行速度为止，并以爬行速度继续向原点移动，当 DOG 信号由 ON 变为 OFF 时就立即停止 D 所指定的脉冲输出，结束原点回归动作工作过程，机械停止位置为原点。

2. 指令执行功能和动作

ZRN 指令执行的是不带搜索功能的原点回归模式，指令执行程序可由图 3-33 示意。关于不带搜索功能的原点回归模式的分析参看 1.5.3 节原点回归模式分析。

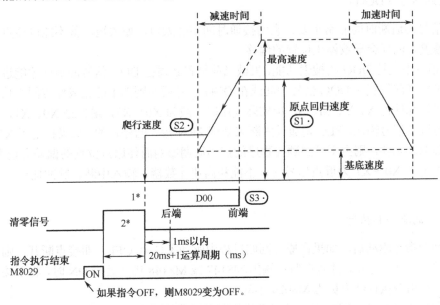

图 3-33 ZRN 指令执行时序

在下面对指令的讲解中均以 FX₁ₛ/FX₁ₙ 机型为说明对象，请读者注意。

当近点信号（DOG）由 ON 变成 OFF 时，是采用中断方式使脉冲输出停止的，脉冲输出停止后在 1ms 内发出清零信号，为图中 1*所示。同时，向当前值寄存器 D8140、D8141 或 D8142、D8143 中写入 0。

清零信号是指在完成原点回归的同时由 PLC 向伺服驱动器发出一个清零信号，使两者保持一致。清零信号是由规定输出端口输出的，规定脉冲输出端口为 Y0，则清零输出端口为 Y2；脉冲输出端口为 Y1，则清零输出端口为 Y3。清零信号还受到 M8140 的控制，仅当 M8140 置于 ON 时才会发出清零信号。因此，如需要发出清零信号，应先将 M8140=ON。清零信号的接通时间约为 20ms+1 个扫描周期，为图中 2*所示。

M8029 为指令执行完成标志位，当指令执行完成，清零信号由 OFF 变为 ON 时，M8029=ON，同时脉冲输出监控信号 M8147（对应于 Y0 口输出）或 M8148（对应于 Y1 输出），则 ON 变为 OFF。

3. 指令应用

1）原点回归速度和爬行速度

原点回归有两种速度，开始时以原点回归速度回归，碰到近点信号后减速至爬行速度回归。原点回归速度较高，这样可以在较短时间内完成回归，但由于机械惯性，如以高速停止，则会造成每次停止位置不一样，即原点不唯一，因而在快到原点时降低速度，以爬行速度回归。一般爬行大大低于原点回归速度，但大于等于基底速度，故能较准确地停在原点，由于原点回归的停止是不减速停止，所以如果爬行速度太快，则机械会由于惯性导致停止位置偏移，取值要足够小。机械惯性越大，爬行速度应越小，但爬行速度也不能太小，如果运行到 DOG 开关的后端还没有降到爬行速度时，会导致停止位置偏移。

2）近点信号（DOG）

近点信号的通断时间非常重要，它的接通时间不能太短，如太短，就不能以原点回归速度降到爬行速度，同样会导致停止位置的偏移。

ZRN 指令不支持 DOG 的搜索功能，机械当前位置必须在 DOG 信号的前面才能进行原点回归，如果机械当前位置在 DOG 信号中间或在 DOG 信号后面则都不能完成原点回归功能。近点信号的可用软元件为 X、Y、M、S，但实际使用时一般为 X0～X7，最好是 X0、X1，因为指定这个端口为近点信号输入，PLC 是通过中断来处理 ZRN 指令的停止的。如果指定了 X10 以后的端口或者其他软元件，则由于受到顺控程序的扫描周期影响而使原点位置的偏差会较大。同时，如果一旦指定了 X0～X7 为近点信号时，不能和高速计数器、输入中断、脉冲捕捉、SPD 指令等重复使用。

3）指令的驱动和执行

原点回归指令驱动后，如果在原点回归过程中驱动条件为 OFF，即接点断开，则回归过程不再继续进行而马上停止，并且在监控输出 M8147 或 M8148 仍然处于 ON 时，将不接收指令的再次驱动，而指令执行结束标志 M8029 不动作。

原点回归指令驱动后回归方向是朝当前值寄存器数值减小的方向移动的。因此，在设计电动机旋转方向与当前值寄存器数值变化关系时必须注意这点。

原点回归指令一般是在 PLC 重新上电时应用的。如果是和三菱伺服驱动器 MR-H、MR-J2、MR-J3（带有绝对位置检测功能，驱动器内部常有电池）相连，由于每次断电后伺服驱动器内部的当前位置都能够保存，这时 PLC 可以通过绝对位置读取指令 DABS 将伺服驱动器内部当前位置读取到 PLC 的 D8140、D8141 中，因此，在重新上电后就不需要再进行原点回归而只要在第一次开机时进行一次即可。

4. 原点位置在正转方向上的应用

上面的讨论均是在原点位置位于工作台反转（或后退）方向上进行的。也就是说，ZRN 指令默认的原点位置，如图 3-34 所示的 A 点。在执行 ZRN 指令时，其原点回归过程一开始就朝当前值寄存器数据减小的方向动作，但如果原点位置在正转（或前进）方向，如图中 B 点，则会因为找不到前端信号而不能进行原点回归，这时必须按照下面顺序用程序对被设置为电动机旋转方向的输出口先进行置位，再用 REF 指令（刷新指令）做输出刷新，然后再执行 ZRN 指令。执行完毕后再用 ZRN 指令结束标志位对旋转方向的输出口进行复位。程序如图 3-35 所示。

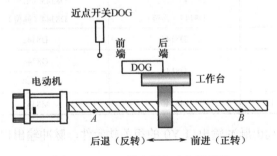

图 3-34　ZRN 原点回归动作示意图

```
  M0
  ─┤├──────────────────────────────────[RST      M10  ]
                                           结束标志复位

  M8147
  ─┤├──────────────────────────────────[SET      Y004 ]
  Y0监控中                                  旋转方向Y4置位

  ─────────────────────────────────[REF    Y000    K8  ]
                                           刷新输出

  ──────────────────[DZRN   K5000   K2000   X000   Y000 ]
                                           原点回归

  M8029
  ─┤├──────────────────────────────────[RST      Y004 ]
                                           旋转方向Y4复位

  └────────────────────────────────[SET      M10  ]
                                           原点回归结束标志
```

图 3-35　前进方向上原点回归程序例

5. FX₃ᵤ 中 ZRN 指令的应用

ZRN 指令最早是在 FX₁ₛ/FX₁ₙ/FX₂ₙ 上开发的。上面所讲解的 ZRN 指令内容也是针对 FX₁ₛ/FX₁ₙ/FX₂ₙ 的，而在 FX₃ᵤ PLC 中，针对 ZRN 指令的缺陷开发出具有搜索功能的原点回归指令 DSZR。在原点回归操作上做了很大改进，因此在 FX₃ᵤ PLC 中，原点回归操作多数应用 DSZR 指令。

ZRN 指令在 FX₃ᵤ PLC 中应用时，其控制过程和上述所讲的一样。但在相关软元件上完全不同，均按表 3-5，表 3-6 进行处理。例如，对脉冲输出口 Y0 来说，其脉冲输出监控信号为 8340，当前值寄存器为 D8341、8340，清零信号控制分不使用清零信号软元件和使用清零信号软元件两种处理方式（详见 DSZR 指令讲解）等。读者应用时必须注意。

6. 指令初始化操作

ZRN 指令的初始化操作见表 3-32。

表 3-32 ZRN 指令的初始化操作

内 容 含 义	FX_{1S}、FX_{1N}	FX_{3U}（Y0）	出 厂 值
最高速度（Hz）	D8146（低位） D8147（高位）	D8343（低位） D8344（高位）	100 000
基底速度（Hz）	D8145	D8342	0
加/减速时间（ms）	D8148	D8348	100
加/减速时间（ms）		D8349	100
清零信号输出功能有效标志位	M8140	M8341	OFF

表中，FX_{3U} 系列仅列出脉冲输出口 Y0 的相关软元件，脉冲输出口为 Y1、Y2、Y3 时详见表 3-5 和表 3-6。

3.4.3　带搜索功能原点回归指令 DSZR

1. 指令格式

FNC 150：　　DSZR　程序步：9
DSZR 指令可用软元件见表 3-33。

表 3-33　DSZR 指令可用软元件

操作数	位 元 件					字 元 件										常 数	
	X	Y	M	S	D□/b	KnX	KnY	KnM	KnS	T	C	D	R	U□/G□	V	Z	K	H
S1.	●	●	●	●	●													
S2.	●																	
D1.		●																
D2.		●	●	●														

梯形图如图 3-36 所示。

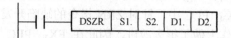

图 3-36　DSZR 梯形图

操作数内容与取值如下。

操 作 数	内容与取值
S1.	近点信号（DOG）输入地址
S2.	指定输入零点的输入地址，仅为 X0～X7
D1.	脉冲输出端口，Y0、Y1、Y2 或 Y3
D2.	指定旋转方向的输出端口

解读：当驱动条件成立时完成原点回归功能（详见下述）。

2. 指令执行功能和动作

DSZR 指令是具有自动搜索功能的原点回归指令。其对当前位置没有要求，在任意位置哪怕是停止在限位开关位置上都能完成原点回归操作。其在各种位置上进行原点回归操作的过程分析参看第 1 章 1.5 节定位控制运行模式分析。

DSZR 指令除了在自动搜索这点上与 ZRN 指令有重大区别外，还增加了近点（DOG）信号的逻辑选择、零点信号引入和清零信号的输出地址灵活选择等功能，使其使用比 ZRN 指令更加灵活、方便，原点的定位精度也得到很大提高。

原点回归指令 DSZR 的动作过程及动作完成如图 3-37 所示。

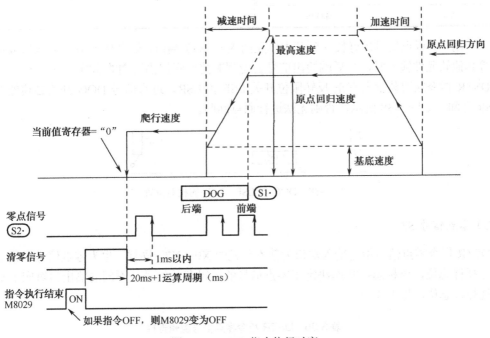

图 3-37　DSZR 指令执行时序

DSZR 指令原点回归动作和 ZRN 指令类似，所不同的是，当原点回归以爬行速度向原点运行时，如果检测到 DOG 开关信号由 ON 变到 OFF 后并不停止脉冲的输出，而是直到检测到第一个零点信号的上升沿（从 OFF 变到 ON 时）后才立即停止脉冲的输出。在脉冲停止输出后的 1ms 内，清零信号输出并保持 20ms+1 个扫描周期内为 ON。同时将当前值寄存器清零，当清零信号复位后发出在一个扫描周期内为 ON 的指令执行结束信号 M8029。

3. 指令应用

1）近点信号（DOG）S1

近点信号（DOG）和 ZRN 指令类似，它是原点回归中进行速度变换的信号。ZRN 指令对这个信号仅说明由 OFF 变 ON 时开始减速至爬行速度。它表明端口信号从断开到接通是一种正逻辑关系。在某些情况下如果开关从 ON 变为 OFF 时则不能使用，而 DSZR 指令对开关信号的逻辑可以选择。

DSZR 指令设置了一个近点信号逻辑选择标志位，其状态决定了信号逻辑的选择。当该标志位为 OFF 时为正逻辑，近点信号为 ON 时（由 OFF 变为 ON）有效，开始减速至爬行速度。当该标志位为 ON 时为负逻辑，近点信号为 OFF 时（由 ON 变为 OFF）有效，开始减速至爬行速度。在设置上，每一个脉冲输出口对应一个逻辑选择标志位，见表 3-34。

表 3-34　DSZR 指令 DOG 信号逻辑选择

脉冲输出端口	逻辑选择标志位	内　容
Y0	M8345	
Y1	M8355	OFF：正逻辑（输入为 ON，近点信号为 ON）
Y2	M8365	ON：负逻辑（输入为 OFF，近点信号为 ON）
Y3	M8375	

在应用中，近点信号最好接入到基本单元的 X0～X17 端口，如果从 X20 以后端口或辅助继电器等其他软元件输入时，其后端检出信号会受到顺控程序扫描周期的影响。

DSZR 指令应用装置上有正/反转限位开关 LSF 和 LSR。近点信号 DOG 开关必须处于 LSF 和 LSR 之间。如图 3-38 所示，否则无法进行原点回归。

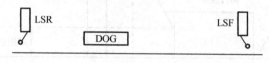

图 3-38　DOG 与 LSF、LSR 的相对位置

2）零点信号 S2

DSZR 指令零点信号指定输入端口为基本单元的 X0～X7。同样，也为零点信号设置了一个逻辑选择标志位，该标志位状态决定了零点信号的逻辑有效信号，不同的输出口对应于不同的逻辑选择标志位，见表 3-35。

表 3-35　DSZR 指令零点信号逻辑选择

脉冲输出端口	逻辑选择标志位	内　容
Y0	M8346	
Y1	M8356	OFF：正逻辑（输入为 ON，零点信号为 ON）
Y2	M8366	ON：负逻辑（输入为 OFF，零点信号为 ON）
Y3	M8376	

在使用中如果对近点信号和零点信号选择同一个输入端口，那么零点信号的逻辑选择标志位设置无效，且零点信号的逻辑选择也和近点信号一致。这时零点信号也不起作用，DSZR 指令和 ZRN 指令一样，由近点信号（DOG）的前端和后端信号决定减速开始和机械停止的位置。

DSZR 指令零点信号的引入使原点回归动作的定位精度（指原点位置的误差）得到很大提高。从图 3-38 中可以看出，DSZR 指令的原点位置是这样确定的，当运动检测到 DOG 开关的前端由 OFF 变 ON 时便开始减速到爬行速度，并以爬行速度继续向原点移动。当检测到 DOG 开关的后端信号由 ON 变 OFF，其后第 1 个零点脉冲信号从 OFF 到 ON 时，立即停止脉冲输出，停止位置为原点位置。因此，DSZR 指令的原点位置不受 DOG 开关的后端信号控制，因而不受 DOG 开关精度的影响。一般是把电动机编码器的零位信号（Z 相）作为 DSZR 指令的零点信号，而 Z 相信号是固定的，适当调整 DOG 开关的后端和零点信号之间的位置，原点位置精度可以得到提高。

如图 3-39 所示，零点信号在调整时请务必先将 DOG 块的后端调整在两个零点信号之间。然后，根据实际原点回归的要求再适当调整 DOG 块后端的精确位置（微调 DOG 块）。

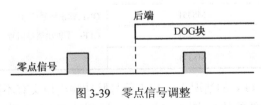

图 3-39　零点信号调整

3）旋转方向脉冲输出口 D2

D2 为旋转方向脉冲输出口，在不使用高速输出特殊适配器时，对 D2 的选择没有规定。输出口的状态和旋转方向的关系见表 3-36，在指令执行过程中不要对旋转方向输出口状态进行改变。

表 3-36　DSZR 指令输出状态与旋转方向的关系

脉冲输出端口状态	相对应旋转方向
ON	正转（输出脉冲使当前值增加）
OFF	反转（输出脉冲使当前值减小）

当使用高速脉冲特殊适配器时脉冲旋转方向输出口则有一定规定。脉冲输出 Y0～Y3 所对应的旋转方向输出口为 Y4-Y7。

4）原点回归方向

和 ZRN 指令一样，DSZR 指令也有一个原点位置在正转方向上还是在反转方向上的问题。ZRN 指令是通过程序设计来解决正转方向上原点回归转向问题的，而 DSZR 指令则是通过设置原点回归方向标志位来解决的，见表 3-37。

表 3-37　DSZR 原点回归方向标志位及方向选择

脉冲输出端口	原点回归方向标志位	内　容
Y0	M8342	在正转（前进）方向上原点回归为 ON 在反转（后退）方向上原点回归为 OFF
Y1	M8352	
Y2	M8362	
Y3	M8372	

例如，对脉冲输出端口 Y0 所代表的定位控制系统，如果其原点位置在正转方向上，则应置 M8342 为 ON。

5）关于清零信号

清零信号的作用已在上面做了介绍，对 FX_{3U} 来说，清零信号的输出与否是由清零信号输出标志位的状态所决定（DSZR/ZRN 指令同）的，仅当清零信号标志位为 ON 时才会有清零信号输出。脉冲输出所对应的清零信号标志位编号见表 3-38。

表 3-38　DSZR 指令清零信号标志位

脉冲输出端口	清零信号标志位	内　容
Y0	M8341	
Y1	M8351	ON：输出清零信号
Y2	M8361	OFF：不输出清零信号
Y3	M8371	

在清零信号标志位为 ON 的情况下，清零信号脉冲输出口又有不同：一种是固定脉冲输出口，另一种是由内存软元件的值指定脉冲输出口。这两种输出口的指定又由输出口指定标志位的状态决定。

（1）输出口指定标志位=OFF，固定端口输出模式。

在这种模式下，清零信号脉冲输出端口是固定的端口，其与脉冲输出端口有相对应的关系，见表 3-39。

表 3-39　DSZR 指令清零信号固定端口输出模式

清零信号标志位	输出口指定标志位	脉冲输出端口	清零信号输出端口
M8341=ON	M8464=OFF	Y0	Y4
M8351=ON	M8465=OFF	Y1	Y5
M8361=ON	M8466=OFF	Y2	Y6
M8371=ON	M8467=OFF	Y3	Y7

（2）输出口指定标志位=ON，指定端口输出模式。

在这种模式下清零信号的输出端口是被指定的，其相应的地址被事先用程序存入到清零信号输出端口存储地址中。端口地址用十六进制数存入存储地址中。例如，指定 Y0 的清零信号输出端口为 Y12，则先要用 MOV 指令将 H0012 存入到 D8464 中即可。程序设计如图 3-40 所示。如输入不存在输出口地址值，如 H0008、H0009、H0018 等，则出现运算错误。

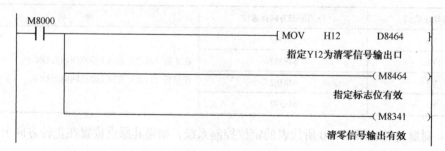

图 3-40　DSZR 指令指定端口输出模式程序

指定端口输出模式，其相应清零信号输出端口存储地址见表 3-40。

表 3-40　DSZR 指令清零信号指定端口输出模式

清零信号标志位	输出口指定标志位	脉冲输出端口	清零信号输出端口存储地址
M8341=ON	M8464=ON	Y0	D8464
M8351=ON	M8465=ON	Y1	D8465
M8361=ON	M8466=ON	Y2	D8466
M8371=ON	M8467=ON	Y3	D8467

4. 指令初始化操作

DSZR 指令初始化操作（以脉冲输出口 Y0 位为例）见表 3-41。

表 3-41　DSZR 指令初始化操作（以 Y0 为例）

内 容 含 义	原点回归速度（Hz）	最高速度（Hz）	基底速度（Hz）	爬行速度（Hz）	加速时间（ms）
地　　址	D8346（低位） D8347（高位）	D8343（低位） D8344（高位）	D8342	D8345	D8348
出　厂　值	50 000	100 000	0	1000	100
内 容 含 义	减速时间（ms）	清零输出口 指定存储	清零信号有效 标志位	原点回归方向 标志位	正转极限 标志位
地　　址	D8349	D8464	M8341	M8342	M8343
出　厂　值	100	—	OFF	OFF	OFF
内 容 含 义	反转极限 标志位	近点信号逻辑 标志位	零点信号逻辑 标志位	脉冲输出停止 标志位	清零指定有效 标志位
地　　址	M8344	M8345	M8346	M8349	M8464
出　厂　值	OFF	OFF	OFF	OFF	OFF

3.4.4　相对位置定位指令 DRVI

相对位置定位指令 DRVI 和绝对位置定位指令 DRVA 是目标位置设定方式不同的单速定位指令。关于相对位置和绝对位置的知识和单速定位运行模式在第 1 章 1.5 节定位控制运行模式分析中已做过介绍，这里不再赘述。

不论是 DRVI 还是 DRVA 指令，都必须要回答位置控制时的三个问题：一是位置移动方向，二是位置移动速度，三是位置移动距离。在学习定位控制指令时从这三个方面进行理解。

1. 指令格式

FNC 158：【D】DRVI　　程序步：9/17

DRVI 指令可用软元件见表 3-42。

表 3-42　DRVI 指令可用软元件

操作数	位 元 件					字 元 件											常 数	
	X	Y	M	S	D□/b	KnX	KnY	KnM	KnS	T	C	D	R	U□/G□	V	Z	K	H
S1.						●	●	●	●	●	●	●	●	●	●	●	●	●
S2.						●	●	●	●	●	●	●	●	●	●	●	●	●
D1.		●																
D2.		●	●	●	●													

梯形图如图 3-41 所示。

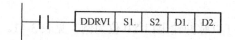

图 3-41　DRVI 指令梯形图

操作数内容与取值如下：

操 作 数	内容与取值
S1.	输出脉冲量：【16 位】−32 768～+32 767，0 除外。【32 位】−999 999～+999 999，0 除外
S2.	输出脉冲频率，【16 位】10～32 767Hz；【32 位】10～100 000Hz
D1.	输出脉冲端口，仅能 Y0、Y1 或 Y2
D2.	指定旋转方向的输出端口，ON 为正转，OFF 为反转

解读：当驱动条件成立时，指令通过 D1 所指定的输出口发出定位脉冲，定位脉冲的频率（电动机转速）由 S2 所表示的值决定；定位脉冲的个数（即相对位置的移动量）由 S1 所表示的值确定，并且根据 S1 的正/负确定位置移动方向（即电动机的转向），如 S1 为正，则表示绝对位置大的方向（电动机正转）移动，如 S1 为负，则向相反方向移动。移动方向由 D2 所指定的输出口向驱动器发出，正转为 ON，反转为 OFF。

2. 指令执行功能

DRVI 是相对位置定位指令，其运行目标是相对于当前位置而言的，其运行时序如图 3-42 所示。

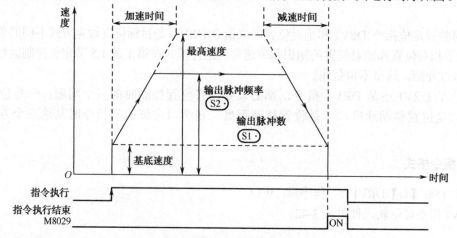

图 3-42　DRVI 指令运行时序

1) 位置移动的速度 S2

S2 为脉冲输出频率，32 位时为 10～100 000Hz。

2) 位置移动的距离 S1

S1 为输出脉冲的个数，它决定了相对于当前位置的移动距离。同样的输出脉冲个数，当前位置不同时，其最后停止的位置是不同的。因此，DRVI 指令不能确定停止位置的绝对位置值。但当前位置寄存器里的数据会随输出脉冲个数的增加或减小，永远记录当前位置的绝对位置值。

3) 位置移动方向 D2

位置移动的方向由 S1 的符号决定，当 S1 为正值时，为正转方向（使当前值增加），当 S1 为负值时，为反转方向（使当前值减小），控制电动机旋转方向的脉冲由 D2 口输出，并规定正转时 D2=ON，反转时 D2=OFF。方向的控制是由指令自动完成的，S1 的符号发生改变，D2 的输出方向立即随之改变，不需要在程序中考虑。

现举例加以说明。

【例 3-11】 试说明指令 DDRVI　K5000　K10000　Y0　Y4 执行的含义。

这是一条相对位置控制指令，分析如下：

S1=K5000 表示电动机正转移动 5000 个脉冲当量的位移。S2=K10000 表示电动机转速为 10kHz。D1=Y0 表示脉冲由 Y0 输出。D2=Y4 表示由 Y4 口向驱动器输出电动机转向信号，电动机正转，Y4=ON。

【例 3-12】 编写相对位置控制指令，控制要求如下。

(1) 电动机以 20 000Hz 转速向绝对位置为 K2000 处，电动机当前位置为 K5000 处。

(2) 脉冲输出端口为 Y0，方向输出端口为 Y5。

分析：电动机定位位置为 K2000，小于当前位置 K5000，实际相对移动为 K3000，故 S1 为 K-3000。

编写指令为，DDRVI　K-3000　　K20000　　Y0　　Y5

3. 指令应用

1) FX₁ₛ/FX₁ₙ 系列运行速度限制

对 FX₁ₛ/FX₁ₙ PLC 来说，指令对运行速度（脉冲输出频率）有如下限制：最低速度≤【S2】<最高速度。最低速度（最低输出频率）由下式决定。

$$最低输出频率 = \sqrt{最高速率 \div (2 \times (加/减速时间 \div 1000))}$$

由上式可知，最低输出频率仅与最高频率和加/减速时间有关。例如，最高频率为 50 000Hz，加/减速时间为 100ms，则可计算出最低输出频率为 500Hz。

在实际应用中，如果 S2 的设定小于 500Hz（S2=300Hz），则电动机按最低输出频率 500Hz 运行。

电动机在加速初期和减速最终部分的实际输出频率也不能低于最低输出频率。

2) 指令的驱动和执行

指令驱动后，如果驱动条件为 OFF，将减速停止，但完成标志位 M8029 并不动作（不为 ON）而脉冲输出中监控标志位仍为 ON 时，不接受指令的再次驱动。

指令驱动后，如果在没有完成相对目标位置时就停止驱动，将减速停止，但再次驱动时，指令不会延续上次的运行，而是默认停止位置为当前位置，执行指令。因此，在那些需要临时停止后想延续留下行程的控制时不能使用相对定位指令。

如果在指令执行中改变指令的操作内容，则这种改变不能更改当前的运行，只能在下一次执行时才生效。

执行 DRVI 指令时如果检测到正/反转限位开关时则减速停止，并使异常结束标志位为 ON，结束指令的执行。

指令在执行过程中，输出的脉冲数以增量的方式存入当前值寄存器。正转时当前值寄存器数值增加，反转时则减少，所以相对位置控制指令又叫增量式驱动指令。

4．指令初始化操作

指令初始化操作见表 3-43。

表 3-43　DRVI 指令初始化操作

内容含义	FX$_{1S}$、FX$_{1N}$（Y0）	FX$_{3U}$（Y0）	出 厂 值
最高速度（Hz）	D8146（低位） D8147（高位）	D8343（低位） D8344（高位）	100 000
基底速度（Hz）	D8145	D8342	0
加/减速时间（ms）	D8148	D8348	100
加/减速时间（ms）		D8349	100
正转极限标志位	—	M8343	OFF
反转极限标志位	—	M8344	OFF
脉冲输出停止标志位	M8145	M8349	OFF

3.4.5　绝对位置定位指令 DRVA

1．指令格式

FUN 159：【D】DRVA　　程序步：9/17

DRVA 指令可用软元件见表 3-44。

表 3-44　DRVA 指令可用软元件

操作数	位 元 件					字 元 件											常 数	
	X	Y	M	S	D□/b	KnX	KnY	KnM	KnS	T	C	D	R	U□/G□	V	Z	K	H
S1.						●	●	●	●	●	●	●	●	●	●	●	●	●
S2.						●	●	●	●	●	●	●	●	●	●	●	●	●
D1.		●																
D2.		●	●	●	●													

梯形图如图 3-43 所示。

图 3-43 DRVA 指令梯形图

操作数内容与取值如下。

操 作 数	内容与取值
S1.	目标的绝对位置脉冲量 【16 位】−32 768～+32 767，0 除外 【32 位】−999 999～+999 999，0 除外
S2.	输出脉冲频率，【16 位】10～32 767Hz，【32 位】10～100 000Hz。
D1.	输出脉冲端口，仅为 Y0、Y1 或 Y3
D2.	指定旋转方向的输出端口，ON 为正转，OFF 为反转

解读：当驱动条件成立时，指令通过 D1 所指定的输出口发出定位脉冲，定位脉冲的频率（电动机转速）由 S2 所表示的值决定；S1 表示目标位置的绝对位置脉冲量（以原点为参考点）。电动机的转向信号由 D2 所指定的输出口向驱动器发出，当 S1 大于当前位置值时，D2 为 ON，电动机正转，反之，当 S1 小于当前位置值时，D2 为 OFF，电动机反转。

2. 指令执行功能

DRVA 指令是绝对位置定位指令，其运行目标地址是相对于原点位置而言的。其指令时序如图 3-44 所示。

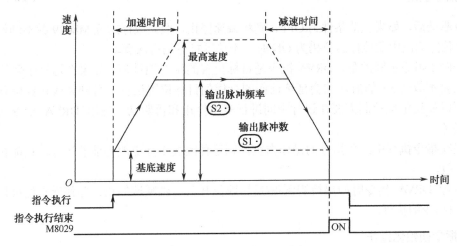

图 3-44 DRVA 指令运行时序

1）位置移动的速度 S2

S2 为脉冲输出频率，32 位时为 10～100 000Hz。

2）位置移动的距离 S1

S1 为指令定位目标的绝对位置脉冲数量表示，其含义是指令的目标位置是距离原点位置为

S1 个脉冲当量的地方。

定位指令 DRVI 和 DRVA 都可以用来进行定位控制，其不同点在于 DRVI 是用于相对于当前位置的移动量来表示目标位置的，而 DRVA 是用相对于原点的绝对位置值来表示目标位置的。

3）位置移动方向 D2

由于目标位置的表示方法不同，因此它们的差异在于确定转向的方法也不同，DRVI 指令是通过输出脉冲数量的正/负来决定转向的，而 DRVA 指令的输出脉冲数量永远为正值，电动机的转向则是通过与当前值比较后确定的。也就是说，应用 DRVI 指令时，必须在指令中说明转向，而应用 DRVA 指令时，则无须关心其转向的确定，只关心目标位置的绝对数值，但不管是 DRVI 指令还是 DRVA 指令，一旦参数确定，D2 的方向信号都是指令自动完成的，不需要在程序中另行考虑。

D2 的方向确定是，S1 所指定的脉冲数与当前值寄存器的值进行比较，如果脉冲数大于当前值，则为正转 D2=ON，如果脉冲数小于当前值，则为反转 D2=OFF。

现举例加以说明。

【例 3-13】 试说明指令 DDRVA　K25000　K10000　Y0　Y4 执行含义。

这是一条绝对位置控制指令，分析如下：

S1=K25000，表示电动机移动到绝对位置 K25000 处，电动机转速为 10 000Hz，定位脉冲由 Y0 口输出，电动机的转向信号由 Y4 口输出。如果当前位置值小于 K25000，Y4 口输出为 ON，电动机正转到 K25000 处；如果当前位置值大于 K25000，Y4 口输出为 OFF，则电动机反转到 K25000 处，电动机的转向无须编制程序，由指令自动完成。

3. 指令应用

指令驱动后，如果驱动条件为 OFF，则将减速停止，但完成标志位 M8029 并不动作（不为 ON），而脉冲输出中监控标志位仍为 ON 时，不接受指令的再次驱动。

和 DRVI 指令不同的是，DRVA 指令是目标位置的绝对地址值，如果在运行中暂停后重新驱动，只要不改变 S1 的值，它会延续前面的行程朝目标位置运行，直到完成目标位置的定位为止，所以如果定位控制需要在运行中间进行多次停止和再驱动，应用 DRVA 指令则可以完成控制任务。

如果在指令执行中改变指令的操作内容，则这种改变不能更改当前的运行，只能在下一次执行时生效。

在执行 DRVA 指令时如果检测到正/反转限位开关，则减速停止，并使异常结束标志位为 ON，结束指令的执行。

4. 指令初始化操作

指令初始化操作见表 3-45。

表 3-45　DRVA 指令初始化操作

内　容　含　义	FX$_{1S}$、FX$_{1N}$（Y0）	FX$_{3U}$（Y0）	出　厂　值
最高速度（Hz）	D8146（低位）	D8343（低位）	100 000
	D8147（高位）	D8344（高位）	
基底速度（Hz）	D8145	D8342	0

续表

内容含义	FX_{1S}、FX_{1N}（Y0）	FX_{3U}（Y0）	出　厂　值
加/减速时间（ms）	D8148	D8348	100
加/减速时间（ms）		D8349	100
正转极限标志位	—	M8343	OFF
反转极限标志位	—	M8344	OFF
脉冲输出停止标志位	M8145	M8349	OFF

3.4.6　绝对位置数据读取指令 ABS

1. 指令格式

FUN 155：【D】ABS　　　程序步：13

ABS 指令可用软元件见表 3-46。

表 3-46　ABS 指令可用软元件

操作数	位　元　件					字　元　件										常　数	
	X	Y	M	S	D□/b	KnX	KnY	KnM	KnS	T	C	D	R	U□/G□	V	Z	K	H
S.	●	●	●	●	●													
D1.		●	●	●	●													
D2.							●	●	●	●	●	●	●	●	●	●		

梯形图如图 3-45 所示。

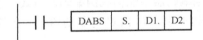

图 3-45　ABS 指令梯形图

操作数内容与取值如下。

操　作　数	内容与取值
S.	来自伺服驱动器输出控制信号指定输入口首址，占用 3 点
D1.	向伺服放大器输出控制信号的指定输出口首址，占用 3 点
D2.	PLC 保存绝对位置数据的存储地址

　　解读：当驱动条件成立时，将在伺服驱动器中保存的绝对位置数据通过输入/输出控制信号以通信的方式传送到 PLC 存储地址 D 中。

2. 指令应用

1）ABS 数据读取方式分析和指令应用说明

ABS 指伺服定位控制中的绝对编码器位置数据，即伺服控制中运动所在的位置数据，它被保存在当前值寄存器中。什么叫 ABS 数据读取呢？就是当系统发生停电和故障时，运动会停在当前位置，而 PLC 中当前值寄存器已被清零，在再次通电后希望能把运动当前绝对位置数据重新送回 PLC 的当前值存储器中，而取消所必需的回原点操作。

绝对编码器所发出的是一组二进制数的编码信号（纯二进制码或格雷码等）。因此，只要记下编码器的运转圈数（对零脉冲信号计数）和当前编码值，就可以知道其绝对位置数据，而利用增量编码器也可以记录绝对位置数据，其所要记下的是编码器的圈数和相对于零脉冲的增量脉冲数。这种方式又称作伪绝对编码器。在目前的定位控制中，三菱电机的伺服电动机带有的都是增量编码器，因而采用的绝对位置数据读取就是这种伪绝对式编码器方式。关于编码器及伪绝对式编码器的知识参见第 1 章编码器。

ABS 数据在伺服驱动器通电后应立即被传送到 PLC 的当前值寄存器中，这种传送是通过通信方式进行的，三菱 FX 系列 PLC 是通过绝对位置读取指令来完成 ABS 数据读取通信过程的。

ABS 数据的读取是在伺服驱动器与 PLC 之间进行的，而通信方式的读取是通过一系列 ON/OFF 控制信号的时序完成的。ABS 指令必须对上述读取过程提出一定的外部设备连接和 ABS 指令应用要求，因此 ABS 指令实际上是一种应用宏指令。只有在符合 ABS 指令的应用条件下才能通过指令完成 ABS 数据的读取功能。

那么什么是 ABS 指令的应用条件呢？

（1）ABS 指令是针对三菱 MR-H、MR-J2 和 MR-J3 型等伺服驱动器开发的，因此也仅适用上述型号的伺服驱动器。

（2）所应用之伺服电动机必须带有伪绝对式增量式编码器。

（3）ABS 数据是通过内置电池保存在编码器计数器中的。因此，驱动器必须配置相应的电池选件。如果没有电池选件，则编码器不能构成伪编码器方式，也不能保存 ABS 数据。

（4）按照有关驱动器的连接要求，对 PLC 与驱动器之间的输入/输出控制信号线进行正确连接。

（5）按照 ABS 数据传送要求，设置驱动器的相关参数为使用绝对位置系统。

（6）编写 ABS 数据读取程序。

综上所述，ABS 指令的应用涉及伺服驱动器的硬件、软件知识，由于篇幅限制，关于 ABS 指令应用对驱动器的要求这里不做进一步阐述。读者可参见伺服驱动器的使用手册和其他相关资料。

2）伺服驱动器与 PLC 的连接

ABS 指令的地址 S 和 D1 所占用的输入三点和输出三点是和伺服驱动器的 I/O 点相连的，现列举 FX$_{3U}$-32MT 和 MR-J3-A 型伺服驱动器的接线进行说明，其接线如图 3-46 所示。

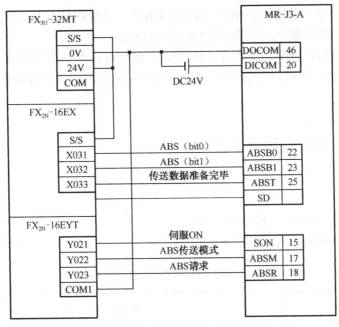

图 3-46　ABS 接线示例

3）ABS 指令绝对位置数据读取程序

典型的 ABS 指令读取程序（以 Y0 口为例）如图 3-47 所示。

```
    M8000
0 ├─┤ ├───────────────────────[DABS  X010  Y010  D8140 ]
                                将ABS数值读出到当前值寄存器D8141、D8140中

    M1                                                    K50
  ├─┤/├──────────────────────────────────────────────( T0  )
                                                       设读出超时为5s

    T0
  ├─┤ ├──────────────────────────────────────────────( M10 )
                                                       超时警告

    M8029
  ├─┤ ├────────────────────────────────────────[ SET    M1 ]
                                                       读出结束
```

图 3-47　ABS 指令绝对位置数据读取程序

由于 PLC 向伺服驱动器读取 ABS 数据，因此在两者通电顺序上，驱动器要优先于 PLC 上电，至少要同时上电，设计电源电路时要注意这一点。

当 PLC 直接与驱动器相连时，指令的读取存储地址为当前值寄存器，但如果 PLC 通过 1PG、10PG 与驱动器相连时，则应先将 ABS 数据读到某个数据寄存器中（如 D101、D100），再通过特殊模块写指令 TO 将 ABS 数据送到 1PG 或 10PG 相应的当前值缓冲存储器中。

由于 PLC 与伺服放大器的通信发生问题时不能作为错误被检测，所以程序中设计了超时判断通信是否正常的程序。当 ABS 数据读取完毕后执行完成标志位 M8029 置 ON。

3. 指令应用注意

（1）在读取过程中，驱动条件为 OFF 时，读取操作将被中断。读出完毕后驱动仍然要保持

为 ON，如果读取完毕后驱动置于 OFF，则伺服 ON 信号（SON）变为 OFF，伺服将不工作。

（2）本指令为 32 位指令，应用时请务必输入 DABS。

（3）虽然可以通过 ABS 指令读出 ABS 数值（包括 0 在内），但在设备初始运行时也要进行一次原点回归操作，并对伺服电动机给出清零信号，以保证绝对编码器的零信号与实际原点一致。

3.4.7　中断定长定位指令 DVIT

1. 指令格式

FNC 150：【D】DVIT　　程序步：9/17

DVIT 指令可用软元件见表 3-47 所示。

表 3-47　DVIT 指令可用软元件

操作数	位 元 件					字 元 件										常 数	
	X	Y	M	S	D□/b	KnX	KnY	KnM	KnS	T	C	D	R	U□/G□	V	Z	K	H
S1.						●	●	●	●	●	●	●		●			●	●
S2.						●	●	●	●	●	●	●		●			●	●
D1.		●																
D2.		●	●	●	●													

梯形图如图 3-48 所示。

图 3-48　DVIT 指令格式

操作数内容与取值如下。

操 作 数	内容与取值
S1.	指定中断后的输出相对地址脉冲数
S2.	指定输出脉冲频率
D1.	指定脉冲输出口
D2.	指定旋转方向信号脉冲输出口

解读：当驱动条件成立时，指令通过 D1 口发出脉冲频率为 S2 的定位脉冲，在未接到外部中断输入信号时，定位脉冲持续进行，直到收到外部中断输入信号后输出 S1 所指定的脉冲数后停止。

2. 指令执行功能和动作

关于中断定长定位控制模式的分析见 1.5 节定位控制运行模式分析，其执行时序如图 3-49 所示。

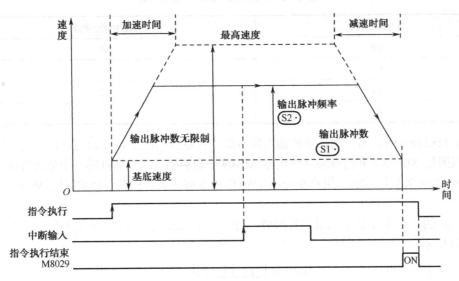

图 3-49 DVIT 指令执行时序

3. 指令应用

1）位置移动的速度 S2

S2 为脉冲输出频率，32 位时为 10～100 000Hz。

2）位置移动的距离 S1

DVIT 是中断输出定位指令，其 S1 虽然是输出脉冲的个数，但并不是指令执行期间的目标位置值。驱动条件成立后，D1 口即刻输出定位脉冲，但其输出的脉冲个数不受限制，直到产生中断信号输入后输出脉冲的个数在达到 S1 所表示的值后停止脉冲输出，故称为中断定位。也就是说，中断后运行的位移是由 S1 所决定的。

3）位置移动方向 D2

产生中断信号后其运行方向则由 S1 的正负决定。如果 S1 为正值时，为正转方向 D2=ON，若 S1 为负值，则为反转方向 D2=OFF。这一点和相对定位指令 DRVI 一样。可见，DVIT 指令实际上是一个中断相对定位指令，其目标位置是相对于产生中断信号时的位置。S2 为相对位移量。

4）中断信号源的选择

DVIT 指令产生中断信号的信号源分为指定的和可选的两种情况。这两种情况是由特殊继电器 M8336 的状态所决定的。

（1）M8336=OFF，指定中断输入信号源。在这种情况下，脉冲输出口的中断信号源是指定的，见表 3-48。例如，对脉冲输出口 Y0 来说，仅当 X0=ON 时才执行指令的中断脉冲输出。

表 3-48　DVIT 指令指定中断信号源

脉冲输出端口	指定中断信号源
Y0	X0
Y1	X1
Y2	X2
Y3	X3

（2）M8336=ON，用户选择中断输入信号源。在这种情况下，可由用户自行选择中断源。选择的范围是 X0～X7 和特殊辅助继电器 M8460～M8463。用户选择哪一个是由特殊数据寄存器 D8336 的内容所决定的。用户在应用 DVIT 指令前必须将相关选择数据用 MOV 指令送入 D8336 中。

D8336 的数据由 4 位十六进制数组成，每一个十六进制数表示一个输入口的中断信号源。如图 3-50 所示。

图 3-50　DVIT 指令 D8336 设定

用户选择中断信号源时必须根据表 3-49 的规定进行。

表 3-49　DVIT 指令 D8336 自选中断信号源设定

设　定　值	指定中断信号源
1	X0
2	X1
⋮	⋮
7	X7
8	脉冲输出口　信号源 Y0　M8460 Y1　M8461 Y2　M8462 Y3　M8463
9～E	错误指定
F	未使用脉冲输出口

设定值为 0～7 时，选择相应的 X0～X7 为中断信号源。

设定值为 8 时，选择表中特殊辅助继电器为信号源。

设定值为 F 时，表示该脉冲输出口未被指令 DVIT 使用。

设定值为 9～E 不能被设定。一旦设定发生运算错误，指令不执行。

下面举例说明。

【例 3-14】 试说明 D8336=HFF84 执行的含义。

D8336=HFF84 的执行含义是：Y0 的中断源为 X4，Y1 的中断源为特殊继电器 M8461，Y2、Y3 在 DVIT 指令中没有使用。

【例 3-15】 试按表 3-50 要求设计 DVIT 指令用中断源设定程序。

表 3-50　DVIT 指令自选中断信号源设定

脉冲输出端口	指定中断信号源	设 定 值
Y0	X0	0
Y1	不使用	F
Y2	M8462	8
Y3	不使用	F

程序如图 3-51 所示。

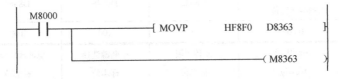

图 3-51　DVIT 指令自选中断信号源设定程序

4. 对中断信号发生时间的处理

DVIT 指令的中断信号是随机的，在不同情况下其处理方式会有所不同。图 3-52 表示了在 *a*、*b*、*c* 三处可能发生的情况。

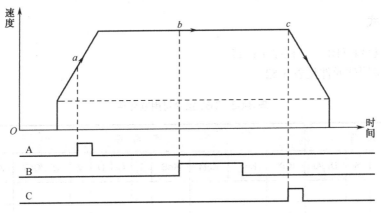

图 3-52　DVIT 指令中断信号发生时间示意图

1）在加速过程发生中断（图中 *a* 处）

这时，如果输出脉冲数 S1≥（加速所需脉冲数+减速所需脉冲数），则按正常进行加速—匀速—减速过程，完成输出脉冲数停止。如果 S1<（加速脉冲数+减速所需脉冲数），则直接进行加速—减速过程完成输出脉冲数停止。

2）在运行中发生中断（图中 b 处）

这是 DVIT 指令正常执行时的中断，如上所述。

3）以减速频率动作（图中 c 处）

如果 S2 所指定的脉冲数比减速所需脉冲数还要少，则根据指定的脉冲数以可以减速的频率马上进行减速运行。

5. 指令初始化操作

DVIT 指令初始化操作见表 3-51。

表 3-51　DVIT 指令初始化操作（以 Y0 为例）

内 容 含 义	最 高 速 度（Hz）	基 底 速 度（Hz）	加 速 时 间（ms）	减 速 时 间（ms）	中断源设定
地　　址	D8343（低位） D8344（高位）	D8342	D8348	D8349	D8336
出 厂 值	100 000	0	100	100	—
内 容 含 义	正转极限 标志位	反转极限 标志位	中断源选择 标志位	脉冲输出停止 标志位	用户中断源
地　　址	M8343	M8344	M8336	M8349	M8460
出 厂 值	OFF	OFF	OFF	OFF	OFF

3.4.8　表格定位指令 TBL

1. 指令格式

FNC 152：【D】TBL　　程序步：17

TBL 指令可用软元件见表 3-52。

表 3-52　TBL 指令可用软元件

操作数	位 元 件					字 元 件										常	数
	X	Y	M	S	D□/b	KnX	KnY	KnM	KnS	T	C	D	V	U□/G□	V	Z	K	H
D		●																
n																	●	●

梯形图如图 3-53 所示。

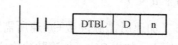

图 3-53　TBL 指令格式

操作数内容与取值如下。

操 作 数	内容与取值
D	指定脉冲输出口地址
n	执行的表格编号，n=1～100

解读：当驱动条件成立时，由指令所指定的脉冲输出口输出脉冲按预先设定好的定位表格中编号为 n 的定位控制指令进行定位控制操作。

2. 指令的执行和应用

表格定位运行模式在 1.5 节中已经做了介绍，这里不再赘述。

下面通过一个简单的例子来说明表格定位指令的应用过程与执行功能。图 3-54 为一个定位控制要求运行图，它共有两段定位控制运动，先从原点（0 处）运行到绝对位置值为 3000 处，然后再返回到绝对位置为 1200 处。

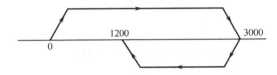

图 3-54 一个定位控制要求运行图

如果用定位控制指令做，则用二次绝对位置定位指令 DRVA 来完成，而在表格定位指令中，先把这两个绝对位置定位指令分别编制在一张表格中，这张表格有 100 行，表示可以编制 100 个不同的定位控制指令，完成 100 个不同的定位控制运动。

表格定位控制指令的应用和子程序调用十分相似。在定位控制程序中，应用表格定位控制指令调用表格中的某一行（实际上是调用该行所编制的定位控制指令）就可完成相应的定位控制运动。例如，DTAB Y0 K1 表示调用表 Y0 的第 1 行所编制的定位控制指令完成相应的定位控制运行。DTAB Y1 K5 表示调用表 Y1 的第 5 行所编制的定位控制指令完成相应的定位控制运动等。

FX₃U 最多可以有 4 个脉冲输出口，针对每个脉冲输出口都有一张定位表格，每一张定位表格都有 100 行，表示最多可输入 100 种不同运动的定位控制指令。

表格定位控制可以输入的指令仅限 PLSV、DVIT、DRVI 和 DRVA 四种，输入时，不但要输入指令的助记符，还需输入相应的脉冲频率、脉冲数目，而所在的表格表示脉冲输出口。

定位表格将随同 PLC 程序一起写入 PLC 中，而在表格中定位指令的参数（脉冲频率、脉冲数）均可通过程序、触摸屏和显示模块进行修改，十分方便。

表格定位控制特别适合于多轴、多种运行方式和随时对操作参数进行修改的场合。

表格定位指令在执行前必须要对各种速度参数进行初始化设定，同时还要在编程软件中编制定位表格，然后才能在程序中运行表格定位指令，完成定位控制功能。

3. 表格定位的设定操作

表格定位指令中的初始化参数设定和定位表格的编制是在编程软件 GX Developer 中进行的，编程软件的版本必须在 ver.8.23Z 以上。

1）初始化参数设定

初始化参数是指定位控制中必须用到的一些速度和时间参数。具体指 4 个定位指令所用到的初始化操作。它们是最高速度、基底速度、爬行速度、原点回归速度、加速时间、减速时间和 DVIT 指令中的中断输入信号设定。

打开编程软件 GX 后，必须在"创建新工程"对话框中设"PLC 类型"为"FX$_{3U}$(C)"。

单击左边"工程"栏内"参数"，如图 3-55 所示。

图 3-55　"工程"栏内"参数"

双击"PLC 参数"出现如图 3-56 所示对话框，勾选"定位设置（18 块）"，单击右上角"定位设置"，出现如图 3-57 所示的初始化参数设定。图中，Y0、Y1、Y2、Y3 指 FX$_{3U}$ 的 4 个脉冲输出口，每个脉冲输出口都可以设定一套初始化参数，表中显示的值为出厂值，可直接在设定范围里对初始化参数进行修改。设定完毕后在定位表格中各定位指令的初始化参数均按此设定执行。

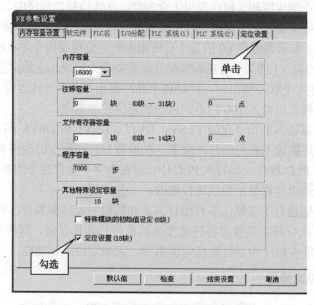

图 3-56　"PLC 参数"对话框

2）定位表格编制

在图 3-57 中，单击"详细设定"按钮出现如图 3-58 所示的定位表格。表格最上方的 Y0、Y1、Y2，Y3 为脉冲输出口，单击其中一个口，则下面所有表格内容均为该脉冲输出口服务。

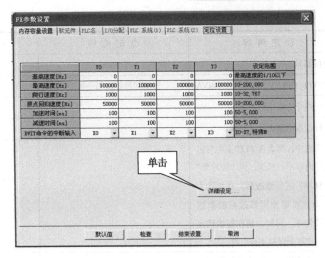

图 3-57　"定位设置"对话框

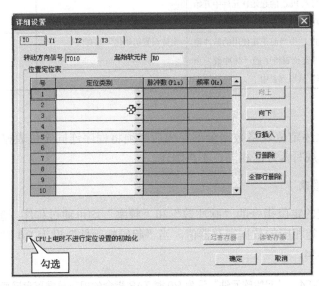

图 3-58　"定位表格"对话框

表格中每一个设定项目的详细设定内容、设定范围及出厂值见表 3-53。

表 3-53　定位表格设定项目说明

设 定 项 目	设 定 内 容	设 定 范 围	出 厂 值	
转动方向信号	与脉冲输出配合的旋转方向信号输出地址	Y0~Y357，M0~M7679，S0~S4095	脉　冲	转动方向
			Y0	Y4
			Y1	Y5
			Y2	Y6
			Y3	Y7
起始软元件	保存定位指令中脉冲数及脉冲频率存储首址	D0~D6400，R0~R31168	R0	

设 定 项 目	设 定 内 容	设 定 范 围	出 厂 值
序号	表格编号	1～100	—
定位类别	DDVIT、DPLSV、DDRVI、DDRVA	仅这四种定位指令可用	—
脉冲数	定位指令中输出脉冲数	—	—
频率	定位指令中输出脉冲频率	—	—
CPU 上电时不进行定位设置的初始化	如果选中，那么在 PLC 上电时定位设定内容不被传送。当"脉冲数"和"频率"进行修改后，在再次上电时仍然希望使用修改后的数据时，请勾选。同时，请在起始软元件中设定停电保持用软元件		—
写寄存器	将定位表格中"脉冲数"和"频率"写入 PLC 的起始软元件中开始的 1600 点软元件中	仅在勾选"CPU 上电时不进行定位设置初始化"时有效	—
读寄存器	从 PLC 中当前正在使用的脉冲输出口的定位表格中的"脉冲数"和"频率"读取到表中		—

3）数据写入

当用户程序及上述定位表格数据全部完成后必须将程序连同定位表格数据一起写入 PLC 中。写入的方法与常规写入方法相同，不再阐述。

4）设定参数的修改

定位表格中设定的定位指令的"脉冲数"和"频率"均可通过程序或触摸屏进行修改。修改实际上就是重新设定相应的数据寄存器值。当"起始软元件"设为 R0 时 TAB 指令的相应数据寄存器编号见表 3-54。

表 3-54 "起始软元件"设为 R0 时 TAB 指令的相应数据寄存器编号

脉 冲 输 出 口	编 号	脉 冲 数	频 率
Y0	1	R1，R0	R3，R2
	2	R5，R4	R7，R6
	3	R9，R10	R12，R11
	⋮	⋮	⋮
	100	R397，R396	R399，R398
Y1	1	R401，R400	R403，R402
	2	R405，R404	R407，R406
	3	R409，R410	R412，R411
	⋮	⋮	⋮
	100	R497，R496	R499，R498

续表

脉冲输出口	编　号	脉　冲　数	频　率
	1	R501，R500	R503，R502
	2	R505，R504	R507，R506
Y2	3	R509，R510	R512，R511
	⋮	⋮	⋮
	100	R597，R596	R599，R598
	1	R601，R600	R603，R602
	2	R605，R604	R607，R606
Y3	3	R609，R610	R612，R611
	⋮	⋮	⋮
	100	R697，R696	R699，R698

　　注意：当在定位指令中应用 DPLSV 指令时，其设定值存放在"脉冲数"储存单元中，而其相应的"频率"储存单元的值为 K0，请务必注意。

　　如果用触摸屏修改"脉冲数"和"频率"，并且想断电后仍然保存，可在图 3-58 中勾选"CPU 上电时不进行定位设置的初始化"。触摸屏修改数据后必须在定位参数中调出"详细设定"对话框，然后单击"读寄存器"。当"读寄存器"执行完毕后，修改完的数据便出现在表格中，这时再一次保存参数到 PLC 中即可。

第 4 章　FX₃ᵤ PLC 定位控制程序编制

学习指导：本章仅介绍有关 FX PLC 定位控制程序设计知识及几个程序实例，而定位控制还涉及驱动器的参数设置、驱动器与 PLC 的连接、驱动器外部的信号接入等，这些知识在这一章中均不进行讲解，读者可参考相关章节，阅读时必须注意这一点。相比其他程序，单纯的定位控制程序设计并不难，且有一定的程序设计样例。

4.1　标志位与程序基本样式

4.1.1　指令执行完成标志位 M8029 和 M8329

1. 执行完成标志位 M8029

1）功能和时序

M8029 是指令执行完成标志特殊继电器，其功能是当指令的执行完成后，M8029 为 ON。M8029 并不是所有功能指令的执行完成后标志，仅是表 4-1 所示指令的执行完成标志。

表 4-1　特殊继电器 M8029 适用指令

指 令 分 类	适 用 指 令
数据处理	MTR、SORT
外部 I/O 设备	HKY、DSW、SEGL
方便指令	INCD、RAMP
脉冲输出	PLSY、PLSR
定位	ZRN、DSZR、DRVI、DRVA、DYIT、PLSV

这些指令的共同特点是指令的执行时间较长，且带有执行时间的不确定性。如果要想知道这些指令什么时候执行完毕，或者程序中某些数据处理或驱动要等指令执行完毕才能继续，这时 M8029 就可以发挥其功能作用。

对不同的指令，M8029 执行的时序也不相同。一种是指令执行完成，M8029 置 ON，直到驱动条件断开才置 OFF；另一种是指令执行完成后仅在完成后的一个扫描周期里为 ON，如图 4-1 所示。

对脉冲输出指令和定位指令其时序如图 4-1（a）所示。

驱动条件
指令
M8029
(a)
驱动条件
指令
M8029
1个扫描周期
(b)

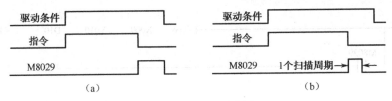

图 4-1 M8029 时序图

M8029 仅在指令正常执行完成后才置 ON，如果指令执行过程中因驱动条件断开而停止执行，则 M8029 不会置 ON，应用中必须注意这点。

2）M8029 在程序中的位置

由于 M8029 是多个指令的执行完成标志，当程序中有多个指令需要利用 M8029 时，每一个指令的标志是不相同的，因此 M8029 在程序中的位置就比较重要，试看下面图 4-2 所示的梯形图程序。

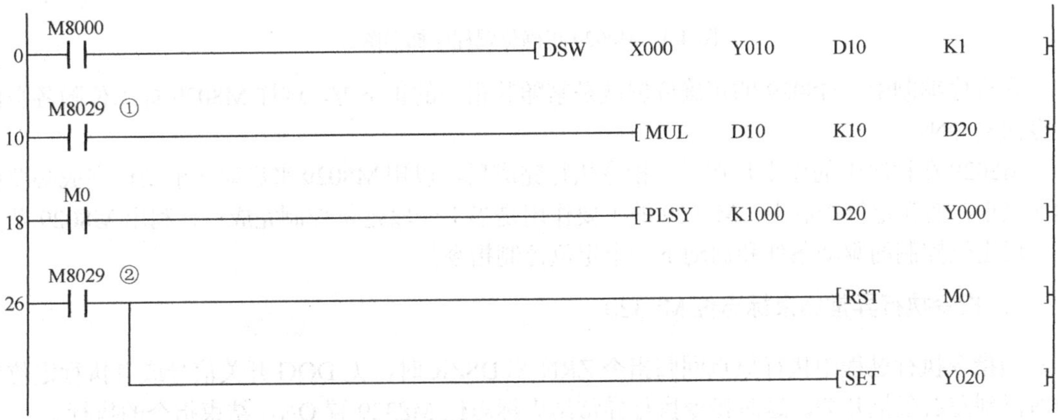

M8000
0
DSW X000 Y010 D10 K1
M8029 ①
10
MUL D10 K10 D20
M0
18
PLSY K1000 D20 Y000
M8029 ②
26
RST M0
SET Y020

图 4-2 M8029 错误位置程序梯形图

图中，程序编制者的本意是 DSW 指令执行后进行乘法运算，然后执行完指令 PLSY 后输出 Y020，但实际运行时，DSW 指令执行完成后两个 M8029 指令同时 ON，Y020 已经有输出，这是一个错误，另一个错误是，第一个 M8029 作为 MUL 的驱动条件，MUL 指令可以在一个扫描周期内完成，但如果为脉冲输出和定位指令的驱动条件，由于这些指令不可能在一个扫描周期内完成，程序运行就会发生错误。

正确的程序如图 4-3 所示，也可如图 4-4 那样。

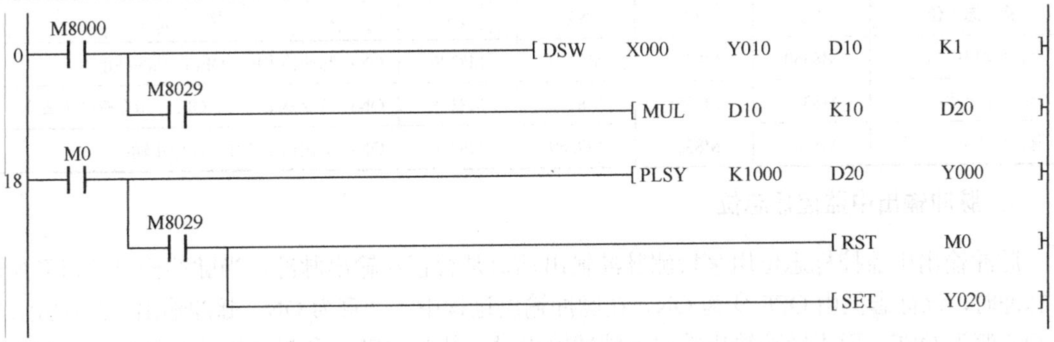

M8000
0
DSW X000 Y010 D10 K1
M8029
MUL D10 K10 D20
M0
18
PLSY K1000 D20 Y000
M8029
RST M0
SET Y020

图 4-3 M8029 正确位置程序梯形图一

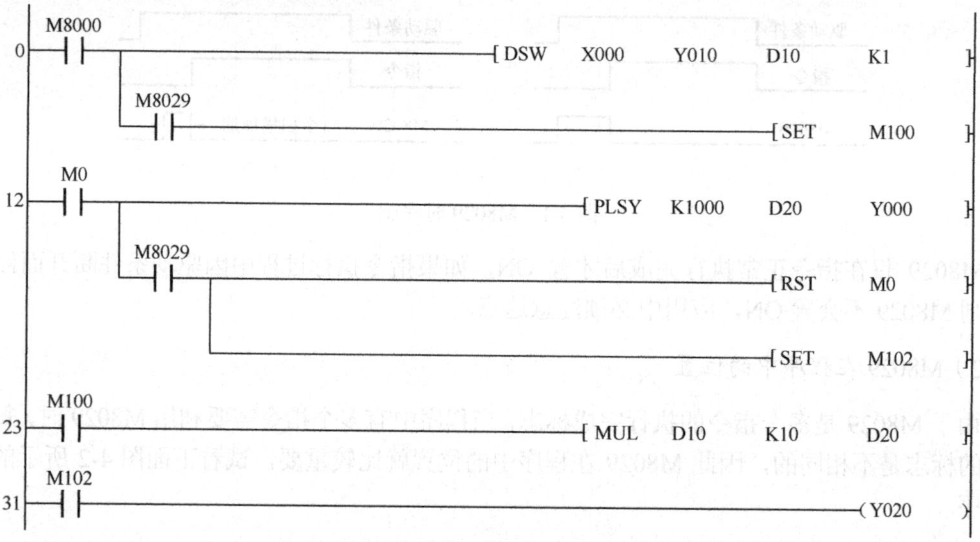

图 4-4   M8029 正确位置程序梯形图二

在程序编制中，M8029 的正确位置就是紧随其指令的正下方，这样 M8029 标志位随各自的指令而置 ON。

M8029 在程序中的作用是在一个指令执行完成后可以用 M8029 来启动一个动作完成必要的程序处理，而在定位控制中，M8029 的主要作用是当上一段定位控制完成后，利用 M8029 断开上一段定位控制的驱动条件和启动下一个定位控制指令。

2. 指令执行异常结束标志位 M8329

当指令执行过程中执行原点回归指令 ZRN 和 DSZR 时，无 DOG 开关信号或者执行定位指令时碰到左右限位开关，这时指令执行异常结束标志位 M8329 置 ON，结束指令的执行。

4.1.2   脉冲输出状态标志位 M8340、M8348 和 M8349

除了 M8029 外，FX_{3U} PLC 定位控制相关标志位还有三个关于脉冲输出的动作监控标志位，见表 4-2。

表 4-2   脉冲输出动作监控标志位

标 志 位	Y0	Y1	Y2	Y3	状 态
脉冲输出中监控	M8340	M8350	M8360	M8370	ON：脉冲输出中；OFF：脉冲停止中
定位指令驱动中	M8348	M8358	M8368	M8378	ON：指令驱动成立；OFF：指令驱动不成立
脉冲输出立即停止	M8349	M8359	M8369	M8379	ON：正在输出脉冲立即停止输出

1. 脉冲输出中监控标志位

脉冲输出中监控标志位用来检测脉冲输出端口是否正在输出脉冲，当脉冲输出端口开始输出脉冲时，该标志位由 OFF 变为 ON，在脉冲输出过程中，一直为 ON。脉冲输出一旦停止，则由 ON 变为 OFF，而当脉冲输出端口无脉冲输出时，其为 OFF。和指令执行结束标志位 M8029

及 M8329 一样，它也是只读辅助继电器。在程序中不存在驱动元件，只能利用其常开或常闭触点，M8029 和 M8329 的执行功能是对所有输出端口均为有效，而脉冲输出监控标志位则是不同的脉冲输出端口，其所对应的标志位也不同（见表 4-2），使用时不能搞错。

通常，脉冲输出监控标志位用来对脉冲输出进行监控，用其常开触点驱动输出指示。在调试中可以根据显示是否正常来判断程序设计是否正确和 PLC 脉冲输出端口是否正常。

脉冲输出监控标志位在脉冲一开始输出时就由 OFF 变为 ON，脉冲一停止输出就由 ON 变为 OFF。利用这个功能，可以通过标志位动作的上/下沿来检测指令的脉冲输出时间或指令的执行时间，其梯形图程序如图 4-5 所示。

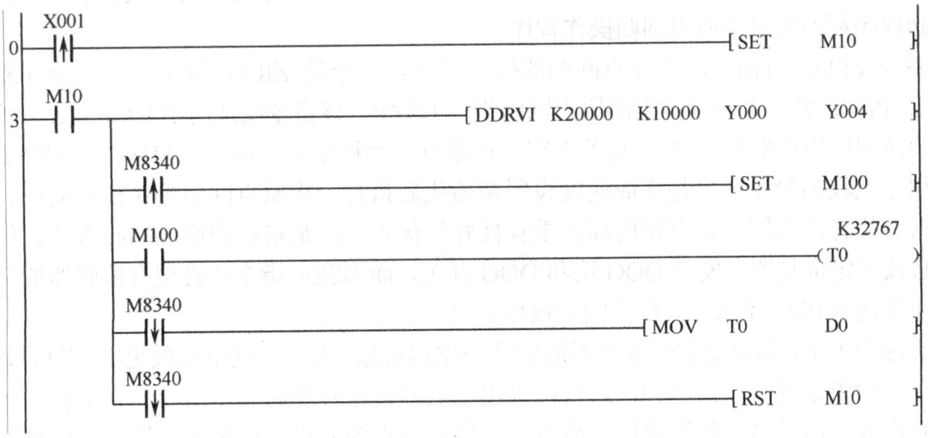

```
    X001
0 ──┤↑├─────────────────────────────────────[SET    M10 ]

    M10
3 ──┤├──────────────────[DDRVI  K20000   K10000   Y000   Y004]

       M8340
      ──┤↑├────────────────────────────────[SET    M100]

       M100                                                K32767
      ──┤├────────────────────────────────────────(T0    )

       M8340
      ──┤↑├──────────────────────────[MOV    T0    D0 ]

       M8340
      ──┤↓├────────────────────────────────[RST    M10 ]
```

图 4-5　检测脉冲输出时间程序梯形图

2. 脉冲输出停止指令标志位

脉冲输出停止指令标志位的功能是，在定位指令执行过程中，如果该标志位为 ON，则输出中的脉冲立即停止输出，而其所控制的电动机也随之立即停止。因此，经常用于为了避免危险而需要控制立即停止的情况。但由于是紧急停止，特别是在高速情况下会有损坏生产设备的可能性。如果是暂时停止定位控制运行，可使用断开驱动条件或动作正/反转极限开关来完成。因为它们是减速停止，对生产设备的损坏较小。

当使用伺服电动机时，通常都要求加接伺服正/反转极限开关。这两个限位开关以常闭形式接入伺服驱动器输入数字量口。当运行中碰到限位开关后，伺服电动机会自动停止，但这时 PLC 无法得知这个情况，所执行的定位指令仍然从 Y 口输出脉冲，这时可同时将伺服极限开关接入 PLC 的输入端口，利用这个信号驱动脉冲输出停止指令标志位使脉冲输出立即停止。

该标志位为 ON 后必须先将其置 OFF，并将定位指令驱动为 OFF 后才能再次输出脉冲。

3. 定位指令驱动中标志位

定位指令驱动中标志位是针对定位指令的驱动状态标志。如果定位指令的驱动条件成立（接通），则该标志位为 ON。当驱动条件不成立（断开）时，则为 OFF。但它与指令的执行情况无关，不管指令执行是否完成，只要驱动条件成立，则标志位仍然为 ON，只有驱动条件转为不成立时，它才为 OFF。

这个标志位并不能监控脉冲输出，仅用来监控驱动条件是否接通。因此，在程序中应用较少。

4.2 定位控制程序基本样式

4.2.1 原点回归程序基本样式

1.5 节讲解了原点回归的重要性，原点回归操作是定位控制中必不可少的操作。因此，任何定位控制程序都不可缺少原点回归操作程序。

三菱 FX PLC 有两个涉及原点回归的操作指令。一个是 ZRN，该指令适用于 $FX_{1S}/FX_{1N}/FX_{2N}/FX_{3U}$ PLC；另一个是带搜索的原点回归指令 DSZR，该指令仅适用于 FX_{3U} PLC。关于这两个指令的详细应用讲解见第 3 章相关内容。在定位控制程序中，原点回归这部分程序是比较独立的，程序也较为简单，仅是完成速度设置初始化后执行一次原点回归操作指令而已。利用原点回归指令执行原点回归具有精度高、重置性好等优点。这是首选的原点回归方法。但这两条指令都必须在定位装置上安装 DOG 块和 DOG 开关，而 DSZR 指令还必须有编码器的 Z 相（零相）脉冲反馈到 PLC 才能完成原点回归操作。

在实际应用中，如果定位装置上不能安装 DOG 块或所采用步进电动机无 Z 相脉冲时，不能使用原点回归指令进行原点回归，而直接采用原点开关信号件为原点信号。当工件碰到原点开关时，原点开关信号给工件发出停止命令，工件停止点为原点。这种方法简单，但精度较差，重置性不好。为了提高其停止精度，可在程序上采用原点回归指令两种速度回归的原理设计原点回归程序，其思路如下所述。

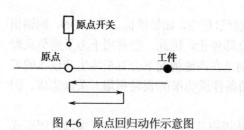

图 4-6 原点回归动作示意图

当利用 PLSY 指令或 DRVI 指令执行原点回归时，第一次回归碰到原点开关时停止，然后朝相反方向运行较短行程，约电动机转 3~4 圈左右，停止后再以较低的速度向原点开关回归。碰到原点开关后，停止的同时向绝对位置当前值寄存器发出清零指令，向伺服驱动器偏差计数器发出滞留脉冲清零信号。其原点回归动作示意图如图 4-6 所示。原点回归程序设计如图 4-7 所示。

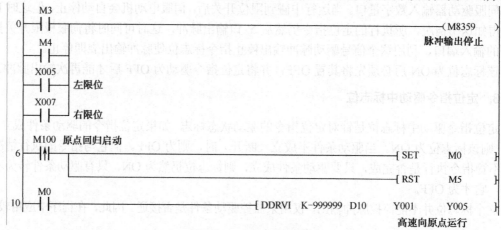

图 4-7 原点回归程序设计

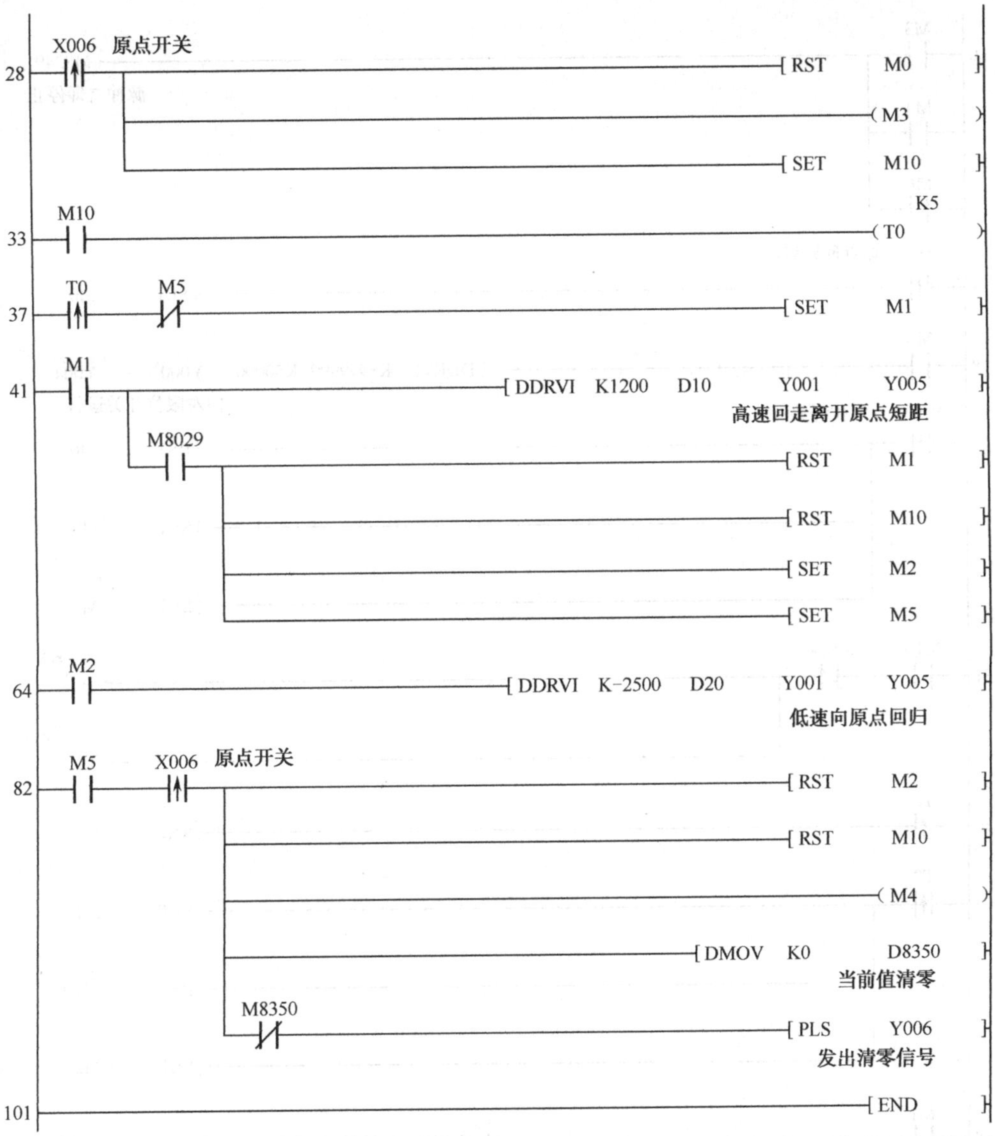

```
        X006  原点开关                                    ─[ RST    M0 ]─
  28    ─┤↑├──┬──────────────────────────────────────
                │                                         ─( M3 )─
                │
                └──                                       ─[ SET    M10 ]─

        M10                                                        K5
  33    ─┤├───────────────────────────────────────────  ─( T0 )─

        T0    M5                                          ─[ SET    M1 ]─
  37    ─┤├───┤/├──────────────────────────────────────

        M1
  41    ─┤├──┬───────────────[ DDRVI  K1200  D10    Y001   Y005 ]─
              │                            高速回走离开原点短距
              │ M8029
              └─┤├──┬─────────────────────────────────  ─[ RST    M1 ]─
                     │
                     ├──────────────────────────────────  ─[ RST    M10 ]─
                     │
                     ├──────────────────────────────────  ─[ SET    M2 ]─
                     │
                     └──────────────────────────────────  ─[ SET    M5 ]─

        M2
  64    ─┤├───────────────────[ DDRVI  K-2500  D20   Y001   Y005 ]─
                                           低速向原点回归

        M5    X006  原点开关
  82    ─┤├───┤↑├──┬──────────────────────────────────  ─[ RST    M2 ]─
                    │
                    ├──────────────────────────────────  ─[ RST    M10 ]─
                    │
                    ├──────────────────────────────────  ─( M4 )─
                    │
                    ├─────────────────────[ DMOV   K0     D8350 ]─
                    │                                  当前值清零
                    │ M8350
                    └─┤/├────────────────────────────  ─[ PLS    Y006 ]─
                                                        发出清零信号

 101                                                     ─[ END ]─
```

图 4-7　原点回归程序设计（续）

　　上述原点回归程序是原点位置在定位装置反转（或后退）方向上进行的。如果定位装置在原点的左面，则不能应用该程序进行原点回归。下面的例子是带有搜索功能的原点回归程序。其思路是仿照 DSZN 指令的执行过程。不论定位装置在原点的左面或右面，总是先向一个方向（假定向左、后退方向）移动，碰到限位开关后马上向右移动，碰到原点开关后继续向右移动一个较短的距离，然后再向左以低速进行原点回归。如图 4-8 所示，带有搜索功能的原点回归梯形图程序如图 4-9 所示。

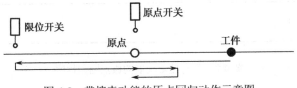

图 4-8　带搜索功能的原点回归动作示意图

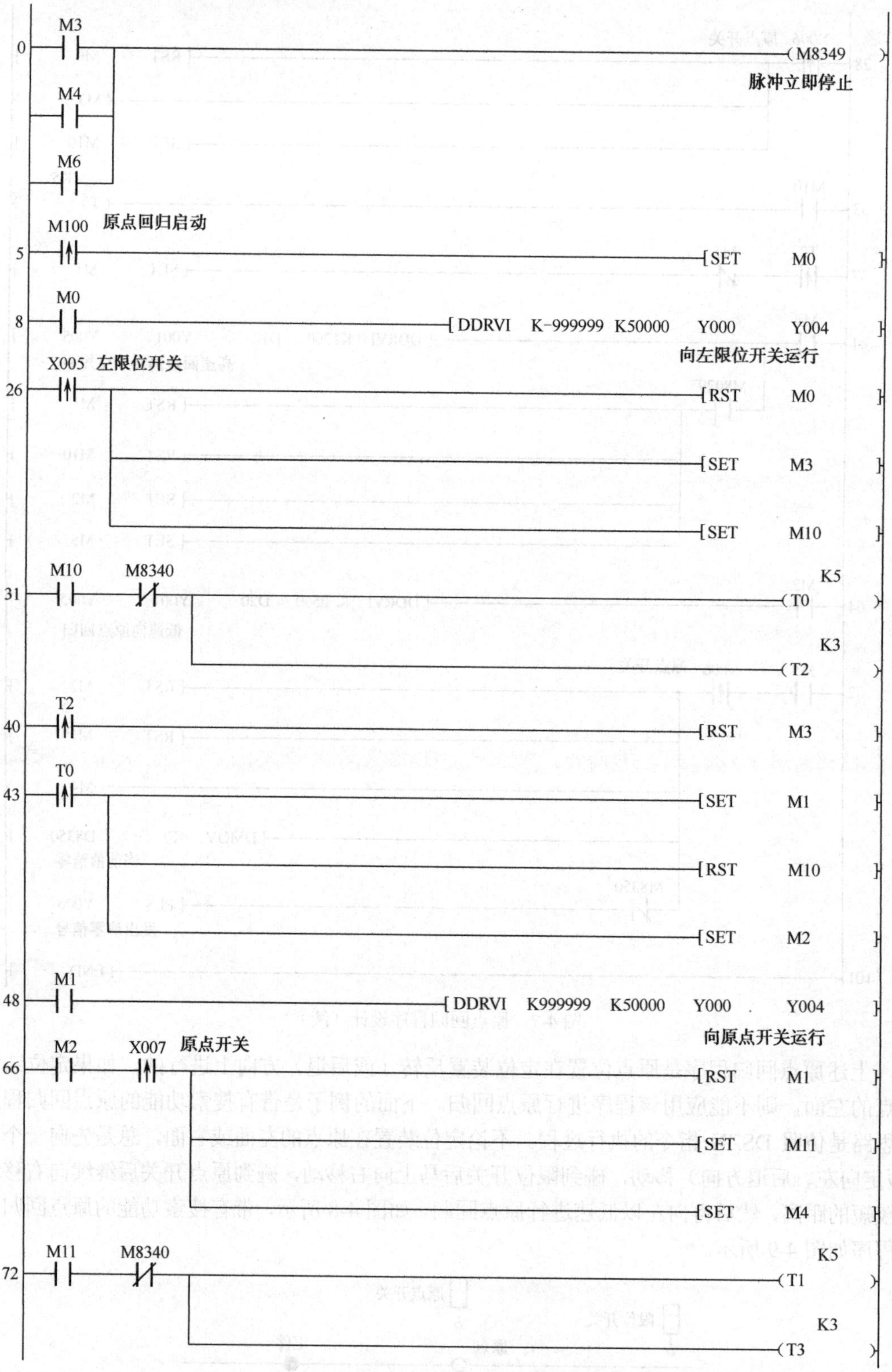

```
        M3                                                          关……
0    ——| |——————————————————————————————————————————————————————————( M8349 )
                                                                     脉冲立即停止
        M4
     ——| |——
        M6
     ——| |——

        M100   原点回归启动
5    ——|↑|——————————————————————————————————————————————————————————[ SET    M0  ]

        M0
8    ——| |——————————————————————————[ DDRVI   K-999999  K50000   Y000    Y004 ]
                                                                     向左限位开关运行
        X005   左限位开关
26   ——|↑|——————————————————————————————————————————————————————————[ RST    M0  ]

                 ————————————————————————————————————————————————————[ SET    M3  ]

                 ————————————————————————————————————————————————————[ SET    M10 ]

        M10    M8340                                                          K5
31   ——| |———|/|——————————————————————————————————————————————————————————( T0  )
                                                                             K3
                 ————————————————————————————————————————————————————————————( T2  )

        T2
40   ——|↑|——————————————————————————————————————————————————————————[ RST    M3  ]

        T0
43   ——|↑|——————————————————————————————————————————————————————————[ SET    M1  ]

                 ————————————————————————————————————————————————————[ RST    M10 ]

                 ————————————————————————————————————————————————————[ SET    M2  ]

        M1
48   ——| |——————————————————————————[ DDRVI   K999999   K50000   Y000    Y004 ]
                                                                     向原点开关运行
        M2     X007   原点开关
66   ——| |———|↑|——————————————————————————————————————————————————————————[ RST    M1  ]

                 ————————————————————————————————————————————————————[ SET    M11 ]

                 ————————————————————————————————————————————————————[ SET    M4  ]

        M11    M8340                                                          K5
72   ——| |———|/|——————————————————————————————————————————————————————————( T1  )
                                                                             K3
                 ————————————————————————————————————————————————————————————( T3  )
```

图 4-9　带有搜索功能的原点回归程序

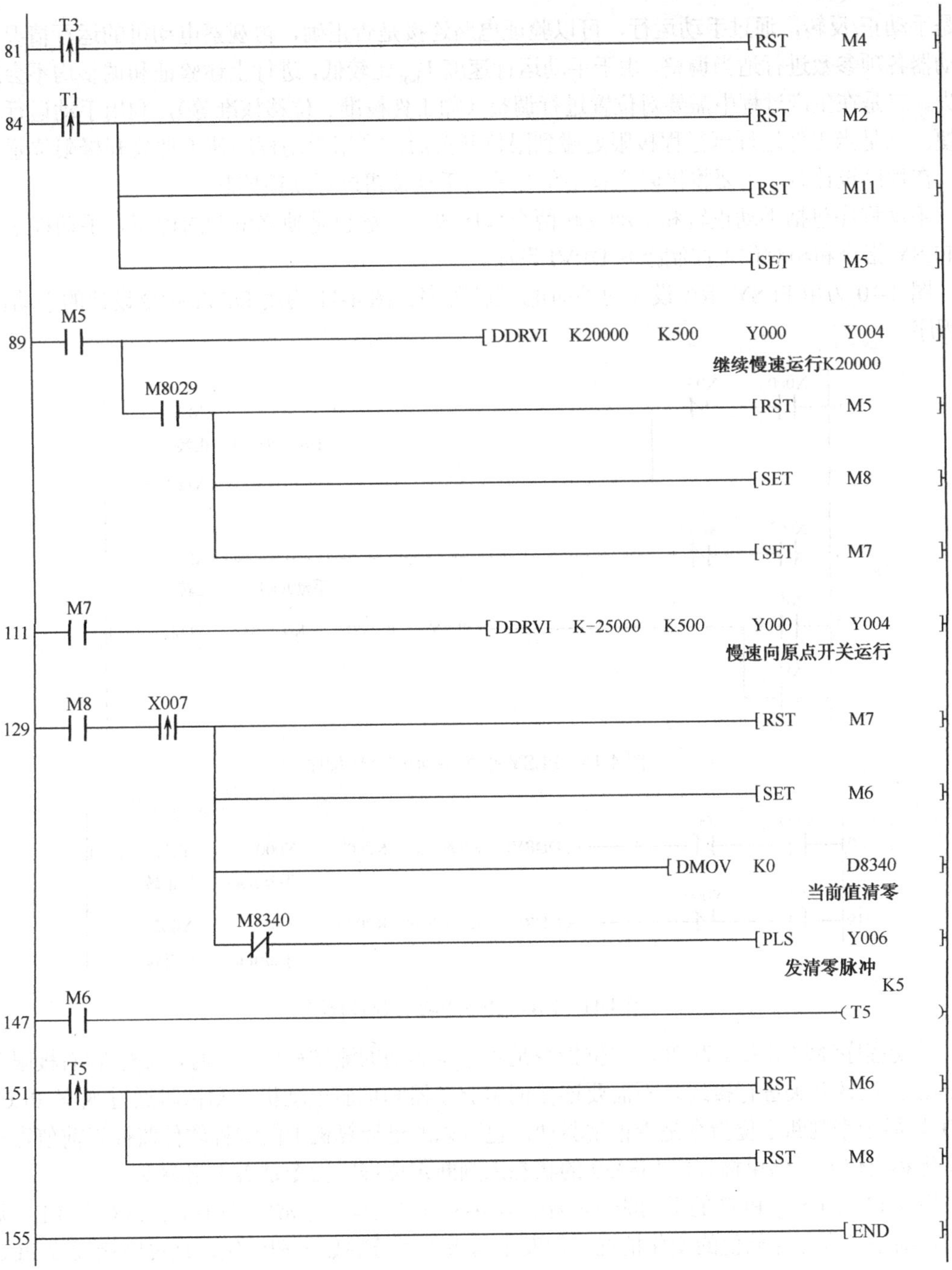

```
        T3
81 ─┤↑├───────────────────────────────────[RST    M4  ]

        T1
84 ─┤↑├───────────────────────────────────[RST    M2  ]

    │   ├───────────────────────────────────[RST    M11 ]

    │   ├───────────────────────────────────[SET    M5  ]

       M5
89 ─┤├────────────────[DDRVI  K20000   K500    Y000    Y004 ]
    │                            继续慢速运行K20000
    │   M8029
    │   ─┤├──────────────────────────────[RST    M5  ]
    │       │
    │       ├──────────────────────────────[SET    M8  ]
    │       │
    │       ├──────────────────────────────[SET    M7  ]

        M7
111 ─┤├──────────────[DDRVI  K-25000  K500    Y000    Y004 ]
                                 慢速向原点开关运行

        M8    X007
129 ─┤├───┤↑├─────────────────────────────[RST    M7  ]
            │
            ├─────────────────────────────[SET    M6  ]
            │
            ├──────────────────[DMOV   K0      D8340 ]
            │                            当前值清零
            │   M8340
            ├──┤/↑├────────────────────────[PLS    Y006 ]
                     发清零脉冲
                                                    K5
        M6
147 ─┤├───────────────────────────────────(T5   )

        T5
151 ─┤↑├───────────────────────────────────[RST    M6  ]
    │   ├───────────────────────────────────[RST    M8  ]

155 ─────────────────────────────────────────[END ]
```

图 4-9　带有搜索功能的原点回归程序（续）

4.2.2　手动程序基本样式

　　手动运行程序和原点回归程序一样，也是所有定位程序中不可缺少的程序。这是因为手动程序起到两个重要的作用。一是当定位控制系统硬件电路及驱动器设置全部完成后首先要运行的是手动正/反转，通过手动运行，可以验证电路连接是否正确，再观察电动机的运行情况，对驱动器各项参数进行适当调整。由于手动运行速度 V_{jog} 比较低，进行上述验证和调整均不会造成损失。二是在生产过程中需要对位置进行调整（如工件校准、位移核准等），利用手动运行十分方便。三是当工件运行至行程极限处碰到限位开关后，利用手动程序使工件离开极限位置。为此，在程序设计时，不要将极限位置限位开关与手动按钮进行联锁控制。

手动程序包括手动正转和手动反转两个程序段，一般也是独立编制的程序。手动程序一般用 PLSY 指令和相对位置控制指令 DRVI 设计。

图 4-10 为用 PLSY 指令设计的手动正/反转程序。图 4-11 为用 DRVI 指令设计的手动正/反转程序。

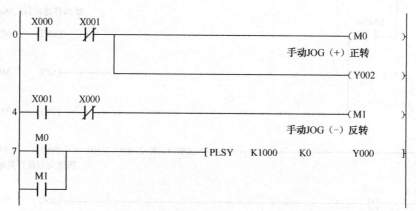

图 4-10　PLSY 指令手动正/反转程序

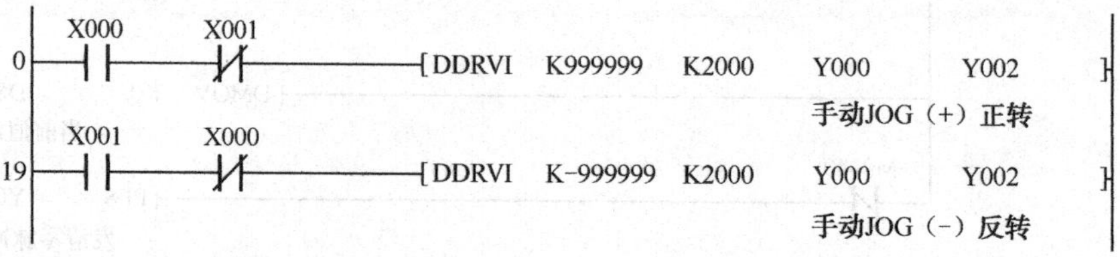

图 4-11　DRVI 指令手动正/反转程序

手动程序经常用来作为 PLC 定位指令是否正常驱动的测试程序。这时，仅对左/右极限开关和手动正/反转开关进行接线，不需要连接伺服驱动器和伺服电动机。测试时通过观察 PLC 的 LED 灯显示来判断定位指令是否正常驱动，也可以通过计算机上的编程软件监控当前值寄存器的变化和定位异常结束标志位 M8329 的状态来判断定位程序指令是否正常驱动。

图 4-12 为 FX3U PLC 的手动测试程序。表 4-3 为定位指令正常驱动时各个 PLC 的 LED 灯显示和当前值寄存器存储值的变化情况，如发生与表中不符的显示和变化，则说明接线或 PLC 存在问题。

表 4-3　I/O 地址分配表

驱　动	X10	X11	X12	X13	Y0	Y4	(D8341，D8340)	M8329
手 动 正 转	ON	ON	ON	OFF	闪烁	ON	增加变化	OFF
停　止	ON	ON	OFF	OFF	OFF	ON	停止变化	OFF
手 动 反 转	ON	ON	OFF	ON	闪烁	OFF	减小变化	OFF

续表

停　止	ON	ON	OFF	OFF	OFF	OFF	停止变化	OFF
正转限位动作	OFF	ON	ON	OFF	OFF	ON	停止变化	ON
反转限位动作	ON	OFF	OFF	ON	OFF	OFF	停止变化	ON

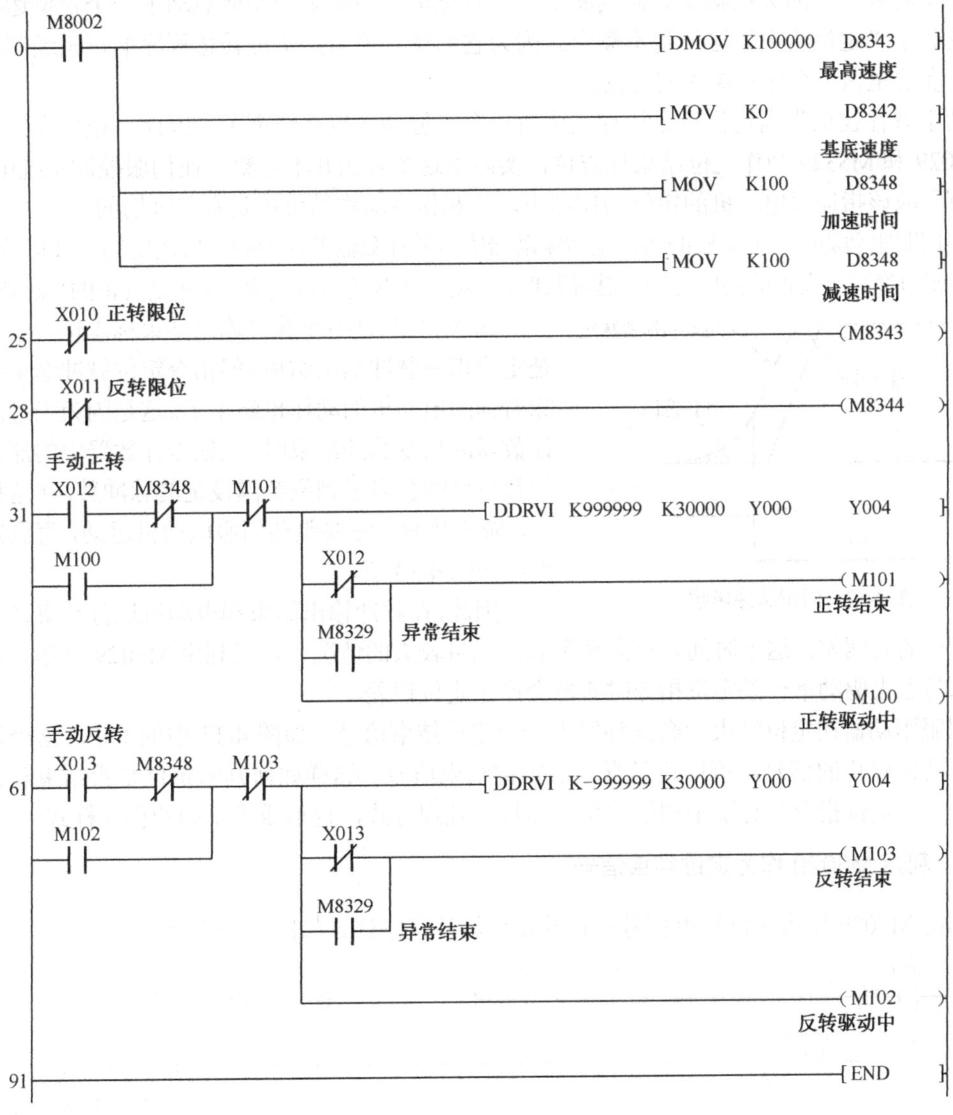

```
       M8002
  0 ──┤├──┬────────────────────[ DMOV  K100000  D8343 ]
        │                                    最高速度
        │
        ├────────────────────────[ MOV   K0      D8342 ]
        │                                    基底速度
        │
        ├────────────────────────[ MOV   K100    D8348 ]
        │                                    加速时间
        │
        └────────────────────────[ MOV   K100    D8348 ]
                                             减速时间

       X010  正转限位
 25 ──┤/├──────────────────────────────────────( M8343 )

       X011  反转限位
 28 ──┤/├──────────────────────────────────────( M8344 )

       手动正转
       X012   M8348   M101
 31 ──┤├──┬──┤/├──┬──┤/├────[ DDRVI  K999999  K30000  Y000 ]  Y004
        │  │      │
       M100 │     │      X012
      ──┤├──┘     ├──────┤/├──────────────────────( M101 )
                  │                                  正转结束
                  │      M8329  异常结束
                  └──────┤├──────┘
                                                   ( M100 )
                                                    正转驱动中

       手动反转
       X013   M8348   M103
 61 ──┤├──┬──┤/├──┬──┤/├────[ DDRVI  K-999999  K30000  Y000 ]  Y004
        │  │      │
       M102 │     │      X013
      ──┤├──┘     ├──────┤/├──────────────────────( M103 )
                  │                                  反转结束
                  │      M8329  异常结束
                  └──────┤├──────┘
                                                   ( M102 )
                                                    反转驱动中

 91 ────────────────────────────────────────────[ END ]
```

图 4-12　FX₃ᵤ PLC 手动测试程序

4.2.3　单轴定位控制程序基本样式

定位控制有单轴（一个电动机）和多轴（多个电动机）之分，从控制角度来看，多轴不过是多个单轴的联合动作。因此，弄清楚单轴运动的定位控制程序编制是定位控制程序设计的基础。下面，仅就其中的一些问题进行讨论。

在单轴定位控制中，不管运动多么复杂，总是由一段一段的运动衔接而成的，类似于步进指令 SFC 程序。每一段位移可以用一条定位指令来完成。单轴定位控制就是由一条一条定位指令程序和其相应的控制程序组合而完成的。

定位转移是指当上一个定位运行结束后，同时启动下一个定位运行。全部定位控制程序就是由一个个定位转移程序来完成的。因此，定位转移程序就是单轴定位控制程序的基本样式。

定位转移程序的关键就是如何判断上一个定位运行的结束和如何启动下一个定位运行。这里涉及关于"定位结束"这个基本概念。因为它的理解关系到定位转移程序的正确编制，所以有必要在这里做一个比较深入的讨论。

初学者往往认为当定位指令执行完毕后一个定位动作也就结束了。因此，把指令结束标志位 M8029 和 M8329 当作定位结束标志位，实际上这个看法并不完整。在伺服控制系统中，"定位结束"应该指伺服电动机的定位动作结束，它和指令动作结束还是有些区别的。

在伺服驱动器中，电动机的运行是由驱动器中偏差计数器的滞留脉冲所决定的，只有当滞留脉冲为 0 或为参数所设置的到位范围内脉冲数时，电动机才减速运行结束。这才是真正的"定位结束"。

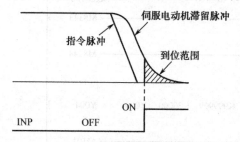

图 4-13 滞留脉冲影响

而 M8029 是指令脉冲输出结束标志位，它所指的是定位指令脉冲输出结束，但指令定位脉冲结束并不意味着伺服电动机的动作也结束了。这是因为当进入偏差计数器的指令脉冲结束时，在偏差计数器中的滞留脉冲的数目可能会多于到位范围设定的脉冲数，在这种情况下，滞留脉冲仍然要驱动伺服电动机运动，直到定位结束，如图 4-13 所示。

因此，在脉冲输出结束和电动机运行结束之间存在一个很小的时间差。这个时间差在高速和脉冲当量较大的情况下，当利用 M8029 来作为定位结束标志马上去驱动下一条定位指令时必然会产生定位误差。

伺服驱动器在定位结束后会向外发出一个定位结束信号。如图 4-13 中的 INP。这个信号是伺服电动机停止的信号，可以说是真正的定位结束信号。这样如何判断定位是否结束和如何去驱动下一条定位指令就有了不同的定位转移程序处理方式，也形成了不同的程序样式。

1. 利用 M8029 作为定位结束信号

利用 M8029 作为定位结束信号设计的定位转移程序样式如图 4-14 所示。

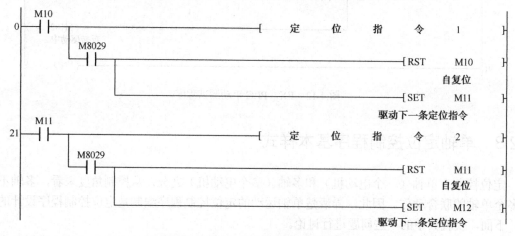

图 4-14 M8029 定位控制指令程序样例

上面程序的缺点是 M8029 是脉冲输出结束信号，并不是伺服电动机运行结束信号，改进后的程序如图 4-15 所示。程序中增加了定时器延时，延时的目的是让滞留脉冲减少到到位范围内电动机停止后再去驱动下一条定位指令。

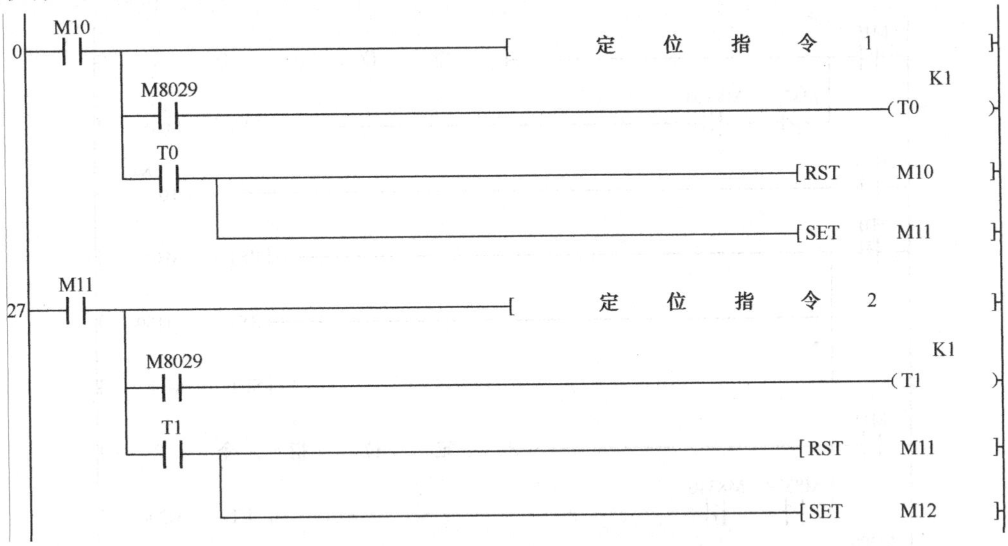

```
  M10
0 ──┤├──┬─────────────────────[ 定 位 指 令 1 ]──
       │  M8029                                    K1
       ├──┤├───────────────────────────────(T0  )──
       │  T0
       ├──┤├───────────────────────[RST    M10 ]──
       │
       └─────────────────────────────[SET    M11 ]──

   M11
27 ──┤├──┬─────────────────────[ 定 位 指 令 2 ]──
        │  M8029                                   K1
        ├──┤├───────────────────────────────(T1  )──
        │  T1
        ├──┤├───────────────────────[RST    M11 ]──
        │
        └─────────────────────────────[SET    M12 ]──
```

图 4-15　改进的 M8029 定位控制程序样例

2. 利用脉冲输出监控标志位作为定位结束信号

利用脉冲输出监控标志位作为判断定位结束信号的设计程序样式如图 4-16 所示。

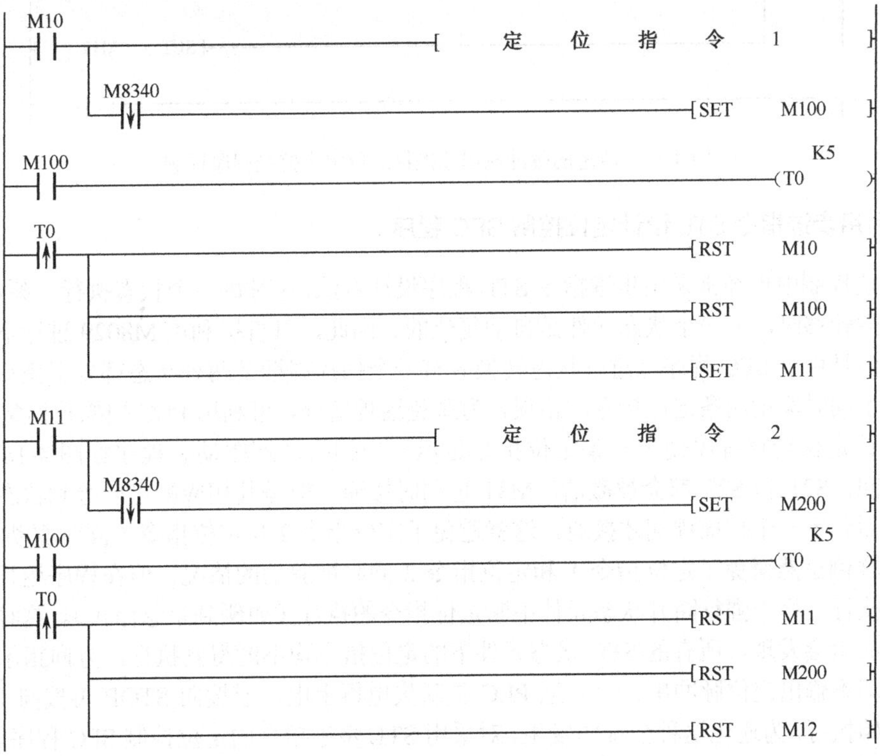

```
  M10
──┤├──┬─────────────────────[ 定 位 指 令 1 ]──
      │  M8340
      └──┤↑├──────────────────────[SET    M100 ]──
  M100                                            K5
──┤├────────────────────────────────────(T0  )──
  T0
──┤↑├──┬──────────────────────[RST    M10 ]──
       ├──────────────────────[RST    M100 ]──
       └──────────────────────[SET    M11 ]──

  M11
──┤├──┬─────────────────────[ 定 位 指 令 2 ]──
      │  M8340
      └──┤↑├──────────────────────[SET    M200 ]──
  M100                                            K5
──┤├────────────────────────────────────(T0  )──
  T0
──┤↑├──┬──────────────────────[RST    M11 ]──
       ├──────────────────────[RST    M200 ]──
       └──────────────────────[RST    M12 ]──
```

图 4-16　脉冲输出监控标志位定位控制程序样例

这个程序也有缺陷，不管是指令正常结束还是异常结束，M8340 都会由 ON 变为 OFF，因此如指令发生异常结束，则定位仍然转移，改进的办法是与 M8340 串接一个异常结束标志 M8329 的常闭触点，当发生异常结束时断开转移驱动条件。程序样式如图 4-17 所示。

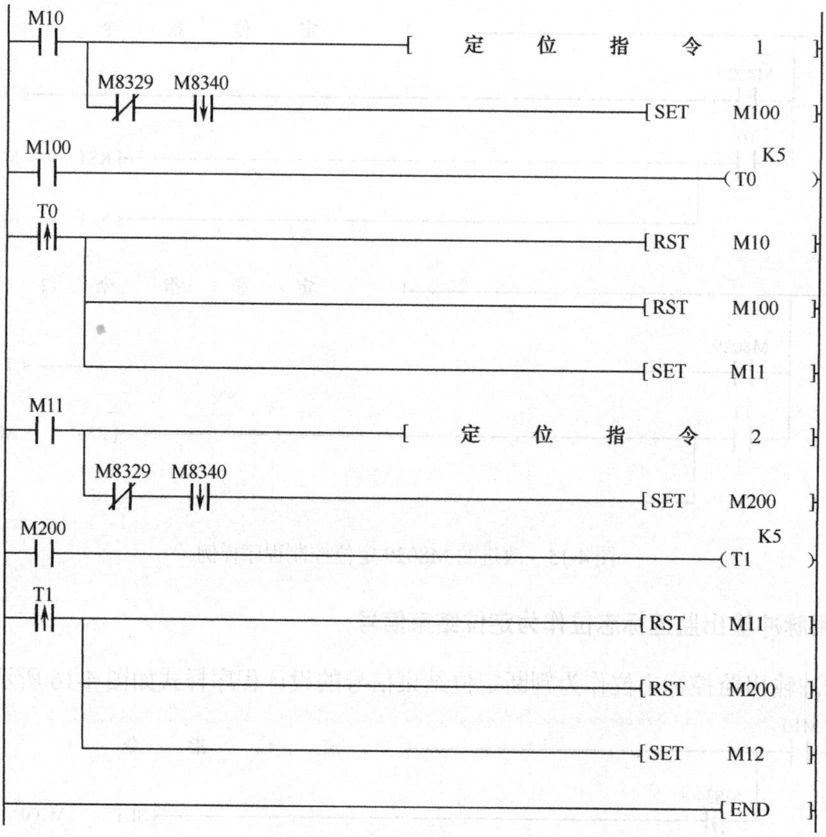

图 4-17　改进的脉冲输出监控标志位定位控制程序样例

3. 利用步进指令 STL 设计定位控制 SFC 程序

在定位控制中也经常采用步进指令 STL 程序设计方法，这时每一个状态执行一条定位指令，当状态发生转移时，上一个状态元件是自动复位的。因此，可直接利用 M8029 进行下一个状态的激活。但是由于 SFC 程序在进行状态转换时有一个扫描周期是两种状态都处于激活状态的，这就发生了同时驱动两条定位指令的错误，为避免这种情况，可利用 PLC 扫描数据集中刷新的特点，设计定位转移程序使下一条定位指令延迟一个扫描周期驱动。程序如图 4-18 所示。状态转移期间，S21 和 S22 都会被激活，M31 也同时接通，但是其相应触点要等到状态转移扫描周期结束后到下一个扫描周期才接通，这就避免了定位指令 2 与定位指令 1 同时驱动的情况。

上面样例虽然避免了定位指令 1 和定位指令 2 同时被驱动的情况，但在程序运行中，如果定位指令执行过程中强行断开状态元件中断定位指令的执行（如碰到紧急停止）。这时再次进入 SFC 流程时就会发现，所有的 SFC 状态元件下的定位指令均不能得到执行，方向指示灯虽正常显示，但却不输出定位脉冲串。只有把 PLC 重新失电再上电，或拨向 STOP 再拨向 RUN 时，程序才开始执行。为避免这种情况的发生，对采用 STL 步进指令的定位控制 SFC 程序做了改进。改进后的程序如图 4-19 所示。

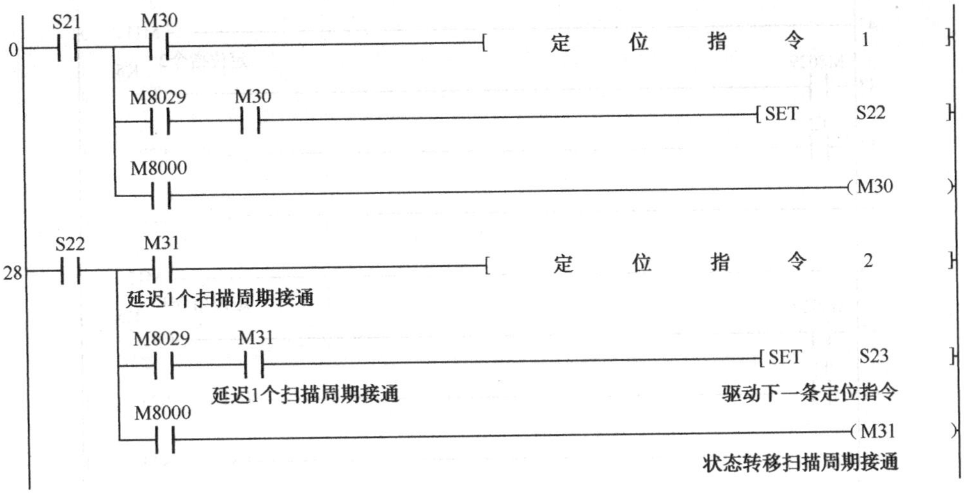

```
      S21      M30
0  ┤├───┬──┤├───────────────────[  定  位  指  令  1  ]┤
        │
        │   M8029    M30
        ├──┤├───────┤├───────────────────────[ SET    S22 ]┤
        │
        │   M8000
        └──┤├──────────────────────────────────────────( M30 )┤

      S22      M31
28 ┤├───┬──┤├───────────────────[  定  位  指  令  2  ]┤
        │   延迟1个扫描周期接通
        │   M8029    M31
        ├──┤├───────┤├───────────────────────[ SET    S23 ]┤
        │   延迟1个扫描周期接通          驱动下一条定位指令
        │   M8000
        └──┤├──────────────────────────────────────────( M31 )┤
                                          状态转移扫描周期接通
```

图 4-18 SFC 定位控制程序样例

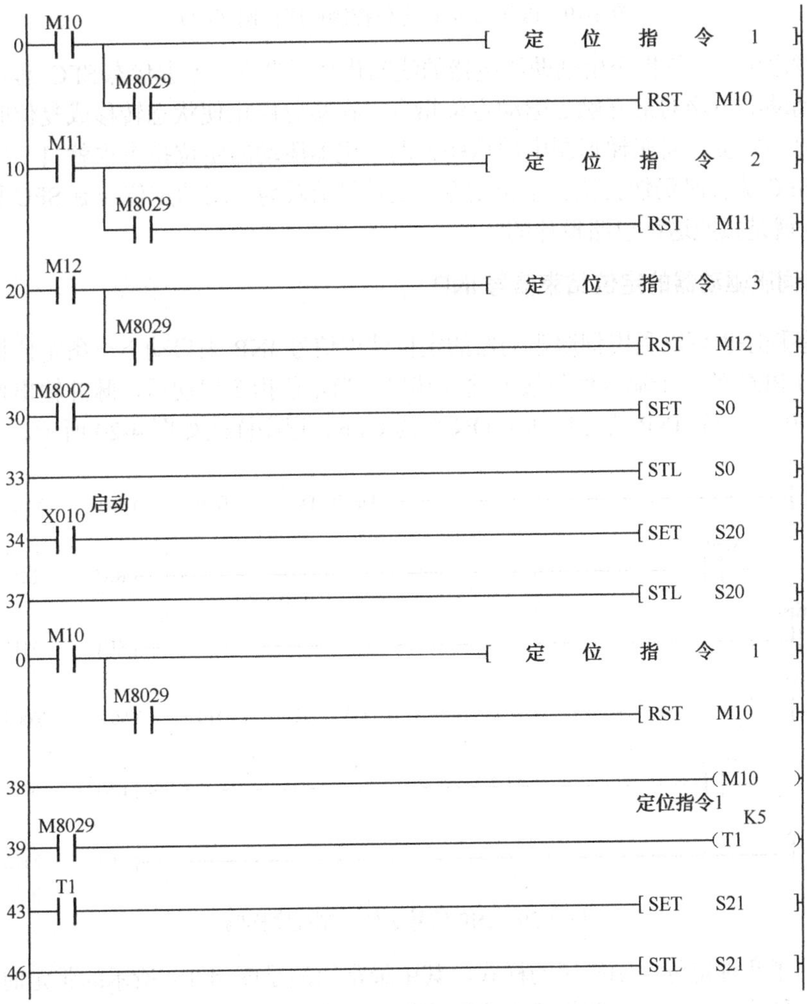

```
      M10
0  ┤├───┬──────────────────────[  定  位  指  令  1  ]┤
        │   M8029
        └──┤├────────────────────────────────[ RST    M10 ]┤

      M11
10 ┤├───┬──────────────────────[  定  位  指  令  2  ]┤
        │   M8029
        └──┤├────────────────────────────────[ RST    M11 ]┤

      M12
20 ┤├───┬──────────────────────[  定  位  指  令  3  ]┤
        │   M8029
        └──┤├────────────────────────────────[ RST    M12 ]┤

      M8002
30 ┤├──────────────────────────────────────[ SET    S0 ]┤

33 ───────────────────────────────────────[ STL    S0 ]┤

      X010 启动
34 ┤├──────────────────────────────────────[ SET    S20 ]┤

37 ───────────────────────────────────────[ STL    S20 ]┤

      M10
0  ┤├───┬──────────────────────[  定  位  指  令  1  ]┤
        │   M8029
        └──┤├────────────────────────────────[ RST    M10 ]┤

38 ──────────────────────────────────────────( M10 )┤
                                         定位指令1
      M8029                                         K5
39 ┤├──────────────────────────────────────────( T1 )┤

      T1
43 ┤├──────────────────────────────────────[ SET    S21 ]┤

46 ───────────────────────────────────────[ STL    S21 ]┤
```

图 4-19 改进后 SFC 定位控制程序样例

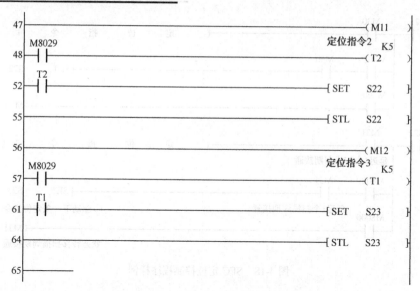

图 4-19　改进后 SFC 定位控制程序样例（续）

在定位程序中，定位指令用辅助继电器的线圈代替，然后在步进状态 SFC 程序以外的梯形图中用这些辅助继电器的常开触点驱动定位指令，在紧急停止使状态转移成复位时，辅助继电器的线圈会自动复位，而在梯形图中用这些辅助继电器驱动的定位指令也就自动中断了执行。当再次进入 SFC 流程时仍然会执行定位指令。这是目前较为常用的定位控制 SFC 程序样例。本章程序例 4-5 就是按照这种思路设计的。

4. 利用伺服驱动器的定位结束信号 INP

定位转移程序也可以利用伺服驱动器的定位结束信号 INP 来启动下一条定位指令。这时把 INP 信号作为 PLC 的一个输入信号接入输入端口。当定位指令启动后，脉冲输出使滞留脉冲超过所设置的到位范围后 INP 信号自动由 ON 变为 OFF。程序样式如图 4-20 所示。

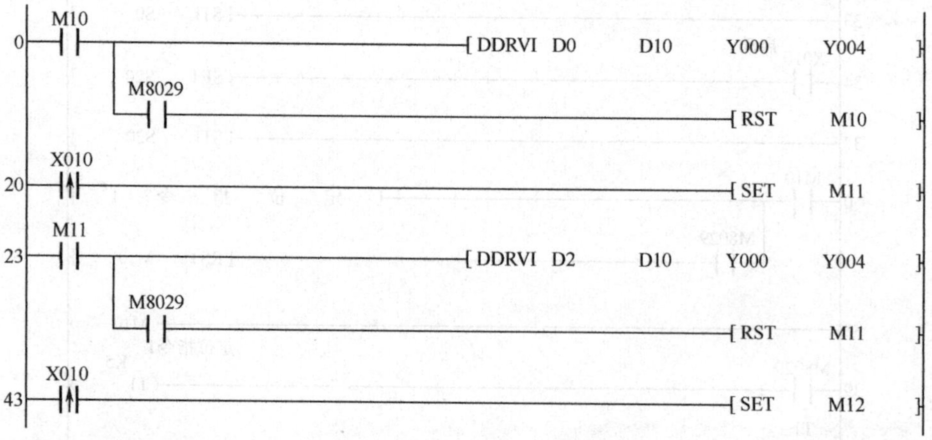

图 4-20　INP 信号定位控制程序样例

上面介绍了几种定位控制程序的样式，其中最常用的是图 4-15 所示的带定时器的 M8029 定位转移程序样式。当然，这些样式在实际应用时还必须根据控制要求进行修改和补充，不能简单地照搬。

4.3 定位控制程序示例

4.3.1 定位控制程序样例

三菱 FX PLC 的编程和定位手册给出了关于原点回归手动（JOG）正/反转和单速正/反转控制的定位控制程序样例。这个样例对初学者很有参考价值，故在此转载并给予说明。

由于本节仅讨论定位控制程序的编制，因此对于 PLC 与伺服驱动器的连接、PLC 的其余部分接线和伺服驱动器的其余部分接线及伺服驱动器参数设置这里不进行介绍。读者可看第 6 章或其他相关资料。

1. 控制要求和 I/O 地址分配

1）控制要求

图 4-21 为一定位运行控制示意图，要求编制能单独进行原点回归、点动正转、点动反转、正转定位和反转定位控制的程序。

（1）正转定位和反转定位使用绝对位置定位指令编写。

（2）输出频率为 100kHz，加/减速时间为 200ms。

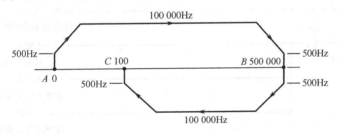

图 4-21 定位运行控制示意图

2）I/O 地址分配

PLC 的 I/O 地址分配见表 4-4。

表 4-4 I/O 地址分配表

输　入		输　出	
地　址	功　能	地　址	功　能
X0	停止	Y0	脉冲输出
X1	原点回归	Y2	清零信号
X2	手动（JOG）正转	Y4	方向控制
X3	手动（JOG）反转		
X4	正转		

输　　入		输　　出	
地　　址	功　　能	地　　址	功　　能
X5	反转		
X6	近点信号（DOG）		

2. FX₁ₙ PLC 程序样例

FX₁ₙ PLC 定位控制程序梯形图见图 4-22。必须说明的是，程序中虽然使用了状态元件 S，但它不是步进指令 SFC 程序，在这里状态元件 S 仅作为一般继电器使用。如果采用步进指令 STL 编程，则在程序结束指令前必须加步进结束指令 RET，但即使采用步进指令 SFC 编程，程序中也没有状态转移发生，五个定位控制是互相独立的，因此可以说这仅仅是一个演示程序，演示五种定位控制的动作过程。

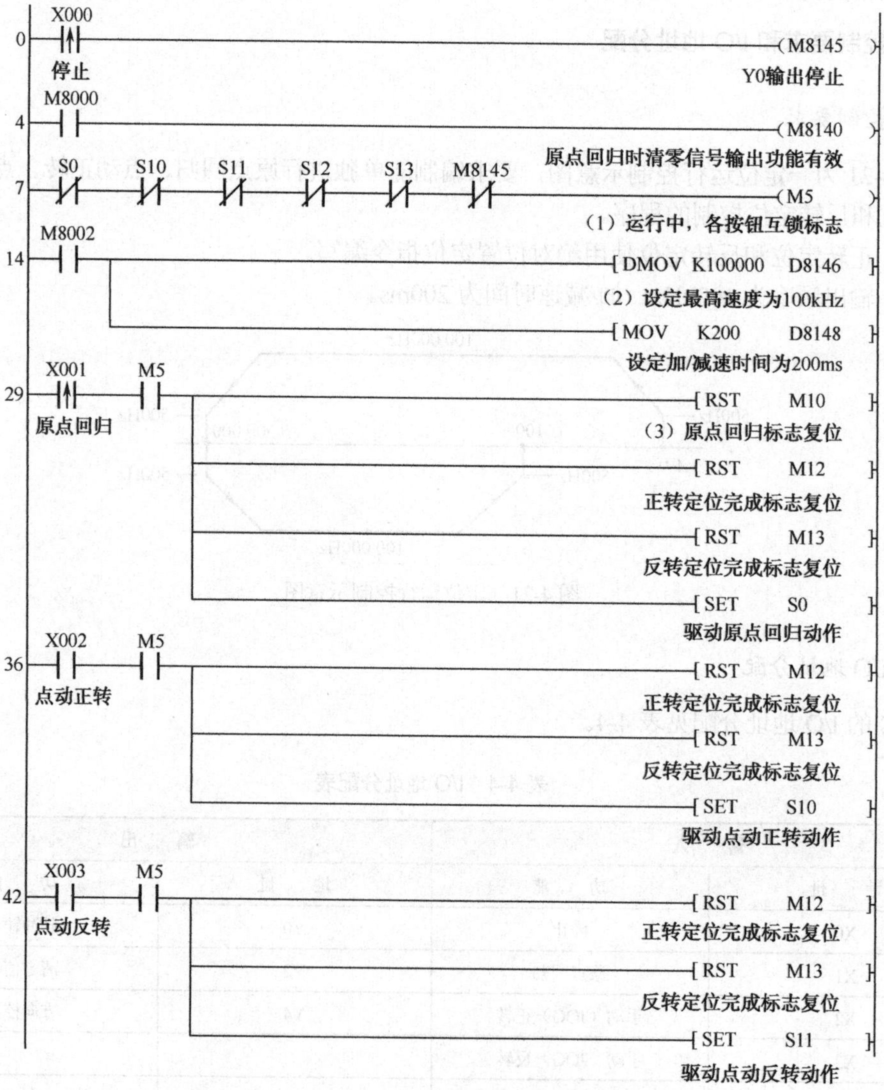

图 4-22　FX₁ₙ PLC 定位运行控制程序梯形图

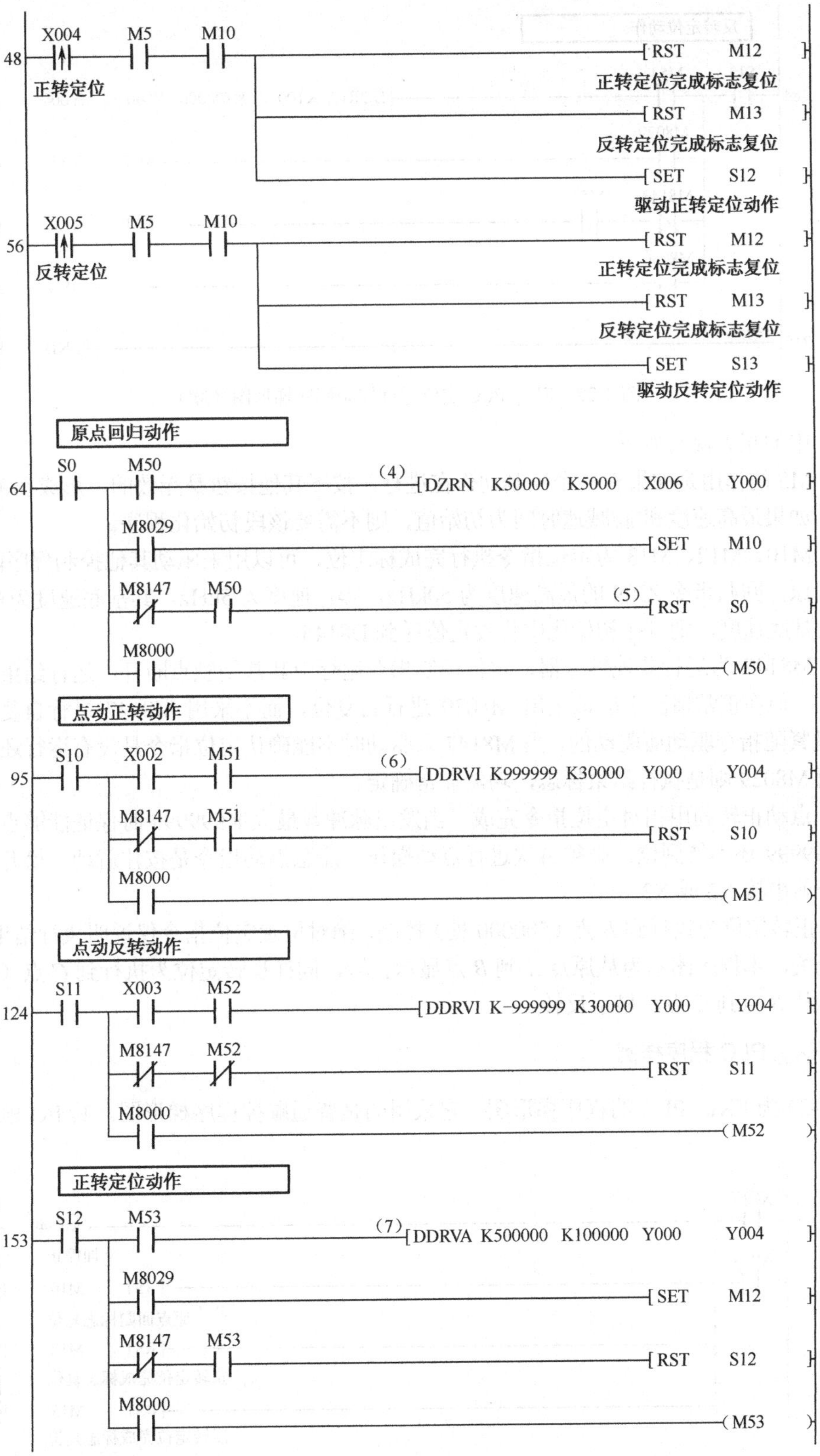

```
     X004    M5    M10
48  ──┤↑├────┤├────┤├──────────────────────────────[ RST    M12 ]
     正转定位                                              正转定位完成标志复位
                                             ──────────[ RST    M13 ]
                                                          反转定位完成标志复位
                                             ──────────[ SET    S12 ]
                                                          驱动正转定位动作

     X005    M5    M10
56  ──┤↑├────┤├────┤├──────────────────────────────[ RST    M12 ]
     反转定位                                              正转定位完成标志复位
                                             ──────────[ RST    M13 ]
                                                          反转定位完成标志复位
                                             ──────────[ SET    S13 ]
                                                          驱动反转定位动作


    ┌─────────────────┐
    │  原点回归动作    │
    └─────────────────┘
     S0     M50                         (4)
64  ──┤├────┤├─────────────────[ DZRN  K50000  K5000  X006  Y000 ]

            M8029
          ──┤├────────────────────────────────────[ SET    M10 ]

            M8147   M50                            (5)
          ──┤/├────┤├──────────────────────────────[ RST    S0  ]

            M8000
          ──┤├──────────────────────────────────────────( M50 )


    ┌─────────────────┐
    │  点动正转动作    │
    └─────────────────┘
     S10    X002    M51                 (6)
95  ──┤├────┤├─────┤├─────────[ DDRVI  K999999  K30000  Y000  Y004 ]

            M8147   M51
          ──┤/├────┤├──────────────────────────────[ RST    S10 ]

            M8000
          ──┤├──────────────────────────────────────────( M51 )


    ┌─────────────────┐
    │  点动反转动作    │
    └─────────────────┘
     S11    X003    M52
124 ──┤├────┤├─────┤├─────────[ DDRVI  K-999999  K30000  Y000  Y004 ]

            M8147   M52
          ──┤/├────┤/├──────────────────────────────[ RST    S11 ]

            M8000
          ──┤├──────────────────────────────────────────( M52 )


    ┌─────────────────┐
    │  正转定位动作    │
    └─────────────────┘
     S12    M53                         (7)
153 ──┤├────┤├─────────────────[ DDRVA  K500000  K100000  Y000  Y004 ]

            M8029
          ──┤├────────────────────────────────────[ SET    M12 ]

            M8147   M53
          ──┤/├────┤├──────────────────────────────[ RST    S12 ]

            M8000
          ──┤├──────────────────────────────────────────( M53 )
```

图 4-22　FX₁N PLC 定位运行控制程序梯形图（续）

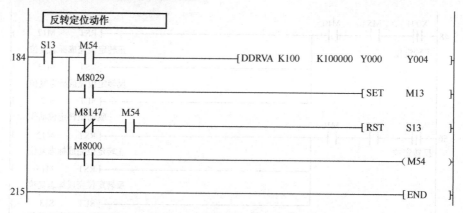

图 4-22　FX_{IN} PLC 定位运行控制程序梯形图（续）

程序中的相关说明如下。

（1）M5 的作用是如果有一个控制动作在进行，按下其他按钮是无效的，形成互锁。

（2）如果最高速度和加/减速时间为初始值，则不需要该段初始化程序。

（3）M10、M12、M13 为定位指令执行完成标志位，可以用来驱动其他控制程序段。

（4）原点回归指令 ZRN 的最高速度为 50kHz，爬行速度为 5kHz，其基底速度为初始值 0，如欲另设基底速度，则可在初始化中将设定值送到 D8145。

（5）M8147 为运行监视继电器，定位控制指令运行中其常闭触点断开，运行结束后接通进行自复位。但在正常情况下应该采用 M8029 进行自复位，而不采用 M8147 进行自复位，因为 M8147 是紧随指令驱动而驱动的，当 M8147 未驱动时不能确认定位指令是没有运行还是运行刚结束，而 M8029 则是执行结束标志，功能非常确定。

（6）点动正转利用相对定位指令完成。当发出脉冲数最大 K999999 时保证能够点动到位，如果 K999999 还不能到位，必须再次进行点动操作。注意点动指令是按住就动，松开就停，因此在指令前串接 X2 或 X3。

（7）正转定位为执行到 B 点（500000 处）控制，绝对位置定位指令仅说明执行结果为 B 点，与起点无关，本程序图示为从原点 A 到 B 点显示正转，同样反转定位为执行到 C 点（100 处），程序图示从 B 点到 C 点，显示反转。

3．FX_{3U} PLC 程序样例

图 4-23 为 FX_{3U} PLC 的程序梯形图，它采用的是普通顺控程序梯形图。其 I/O 地址分配见表 4-5。

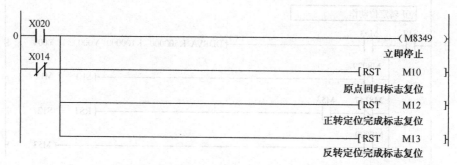

图 4-23　FX_{3U} PLC 定位运行控制程序梯形图

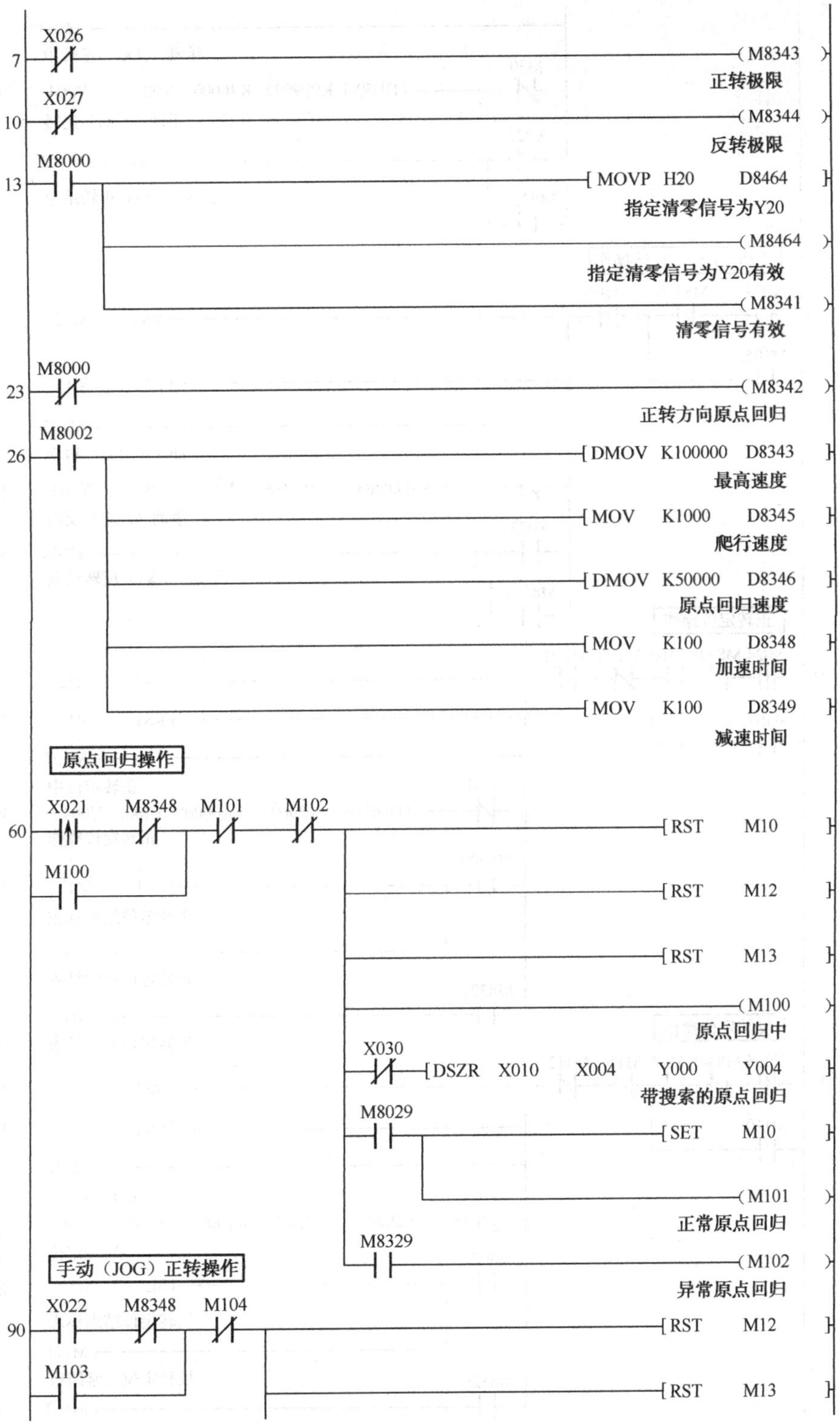

```
        X026
7      ─┤ ├───────────────────────────────────────( M8343 )
                                                    正转极限
        X027
10     ─┤/├───────────────────────────────────────( M8344 )
                                                    反转极限
        M8000
13     ─┤ ├──────────────────────────[ MOVP  H20    D8464 ]
        │                              指定清零信号为Y20
        │                                           ( M8464 )
        │                              指定清零信号为Y20有效
        │                                           ( M8341 )
                                        清零信号有效
        M8000
23     ─┤/├───────────────────────────────────────( M8342 )
                                        正转方向原点回归
        M8002
26     ─┤ ├──────────────────────[ DMOV  K100000  D8343 ]
        │                               最高速度
        │                         [ MOV   K1000    D8345 ]
        │                               爬行速度
        │                         [ DMOV  K50000   D8346 ]
        │                               原点回归速度
        │                         [ MOV   K100     D8348 ]
        │                               加速时间
        │                         [ MOV   K100     D8349 ]
                                        减速时间

    ┌────────────┐
    │ 原点回归操作 │
    └────────────┘
        X021  M8348 M101  M102
60     ─┤↑├──┤/├──┤/├──┤/├──────────────[ RST    M10  ]
        │
        M100
       ─┤ ├──┘
                                          [ RST    M12  ]

                                          [ RST    M13  ]

                                                   ( M100 )
                                              原点回归中
                X030
              ──┤/├──[ DSZR  X010   X004   Y000   Y004 ]
                            带搜索的原点回归
                M8029
              ──┤ ├────────────────────[ SET    M10  ]

                                                   ( M101 )
                                              正常原点回归
                M8329
              ──┤ ├──────────────────────────────( M102 )
                                              异常原点回归
    ┌──────────────────┐
    │ 手动（JOG）正转操作 │
    └──────────────────┘
        X022  M8348 M104
90     ─┤ ├──┤/├──┤/├──────────────────[ RST    M12  ]
        │
        M103
       ─┤ ├──┘
                                          [ RST    M13  ]
```

图 4-23 FX₃ᵤ PLC 定位运行控制程序梯形图（续）

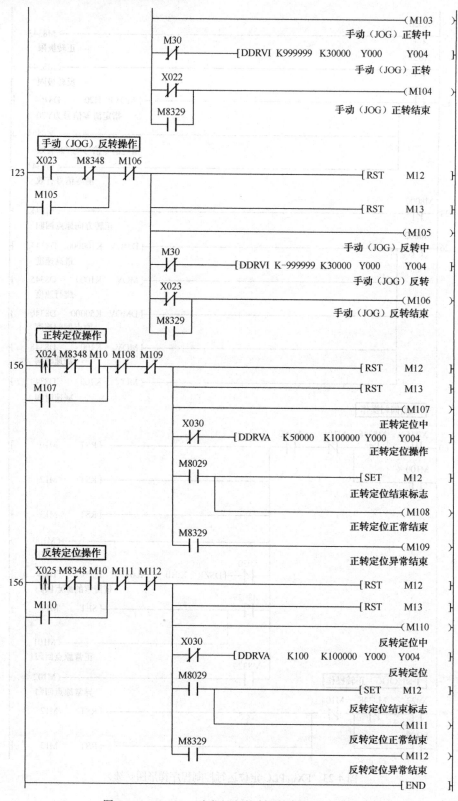

图 4-23　FX₃U PLC 定位运行控制程序梯形图（续）

表 4-5　I/O 地址分配表

输　　　入		输　　　出	
地　　址	功　　能	地　　址	功　　能
X0	中断信号	Y0	脉冲输出
X4	零点信号	Y4	方向控制
X10	近点信号（DOG）	Y20	清零信号
X14	伺服准备好		
X20	立即停止		
X21	原点回归		
X22	手动（JOG）正转		
X23	手动（JOG）反转		
X24	正转		
X25	反转		
X26	正转限位		
X27	反转限位		
X30	停止		

程序中所涉及的有关 FX₃ᵤ PLC 定位控制的一些特殊辅助继电器和特殊数据寄存器详见第 3 章所述。

程序中 X20 为立即停止信号，该信号发出后输出脉冲立即停止。这一点和停止信号（X30）及左/右限位开关停止信号（X26、X27）不同。停止信号（X30）和左/右限位开关停止信号（X26、X27）的停止是带减速停止的。而立即停止信号（X20）则用在为了避免危险而要求立即停止的场合。它没有减速过程，因此必须考虑电动机即刻停止所引起对设备的损耗危险。

4.3.2　PLSR 和 PLSY 指令定位控制程序编制

1. PLSR 指令定位控制程序编制

【例 4-1】　PLC 通过步进电动机驱动器控制步进电动机的运行。假设电动机一周需要 1000 个脉冲，试编制如下控制步进电动机的运行程序。控制要求为：电动机运转速度为 1r/s，电动机正转 5 周，停止 2s，再反转 5 周，停止 2s。再正转 5 周……如此循环，直到按下停止按钮为止。

分析：

电动机运行频率为 1r/s=1000/s，频率为 K1000。为了降低步进电动机的失步和过冲，采用 PLSR 指令输出脉冲。指令的各操作数设置为：输出脉冲最高频率为 K1000，输出脉冲个数为 K1000×5=K5000，加/减速时间为 200ms，脉冲输出口为 Y0，Y2 为方向控制，其 ON 为正转，OFF 为反转。

程序编制时，由于 PLSR 指令在程序中只能使用一次，所以采用步进指令 SFC 设计。程序梯形图如图 4-24 所示。X2 为暂停按钮，其按下后，SFC 块中正在运行的状态继续运行，输出也得执行，但不发生转移。当又按下 X2 后，程序从下一个状态续续运行。而 X1 为停止按钮，其按下后程序运行完反转 5 周后停止。

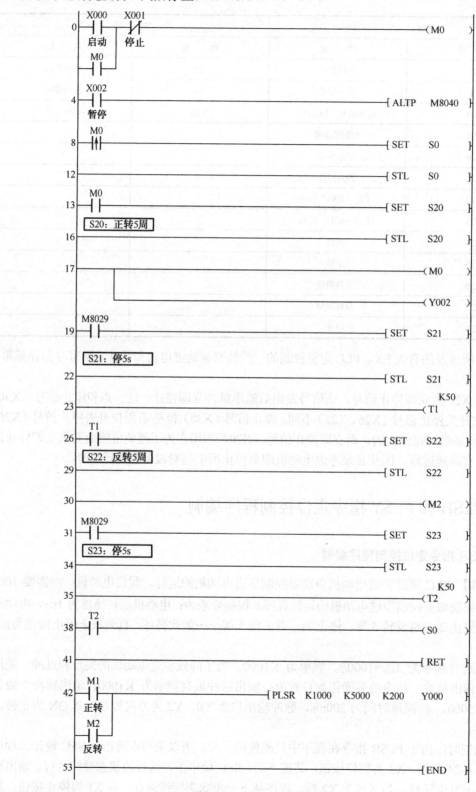

图 4-24 例 4-1 程序梯形图

2．PLSY 指令定位控制程序编制

【**例 4-2**】　如图 4-25 所示为一定长切断控制系统示意图，线材由驱动轮驱动前进，当前进设定定长时，用切刀进行切断。其控制参数及控制要求如下。

（1）驱动轮由步进电动机同轴带动，驱动轮周长为 64mm，步进电动机的步距角为 $0.9°$，驱动细分数 $m=16$。

（2）切断长度为 $0\sim99$mm，由外接两位数字开关设定输入。

（3）启动后到达设定长度时，电动机停止转动。给出 1s 时间控制切刀切断线材。1s 后，电动机重新启动。如此反复，直到按下停止按钮停止系统工作为止。

（4）为调整和维修用，单独设置脱机信号，保证步进电动机转子处于自由状态。

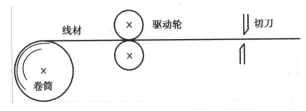

图 4-25　定长切断控制系统示意图

分析： 如图 4-25 所示系统及相应参数可计算出系统的脉冲当量 δ 为（参看 4.3.1 节）

$$\delta = \frac{L}{P} = \frac{L\theta}{360°m} = \frac{64 \times 0.9°}{360° \times 16} = 0.01(\text{mm/PLS})$$

如果数字开关输入为 S，则设定长度 S 所需脉冲数为：

$$\text{PLS} = \frac{S}{\delta} = \frac{S}{0.01} = 100S$$

定位控制系统对切断速度（条/分）并没有具体要求，所以设定脉冲频率为 1000Hz。
I/O 地址分配见表 4-6。

表 4-6　I/O 地址分配表

输　　入		输　　出	
地　　址	功　　能	地　　址	功　　能
X0~X7	数字开关输入端口	Y0	输出脉冲
X10	启动	Y2	方向控制
X11	停止	Y3	脱机
X12	脱机	Y4	切刀
X13	提刀	Y5	运行中

控制系统硬件接线如图 4-26 所示，程序梯形图如图 4-27 所示。

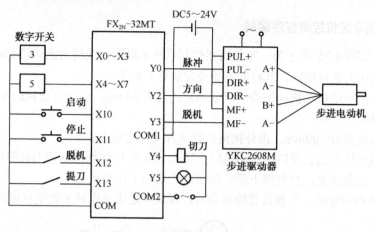

图 4-26 控制系统硬件接线图

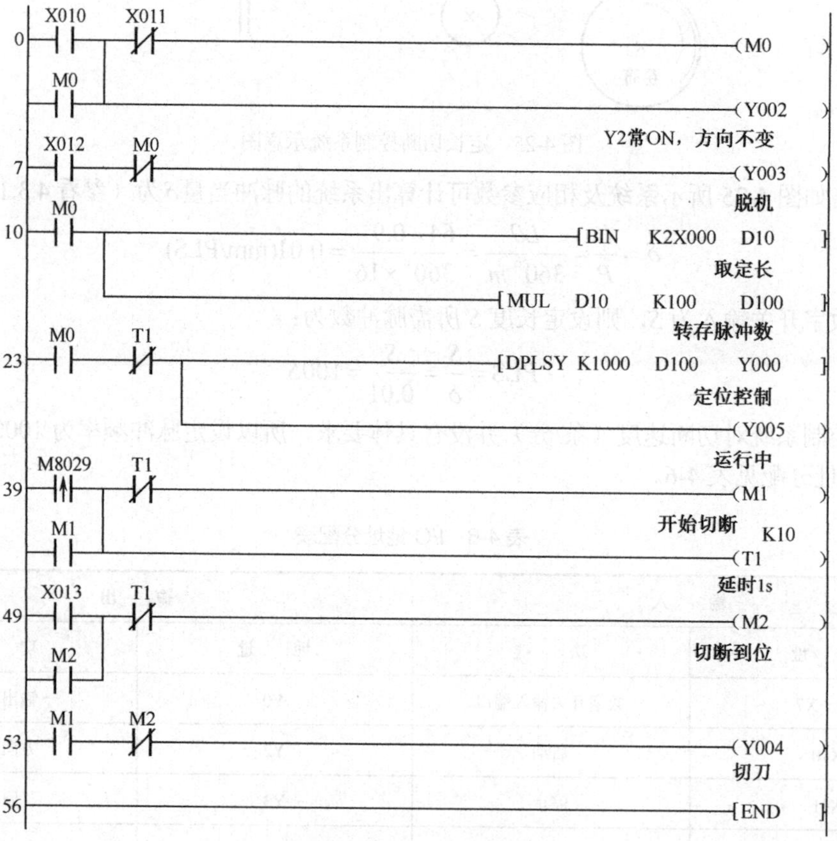

图 4-27 例 4-2 程序梯形图

4.3.3 定位指令定位控制程序编制

【例 4-3】 图 4-28 为利用定位指令编制的工作台循环往复运动的控制程序。

程序中，X10 为启动按钮，X11 为停止按钮，X12 为急停按钮。

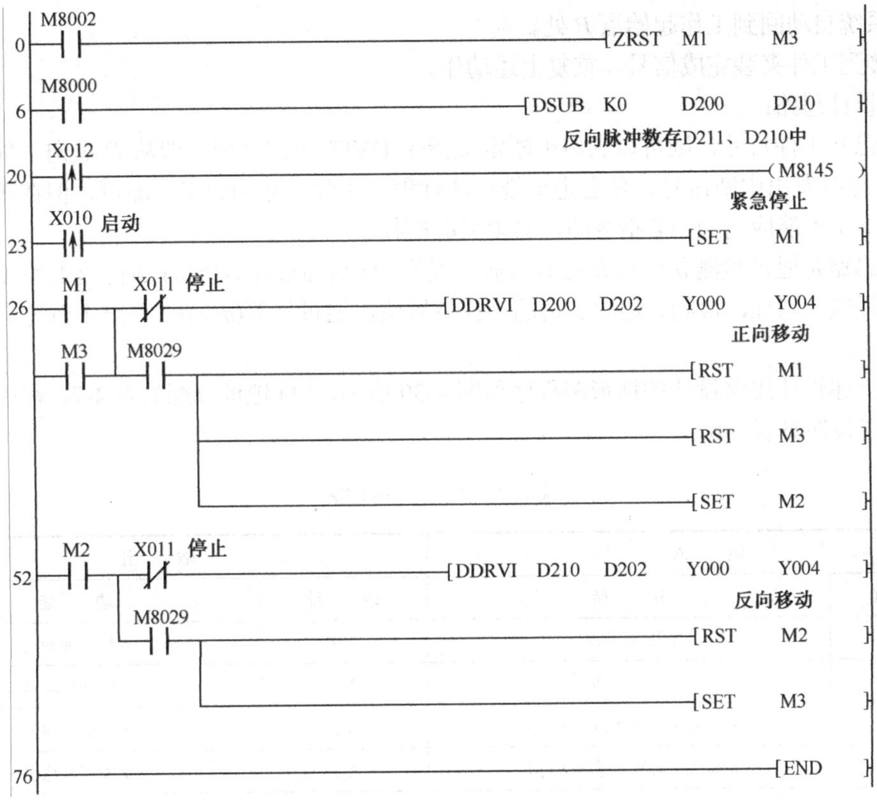

```
       M8002
 0 ──┤├──────────────────────────────────[ZRST  M1     M3  ]

       M8000
 6 ──┤├──────────────────────────────────[DSUB  K0     D200    D210 ]
                                        反向脉冲数存D211、D210中
       X012
20 ──┤↑├──────────────────────────────────────────────────(M8145 )
                                                          紧急停止
       X010 启动
23 ──┤├──────────────────────────────────────────────[SET    M1  ]

       M1   X011 停止
26 ──┤├──┤/├───────────────────[DDRVI  D200   D202   Y000   Y004 ]
                                                      正向移动
       M3   M8029
     ──┤├──┤├────────────────────────────────────────[RST    M1  ]

                                                    [RST    M3  ]

                                                    [SET    M2  ]

       M2   X011 停止
52 ──┤├──┤/├───────────────────[DDRVI  D210   D202   Y000   Y004 ]
                                                      反向移动
            M8029
          ──┤├────────────────────────────────────────[RST    M2  ]

                                                    [SET    M3  ]

76 ────────────────────────────────────────────────[END ]
```

图 4-28　往复运动的定位控制程序

【例 4-4】 在定位控制中，经常用到找中间点的程序。如图 4-29 所示为一矩形加工件，要求在其中间点 O 上进行加工。由于工件尺寸经常发生变化，希望由定位系统自动进行中间点 O 加工的搜索，找出中间点后进行加工。

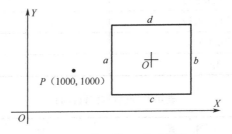

图 4-29　矩形加工件示意图

控制要求如下：

（1）控制系统要求能单独进行双轴的回原点及点动（JOG）正/反转操作。按"原点回归"后按照先 X 轴后 Y 轴的顺序进行原点回归。

（2）回原点后按下"启动"按钮，系统运行至 P 点（1000，1000）处，如图 4-29 所示。

（3）接到工件夹装完成信号，系统自动实现如下循环工作。

① 对工件 X 轴方向找中点。

② 对工件 Y 轴方向找中点。

③ 启动 Z 轴（Y10）对工件进行加工。加工完成后发出加工结束信号。

④ 系统自动回到工作起始点 P 处。

⑤ 接到工件夹装完成信号，重复上述动作。

程序设计思路：

如果已知工件尺寸，则可以利用中断定位指令 DVIT 一次完成，即从 P 点向工件运行，当检测到 a 边时发出中断信号，使之走出规定的行程（工件尺寸的一半）即可，但在未知工件尺寸的情况下是不能应用 DVIT 指令的，必须另辟捷径。

设计思路是通过检测 a 边和 b 边的当前位置值，然后通过计算 $(b-a)÷2$ 得出工件 X 轴方向上的中点位置值。同理，检测 c 边和 d 边的当前位置值，通过计算 $(d-c)÷2$ 得出 Y 轴方向上的中点位置值。

根据上述设计思路设计的梯形图程序如图 4-30 所示，I/O 地址分配见表 4-7。程序中各速度位置寄存器说明见表 4-8。

表 4-7 I/O 地址分配表

输　入		输　出	
地　址	功　能	地　址	功　能
X0	回原点启动	Y0	X 轴脉冲输出
X1	工件启动	Y1	Y 轴脉冲输出
X2	X 轴感应信号（感应两边）	Y2	X 轴清零输出
X3	Y 轴感应信号（感应两边）	Y3	Y 轴清零输出
X4	X 轴 DOG 信号	Y4	X 轴方向信号
X5	Y 轴 DOG 信号	Y5	Y 轴方向信号
X6	X 轴点动正转	Y10	Z 轴输出动作
X7	X 轴点动反转		
X10	Y 轴点动正转		
X11	Y 轴点动反转		
X12	启动去起点		
X13	停止		

表 4-8 速度和位置存储

D	内　容	D	内　容
D103 D102	a 边位置当前值	D203 D202	c 边位置当前值
D105 D104	b 边位置当前值	D205 D204	d 边位置当前值
D107 D106	工件 X 轴向长度值	D207 D206	工件 Y 轴向长度值
D109 D108	1/2 X 轴向长度值	D209 D208	1/2 Y 轴向长度值
D121 D120	X 轴回走中心点值	D221 D220	Y 轴回走中心点值
D501 D500	X 轴定位速度	D601 D600	Y 轴定位速度

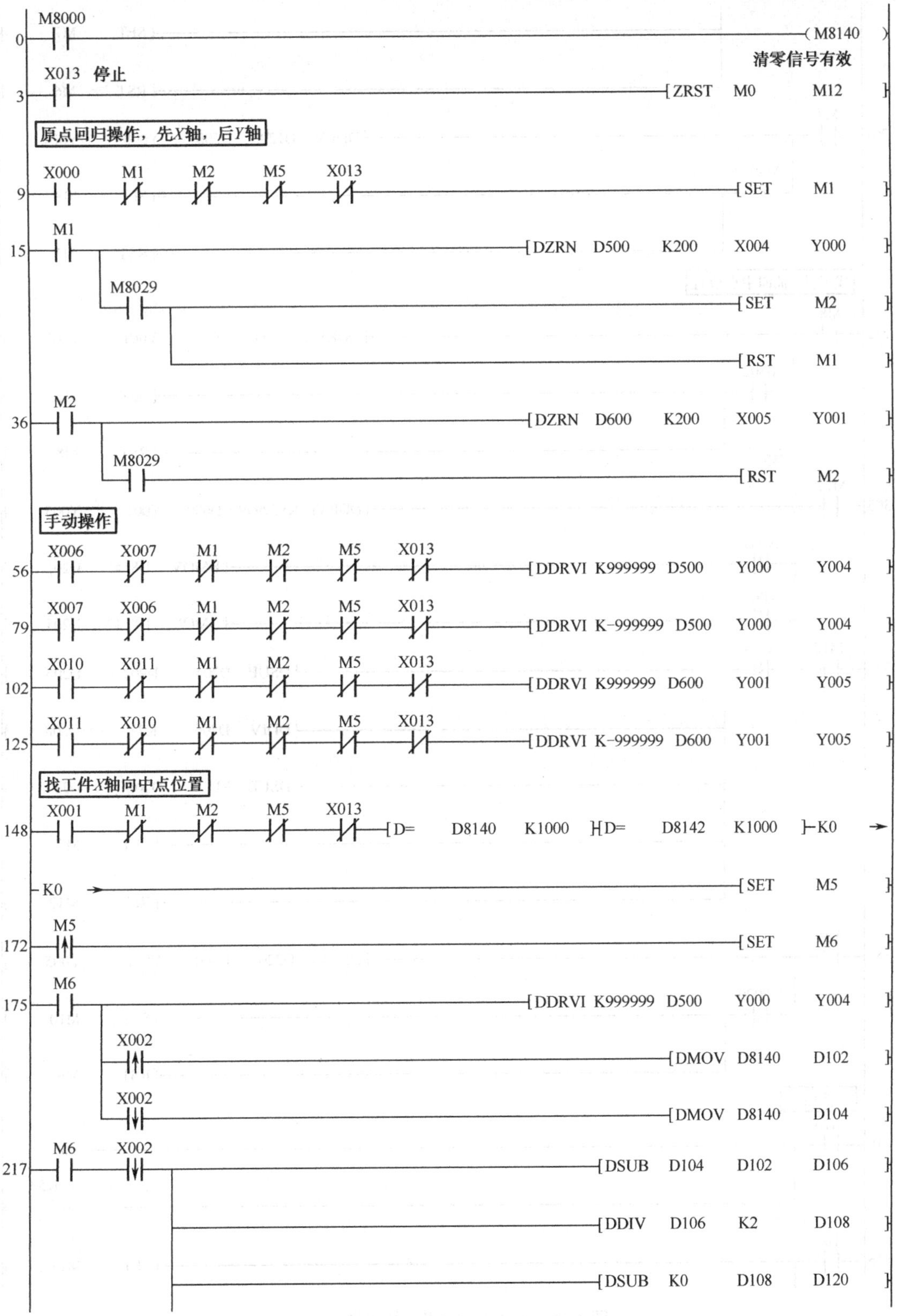

```
     M8000
0    ├┤├─────────────────────────────────────────────────────( M8140 )
                                                              清零信号有效

     X013 停止
3    ├┤├─────────────────────────────────────────────[ ZRST   M0      M12 ]

┌─────────────────────────────┐
│ 原点回归操作，先X轴，后Y轴  │
└─────────────────────────────┘
     X000   M1    M2    M5    X013
9    ├┤├───┤/├───┤/├───┤/├───┤/├─────────────────────────[ SET    M1 ]

     M1
15   ├┤├──┬──────────────────────────[ DZRN   D500   K200   X004   Y000 ]
         │  M8029
         ├──┤├─────────────────────────────────────────[ SET    M2 ]
         │
         └────────────────────────────────────────────[ RST    M1 ]

     M2
36   ├┤├──┬──────────────────────────[ DZRN   D600   K200   X005   Y001 ]
         │  M8029
         └──┤├───────────────────────────────────────[ RST    M2 ]

┌──────────┐
│ 手动操作 │
└──────────┘
     X006   X007   M1    M2    M5    X013
56   ├┤├───┤/├───┤/├───┤/├───┤/├───┤/├──────[ DDRVI  K999999  D500   Y000   Y004 ]

     X007   X006   M1    M2    M5    X013
79   ├┤├───┤/├───┤/├───┤/├───┤/├───┤/├──────[ DDRVI  K-999999 D500   Y000   Y004 ]

     X010   X011   M1    M2    M5    X013
102  ├┤├───┤/├───┤/├───┤/├───┤/├───┤/├──────[ DDRVI  K999999  D600   Y001   Y005 ]

     X011   X010   M1    M2    M5    X013
125  ├┤├───┤/├───┤/├───┤/├───┤/├───┤/├──────[ DDRVI  K-999999 D600   Y001   Y005 ]

┌──────────────────────┐
│ 找工件X轴向中点位置  │
└──────────────────────┘
     X001   M1    M2    M5    X013
148  ├┤├───┤/├───┤/├───┤/├───┤/├──[D=  D8140  K1000 ]─[D=  D8142  K1000 ]─K0──→

     K0
     ──→──────────────────────────────────────────────[ SET    M5 ]

     M5
172  ├↑├───────────────────────────────────────────────[ SET    M6 ]

     M6
175  ├┤├──┬──────────────────────────[ DDRVI  K999999  D500   Y000   Y004 ]
         │  X002
         ├──┤↑├──────────────────────────────────────[ DMOV   D8140  D102 ]
         │  X002
         └──┤↓├──────────────────────────────────────[ DMOV   D8140  D104 ]

     M6   X002
217  ├┤├──┤↓├──┬───────────────────────────────[ DSUB   D104   D102   D106 ]
              │
              ├───────────────────────────────[ DDIV   D106   K2     D108 ]
              │
              └───────────────────────────────[ DSUB   K0     D108   D120 ]
```

图 4-30　例 4-4 程序设计梯形图

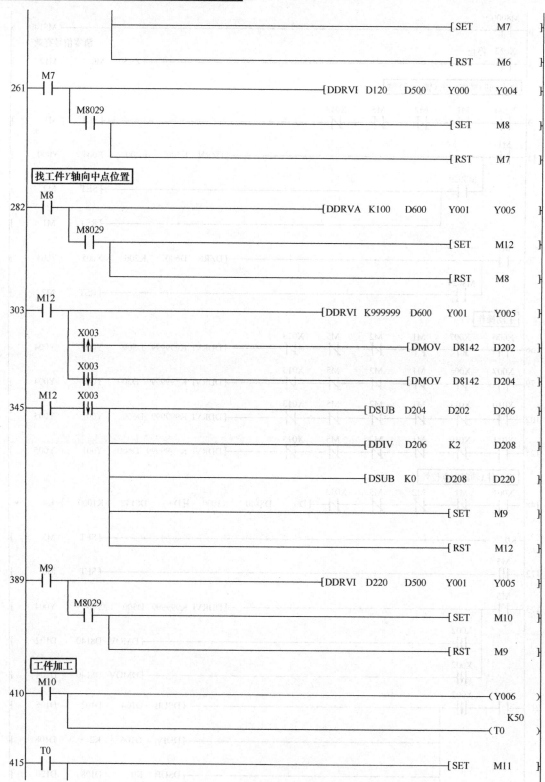

图 4-30 例 4-4 程序设计梯形图（续）

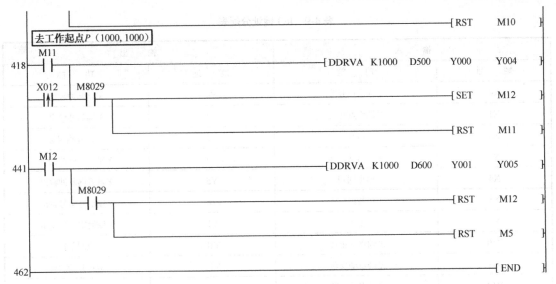

图 4-30　例 4-4 程序设计梯形图（续）

【例 4-5】 有一独立双轴（X 轴和 Y 轴）定位控制，控制要求如下。

（1）控制系统要求能单独进行双轴的回原点及点动（JOG）正/反转操作。按"原点回归"后按照先 X 轴后 Y 轴的顺序进行原点回归，原点回归指示灯亮。

（2）回原点后按下"启动"按钮，系统能实现以下工作循环，如图 4-31 所示。

① X 轴运行到绝对位置 3000 处停止。

② 暂停 1s 后，X 轴继续运行到绝对位置 6000 处停止。

③ 暂停 1s 后，Y 轴运行到绝对位置 1000 处停止。

④ 暂停 1s 后，X 轴返回到绝对位置 3000 处停止。

⑤ 暂停 1s 后，Y 轴返回到原点停止。

⑥ 暂停 100ms 后，X 轴返回到原点停止。

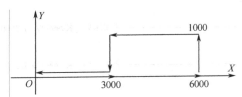

图 4-31　系统工作循环示意图

（3）要求设置"手动-自动"选择，手动为每一次工作循环后，X 轴和 Y 轴均处于原点待命。仅再次按下启动按钮后才又进行一次工作循环，自动为每一次工作循环后自动进入下一次工作循环，如此不断，直到按下"停止"按钮。

（4）上述工作循环中每一个动作均可通过"暂停"按钮停止继续运行。当按下"启动"按钮后又继续往下运行。

（5）要求系统在进行一次工作循环前有灯光闪烁表示开始工作。

I/O 地址分配见表 4-9。FX₁ₙ PLC 程序编制如图 4-32 所示。

表 4-9 I/O 地址分配表

输 入		输 出	
地　址	功　能	地　址	功　能
X0	X轴原点开关	Y0	X轴脉冲输出
X1	Y轴原点开关	Y1	Y轴脉冲输出
X2	启动	Y2	工作开始闪烁
X3	手动自动选择	Y4	X轴方向脉冲输出
X4	原点回归	Y5	Y轴方向脉冲输出
X5	暂停	Y6	X轴清零信号输出
X6	停止	Y7	Y轴清零信号输出
X10	X轴点动正转	Y10	原点回归指示
X11	X轴点动反转	Y11	运行开始闪烁
X12	Y轴点动正转		
X13	Y轴点动反转		

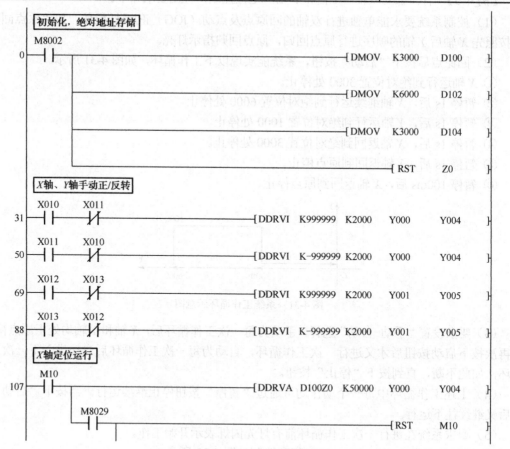

图 4-32 例 4-5 程序设计梯形图

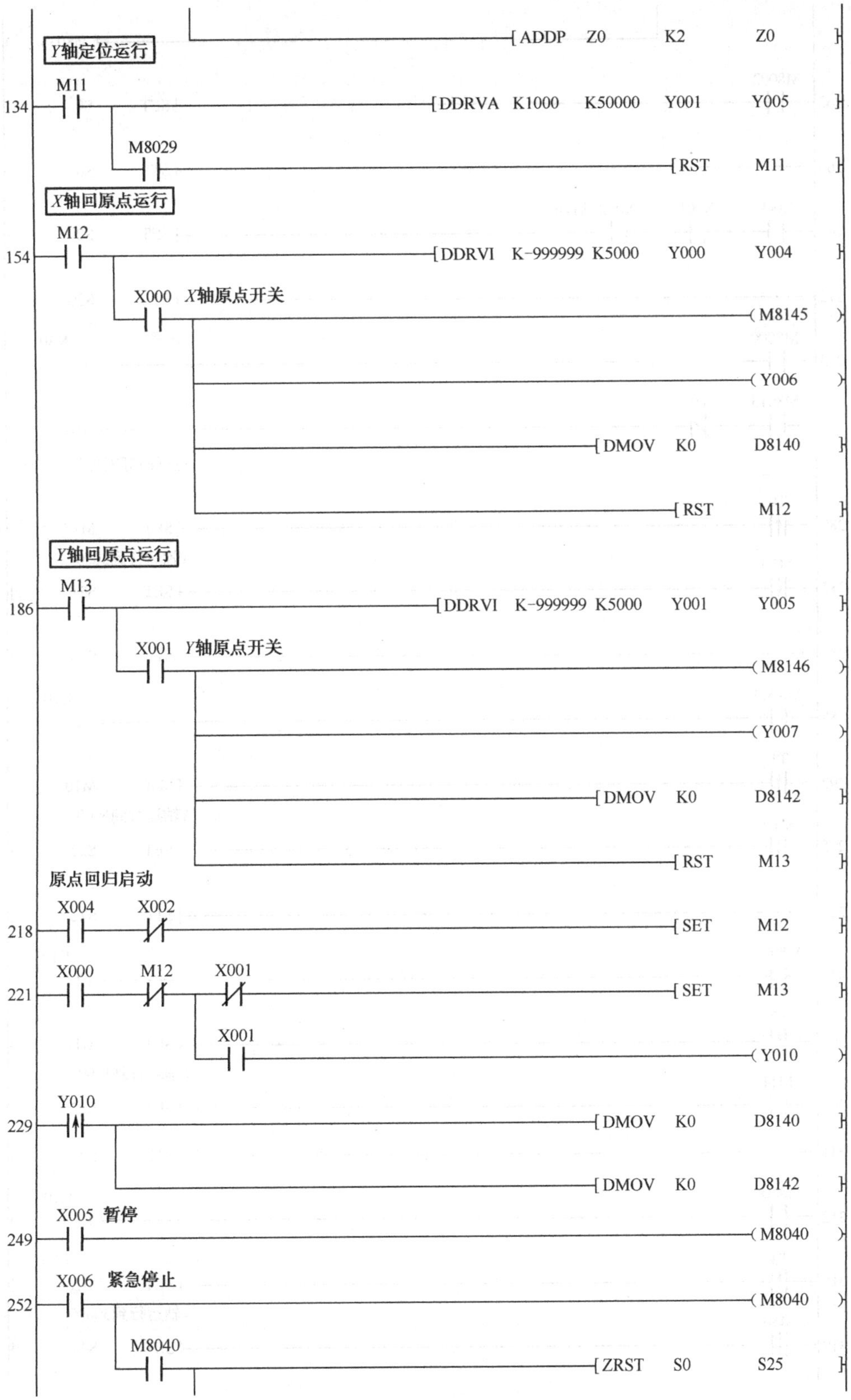

---[ADDP   Z0   K2   Z0   ]

| Y轴定位运行 |

```
M11
134 ┤├─────────────────────────────[ DDRVA  K1000  K50000  Y001    Y005 ]
        M8029
        ┤├──────────────────────────────────────────[ RST    M11 ]
```

| X轴回原点运行 |

```
M12
154 ┤├─────────────────────────────[ DDRVI  K-999999 K5000  Y000    Y004 ]
        X000  X轴原点开关
        ┤├──────────────────────────────────────────( M8145 )

                                                     ( Y006 )

                                            ─[ DMOV   K0      D8140 ]

                                                     ─[ RST    M12 ]
```

| Y轴回原点运行 |

```
M13
186 ┤├─────────────────────────────[ DDRVI  K-999999 K5000  Y001    Y005 ]
        X001  Y轴原点开关
        ┤├──────────────────────────────────────────( M8146 )

                                                     ( Y007 )

                                            ─[ DMOV   K0      D8142 ]

                                                     ─[ RST    M13 ]
```

原点回归启动

```
    X004   X002
218 ┤├─────┤/├─────────────────────────────────────[ SET    M12 ]

    X000   M12   X001
221 ┤├─────┤/├───┤/├───────────────────────────────[ SET    M13 ]
                 X001
                 ┤├──────────────────────────────────────( Y010 )

    Y010
229 ┤↑├─────────────────────────────────[ DMOV   K0      D8140 ]

                                        ─[ DMOV   K0      D8142 ]

    X005  暂停
249 ┤├──────────────────────────────────────────────( M8040 )

    X006  紧急停止
252 ┤├──────────────────────────────────────────────( M8040 )
        M8040
        ┤├──────────────────────────────────[ ZRST   S0      S25 ]
```

图 4-32　例 4-5 程序设计梯形图（续）

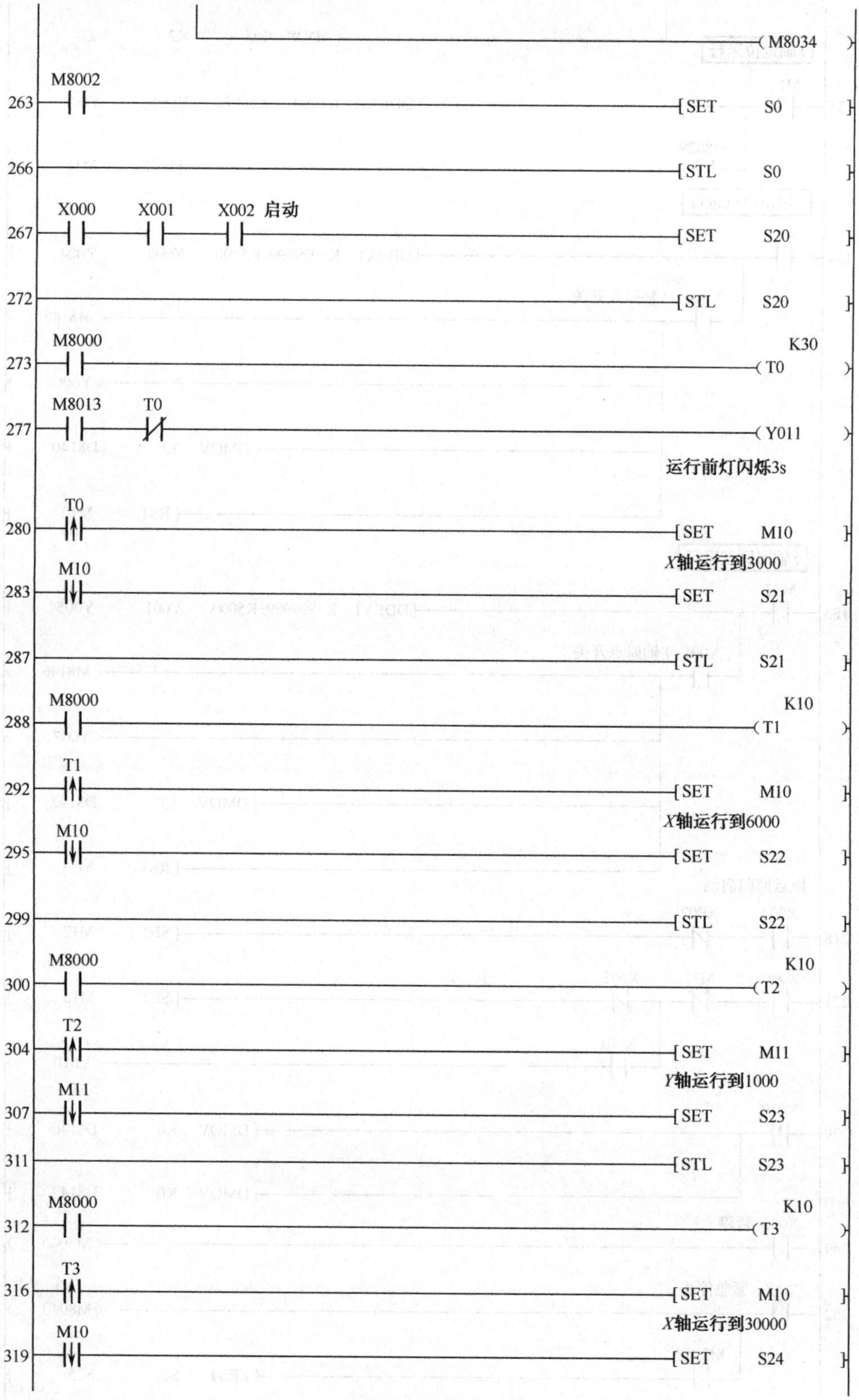

```
                                                            ( M8034 )

      M8002
263   ┤├                                              [ SET    S0 ]

266   ─────────────────────────────────────────────────[ STL    S0 ]

      X000    X001    X002 启动
267   ┤├──────┤├──────┤├                              [ SET    S20 ]

272   ─────────────────────────────────────────────────[ STL    S20 ]

      M8000                                                   K30
273   ┤├                                                   ( T0 )

      M8013   T0
277   ┤├──────┤/├                                        ( Y011 )

                                          运行前灯闪烁3s

      T0
280   ┤↑├                                              [ SET    M10 ]

      M10                                 X轴运行到3000
283   ┤↓├                                              [ SET    S21 ]

287   ─────────────────────────────────────────────────[ STL    S21 ]

      M8000                                                   K10
288   ┤├                                                   ( T1 )

      T1
292   ┤↑├                                              [ SET    M10 ]

      M10                                 X轴运行到6000
295   ┤↓├                                              [ SET    S22 ]

299   ─────────────────────────────────────────────────[ STL    S22 ]

      M8000                                                   K10
300   ┤├                                                   ( T2 )

      T2
304   ┤↑├                                              [ SET    M11 ]

      M11                                 Y轴运行到1000
307   ┤↓├                                              [ SET    S23 ]

311   ─────────────────────────────────────────────────[ STL    S23 ]

      M8000                                                   K10
312   ┤├                                                   ( T3 )

      T3
316   ┤↑├                                              [ SET    M10 ]

      M10                                 X轴运行到30000
319   ┤↓├                                              [ SET    S24 ]
```

图 4-32 例 4-5 程序设计梯形图（续）

170

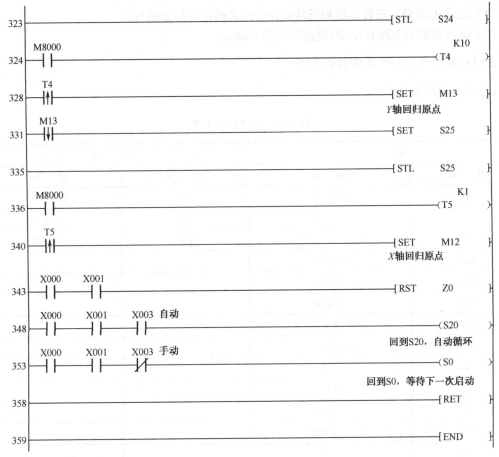

图 4-32　例 4-5 程序设计梯形图（续）

4.3.4　表格定位指令定位控制示例

1. 控制要求和 I/O 地址分配

1）控制要求

图 4-33 所示为一定位运行控制示意图，要求编制能单独进行原点回归、点动正转、点动反转、正转定位和反转定位控制的程序。

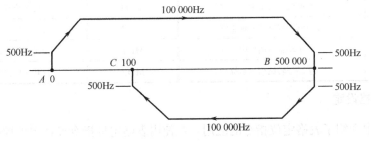

图 4-33　定位运行控制示意图

（1）点动正/反转、正转定位和反转定位使用表格定位指令编写。

（2）输出频率为 100kHz，加/减速时间为 200ms。

2）I/O 地址分配和软元件功能说明

I/O 地址分配见表 4-10。

表 4-10 I/O 地址分配表

输　入		输　出	
地　址	功　能	地　址	功　能
X0	中断信号	Y0	脉冲输出
X4	零点信号	Y4	方向控制
X10	近点信号（DOG）	Y20	清零信号
X14	伺服准备好		
X20	立即停止		
X21	原点回归		
X22	手动（JOG）正转		
X23	手动（JOG）反转		
X24	正转		
X25	反转		
X26	正转限位		
X27	反转限位		
X30	停止		

程序中相关软元件功能见表 4-11。读者可参考此表阅读梯形图程序，程序中不再加详细注释。

表 4-11 相关软元件功能表

软 元 件	软元件功能	软 元 件	软元件功能
M10	原点检出结束标志位	M105	手动反转运行中
M12	正转结束标志位	M106	手动反转结束标志位
M13	反转结束标志位	M107	正转定位运行中
M100	原点回归中	M108	正转定位正常结束运行中
M101	原点回归正常结束标志位	M109	正转定位异常结束标志位
M102	原点回归异常结束标志位	M110	反转定位运行中
M103	手动正转运行中	M111	反转定位正常结束运行中
M104	手动正转结束标志位	M112	反转定位异常结束标志位

2. 定位表格设定

在第 3 章中介绍了表格定位指令的应用。在使用表格定位指令设计定位控制程序时，必须先对各种速度参数进行初始化设定，同时还要根据控制要求编制相应的定位表格，这些工作都是在编程软件 GX 中完成的，完成后随同定位程序一起写入 PLC 中。关于如何对速度参数进行设定和定位表格的编制在第 3 章表格定位指令中已有详细讲解，这里不再阐述。

在本例中，除了要进行原点回归的各种速度参数设定外，根据控制要求有 4 条定位指令要执行：手动正转、手动反转、从 A 点（0 处）定位运行到 B 点（500 000 处），从 B 点定位运行到 C 点（100 处）。因此，在定位表格中编制 4 条定位指令。相应的参数设置见表 4-12，定位表格编制见表 4-13。

表 4-12　相应的参数设置表

参　　数	设　　定
基底速度（Hz）	500
最高速度（Hz）	100 000
爬行速度（Hz）	1000
原点回归速度（Hz）	50 000
加速时间（ms）	100
减速时间（ms）	100
DVIT 指令中断输入	X0

表 4-13　定位表格编制表

序　　号	定　位　类　别	脉　冲　数（pls）	频　　率（Hz）
1	DDRVI	999 999	30 000
2	DDRVI	−999 999	30 000
3	DDRVA	500 000	100 000
4	DDRVA	100	100 000

3. 表格定位程序梯形图

表格定位程序梯形图如图 4-34 所示。

图 4-34　表格定位程序梯形图

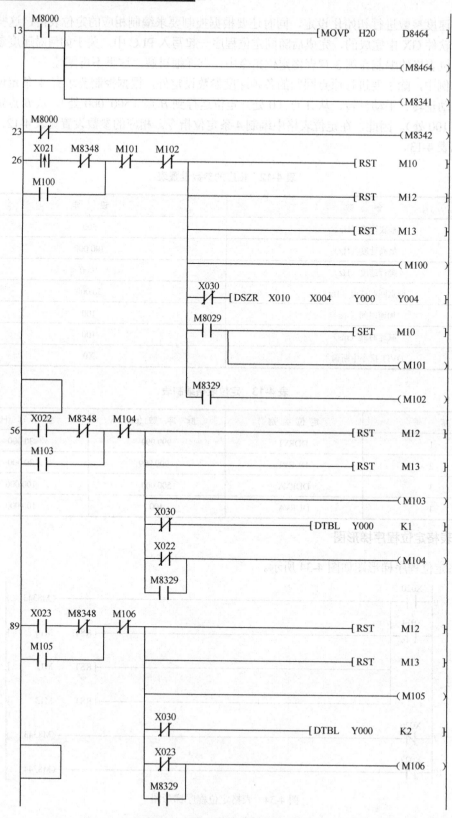

图 4-34　表格定位程序梯形图（续）

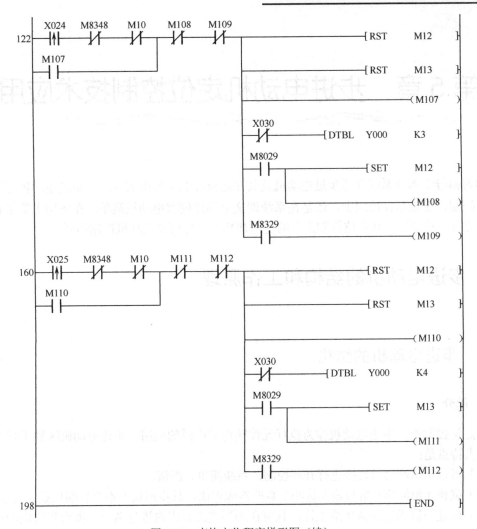

图 4-34　表格定位程序梯形图（续）

第5章　步进电动机定位控制技术应用

学习指导：本章系统介绍步进电动机及其在定位控制系统中的应用。步进电动机定位控制为开环控制，无论是在控制上，还是在系统调试上都比伺服电动机简单。在应用上除了自身的一些特点外，控制过程和定位控制指令的使用都基本上与伺服电动机控制相同。

5.1　步进电动机的结构和工作原理

5.1.1　步进电动机的结构

1. 简介

在定位控制中，步进电动机作为执行元件获得了广泛的应用。步进电动机区别于其他电动机的最大特点是：

（1）可以用脉冲信号直接进行开环控制，系统简单、经济。

（2）位移（角位移）量与输入脉冲个数严格成正比，且步距误差不会长期积累，精度较高。

（3）转速与输入脉冲频率成正比，且可在相当宽的范围内进行调节，多台步进电动机同步性能较好。

（4）易于启动、停止和变速，且停止时有自锁能力。

（5）无刷，电动机本体部件少，可靠性高，易维护。

步进电动机的缺点是：带惯性负载能力较差，存在失步和共振，不能直接使用交直流驱动。

步进电动机受脉冲信号控制，并把脉冲信号转化成与之相对应的角位移或直线位移，而且在进行开环控制时，步进电动机的角位移量与输入脉冲的个数严格成正比，角速度与脉冲频率成正比，并时间上与脉冲同步，因而只要控制输入脉冲的数量、频率和绕组通电的相序即可获得所需的角位移（或直线位移）、转速和方向。这种增量式定位控制系统与传统的直流伺服系统相比几乎无需进行系统调试，成本明显降低。因此，步进电动机在办公设备（复印机、传真机、绘图仪等）、计算机外围设备（磁盘驱动器、打印机等）、材料输送机、数控机床、工业机器人等各种自动仪器仪表设备上获得了广泛应用。

因为步进电动机是受脉冲信号控制的，所以把这种定位控制系统称为数字量定位控制系统。按其作用原理，步进电动机分为反应式（VR）、永磁式（PM）和混合式（HB）三种，其中混合式应用最广泛，它混合了永磁式和反应式的优点，既具有反应式步进电动机的高分辨率，即每转步数比较多的特点，又具有永磁式步进电动机的高效率、绕组电感比较小的特点。

2. 步进电动机的结构

步进电动机的结构和三相异步电动机一样是由定子、转子、机座和端盖组成的，但其具体构造却不相同。图 5-1 为步进电动机的外观图。

图 5-2 为一两相混合式步进电动机的结构图。由图可见，其定子铁心上有 8 个凸出的极，称为定子凸极，也称 8 个大齿，每个大齿上有 5 个距离相等的小齿。每个凸极上套有一个集中绕组，相对两极的绕组串联构成一相。转子仅为一铁心，其上没有绕组。在面向气隙的转子铁心表面有 50 个齿距相等的小齿。定子固定在机座上，而转子则由左、右两端的端盖固定在定子的中间。上述结构也可以用如图 5-3 所示的结构示意图来表示。

图 5-1　步进电动机的外观图

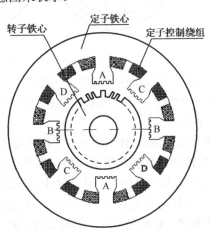

图 5-2　步进电动机结构示意图

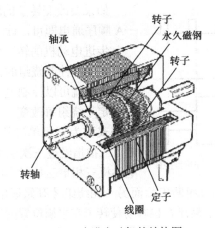

图 5-3　步进电动机的结构图

5.1.2　步进电动机工作原理

反应式步进电动机不像传统交流电动机那样依靠定、转子绕组电流所产生的磁场间相互作用形成的转矩而使转子转动，步进电动机的转子没有绕组，它是根据在磁场中磁通总是沿磁阻最小的路径进行闭合产生磁拉力而形成转矩的原理使转子产生转动。现以图 5-4 所示的三相反应式步进电动机工作原理图来进行说明。

三相步进电动机有 6 个定子凸极，每个凸极上都套有绕组，相对的凸极绕组串联成一相绕组，一共三相绕组 A、B、C。为说明方便，假定转子仅有 4 个齿，如图中 1、2、3、4 所示。如果给定子绕组轮流通电，通电顺序为 A—B—C—A—B—。其时序如图 5-5 所示。

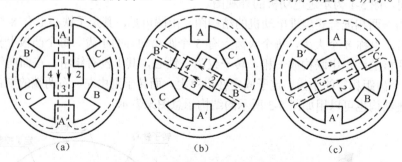

(a)   (b)   (c)

图 5-4 三相步进电动机工作原理图

首先对 A 相绕组进行通电，因磁通要沿最小路径闭合，将使转子的 1、3 齿与 A 相绕组的凸极对齐，如图 5-4（a）所示。注意，这时转子的 2、4 齿与 B 相（或 C 相）绕组的凸极错开一个 30°的角。

如果使 A 相断电 B 相通电时，同样磁通要沿最小路径闭合，将会产生磁拉力，强行将转子的 2、4 齿转动与 B 相绕组的凸极对齐才停止转动，如图 5-4（b）所示。这就相当于把转子顺时针方向转动了 30°。这种 1 个脉冲使步进电动机转动的角度称为步距角 θ_S。转子转动后你会发现，转子的 1、3 极与 C 相或 C 相绕组的凸极又错开 30°。

B 相断电，C 相通电时，同样原理，转子又沿顺时针方向转动 1 个步距角，如此循环往复，不断按 A—B—C—A 顺序通电，转子便按一定方向转动起来。

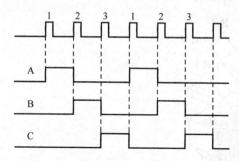

图 5-5 三相步进电动机三相单三拍时序图

如果要改变转子的转向，则只要按照 A—C—B—A 顺序通电即可，读者可自行分析。

步进电动机的转速取决于绕组顺序变化的频率。如果用脉冲控制绕组的接通和断开，那么只要控制脉冲的频率就可以控制电动机的转速。

定子绕组每改变一次通电方式称为一拍，上述通电方式称为三相单三拍。单指每次只有一个绕组通电，三拍指经过三次通电切换为一个循环。三相步进电动机三相单三拍时序图如图 5-5 所示。在实际使用中，单三拍由于在切换时一相绕组断电后而另一相绕组才开始通电，这种情况容易造成失步；此外，由于是一相绕组通电吸引转子，也容易使转子在平衡位置附近产生振荡，故运行稳定性较差，所以很少采用。通常都改成"双三拍"或"单、双六拍"通电方式。"双三拍"的通电方式为 AB—BC—CA—AB 或 AC—CB—BA—AC，其时序图如图 5-6 所示。"单、双六拍"的通电方式为 A—AC—C—CB—B—BA—A 或 A—AC—C—CB—B—BA—A，其时序图如图 5-7 所示。

采用三相双三拍通电方式时，在切换过程中总有一相绕组处于通电状态，转子的齿极受到定子磁场的控制，不易失步和振荡。三相双三拍方式的步距角也是 30°，而三相单、双六拍通电方式的步距角为 15°（详细分析过程可参考其他有关书籍。）

不论是 30°，还是 15°，其步距角都太大，不能满足控制精度的要求。为了减小步距角，往往将定子凸极和转子做成多齿结构，转子上开有数目较多的齿极，而定子的每个凸极上又开有若干个小齿极，如图 5-2 和图 5-3 所示。定子凸极和转子的小齿齿宽和齿距都相同，这时转子转动的步距角与转子的齿数有关，齿数越多，步距角越小。但若通电方式不同，其步距角在同样结构下也不相同。因此，同一台步进电动机都会给出两个步距角，如 1.5°/3°，0.75°/1.5° 等。

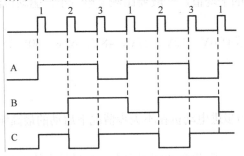

图 5-6　三相步进电动机三相双三拍时序图

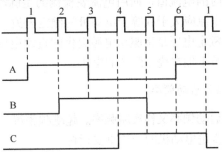

图 5-7　三相步进电动机三相单、双六拍时序图

步进电动机除了做成三相外，也可以做成二相、四相、五相、六相等。一般最多做到六相。相数和转子齿数越多，步距角就越小。相数越多，其供电电源越复杂，成本也就越高。

5.1.3　步进电动机性能参数与选用

1. 步进电动机性能参数

1）相数与拍数

步进电动机的相数指步进电动机的定子绕组数，目前常用的有二相、三相、四相和五相步进电动机。步进电动机的拍数是指步进电动机完成一个磁场周期性变化所需要的脉冲数，也就是步进电动机运行一周所需的脉冲数。

步进电动机按其通电方式的不同有单拍运行，双拍运行和单、双拍运行方式。其运行方式不同，步进电动机的拍数也不一样。把单拍运行叫做整步运行，而把双拍（含单、双拍）运行叫做半步运行。

2）步距角

步进电动机步距角的定义是：每向步进电动机输入一个电脉冲信号时，电动机转子转动的角度。它表示步进电动机的分辨率。步距角越小，步进电动机的分辨率越高，定位精度也越高。

步距角的大小与电动机的相数有密切关系，相数越多，步距角就越小。例如，常用的二、四相电动机的步距角为 0.9°/1.8°，三相电动机为 0.75°/1.5°，五相电动机为 0.36°/0.72° 等。在没有细分驱动前，如希望改进步距角的大小和改善低频时的振动及噪声时只能选择五相式电动机来解决，而有了细分驱动后，利用细分技术既可将步距角变小又可改善振动和噪声，使得"相数"选择变得没有实际意义了。

步距角精度是指步进电动机转过一个步距角时其实际值与理论值的误差，以误差值除以步距角的百分比来表示。不同的步距角其值也不同，一般在 3%~5% 之内。由于步进电动机在不失步的情况下其步距角的误差是不会积累的，因此当用步进电动机做定位控制时，不管运行位移是多少，其误差始终被控制在一个步距角精度里。这也是步进电动机定位控制系统虽然是开环控制也能获得很高精度的原因。

3）额定电压与额定电流

额定电流是指步进电动机静止时每相绕组所允许输入的最大电流，也即输入脉冲电流在高电平时的电流值，而用电流表检测的是脉冲电流的平均值，一般要比额定电流小。驱动电源的输出电流应大于或等于电动机的额定电流。

额定电压是指驱动电源提供的直流电压，一般有 6V、12V、27V、48V、60V、80V 等。但它不等于加在绕组两端的电压。

4）启动频率

启动频率又称实跳频率、起跳频率等。它是指步进电动机在不失步情况下启动的最高频率。它是步进电动机的一项重要指标。

启动频率又分为空载启动频率和负载启动频率，空载启动频率常在产品目录上给予说明。负载启动频率比空载启动频率低。

启动频率不能选取太低。为了避开电动机在低频时共振情况的发生，启动频率要高于电动机的共振频率。另外，启动频率又不能太高，因为步进电动机在启动时除了要克服负载转矩外，还要使转子加速运行，当频率过高时，转子的转动速度会跟不上定子磁场的速度变化而发生失步和振荡。步进电动机的启动频率一般为几百赫兹到几千赫兹之间，FX PLC 的定位指令中所讲的基底速度即指步进电动机的启动频率，它规定了基底速度必须小于最大允许运行速度的 1/10。

启动频率还与负载转矩大小有关，它们之间的关系称为启动距频特性。由距频特性可知，负载转矩越大，启动频率就越低。另外，当负载转矩一定时，转动惯量越大，启动频率也越低。

5）运行频率

运行频率指步进电动机启动后在频率逐步加大时能维持运行并不发生失步的最高频率。当电动机带动负载运行时，运行频率与负载转矩大小有关，两者的关系称为运行矩频特性，通常以表格或曲线形式给出。如图 5-8 所示。

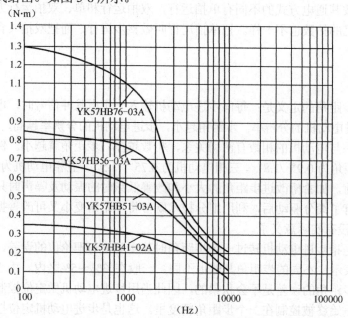

图 5-8　二相步进电动机矩频特性

运行频率通常比启动频率高得多，如果在短时间里上升到运行频率，同样会发生失步。因此，在实际使用时通常通过加速使频率逐渐上升到运行频率连续运行。

提高步进电动机的运行频率对于提高生产效率具有很大的实际意义，所以在保证不失步的情况下，应尽量提高步进电动机的转速以提高生产效率。

6）保持转矩

保持转矩是指步进电动机在通电情况下没有转动时，定子能锁住转子的能力。它也是步进电动机的重要性能指标。步进电动机在低速时的力矩接近保持转矩，通常所说的步进电动机力矩是多少 N·m，在没有特殊说明的情况下都是指保持转矩。

对于反应式步进电动机来说，保持转矩是在通电情况下才有的。如果不通电，则不存在保持转矩，这点在实际应用时务必注意。而对于永磁式步进电动机来说，由于有永磁极的存在，在断电型仍然会有保持转矩。

2. 步进电动机的转速、失步与过冲

1）步距角与转速

步进电动机步距角的定义是：每向步进电动机输入一个电脉冲信号时，电动机转子转动的角度。

转子转动一周所需的脉冲数为

$$pls = \frac{360}{\theta}$$

设步进电动机每秒输入的脉冲数为 f（Hz），那么电动机的转速为

$$n = \frac{f}{pls} \ r/s = \frac{f\theta \times 60}{360} \ r/min$$

2）步进电动机的失步与过冲

当步进电动机以开环的方式进行位置控制时，负载位置对控制回路没有反馈，步进电动机就必须正确响应每次励磁变化。如果励磁频率选择不当，则步进电动机就不能够移动到新的位置，即发生失步现象或过冲现象。失步就是漏掉了脉冲没有运动到指定的位置，过冲和失步相反，运动到超过了指定的位置。因此，在步进电动机开环控制系统中，如何防止失步和过冲是开环控制系统能否正常运行的关键。

产生失步和过冲现象的原因很多，当失步和过冲现象分别出现在步进电动机启动和停止的时候，其原因一般是系统的极限启动频率比较低，而要求的运行速度往往比较高，如果系统以要求的运行速度直接启动，因为该速度已经超限启动频率而不能正常启动，轻则发生失步，重则根本不能启动而产生堵转。系统运行起来后，如果达到终点时立即停止发送脉冲，令其立即停止，则由于系统惯性的作用，步进电动机会转过控制器所希望的停止位置而发生过冲。

为了克服步进电动机的失步和过冲现象，则应该在启动停止时加入适当的加/减速控制。通过一个加速和减速过程，以较低的速度启动而后逐渐加速到某一速度运行，再逐渐减速，直至停止，可以减少甚至完全消除失步和过冲现象。

步进电动机在高速时也会发生失步，这是因为步进电动机的转矩随转速的增加而下降。因此，当步进电动机由运行转速变化至高速时，会因转速减小带不动负载而引起失步。这时，必

须重新选择符合高速运转而转矩又满足要求的电动机才行。

3. 步进电动机的选用

步进电动机的选用与伺服电动机非常相近，同样要求选用电动机的转矩必须符合负载运动转矩的要求。同样有转速、输出功率的要求，但步进电动机又有其自身的一些特性，使步进电动机的选择与伺服电动机有很大的不同。

在选择步进电动机时，输出转矩仍然是首先要考虑的（某些特轻负载除外）。输出转矩涉及负载转矩，而负载转矩的确定有计算法、试验法和类比法。计算法比较复杂，计算较为烦琐，要考虑负载惯量、运动方式、加速度快慢等众多参数公式。对初学者来说难以做到。实验法就是在负载轴上加个杠杆，然后用一弹簧秤去拉动杠杆。正好使负载转动时的拉力乘以力臂长度（负载轴的半径）就是负载的力矩，这种方法简单易行，但仍然存在一定误差。目前，对初学者来说最常用的是类比法，就是把自己所做的设备与同行业中类似设备进行机构设置、负载质量、运动速度等方面的比较来选择步进电动机。

步进电动机选择的另一项重要指标是转速。由矩频特性可知，电动机的转矩与转速有密切关系。转速升高，转矩下降，其下降的快慢和很多参数有关。例如，驱动电压、电动机相电流、电动机的大小等，一般情况下，驱动电压越高，转矩下降越慢；相电流越大，转矩下降越慢。但在实际生产中，转速对于提高生产效率具有很大的实际意义，但转速提高了，转矩下降很快，所以在步进电动机的选择中，转矩和转速的选择是矛盾的。步进电动机的转速一般应控制在 $600\sim1200\text{r/min}$ 以下。如图 5-8 所示的 YK57HB76-0.3A 型二相步进电动机，其步距角为 $1.8°$，由图中可以看出，当频率大于 1000Hz 时，转矩下降较快，因此实际应用时，应控制在 1000Hz（300r/min）以下。

实际选择步进电动机时应先确定转矩，再确定转速，然后根据这两个参数去观察各种步进电动机的矩频特性，选出符合这两个参数的电动机。如果找不到，则必须考虑加配减速装置，或降低转速。对于一些负载转矩特小的设备，如绕线机等，其主要考虑的指标是转速，因此可以在高速下运行，不必考虑其转矩能力。

步进电动机确定后步进驱动器的选择也很重要。原则上说，不同品牌的步进驱动器与步进电动机是可以选择使用的，但笔者的看法是最好选择同一品牌的步进驱动器和步进电动机，这是因为，首先，同时生产步进电动机和步进驱动器的生产厂家在产品设计时就已经考虑它们之间的配合使用问题。通常都会给出参考意见，什么样的步进电动机配什么样的驱动器，不需要用户再去思考配合好不好的问题；其次，从厂家的售后服务、技术支持方面来说，不会产生不同产品间互相推卸责任踢皮球的烦恼。

5.2 步进驱动器

5.2.1 步进驱动器的结构组成

步进电动机不能直接接到交直流电源上，而是通过步进驱动器与控制设备相连接。如图 5-9 所示。控制设备发出能够进行速度、位置和转向的脉冲，通过步进驱动器对步进电动机的运行进行控制。

步进电动机控制系统的性能除了与电动机本身的性能有关外，在很大程度上取决于步进驱动器的优劣，因此对步进驱动器的组成结构及其使用做一些基本的了解是必要的。

步进驱动的主要组成结构如图 5-10 所示，一般由环形脉冲分配器和脉冲信号放大器组成，现对它们的作用做一些简单介绍。

图 5-9　步进电动机控制系统框图　　　　　图 5-10　步进驱动器的组成框图

1．环形脉冲分配器

环形脉冲分配器用来接收控制器发生的单路脉冲串，然后经过一系列由门电路和触发器所组成的逻辑电路变成多路循环变化的脉冲信号，经脉冲信号放大器功率放大后直接送入步进电动机的各相绕组中，驱动步进电动机的运行。例如，三相步进电动机三相双三拍运行时，环形脉冲分配器就在单路脉冲控制下连续输出三路如图 5-6 所示的三相双三拍脉冲波形，经功率放大后送入步进电动机的三相绕组中。可见，步进驱动器必须和步进电动机配套使用，几相的步进电动机必须与几相的步进驱动器配合才能使用。

2．脉冲信号放大器

脉冲信号放大器由信号放大与处理电路、推动电路、驱动电路和相应的保护电路组成。

信号放大与处理电路是将由环形分配器送入的信号进行放大，变成能够驱动推动级的信号，而信号处理电路则是实现信号的某些转换，合成和产生斩波、抑制等特殊功能的信号，从而形成各种功能的驱动。

推动级是将上一级的信号再加以放大，变成能够足以推动驱动电路的输出信号，有时推动级还承担电平转换的作用。

驱动级是功率放大级，其作用是把推动级来的信号放大到步进电动机绕组所需的足够的电压和电流。驱动级电路不但需要满足绕组有足够的电压、电流及正确波形，还要保证驱动级功率放大器本身的安全。步进电动机的运行性能除了受其本体性能影响外，还与驱动级电路的驱动方式和控制方法有很大关系。

保护电路的作用主要是确保驱动级的元件安全，一般常设计有过流保护、过压保护、过热保护等，有时候还需要对输入信号进行监护，对异常信号进行处理等。

5.2.2　步进驱动器的细分

细分是指步进驱动器的细分步进驱动，也叫步进微动驱动，它是将步进电动机的一个步距角细分为 m 个微小的步距角进行步进运动。m 称为细分数。

在上面步进电动机工作原理的讲解中，已经蕴含了步进细分的原理。对三相步进电动机来说，如果按照 A-B-C-A……单三相方式给电动机定子绕组轮流通电，则一个脉冲信号电动机转子旋转 30°，即步距角为 30°。如果按照 A-AB-B-BC-C-CA-A……单、双六拍方式给电动机定子绕组轮流通电，则会发现这时每一个脉冲信号输入，电动机转子仅转动了 15°，为单三拍方式的一半。这就相当于把单三拍的步距角进行了 2 细分。步距角为 15°，称为半步。

那么能不能再细分下去呢？通过对步进电动机内部磁场的研究证明是可以的。因为步进电动机的转动角度是由内部三相定子通以电流后所产生的合成磁势转动角所决定的，而合成磁势的转动角度则是由三相绕组电流所产生的合成磁场所决定的。这样，只要对 A，B，C 三相电流矢量进行分解，并相应插入等角度有规律的电流合成矢量，从而减小合成磁势转动角度，达到细分控制的目的。例如，三相电动机的 2 细分就是在 A 相、B 相和 C 相插入合成矢量 AB（由 A、B 均通电）、BC、CA 而实现的。

细分后各相电流波形均发生改变，原来没有细分时，控制电流是成方波变化的脉冲波，而细分后，控制电流则变成了以 m 步逐渐增加，使吸收转子的力慢慢改变，逐步在平衡点静止的阶梯状波。如图 5-11 所示，电流波形相比于脉冲波，变得平滑多了。细分程度越高，则平滑程度越好。目前，一般的细分驱动其电流的阶梯形变化都是以正弦曲线规律变化的。这种把一个步距角分成若干个小步距角的驱动方法称为细分步进驱动。

细分步进驱动是消除步进电动机低频振动的非常有效手段。步进电动机在低频时容易产生失步和振荡，这是由步进电动机的启动特性所决定的。严重时，步进电动机会在某一频率附近来回摆动而启动不起来。过去常采用阻尼技术来克服这种低频振动现象，而细分驱动也可以有效地消除这种低频振动现象。细分前，电流的变化是从 0 突变至最大值，又从最大值突变至 0。这种短时间里的突变会引起电动机的噪声和振动。但细分后，把这种电流的突变分解为 m 个小的突变，每次仅变化 m 分之一，显然，这种小突变对电动机的影响比没有细分时要小，这就是细分驱动能改善步进电动机低频振动特性的原因。理论上说，细分数越大，性能改善越好，但实际上有文献介绍，到了 8 细分以后，改善的效果就不太明显了。细分驱动越是低速运行，效果越好，但如果步进电动机转速较高，其减小振动的效果也不太明显了。

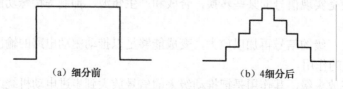

(a) 细分前   (b) 4细分后

图 5-11   细分前、后绕组的电流波形图

细分驱动同时也带来了一个意外效果，提高了电动机的运行分辨率。原来电动机的一个步距角是一个脉冲，有了细分后，变成了一个步距角需要 m 个脉冲。相当于把电动机的脉冲当量提高了 m 倍。显然这在定位控制中相当于提高了定位的分辨率。初学者往往认为，细分驱动可以提高步进电动机的定位精度，而且 m 越大，分辨率越高，定位精度也越高，这是一个误解。这是因为：第一，m 加大时，细分电流的控制难度也加大，常常出现并不是在细分范围里精确停止的现象，反而产生较大的误差。第二，从步进电动机结构原理来讲，当运行 m 个小步距角达到步进电动机范围的步距角时，步距角的失调多少才是步进电动机的定位精度，而这个精度与电动机的结构有关，与 m 无关。因此，在实际使用时，不能为追求高分辨率而加大细分数 m。

5.2.3   研控 YK 型步进驱动器的使用

深圳市研控（YAKO）自动化科技有限公司是一家致力于研制生产步进电动机、步进电动机驱动器等运动控制系列产品的国家高新技术企业。研控公司所研制生产的各类运动控制系列产品已广泛应用于数控机床、医疗设备、各种生产机械、广告设备、机器人等多个行业。在这一节中将对研控公司生产的 YKC2608M 型步进电动机驱动器进行详细剖析，目的是通过对一个产品的讲解使读者能触类旁通，举一反三地学会步进电动机驱动器的正确使用。

1. 命名规则

1）YK 型步进驱动器命名规则

研控公司生产的步进驱动器命名规则如图5-12所示。

（1）驱动器相数有二相和三相两大系列，与二相和三相步进电动机配套使用。

（2）最大电流有效值是判断驱动器驱动能力大小的指标，有 2.0A、3.5A、6.0A、8.0A 等规格。驱动器输出电流是可调的，使用时必须根据步进电动机的额定电流进行调节，不能大于电动机的额定电流。

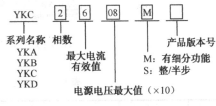

图 5-12　YK 型步进驱动器命名规则

（3）电源电压最大值为标示值乘以 10 倍，它是指驱动器电源供给电压的最大值，用来判断驱动升速能力和在高速运行时的能力。常规供电电压最大值有 24V DC、40V DC、60V DC、80V DC、100V AC 等。

（4）研控步进电动机的细分有两种，大部分都带有细分功能，也有个别型号仅能选择整步和半步两种步距角。

2）YKC2608M 步进驱动器简介

研控 YKC2608M 是一种经济、小巧的步进驱动器，体积为 15×107×48（mm），净重为 0.5kg，采用单电源供电，驱动电压为 DC18～60V 或 AC18～60V，适配电流在 6.0A 以下，外径为 57～86mm 的各种型号的两相混合式步进电动机。

YKC2608M 是等角度恒力矩细分型高性能步进电动机驱动器。驱动器内部采用双极恒流斩波方式使电动机噪声减小，电动机运行更平稳。驱动电源电压的增加使电动机的高速性能和驱动能力大为提高，而步进脉冲停止超过 100ms 时可按设定选择为半流/全流锁定。用户在运行速度不高的时候使用低速高细分，使步进电动机的运转精度得到提高，同时也减小振动，降低了噪声。

YKC2608M 采用光电隔离信号输入/输出，有效地对外电路信号进行了隔离，增强了抗干扰能力，使驱动能力从 2.0A/相到 6.0A/相分 8 挡可用。最高输入脉冲频率可达 200kHz。驱动器设有 16 挡等角度恒力矩细分。细分数从 $m=2$ 到 $m=256$。输入脉冲串可以在脉冲+方向控制方式和正向-反向脉冲控制方式之间进行选择。驱动器还带有过流欠压保护，当电流过大或电压过低时，相应指示灯会亮。

YKC2608M 是一款高性价比的步进驱动器产品，广泛地应用在雕刻机、激光设备、贴标机、电子设备、广告设备、包装设备等各种自动化生产设备上。

2. 外形及端口

YKC2608M 步进驱动器的外形及其各端口位置如图5-13所示。

YKC2608M 的端口由 4 部分组成，各个端口名称及其功能说明详见表 5-1。进一步的说明将在下面展示。

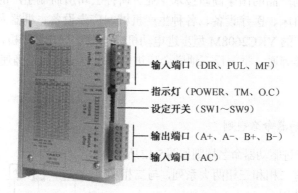

输入端口（DIR、PUL、MF）
指示灯（POWER、TM、O.C）
设定开关（SW1～SW9）
输出端口（A+、A-、B+、B-）
输入端口（AC）

图 5-13　YKC2608M 型步进驱动器外形及端口图

表 5-1　YKC2608M 型步进驱动器端口名称及说明表

	符　号	名　称	说　　明
输入端口	DIR-	脉冲信号输入	当输入脉冲为脉冲+方向控制方式时，为方向输入端；当输入脉冲为正/反向脉冲时，为反向脉冲输入端
	DIR+		
	PUL-	脉冲信号输入	当输入脉冲为脉冲+方向控制方式时，为脉冲输入端；当输入脉冲为正/反向脉冲时，为正向脉冲输入端
	PUL+		
	MF-	脱机信号输入	该信号有效时，关断电动机线圈电流，电动机处于自由转动状态
	MF+		
	AC	电源电压输入	驱动器电源电压输入端，为 AC18～60V 或 DC18～60V
	DC		
指示灯	POWER	电源指示灯	通电时，指示灯亮
	TM	工作指示灯	有脉冲输入时，指示灯闪烁
	O.C	过流/欠压指示灯	电流过大或电压过低时，指示灯亮
设定开关	SW1～SW3	工作电流设定开关	利用 ON/OFF 组合，可提供 8 挡输出电流
	SW4	半流/全流选择开关	选择停机时电动机线圈的电流大小
	SW5～SW8	细分设定开关	利用 ON/OFF 组合，可提供 $m=2$ 到 $m=256$ 共 16 挡细分
	SW9	脉冲输入方式设定	设定驱动器脉冲输入方式
输出端口	A+	控制电压输出	向电动机提供控制电压输出，根据电动机的不同出线进行连接
	A-		
	B+		
	B-		

3. 输入信号连接

驱动器通过内置高速光电耦合器输入脉冲信号，要求信号电压为 5V，电流大于 15mA。输入极性如图 5-14 中（a）所示。三个输入信号共用一个电源时，分为共阴极（见图 5-14（b））和共阳极（见图 5-14（c））两种接法。这两种接法除了公共端不同外，外接电源的正、负极也不相同。

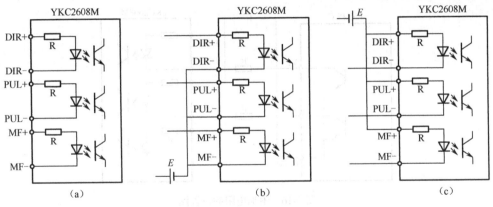

图 5-14　输入信号连接图

　　驱动器也可采用差分信号输入，这时差分信号由控制器分别输出与驱动器输入端口连接。差分信号的传输抗干扰能力强，传输距离长，但必须连接能发出差分信号的控制器才行。

　　当驱动器与 PLC 相连时首先要了解 PLC 的输出信号电路类型（是集电极开路 NPN 还是 PNP）、PLC 的脉冲输出控制类型（脉冲+方向还是正-反方向脉冲），然后才能决定连接方式。下面以驱动器与三菱 FX PLC 的连接为例介绍。

　　三菱 FX PLC 的晶体管输出为 NPN 型集电极开路输出，各个输出的发射极连接在一起组成 COM 端，PLC 的脉冲输出控制类型为脉冲+方向，高速脉冲输出口规定为 Y0、Y1，最多可连接两台步进驱动器控制两台步进电动机。综上分析，FX PLC 与驱动器的连接如图 5-15 所示。

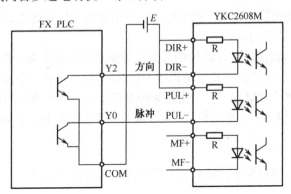

图 5-15　与 FX PLC 的连接图

　　图中，E 是控制信号电路的直流电源，可以是外置电源，也可以用 PLC 内置电源。驱动器要求控制信号电源电压为 5V，如果电源电压高于 5V，必须另加限流电阻 R，R 的选取为：12V 时为 510Ω；24V 时为 1.2kΩ，加入位置如图 5-16 所示。而对脱机信号则为分别 820Ω和 1.2kΩ。

　　脱机信号又称电动机释放信号，Free 信号。步进电动机通电后如果没有脉冲信号输入，定子不运转，其转子处于锁定状态，用手不能转动，但在实际控制中常常希望能够用手转动进行一些调整、修正等工作。这时，只要使脱机信号有效（低电平）就能关断定子线圈的电流，使转子处于自由转动状态（脱机状态）。当与 PLC 连接时，脱机信号（MF 端）可以像方向信号一样连接一个 PLC 的非脉冲输出端用程序进行控制。

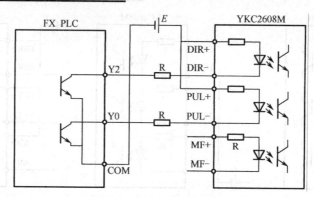

图 5-16 附加电阻的位置图

步进电动机一定时，驱动器的输入电源电压对电动机的影响较大，一般来说，电压越高，步进电动机电流增大所产生的转矩也大，对高速运行十分有利，但是电动机的电流增加，其发热也增加，温升也增加，同时电动机运行的噪声也会增加。

驱动器输入电压的经验值一般设定在电动机额定电压的 3～25 倍。据此推算，建议 57 机座采用直流 24～48V，86 机座采用直流 36～70V，110 机座采用高于直流 80V。

YKC2608M 型驱动器适配 57、60、86 等机座，其输入电源电压范围是 18～60V DC 或 18～60V AC。

4．指示灯

YKC2608M 驱动器面板上有三个指示灯，其中电源指示灯和过流、欠压指示不再说明，仅对工作指示灯 TM 做一些说明。

TM 信号又称原点输出信号，在研控的部分信号驱动器中是作为一种输出信号设置的，这个信号是随电动机运转而产生的。二相电动机转子有 50 个齿，每转一个齿就发出一个 TM 信号，电动机转动一圈发出 50 个 TM 信号。当用它来控制指示灯时可作为驱动器有无连续脉冲信号输入指示，当有脉冲信号输入时，电动机运转，TM 灯就不断地闪烁，转速越快，闪烁频率越高。

5．微动开关设定

YKC2608M 驱动器装有 9 个微动开关，用来进行各种设定选择。

1）工作电流设定 SW1～SW3

工作电流指步进电动机额定电流，其设定与微动开关 SW1～SW3 的 ON/OFF 位置有关，见表 5-2。驱动器的工作电流必须等于或小于步进电动机的额定电流。

表 5-2　工作电流设定

SW1	SW2	SW3	工作电流有效值
OFF	OFF	OFF	2.00A
ON	OFF	OFF	2.57A
OFF	ON	OFF	3.14A
ON	ON	OFF	3.71A
OFF	OFF	ON	4.28A

SW1	SW2	SW3	工作电流有效值
ON	OFF	ON	4.86A
OFF	ON	ON	5.43A
ON	ON	ON	6.00A

2）停机锁定电流设定 SW4

SW4 为步进电动机停机锁定电流设定。当步进电动机步进脉冲停止超过 100ms 时可按设定选择为半流/全流锁定线圈电流，当 SW4 拨向 OFF 时，按线圈电流的一半供给，这样可以使消耗功率减半。

3）细分电流设定 SW5～SW8

细分是驱动器的一个重要性能指令。步进电动机（尤其是反应式步进电动机）都存在一定程度的低频振荡特点，而细分能有效改善，甚至消除这种低频振荡现象。如果步进电动机处于低速共振区工作，则应选择带有细分功能的驱动器设置细分数。

细分同时提高了电动机的运行分辨率，在定位控制中，如果细分数适当，实际上也提高了定位精度。

驱动器进行细分设定后，步进电动机转动一圈所需的脉冲数变为：

$$pls = \frac{360m}{\theta}$$

转速变为：

$$n = \frac{f}{pls} r/s = \frac{f\theta \times 60}{360m} r/min$$

不同频率的步进驱动器对细分的描述也不同，有的是给出细分数 m，这时每圈脉冲数必须按照上式计算，有的则直接给出细分后的每圈脉冲数。读者使用时必须注意。

YKC2608M 驱动器通过设定 SW5～SW8 四个微动开关的状态给出了 16 种细分选择，见表 5-3。

表 5-3 细 分 设 定

M	2	4	8	16	32	64	128	256
pls/r	400	800	1600	3200	6400	12800	25600	51200
SW5	ON	OFF	ON	OFF	ON	OFF	ON	OFF
SW6	ON	ON	OFF	OFF	ON	ON	OFF	OFF
SW7	ON	ON	ON	ON	OFF	OFF	OFF	OFF
SW8	ON	ON	ON	ON	ON	ON	ON	ON
M	5	10	20	25	40	50	100	200
pls/r	1000	2000	4000	5000	8000	10000	20000	40000
SW5	ON	OFF	ON	OFF	ON	OFF	ON	OFF
SW6	ON	ON	OFF	OFF	ON	ON	OFF	OFF
SW7	ON	ON	ON	ON	OFF	OFF	OFF	OFF
SW8	OFF	OFF	OFF	OFF	OFF	OFF	OFF	OFF

4）输入脉冲方式选择 SW9

（1）SW9=OFF，脉冲+方向控制方式。

（2）SW9=ON，正向脉冲+反向脉冲控制方式。

这两种脉冲控制方式的波形如图 5-17 和图 5-18 所示。

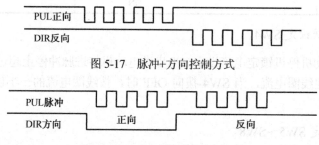

图 5-17　脉冲+方向控制方式

图 5-18　正向+反向脉冲控制方式

6. 与步进电动机连接

端口 A+、A-、B+、B-为驱动器与步进电动机的连接端口，二相步进电动机有两个定子绕组，通常会做成四根出线，但在转矩较大时，也会做成六出线和八出线。如图 5-19 所示。这时，必须对步进电动机出线进行处理，才能与步进驱动器连接。

图（a）为二相步进电动机四出线，可直接与驱动器的相应端口相连，调换 A、B 相绕组可以改变电动机的运转方向。

图（b）为六出线，六出线步进电动机又叫单极驱动步进电动机，但 AC 和 BC 不是普通的中间抽头，它是两个绕组同时绕制后一个绕组的终端和另一个绕组的始端的共用抽头。与四出线电动机（又叫双极驱动步进电动机）相比，其电动机绕组结构、驱动电路的结构都有很大不同。一般是低速大转矩时采用四出线，而高速驱动时采用六出线较好。研控有专门针对六出线电动机设计的 YK 型步进驱动器，如 YKA2608S 等。六出线电动机与只有四个输出端口的驱动器相连时把其中间抽头悬空即可。

图（c），图（d）为八出线，实际上是把单极驱动步进电动机的中间由头断开，分成了两个独立绕组共四个绕组。在实际接线时，电动机处于低速运行时可先接成两个绕组相串联，再接到驱动器上，如电动机处于高速运行时，把两个绕组接成并联方式，再接到驱动器上。如图 5-19 所示。

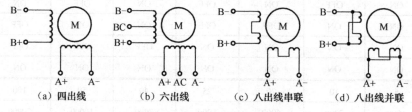

（a）四出线　　（b）六出线　　（c）八出线串联　　（d）八出线并联

图 5-19　正-反向脉冲控制方式

7. 步进驱动器的选用

步进驱动器的选用在步进电动机确定后进行。首先根据步进电动机的额定电流选择驱动器电流适当大于的驱动器，再比较这些驱动器的供电电压，选择供电电压较高的型号，如果是定位控制，最好选择有细分的步进驱动器，最后再校核一下安装位置与尺寸即可。如果是配套选择同一品牌的步进电动机与步进驱动器，则更为简单，生产厂家都会根据步进电动机提供适配驱动器的型号，只要对比一下安装尺寸就行了。

本书附录 E 为研控自动化科技有限公司所生产的二相、三相步进电动机型号及其适配步进驱动器型号，供读者参考。

5.3　步进电动机定位控制的应用

5.3.1　步进电动机定位控制计算

1. 脉冲当量计算

相比于伺服电动机，步进电动机定位控制计算要简单得多。下面先讨论一下脉冲当量的计算。有关脉冲当量的讲解详见第 1 章。

如图 5-20 所示，步进电动机通过丝杆带动工作台移动。设步进电动机的步距角为 θ，步进驱动器的细分数为 m，丝杆的螺距为 D。

则步进电动机一圈所需脉冲数 P 为：

$$P = \frac{360\,m}{\theta}$$

其脉冲当量 δ 为：

$$\delta = \frac{D}{P} = \frac{D\theta}{360m} \qquad (\text{mm/PLS})$$

由式可见，增加细分数 m 可使脉冲当量变小，定位的分辨率得到提高。

如图 5-21 所示，步进电动机通过减速比为 K 的减速机构带动工作台移动。

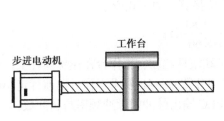

图 5-20　细分前/后绕组电流波形图

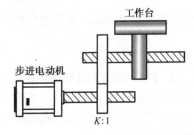

图 5-21　细分前/后绕组电流波形图

这时步进电动机一圈所需要的脉冲数不变，仍为（$360m/\theta$）个，则脉冲当量 δ 为：

$$\delta = \frac{D\theta}{360mK} \qquad (\text{mm/PLS})$$

如图 5-22 所示，步进电动机通过减速比为 K 的减速机构带动旋转工作台转动，这时步进电动机一圈所需要的脉冲数不变，仍为（$360m/\theta$）个，则脉冲当量 δ 为：

$$\delta = \frac{360}{P} = \frac{360\theta}{360mK} = \frac{\theta}{mK} \,(\text{deg/\,PLS})$$

如图 5-23 所示，步进电动机带动驱动轮带动输送带运转，设驱动轮直径为 D，电动机转动 1 圈时，输送带移动 πD，则其脉冲当量 δ 为：

$$\delta = \frac{\pi D}{P} = \frac{\pi D \theta}{360 m} \quad (\text{mm} / \text{PLS})$$

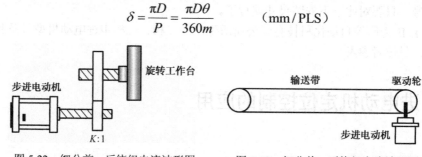

图 5-22　细分前、后绕组电流波形图　　图 5-23　细分前、后绕组电流波形图

2. 脉冲数和频率计算

掌握了脉冲当量的计算方法后，脉冲数和频率的计算变得相对容易多了。

在数字控制的伺服系统中，定位控制的位移距离 S 是用控制器发出的脉冲个数来控制的，而位移的速度 V 则是通过发出的脉冲频率高低来控制的。那么，脉冲个数 P 和位移距离 S，脉冲频率 F 和速度 V 是什么关系呢？

首先，讨论一下脉冲数 P 与位移距离 S 的关系。由脉冲当量公式可知，位移距离 $S=P\delta$，所以 $P=S/\delta$，这就是位移 S 与脉冲数 P 之间的换算关系。

$$P = \frac{S}{\delta}$$

换算时要注意单位关系，一般当 S 的单位为 mm，δ 的单位为 mm/PLS 时，换算后的为实际脉冲数。

对速度换算来说，一般位移速度单位为 mm/s，这时只要将 V 变成脉冲数 P，就是输出脉冲的频率 PLS/s。

$$f = \frac{V(\text{mm/s})}{\delta(\text{mm/PLS})} = \frac{V}{\delta} \ \text{PLS/s} = \frac{V}{\delta} \ \text{Hz}$$

如果速度单位是 m/min，则要进行相应的单位换算，如下式所示。

$$F = \frac{V \times 1000}{\delta \times 60} \text{Hz}$$

【例 5-1】 PLC 控制步进电动机，电动机带动滚珠丝杠，工作台在滚珠丝杠上，如图 5-20 所示，步进电动机步距角 $\theta=0.9°$，步进驱动器细分数 $m=4$，要求工作台向前行走 100mm，丝杠螺距是 5mm，要求行走速度是 5mm/s，试求 PLC 输出脉冲的脉冲频率与脉冲数。

先求脉冲当量 δ：

$$\delta = \frac{D\theta}{360° m} = \frac{5 \times 0.9°}{360° \times 4} = \frac{1}{320} \text{mm/PLS}$$

则输出脉冲数 P 为：

$$P = \frac{S}{\delta} = \frac{100 \times 320}{1} = 32\,000 \text{PLS}$$

输出脉冲频率 F 为：

$$F = \frac{V}{\delta} \text{ PLS/s} = \frac{5 \times 320}{1} = 1600 \text{Hz}$$

【例 5-2】 PLC 控制步进电动机，电动机通过减速比 K 为 4 的机构带动圆盘工作台转动。如图 5-22 所示，步进电动机步距角 $\theta = 0.9°$，步进驱动器细分数 $m = 32$，要求圆盘工作台按 4 等分转动、停止方式运行。每等分转动时间为 5s，试求 PLC 输出脉冲的脉冲频率与脉冲数。

先求脉冲当量 δ：

$$\delta = \frac{360°}{P} = \frac{360° \theta}{360° mK} = \frac{\theta}{mK} = \frac{0.9}{32 \times 4} = \frac{9}{1280} \text{（deg/PLS）}$$

则所需脉冲数 P 为

$$P = \frac{90}{\delta} = \frac{90 \times 1280}{9} = 12\,800 \text{PLS}$$

由题可知，其转速 V 为 $90° \div 5 = 18 \text{deg/s}$，代入公式可求出脉冲输出频率 F 为

$$F = \frac{V}{\delta} = \frac{18 \times 1280 \,(\text{deg/s})}{9 \,(\text{deg/PLS})} = 2560 \text{Hz}$$

【例 5-3】 PLC 控制步进电动机，电动机通过驱动轮带动输送带前进，驱动轮直径 $D = 16 \text{mm}$，要求在 2s 内将物体从 A 输送到 B，移动距离为 1100mm，步进电动机的步距角 $\theta = 0.9°$，细分数 $m = 4$，试求输出脉冲数及脉冲频率。如图 5-24 所示。

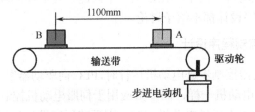

图 5-24 细分前、后绕组电流波形图

先求脉冲当量 δ：

$$\delta = \frac{\pi D \theta}{360° m} = \frac{\pi \times 16 \times 0.9}{360 \times 4} = \frac{\pi}{100} \text{（mm/PLS）}$$

则输出频率数 P 为：

$$P = \frac{1100 \times 100}{\pi} = 35\,014 \text{PLS}$$

脉冲输出频率 F 为：

$$F = \frac{35\,014}{2} = 17\,500 \text{Hz}$$

5.3.2 步进电动机定位控制程序设计

和伺服电动机不同，步进电动机根据其控制方式的不同有不同的程序设计方案。

1. 环形脉冲分配器定位控制程序设计

PLC 直接发送步进电动机所需的环形脉冲信号控制步进电动机的运行。如图 5-25 所示。这种控制方式需要设计环形脉冲信号，通过输出口 Y 直接供给步进电动机。这样做的好处

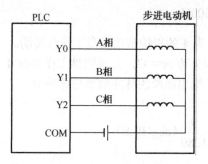

图 5-25 PLC 与步进电动机连接示意图

是省掉了专用的步进驱动器,降低硬件成本,但是由于 PLC 的扫描周期一般从几毫秒到几十毫秒,相应的频率只能到几百赫兹,步进电动机的运行速度很低,并不能应用于实际。一种解决的方法是利用 PLC 定时中断来产生速度脉冲,如果定时中断时间为 0.1ms,则相应的频率可达到 10kHz,基本上能满足大部分控制要求。其位移则同样是利用定时中断给位移计数器进行计数控制。对三菱 FX 系列 PLC 来说,其定时中断最短时间为 10ms,相应频率只能达到 100Hz。(欧姆龙 PLC 中断时间可以达到 0.1ms)。

PLC 直接控制步进电动机时,由于 PLC 晶体管输出型的输出功率一般都比较小 (0.5A/点),所以并不能直接驱动功率稍大些的步进电动机,还必须在 PLC 和步进电动机之间加装功率放大驱动电路。

PLC 直接控制步进电动机时,由于不存在细分电路,所以,也不能进行细分操作。其分辨率只能由步进电动机的步距角决定,而步距角大小与步进电动机相数有关,相数越多,步距角越小。但相数增加,增加了制造成本,故一般只能做到五相电动机,这也限制了步进电动机的应用。

PLC 直接控制步进电动机,由于存在以上三个问题,使其在实际应用中很少使用,所以本书对这种控制方式及其程序设计都不给予讨论。

2. 步进驱动器定位控制程序设计

当 PLC 通过步进驱动器控制步进电动机运行时,PLC 向驱动器发出脉冲加方向的脉冲信号。这时,其控制方式和伺服电动机一样,而多数应用于伺服电动机控制的脉冲输出指令和定位指令(见第 3 章介绍)都适用于步进电动机控制,因而其程序设计和伺服电动机程序设计是相同的,关于应用脉冲输出指令和定位指令进行定位控制程序设计的讲解及设计实例请参见第 4 章。这里不再阐述。

在步进电动机定位控制程序设计中一定要设置基底速度(启动频率),这一点和伺服电动机是不同的。伺服电动机的基底速度可设为 0。

由于步进电动机的运行速度不高,因而对输出脉冲频率要求也不高,作为控制器来说,所有 FX 系列 PLC 均能满足其控制要求,但从性价比来说,FX_{1S} 和 FX_{1N} 是比较好的选择,它们本身价格比较低,输出脉冲频率为 100kHz,两轴独立控制,内置有脉冲输出和定位指令。在一些简单的单速定长控制中与步进电动机配合具有极高的性价比。

如果用 FX_{2N} 作为步进电动机的控制器,则必须注意,由于 FX_{2N} 只内置有脉冲输出指令 PLSY、PLSR 用来进行定位控制。对于有一定要求的定位控制来说,程序设计相对来说要复杂一些,不如定位指令应用方便。

第6章　MR-J3伺服驱动器规格及连接

学习指导： 从本章开始用两章的篇幅介绍三菱 MR-J3 系列交流伺服驱动器的型号、端口、电路连接、功能、参数和操作维修等方面的使用知识。有关伺服驱动器的一般介绍请参看第 1 章的相关内容。

6.1　产品规格与附件

6.1.1　简介

三菱通用伺服 MELSERVO-J3（以下简称 MR-J3）系列是在 MELSERVO-J2-Super 系列基础上开发出来的性能更高、功能更丰富的交流伺服驱动器。外形如图 6-1 所示。

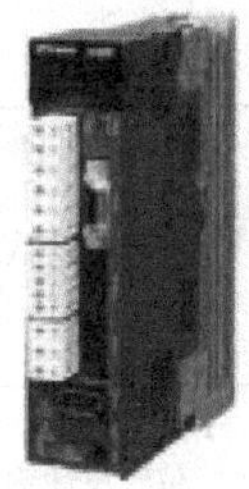

MR-J3 驱动器相比于 MR-J2 驱动器在以下方面做了改进和提高。

MR-J3 采用了最新的高速 CPU 及现代控制理论与技术，实现了高速、高精度化、小型、系列化和自适应与网络化，主要表现在以下几个方面。

图 6-1　MR-J3
驱动器外形图

1. 高速、高精度化

（1）伺服电动机的最高转速（HF 系列）从 4500 r/min 提高到了 6000 r/min，系统的快速定位时间可相应缩短 30%。

（2）位置给定的输入频率由 500kHz 提高到 1MHz，可用于高速位置控制。

（3）速度响应由 500Hz 调高到 900Hz，动态响应过程更快，位置跟随更好。

（4）伺服电动机内置编码器的分辨率从 17b 调高到 18b（262244p/r），位置检测与控制精度更高。

（5）驱动器可以与光栅等外部位置检测器件配合构成全闭环控制系统，提高位置控制精度与稳定性。

2. 小型、系列化

（1）新系列（HF 系列）伺服电动机的体现只有 MR-J2 系列同规格电动机的 80%。

（2）驱动器的体现只有同规格 MR-J2 系列的 40%。

（3）增加了三相 400V 供电的产品系列，可在 400V 环境下直接使用。

（4）增加了分离型大功率产品，电动机最大功率可达 55kW，产品规格更加齐全。

（5）驱动器可与直线电动机配套，以实现"另传动"。

3. 自适应与网络化

（1）配备了 USB 接口，计算机连接更方便。

（2）配套的 MR Configurator 调试软件 MRZJW3-SETUP221，功能更强，新增的驱动器诊断功能使故障诊断与维修更为方便，在线调整功能更为完善。

（3）驱动器自适应调整性能更强，现场调试更为便捷。

（4）网络控制性能得到大幅度提升，新型光缆通信串行总线 SSCNET III的应用使得通信速率从 SSCNET 的 5.6Mb/s 提高到了 50Mb/s，通信距离从 30m 扩展到了 800m。

MR-J3 类伺服驱动器的主要技术性能见表 6-1。

表 6-1 MR-J3 伺服驱动器主要技术性能

项　目		技术参数
速度控制方式		正弦波 PWM 控制
位置反馈		18b 绝对或增量编码器，位置全闭环控制
速度调节范围		≥1∶5000
速度控制精度		≤±0.01%
频率响应		900Hz
模拟量输入	速度给定	DC −10～10V
	转矩	DC −8～8V
	输入电阻	10 ～12kΩ
位置给定输入	输入方式	脉冲+方向，相位差为 90° 的正-反转脉冲；正转脉冲+反转脉冲
	信号类型	DC 5V 线驱动输入，DC 5～24V 集电极开路输入
	输入脉冲频率	线驱动输入，最大 1MHz，集电极开路输入：最大 200kHz
位置反馈输出	信号类型	A/B/Z 三相线驱动输出+Z 相集电极开路输出
	分频系数	任意
开关量输入/输出信号	输入信号	10 点
	输出信号	6 点
其他功能	制动方式	电阻制动
	超程控制	正/反向超程输入
	电子齿轮比	0.1～2000
	保护功能	过电流、过载、过电压、欠电压、缺相、制动异常、过热、编码器断线、主回路检测、CPU 检测、参数检查
通信接口	接口规范	RS-422A
	网络连接	1∶32
环境要求	使用/存储温度	0～55° /−20～65°
	相对湿度	90%RH 以下
	抗振/冲击	0.5g/2g

6.1.2 型号规格

三菱 MR-J3 系列伺服驱动器型号结构如图 6-2 所示。

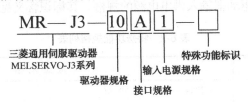

图 6-2 驱动器型号结构图

1. 驱动器规格

驱动器规格数字代表最大可控制的伺服电动机功率，单位为 0.01kW。例如，数字"10"表示 10×0.01kW=0.1kW，即最大可控制伺服电动机功率为 0.1kW。当功率大于 0.1kW 时，以字母 K 表示其单位为 1kW，例如，"15K"表示最大可控制伺服电动机功率为 15kW。

30kW 以上的 MR-J3 驱动器采用电源、驱动模块（逆变模块）分离型结构，即伺服驱动器是由电源部分和驱动部分组合而成的，这时在规格中的数字前加 DU 表示驱动模块，加 CR 表示电源模块，例如，MR-J3-DU30KA 为 30kW 驱动器的驱动模块型号，而 MR-J3-CR30K 为 30kW 驱动器的电源模块型号。

MR-J3 系列驱动器规格有 10，20，40，60，70，100，200，350，500，700，11K，15K，22K，30K，37K，40K，55K 等系列产品。

2. 接口规格

接口规格指 MR-J3 伺服驱动器接收控制器的控制信号方式，有 A、B、T 三种规格。

1）通用接口 A

A 表示此伺服驱动器是通用接口，在进行位置控制模式时是通过外界脉冲、方向等信号进行控制的，对应上位机可以是 PLC、运动控制卡等能发出脉冲的控制器，品牌也不局限于三菱的控制器，只要是有能发出脉冲功能的就可以。

2）兼容 SSCNET III 的高速串行总线接口 B

B 表示此伺服驱动器为通信接口，对应是光纤通信，为三菱专用的 SSCNET III 协议，此型号伺服要求上位的控制器也拥有对应的通信接口，所以此型号的伺服要用三菱带有此接口功能的控制器，如三菱的 Q 系列 PLC 中的定位模块 QD75MH，或是三菱运动 CPU：Q172HCPU、Q173HCPU 等。

3）兼容 CC-LINK 内置定位功能接口 T

T 表示伺服驱动器带有 CC-LINK 网络功能及内置定位功能。CC-LINK 功能使得此驱动器可以通过 CC-LINK 电缆连接到三菱的现场总线 CC-LINK 网络中，可以通过 CC-LINK 通信设置定位位置和速度，以及启动、停止和监控等操作。带有内置定位功能，可以预先在伺服驱动器的定位表格中设置具体的位置和速度数据，然后使用来自定位控制器简单的开关量启动信号实现定位操作。

本书以 MR-J3-A 通用型伺服驱动器为例介绍定位功能。

3. 输入电源规格

输入电源规格指伺服驱动器输入供电电源的规格。其标识含义见表 6-2。

表 6-2　特殊功能规格列表

标　识	电　源　规　格
无	三相 220V AC 或单相 220V AC 单相 220V AC 仅适用于 MR-J3-70A 以下的伺服驱动器
1	单相 100V AC，适用于 MR-J3-40□1 以下的伺服驱动器
4	三相 400V AC，适用于 MR-J3-60A 以上的伺服放大器

驱动器在外接外部电源时，对于外接三相 200V 电压的，如果是功率 750W（含 750W）以下的在实际工作中也可以外接单相 200V 的电压。

4. 特殊功能标识

这是指部分具有特殊功能规格的伺服驱动器，其标识及对应的特殊功能见表 6-3。

表 6-3　特殊功能规格列表

符　号	特殊功能规格
U004	单相 200～240V AC，适用于 750W 以下驱动器
RJ040	兼容高分辨率模拟速度指令和模拟转矩指令，适用于 MR-J3□A□，兼容扩展 IO 单元 MR-J3-D01
RJ004	兼容直线伺服电动机，适用于 MR-J3□B□
RJ006	兼容全闭环控制，适用于 MR-J3□B□
RU006	兼容全闭环控制，无动态制动器，适用于 MR-J3□B□
RZ006	兼容全闭环控制，无再生电阻，适用于 MR-J3□B□，1～22kW 驱动器，不带再生电阻
KE	兼容 4Mpps 指令脉冲频率，适用于 MR-J3□A（1）
ED	无动态制动器，在报警出现或断电时，动态制动器不动作，应采取措施确保安全
PX	无再生电阻，适用于 1～22kW 驱动器

6.1.3　配套伺服电动机

在第 1 章曾介绍过，伺服驱动器的控制方式是带编码器反馈的半闭环矢量控制方式。矢量控制方式要求驱动器在软件设计时必须考虑所驱动的伺服电动机的基本参数和运行参数，这就决定了伺服驱动器不能像变频器那样可以随意驱动小于自己功率的任意品牌电动机，而是一对一方式驱动同等功率（最多可下浮一级）的伺服电动机。在实际应用中，一般在伺服电动机选择后，都是根据同一生产商的伺服驱动器产品目录选取生产商规定的配套规格的伺服驱动器。

与三菱 MR-J3 伺服驱动器配套的伺服电动机根据用途可分为小惯量系列（HF-KP、

HF-MP)、中惯量系列（HF-SP、HC-LP、HC-RP）和中大惯量系列（HA-LP）三大类，其型号表示如图 6-3 和图 6-4 所示。常用到的伺服电动机是 HF-KP、HF-MP、HF-SP 几个系列，主要根据惯量和功率容量进行选择。

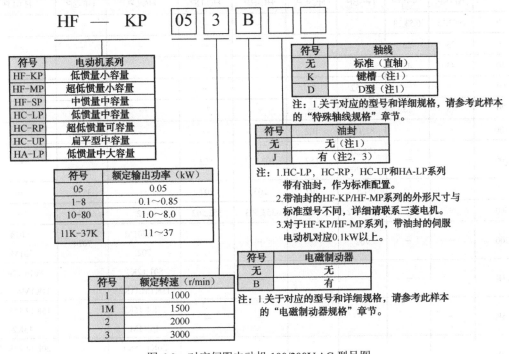

图 6-3 对应伺服电动机 100/200V AC 型号图

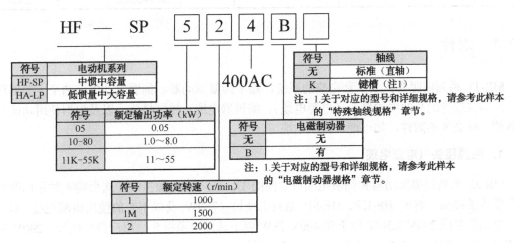

图 6-4 对应伺服电动机 400V AC 型号图

伺服驱动器与伺服电动机使用时要配套，如不配套会发生电动机配合异常报警，驱动器上显示 AL.1A 的报警代码。伺服驱动器和伺服电动机配套见表 6-4。关于三菱伺服电动机的技术资料请参看参考文献[5]。

三菱以上系列的伺服电动机均带有 18b（242144p/r）分辨率的增量/绝对通用型内置编码器。

表6-4　伺服驱动器和伺服电动机配套列表

符　号	220V AC							400V AC	
	HF-KP	HF-MP	HF-SP	HC-LP	HC-RP	HC-UP	HA-LP	HF-SP	HA-LP
10	0.53,13	0.53,13	—	—	—	—	—	—	—
20	23	23	—	—	—	—	—	—	—
40	43	43	—	—	—	—	—	—	—
60	—	—	51,52	52	—	—	—	524	—
70	73	73	—	—	—	72	—	—	—
100	—	—	81,102	102	—	—	—	1024	—
200	—	—	121,201 152,202	152	103,153	152	—	1524 2024	—
350	—	—	301,352	202	203	202	—	3524	—
500	—	—	421,502	302	353,503	352,502	502	5024	—
700	—	—	702	—	—	—	602,701M 702	7024	6014 701M4
11K	—	—	—	—	—	—	801,12K1 11K1M,11K2	—	8014,12K14 11K1M4,12K24
15K	—	—	—	—	—	—	15K1,15K2 15K1M	—	15K14,15K1M4 15K24
22K	—	—	—	—	—	—	20K1,25K1 22K1M,22K2	—	20K14,22K1M4 22K24

6.1.4　附件

MR-J3 系列伺服要构成一套完整的系统，除了伺服驱动器、伺服电动机这两个主要部件以外，还需要选择配套的电源接头（电源电缆）、编码器电缆、控制接头，以及根据使用功能不同其他的一些必要的附件，如电池、抱闸电缆等。

1. 电源接头（电源电缆）

MR-J3 系列伺服驱动器和伺服电动机之间的 U、V、W 电源接线在选型购买时是标准件，为电缆或是接头。对于 HF-KP、HF-SP 系列电动机（750W 及以下）的使用电源电缆，HF-SP 系列电动机对应 200V 3.5kW 以下和 400V 2kW 以下选用电源接头，用户自行接线。200V 5kW 或 7kW 和 400V 3.5～7kW 使用端子直接螺钉接线。

对于 HF-KP、HF-SP（750W 及以下）系列电动机的使用电源电缆，这两个型号电动机体积相对比较小，电源接头比较小，有做好的标准电缆可以购买，电缆常用的标准长度为 2m、5m、10m，和电动机的接头部分是扁平方向安装的，伸出的电源线平行于电动机轴，分为和电动机轴负载同向或是反向伸出（见图 6-5）。这样用户可以根据电动机在设备中实际的安装状态选择对应的伸出方向的电缆，避免机器安装时的不便。

电源电缆根据弯曲寿命分为两种：一种是标准电缆，对应型号后面有后缀-L，另一种是高弯曲寿命，后缀为-H。10m 以下编码器电缆型号见表 6-5。

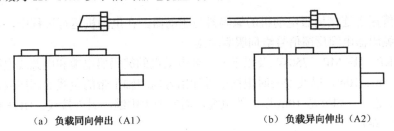

（a）负载同向伸出（A1）　　　　　（b）负载异向伸出（A2）

图 6-5　HF-KP、HF-SP 电动机电源电缆示意图

表 6-5　HF-KP、HF-SP 电动机电源电缆表

说　明	型　号	备　注
HF-KP，HF-MP 系列电动机电源电缆从负载侧引出	MR-PWS1CBL□M-A1-H	高弯曲寿命电缆
	MR-PWS1CBL□M-A1-L	标准电缆
HF-KP，HF-MP 系列电动机电源电缆从负载侧反向引出	MR-PWS1CBL□M-A2-H	高弯曲寿命电缆
	MR-PWS1CBL□M-A2-L	标准电缆

注：□中数字等于电缆长度：2、5、10 分别表示 2m、5m、10m 长度。

对于 HF-SP（1kW 以上，含 1kW）系列电动机和驱动器电源连接，可以选择标准的电源接头自行焊接电源线。根据电动机功率的不同使用接头的尺寸也不同，对应接头型号也不同，用户电源接头需要根据电动机的功率大小选择对应型号的接头。HF-SP 系列电动机电源接头示意图如图 6-6 所示。电动机电源电缆见表 6-6。电动机电源接头图如图 6-7 所示。

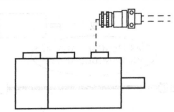

图 6-6　HF-SP 系列电动机电源接头示意图

表 6-6　HF-SP 电动机电源电缆表

电动机型号	电源接头
HF-SP51，81；HF-SP52，102，152；HF-SP524，1024，1524	MR-PWCNS4
HF-SP121，201，301；HF-SP202，352，502；HF-SP2024，3524，5024	MR-PWCNS5
HF-SP421，702，7024	MR-PWCNS3

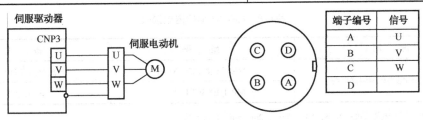

图 6-7　电源接头图

2. 编码器电缆

编码器电缆用于连接伺服电动机的编码器与驱动器。在电动机运行过程中，电动机后面的编码器会通过编码器电缆反馈信号给伺服驱动器。

对于 HF-KP、HF-MP（750W 及以下）系列电动机的编码器电缆和电源线电缆一样，根据长度分为 2m、5m、10m，以及安装时根据电缆伸出方向和轴上带的负载的同向或是反向在型号上有 A1 与 A2 之分。如果是 10m 以上的电缆，需要加上中继，另外接线。HF-KP、HF-MP 编码器电缆表见表 6-7。

表 6-7　HF-KP、HF-MP 编码器电缆表

说　　明	型　号	备　注
HF-KP、HF-MP 系列电动机电源电缆从负载侧引出	MR-J3ENCBL□M-A1-H	高弯曲寿命电缆
	MR-J3ENCBL□M-A1-L	标准电缆
HF-KP、HF-MP 系列电动机电源电缆从负载侧反向引出	MR-J3ENCBL□M-A2-H	高弯曲寿命电缆
	MR-J3ENCBL□M-A2-L	标准电缆

注：□中数字等于电缆长度：2、5、10 分别表示 2m、5m、10m 长度。

HF-KP、HF-MP 编码器电缆图如图 6-8 所示。

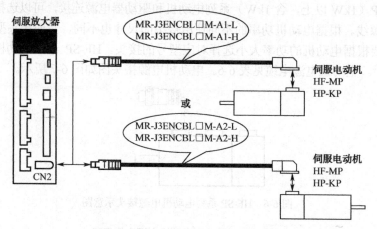

图 6-8　HF-KP、HF-MP 编码器电缆图

对于 HF-SP（1kW 以上，含 1kW）系列电动机来说，编码器电缆和电动机接口部分是垂直于电动机轴方向的标准电缆，电缆和电动机编码器部分的接头为航空插头。电缆也可以根据弯曲寿命分为标准产品和高弯曲寿命产品，标准产品电缆标准长度有 2m、5m、10m、20m、30m。高弯曲寿命产品电缆标准长度有 2m、5m、10m、20m、30m、50m。HF-SP 编码器电缆表见表 6-8。

表 6-8　HF-SP 编码器电缆表

说　　明	型　号	备　注
HF-SP 系列电动机编码器电缆	MR-J3ENSCBL□M -H	高弯曲寿命电缆
	MR-J3ENSCBL□M -L	标准电缆

注：□中数字等于电缆长度：2、5、10 分别表示 2m、5m、10m 长度。

HF-SP 编码器电缆图如图 6-9 所示。

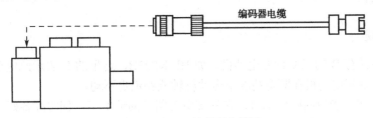

图 6-9 HF-SP 编码器电缆图

3. 控制接头

MR-J3-A 型号驱动器上有一个 CN1 接口，CN1 接口有 50 个针脚，这些针脚包括了驱动器的一些输入/输出信号，对于输入信号包括了驱动器要接收的上位控制器的脉冲、方向、清零、伺服开启信号（SON）等，以及要外接的急停、正反两个行程极限、外部 DC24V 电源等信号；对于输出信号包括了 A、B、Z 相反馈脉冲，定位完成报警等信号。

为了使用输入/输出信号就要在 CN1 接头上配接线端子，端子上再焊上接线接到外部，此接头的标准型号为 MR-J3CN1，如图 6-10 所示。

使用接头焊线，因为接头针脚较多，所以需要电缆芯数也较多，对于使用者的焊接技术要求比较高，后期实际使用过程中检查、维护也不方便，故在实际使用中三菱又为客户提供了另一种选择，可以不用选择 MR-J3CN1 接头而选用端子台及标准电缆，

图 6-10 MR-J3CN1 图

电缆一端连接伺服驱动器的 CN1 接头，另一端连接端子台，将 CN1 接头上的信号引到端子台上，用户直接在端子台上用螺钉接线，因为将原先的焊线改成端子台螺钉接线，方便了接线操作，也方便了后期使用过程中的检查和维护。端子台和连接电缆的型号分别为 MR-TB50、MR-J2M-CN1TBL□M（□为长度，05 表示 0.5m，1 表示 1m）。端子台连接示意图及端子台外形尺寸图如图 6-11 所示。

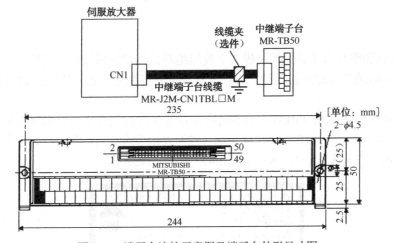

图 6-11 端子台连接示意图及端子台外形尺寸图

4. 其他选件

1）抱闸电缆

对于型号中带有 B 的三菱伺服电动机，如 HF-KP23B，这里的 B 表示此电动机是带有抱闸功能的电动机，抱闸电动机在断电情况下电动机轴能够锁定不动。

对于不带抱闸功能的伺服电动机，在外部电源断开的情况下，伺服准备好，信号断开，伺服轴处于自由状态，如果外部有力作用在伺服电动机轴上，轴就可能会移动，一个带着负载的电动机，如果负载是水平方向，断电后虽然轴处于自由状态，但因为是水平方向负载，通常机械的水平方向是有支撑的，所以电动机轴不会动，但是如果是垂直方向带有负载，断电后电动机轴上的负载在重力作用下会向下运动，进而会带动电动机轴旋转，这时就要考虑垂直方向的轴选择带有抱闸功能的电动机，保证在断电后，电动机轴能够抱闸锁定，不会在负载重力作用下移动。常见的例子是 XY 轴工作平台带有一个 Z 轴方向的加工轴，通常 XY 两个轴用于平面的工件定位，Z 轴为垂直轴工轴，这个轴就要选择带有抱闸功能的电动机。

带有抱闸功能的伺服电动机的机身上会多一个抱闸电缆的接口，通过这个接口连接抱闸电缆，抱闸电缆连接外部的 DC 24V 电源，当有 24V 电源输入时抱闸打开，当 24V 电源断开时抱闸生效，电动机轴会锁紧不能运动。

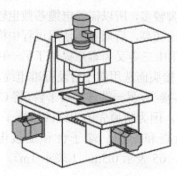

图 6-12　XY 轴工作平台

2）电池

当 MR-J3 伺服驱动器在位置控制模式下使用绝对位置检测系统时，需要内装一个电池。其目的是保存停电时的当前绝对位置值，而在重新开机后将绝对位置值传送回 PLC 的当前值寄存器中。

电池附件的型号为 MR-J3BAT。购买时应注意其生产日期在电池背面铭牌的系列号中。如图 6-13 所示，用 1～9、X（10）、Y（11）、Z（12）表示生产年月，第一位表示年，第二位表示月，例如，2004 年 10 月表示为"SER1AL□4X□□□□□□"。

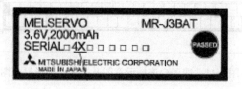

图 6-13　电池铭牌

安装电池时，必须接通控制电路电源，断开主电路电源 15min，等到充电指示灯熄灭，并用万用表确认 P-N 端子间的电压后才可进行，否则可能会引起触电。

注意：如果控制电路电源断开后更换电池则绝对位置数据部分或全部丢失。

6.2　端口与连接

6.2.1　端口简介

MR-J3 伺服驱动器的端口面板各部分构成如图 6-14 所示。它由操作显示板、主电路端口、控制信号端口和通信端口等组成。操作显示板由显示和操作两部分组成，可对驱动器的状态、报警信息进行显示和对参数进行设定。其具体操作和应用将在第 7 章中进行讲解。下面对各个端口做一简单介绍。

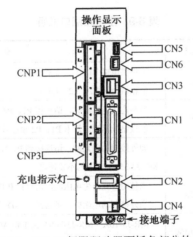

图 6-14　MR-J3 伺服驱动器面板各部分的构成

1. 主电路端口

主电路端口由 CNP1、CNP2、CNP3 端口组成。

（1）CNP1：三相电源接入端及电动机接入端口。

（2）CNP2：控制电路电源端口及再生电阻接入端口。

（3）CNP3：输出三相变频电压端口。

2. 控制信号端口

控制信号端口由 CN1、CN6 端口组成。

（1）CN1：这是一个 50 针的连接器，为驱动器的各种开关量输入/输出信号、模拟量输入信号的接口。

（2）CN6：模拟量输出信号端口。

3. 通信端口

通信端口由 CN3、CN5 组成：

（1）CN3 为 RS-422 接口标准通信端口，可连接个人计算机及通信设备。

（2）CN5 为 USB 接口通信端口，可连接个人计算机。

4. 其他

（1）CN2：伺服电动机编码器连接接头端口。

（2）CN4：连接绝对位置数据保存用电池接头端口。

6.2.2 主电路端口说明与连接

1. 端口说明

主电路端口说明见表 6-9。一个典型的主电路电源接入电气原理图如图 6-15 所示。

表 6-9　主电路端口说明

端　　口	符　　号	用　　途	说　　明
CNP1	L1、L2、L3	主电路电源	三相供电接 L1、L2、L3。 单相供电接 L2、L2。L3 空
	P1、P2	电抗器	当不连接电抗器时，请短接 P1、P2 端（出厂为短接状态）。 连接电抗器时，卸下 P1、P2 短接线后再接电抗器
	N	制动单元	如外接制动单元时，请连接到 P、N 端子上，制动电阻则连接到制动单元上。 MR-J3-350A 以下的不要连接
CNP2	P、C、D	再生电阻	当使用内置再生电阻时，请短接 P-D 或 P-C（出厂已短接）。 当外接制动电阻时，务必卸下 P-D 或 P-C 端连线，然后再接再生电阻
	L11、L21	控制电路电源	MR-J3-10A～MR-J3-700A 接单相 AC200～230V 电源。 MR-J3-10A1～MR-J3-40A1 接单相 AC100～120V 电源
CNP3	U、V、W	伺服电动机	接伺服电动机 U、V、W 端口，供电端口

2. 端口连接

关于主电路电源接入做如下一些说明。

1）接通电源的顺序

MR-J3 伺服驱动器要求控制电源（L1、L2）应和主电路电源（L1、L2、L3）同时接通或比主电路电源先接通。当控制电源接通后，如果主电路电源还没有接通，则会在操作显示面板上显示报警信息，当主电路电源接通后，报警显示会自动消除，进入正常运行状态。

2）主电路电源的控制

主电路电源的接入由主接触器 KM 控制，在驱动器正常工作期间，不要通过主接触器的频繁通断来控制驱动器运行，这样做会严重影响驱动器寿命。主接触器触点容量应为驱动器额定输入电流的 1.5～2 倍。

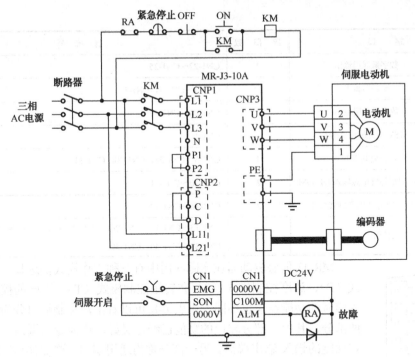

图 6-15　主电路电源接入电气原理图

3）紧急停止和故障停止应用

紧急停止按钮为发生可见的故障情况紧急停止用。故障触点 RA 应包括所有可能发生故障的输出触点串联接在控制电路上。例如，驱动器故障信号 ALM，制动电阻过热故障信号等。

4）与伺服电动机的连接

驱动器与电动机的连接必须严格按照相序相连，且驱动器与电动机之间不能加装接触器。

5）电抗器，制动单元和制动电阻的连接

电抗器，制动单元和制动电阻的连接见表 6-9。

6.2.3　位置控制模式（P）输入（I）端口说明与连接

CN1 为 50 针的连接器，主要用于驱动器的控制端口。端口结构组成见表 6-10。针脚排列如图 6-16 所示。

表 6-10　CN1 连接器端口结构组成表

端　　口		端　口　数	针　脚　号
输入	数字量通用输入	9	CN1-15～CN1-19，CN1-41，CN1-43～CN1-45
	数字量专用输入	1	CN1-42
	定位脉冲输入	5	CN1-10～CN1-12，CN1-35～CN1-36
	模拟量控制输入	2	CN1-2，CN1-27

端　　口		端口数	针　脚　号
输出	数字量通用输出	4	CN1-22～CN1-25
	编码器输出	7	CN1-4～CN1-9，CN1-33
	数字量专用输出	2	CN1-48，CN1-49
其他	+15V 电源输出 P15R	1	CN1-1
	控制公共端 LG	4	CN1-3，CN1-28，CN1-30，CN1-34
	数字接口用外置电源输入 DICOM	2	CN1-20～CN1-21
	数字接口用公共端 DOCOM	2	CN1-46～CN1-47
	未使用	11	CN1-13～CN1-14，CN1-26，CN1-29，CN1-31～CN1-32 CN1-37～CN1-40，CN1-50

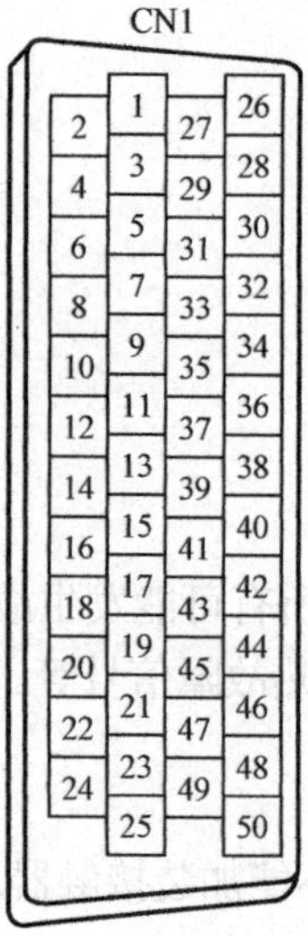

CN1

图 6-16　CN1 连接器
针脚排列

MR-J3 伺服驱动器在实际应用中有三种工作模式供选择：位置控制模式（P）、速度控制模式（S）和转矩控制模式（T）。不同的控制模式对输入信号的功能要求也不同。由表 6-8 可以看出，控制端口分为输入和输出两部分，其中一部分端口的功能已经定义好，称为专用端口。如表中所指定功能的输入/输出端口。另一部分称为通用端口，这部分端口的功能与控制模式和功能设置有关，类似于变频器的多功能输入/输出端口。

通用端口功能的定义过程如下。

（1）每一个端口都有一个参数 PD 与之对应。

（2）通过对参数 PD 的数值设定决定其相应端口所定义的在不同控制模式下的端口功能。

本书仅介绍在位置控制模式的端口功能设置，对速度控制模式和转矩控制模式下的端口功能设置，读者可参看参考文献[4]。

本节先对输入通用端口的设置和连接进行说明。

1. P 模式下通用输入端口参数与功能定义

通用输入端口有 9 个，其所对应的参数 PD 见表 6-11。

表 6-11　通用输入端口对应参数 PD 表

端　　口	对应参数	出厂设定	P 模式	端　　口	对应参数	出厂设定	P 模式
CN1-15	PD03	00020202H	SON	CN1-41	PD08	00202006H	CR
CN1-16	PD04	00212100H	—	CN1-43	PD10	00000A0AH	LSP
CN1-17	PD05	00070704H	PC	CN1-44	PD11	00000B0BH	LSN
CN1-18	PD06	00080805H	TL	CN1-45	PD12	00232323H	LOP
CN1-19	PD07	00030303H	RES				

P 模式下输入端口功能及其设定值见 6-12。

表 6-12　P 模式下输入端口功能设定值表

设 定 值	定 义 功 能	代表符号	设 定 值	定 义 功 能	代表符号
02	伺服开启（ON）	SON	0A	正转限位	LSP
03	驱动器复位	RES	0B	反转限位	LSN
04	速度调节器 PI/P 控制切换	PC	0D	增益切换限制	CDP
05	外部转矩限制	TL	23	控制方式转换	LOP
06	误差清除	CR	24	电子齿轮比选择 1	CM1
09	第 2 内部转矩限制	TL1	25	电子齿轮比选择 2	CM2

　　结合表 6-11 和表 6-12，通用输入端口在出厂时都已经定义了一个功能，即出厂设定。例如，端口 CN1-15 被定义为 S0N 功能，CN1-19 被定义为 RES 功能等。可以说，出厂设定是伺服在位置控制模式下的基本设定。一般情况下不需对通用输入端口另行进行重新设定，直接按照出厂设定进行应用即可。

　　有关 P 模式下输入端口所能定义的功能说明如下。

1）伺服 ON（SON）

　　该信号直接控制伺服电动机的状态。当驱动器接上主电路电源后，若 SON= "ON"，逆变电路接通，伺服电动机进入运行准备状态，转子不能转动。

　　若 SON= "OFF"，逆变电路关断，伺服电动机处于自由停车状态，转子可自由转动。

　　通过参数 PD01 的设定可使该信号在内部变为自动接通，处于常 ON 状态。这时，可不需要外接信号开关。

2）复位（RES）

　　发生报警时，用该信号（接通 50ms 以上）清除报警号（并不是所有报警信号均能清除）。

　　如果在没有报警信号时，RES 为 ON，则根据参数 PD20 的设定处理，出厂值为切断逆变电路，伺服电动机处于自由停车状态。

3）正/反转限位（LSP/LSN）

　　这是一对定位控制时置于行程极限处限位开关的触点输入，为常闭型输入。当输入为 OFF（开关断开）时，对应方向上的运动停止。伺服处于锁定状态。

　　可以通过参数 PD20 设定运动停止的方式，出厂值为立即停止。

　　可以通过参数 PD01 的设定使之变为内部自动 ON，这时外部碰到限位开关后为外部行程报警，电动机转动总是允许的。

4）清零信号（CR）

　　该信号用来清除驱动器内偏差计数器滞留脉冲。脉冲宽度必须大于 10ms。

　　这个信号一般在原点回归时使用，由定位控制器发出，目的是清除伺服驱动器的跟随误差，使之与当前值寄存器保持一致。

可以通过参数 PD22 设置使之变为内部自动为 ON，一直清除滞留脉冲，这时每一个定位控制执行后会清除滞留脉冲。

5）紧急停止（EMG）

端口 CN1-42 固定为紧急停止 EMG 端口。当该信号为 OFF 时，驱动器会快速切断逆变电路，动态制动器动作，使伺服电动机处于紧急停止状态，同时驱动器显示报警。当该信号为 ON 时，解除紧急状态。EMG 信号应固定为常闭型输入，由于动态制动会使伺服电动机绕组被直接"短路"形成强力制动，如频繁使用 EMG 信号会使电动机使用寿命下降，因此 EMG 信号只能作为紧急停止用。此外，EMG 信号变 ON 后驱动器会直接进入运行状态，因此在 EMG 信号变 ON 的同时必须停止定位脉冲的输入。

在定位控制模式中，上述 5 个输入功能是必须要设定的端口信号，其端口一般按照出厂设定即可，除此之外，还有一些输入功能仅做一些简单说明。

6）外部转矩限制选择（TL）

该信号用来指定转矩限制设定值的来源，信号为 ON，使用外部模拟量输入 TLA 端的值，信号为 OFF，使用内部参数设定的转矩值。

7）速度调节器切换（PC）

该信号用来控制速度放大器的 PI（比例积分）方式与 P（比例）方式之间的切换。PC 为 ON，则从 PI 方式切换到 P 方式，PC 为 OFF 时为 P 方式。

8）增益切换（CDP）

CDP 信号用于进行负载惯量比 GD、速度调节器增益 VG、位置调节器增量 PG 的切换。

9）控制切换（LOP）

该信号仅在驱动器选择了可切换控制方式时（参数 PA01 设定）才有效。信号为 ON 时从一种控制方式转换到另一种控制方式。

10）电子齿轮比选择（CM1、CM2）

在复杂位置控制运动中，有时会需要设置多个电子齿轮比供在不同的位置控制使用，而输入端口 CM1、CM2 是用来选择不同电子齿轮的，其方法是根据 CM1、CM2 端口的信号组态来选择不同的电子齿轮比的电子齿轮分子参数值。

在位置控制模式中，多功能输入端口共 9 个，但其可选择的功能有 12 个。从 12 个功能中选出 9 个功能赋予 9 个输入端口，必须根据控制要求进行考虑选择。

2. 通用输入端口的参数设定

通用输入端口的功能设置是通过对与其相对应的参数 PD03～PD12 设置来完成的。功能参数设置是以 8 位十六进制数来设定的。其定义如图 6-17 所示。

通用输入端口在不同的控制模式下其功能是不同的。图 6-17 把一个端口在三种控制模式时的端口功能都进行了设置。每一种控制模式占用两位十六进制数。首 2 位固定为 00，依次为转矩、速度和位置控制模式的功能设定值。

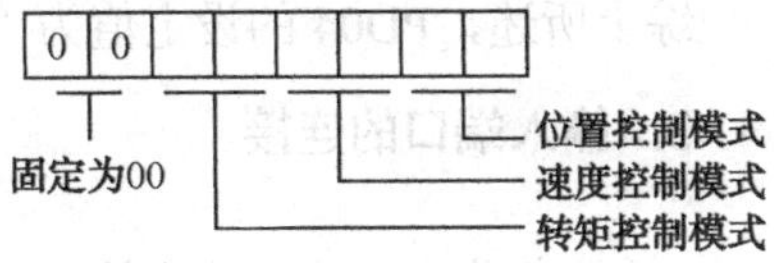

三种模式下参数设定值与其相对应的功能关系见表 6-13。

```
┌─┬─┬─┬─┬─┬─┬─┐
│0│0│ │ │ │ │ │
└─┴─┴─┴─┴─┴─┴─┘
   │         ├── 位置控制模式
固定为00      ├── 速度控制模式
             └── 转矩控制模式
```

图 6-17　通用输入端口参数设置

表 6-13　通用输入端口参数设定值与其相对应的功能表

设 定 值	P 模 式	S 模 式	T 模 式	设 定 值	P 模 式	S 模 式	T 模 式
00	—	—	—	0B	LSN	LSN	
01		制造商设定用		0C		制造商设定用	
02	SON	SON	SON	0D	CDP	CDP	—
03	RES	RES	RES	0E～1F		制造商设定用	
04	PC	PC	—	20		SP1	SP1
05	TL	TL	—	21		SP2	SP2
06	CR	CR	CR	22		SP3	SP3
07	—	ST1	RS2	23	LOP	LOP	LOP
08	ST2	ST2	RS1	24	CM1	—	
09	TL1	TL1	—	25	CM2	—	
0A	LSP	LSP		26	—	STAB2	STAB2

对表中位置控制模式（P）列中的功能代表符号含义已在上面讲过，而关于速度控制模式（S）和转矩控制模式（T）列中相对的功能代表符号所代表的功能含义这里不做介绍。请参看参考文献[4]。

现举例说明输入通用端口的功能设定。

【例 6-1】　试说明 PD03="00020202H"的设定含义。

PD03 对应于端口 CN1-15，这是 CN1-15 端口的功能设定。对照图 6-17 和表 6-10。

T 模式为 "02"，SON 功能。

S 模式为 "02"，SON 功能。

P 模式为 "02"，SON 功能。

说明，CN1-15 端口在这三种模式下均设置为伺服 ON 功能。

【例 6-2】　试说明 PD08="00202006H"的设定含义。

PD08 对应于 CN1-41 端口。

T 模式为 "20"，SP1 功能（速度指令选择 1）。

S 模式为 "20"，SP1 功能（速度指令选择 1）。

P 模式为 "06"，CR 功能。

【例 6-3】　设置 CN1-16 端口，T 模式和 S 模式均为 SP2 功能（速度指令选择 2），试写出相应端口参数值。

CN1-16 端口对应于参数 PD04。SP2 功能的设定值对 T 和 S 模式均为 "21"。如果这时不希望设定 P 模式下的端口功能，则可设定为 "00"（对不希望设置某种模式下端口功能的则设定值为 00）

综上所述，PD04 的设定值为"00212100"。

3. 输入端口的连接

1）数字量输入端口的连接

数字量输入端口内部电路如图 6-18 所示。其内部为双向二极管光耦电路，且无内置电源，需外接 24V DC 电源，因此有两种接法：漏型和源型接法。当外接为有源开关时，须注意电源的极性与外接有源开关的类型（PNP，NPN）相匹配。

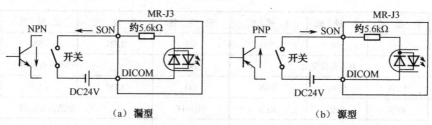

图 6-18　数字量输入端口的连接

2）定位脉冲输入端口的连接

定位脉冲输入端口为 PP、PG 和 NP、NG。若控制器提供的是差动线驱动脉冲信号，则按图 6-19 所示方式接入。如果控制器所提供的是集电极开路脉冲信号，则按图 6-20 所示方式接入。这时，参数 PA13 的设置必须与输入脉冲形式一致。集电极开路脉冲信号有正/反转脉冲，A、B 相脉冲和脉冲+方向三种形式。其中正转脉冲、A 相脉冲或脉冲信号应接 PP 端，而反转脉冲、B 相脉冲或脉冲方向应接 NP 端。

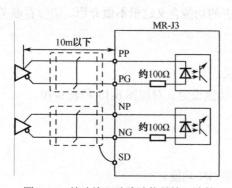

图 6-19　差动线驱动脉冲信号输入连接

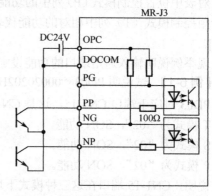

图 6-20　集电极开路脉冲信号输入连接

6.2.4　位置控制模式（P）输出（O）端口说明与连接

1. P 模式通用输出端口参数与功能定义

通用输出端口和输入端口一样，每个端口都有一个参数 PD 与之对应，见表 6-14。

表 6-14 通用输出端口参数与功能定义

端 口	对应参数	出厂设定	P 模 式	端 口	对应参数	出厂设定	P 模 式
CN1-22	PD13	0004H	INP	CN1-25	PD16	0007H	TLC
CN1-23	PD14	000CH	ZSP	CN1-49	PD18	0002H	RD
CN1-24	PD15	0004H	INP				

通用输出端口在位置控制模式下的定义功能及其设定值见表 6-15。

表 6-15 通用输出端口 P 模式定义功能及其设定值

设 定 值	定 义 功 能	代 表 符 号	设 定 值	定 义 功 能	代 表 符 号
02	驱动器准备好	RD	07	转矩限制中	TLC
04	定位完成	INP	0C	速度为 0	ZSP

有关输出端口在 P 模式下所定义的功能说明如下。

1）驱动器准备好（RD）

RD 信号为 ON，表示伺服已处于可运行状态。一般在电源接通，伺服 ON 信号开启且复位信号 OFF 时为 ON。这个信号一般是向控制器发送的运行信号，控制器接到该信号后才能发出定位控制脉冲。

2）定位完成（INP）

在位置控制模式下，当驱动器内部偏差计数器的滞留脉冲已达到由参数 PA10 所设定的范围内（表示在允许误差范围内）时，INP 为 ON。

3）转矩限制中（TLC）

当驱动器选择位置或速度控制模式时，如果输出转矩达到由参数 PA11/PA12、PC35 设定或模拟量给定（TC 端）设定的转矩限制值时，TLC 为 ON。

4）速度为 0（ZCP）

当电动机实际转速小于 PC17 所设定的速度值（r/min）时，ZCP 为 ON。该信号可以用来判断电动机是否在正常运转。

5）驱动器报警（ALM）

端口 C1-48 被指定为驱动器报警信号 ALM 的专用输出端口。信号为常闭型输出，如驱动器无报警，则在控制电源接通后，ALM 自动为 ON。一般常用其常开触点接于主电源接入继电控制电路中。

除了上述常用的 5 个输出信号外，还有告警信号（WNG）、电池告警信号（BWNG）、ABS 数据传送（ABSB0/ABSB1/ABST）和 ABS 数据丢失（ABSV）等信号设定。想了解的读者可参看参考文献[4]。

2. 通用输出端口参数设定

通用输出端口的功能设置也是通过其相对应参数 PD13～PD18 的设定值来定义的。功能参数设置以 4 位十六进制数来进行设定，图 6-21 所示的功能设定值及其所表示的功能见表 6-16。同样，对表中位置控制模式下的功能代表符号所代表的功能上面已做了说明。关于在速度控制模式及转矩控制模式下的各种功能说明及代表符号这里也不再阐述，可看参考文献[4]。

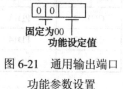

图 6-21 通用输出端口功能参数设置

表 6-16 通用输出端口功能设定值

设 定 值	P 模 式	S 模 式	T 模 式	设 定 值	P 模 式	S 模 式	T 模 式
00	一直常闭	一直常闭	一直常闭	09	BWNG	一直常闭	一直常闭
01	制造商设定用			0A	一直常闭	SA	SA
02	RD	RD	RD	0B	一直常闭	一直常闭	VLC
03	ALM	ALM	ALM	0C	ZSP	ZSP	ZSP
04	INP	SA	一直常闭	0D	制造商设定用		
05	MBR	MBR	MBR	0E	制造商设定用		
06	制造商设定用			0F	CHGS	一直常闭	一直常闭
07	TLC	TLC	VLC	10	制造商设定用		
08	WNG	WNG	WNG	11	ABSV	一直常闭	一直常闭

3. 输出端口的连接

1）数字量输出端口的连接

数字量输出端口内部电路如图 6-22 所示。输出光耦与负载之间接了一个全波桥式整流电路，其作用不是外接交流电源用，而是根据外接直流电源的极性不同，形成源型或漏型输出电路。输出可直接驱动电灯、继电器或光耦，如为感性负载请加接二极管 D。注意二极管的极性不能接反，如果接反，驱动器输出会因短路而发生故障。由于采用整流电路，当光耦导通时，电源经负载流经两个整流二极管形成通路。因此，内部会有约 2.6V 的压降。

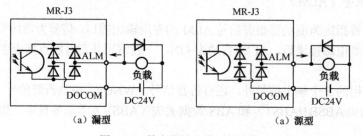

图 6-22 数字量输出端口的连接

2）编码器输出端口的连接

驱动器提供了两种编码器输出端口，一种是差动线驱动输出 LA、LAR、LB、LBR、LZ、LZR。另一种是编码器 Z 相脉冲集电极开路输出 OP，其输出脉冲波形如图 6-23 所示。由图可以看出，编码器脉冲为 A-B 相差动线驱动输出。

差动线驱动输出的优点是抗共模干扰能力强，抗噪声干扰性好，传输距离长，但是当它反馈给控制器时，接收信号的设备也必须有差动线驱动输入接口才行，如三菱 FX PLC 的高速脉冲输入端口就不是差动型驱动接口，因为不能直接接入差动线驱动信号，而 FX$_{3U}$-4HSX-ADP 高速适配器支持差动线驱动信号输入，也可以通过外接电路将差动线驱动信号转换成集电极开路信号后传送给控制器输入口，图 6-24 表示了两种转换方法原理图。

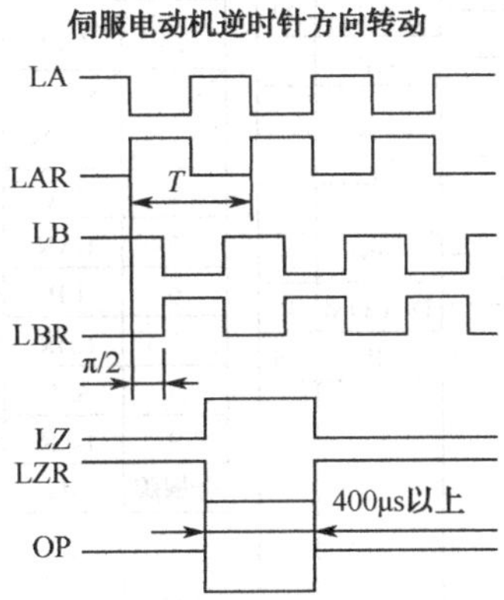

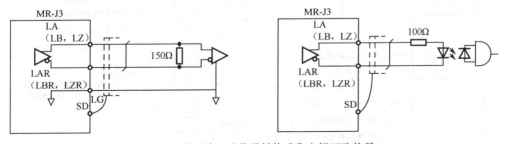

图 6-23　编码器输出脉冲波形

图（a）把差分信号传送给差分信号接收器 IC（如 AM2BLS32）转换成单端信号。图（b）通过高速光耦转换成单端信号，然后再通过适当电路转换成集电极开路输出。

图 6-24　差动线驱动信号转换成集电极开路信号

编码器 Z 相脉冲集电极开路输出信号 OP 是专门用来提供控制器在原点回归操作时的零点信号计数的。一般连接到控制器的零相信号输入端口。

6.2.5　MR-J3 伺服驱动器位置控制模式 I/O 信号连接举例

本节给出 MR-J3 伺服驱动器与不同的控制器在位置控制模式下的典型 I/O 连接图。目的是希望读者通过对图的阅读掌握驱动器各个端口的功能含义及信号传送。必须说明的是，这些连接图并不完整，也不是唯一的接法，实际应用时应根据具体情况和控制要求进行适当变化。连接图中 MR-J3 驱动器所有 I/O 端口的功能均按出厂值设置。

1. MR-J3 与 FX₃ᵤ PLC 的连接

MR-J3 与 FX₃ᵤ PLC 的连接如图 6-25 所示。

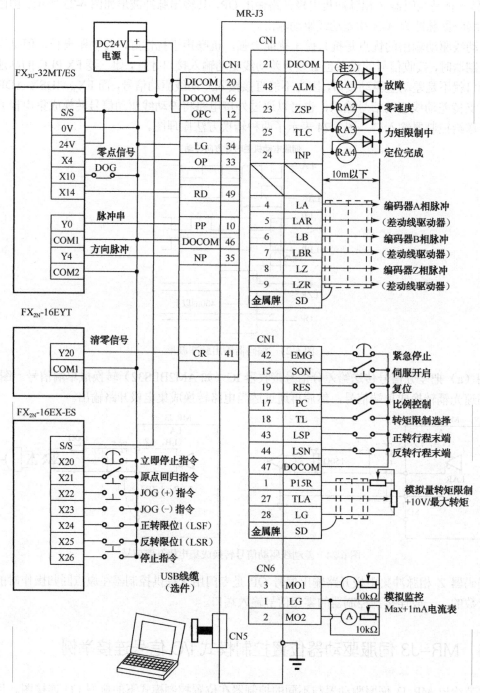

图 6-25　MR-J3 与 FX₃ᵤ PLC 的连接

2. MR-J3 与 FX$_{2N}$-1PG 定位模块的连接

MR-J3 与 FX$_{2N}$-1PG 定位模块的连接如图 6-26 所示。

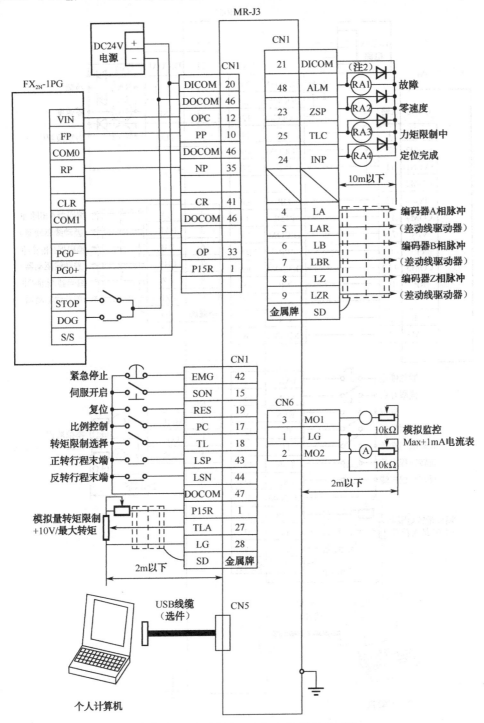

图 6-26　MR-J3 与 FX$_{2N}$-1PG 定位模块的连接

3. MR-J3 与 FX₂ₙ-20GM 定位单元的连接

MR-J3 与 FX_{2N}-20GM 定位单元的连接如图 6-27 所示。

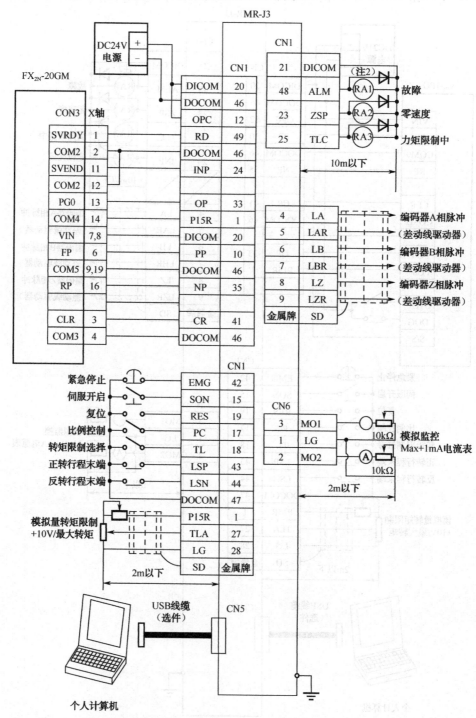

图 6-27　MR-J3 与 FX_{2N}-20GM 定位单元的连接

4. MR-J3 与 QD75D 定位模块的连接

MR-J3 与 QD75D 定位模块的连接如图 6-28 所示。

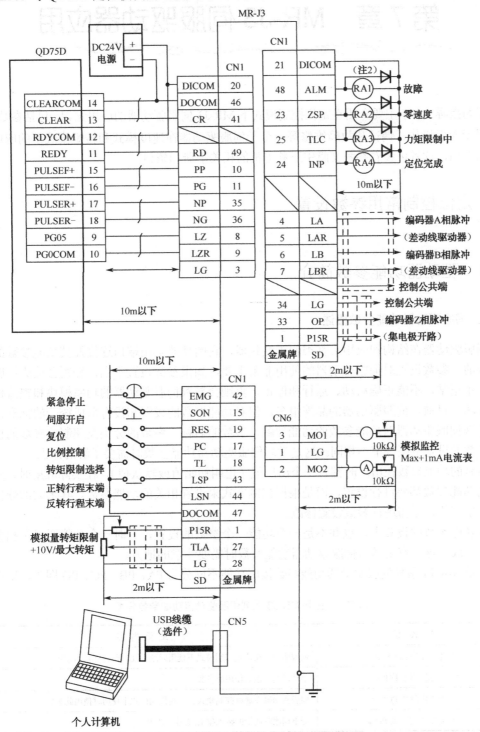

图 6-28　MR-J3 与 QD75D 定位模块的连接

第 7 章　MR-J3 伺服驱动器应用

学习指导：本章主要介绍在定位控制模式下 MR-J3 伺服驱动器的应用知识，包括参数设置、操作显示面板操作、调试和故障维修等。至于伺服驱动器在速度模式和转矩模式下的应用，本章不做介绍，读者可参看参考文献中三菱电机的相关手册和资料。

7.1　定位控制常用参数设置

7.1.1　驱动器功能参数简介

1. 伺服驱动器功能参数概述

伺服驱动器在结构和应用上都类似于变频器，它的功能是由端口连接及其功能参数的设置来完成的。参数设置对伺服驱动器的使用非常重要，如果参数设置不当，轻则会造成伺服系统的工作不正常，不能正确启动、运行和停止，重则会导致伺服驱动器的功率模块和整流桥等器件的损坏。目前，伺服驱动器的品牌很多，但对功能参数的设置却没有形成统一的标准，因此不同品牌伺服驱动器对功能参数的功能理解、参数的名称、参数的分类及编制、参数的设置方式和参数的设定范围等都不相同。这是学习伺服驱动器功能参数时需要了解的知识。

所有的功能参数在出厂时都有一个出厂值（也叫初始值或默认值），在实际应用时，并不是所有的功能参数都要进行设置，而是根据控制方式来设置相关的功能参数。其余大部分参数直接使用出厂值，无需进行参数设置修改。

在功能参数的设置上，也并不是一个功能一个参数的设置，有时一个功能要多个相关参数设置来完成。这一点是学习伺服驱动器功能参数时需要注意的地方。

三菱 MR-J3 系列伺服驱动器功能参数按照功能不同分为 PA、PB、PC、PD 四类，见表 7-1。

表 7-1　三菱 MR-J3 系列伺服驱动器功能参数分类

参　数　组	主　要　内　容
基本设定参数 PA□□	伺服驱动器在位置控制模式下使用时通过此参数进行基本设定
增益、滤波器参数 PB□□	手动调整增益时使用此参数
扩展设定参数 PC□□	伺服驱动器在速度控制模式、转矩控制模式下使用时使用此参数
输入/输出设定参数 PD□□	变更伺服驱动器的输入/输出信号时使用

（1）基本设定参数。参数号为 PA01～PA19，它们是驱动器基本功能和特性的设定，是在定

位控制方式下主要设定的参数，也是本书进行详细介绍的功能参数。读者对这类参数应进行较多的学习和掌握。

（2）增益、滤波器参数。参数号为 PB01～PB45，它们是驱动器对定位、速度调节器的调节特性和滤波器、陷波器等动态调节特性的调节参数设定，所以又称为调节参数。一般习惯上都将驱动器的调节参数 PA08 设为自动调谐功能（PA08=1）。这时，各种调节参数会在线进行自动设定，因此，在这种情况下用户不需要对该组参数进行设定。只有当使用在线自动调谐功能很难获得理想的调节特性及响应特性时，该组参数才需要人工进行设定。这时，可先设置 PA08=3，然后对该组参数进行逐一设定。本书仅对一些与定位控制相关的调整参数和手动调整方式做一些简单说明

（3）扩展设定参数。参数编号为 PC01～PC50。主要针对速度控制方式和转矩控制方式下的各种参数进行设定，如加/减速时间、脉冲输入/输出特性、模拟量输入/输出特性、通信及多段速时间内部速度设定等。在定位控制方式下，该组参数一般不需要另行设定，保持出厂值即可。本书仅对一些与定位控制相关的参数进行介绍。

（4）输入/输出设定参数。参数编号为 PD01～PD24。该组参数用于驱动器 I/O 端口的功能定义及端口控制信号的方式设定。在第 6 章介绍端口连接时已对该组参数中关于 I/O 端口的功能定义部分做了介绍。该组参数也是用户在定位控制方式下必须需要设定的参数。因此，对于在第 6 章中未予介绍的该组其他参数将在本章中讲解。

上述 MR-J3 伺服驱动器各组参数的参数编号、简称、功能、初始值等内容均参见附录。

2. 伺服驱动器功能参数设置说明

下面对书后附录 MR-J3 伺服驱动器功能参数所列表格的阅读做一点说明。功能参数表格内容见表 7-2。

表 7-2　功能参数表格内容

编 号	简 称	功能名称	初 始 值	单 位	控 制 方 式		
					定 位	速 度	转 矩
PA01	*STY	控制方式	0000H	/	○	○	○

表中各项说明如下。

（1）编号。功能参数的编号。当利用操作显示面板对功能参数进行设定时，面板上显示的是功能参数编号。

（2）简称。功能参数的英文符号表示。凡简称前带有"*"号的参数，设定后必须将电源断开，再重新接通电源后参数设定值才生效。

（3）初始值。伺服驱动器制造商在出厂时设定的参数值，又叫出厂值、默认值。参数修改均是对初始值进行的修改。

（4）单位。当功能参数的设定是在一定范围的数值时，这一列设置数值的单位。

（5）控制方式。伺服驱动器有三种控制方式，但并不是任一控制方式都需要对全部参数进行设定的。这里凡是画圈的，表示该参数在该控制方式下需要设定。当然出厂值也是一种设定，需要设定并不是一定要对出厂值进行修改，而是根据实际情况决定，而打"×"的表示该功能参数对该控制方式无效。

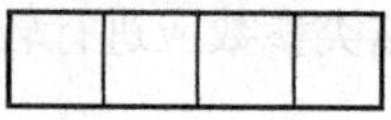

图 7-1　4 位十六进制数的选择设定

MR-J3 伺服驱动器的参数设定有两种方式。一种是涉及数值的均用数值设定，设定时注意其单位。另一种是功能、方式等选择性设定，采用 4 位或 8 位十六进制数来进行选择设定。8 位十六进制数的设定主要用于 I/O 端口的功能，见第 6 章所述。4 位十六进制数的选择设定如图 7-1 所示。

对于不同的参数，所要设置的十六进制位也不同。每个十六进制位上的设定值范围为 0～F，设定值必须根据参数设定说明和实际控制要求进行选择。驱动器在出厂时，很多参数的相应十六进制位已被固定为 0，不需要用户去更改。用户只能对指定的位进行设定。

3. 参数读/写禁止功能参数 PA19

在讲解各组参数设定前先要了解一下关于参数设定权限的一个功能参数 PA19。

MR-J3 伺服驱动器对参数的读/写设置了访问权限，其功能的含义是对四组参数的读出和写入（修改）进行限制，只有在允许该组参数读出和写入设置时才能对该组参数进行读出和写入操作。这个设定权限是由参数 PA19 的设定决定的。

1）参数列表

编　号	简　称	功能名称	初　始　值	单　位	位　置	速　度	转　矩
PA19	*BLK	参数读/写禁止	000Bh	/	○	○	○

2）参数设定

PA19 的参数设定见表 7-3。表中"○"为可以进行读/写操作，而打"×"者为禁止读/写操作。

表 7-3　PA19 的参数设定

设　定　值	读/写功能	PA□□	PB□□	PC□□	PD□□
0000h	读出	○	×	×	×
	写入	○	×	×	×
000Bh（初始值）	读出	○	○	○	×
	写入	○	○	○	×
000Ch	读出	○	○	○	○
	写入	○	○	○	○
100Bh	读出	○	×	×	×
	写入	仅 PA19	×	×	×
100Ch	读出	○	○	○	○
	写入	仅 PA19	×	×	×

3）参数说明

此参数出厂初始值是 000B，PD 参数是不能显示及修改的，如果需要修改 PD 组的参数，就要首先更改此参数，设定为 000C。

当设备设计调试完毕使用后，如果部分参数不需要用户去更改或是不允许现场使用者随意去更改，可以根据上面的设置将某些组参数设置成禁止查看或禁止更改。

7.1.2 基本设定参数 PA□□

基本设定参数是伺服驱动器在定位控制方式下使用时所必须要设置的参数组，基本设定参数见表 7-4。

在用于定位控制时，基本设定参数多数使用出厂值，仅修改几个参数就可以使电动机正常运行。这几个参数是 PA06、PA07（电子齿轮比）、PA13（脉冲输入形式）和 PD01（控制方式选择）。其中 PA06、PA07 要根据实际需要进行计算设置，通常在不考虑位置及速度的情况下，如果只是进行电动机的运行测试，也可以使用默认的电子齿轮比 1∶1，但是因为 MR-J3 的编码器分辨率比较高（262144 个脉冲转一圈），在这种情况下如果用 PLC（如 FX 系列等）发出一定频率的脉冲让伺服运行，此时伺服运行的速度非常慢，不容易观察到电动机在运行，所以最好对电子齿轮比进行适当设定，以保证电动机运行能够观察到。

如需要更改常用参数 PD01，还必须先将 PA19 号参数进行更改，PD01 可以通过内部参数进行伺服信号的设置（见 7.1.3 节说明）。

伺服参数一旦设定，不能任意调整或改变数值，否则可能导致运行不稳定，如需更改要在学习掌握参数的含义并了解伺服电动机当前控制模式的情况下再去更改。

表 7-4 基本设定参数

编 号	简 称	名 称	初 始 值	单 位	P	S	T
PA01	*STY	控制模式	0000h	\	○	○	○
PA02	*REG	再生选件	0000h	\	○	○	○
PA03	*ABS	绝对位置控制系统	0000h	\	○	×	×
PA04	*AOP1	功能选择 A-1	0000h	\	○	○	○
PA05	*FBP	伺服电动机旋转一周所需的指令脉冲数	0	\	○	×	×
PA06	CMX	电子齿轮分子（指令输入脉冲倍率分子）	1	\	○	×	×
PA07	CDV	电子齿轮分母（指令输入脉冲倍率分母）	1	\	○	×	×
PA08	ATU	自动调谐模式	0001h	\	○	○	×
PA09	RSP	自动调谐响应性	12	\	○	○	×
PA10	INP	到位范围	100	pls	○	×	×
PA11	TLP	正转转矩限制	100.0	%	○	○	○
PA12	TLN	反转转矩限制	100.0	%	○	○	○
PA13	*PLSS	指令脉冲输入形式	0000h	\	○	×	×
PA14	*POL	转动方向选择	0	\	○	×	×
PA15	*ENR	编码器输出脉冲	4000	pls/rev	○	○	○
PA16			0	\	×	×	×
PA17		制造商设定用	0000h	\	×	×	×
PA18			0000h	\	×	×	×
PA19	*BLK	参数写入禁止	000Bh	\	○	○	○

1. 控制模式设定功能参数 PA01

1）参数列表

编 号	简 称	功能名称	初 始 值	单 位	位 置	速 度	转 矩
PA01	*STY	控制模式设定	0000h	/	○	○	○

2）参数设定（见图 7-2）

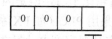

控制模式的选择
0：位置控制模式　　　　　　3：速度/转矩控制模式
1：位置/速度控制模式　　　　4：转矩控制模式
2：速度控制模式　　　　　　5：转矩/位置控制模式

图 7-2　PA01 参数设定

3）参数说明

PA01 用于选择伺服驱动器的控制方式，初始值为位置控制模式。当为定位控制时，使用此默认值，无需进行修改

当不是使用脉冲等来进行定位控制，而是用于速度、转矩等控制或是其他两种控制模式切换时，可以根据图 7-2 所示进行重新设定。

当选择了两种控制模式切换时（PA01=1、3、5）。其切换方式通过 LOP 信号进行切换。LOP 信号为 OFF 时，则为斜线（/）前控制模式；LOP 信号为 ON 时，则转换为斜线（/）后控制模式。LOP 信号一般是指输入端口 CN1～45 的脉冲信号。该端口在出厂时已被设定为 LOP 信号端口（端口的对应参数为 PD12=00232323h）

2. 再生制动选件选择功能参数 PA02

1）参数列表

编 号	简 称	功能名称	初 始 值	单 位	位 置	速 度	转 矩
PA02	*REG	再生制动选件	0000h	/	○	○	○

2）参数设定（见图 7-3）

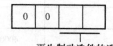

再生制动选件的选择
00：不使用再生制动选件
　・MR-J3-10A 时，不使用再生电阻
　・MR-J3-20A 以上时，使用内置再生电阻　　　04：MR-RB32
01：FR-BU・FR-RC　　　　　　　　　　　　　05：MR-RB30
02：MR-RB032　　　　　　　　　　　　　　　06：MR-RB50
03：MR-RB12　　　　　　　　　　　　　　　08：MR-RB31
　　　　　　　　　　　　　　　　　　　　　09：MR-RB51

图 7-3　PA02 参数设定

3）参数说明

当伺服电动机在拖动大惯量负载、势能负载（电梯、起重机），以及伺服电动机处于被拖动状态时，会把机械能转换成电能回送到驱动器的直流母线上，这时需要外接制动电阻把这个回馈的电能消耗掉。参数 PA03 就是对再生制动电阻进行选择的设定参数。

当驱动器功率较小或有内置制动电阻时可设定为 00，这时不需要外接制动电阻。

当驱动器功率为 3kW 和 5kW 时，由于再生能量较大，必须选用与其相配套的制动单元（FR-BU）或再生功率转换器（FR-RC），这时必须设定为 01。

02～09 为制动电阻的型号，制动电阻的选择必须和伺服驱动器的规格相匹配，具体匹配组合请参看参考文献[3]。如果选择不匹配的组合将出现参数异常报警。

如果参数设定的制动电阻和实际连接的制动电阻不一致可能会损坏制动电阻，在出厂状态时，伺服驱动器没有使用再生制动选件，此时使用默认参数。

3. 绝对位置检测系统功能参数 PA03

1）参数列表

编　号	简　称	功能名称	初 始 值	单　位	位　置	速　度	转　矩
PA03	*ABS	绝对位置检测系统	0000h	/	○	×	×

2）参数设定（见图 7-4）

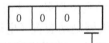

绝对位置检测系统的选择
0: 使用增量系统
1: 使用绝对位置系统，通过DIO进行ABS传送
2: 使用绝对位置系统，通过通信进行ABS传送

图 7-4　PA03 参数设定

3）参数说明

该参数为使用绝对位置定位控制系统时所设置。初始值为相对位置定位控制系统。当使用绝对位置定位控制系统时，MR-J3 驱动器必须安装后备电池，以保证断电后编码器的绝对位置值（ABS 数据）能够得到保存，从编码器到驱动器的 ABS 数据传送是自动进行的，但从驱动器到 PLC 的 ABS 数据传送必须通过驱动器与 PLC 之间的端口进行。

ABS 数据传送可采用两种方式进行。

（1）通过 I/O 端口进行 ABS 数据传送

这时，PLC 与驱动器的 I/O 端口必须按规定要求进行正确连接，开机后，FX PLC 通过专门指令 ABS 马上把 ABS 数据传送到当前值寄存器中。详细情况请参阅第 3 章 ABS 指令的讲解。此时，PD03=0001。

（2）通过通信方式进行 ABS 数据传送

这时，PD03=0002。PLC 通过 RS-422 通信端口读取 ABS 数据。

4. 电磁制动器控制（MBR）设定功能参数 PA04

1）参数列表

编　号	简　称	功能名称	初　始　值	单　位	位　置	速　度	转　矩
PA04	*AOP1	电磁制动器控制	0000h	/	○	○	○
PC16	MBR	电磁制动器顺序输出	100	ms	○	○	○

2）参数设定（见图 7-5）

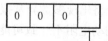

CN1-23脚的功能选择
0：通过参数No.PD14分配的输出信号
1：电磁制动器内锁（MBR）

图 7-5　PA04 参数设定

3）参数说明

输出端口 CN1-23 在本参数设定为 PA04=0000 时，通过端口参数 PD14 设定为零速度 ZSP 信号输出，但当 PA04=0001 时，CN1～23 端口外设定为电磁制动器锁定信号 MBR 输出。

当电动机轴带有垂直方向负载时，断电后电动机轴上的负载在重力作用下会向下运动，进而带动电动机轴旋转造成位置移动，产生很大的定位误差。这时就要考虑在垂直方向轴上选择带有内置制动功能的伺服电动机或在外部加装机械制动装置（电磁抱闸设备），保证在断电后电动机轴能够抱闸锁定，不会在负载重力作用下移动。电磁抱闸装置在伺服电动机运行时是通电打开的，而在伺服电动机停止时是断电抱闸的。MBR 信号就是用来控制电磁抱闸装置的通断状态的。MBR 信号在伺服电动机正常工作时是有输出的（ON）。因此，不能用它来直接控制电磁抱闸装置，而是通过中间继电器 RA 转换控制。如图 7-6 所示。

MBR 信号在伺服电动机正常工作状态时是有输出的，用 MBR 输出控制中间继电器线圈 RA，继电器常开触点串到带有抱闸制动功能的伺服电动机抱闸控制电路中，正常情况时，MBR 信号输出，常开触点闭合，使得抱闸制动控制电路中的直流 24V 电源接通，电动机抱闸打开，当伺服电动机出现故障或是断电时，MBR 信号断开，继电器的线圈失电，常闭触点断开，电动机的抱闸制动电缆断开，电动机制动抱闸。

当 CN1～23 被分配为 MBR 信号输出时，该端口不能再分配其他功能。

与该参数相关的参数还有参数 PC16（制动器断电延时），它主要设定为 MBR 信号断开时到主电源关闭的延时时间，也即制动器动作延时时间。其设定范围为 0～1000ms。

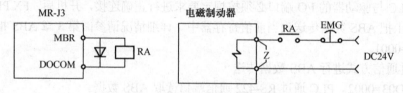

图 7-6　电磁抱闸装置控制电路

5. 电动机每圈指令脉冲数设定功能参数 PA05

1）参数列表

编　号	简　称	功 能 名 称	初 始 值	单 位	位 置	速 度	转 矩
PA05	*FBP	伺服电动机运转一周所需指令输入脉冲数	0	/	○	×	×

2）参数设定

参数设定值见表 7-5。

表 7-5　PA05 参数设定值

设 定 值	内 容
0	电子齿轮分子、分母（PA06，PA07）设定有效
1000-50000	伺服电动机运转一转所需的指令输入脉冲数（pulse）

3）参数说明

该参数与电子齿轮比参数 PA06、PA07 有关。

当参数 PA05 设置为 0（初始值）时，电子齿轮比（参数 PA06、PA07）为有效。此时进入偏差计数器的指令脉冲是控制器发出的指令脉冲乘以电子齿轮比后的脉冲。

当 PA05 设置为不等于 0 时，电子齿轮比参数无效，此时 PA05 的设定值就是使伺服电动机旋转一周所需要的指令输入脉冲数。由图 7-7 可见，这时相当于电子齿轮比固定的伺服电动机分辨率 Pt 与参数 PA05 设定值 FBP 之比，进入偏差计数器的指令脉冲是 Pt，即电动机旋转一周所需的脉冲数。

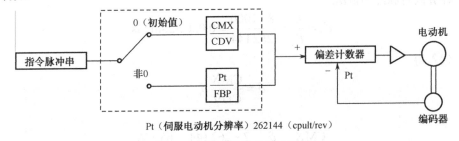

Pt（伺服电动机分辨率）262144（cpult/rev）

图 7-7　电子齿轮比功能示意图

6. 电子齿轮比分子/分母设定功能参数 PA06、PA07

1）参数列表

编　号	简　称	功 能 名 称	初 始 值	单 位	位 置	速 度	转 矩
PA06	CMX	电子齿轮分子（指令脉冲倍率分子）	1	/	○	×	×
PA07	CDV	电子齿轮分母（指令脉冲倍率分母）	1	/	○	×	×

2）参数设定

表 7-6　PA06、PA07 参数设定值

编　号	简　称	设定范围
PA06	CMX	1～1048576
PA07	CDV	1～1048576

3）参数说明

关于电子齿轮比的功能、作用和应用设置在第 1 章 1.3 节中做了比较详细的说明，读者请参看上述章节。

电子齿轮比的取值一般应控制在（1/10）<CMX/CDV<2000 这个范围内，过大或过小可能会导致电动机在加速或减速运行时发生噪声，也可能使电动机不按照设定的速度和加/减速时间来运行而直接导致定位发生错误。电子齿轮比的设定错误可能会导致错误运行，必须在伺服驱动器断开的状态下进行。

对三菱伺服驱动器来说，其编码器分辨率 Pt 是固定的。MR-J2 系列为 131072，MR-J3 系列为 262144。电子齿轮比的设定可以简单化。由参数 PA05 的非 0 设置得到启发，如果将 CMX 设定为伺服电动机分辨率 262 144，则 CDV 只要设定为满足定位要求的电动机一圈脉冲数即可。一般只要将参数 PA06（分子）设定为 262 144，而将 PA07（分母）设定为每转指令脉冲数（可进行约分处理）即可。

【例 7-1】 已知伺服电动机伺服带动丝杠运行，滚珠丝杠的螺距 D=8mm，要求脉冲当量为 δ=2μm/pls，电子齿轮比应设为多少？

解：方法一：

（1）计算固有脉冲当量 δ_0

$$\delta_0 = \frac{D}{P_m} = \frac{8 \times 1000}{262\ 144} = 0.030\ 52 \mu m/pls$$

（2）代入得

$$\delta = \frac{CMX}{CDV}\delta_0$$

则有

$$\frac{CMX}{CDV} = \frac{\delta}{\delta_0} = \frac{2 \times 262\ 144}{8 \times 1000} = \frac{65\ 536}{1000}$$

电子齿轮比设置为：CMX=65 536，CDV=1000

方法二：

设 CMX=262 144，电动机一圈所需脉冲数数为：8mm/2um=4000，故 CDV=4000。

电子齿轮比为：CMX/CDV=262 144/4000=65 536/1000。

答案与方法一相同，但简便多了。

【例 7-2】 改变脉冲当量。

伺服带动丝杠运行，丝杠导程是 10mm，减速比是 1∶2，要求脉冲当量为 10μm，电子齿轮比设置成多少？

解：方法一：

丝杆导程是 10mm，即伺服丝杠运行一周前进 10mm，减速比是 1:2，即伺服运行两周丝杠运行一周，伺服运行两周所需要的脉冲数是 262 144×2，指令脉冲当量是：

$$(10 \times 1000)/(262\ 144 \times 2) = 5000/262\ 144$$

经过电子齿轮比运算后指令脉冲的脉冲当量为：

$$10(5000/262\ 144) \times (CMX/CDV) = 1$$

得电子齿轮比为：
$$CMX/CDV = 65\ 535/125$$

方法二：

设 CMX=262 144，考虑到减速比后，电动机每圈的移动量为 10÷2=5mm，电动机每圈所需的脉冲数为：5mm÷10μm=500，故 CDV=500。

电子齿轮比为 CMX/CDV=262 144/500=65 536/125。

【例 7-3】 改变运行距离。

伺服带动负载运行，电动机运行一周，负载前进 d_1=10mm，如果要让负载前进 d_2=15mm，怎样设置电子齿轮比？

解：设原来的电子齿轮比为 CMX_1/CDV_1，设置后的电子齿轮比为 CMX/CDV，固有脉冲当量为 δ。

则改变前后的脉冲当量为：

$$\delta_1 = 10/Pt \qquad \delta_2 = 15/Pt$$

$$\delta_1 = (CMX_1/CDV_1)\delta_0 \qquad \delta_2 = (CMX/CDV)\delta_0$$

$$\frac{\delta_1}{\delta_2} = \frac{(CMX_1/CDV_1)}{(CMX/CDV)} = \frac{10/Pt}{15/Pt} = \frac{2}{3}$$

$$\frac{CMX}{CDV} = \frac{3CMX_1}{2CDV_1}$$

电子齿轮比为：$CMX = 3CMX_1$

$$CDV = 2CDV_1$$

【例 7-4】 改变电动机速度。

伺服电动机的额定运行速度为 3000r/min，FX 系列 PLC 发出的脉冲频率为 100kHz，如果要让伺服电动机运行在额定转速，则电子齿轮比设置成多少？

解：在电子齿轮比为默认情况下时 PLC 发出 100kHz 时伺服电动机速度为：

$$(100 \times 1000 \times 60)/262\ 144 = 22.9r/min$$

在改变电子齿轮比情况下：

$$(100 \times 1000 \times 60)(CMX/CDV)/262\ 144 = 3000$$

$$CMX/CDV = (3000 \times 262\ 144)/(100 \times 1000 \times 60) = 16\ 384/125$$

7. 自动调谐设定功能参数 PA08、PA09

1）参数列表

编　号	简　称	功能名称	初　始　值	单　位	位　置	速　度	转　矩
PA08	ATU	自动调谐模式	0001h	/	○	○	×
PA09	RSP	自动调谐响应特性	12	/	○	○	×

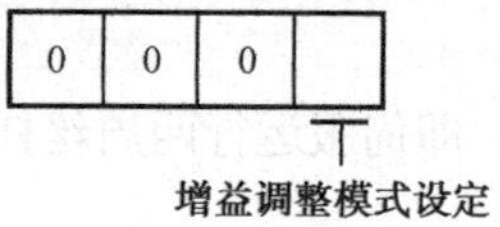

0	0	0	

增益调整模式设定

图 7-8　PA08 参数设定

2）参数设定

参数 PA08（自动调谐模式）设定如图 7-8 所示，其设定值的相应模式说明见表 7-7。出厂初始值为 1。

表 7-7　PA08 参数设定值及说明

设 定 值	增益调节模式	自动设置与增益相关的参数
0	插补模式	PB06，PB08，PB09，PB10
1	自动调谐模式 1	PB06，PB07，PB08，PB09，PB10
2	自动调谐模式 2	PB07，PB08，PB09，PB10
3	手动调整模式	—

参数 PA09（自动调谐响应特性）设定值见表 7-8。出厂初始值为 12（37Hz）。

表 7-8　PA09 参数设定值

设 定 值	响 应 性	共振频率（Hz）	设 定 值	响 应 性	共振频率（Hz）
1		10.0	17		67.1
2		11.3	18		75.6
3		12.7	19		85.2
4		14.3	20		95.9
5		16.1	21		108
6	低	18.1	22	中	121.7
7	↑	20.4	23		137.1
8		23.0	24		154.4
9		25.9	25		173.9
10		29.2	26		195.9
11		32.9	27		220.6
12	中	37.0	28		248.5
13		41.7	29	高	279.9
14		47	30		315.3
15		52.9	31		355.1
16		59.6	32		400

3）参数说明

伺服驱动器在实际应用中控制对象比较复杂，不同的控制对象其负载的惯量、特性及传动机构的刚性、结构等因素会很不相同。为保证系统能稳定可靠地工作，需要通过对各种调节参数进行正确设定。其中，比较重要的调节参数见表 7-9。

表 7-9　重要的调节参数

参　数　编　号	名　　　称
PB6	负载和伺服电动机的惯性比
PB7	模型环增益
PB8	位置环增益
PB9	速度环增益
PB10	速度积分补偿

上述这些重要的调节参数，伺服驱动器均采用在线自动设定。当将 PA08 设置成自动调谐模式 1 或模式 2 时，驱动器会根据系统的响应特性和负载特性自动完成上述参数的设定，以便系统获得比较理想的运行特性。实际上，这就是系统的 PID 自整定过程。

MR-J3 有 3 种自动调谐模式，各适用于不同场合，功能也有差别。其中，自动调谐 1 应用最多，它只要选好 PA09 的值，驱动器便会自动完成负载惯性测试，自动去完成各种调节器增益和积分时间值，并自动写到各个参数单元存储器中。插补模式主要用在二轴同步和多轴同步跟随控制中。当自动调谐 1 和自动调谐 2 不能满足控制要求，获得满意的响应特性时，可采用手动模式。手动就是对各种调节参数进行逐一人工设定，多次反复地调整参数值直到达到满意效果为止。在 PB 参数中将对手动调整做简单说明。一般情况下，PA08 采用出厂初始值，设定为自动调谐 1 模式。

参数 PA09 为驱动响应特性，主要是系统响应速度的快慢。其设定值越大，响应越快，定位误差也小，但响应特性也与系统的刚性、机械共振频率等有关，设定值过大会产生噪声和振动，因此选择时也不能过大。一般调节是在不发生噪声和振动的情况下，尽量调大 PA09 值，提高响应速度。常用负载的 PA09 值设定范围是 8～24，其出厂初始值为 12，一般先不要进行修改，待驱动系统稳定后，再逐步加大设定值，直到出现噪声和振动为止。

8. 到位范围设定功能参数 PA10、PC24

1）参数列表

编　　号	简　　称	功　能　名　称	初　始　值	单　位	位　置	速　度	转　矩
PA10	INP	到位范围	100	/	○	×	×
PC24	*COP3	选择到位范围单位	0000h				

2）参数设定

参数 PA10 的设定范围为：0～1000，出厂初始值为 100。

参数 PC24 的设定范围如图 7-9 所示。

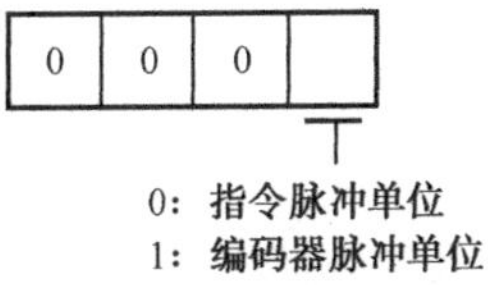

3）参数说明

PA10 为偏差计数器中滞留脉冲存留数量。在第 4 章曾讨论过"定位结束"的问题。在伺服驱动器中，电动机的运行是由驱动器中偏差计数器的滞留脉冲所决定的。只有当滞留脉冲为 0 或为参数所设置的到位范围内脉冲数时，电动机才减速运行结束。伺服驱动器在定位结束后会向外发出一个定位结束信号。图 7-10 中的 INP 信

| 0 | 0 | 0 | |

0：指令脉冲单位
1：编码器脉冲单位

图 7-9　PC24 参数设定

号是伺服电动机停止的信号，可以说是真正的定位结束信号。当下一个定位指令启动后，脉冲输出使滞留脉冲超过所设置的到位范围后 INP 信号自动由 ON 变为 OFF。

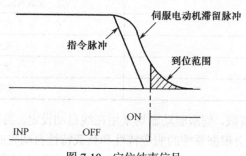

图 7-10　定位结束信号

与参数 PA10 相关联的是脉冲数量单位选择。当 PC24=0000 时，滞留脉冲到位数量是指在电子齿轮比计算前的指令脉冲数量。当 PC24=0001 时，滞留脉冲数量是指由编码器反馈到偏差计数器的脉冲数量。

该参数与 PC24 一般都先选取出厂初始值（PA10=100、PC24=0），然后根据定位控制要求进行适当调整。

9. 转矩限制设定功能参数 PA11、PA12、PC35

1）参数列表

编　号	简　称	功能名称	初　始　值	单　位	位　置	速　度	转　矩
PA11	TLP	正转转矩限制	100.0	%	○	○	○
PA12	TLN	反转转矩限制	100.0	%	○	○	○
PC35	TL2	内部转矩限制 2	100.0	%	○	○	○

2）参数设定

转矩参数设定值是一个百分数，即实际转矩限制值是最大电动机输出转矩的百分比值，如图 7-11 所示。设定为 100，为最大电动机输出转矩，出厂初始值为 100。设定为 0.0 则不输出转矩。如设定为 80，则转矩限制值为最大转矩值的 80%。

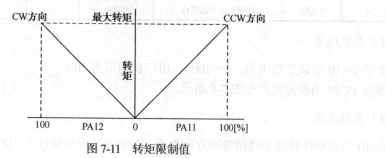

图 7-11　转矩限制值

3）参数说明

该参数是对伺服电动机正/反转时输出转矩的限制，即伺服电动机在运行时输出转矩不能超过所设定的转矩限制值。

MR-J3 伺服驱动器有两种方式对输出转矩进行限制。一种是通过参数 PA11，PA12 和 PC35 的设定来限制转矩的大小，这种方式也叫内部转矩限制；另一种是通过模拟量输入端的输入电压进行转矩限制。

内部转矩限制也有两种方式，分别命名为第 1 转矩限制值和第 2 转矩限制值，它们的区别见表 7-10。

表 7-10　第 1 和第 2 转矩限制值的区别

名　称	参数设定		端口信号		应用模式
	正　转	反　转	TL1	TL	
第 1 转矩限制值	PA11	PA12	0	0	位置、速度、转矩
第 2 转矩限制值	PC35		1	0	位置、速度

采用什么样的转矩限制控制方式是通过 MR-J3 驱动器的输入数字量端口 TL1 和 TL 的信号组合状态来选择的（在出厂时，CN-18 被定为 TL 信号端口，而 TL1 信号则未定义端口，如需要第 2 转矩限制值，则定义一个输入端口为 TL1 的信号端口），TL1 和 TL 的信号组合状态及转矩限制控制方式选择见表 7-11。

表 7-11　TL1 和 TL 的信号组态及转矩限制控制方式的选择

端口信号		采用控制方式	说　明	适用模式
TL1	TL			
0	0	PA11、PA12		位置、速度、转矩
0	1	模拟量	≤PA11、PA12 设定时有效	位置、速度
1	0	PC35	≤PA11、PA12 设定时有效	位置、速度
1	1	模拟量	≤PA11、PA12、PC35 设定时有效	位置、速度

在定位控制时，参数 PA11、PA12 一般采用出厂初始值，不需要进行调整。

转矩限制设置生效后，如果输出转矩达到限制值，则驱动器的输出端口信号 TLC（出厂时为 CN1-25 端口）为 ON。

10. 指令脉冲输入形式选择设定功能参数 PA13

1）参数列表

编　号	简　称	功能名称	初　始　值	单　位	位　置	速　度	转　矩
PA13	*PLSS	指令脉冲输入形式	0000h	/	○	×	×

2）参数设定（见图 7-12）

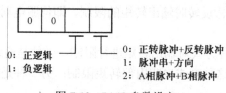

图 7-12　PA13 参数设定

3）参数说明

参数 PA13 用来对指令脉冲的输入形式进行选择。伺服驱动器是由上位机控制的（如 PLC、1PG、20GM 等），上位机发出的定位指令脉冲形式并不是统一的一种形式，而是有多种形式，通过对参数 PA13 的设定，使驱动器接收指令脉冲的形式与上位机发送的指令脉冲形式相匹配。在定位控制中，这个参数是必须要设定的参数。

MR-J3 驱动器可以接收 3 种形式的指令脉冲形式，3 种形式根据正/负逻辑的不同共分成 6 种不同的脉冲形式，见表 7-12。

表 7-12　指令脉冲形式

设 定 值		脉冲串形式	正转指令时	反转指令时
0010h	负逻辑	正转脉冲串 反转脉冲串		
0011h		脉冲串+方向		
0012h		A 相脉冲 B 相脉冲		
0000h	正逻辑	正转脉冲串 反转脉冲串		
0001h		脉冲串+方向		
0002h		A 相脉冲 B 相脉冲		

对 FX 系列 PLC 来说，其基本单元的高速脉冲输出口 Y0、Y1、Y2 均为负逻辑脉冲+方向信号形式。

对定位模块 FX$_{2N}$-1PG、FX$_{2N}$-10PG 和定位单元 FX$_{2N}$-10GM、FX$_{2N}$-20GM 来说，可以选择为负逻辑正转脉冲+反转脉冲形式或为负逻辑脉冲+方向信号形式。这时，PA13 必须根据定位模块和定位单元的选择来进行设定。

定位单元 FX$_{2N}$-20GM 如果是工作于插补模式，其输出指令脉冲只能选择为负逻辑正转脉冲+反转脉冲形式信号。

11．电动机转动方向选择设定功能参数 PA14

1）参数列表

编　号	简　称	功能名称	初始值	单位	位　置	速　度	转　矩
PA14	*POL	转动方向选择	0	/	○	×	×

2）参数设定

电动机旋转方向设定见表 7-13。

表 7-13　电动机旋转方向设定

设 定 值	伺服电动机运行方向	
	正转脉冲输入时	反转脉冲输入时
0	CCW 正转	CW 反转
1	CW 反转	CCW 正转

3）参数说明

PA14 设置电动机的旋转方向，在输入脉冲串不变的情况下，改变 PA14 的数值能改变伺服电动机的运行方向。在实际应用中先保持出厂值不变，调试时如发现与运行时旋转方向不一致，则将 0 改为 1 即可。

12．电动机编码器输出脉冲设定功能参数 PA15、PC19

1）参数列表

编　号	简　称	功能名称	初 始 值	单　位	位　置	速　度	转　矩
PA15	*ENR	编码器输出脉冲	4000	/	○	○	○
PC19	*ENRS	编码器输出脉冲选择	0000h	/	○	○	○

2）参数设定

参数 PA15：设定范围为 1～100000，单位为 pls/rev。

参数 PC19：PC 19 参数设定如图 7-13 所示。

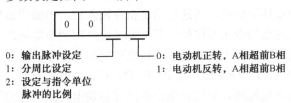

图 7-13　PC19 参数设定

3）参数说明

MR-J3 伺服驱动器有一组编码器脉冲信号输出端口（LA/LAR、LB/LBR、LZ/LZR）。这组信号是与编码器同步的，是一组 A-B 相差分线驱动脉冲信号。一般情况下，作为位置反馈脉冲连接到上位机控制器上，用于进行闭环控制。对这组编码器输出脉冲，驱动器可以通过参数 PA15 和 PC19 对它的脉冲方向、脉冲输出方向和电动机每圈脉冲数进行设定。

脉冲方向由参数 PC19 的最低位设定。设定为 0，电动机正转时，A 相超前 B 相。设定为 1，电动机正转时，B 相超前 A 相。如图 7-12 所示。

对应于电动机每转输出脉冲数的设定是由 PA15 和 PC19 一起设定的。有三种不同的设定方式。

（1）PC19 设定为"□□0□"（初始值）时，为指定输出脉冲方式。

伺服电动机一转输出脉冲数=PA15/4，即 PA15 设定值为输出脉冲值的 4 倍，如参数 PA15 设置为"4000"，实际每转输出脉冲数值为 4000/4=1000pls。

（2）PC19 设定为"□□1□"时，为设定脉冲输出倍率方式。

伺服电动机一转输出脉冲数=262144/PD15/4，这时 PA15 中设定值为编码器每圈脉冲数（262144）与输出脉冲值之比，对应伺服一转输出脉冲数是伺服电动机的编码器分辨率除以 PA15 设定值后，再除以 4，如 PA15 设置值为"8"，对应伺服一转输出的脉冲数是 262144/8/4=8192pls。

（3）PC19 设定为"□□2□"时，输出和指令脉冲一样的脉冲串。

这时，PA15 的设定值无效。伺服运行时伺服驱动器上 A-B 相输出的脉冲数与伺服电动机实际旋转一周所需要的指令脉冲数相同，如已知伺服电动机伺服带动丝杠运行，滚珠丝杠的螺距 D=8mm，要求脉冲当量为 δ=2μm/pls，则对应伺服一转输出脉冲数为 8×1000/2=4000。

在使用这几组脉冲信号时，可以将这些信号接到 PLC 的输入端，然后通过高速计数功能进行计数，但要注意这几组信号是差动信号，如果要将这些信号接到 PLC 的输入端，对于 FX 系列 PLC 不能直接连接，因为 FX 系列 PLC 基本单元高速输入口只能接收开路集电极信号，必须在 FX 系列 PLC 基本单元上扩展能接收差动信号的高速计数模块 FX$_{2N}$-1HC，或是通过转换电路将差动信号转换成集电极信号再接到 FX 系列 PLC 的基本单元输入端。

7.1.3 增益、滤波器调整设定参数 PB□□

增益、滤波器参数（PB01～PB45）是驱动器对位置、速度调节器的调节特性和滤波器、陷波器等动态调节特性的调节参数设定，所以又称为调节参数。

图 7-14 为伺服驱动器内部原理框图。由图可见，定位控制由位置环和速度环共同完成。输入位置指令脉冲，而编码器反馈的位置信号也以脉冲形式送入到输入端在偏差计数器进行偏差计数，计数的结果经位置调节器比例放大后，作为速度环的指令速度值送入到速度调节器的输入端。速度控制是由速度环完成的，当速度给定指令输入后，由编码器反馈的电动机速度被送到速度环的输入端，与速度指令进行比较，其偏差经过速度调节器处理后通过电流调节器和矢量控制器电路来调节逆变功率放大电路的输出使电动机的速度趋近指令速度，保持恒定。速度调节器实际上是一个 PI（PD）控制器。对 P、I（D）控制参数进行整定就能使速度恒定在指令速度上。速度环虽然包含电流环，但这时电流并没有起输出转矩恒定的作用，仅起到输入转矩限制功能作用。

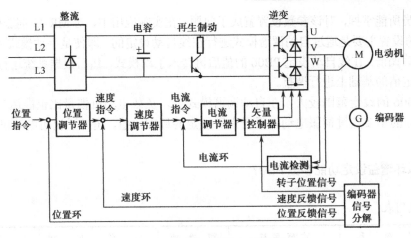

图 7-14　伺服驱动器内部原理框图

由以上分析可知，在进行定位控制时，涉及的调节参数有负载和伺服电动机的惯量比 PB06、位置调节器增益 PG2、速度调节器增益 VG2 及速度调节器的积分时间 VIC。这几个参数对电动机的运行有很大影响。特别是 PG2 与 VG2 的设定关系到电动机的动态响应特性和稳定性。仅当增益 PG2 和 VG2 调至适当时，定位的速度和精度都最好。MR-J3 伺服驱动器对应于上述增益的参数是 PB07（PG1，模型环增益）、PB08（PG2，位置环增益）、PB09（VG2，速度环增益）和 PB10（VIC，速度环积分时间），而通常所讲的自动调谐和手动模式调谐就是对上面几个参数的设定。

对该组参数的调节主要是以上几个增益参数的设定。对各种滤波器参数来说，用户都可以先按出厂初始值设定，在控制要求较高时，根据对滤波器参数的理解进行适当修改。

一般习惯上都将驱动器的调节参数 PA08 设为自动调谐功能（PA08=1）。这时，上述调节参数会在线进行自动设定，因此在这种情况下，用户不需要对上述参数进行设定。只有当使用在线自动调谐功能很难获得理想的调节特性及响应特性时，才需要人工对上述参数进行设定。

1．负载和伺服电动机的惯量比设定功能参数 PB06

1）参数列表

编　号	简　称	功 能 名 称	初 始 值	单　位	位　置	速　度	转　矩
PB06	GD2	负载和伺服电动机的惯量比	7.0	倍	○	○	×

2）参数设定

设定范围：0～300.0。

3）参数说明

在第 1 章曾经对伺服电动机的选型做过介绍，其中在选择伺服电动机时必须考虑电动机转轴与负载转轴转动惯量的匹配问题，只有二者匹配，伺服系统才会达到最佳工作状态。参数 PB06 就是对负载电动机转动惯量比进行设定的。设定的目的就是使转动惯量达到匹配。

一般来说，伺服电动机的转动惯量可从生产厂家的手册上查到，并给出最大负载电动机转动惯量的比值，但负载的转动惯量计算却非常复杂，涉及负载的结构、材料、运动形式等，非普通工控人员所能掌握,对该参数设置就成了问题。在实际应用中,对 MR-J3 伺服驱动器来说,参数 PB06 的设置主要是通过自动调谐模式进行在线自动设定的,即使是手动模式下,该参数也是先进行自动调谐,在线自动设定 PB06 的值后再转入手动模式,然后根据系统运行平稳性的好坏在自动设定值的基础上进行调整。

参数 PB06 的设定范围较大,在自动调谐模式下,负载电动机惯量比也能达到 100,但必须注意,实际的不要超过伺服电动机手册上所规定的最大比值,超过了说明电动机功率选择有问题。

2. 模拟环增益设定功能参数 PB07

1）参数列表

编　号	简　称	功能名称	初　始　值	单　位	位　置	速　度	转　矩
PB07	PG1	模型环增益	24	rad/s	○	×	×

2）参数设定

设定范围：1～2000。

3）参数说明

所谓模型环是指在伺服驱动器的一种模型追踪功能,其理论和原理都比较复杂,不在本书说明范围之内。图 7-15 是模型追踪原理图。由图可见,模拟环实际上是驱动器内部的一套虚拟的位置速度调节系统,它和实际调节系统一样,同时接收位置控制指令,因为它完全在驱动器内部构成,所以相对于实际调节系统来说,响应较快一点可以提前预测电动机的速度和位置,实现预测控制,用于提高伺服系统的动态响应性能,减小误差。

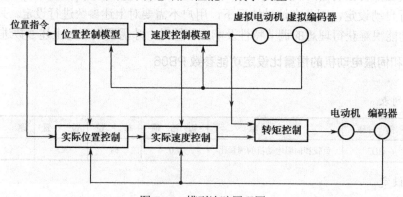

图 7-15　模型追踪原理图

模型环增益 PG1 为虚拟调节系统的位置调节器增益,此增益决定了位置跟随误差,增大 PG1 可以提高对位置指令的追踪性,但太大容易发生超调。当伺服驱动器用于"插补控制"时,两个驱动器的模型环增益设定值必须相同。

在自动调谐时,PG1 由系统在线自动设定。在手动设定时,PG1 的建议值如下式：

$$PG1 \leqslant \frac{VG2}{1+负载惯量与伺服电动机惯量比} \times \left(\frac{1}{4} \sim \frac{1}{8} \right)$$

3. 位置环增益设定功能参数 PB08

1）参数列表

编　　号	简　　称	功能名称	初 始 值	单　位	位　置	速　度	转　矩
PB08	PG2	位置环增益	37	rad/s	○	×	×

2）参数设定

设定范围：1～1000。

3）参数说明

位置调节器的增益设置对电动机的运行有很大影响，增益设置较大，动态响应好，电动机反应及时，位置滞后量小，但也容易使电动机处于不稳定状态，产生噪声及振动（来回摆动），停止时会出现过冲现象。增益设置较小，虽然稳定性得到提高，但动态响应变差，位置滞后量增大，定位速度太慢，甚至脉冲停止输出好久都不能及时停止，仅当位置增益调至适当时，定位的速度和精度都最好。

在自动调谐时，PG2 由系统在线自动设定。在手动设定时，PG2 的建议值如下式所示。

$$PG2 \leqslant \frac{VG2}{1+ 负载惯量与伺服电动机惯量比} \times \left(\frac{1}{4} \sim \frac{1}{8} \right)$$

4. 速度环设定功能参数 PB09、PB10

1）参数列表

编　　号	简　　称	功能名称	初 始 值	单　位	位　置	速　度	转　矩
PB09	VG2	速度环增益	823	rad/s	○	○	×
PB10	VIC	速度积分补偿	33.7	ms	○	○	×

2）参数设定

速度环增益 VG2 设定范围：20～50 000，但软件版本在 A3 版以前的伺服放大器为 20～20 000。

速度积分补偿 VIC 设定范围：0.1～1000.0ms。

3）参数说明

伺服驱动器的速度调节器是一个 PI 调节器，其增益由 PB09 设定，积分时间由 PB10 设定，加入积分时间调节，电动机的稳定速度是一个无静差系统，其速度误差可为 0，但也增加了调节时间，还带来了速度的不稳定性。在实际应用中，如果想去除积分功能，则要通过输入端口 PC 实现，这时速度调节器由 PI 调节器切换至 P 调节器。

5. 调整模式说明

当 PA=0001 或 PA=0002 时，伺服处于自动调整模式。首先采用自动调整模式 1，当模式 1 不能满足控制要求时，则可以将伺服设置成自动调整模式 2 或是手动调整。设置成不同的调整模式，则 PB06～PB10 等参数的设置方式不同，主要区别见表 7-14。

表 7-14　不同调整模式的参数设置方式

增益调整模式	PA08 设定值	负载惯量比设定	自动设定参数	手动设定参数
自动调整 模式 1	0001	实时推断 （自动设定）	GD2（PB06） PG1（PB07） PG2（PB08） VG2（PB09） VIC（PB10）	PA09
自动调整 模式 2	0002	使用固定参数 PB06 的值 （用户设定）	PG1（PB07） PG2（PB08） VG2（PB09） VIC（PB10）	GD2（PB06） PA09
手动调整模式	0003			GD2（PB06） PG1（PB07） PG2（PB08） VG2（PB09） VIC（PB10）

在定位控制模式下进行手动调整时，要调整 PB06～PB10 等参数，调整步序见表 7-15。

表 7-15　手动调整步序

步　序	操　作	内　容
1	通过自动调整模式进行大致调整	—
2	改自动调整为手动调整模式（PA08 设置成 0003）	—
3	设定对伺服电动机转动惯量比的推算值，如果自动推算值正确则没必要更改	—
4	设定模型控制增益、位置增益为较小值，设定速度积分补偿为较大值	—
5	速度控制增益在不产生振动和异常声音的范围内调大，如果发生振动再稍微调小	增大速度控制增益
6	速度积分补偿在不产生振动的范围内调小，如果发生振动则稍微调大	减小速度积分补偿的时间常数
7	增大位置控制增益，如果发生振动稍微调小	增大位置控制增益
8	增大模型控制增益，如果发生超调逐渐调小	增大模型控制增益
9	如果因机械系统发生共振等原因而无法调大增益而不能得到希望的响应时，可以采用滤波器调整模式和机械共振抑制滤波器抑制共振后再进行 3～5 的操作以提高响应性	机械共振的抑制
10	查看整定特性及转动的状态，细微地调整各增益	微调整

7.1.4　扩展设定参数 PC□□

扩展设定参数（PC01～PC50）主要针对速度控制方式和转矩控制方式下的各种参数设定，有部分参数与定位控制有关。其中 PC16、PC19、PC24 和 PC35 已在基本设定参数 PA 中随与之相关的 PA 参数给予介绍和讲解。除上述几个参数外，还有几个与定位控制有关的常用参数在这里给予说明。

1. 模拟监视输出选择设定功能参数 PC14、PC15、PC39、PC40

1）参数列表

编　号	简　称	功能名称	初始值	单位	位置	速度	转矩
PC14	MOD1	模拟监视 1 输出	0000h	/	○	○	○
PC15	MOD2	模拟监视 2 输出	0000h	/	○	○	○
PC39	MO1	模拟监视 1 偏移	0	mV	○	○	○
PC40	MO2	模拟监视 2 偏移	0	mV	○	○	○

2）参数设定（见图 7-16 和表 7-16）

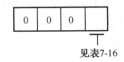

见表7-16

图 7-16　PC14、PC15 参数设定

表 7-16　PC14、PC15 参数设定内容

设 定 值	内　容	电压极性对应
0	伺服电动机转速（±8V 对应最大转速）	正转正电压，反转负电压
1	转矩（±8V 对应最大转矩）	正转正电压，反转负电压
2	伺服电动机转速（8V 对应最大转速）	正/反转均为正电压
3	转矩（8V 对应最大转矩）[1]	正/反转均为正电压
4	电流指令（±8V 对应最大电流指令）[2]	正转正电压，反转负电压
5	指令脉冲频率（±10V/1Mpps）[3]	正转正电压，反转负电压
6	滞留脉冲（±10V/100pls）[4]	正转正电压，反转负电压
7	滞留脉冲（±10V/1000pls）[4]	正转正电压，反转负电压
8	滞留脉冲（±10V/10000pls）[4]	正转正电压，反转负电压
9	滞留脉冲（±10V/100000pls）[4]	正转正电压，反转负电压
A	反馈位置（±10V/1Mpls）[4]	正转正电压，反转负电压
B	反馈位置（±10V/10Mpls）[4]	正转正电压，反转负电压
C	反馈位置（±10V/100Mpls）[4]	正转正电压，反转负电压
D	母线电压（8V/400V DC）	—

[1] 8V 输出最大转矩，当用参数 PA11、PA12 限制转矩时，8V 输出最大限制转矩。

[2] 转矩给定输出。

[3] pps=Hz。

[4] 编码器脉冲单位。

3）参数说明

MR-J3 伺服驱动器有两个模拟量输出端口 MO1 和 MO2，其对应连接器针脚为 CN6-3、

CN6-2，两个端口的公共端为 LG（CN6-1）。模拟量端口的输出电压是±10V，输出电流为±1mA。

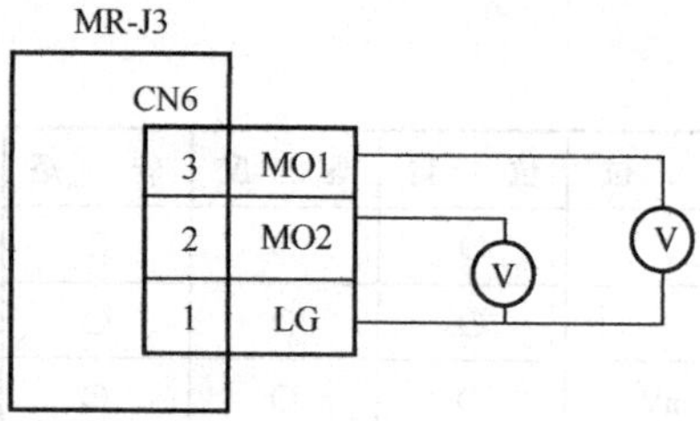

模拟量端口 MO 的输出电压与驱动器某些参数值成比例关系，因此常常在端口 MO 上接一块电压表，通过观察电压的变化来监视驱动器的状态，通过电压表的显示值来了解相关参数的大小。如图 7-17 所示，图中的电压表是能够显示正/负电压的电压计。

实际应用时，必须根据表 7-16 选择相应的监控对象进行设定，出厂初始值为 0000，所选择的是伺服电动机转速，输出电压与转速成正比。最大 8V 对应于最大转速。如果把电压表的表盘换算成转速显示的表盘就是一个转速表。输出电压与参数之间的关系有两种方式，一种是双极性表示，正值表示正转中的参数，负值表示反转中的参数，如图 7-18（a）所示。另一种是单极性表示，如图 7-18（b）所示。

图 7-17　模拟量端口电压监视

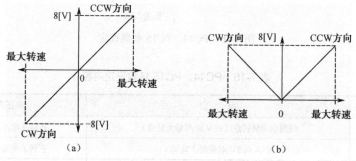

图 7-18　双极性与单极性表示

在图 7-17 中，输出电压与输出参数是过 0 的正比关系。参数 PC39、PC40 可以对关系曲线进行偏移调整，即参数值为 0 时输出电压的偏移电压。设定范围为-999～+999mV。

2. 零速度范围设定功能参数 PC17

1）参数列表

编　号	简　称	功能名称	初始值	单　位	位　置	速　度	转　矩
PC17	ZSP	零速度范围	50	r/min	○	○	○

2）参数设定

设定范围：0～10000。

3）参数说明

MR-J3 伺服驱动器有一个零速度信号输出端口 ZSP，该信号是用于判断电动机是否在正常运转的标志信号。

所谓零速度是指当电动机的运转速度小于 PC17 所设定的速度值（r/min）时，ZSP 为 ON。ZSP 信号一旦为 ON，必须上升到 PC17+20r/min 后才能变为 OFF。例如，PC17 设定为 50r/min，则当电动机实际速度低于 50r/min 时，ZSP=ON，而当电动机转速上升到 70r/min 后才重新变为 OFF。如图 7-19 所示，20r/min 又称为滞留速度。

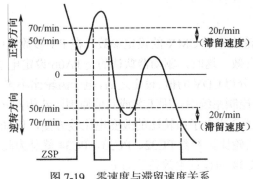

图 7-19　零速度与滞留速度关系

3. 报警记录清除设定功能参数 PC18

1）参数列表

编　号	简　称	功能名称	初始值	单　位	位　置	速　度	转　矩
PC18	*BPS	报警记录清除	0000h	/	○	○	○

2）参数设定（见图 7-20）

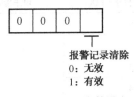

图 7-20　PC18 参数设定

3）参数说明

MR-J3 伺服驱动在运行中发生故障时会对故障进行报警显示，同时还对报警进行历史记录，可以保存当前发生的 1 个报警信息和过去的 5 个报警信息。如果要清除报警记录，将参数 PC18 设定为 0001 后在下一次接通电源时会自动清除所有报警记录。当报警记录清除后，参数 PC18 会自动复位为 0000。参数 PC18 出厂初始值为 0000，一般仅在需要清除报警记录时才在关机前手动设置为 0001。

4. 指令脉冲倍率分子设定功能参数 PC32、PC33、PC34

1）参数列表

编　号	简　称	功能名称	初始值	单　位	位　置	速　度	转　矩
PC32	CMX2	指令脉冲倍率分子 2	1	/	○	×	×
PC33	CMX3	指令脉冲倍率分子 3	1	/	○	×	×
PC34	CMX4	指令脉冲倍率分子 4	1	/	○	×	×

2）参数设定

参数 PC32、PC33、PC34 仅在参数 PA05 设定为 0 时有效，设定范围为 1~65 535。

3）参数说明

这是 3 个关于电子齿轮比分子 CMX 的设定参数。在 PA 参数组中，当参数 PA05 设定为 0 时，表示电子齿轮比设定有效。这时，驱动器默认的是 PA06 设定电子齿轮比的分子 CMX 值，而 PA07 设定为电子齿轮比分母 CDV 的值。设定之后，电子齿轮比不再变化，除非重新设定 PA06、PA07 的值。但是，在某些控制系统中，因工艺或其他原因，希望同时存在两种或两种以上的电子齿轮比供生产时选用，还希望电子齿轮比的改变也比较方便，例如，通过数字量端口的信号组态不同确定不同的电子齿轮比。参数 PC32、PC33、PC34 就是为此目的而设置的。

参数 PC32、PC33、PC34 的设置生效条件如下。

（1）参数 PA05 设定为 0，电子齿轮比设定是有效的。

（2）把两个通用数字量端口 DI 设置成信号 CM1 和 CM2 端口（设定值为 00000024、00000025），并外接开关信号。

MR-J3 伺服驱动器规定：电子齿轮比的分母 CDV 固定为参数 PA07 设定值，不能改变，而电子齿轮比的分子则由端口信号 CM1 和 CM2 的组合状态决定。组合状态不同，则电子齿轮比分子 CMX 的选择不同，这样就形成了四种电子齿轮比供用户选择，组合状态选择见表 7-17。

表 7-17　电子齿轮比的组合选择

CM2	CM1	电子齿轮比的分子 CMX	电子齿轮比的分母 CDV	电子齿轮比
OFF	OFF	PA06		PA06/PA07
OFF	ON	PC32		PC32/PA07
ON	OFF	PC33	PA07	PC33/PA07
ON	ON	PC34		PC34/PA07

驱动器出厂时初始端口状态并没有指定端口为 CM1 和 CM2 的信号端口，因此 CM2=CM1=OFF 默认电子齿轮比为 PA06/PA07。此时，PC32、PC33、PC34 设置无效。设置了端口信号 CM1 和 CM2 后，PC32、PC33、PC34 的设置才有效。同时，根据表 7-17 选择不同的电子齿轮比。

5. 通电状态显示设定功能参数 PC36

1）参数列表

编　号	简　称	功能名称	初　始　值	单　位	位　置	速　度	转　矩
PC36	*DMD	通电状态显示选择	0000h	/	○	○	○

2）参数设定（见图 7-21）

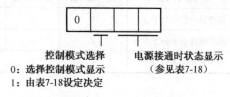

图 7-21　PC36 参数设定

3）参数说明

参数 PC36 是与 MR-J3 伺服驱动器操作面板中状态显示有关的参数。关于操作面板的状态显示说明参见 7.2 节。

参数 PC36 的设定是驱动器在接通电源后的状态第 1 显示，驱动器可以在状态显示模式下显示 16 种不同的状态，这 16 种不同的状态可以通过操作面板上的【UP】【DOWN】键进行切换显示，设定值与显示状态之间的关系见表 7-18。

表 7-18 PC36 参数设定内容

设 定 值	内　　容	设 定 值	内　　容
00	反馈脉冲累积	08	实际负载率
01	伺服电动机速度	09	峰值负载率
02	滞留脉冲	0A	瞬时输出转矩
03	指令脉冲累积	0B	在 1 转内的位置（1pls 为单位）
04	指令脉冲频率	0C	在 1 转内的位置（100pls 为单位）
05	模拟量速度指令电压/模拟量速度限制电压	0D	ABS 计数器
06	模拟量转矩指令电压/模拟量转矩限制电压	0E	负载惯量比
07	再生制动负载率	0F	母线电压

但如果第 3 位十六进制数设定为 0 时，则开机后的第 1 显示与驱动器所选择的模式有关，见表 7-19。例如，驱动器选择速度模式（PA01=0002），则开机后第 1 显示为伺服电动机转速。如设定为 1，则根据表 7-18 的设定值为开机第 1 显示。

表 7-19 第 1 显示与驱动器模式的关系

驱动器模式	开机第 1 显示
位置	反馈脉冲累积
位置/速度	反馈脉冲累积/伺服电动机速度
速度	伺服电动机速度
速度/转矩	伺服电动机速度/模拟转矩指令电压
转矩	模拟转矩指令电压
转矩/位置	模拟转矩指令电压/反馈脉冲累积

7.1.5 I/O 设定参数 PD□□

参数组 PD 是驱动器的通用数字量输入/输出端口设定参数，其主要功能是对连接器 CN1 上的输入/输出端口相关针脚进行信号功能定义。这一点在第 6 章中已做了详尽介绍。除此之外，还有几个与端口相关的参数在此介绍。

1. 输入信号自动 ON 选择设定功能参数 PD01

1）参数列表

编 号	简 称	功 能 名 称	初 始 值	单 位	位 置	速 度	转 矩
PD01	*DIA1	输入信号自动 ON 选择	0000h	/	○	○	○

2）参数设定（见图 7-22）

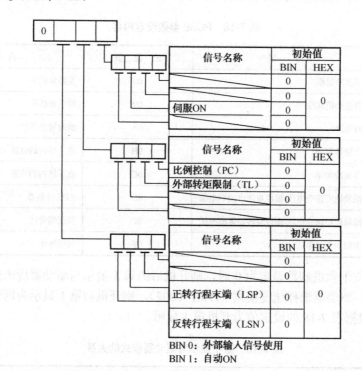

BIN 0：外部输入信号使用
BIN 1：自动 ON

图 7-22　PD01 参数设定

3）参数说明

MR-J3 伺服驱动器中有几个输入信号要求其在伺服工作时为常闭型输入（常为 ON），且与控制方式无关。这些信号是急停信号（EMG）、伺服 ON 信号（SON）、正/反转限位信号（LSP/LSN），而外部转矩限制信号（TL）和速度调节器切换信号（PC）则是在某些控制工况条件下要求为常闭型输入。对上述这些保持常闭型输入（常为 ON）的信号来说，可以通过内部参数设置使之常为 ON，这样做就不需要外接信号开关，既不占用输入端口，又避免了外接信号开关所引起的故障。PD01 就是设置这些信号为内部自动常为 ON 的功能参数。

PD01 的设置由 4 位十六进制数组成，如图 7-21 所示。其中首位固定为 0，其余 3 位均由 4 位二进制数组成一个十六进制数。二进制位的顺序是由上到下对应于 b0～b11。b0～b3 为最后一位十六进制数，以此类推。当仅置伺服 ON 信号（SON）常为 ON 时，PD01 的设定值为"0000000000000100"，即 PD01=0004。

2. 输入滤波器设定功能参数 PD19

1）参数列表

编　号	简　称	功能名称	初始值	单　位	位　置	速　度	转　矩
PD19	*DIF	输入滤波器设定	0002h	/	○	○	○

2）参数设定（见图 7-23）

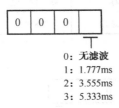

0：**无滤波**
1：1.777ms
2：3.555ms
3：5.333ms

图 7-23　PD19 参数设定

3）参数说明

当外部信号由于噪声产生波动时，可利用内部输入滤波器进行抑制，滤波效果与滤波时间常数有关，时间常数越大，滤波效果越好，但信号响应也相应变慢。

参数 PD19 一般保持出厂值不变，当噪声过大时，可调整为 5.333ms。

3. LSP/LSN 停止方式选择设定功能参数 PD20

1）参数列表

编　号	简　称	功能名称	初始值	单　位	位　置	速　度	转　矩
PD20	*DOP1	LSP/LSN 停止方式选择	0000h	/	○/○	○/○	×/○

2）参数设定（见图 7-24）

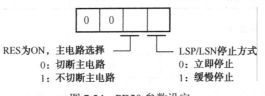

RES 为 ON，主电路选择　　　　　　　　LSP/LSN 停止方式
0：切断主电路　　　　　　　　　　　0：立即停止
1：不切断主电路　　　　　　　　　　1：缓慢停止

图 7-24　PD20 参数设定

3）参数说明

参数 PD20 包含了两种功能选择设定。

（1）LSP/LSN 停止方式。

这个功能决定当电动机运行中碰到左/右极限开关 LSP/LSN 后的运行停止方式。该位为"1"时，按照参数 PB03 所设定的减速时间减速停止，该位为"0"时立即停止，并清除滞留脉冲。

（2）RES 为 ON，主电路选择。

RES 为复位信号。如果伺服驱动器发生报警，则故障排除后可用 RES 信号为 ON 50ms 以上时，可使报警信号复位，但有些报警信号不能用 RES 信号复位。

在不发生报警的情况下，当 RES 为 ON 时，根据 PD20 的设定决定驱动器主电路是否关断。实际上是是否关闭主电路的速变管输出。该位设定为 "0" 时，关闭速变管输出，伺服为 OFF。该位为 "1" 时，不关闭速变管输出，伺服仍保持为 ON。

4. CR 信号清除选择设定功能参数 PD22

1）参数列表

编　　号	简　　称	功能名称	初始值	单　位	位　置	速　度	转　矩
PD22	*DOP3	CR 信号清除选择	0000h	/	○	×	×

2）参数设定（见图 7-25）

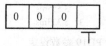

0：在上升沿清除滞留脉冲
1：ON状态下，一直清除滞留脉冲

图 7-25　PD22 参数设定

3）参数说明

MR-J3 伺服驱动器的偏差计数器内滞留脉冲是通过输入端 CR 信号来清除的。参数 PD22 用来设置清零信号的有效时间。设定为 "0" 时，滞留脉冲在 CR 信号的上升沿清除，这时要求 CR 信号的宽度必须大于 20ms。设定为 "1" 时，则在 CR 为 ON 期间一直被清除。

5. 报警代码输出和 ALM 状态选择设定功能参数 PD24

1）参数列表

编　　号	简　　称	功能名称	初始值	单　位	位　置	速　度	转　矩
PD24	*DOP5	报警代码输出和 ALM 状态选择	0000h	/	○	○	○

2）参数设定（见图 7-26）

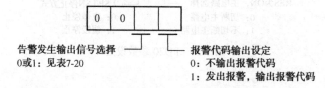

告警发生输出信号选择　　　　报警代码输出设定
0或1：见表7-20　　　　　　　0：不输出报警代码
　　　　　　　　　　　　　　　1：发出报警，输出报警代码

图 7-26　PD24 参数设定

3）参数说明

参数 PD24 是与告警输出相关的 I/O 设定参数，它由两部分设定内容组成，如图 7-26 所示。当 MR-J3 伺服驱动器发生告警时，可以从通用输出端口 ALM 和 WNG 对外发生告警信号，同时还可以在显示面板及通过输出端口 CN1-22、CN1-23 和 CN1-24 的端口状态组合给出报警代码，参数 PD24 可以对报警代码及告警信号进行相应设定。

（1）报警代码输出的设定。

通用输出端口 CN1-22、CN1-23 和 CN1-24 在出厂时被分配为 1NP、ZSP 和 SA 信号输出，但当 PD24 的报警代码设定位被设定为 1 时，这 3 个输出端口的组态可以输出报警代码。这个报警代码只能大致指出报警的内容而不能准确告诉具体编号，这 3 个端口告警时输出的组态及相应表示告警的内容见表 7-20。

当 PD24 设定为输出报警代码时，这 3 个端口不能再定义为其他信号端口，也不能把伺服系统选作为绝对定位方式。实际上，发生告警时会从面板显示器上显示具体的告警编号。因此，一般不会用来定义输出告警代码，保持其出厂初始值为 0。

表 7-20 输出组态及相应告警内容

CN1-22	CN1-23	CN1-24	报警显示	名　称
0	0	0	888888	监视中
			AL12	存储器异常 1
			AL13	时钟异常
			AL15	存储器异常 2
			AL17	基板异常
			AL19	存储器异常 3
			AL37	参数异常
			AL8A	串行通信超时异常
			AL8E	串行通信异常
0	0	1	AL30	再生异常
			AL33	过电压
0	1	0	AL10	电压不足
0	1	1	AL45	主电路元件过热
			AL46	伺服电动机过热
			AL47	冷却风扇异常
			AL50	过载 1
			AL51	过载 2
1	0	0	AL24	主电路异常
			AL32	过电流
1	0	1	AL31	过速度
			AL35	指令脉冲频率异常
			AL52	完成过大
1	1	0	AL16	编码器异常 1
			AL1A	电动机组合异常
			AL20	编码器异常 2
			AL25	绝对位置丢失

（2）报警发生输出信号选择。

MR-J3 伺服驱动器有两个涉及故障报警的输出：ALM 和 WNG，其中 ALM 为故障报警信号，出厂时已被固定定义为 CN1-48 端口输出，而 WNG 报警警告信号则在出厂时没有被定义，因此如需要该信号必须分配一个通用输出端口定义为 WNG 信号才行，参数 PD24 可以对这两个告警信号输出状态进行选择，见表 7-21。

由于 ALM 信号固定定义为 CN1-48，且发生报警时都会从显示面板上显示报警编号。因此，很少有再另外定义 WNG 信号的情况，故一般保持默认出厂初始值"0"。

关于故障报警的详细讲解见本章 7.4 节。

表 7-21　告警信号输出状态选择

设　定　值	信　号　状　态
0	WNG 1/0/1/0 ALM 1/0 　警告发生
1	WNG 1/0/1/0 ALM 1/0 　警告发生

7.2　驱动器的显示与操作

7.2.1　操作显示面板说明

MR-J3 伺服驱动器配有简易的操作显示面板，在驱动器的连接器上方，可以对驱动器进行各种状态显示、告警代码显示、诊断显示、参数设置和调试操作。除自配的操作面板外，用户还可以选择外置式操作显示单元 MR-PRV03 或在计算机上安装 MR-J3 系列伺服调试设置软件 MRZJW3-SETUP221 对驱动器进行各种调试操作。

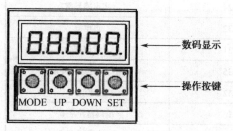

图 7-27　操作显示面板外观图

MR-J3-A 伺服驱动器自带的操作显示面板外观如图 7-27 所示。面板由"数码显示"区和"操作按键"区组成。

数码显示区由 5 个 8 段数码管组成（7 段数字码+小数点），主要用来显示驱动器的状态、报警、参数和操作等信息。数码显示区带有 4 个小数点，驱动器对小数点的显示做了如图 7-28 所示的规定。不同的小数点显示代表不同的含义。例如，数码显示区不能显示负值的负号，用 4 个小数点点亮表示显示值为负值。用户在应用时应注意。

操作按键区设有 4 个按键，通过这 4 个按键的组合使用来完成驱动器的全部显示和操作功能。

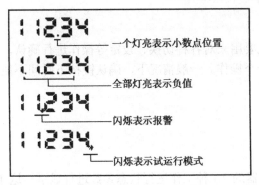

图 7-28　小数点的显示含义

1)【MODE】模式切换键

在伺服初始通电后通过按下伺服驱动器上的【MODE】按钮，可以在"状态显示模式、诊断模式、报警模式、PA 参数、PB 参数、PC 参数、PD 参数"这几组模式间切换。在切换到某种模式时停止【MODE】按钮的操作便进入这一模式中，然后通过按【UP】、【DOWN】键在这一模式中进行选择操作等。各种模式的初始画面和模式切换顺序如图 7-29 所示。

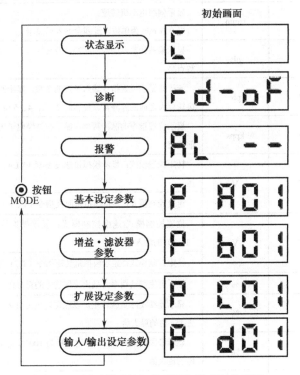

图 7-29　显示模式的初始画面和模式切换顺序

2)【UP】【DOWN】显示内容切换/数值加减键

这两个键在某种显示模式后用来对模式中的各种显示内容进行切换。参数设置时，用来对设定值进行增/减操作。输出端强制操作时，用来强制 ON/OFF 操作。试运行操作时，可以用来控制电动机转向等。

3）【SET】确认键

这个键用途较多，主要用来对各种切换、设定等操作进行确认，认可你所进行的操作。这也是用户会经常遗漏的一个操作。一般情况下，确认键按下时间不能太短，等到确认信号发出后才松开。

7.2.2　状态显示

状态显示是指对驱动器的 16 种工作运行状态参数进行显示。这 16 种状态的名称内容、显示代码、显示参数单位和显示范围见表 7-22。

表 7-22　16 种状态显示说明表

状态显示	符　号	单　位	内　容	显示范围
反馈脉冲累积	C	pls	统计并显示从伺服编码器中反馈的脉冲。 反馈脉冲超过±99999 时也能计数，但只能显示实际数值的低 5 位。负值时 2、3、4、5 位小数点亮	-99 999～99 999
伺服电动机速度	r	r/min	显示伺服电动机转速。 以 0.1r/min 为单位，经四舍五入后显示	-7200～7200
滞留脉冲	E	pls	显示偏差计数器的滞留脉冲，反转时 2、3、4、5 位小数点亮	-99 999～99 999
指令脉冲累积	P	pls	统计并显示位置指令输入脉冲的个数。显示的是经电子齿轮放大之前的脉冲数。反转时 2、3、4、5 位小数点亮	-99 999～99 999
指令脉冲频率	n	kpps	显示位置指令的脉冲频率，显示的是经电子齿轮放大之前的值	-1500～1500
模拟量速度指令电压/模拟量速度限制电压	F	V	转矩控制模式：显示模拟量速度限制（VLA）的输入电压	-10.00～+10.00
			速度控制模式：显示模拟量速度指令（VC）的输入电压	
模拟量转矩指令电压/模拟量转矩限制电压	U	V	位置控制模式/速度控制模式：显示模拟量转矩限制（TLA）的输入电压	0～+10.00
			转矩控制模式：显示模拟量转矩指令（TC）的输入电压	-8.00～+8.00
再生制动负载率	L	%	显示再生制动功率占最大再生功率的百分比	0～100
实际负载率	J	%	显示连续实际负载转矩，以额定转矩为 100%，显示过去 15s 内的最大值	0～300
峰值负载率	b	%	显示最大输出转矩，以额定转矩为 100%，显示过去 15s 内的最大值	0～400
瞬时输出转矩	T	%	显示瞬时输出转矩，以额定转矩为 100%，实时显示输出的转矩值	0～400
在 1 转内的位置 （1pls 为单位）	Cy1	pls	以编码器的脉冲为单位显示 1 转内的位置，如果操作最大脉冲数，则显示回到 0，伺服放大器显示部分只有 5 位，只能显示实际值的低 5 位，逆时针选择时数值增加	0～99 999
在 1 转内的位置 （100pls 为单位）	Cy2	pls	1 转内的位置以编码器的 100 脉冲为单位显示，如果超过最大数，则显示数回到 0。逆时针方向旋转时数据增加	0～2621

续表

状态显示	符 号	单 位	内 容	显示范围
ABS 计数器	LS	rev	绝对位置检测系统中，从原点开始的移动量以绝对位置编码器的多转计数器值显示	−32 768～32 767
负载惯量比	dC	倍	显示伺服电动机和折算到伺服电动机轴上负载转动惯量比的推算值	0.0～300.0
母线电压	Pn	V	显示主电路（P-N 间）的电压	0～450

驱动器初次接通电源后显示符号"C"，表示当前的模式是状态显示模式，"C"表示反馈脉冲累积状态。2s 后会显示反馈脉冲累积状态的具体数值，以后每次接通电源后，其第 1 显示都是状态显示模式，至于显示的是哪一个状态，则由参数 PC36 的设定值所确定。同样，2s 后自动显示该状态的数值。

在状态显示模式中，通过【UP】、【DOWN】键可以进行各种状态之间的切换，其切换顺序如图 7-30 所示。当切换到所选定的状态显示时，按下【SET】键，对应于此状态的当前值就会显示出来。

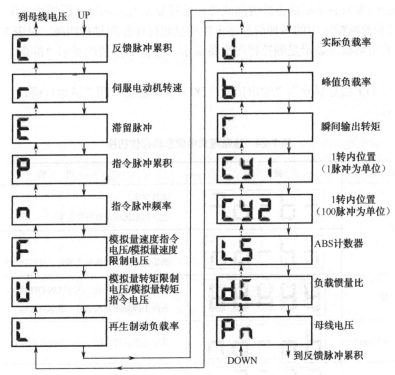

图 7-30 状态模式的切换顺序图

注意， 数值显示只能显示数值的后 5 位数据。表 7-23 为显示示例。

表 7-23 状态显示数值示例

项 目	状 态	显 示
伺服电动机转速	以 2500r/min 正转	2500

续表

项　目	状　态	显　示
伺服电动机转速	以-3000r/min 反转	**-3000**
负载惯量比	15.5 倍	**155**
ABS 计数器	11252rev	**11252**
	-12566rev	**12.5.6.6** ←点灯

7.2.3　诊断显示

诊断模式的内容为驱动器的各种内部或外部信息显示及进入试运行模式操作。利用【UP】【DOWN】按键在诊断模式中的各种信息显示项目试运行操作间进行切换，见表 7-24。

诊断模式的初始状态显示是顺控程序准备显示。根据实际情况显示"准备未完毕"或"准备完毕"信息。

对于"外部 I/O 信息显示"、"输出信号（D0）强制输出"和"试运行模式"在下面的章节中另外进行说明。

表 7-24　诊断模式中信息和操作切换

名　称		显　示	内　容
顺控程序		rd-oF	准备完毕 正在初始化或是有报警发生
		rd-on	准备完毕 初始化完成，伺服驱动器处于可以启动的状态
外部 I/O 信号显示		88888	显示外部输入/输出信号的 ON/OFF 状态 各段上部对应输入信号，下部对应输出信号
输出信号（DO）强制输出		do-on	数字输出信号可以通过操作面板强制 ON/OFF
试运行模式	点动运行	rESr1	在没有来自外部指令装置的指令状态下进行点动运行
	定位运行	rESr2	在没有来自外部指令装置的指令状态下执行一次定位运行，需要伺服调试设置软件
	无电动机运行	rESr3	可以不连接伺服电动机，根据外部输入信号，就像实际电动机在动作一样，给出输出信号，监视状态显示

续表

名　称		显　示	内　容
试运行模式	机械分析器运行	⌐ESⲅ4	计算机连接伺服驱动器，测定机械系统的共振点，需要安装伺服调试设置软件
	放大器诊断	⌐ESⲅ5	对伺服驱动器的输入/输出接口是否正常工作进行简易的故障诊断，需要安装伺服调试设置软件
软件版本低位		-A0	显示伺服驱动器的软件版本
软件版本高位		=000	显示软件系统编号
VC 自动偏置		H1　　0	在模拟量速度指令（VC）或模拟量速度限制（VLA）为0V时，通过驱动器内部和外部的模拟量电路的偏置电压，使伺服电动机缓慢转动自动地进行偏置电压的零调整
电动机系列 ID		H2　　0	此状态下按下"SET"按钮就能显示当前连接的伺服电动机系列 ID
电动机类型 ID		H3　　0	此状态下按下"SET"按钮就能显示当前连接的伺服电动机类型 ID
编码器 ID		H4　　0	此状态下按下"SET"按钮就能显示当前连接的伺服电动机编码器 ID
制造商调整用		H5　　0	用于制造商调整用
制造商调整用		H6　　0	用于制造商调整用

7.2.4　报警显示

报警模式显示当前报警、报警记录、参数错误 3 方面内容。不同的内容在报警模式下用【UP】【DOWN】按键进行切换，报警内容与显示见表 7-25。

对报警模式下的显示及操作做以下几点说明。

（1）无报警时进入当前报警模式，则显示"未发生报警"符号。

（2）当驱动器发生报警时，不管驱动器处于何种模式、何种状态都会马上闪烁显示当前发生的报警代码。

（3）在驱动器报警时仍然可通过【MODE】、【UP】和【DOWN】进行切换，进行驱动器的各种状态信息检查，但这时第 4 个小数点会一直闪烁，表示驱动器有报警信号存在（见图 7-28）。

（4）在排除产生报警的故障后必须对报警进行解除，解除的方法根据报警代码的不同参照表 7-33 所示的方法进行，仅在解除报警后驱动器才能恢复正常工作。

（5）切换到报警记录状态，利用【UP】【DOWN】可观察到前 6 次的报警记录。

（6）利用参数 PC18 可以清除报警记录。

表 7-25　报警内容与显示

名　称	显　示	内　容
当前报警	AL --	未发生报警
	AL 33	发生报警，并显示具体的报警代码
报警记录	A0 50	此前第 1 次发生的报警代码（例中为过载 1，AL50）
	A1 33	此前第 2 次发生的报警代码（例中为过压，AL33）
	A2 10	此前第 3 次发生的报警代码（例中为电压不足，AL10）
	A3 31	此前第 4 次发生的报警代码（例中为超速，AL31）
	A4 --	此前第 5 次发生的报警代码，--表示未发生报警
	A5 --	此前第 6 次发生的报警代码，--表示未发生报警
参数错误	E --	未发生参数异常（AL37）
	E A12	发生参数异常后，可以显示是哪个参数异常（例中是 PA12 参数异常）

7.2.5　参数显示与设定

MR-J3 伺服驱动器有 4 组参数 PA、PB、PC 和 PD。这 4 组参数均可通过操作面板进行参数设定值显示和修改。

驱动器对参数的设置进行了限制。限制是通过基本参数 PA19 的不同设定进行的。PA19 参数设定不同，能够操作参数的权限也不一样，要监控或修改全部参数请先将参数 PA19 设定成000C，

1. 参数组的切换

参数组是通过【MODE】键切换来选择的，当选择好某组参数后，按【SET】键进入该组参数利用【UP】【DOWN】键改变参数号，如图 7-31 所示。

2. 参数设定值的显示

当切换到某个参数后，可以通过如图 7-32 所示的操作查看参数当前设定值。

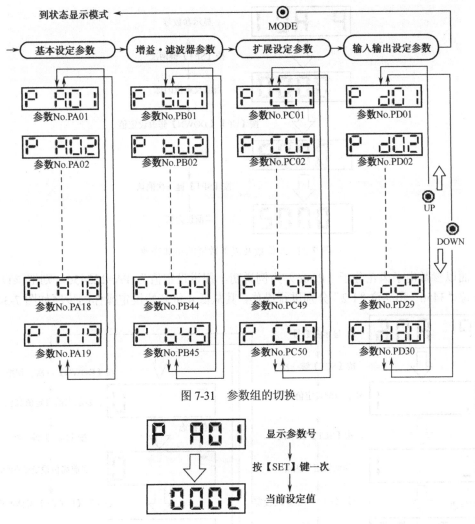

图 7-31　参数组的切换

图 7-32　查看参数当前设定值

3. 参数的修改

参数修改分为 5 位数及以下和 6 位数及以上两种不同的修改操作。所有参数修改后，必须按"SET"键进行确认。对于在参数列表中前面带有"*"标志的，改变设定值后需要断电再次通电后设定数据才有效。

1）5 位数及以下数据的参数修改

多数参数的设定值均在 5 位数及以下。通过切换操作，切换到某个指定修改的参数后，按照如图 7-33 所示的操作进行。

2）6 位数及以上数据的参数修改

当参数设定值超过 5 位数（6 位及以上）时，必须分成两次对设定值进行修改。这时，参数设定值被分成低 4 位和高 4 位两个部分。通过规定操作分别设定。

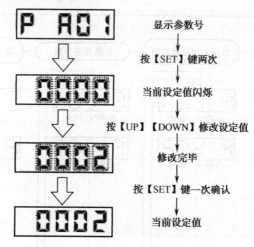

图 7-33　5 位数及以下数据的参数修改

下面以参数电子齿轮分子（PA06）为例说明。假设设定值为 PA=123456，则把该设定值分成低 4 位"3456"和高位"1 2"分别进行操作，其从低 4 位开始设定操作的步序如图 7-34 所示。

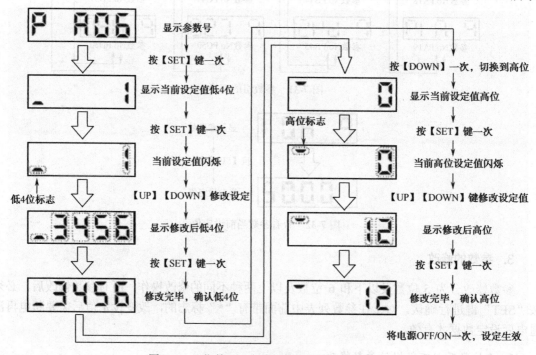

图 7-34　6 位数及以上数据的参数修改操作步序

7.2.6　I/O 信号显示与输出信号强制输出

在诊断模式下切换到"外部输入/输出信号显示"或"输出信号（DO）强制输出"状态，则可对伺服进行外部输入/输出信号监控或输出信号（DO）强制输出操作。

1. 外部输入/输出信号监控

在诊断模式下，通过按【UP】【DOWN】键切换到外部输入/输出信号显示界面，此时驱动器上的 LED 会显示外部输入/输出信号 ON/OFF 的状态。

1）显示操作方式（见图 7-35）

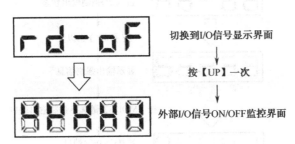

图 7-35　输入/输出信号显示界面

2）监控

外部输入/输出信号的状态监控是通过 7 段数码管各个段的亮灭来表示的。灯亮表示对应信号 ON，灯灭表示对应信号 OFF。如图 7-36 所示数码管的中间横线为常亮。其上部表示输入端口针脚所对应的信号，下部表示输出端口针脚所对应的信号。对应关系如图 7-36 所示。至于各个针脚表示何种信号，则由各端口所对应的 PD 参数定义。例如，输出端口 CN1-48 固定为 ALM 信号输出。图中 ALM 所对应的段（中间数码管下部左段）灯亮，表示 ALM 信号为 ON，无报警信号，而灯灭，表示 ALM 信号为 OFF，有报警信号。

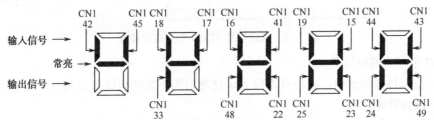

图 7-36　7 段数码管对应的外部输入/输出信号

图 7-37 为定位控制模式下出厂初始值定义的信号，供读者备查。

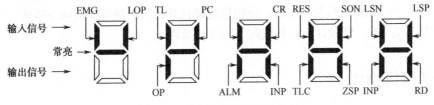

图 7-37　出厂初始值定义的信号

2. 输出信号（DO）强制输出

输出信号（DO）强制输出主要用于检查外部控制电路的连接和相应的动作是否正确。在输出信号强制状态下，输出信号和伺服实际状态无关，使用此功能时必须在伺服停止状态（SON 信号 OFF）下操作。

使用此功能时在驱动器通电后,按下【MODE】切换到诊断界面,然后再按【UP】或【DOWN】切换到强制输出状态,按【SET】2s 以上后就可以进行强制操作,具体操作如图 7-38 所示。

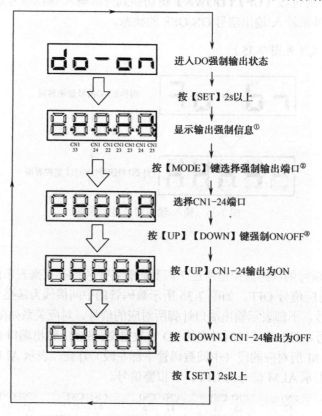

图 7-38 输出信号(DO)强制输出操作

图 7-37 中相关说明如下。

① 强制信息各部分说明:上段灯亮段表示被选中的强制输出信号是其对应的下段输出信号端口。中间段为常亮。

② 按【MODE】键,上段灯亮段会自右向左按顺序进行循环切换。

③ 按【UP】键为强制输出 ON,灯亮;按 DOWN 键为强制输出 OFF,灯灭。

如伺服在垂直轴状态下使用时,某个输出端口会被定义为 MBR 信号,这是控制外部抱闸电磁制动器信号,当 MBR 信号为 ON 时,电磁抱闸是打开的,负载可能会向下坠落。因此,强制输出 MBR 信号为 ON,要做好应对负载向下坠落的措施。

7.2.7 试运行操作

操作显示面板的试运行操作指伺服电动机在驱动器并无实际输出指令(指令脉冲及指令信号输入)的情况下可以对电动机进行一次定位操作试运行,用来测试伺服系统本身的运行情况确认,而不是对外部机械装置的运行情况进行确认。因此,在试运行时,不需要连接机械装置。另一方面,除规定的说明外,也不需要对驱动器外部输入/输出电路开关量信号进行连接。试运行不能用于实际运行。

试运行模式在绝对定位方式系统中不能使用，在参数 PA03 中设定为"相对定位方式"后才能应用试运行功能。

试运行必须使用伺服开启信号（SON）为 OFF 后才能进行，试运行在发生动作异常时请使用紧急停止信号 EMG 停止。

电源接通后必须先将模式切换到诊断模式，然后通过【UP】键切换到试运行 3 种模式中的一种，确认后即可开始试运行。操作步骤如图 7-39 所示。

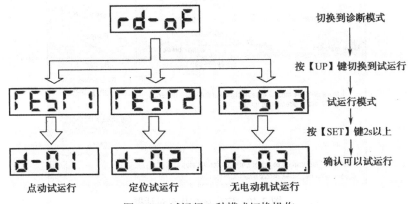

图 7-39　试运行 3 种模式切换操作

1. 点动试运行操作

在点动试运行前要将 EMG、LSP、LSN 等信号设置成 ON。因此，急停信号 EMG 必须通过外部输入端口的短接实现，而 LSP/LSN 信号则可通过参数 PC01 设置为常 ON。

点动操作时，按住【UP】或【DOWN】可使电动机正/反转运行，松开按钮，电动机马上停止，电动机运行的速度及加/减速时间均为出厂初始设定值（见表 7-26），且不能用操作显示面板进行修改。如果与计算机相连接，则可通过伺服设置软件 MRZJW3-SETUP221 进行设置，设置的范围见表 7-26。

表 7-26　运行的速度及加/减速时间设置

项　目	出厂初始设定值	软件设定范围
转速（r/min）	200	0 至瞬时允许转速
加/减速时间常数（ms）	1000	0～50000

在点动试运行操作中按【MODE】键一次，则显示画面会转到状态显示模式画面，但是这时不能用【UP】或【DOWN】来进行状态切换，还是用【MODE】键进行不同状态之间的切换，【UP】【DOWN】仍然保持点动正/反转功能。

在点动运行状态可以通过断开电源或按【MODE】切换到其他界面，再按【SET】2s 以上来结束点动运行状态。

2. 定位试运行操作

定位试运行操作可以对伺服电动机的转速、加/减速时间、定位距离进行设置，可以对伺服电动机进行启动、暂停、正转、反转、再启动和紧急停止等功能测试。进行定位试运行，必须与伺服设置软件 MRZJW3-SETUP221 配合进行。

通过伺服设置软件 MRZJW3-SETUP221 中的操作菜单，可以选择定位运行，在选择定位运行后，伺服驱动器会显示定位运行的状态，或是直接通过操作按钮切换到定位运行状态，出现如图 7-40 所示的对话框。在对话框中设置运行速度、加/减速时间、移动距离，然后通过按钮操作各种运行功能。对话框中各参数及按钮功能中英文对照见表 7-27。

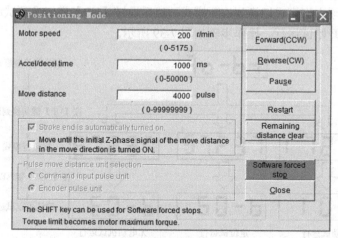

图 7-40　定位运行状态对话框

进行定位运行时，必须 ENG 为 ON。和点动运行一样，在定位运行中也可以监视状态显示。

表 7-27　参数及按钮功能中英文对照表

英　　文	中　　文	说　　明
Motor speed	电动机转速	
Accel/decel time	加/减速时间	
Move distance	定位距离	
Stroke end is automatically turned on	极限开关（LSP、LSN）自动为 ON	勾选使 LSP、LSN 自动为 ON
Move until the initial Z-phase signal of the move distance in the move direction is turned ON	移动到在移动方向上移动距离的最初 Z 相信号变为 ON 为止	
Pulse move distance unit selection	脉冲移动距离单位选择	选择脉冲单位是以指令脉冲（Command）还是以编码器脉冲（Encoder）为单位的
Forward（CCW）	正转	
Reverse（CW）	反转	
Pause	暂停	电动机转动中有效
Restart	再启动	电动机暂停中有效
Remaining distance clear	剩余距离消除	电动机暂停中有效
Software forced stop	紧急停止	电动机转动中有效
Close	退出	退出试运行，窗口关闭

3. 无电动机试运行操作

无电动机试运行操作指驱动器不连接伺服电动机，但需要连接实际的输入信号，这时可以像伺服电动机在实际连接时动作一样地输出信号显示状态，可用于上位机的 PLC 顺序检查。例如，输入信号、输出信号的连接与动作检查，驱动器参数设定的检查与确认等。

7.3　伺服驱动器的启动和调试

7.3.1　伺服驱动器的启动准备

驱动器在投入伺服系统正式工作前要做一些准备工作，包括接线检查、电源通断、参数设置和试运行。在启动准备中如发生故障报警和试运行不正常，都必须排除故障后才能正式投入运行。

1. 接线检查

在驱动器接通电源（主电路电源和控制电路电源）前，下面是有关接线的注意事项。

（1）提供符合规格的主电路电源和控制电路电源，见表 7-28。

表 7-28　主电路电源和控制电路电源规格

型　　号		10～70A	100～700A	10A1～40A1
主电路	电压	三相 AC200～230，单相 AC230	三相 AC200～230	单相 AC100～120
	允许波动	三相 AC170～253，单相 AC207～253	三相 AC170～253	单相 AC85～132
控制电路	电压	单相 AC200～230		单相 AC100～120
	允许波动	单相 AC207～253		AC85～132
I/O 端口用	电压	DC24V±10%		
	容量	300mA		

（2）驱动器主电路电源（L1、L2、L3）千万不能接到驱动器的输出端（U、V、W），否则驱动器马上会发生严重故障。

（3）驱动器输出端（U、V、W）和伺服电动机的电源输入端（U、V、W）相位必须一致，不要在伺服电动机的接头上施用过大的力。

（4）伺服电动机的接地端子要先连接到伺服放大器的接地端（PE）。参看图 6-15。

（5）再生选件的连接。当使用再生选件时，其连接如图 7-41 所示。

（6）I/O 端信号的连接。连接线 CN1 的电源电压不要超过 24V。对输出端口不能将 SD 与 DOCOM 短接。

（7）不要使编码器处于超过弯曲寿命的状态。

2. 电源通断与电动机停止

接通电源前请使伺服开启信号（SON）为 OFF，并确认此时上位机没有发出指令脉冲，然后接通主电路电源和控制电路电源。

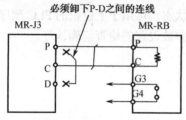

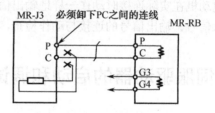

（a）MR-J3-350A以下　　　　　　　（b）MR-J3-500～700A

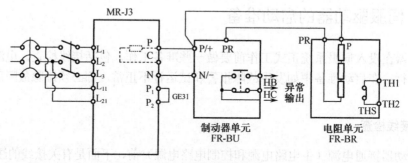

（c）MR-J3-500A以上用制动单元

图 7-41　再生选件连接图

电源接通瞬间会显示"88888"，但不是异常，然后显示"C"字（反馈脉冲累积状态），2s 后会显示数据。

绝对定位方式时，第一次接通电源会出现绝对位置消失的报警（AL.25），但切断电源一次后再次接通电源会解除报警。如欲断开电源，请确认没有输入指令脉冲，伺服开启信号（SON）OFF 后再进行。

如出现以下状态，驱动器会自动断开伺服电动机的运行。

（1）伺服开启信号（SON）为 OFF，伺服电动机惯性停止。

（2）如发生报警，动态制动器动作，伺服电动机立即停止。

（3）紧急停止信号（EMG）OFF，动态制动器动作，伺服电动机立即停止，发生 AL.E6 报警。

（4）限位开关（LSP/LSN）OFF，滞留脉冲消除，伺服锁定，但可以反方向运行。

3. 参数的设置

在定位控制模式时，只要设置主要几个基本设定参数就可以使电动机正常运行。这几个参数是 PA06、PA07（电子齿轮比）、PA13（脉冲输入形式）和 PD01（控制方式选择）。其中 PA06、PA07 要根据实际的需要进行计算设置，通常在不考虑位置及速度的情况下，如果只是进行电动机运行测试，可以使用默认的出厂初始值。

如果使用的是 HF-MP 系列和 HF-KP 系列伺服电动机，则必须根据所用不同型号的编码器线缆设定参数 PC22。否则，电源接通时会发生编码器异常报警（AL.16）。参数 PC22 的设定值与所用编码器线缆型号关系见表 7-29。

表 7-29 编码器线缆型号设定值

编码器线缆型号	PC22 设定值	
MR-EKCBL20M-L/H	0000	使用 30m 及以上长度,是 4 线式,并需要更改参数, 实际使用时基本上都是选用 10m 之内的,这时的型号是 MR-J3ENCBL M-A1-L 等型号,不用更改此参数
MR-EKCBL30M-H	1000	
MR-EKCBL40M-H		
MR-EKCBL50M-H		

4. 试运行

做好上面的启动准备工作就可以对驱动器和伺服电动机做一次试运行。试运行分点动试运行和定位试运行。具体的操作及注意事项请参看 7.2.7 节试运行操作所述。

7.3.2 伺服系统的调试

通过上面所讲的启动准备工作和伺服试运行,在确认驱动器与伺服电动机完好后就可连接上位机控制器进入伺服系统的调试了。下面以 FX$_{3U}$ PLC 作为驱动器的控制器进行说明。

1. 接线

在调试之前必须做好最基本的系统连接,一是主电路与控制电路交流电路的连接,参看图 6-15。二是端口电路电源及端口信号的连接,参看图 6-25。端口电源为直流 DC24V 电源,端口信号在调试时仅连接四个信号:紧急停止 EMG、伺服开启信号 SON 和正/反转极限开关 LSP、LSN。其中 EMG、LSP、LSN 必须接成常闭(ON)。

上述系统连接好后可以测试一下其中三个信号的连接及驱动器警告信息。测试方法及警告信息见表 7-30。

表 7-30 EMG、LSP、LSN 信号测试

测 试 方 法	警 告 信 息	警 告 解 除
断开 EMG	AL.E6	恢复 ON 状态
断开 LSP	AL.99	
断开 LSN	AL.99	

做完上面的调试工作后将 FX$_{3U}$ PLC 与驱动器相连,注意 FX$_{3U}$ PLC 的高速脉冲输出方式是脉冲+方向。连接时,可参照图 6-25 进行。PLC 连接前可下载一些简单的定位指令程序,如发脉冲手动正转、反转,定长定位,(相对、绝对),回原点等,作为后面的定位指令测试用。

接好线通电查看 PLC、驱动器上指示灯等是否正常,让 PLC 处于 RUN 状态,查看驱动器有无显示报警状态,如果驱动器显示故障代码,则根据代码说明查找排除故障。

2. 参数设置

在驱动器进行接收指令脉冲调试前对某些参数要进行修改。

参数 PA13 应设为 0011,负逻辑,脉冲串+方向输入。因为出厂值为 0000,为正逻辑,正/反转脉冲输入,而 FX$_{3U}$ PLC 为负逻辑,脉冲串+方向方式输出指令脉冲。

参数 PA05 设定为电动机转一圈所需的指令脉冲数，如 PA05=1000。这时，电子齿轮比无效。这样做在发脉冲调试和定位指令调试时容易观察。

其他参数均保留为出厂初始值，不需要修改。

3. 发脉冲调试

参数设定后就可以进行发脉冲测试了。利用 PLC 中的发脉冲指令 PLSY 向驱动器发出一个脉冲串，使电动机转动（可不带负载）。为便于观察，脉冲串频率要低（电动机几秒转一圈），脉冲数是 PA05 的整数倍（2～5 倍）

1）电动机转向

观察电动机转向是否与控制要求一致，如果电动机转向不对，重新设定参数 PA14 即可。

2）电动机转速

用【MODE】键切换到状态显示模式，用【UP】或【DOWN】键切换到"伺服电动机速度"状态显示，其画面为"r"，按【SET】键观察电动机转速是多少（r/min），并与指令脉冲的频率相核算，测试是否一致。核算公式是：电动机转速=（频率/PA05）×60。观察电动机转速必须在电动机运转时进行。

3）指令脉冲累积

该项调试用来测试输入驱动器指令脉冲串的脉冲个数，用来测试是否与 PLC 所输出脉冲串的个数一致。

在状态显示模式切换到"指令脉冲累积"状态显示，其画面为"P"。按【SET】键观察其显示值，观察应在脉冲停止输出时进行。

如果脉冲累积超出显示范围时，仅显示低 5 位数据。当电动机反转时，显示负值，负号用小数点全亮表示。因其显示的是脉冲累积值，如果仅想观察最后一次的脉冲个数，应用【SET】键把前面累积值清零。

4）滞留脉冲

当定位动作完成后，偏差计数器里的滞留脉冲数实质上显示了定位动作的位置跟随误差。滞留脉冲越小（接近于 0）表示位置跟随误差越小。

该项测试必须在电动机运转停止后进行。正转显示正值，反转显示负值。注意，所显示的滞留脉冲数是以编码器反馈的脉冲为单位计数的。

上面各项调试中，电动机的运行必须平稳、无振动和噪声，测试结果均不能有很大的误差，不产生任何报警或警告信号。如果发生上述情况，则必须检查程序、接线、设置等，直到故障排除才进入定位指令调试。

4. 定位指令调试

上述调试正常后则可以进行定位指令运行的调试。

调试前，需按照控制要求外接各种开关元件，设置驱动器的电子齿轮比（PA05/PA06/PA07）和其他有关参数，并从编程软件下载各个定位指令的相应程序（参看第 4 章 4.2 定位控制基本样式）。通过执行原点回归、手动、单轴定位运行等程序来观察各种定位指令（ZRN、DSZN、DRVI、

DRVA、DVIT 等）的执行情况。

调试中重点观察的是：伺服系统运行是否平稳，无振动，无噪声，各机械部分连接是否有故障，负载是否适当。各个定位指令执行后的准确度如何，误差是否在控制要求范围内。重置性是否好，即多次反复执行定位指令后累积误差是否大等。

驱动器和电动机经过上述调试并确认没有问题后，用户即可下载用户程序进行用户程序调试。

7.4 伺服驱动器故障与报警

7.4.1 故障报警概述

1. 故障分类及故障信息输出

MR-J3 伺服驱动器在运行中发生故障时会发出故障信号和显示故障信息。故障信号有两种类型：报警及警告。

报警信号是指当发生故障时，如果内置伺服信号（SON）为常 ON，则驱动器会自动将伺服信号（SON）变为 OFF（如果外设伺服信号（SON），则要将信号断开），同时要切断伺服电源。报警信号是一种比较严重的故障信号，这些故障一旦发生，电动机马上停止运行。驱动器必须进行重新启动或复位操作才能继续运行。

警告信号是指操作出错或有非正常情况发生，当发生这些故障时，驱动器还可以继续运行较短时间，但故障信息提示警告用户已有故障发生，必须尽快进行处理。例如，断线、通信超时、限位动作、未接通主电源、过载预警等。

警告信息内容见表 7-31。

表 7-31 警告信息内容

显　　示	名　　称	显　　示	名　　称
AL.92	电池断线警告	AL.E5	ABS 超时警告
AL.96	原点设定错误警告	AL.E6	伺服紧急停止警告
AL.99	行程极限警告	AL.E8	冷却风扇速度降低警告
AL.9F	电池警告	AL.E9	主电路 OFF 警告
AL.E0	过再生警告	AL.EA	ABS 伺服 ON 警告
AL.E1	过载警告 1	AL.EC	过载警告 2
AL.E3	绝对位置计数器警告	AL.ED	输出功率过大警告

当发生报警和警告故障时，驱动器通过以下两种方法向用户提供故障信息。

（1）输出故障状态信号。

驱动器提供了两个状态信号：ALM 和 WNG。ALM 信号指定为 CN1-48 端口输出。无故障时常为 ON，当发生报警故障时，变为 OFF，而对警告信号则不会变化。WNG 信号须通过参数 PD 指定输出端口，当警告信号出现时，由 OFF 变为 ON（参见 PD24 说明）。

（2）输出故障代码。

驱动器在发生报警和警告故障时还会输出故障代码。输出故障代码也有两种方法。一是把参数 PD24 设置成"□□□1"，故障代码通过驱动器上 CN122/23/24 输出信号组合状态说明，这个报警代码只能大致指出报警的内容而不能准确地告诉具体编号。这 3 个端口报警时输出的组态及相应表示报警的内容见表 7-20，参见 PD24 说明，而发生警告时不输出代码。二是在操作面板上显示报警和警告故障代码。

2. 报警解除

发生报警或警告故障后必须停机对照故障信息代码查找原因，并进行相应的处理（具体处理意见可参看后面所述），消除产生故障的原因后才能对报警或警告进行解除。不解除报警，驱动器不能恢复正常运行。

报警解除有 3 种方法，见表 7-32，

（1）电源复位：关断驱动器电源，再打开电源。

（2）当前报警界面下按 SET：在操作面板上按下"SET"键。

（3）报警复位（RES）：通过驱动器输入端设置的 RES 信号端口发出复位信号（ON），其上升沿清除驱动器报警。

由表 7-32 可见，电源复位对所有报警均可解除。表中"○"指通过此方法均可解除该报警。

表 7-32 报警解除方法

显 示	名 称	报 警 解 除		
		电源复位	当前报警界面下按"SET"	报警复位（RES）
AL.10	欠压	○	○	○
AL.12	存储器异常（RAM）	○	—	—
AL.13	时钟异常	○	—	—
AL.15	存储器异常 2（EEPROM）	○	—	—
AL.16	编码器异常 1（电源接通时）	○	—	—
AL.17	基板异常	○	—	—
AL.19	存储器异常 3（Flash-ROM）	○	—	—
AL.1A	电动机配合异常	○	—	—
AL.20	编码器异常 2	○	—	—
AL.24	主电路异常	○	○	○
AL.25	绝对位置丢失	○	—	—
AL.30	再生异常	○	○	○
AL.31	过速	○★	○★	○★
AL.32	过电流	○	—	—
AL.33	过电压	○	○	○
AL.35	指令脉冲频率异常	○	○	○
AL.37	参数异常	○	—	—
AL.45	主电路元器件过热	○★	○★	○★

显　示	名　　称	报　警　解　除		
		电源复位	当前报警界面下按"SET"	报警复位（RES）
AL.46	伺服电动机过热	○★	○★	○★
AL.47	冷却风扇异常	○	—	—
AL.50	过载1	○★	○★	○★
AL.51	过载2	○★	○★	○★
AL.52	误差过大	○	○	○
AL.8A	串行通信超时异常	○	○	○
AL.8E	串行通信异常	○	○	○
88888	看门狗▲	○	—	—

注："○"表示通过此方法可以解除报警。

"★"标志的发生报警时通常会产生较大热量，在消除报警发生原因后等待约 30min，直到完全冷却后再通电继续操作，否则可能会影响伺服电动机的寿命。

"▲"电源导通时，瞬间显示 88888 为正常。

7.4.2　报警及其处理方法

发生报警故障时，报警信号 ALM 由 ON 变为 OFF，并在操作面板上显示报警代码。用户可以根据表 7-33 的代码查看故障内容、发生原因和处理方法，对故障进行相应处理，直到产生故障的原因消失。

发生绝对位置消失（AL.25）时必须再次执行原点回归，否则会发生伺服定位运行异常、定位不准确等问题。

发生故障时会产生较大热量的报警（AL.30，AL.45，AL.46，AL.50，AL.51），在消除参数故障原因后等待约 30min，直到完全冷却后再重新启动运行。切莫在未完全冷却后反复解除报警或反复启动运行。这样会造成驱动器和电动机的故障。

表 7-33　报警代码故障内容、发生原因和处理方法

显　示	名　　称	内　　容	发　生　原　因	处　理　方　法
AL.10	欠压	电源电压低	（1）电源电压低	检查电源
			（2）控制电源瞬间停电 60ms 以上	
			（3）由于电源容量不足，导致启动时电压下降	
			（4）母线电压下降到以下电压之下：MR-J3，DC200V	
			（5）驱动器内部元件故障	更换驱动器
AL.12	RAM 存储器异常	RAM 存储器异常	驱动器内部元件故障 检查方法：卸下除控制电路电源以外所有的线缆，即使置电源为 ON 也发生 AL.12 或 AL.13 中任一个报警	更换驱动器
AL.13	时钟异常	印制电路板异常		

显 示	名 称	内 容	发 生 原 因	处 理 方 法
AL.15	存储器异常 2 EEPROM	EEPROM 异常	（1）驱动器内的元件故障 检查方法：UVW 的动力线从驱动器上卸下，使伺服 ON 也发生报警 AL.24	更换驱动器
			（2）EEPROM 的写入次数超过 10 万次	
AL.16	编码器异常 1 （电源导通时）	编码器和驱动器的通信出现异常	（1）编码器接头（CN2）脱落	正确连接
			（2）编码器故障	更换电动机
			（3）编码器线路故障（短路或是断路）	修理电缆
			（4）参数设定（PC22 参数第 4 位）中编码器电缆的种类（2 线制/4 线制设定错误）	检查参数
AL.17	基板异常	CPU 元器件异常	驱动器内元件故障 检查方法：UVW 的动力线从驱动器上卸下，使伺服 ON 也发生报警 AL.24	更换驱动器
AL.19	存储器异常 3	ROM 存储器异常		
AL.1A	电动机配合异常	驱动器和电动机之间配合有误	驱动器和电动机之间错误连接	正确的配置
AL.20	编码器异常 2	编码器与驱动器之间通信异常	（1）编码器接头（CN2）脱落	正确连接
			（2）编码器故障	更换电动机
			（3）编码器线路故障（短路或是断路）	修理电缆
AL.24	主电路异常	驱动器与电动机动力线 U、V、W 短路	（1）电源输入线和伺服电动机的动力线接触	更正接线
			（2）伺服电动机动力线的外皮老化短路	更换电池
			（3）伺服放大器的主电路故障 检查方法：UVW 的动力线从驱动器上卸下，使伺服 ON 也发生报警 AL.24	修理电缆
AL.25	绝对位置丢失	绝对位置数据异常	（1）编码器内电压低（电池接触不良）	报警发生后等待 2～3min 断开电源再接通，必须再次进行原点设定
			（2）电池电压低	更换电池，必须再次进行原点设定
			（3）电池线缆或是电池故障	
		绝对位置检测系统中第一次接通电源	（4）原点未设定	报警发生后，等待 2～3min 断开电源再接通，必须再次进行原点设定
AL.30	再生异常	内置再生制动电阻或再生选件的再生功率	（1）参数 PA02 设定异常	
			（2）内置再生制动电阻或再生选件未连接	正确连接
			（3）高频度或是连续再生制动运行使再生电流超过再生选件的允许再生功率（检查方法：通过状态显示查看再生负载率）	降低定位频率、更换容量更大的再生制动选件、减小负载

续表

显　示	名　称	内　容	发生原因	处理方法
AL.30	再生异常	内置再生制动电阻或再生选件的再生功率	（4）电源电压异常	检查电源
			（5）内置再生制动电阻或再生选件故障	更换驱动器或再生选件
		再生制动晶体管异常	（6）再生制动晶体管发生故障（检查方法：再生选件异常过热，即使卸下内置再生电阻或再生选件也报警）	更换驱动器
AL.31	过速	速度超过了瞬时允许速度	（1）输入指令脉冲频率过高	正确设定指令脉冲
			（2）加/减速时间过小导致超调过大	增大加/减速时间
			（3）伺服系统不稳定导致超调	重新设定合适的伺服增益，不能设定合适的增益时采用以下措施：减小负载转动惯量比、检查加/减速时间
			（4）电子齿轮比太大	重新正确设定
			（5）编码器故障	更换伺服电动机
AL.32	过电流	驱动器上流过允许电流以上的电流	（1）伺服电动机的动力线 U、V、W 短路	更改接线
			（2）驱动器晶体管（IPM）故障（检查方法：卸下 U、V、W 再使电源 ON 也发生 AL.32）	更换驱动器
			（3）驱动器 U、V、W 接地	更改接线
			（4）由于外来噪声的干扰，过电流检测电路出现错误	采用噪声对策
AL.33	过电压	转换器母线电压的输入值在 DC400V 以上	（1）没有使用再生选件	使用再生选件
			（2）使用了再生选件，但参数 PA02 设置为"□□00"（不使用）	正确设置参数
			（3）内置再生制动电阻或再生制动选件的导线断线或脱落	更换导线或正确连接
			（4）再生晶体管故障	更换驱动器
			（5）内置再生制动电阻或再生选件断线	更换驱动器或选件
			（6）内置再生制动电阻或再生选件容量不足	增大再生选件或容量
			（7）电源电压太高	检查电源
			（8）电动机动力线 U、V、W 短路	更改接线
AL.35	指令脉冲频率异常	输入的指令脉冲频率太高	（1）指令脉冲频率太高	改变指令脉冲频率
			（2）指令脉冲中混入噪声	采取抗噪声措施
			（3）指令装置故障	更换指令装置
AL.37	参数异常	参数设定值错误	（1）由于驱动器故障使参数设定值被改变	更换驱动器
			（2）参数 PA02 中选择与所使用的驱动器不匹配的再生选件	正确设定 PA02 参数
			（3）参数的写入使 EEPROM 写入次数超过 10 万	更换驱动器

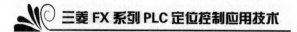

显 示	名 称	内 容	发 生 原 因	处 理 方 法
AL.45	主电路元器件过热	主电路异常过热	（1）驱动器异常	更换驱动器
			（2）过载状态下反复使用电源 ON/OFF	检查运行方式
			（3）驱动器的环境温度超过 55℃	环境温度在 0～55℃ 之间
			（4）超过密集安装的使用规格	在规格范围内使用
AL.46	伺服电动机过热	电动机温度上升，热保护传感器动作	（1）伺服电动机环境温度超过 40℃	环境温度在 0～40℃ 之间
			（2）伺服电动机处于过载状态	减小负载 检查运行模式 更换输出大的电动机
			（3）编码器的热保护传感器故障	
AL.47	冷却风扇异常	冷却风扇停止运行或风扇转速处于报警等级以下	（1）冷却风扇寿命到达	更换驱动器冷却风扇
			（2）风扇夹住异物，停止运行	除去异物
			（3）冷却风扇电源故障	维修或更换驱动器
AL.50	过载 1	超过伺服驱动器的保护特性	（1）超过伺服驱动器的连续输出电流	减小负载、检查运行模式、更换输出大的伺服电动机
			（2）伺服系统不稳定产生振动	反复进行加/减速来实施自动调整、改变自动调整设定的响应性设定、将自动调整改为手动调整模式
			（3）机械有冲突	检查运行模式 设置限位开关
			（4）伺服电动机连接错误：驱动器的输出端子 U、V、W 与电动机的输入端子 U、V、W 不对应	正确连线
			（5）编码器故障，检查方法：伺服 OFF 状态下使电动机转动时反馈脉冲累积不与轴的转动角度成比例变化，中途数字混乱或返回到原来的值	更换伺服电动机
AL.51	过载 2	由于机械冲突等原因使连续数秒内流过最大输出电流，锁定 1s 以上，旋转 2.5s 以上	（1）机械有冲突	检查运行模式 设置限位开关
			（2）伺服电动机连接错误：驱动器的输出端子 U、V、W 与电动机的输入端子 U、V、W 不对应	正确接线
			（3）伺服系统不稳定产生振动	反复进行加/减速来实施自动调整、改变自动调整设定的响应性设定、将自动调整改为手动调整模式

显　示	名　称	内　容	发 生 原 因	处 理 方 法
AL.51	过载 2		（4）编码器故障，检查方法：伺服 OFF 状态下使电动机转动时，反馈脉冲累积不与轴的转动角度成比例变化，中途数字混乱或返回到原来的值	更换伺服电动机
AL.52	误差过大	模型位置与实际伺服电动机位置间的误差超过 3 转	（1）加/减速时间常数太小	加大加/减速时间常数
			（2）正/反转转矩限制（PA11）（PA12）太小	提高转矩限制值
			（3）由于电源电压下降导致转矩无法启动	检查电源设备容量 更换输出更大的伺服电动机
			（4）模型控制增益（参数 PA07）设定值太小	增大设定值调整至合适的动作
			（5）由于外力使伺服电动机轴转动	转矩限制时增大限制值 减小负载 更换输出更大的伺服电动机
			（6）机械有冲突	检查运行模式 设置限位开关
			（7）编码器故障	更换伺服电动机
			（8）伺服电动机连接错误：驱动器的输出端子 U、V、W 与电动机的输入端子 U、V、W 不对应	正确连接
AL.8A	串行通信超时异常	422 通信中断超过规定的时间以上	（1）通信线缆故障	修理通信线缆
			（2）通信周期比规定时间长	缩短通信时间
			（3）通信协议错误	改正通信协议
AL.8E	串行通信异常	驱动器和通信设备之间发生通信故障	（1）通信线缆故障：短路或是断路	修理线缆
			（2）通信设备（个人计算机等）故障	更换通信设备（个人计算机等）
88888	看门狗	CPU、元器件故障	伺服驱动器内元件故障，检查方法：卸下除控制电路电源以外的所有线缆，然后置电源 ON，仍然发生报警	更换伺服驱动器

7.4.3　警告及其处理方法

发生警告故障时，报警信号 ALM 不会动作，但操作面板上会显示相应的警告故障代码。用户可根据表 7-34 进行故障原因分析和处理。当故障发生原因消除后，警告信号会自动解除。

在发生绝对位置计数器警告（AL.E3）时需要再次进行原点回归，否则因为位置不准可能造成机械动作异常。

发生 AL.E6 与 AL.EA 时伺服处于 OFF 状态，不会再继续运行。发生其他警告时，伺服可以继续运行，但继续运行可能会产生其他一些报警造成不能正常动作。

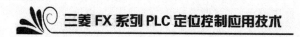

表 7-34　警告故障内容，发生原因和处理方法

显　示	名　称	内　容	发 生 原 因	处 理 方 法
AL.92	电池断线警告	绝对位置检测系统用电池电压低	（1）电池线缆断线	修理线缆或更换电池
			（2）电池电压在 2.8V 以下	更换电池
AL.96	原点设定错误警告	不能设定原点	（1）残留的滞留脉冲数在定位范围的设定值以上	清除产生滞留脉冲的原因
			（2）清除滞留脉冲后输入指令脉冲	清除滞留脉冲后停止指令脉冲输入
			（3）爬行速度过高	降低爬行速度
AL.99	行程极限警告	指令转动方向的限位开关为 OFF	限位开关有效	检查运行模式、开关信号
AL.9F	电池警告	绝对位置检测系统用电池电压低	电池电压在 3.2V 以下	更换电池
AL.E0	过再生警告	再生功率超过内置再生制动电阻或再生制动选件的允许再生功率	达到内置再生制动电阻或再生制动选件允许再生功率的 85%。检查方法：通过状态显示查看再生负载率	降低定位频率 更换容量更大的再生制动选件 减小负载
AL.E1	过载警告 1	存在产生过载警告 1.2 的可能性	达到过载警告 1.2 发生等级 85% 以上的负载。检查方法参考 AL.50.51	参照 AL.50.51
AL.E3	绝对位置计数器警告	绝对位置编码器的脉冲异常	（1）编码器有噪声混入	采用噪声对策
			（2）编码器故障	更换伺服电动机
		绝对位置编码器的多转计数器值超过最大范围	（3）从原点开始的移动量超过 32 767 转或-32 768 转	再次进行原点回归
AL.E5	ABS 超时警告		（1）可编程控制器梯形图程序错误	修改程序
			（2）反转启动（ST2）、转矩限制中（TLC）接线错误	正确接线
AL.E6	伺服紧急停止警告	EMG 为 OFF	紧急停止有效（EMG 为 OFF）	确认安全,解除紧急停止
AL.E8	冷却风扇回转数过低警告	驱动器冷却风扇的转速在警告等级以下（带冷却风扇的驱动器 MR-J3-70A、100A 不显示此警告	冷却风扇的寿命到	更换冷却风扇
			冷却风扇的电源故障	维修或更换驱动器
AL.E9	主电路 OFF 警告	主电路电源 OFF 时伺服开启（SON）		使主电路电源接通

续表

显　示	名　　称	内　　容	发 生 原 因	处 理 方 法
AL.EA	ABS 伺服 ON 警告	绝对位置数据传送模式开始后 1s 以上，伺服 ON（SON）置 ON	可编程控制器的梯形图程序错误	修改程序
			伺服 ON（SON）接线错误	正确接线
AL.EC	过载警告 2	电动机 U、V、W 任意特定的相电流超过额定电流集中流过的状态反复出现	停止时电动机的 U、V、W 任一特定的相电流集中流过的状态反复出现，超过警告等级	减小特定定位地址下的定位频率 减小负载 更换大容量的驱动器和电动机
AL.ED	输出功率过大警告	电动机的输出功率瓦数（速度×转矩）超过额定输出的状态特性	伺服电动机的输出功率瓦数（速度×转矩）超过额定输出的150%状态下连续运行	降低电动机转速 减小负载

7.4.4　开机故障及常见故障分析

1．开机故障

开机故障指接通电源后所发生的伺服不能工作或伺服虽然能工作，但电动机运行发生振动等不稳定工况情况。这时，在操作面板上一般不会显示故障代码。

接通电源后可能发生的常见开机故障和可能的原因见表 7-35。

表 7-35　开机故障和可能原因

序　号	启 动 过 程	故 障 现 象	检 查 事 项	可 能 原 因
1	接通电源	LED 不亮 LED 闪烁	接头 CN1、CN2 和 CN3 拔出后故障依旧存在	（1）电源电压故障 （2）伺服放大器故障
			接头 CN1 拔出后故障排除	CN1 电缆短路，发生报警
			接头 CN2 拔出后故障排除	（1）编码器线缆接线电源短路 （2）编码器故障
			接头 CN3 拔出后故障排除	CN3 线缆接线的电源短路
		发生报警	参照表 7-33	
2	伺服开启信号（SON）置 ON	发生报警	参照表 7-33	
		伺服不锁定（伺服电动机轴处于自由状态）	（1）确认显示部分变为准备完毕。（2）通过检查外部输入输出信号确认伺服开启（SON）是否为 ON	（1）没有输入伺服开启（SON）信号，接线错。（2）DICOM 端未接外部 DC24V 电源

序 号	启 动 过 程	故 障 现 象	检 查 事 项	可 能 原 因
3	输入指令脉冲（试运行）	伺服电动机不旋转	通过状态显示确认指令脉冲的累积值	（1）接线错误。①集电极开路，脉冲输入时，OPC 端未接外部 DC24V 电源；②LSP/LSN 未置 ON。（2）未输入脉冲
		伺服电动机反转		（1）与控制器连接的电源错误 （2）参数 PA14 设定错
4	增益调整	低速旋转时速度不稳定	按照以下步骤进行增益调整 （1）提高自动调谐的响应速度 （2）重复进行 3~4 次以上的加/减速来完成自动增益调整	增益调整不当
		伺服电动机轴左/右振动	如果能够安全运行，重复进行 3~4 次以上的加/减速来完成自动增益调整	

2. 常见故障分析

1）编码器故障 AL.16、AL.20

伺服在使用时，伺服驱动器及伺服电动机要配套使用，并且伺服驱动器和伺服电动机之间由编码器电缆连接，如果编码器电缆与伺服电动机或伺服驱动器之间连接不良或本身电缆有问题，伺服电动机内部编码器有损坏、驱动器和编码器电缆接口等有问题，都可能引起该报警。在发生这类报警时，可以先排除电缆两端是否插好，然后可以使用替代法，分别更换编码器电缆、伺服电动机、驱动器等来排除。

2）过载报警 AL.50、AL.51

伺服有一种常见的使用场合是伺服电动机带动圆盘等工作台做分度控制，在这种场合需要伺服有较大的输出转矩，伺服电动机直接带动圆盘等负载时会出现启动电动机后或是直接用手拨动电动机上的负载后，伺服电动机会出现左、右抖动，然后过载报警，这种情况下主要是因为伺服输出力矩较小，解决的办法是在伺服电动机上加减速机，加了减速机后速度降低，但电动机输出转矩会增大。同样的情况也会出现在伺服带动滚筒等负载情况下。

3）主电路 OFF AL.E9

当出现此报警时，可以先检测伺服外部的主电路，如果没问题，那就是伺服内部电路的问题，因为伺服的主电路除了用户能看到的外部主电路这部分外，还包括内部功率模块、检测回路、驱动电路等，这些电路如出现 OFF 等情况也会引起此报警，这类报警通常是在伺服使用了一段时间内出现的，主要原因是伺服驱动器内部温度过高，造成内部主电路原件老化引起的。

3. 定位误差过大

在定位控制中，定位位置误差较大是一种比较常见的故障现象，它与上述所讲的开机故障、报警和警告故障性质上完全不同。前者是一种基本上由驱动器本身和相关连接不良所产生的故障。这种故障的结果是伺服系统不能正常运行，必须对故障的原因进行排除并解除报警和警告后才能运行，而位置误差过大是在伺服系统正常运行下发生的。之所以定义它为故障，是因为如果位置误差超过一定的范围，不能满足定位控制要求，则该伺服定位系统同样也不能投入运行。

产生位置误差的原因很多，涉及参数设置、指令脉冲、程序设计、机械连接、机械传动、负载和干扰等，处理也比较复杂。这里，仅就一些常见的可能的原因进行一些简单分析，供读者参考。

产生定位位置误差常见的原因如下。

1) 伺服驱动器参数设置不合理

脉冲当量设置不当，使位移量与所设脉冲当量不能整除而产生指令脉冲数不为整数的情况会产生误差，而电子齿轮比在约分后不为整数情况下也会产生误差。上述误差在相对定位控制系统里会使误差积累越来越大而产生较大的位置误差。

当位置环增益 PG2 设定值较大时，停止会出现过冲现象，也会造成位置误差过大。同样模型环增益 PG1 设置不当，也会发生超调，产生过大位置误差，如采用自动调谐模式时，可以反复设定加/减速时间（由上位机设定）和驱动器的加/减速方式和时间（PB35、PB03）参数的设定进行多次自动调谐使位置误差变化最小。

2) 电动机转速过高

当指令脉冲频率过大而使电动机转速过高时便会停止产生过冲而引起位置误差较大，这时应降低指令脉冲频率。

3) 机械负载过重或机械传动不良

当机械负载过重而使电动机不能稳定运行时也会产生较大的位置误差。

如果机械零件选用不当或机械传动设计不当也会产生较大的位置误差，这种误差又叫机械位置滑动。例如，联轴器选择不当，会使电动机轴和机械轴之间发生滑动误差。丝杠和丝母之间的间隙也会造成误差（在往复运动上会形成较大累积误差）。某些传动机构的结构误差就很大。这种机械位置滑动误差可以通过选择合适的机械零件和传动设计来提高精度，减小误差，也可以在误差有规律的情况下通过在程序中对定位指令脉冲数的修正来减小机械滑动误差。

4) 外部电气干扰

当控制器与伺服驱动器连接距离较远时，指令脉冲信号的传输会由于噪声的影响而受到干扰。干扰的结果会引起指令脉冲数的丢失而产生计数错误，从而产生较大的定位误差，这时可采用对传输线进行屏蔽处理，与强电分槽走线，把集电极开路脉冲改成差动线驱动脉冲进行传输等手段以减小外部电气干扰。

5) 编码器反馈信号不良

当编码器的反馈信号产生丢失或混乱时会影响偏差计数器的输出脉冲数，也会产生过大的位置误差，这时可检查编码器的连接及编码器的好坏等。

第 8 章　FX₂ₙ-1PG 定位控制技术应用

学习指导：FX₂ₙ-1PG 为三菱开发的脉冲输出特殊功能模块，一般称为定位模块，它提供了简易定位控制所需要的 7 种运行模式。对初学定位控制技术的读者来说，FX₂ₙ-1PG 是一个基本的伺服控制模块，通过对它的学习可以初步了解定位控制的接线、定位参数的设置和定位程序的设计，为学习更复杂的定位模块 FX₂ₙ-10PG、FX₂ₙ-10GM 和 FX₂ₙ-20GM 及伺服驱动器打下基础。

8.1　性能、端口和连接

8.1.1　性能规格

1. 简介

FX₂ₙ-1PG 定位模块（简称 1PG）其外形及接线端口如图 8-1 所示。1PG 的尺寸为 90mm×43mm×87mm，安装在 PLC 基本单元的右侧位置，通过自带的数据线与基本单元连接，其自身不带电源，由 PLC 基本单元通过数据线向其提供 5V DC、55mA 的内部控制电源。

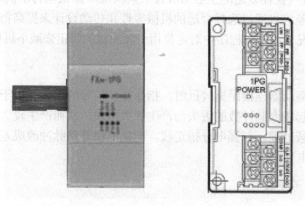

图 8-1　1PG 模块外形及端口

1PG 可以输出两相脉冲数且脉冲频率可变的定位脉冲信号，输出脉冲最高频率可达 100kHz，可直接控制驱动器进行简单的单轴定位控制。对 FX₂ₙ、FX₃ᵤ PLC 来说，一台 PLC 可以最多连接 8 台 1PG 进行 8 个独立轴的定位控制，但不能进行多轴间的插补操作。

1PG 有 7 种定位运行操作模式，可供一般简易定位控制用。1PG 不具有单独操作性能，它必须和 PLC 相连，通过 PLC 的 FROM/TO 指令编写定位控制程序进行定位控制。作为特殊功能模块，1PG 占用 PLC 的 8 个 I/O 点。

1PG 在 PLC、驱动器和电动机之间的连接示意图如图 8-2 所示。

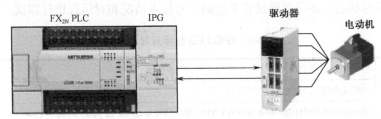

图 8-2　1PG 模块在定位控制中的连接示意图

2. 性能规格

1PG 性能规格见表 8-1。

表 8-1　1PG 性能规格

项 目 名 称	性 能 规 格
控制轴数	（1）一台控制 1 轴
	（2）FX₁N、FX₂N、FX₃U 最多可连接 8 台
指令速度	（1）10Hz～100kHz
	（2）指令单位可选择 Hz、cm/min、10deg/min、inch/min
设定脉冲	（1）0～±999999
	（2）绝对定位/相对定位可选
	（3）指令单位可选 pls、μm、mdeg、10^{-4}inch
	（4）位移长度倍率可设定为×1、×10、×100、×1000
脉冲输出	（1）可选正转/反转脉冲输出或脉冲+方向输出
	（2）脉冲输出端子为开路集电极晶体管输出 DC5～24V、20mA 以下（带光电绝缘，LED 动作显示）
驱动电源	（1）输入信号用：DC24V±10%，40mA 以下，可外接电源或从 PLC 供给
	（2）输出脉冲用：DC5V～24V，35mA 以下
	（3）控制电源：DC5V,55mA，PLC 供给
外部输出/输入	（1）全部为光电耦合，并有 LED 动作表示
	（2）输入 3 点，STOP/DOG 为 DC24V、7mA，PG0 为 DC24V、20mA
	（3）输出 3 点，FP/RP/CLR 为 DC5～24V、20mA
与 PLC 通信	（1）内存 16 位缓冲存储器 32 个，编号为 BFM#0～BFM#31
	（2）通过指令 FROM/TO 进行信息交换
占有 I/O 点	8 点

8.1.2　LED 显示与端口分配

1PG 面板上由 LED 指示灯和接线端口两部分组成，其各自功能的含义如下。

1. LED 显示说明

面板上的 LED 指示灯共 8 个，其点亮的含义见表 8-2。指示灯的作用不但可以用来显示 1PG 工作时的各种信号状态，还可以通过它来检测信号接入情况和对运行进行调试。

表 8-2　1PG LED 指示灯显示说明

LED 名称	说　　明	
POWER	1PG 电源指示，电源正常供给灯亮	
STOP	停止命令执行时灯亮，停止命令为 STOP，端口信号为 ON 或 BFM#25 的 b1 为 ON	
DOG	DOG 信号为 ON 时灯亮	
PG0	PG0 信号为 ON 时灯亮	
FP	输出正转脉冲时或脉冲输出时灯闪烁亮	脉冲输出方式由 BFM#3 的 b8 确定
RP	反转脉冲输出时或脉冲方向输出时灯闪烁亮	
CLR	清除信号输出时灯亮	
ERR	1PG 有错误时灯亮，当该灯闪烁时，表示有错，错误代码存入 BFM#29 内。此时，1PG 不接收任何命令	

2. 端口功能说明

1PG 有 12 个配线端口，其功能说明见表 8-3。

1PG 的端口信号分为两组，一组是输入信号，共 3 个：S/S-DOG、S/S-STOP 和 PG0+-PG0-。另一组是输出信号，也是 3 个：FP-COM0、RP-COM0 和 CLR-COM1。关于它们的具体连接在下面讲解。

表 8-3　1PG 端口功能说明

端 口 名 称	说　　明
STOP	(1) 减速停止输入信号 (2) 外部信号双速定位操作停止信号
DOG	(1) 原点回归操作 DOG 开关信号输入 (2) 中断单速定位操作中断信号输入 (3) 外部信号双速操作速度变化信号输入
S/S	(1) STOP 与 DOG 端口用 24V 电源输入 (2) 可外接 DC24V 电源或与 PLC 的 24V 相连
PG0+	(1) Z 相信号电源输入端子 (2) 可外接 DC5～24V+电源或与伺服驱动器输出电源+相连
PG0-	(1) 驱动单元或伺服驱动器的 Z 相信号输入端子 (2) 输入脉冲宽度须 4μs 以上
VIN	(1) 脉冲输出信号的电源输入端子 (2) 电源为 DC5～24V，35mA
FP	(1) 正转脉冲输出或脉冲数输出端子 (2) 输出频率为 10Hz～100kHz
COM0	FP 和 RP 的公共端
RP	反转脉冲输出或脉冲方向输出端子

续表

端口名称	说　明
COM1	CLR 输出的公共端子
CLR	（1）清零信号输出端子 （2）输出脉冲宽度为 20ms、DC5～24V、20mA （3）原点回归结合极限开关动作时输出
●	空端子，不能用作其他

8.1.3　端口接线

在这一节中将对 1PG 端口接线进行详细讲解，关于端口接线的基本知识请参看第 1 章 1.7 节。

1. 信号输入端口

1）输入信号 DOG、STOP 端口

输入信号 DOG 和 STOP 端口共用一个公共端 S/S。可以接入无源开关，也可以接入有源开关（NPN 或 PNP 型）。图 8-3 为接入无源开关之接线图，其电源由外接 DC24V 电源提供。也可以利用 PLC 的内部 DC24V 电源作为信号回路电源，如图 8-4 连接。

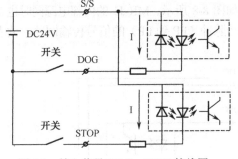

图 8-3　输入信号 DOG、STOP 接线图一

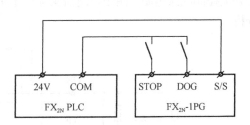

图 8-4　输入信号 DOG、STOP 接线图二

2）输入信号 PG0+、PG0-端口

输入端口 PG0+、PGO-接收从驱动器送来的编码器 Z 相信号，经查 MR-J3 驱动器手册，其编码器 Z 相信号输出端为 P15R 和 OP 端，利用驱动器内部的 DC15V 电源，与 1PG 的连接如图 8-5 所示。

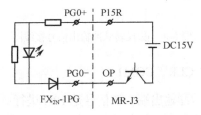

图 8-5　输入信号 PG0+、PG0-接线图

2. 信号输出端口

1）脉冲输出端口 VIN、FP、RP、COM0

FP 和 RP 输出正/反转脉冲（或脉冲+方向），COM0 为其公共端，VIN 为开关电路的电源输入端。如图 8-6 所示。如果 1PG 的脉冲送到驱动器，则驱动器必须有相对应的脉冲输入接口。经查 MR-J3 伺服驱动器手册，其 PP 和 PN 为其正/反转脉冲输入端，OPC 为其公共端，而 VDD、SG 为其内部 DC24V 电源的正/负端，可向外电路提供 24V 电源。如图 8-7 所示。

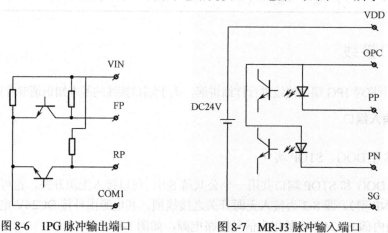

图 8-6　1PG 脉冲输出端口　　　　　　　图 8-7　MR-J3 脉冲输入端口

1PG 的脉冲输出与 MR-J3 脉冲输入端的连接如图 8-8 所示。MR-J3 的内部电源同时也是 1PG 电子开关控制回路电源。图中，用箭头标出了正转脉冲（FP 到 PP）的信号传输回路，读者可自行分析。

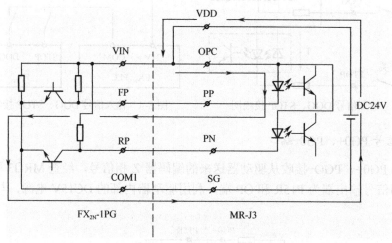

图 8-8　正/反转脉冲输出信号接线图

2）清零信号每次输出端口 CLR、COM1

CLR、COM1 为清零信号脉冲输出端。该信号是 1PG 进行原点回归模式结束时向驱动器发出的信号，驱动器接到该信号后会自动将驱动器内偏差计数器的当前值复位归零。经查 MR-J3 手册，其清零信号输入端为 OPC、CR。连接时，电源仍然使用驱动器内部电源 DC24V，而清零信号控制电路电源由 1PG 内部供给。其连接如图 8-9 所示。

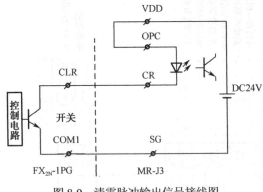

图 8-9　清零脉冲输出信号接线图

8.1.4　1PG 与步进/伺服驱动器的接线

掌握了以上所介绍的输入端口与输出端口的信号传输过程及接线，再来分析 1PG 与步进驱动器和伺服驱动器的接线就容易理解多了。

图 8-10 为 1PG 与 YKC2608M 步进电动机驱动器接线参考图，一般情况下，步进电动机轴端不带有编码器，因而不能利用 Z 相信号来设定原点回归计数。这时，需将 Z 相信号数设定为 0（见下节），且在原点回归操作时，DOG 开关信号为 ON 时电动机会立即停止工作。有关步进驱动器输入端口的内部电路可参阅步进驱动器使用手册说明。

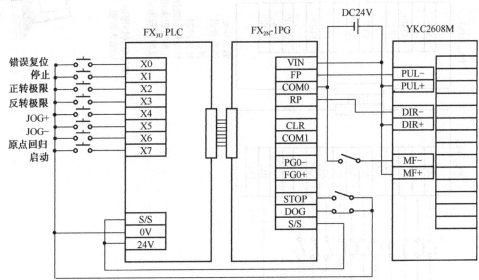

图 8-10　1PG 与 YKC2608M 步进驱动器的参考接线图

图 8-11 为 1PG 与 MR-J3 伺服驱动器接线参考图。

与伺服驱动器的接线如上分析，FX₃ᵤ PLC 输入端口 X0～X12 的接线为 1PG 的运行控制接线，详见 8.2 节所述。对伺服驱动器来说，必须设定为"位置伺服"方式，其相应的内部参数设置及 CN1 端口的外部接线请参看关于伺服驱动器的讲解。

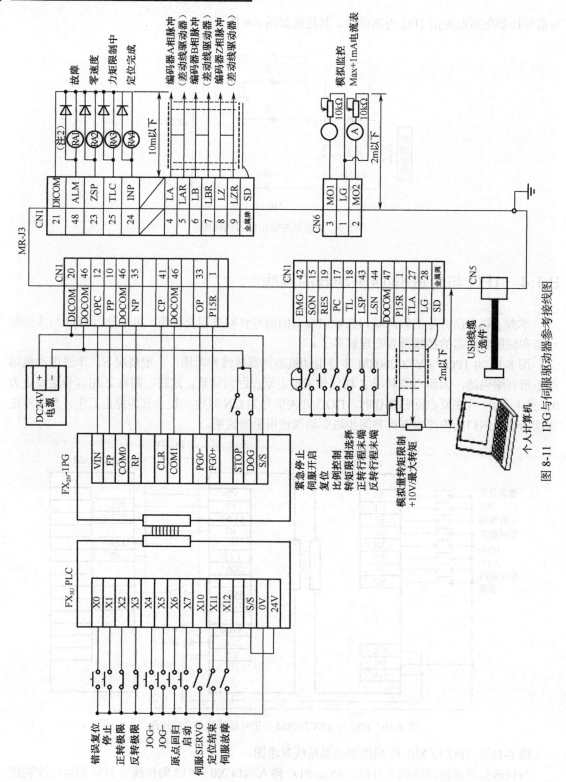

图 8-11　IPG 与伺服驱动器参考接线图

8.2 缓冲存储器 BFM#

8.2.1 缓冲存储器 BFM#简介

1PG 内部有 BFM#0～BEM#31 共 32 缓冲存储器。每一个缓冲存储器都为 16 位数据寄存器。每一个存储器或两个相邻编号的存储器都表示了一定的功能含义，而 1PG 定位控制功能的实现就是根据这些缓冲存储器 BFM 的事先设置来完成的。因此，学习和掌握这些缓冲存储器设置是本章的重点内容。

1PG 缓冲存储器的各个 BFM 单元编号、功能、设定范围及出厂值见表 8-4。

表 8-4 缓冲存储器 BFM#编号及功能含义

BFM#		功 能 含 义	设 定 范 围	出 厂 值
高 位	低 位			
—	#0	电动机一圈脉冲数	1～32767	2000
#2	#1	电动机一圈脉冲位移量	1～999999	1000
—	#3	初始化设定字	$b_0～b_{14}$	H0000
#5	#4	最大速度	10Hz～100kHz	100kHz
—	#6	基底速度	0Hz～10kHz	0
#8	#7	手动（JOG）速度	10Hz～100kHz	10kHz
#10	#9	原点回归速度	10Hz～100kHz	50kHz
	#11	爬行速度	10Hz～100kHz	1kHz
—	#12	回原点零相信号数	0～323767	10
#14	#13	原点位置	0～±999 999	0
	#15	加/减速时间	5～5000ms	100ms
	#16	不能使用	—	
#18	#17	运行位置1	0～±999 999	0
#20	#19	运行速度1	10Hz～100kHz	10Hz
#22	#21	运行位置2	0～±999 999	0
#24	#23	运行速度2	10Hz～100kHz	10Hz
—	#25	控制字	$b_0～b_{11},b_{12}$	H0000
#27	#26	当前位置	−2 147 483 648～2 147 483 647	
—	#28	状态字	$b_0～b_7$	
—	#29	错误代码字	—	
—	#30	模块识别码	K5110	
—	#31	不能使用	—	

表中的 BFM 单元除 BFM#16 和 BFM#31 定义为不能使用外，其余的 BFM 单元可分为以下几组。为简化说明，在下面及以后的文字中均以#××代替缓冲存储器 BFM#××，例如#25 表示

BFM#25 单元，#0 表示 BFM#0 单元等。

在 1PG 的电源被断开时，其所有 BFM#内的数据均被清除，而当电源接通后，则会将所有的初始值写入 BFM#中。

1. 速度/位置单位设置

速度/位置单位设置包括电动机一圈脉冲数（#0）、电动机一圈脉冲位移量（#2/#1）和初始化设定字（#3）。

2. 速度/位置运行参数

速度/位置运行参数包括最大速度（#5/#4）、基底速度（#6）、点动（JOG）速度（#8/#7）、原点回归速度（#10/#9）、爬行速度（#11）、回原点零相信号数（#12）、原点位置（#14/#13）、加/减速时间（#15）、当前位置（#27、#26）和双速运行参数（#17～#24）。

3. 控制字

控制字包括初始化设定字（#3）、运行控制字（#25）和运行状态字（#28）。

控制字虽然也是一个 16 位的数据寄存器，但它不表示一个数值，它的每一个二进制位（bit0～bit15）都表示一定的功能含义，通过 FROM、TO 指令进行读/写操作。这也是对 FX$_{2N}$-1PG 进行控制操作的关键所在，下面进行详细叙述。

4. 其他

其他包括错误代码字（#29）、模块识别码（#30）。

错误代码字#29 的主要作用是发生错误时在该缓冲存储器中存储错误代码信息，以便明白错误所在，及时纠正错误。发生错误时，运行状态字#28 的 b7 位会置"1"，这时可用 FROM 指令读出#29 中的错误信息代码。错误信息代码见表 8-5。

表 8-5　错误代码显示表

错误代码显示	错误内容	说　明
○○1	参数大小关系错误	○○为发生错误的参数缓冲存储器编号
○○2	未设定参数错误	
○○3	参数设定数值范围错误	

关于错误代码显示的说明见下节。

模块识别码#30 为 1PG 的代码，其值为 K5110，固化在#30 内。当 PLC 所带特殊模块较多时，为防止程序混淆，可在 1PG 的初始化程序前先编制模块识别程序，以便识别，如图 8-12 所示。

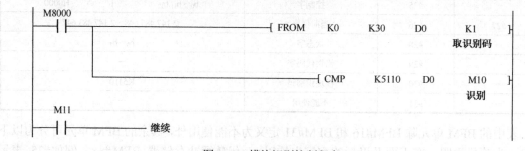

图 8-12　模块识别控制程序

8.2.2　速度/位置单位制

1．速度/位置单位制的含义

在定位控制中一定会涉及一些速度和位置参数的设置，如最大速度、运行速度、基底速度、原点回归速度和爬行速度等。位置则有原点位置、目标位置和当前位置等。这些速度和位置的设置值一般都存放在控制器的特殊数据寄存器中或在定位指令的操作数中。对控制器而言，这些设置都是一些二进制数值，至于这些数值代表实际中的多少，如某位置值设置为 1000，这个 1000 到底代表实际中的 1000μm 还是 1000mm，控制器是不能识别的。这里就涉及给这个位置值定义一个单位的问题。如果单位是μm，则 1000 表示 1000μm 等。这就是这里所要讨论的速度/位置单位设置的含义。速度/位置的单位一旦设置，那么在定位控制中所有的速度和位置参数都必须按照这个单位进行设置和取值。

在前面所有章节的讲解中并没有对速度/位置的单位问题进行过讨论，是不是没有速度/位置的单位设置呢？不是。实际上，为了叙述方便曾经强调过，用输出脉冲串进行定位控制，改变输出脉冲的频率（Hz）就可调节电动机的转速，控制输出脉冲的个数（PLS）就可控制位移的距离。这里，Hz 就是速度的单位，而"PLS"就是位置的单位。也就是说，所有的讲解都是默认"Hz"和"PLS"为速度/位置单位。用"Hz"和"PLS"作为速度/位置的单位从控制器角度来看，应用十分方便，但它们不能很直观地表示出实际位移的转速和实际位移的距离，必须经过人工或软件换算才行。

1PG 对定位控制速度/位置的单位设置做了改进，允许设置 3 种不同的速度/位置单位。

2．速度/位置单位制的选择

1PG 为速度/位置参数设置了 3 种单位制供选择，它们是脉冲单位制、长度单位制和混合单位制。单位制的设置是通过电动机一圈脉冲数（#0）、电动机一圈位移量（#2，#1）和初始化设定字（#3）的 b1b0 位值来决定的。详见表 8-6 和表 8-7。

表 8-6　速度/位置 3 种单位制

b1	b0	单 位 制	速度/位置单位
0	0	脉冲单位制	Hz/PLS
0	1	长度单位制	3 种，见表 8-7
1	0	混合单位制	Hz/3 种长度位置单位
1	1		

表 8-7　长度单位制的 3 种单位设置

名　　称		速度单位	位置单位
公制	B1	cm/min	μm
角度	B2	10deg/min	mdeg
英制	B3	inch/min	0.0001inch

现对表 8-6 和表 8-7 做一些说明。

（1）#3 的 b1b0=00 为脉冲单位制（又称电动机单位制或马达单位制）。其速度/位置单位为频率（Hz）/PLS，这和上面章节所介绍的一样。这时，脉冲当量必须在伺服驱动器上设置，而 #0 和#2、#1 则不需要设置。

（2）当设置为长度单位制（又叫机器单位制或机械单位制）时，表 8-7 中提供了 3 种不同的长度单位制供选择，即公制、英制和角度。这时必须通过#0 和#2、#1 设置系统的脉冲当量。

（3）#0 为丝杠转动一圈伺服驱动器所需要的输入脉冲数，仅当电子齿轮比 CMX/CDV=1 时，#0 才为伺服电动机同轴编码器 1 圈所输出脉冲数 M。

（4）#2、#1 为丝杠转动 1 圈所移动的距离。当设置的长度单位不同时，#2、#1 的设置范围也不同，见表 8-8。

表 8-8　#2、#1 的设置范围

名　称		设 置 范 围
公制	B1	1～999 999μm
角度	B2	1～999 999mdeg
英制	B3	1～999 999×0.0001inch

实际上，在长度单位制中，（#2、#1）/（#0）为脉冲当量设置。不管如何取值，都必须与系统的脉冲当量一致。其中以丝杠螺距和所需输入脉冲数最为方便。

（5）在混合单位制中，其速度单位采用频率（Hz），而位置单位仍然采用长度（公制、英制、角度）。这时，对于位置设置比较直观，而对于速度设置，必须经过转换才能了解实际移动的速度。关于输入脉冲频率（Hz）和实际运行速度（以公制长度表示）之间的转换公式为：

直线运动（公制）

$$速度 = f \cdot \frac{(\#2, \#1)}{(\#0)} \times \frac{60}{10\,000} \quad (cm/min)$$

圆周运动

$$转速 = \frac{f \cdot \frac{(\#2, \#1)}{(\#0)} \times 60}{360 \times 1000} \quad (deg/min)$$

（6）当采用长度单位制时，其速度参数大小的设置换算成脉冲单位制的脉冲频率时应确保所转换的值小于 100kHz。

3. 1PG 脉冲输出频率方式

FX$_{2N}$-1PG 所产生的脉冲频率不是无级的连续频率数，而是有级的脉冲频率，其所产生的脉冲频率台阶如下式所示。

$$f = \frac{1}{0.25n} \times 10^6 \quad (10Hz < f < 100kHz)$$

式中，n 为正整数，n=40～400 000。

例如，当 n=40 时，f=100 000Hz，当 n=41 时，f=97560Hz。因此，在 97 560～100 000Hz 之间的任意脉冲频率均不能产生，也就是说不可能有 98 000、99 000 等的脉冲频率产生。这一点在设置速度参数时务必注意。

4. 位置数据的倍率选择

表 8-6 中规定了速度、位置单位的选择是确定的，如当选择长度单位制时（b1b0=01），其位置单位为μm，分辨率很高。但在很多情况下，不需要这么高的分辨率，希望分辨率低一些，位置单位为 0.1mm（100μm）或 1mm（1000μm）等，这种情况下可以通过位置数据倍率设置来进行调整。FX₂ₙ-1PG 把#3 中的 b5b4 位作为位置数据调整设定值，其位值不同，调整的倍率也不同，见表 8-9。

表 8-9　倍率的调整

b5	b4	倍　率
0	0	×1
0	1	×10
1	0	×100
1	1	×1000

当 b5b4 为 00 时，倍率为 1，位置单位仍为μm，如为其他，则位置单位为μm 乘以相应倍率，位置单位变为 0.01mm、0.1mm、1mm。位置数据的倍率一旦确定，所有位置参数的设置（包括输出脉冲个数）都必须以确定后的单位进行取值，请务必注意。

综上所述，在 1PG 的应用中，脉冲当量（#0，#2，#1）、速度/位置单位选择（#3 的 b1b0位）和位置倍率选择（#3 的 b5b4 位）构成了伺服系统的坐标和速度单位制。它们是 1PG 中各种速度和位置参数设置的基本单位，可以把它们称为基础参数。基础参数一旦确定，速度和位置参数的设置必须依照这些基础参数的设定来进行取值。因此，系统设置完成了就不要再变动这些基础参数，如要改变，则所有的速度/位置参数值都必须进行相应的改变。

8.2.3　速度/位置运行参数设置

1. 速度/位置运行参数

1PG 在运行时，各种不同的运行模式都会涉及相关的速度、位置和加/减速时间等运行参数。这些参数如下。

1）速度参数

速度参数有最高速度（#5、#4）、基底速度（#6）、手动（JOG）速度（#8、#7）、原点回归速度（#10、#9）、爬行速度（#11）、运行速度 1（#20、#19）和运行速度 2（#24、#23），关于速度参数的说明请参看 1.4 节定位控制运行模式。

以上速度的设置大小关系是：最高速度>（手动速度、运行速度、原点回归速度）>（基底速度、爬行速度）。

如果在设置中参数的大小关系设置错了，则运行状态字#28 的 b7 位会置"1"，同时将错误代码□□1 写入#29 中。例如，如果运行速度 1 的设置大过最高速度的设置，则会写入错误代码191,19，表示#19 的设置错，1 表示参数大小关系错。

2）位置参数

位置参数有原点位置（#14、#13）、运行位置 1（#18、#17）、运行位置 2（#22，#21）、当前位置（#27、#26）。

1PG 的原点位置值与前述稍有不同，当进行原点回归后，原点位置的值可以为 0 也可以为某一位置值。如果在程序中仅进行相对位置运动，则原点位置取值可根据需要选取，但如果还有绝对位置运动，则取值一定为 0。

当运行某种定位模式时，如果其相关的位置参数没有设置，则发生未设定参数错，如运行位置 1 没有设置，仍为出厂值 0 时，则发生未设定参数错，运行状态#28 的 b7 位会置"1"，错误代码 172 写入#29。17 表示参数#17 没有设置，2 表示未设置参数错。

3）其他参数

加/减速时间（#15）的说明请参看 1.4 定位控制运行模式。1PG 加/减速时间是相同的，由#15 设置。

零相信号数（#12）。这是在进行原点回归时原点回归位置偏移量的计算信号值，该信号由零脉冲信号发出，详细说明见 8.3 节原点回归模式。

上述参数均有一定的设定范围。如果在设置时超出了其设定范围，则会发生参数设定范围错，其错误代码为□□3。□□表示发生错误设定的参数单元号。3 表示参数设定范围错。

2. 速度/位置运行参数设置

速度/位置参数的设置值与基础参数（坐标与速度单位制）息息相关，同一设计要求在不同的基础参数下速度/位置设置值不同。下面举例给予说明。

【例 8-1】 某 FX_{2N}-1PG 控制的伺服系统，其工作台丝杠螺距为 10mm，脉冲当量为 2μm/pls，试求在各种不同的坐标与速度单位制中，速度 V 为 1000 表示多少？相对位置值 d=10000 表示多少？

（1）基础参数设置。

（#0）=10000，（#2，#1）=5000。

（2）脉冲单位制，位置倍率为 1（#3 b1b0）=00，（#3 b5b4）=00。

$$V = \frac{1000 \times 2 \times 60}{10\ 000} = 12\text{cm/min}$$

$$d = 10\ 000 \times 2 = 20\ 000\mu\text{m} = 20\text{mm} = 2\text{cm}$$

（3）长度单位制（公制），位置倍率为 1，（#3 b1b0=01），（#3 b5b4=00）

$$V = 1000 \times 1\text{cm/min} = 1000\text{cm/min} = 10\text{m/min}$$

$$d = 10\ 000 \times 1\mu\text{m} = 10\ 000\mu\text{m} = 10\text{mm} = 1\text{cm}$$

（4）长度单位制（公制），位置倍率为 100，（#3 b1b0）=01，（#3 b5b4）=10

$$V = 1000 \times 1\text{cm/min} \times 100 = 100\text{m/min}$$

$$d = 10\ 000 \times 1\mu\text{m} \times 100 = 1000\text{mm} = 100\text{cm}$$

可见，速度和位置的十进制值表示一样，但它们所代表的实际定位速度和位置距离值是不一样的。

【例 8-2】 某 FX_{2N}-1PG 控制的伺服系统，工作台丝杠螺距 d 为 10mm，脉冲当量为 2μm/pls，最高定位速度为 40cm/min，运行位置为 60cm。试求在各种速度/位置单位制中其十进制值的表示。

（1）脉冲单位制中。

$$F = \frac{V \times 1000}{60 \times 2} = \frac{40 \times 10\,000}{2 \times 60} = 3.33\text{kHz} = 3333$$

$$N = \frac{60 \times 10 \times 1000}{2} = 30\,000$$

（2）长度单位制（公制）中，位置倍率为 1。

$$V = \frac{40 \times 10}{10} = 40$$

$$d = \frac{60 \times 10 \times 1000}{1} = 600\,000$$

（3）长度单位制（公制）中，位置倍率为 100。

$$V = \frac{40 \times 10}{10} = 40$$

$$D = \frac{60 \times 10 \times 1000}{1 \times 100} = 6000$$

可见，同一速度/位置值在不同的单位制中，其表示的十进制值是不一样的。

3. 速度/位置单位制选用

对于速度/位置单位制的选用提供如下意见供读者参考。

如果应用于伺服电动机控制系统中，由于伺服驱动器带有电子齿轮比，建议仍然采用脉冲单位制，而在步进电动机控制系统中，步进伺服驱动器不带有电子齿轮比，而 1PG 的#0，#2/#1 设置相当于电子齿轮比的作用，采用长度单位制或混合单位制有助于方便计算。

8.2.4　控制字设置

控制字包括初始化设定字（#3）、运行控制字（#25）和运行状态字（#28）。

控制字虽然也是一个 16 位的数据寄存器，但它不表示一个数值，它的每一个二进制位（bit0～bit15）都表示一定的功能含义。通过 FROM、TO 指令进行读/写操作，这也是对 1PG 进行控制操作的关键所在，下面进行详细叙述。

1. 初始化设定字（#3）

BFM#3 为初始化设定字，前面在讲述速度/位置单位制时已有所涉及，初始化的含义是在 1PG 使用之前必须先对这个字的内容进行设定，以保证 1PG 能按照控制要求进行定位控制。同时，它的设定也是在设置速度/位置参数时所必须要参考的。

初始化设定字各个 bit 位的设定内容见表 8-10。

表 8-10　初始化设定字（#3）

Bit　位	名　称	0	1	出 厂 值
b1,b0	速度/位置单位设置	见表 8-6		00
b3,b2	—	0，0		00
b5,b4	位置数据倍率设置	见表 8-9		00

Bit 位	名 称	0	1	出 厂 值
b7,b6	—	0, 0		00
b8	脉冲输出方式	正向脉冲（FP）和反向脉冲（RP）输出	带方向控制（FP）的脉冲输出（FP）	0
b9	旋转方向	正转时，当前位置值 CP（#27，#26）增加	正转时，当前位置值 CP（#27，#26）减小	0
b10	原点位置方向	返回原点时，当前位置值 CP（#27，#26）减小	返回原点时，当前位置值 CP（#27，#26）增加	0
b11	—	0		0
b12	DOG 信号输入极性	DOG 信号为 1 时有效	DOG 信号为 0 时有效	0
b13	原点偏移计数起点	立即开始计数	DOG 信号放开后开始计数	0
b14	STOP 信号极性	为"1"时停止运行	为"0"时停止运行	0
b15	STOP 停止模式	停止后再启动继续	停止后再启动不继续	0

下面对表格中某些 Bit 位的设定进行补充说明。

1）脉冲输出方式（b8）

1PG 有两种脉冲输出方式。由#3 的 b8 位值决定。

当 b8=1 时为正/反向脉冲输出方式。这时从输出端 FP 输出正向脉冲，从 RP 端输出反向脉冲，如图 8-13 所示。

图 8-13　正/反向脉冲输出方式

当 b8=1 时为脉冲+方向控制输入方式。这时 FP 端为脉冲输出端，而 RP 端为方向控制端，当 RP=1 时，FP 端输出正向脉冲，当 RP=0 时，FP 端输出反向脉冲。如图 8-14 所示。

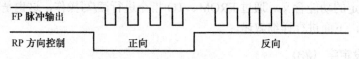

图 8-14　脉冲+方向控制脉冲输出方式

2）旋转方向设定（b9）

b9 为位移方向的设定。

b9=0 时使当前位置值 CP 增加的方向为正转方向。

b9=1 时使当前位置值 CP 减小的方向为正转方向。

3）原点位置方向（b10）

b10 为向原点返回时方向的设定，

b10=0，在返回原点时当前位置值 CP 减小。

b10=1，在返回原点时当前位置值 CP 增加。

4）DOG 信号输入极性（b12）

DOG 开关信号为进行原点回归时的速度变换信号，其接入 1PG 端口有两种接入方式。

b12=0，常开触点接入，信号由 0 变为 1 时有效。

b12=1，常闭触点接入，信号由 1 变为 0 时有效。

5）原点偏移计数起点（b13）

b13 表示 1PG 在进行原点回归时的两种原点定位方式。

b13=0，DOG 块前端检测到 DOG 开关信号后就开始对零点信号（Z 相信号）进行计数，当计数达到由#12 所设定的值时停止输出脉冲，所停位置为原点。

b13=1，DOG 块前端检测到 DOG 开关信号后并不计数，而当 DOG 块后端离开 DOG 开关，DOG 开关复位后才开始对零点信号进行计数，当计数达到由#12 所设定的值时停止输出脉冲，所停位置即为原点。

原点偏移计数起点可结合图 8-15 来进行理解，其详细讲解在 8.3.2 节叙述。

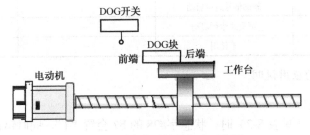

图 8-15　原点偏移计数起点示意图

6）STOP 信号极性（b14）

b14 对接入 1PG STOP 端口开关信号的接入方式进行设置。

b14=0，常开触点接入，信号由 0 变为 1 时有效。

b14=1，常闭触点接入，信号由 1 变为 0 时有效。

7）STOP 停止模式（b15）

b15 对 STOP 信号有效后停止模式的方式进行设置。

b15=0，STOP 信号停止后，如果重新启动运行，则会先完成剩余行程，然后再进入下一步定位操作。然而，如果操作由停止命令中断时，若有任何缓冲存储器（#25 除外）被重新设置，则将不执行完成剩余行程。通过脉冲操作对缓冲存储器进行设置。

b15=1，STOP 信号停止后，如果重新启动，则剩余行程不被执行，直接执行下一步定位操作。

#3 的各项设置确定后，将它们组成一个 16 位二进制数（H××××），然后通过模块写入指令 TO 或 TOP 写入 BFM#3 中。写入操作必须在执行定位操作前完成，所以称为初始化设定字。

2．运行控制字（#25）

运行控制字又称操作命令字。1PG 的操作是通过外部端口操作和控制字的设置来完成的。控制字由#25 的各个 Bit 位组成，见表 8-11。

表 8-11　运行控制字（#25）

Bit 位	名　称	0	1
b0	错误复位	—	=1 时执行
b1	STOP 信号	—	0→1 时执行
b2	正向脉冲输出停止	—	=1 时执行
b3	反向脉冲输出停止	—	=1 时执行
b4	手动正转（JOG+）	—	=1 时执行
b5	手动反转（JOG-）	—	=1 时执行
b6	原点回归启动	—	0→1 时执行
b7	定位坐标选择	绝对坐标定位	相对坐标定位
b8	单速运行启动	—	0→1 时执行
b9	中断单速运行启动	—	0→1 时执行
b10	2 段速运行启动	—	0→1 时执行
b11	外部信号定位启动	—	0→1 时执行
b12	可变速运行启动	—	=1 时执行
b13～b15	不使用	—	—

1）运行控制字的应用说明

（1）b0 为错误复位。

当 1PG 发生错误（见表 8-2 时），状态字#28 的 b7 会置"1"，同时错误代码被存入#29 中，这时用 b0 为"1"对#28 的 b7 进行复位。如果希望电源中断，也要保存错误代码，请使用停电保持用辅助继电器 M 和数据寄存器 D。

b0 可以由 PLC 外接输入开关强制进行复位，也可用相应的自动开关进行复位。

（2）b1 为 1PG 的 STOP 信号。

它与 1PG 的 STOP 端口输入的信号功能相同，一般情况下，采用 1PG 的 STOP 端口外接开关完成停止功能，那么 b1 就无需在程序中进行置"1"了。

（3）b2、b3 为左/右限位开关接入控制。

当 1PG 在运行中碰到左/右限位开关时，利用开关的触点来控制 b2、b3 位为"1"，使输出脉冲马上停止。程序编制时必须考虑限位开关的触点是常开接入还是常闭接入。

（4）b4、b5 为手动（JOG）正/反转操作。

不论是正转还是反转操作，其持续为"1"的时间必须大于或等于 300ms 才能产生点动效果，如果持续时间小于 300ms，则只能产生一个脉冲的动作。

（5）b7 为相对/绝对位置设定。

如果 1PG 进行单速运行模式、中断单速定长运行模式和双速运行模式，则该位设定有效。如果在控制中仅设定一种坐标方式（相对或绝对），那么该位可常为"1"或"0"。

（6）b8～b12 为 1PG 的这种运行模式的启动指令。

在实际定位控制中，某一时间内只能执行一种运行模式。因此，这 5 种操作指令是互锁的，同一时刻不能有两种或两种以上的指令为"1"，如果出现这种情况，则会出现运行不执行。

（7）1PG 在接到启动指令后到脉冲实际输出时间约为 10ms 左右。PLC 主机在 RUN 第一次执行时，或是 BFM#0，#1，#2，#3，#4，#5，#6，#15 写入后的第一次执行，至少需要 500ms 的时间。

2）应用程序设计

运行控制字#25 内各个 Bit 位的置"1"操作必须通过写指令 TO 或 TOP 完成。实际操作时，要求在 PLC 的输入端口 X 接操作开关。每一个操作开关对应一个操作指令。例如，需要手动（JOG）正转时，则按下其操作开关，使运行控制字#3 的 b4 位置"1"。其程序设计有两种方案。

一种是用端口开关直接控制相应的 Bit 位，程序如图 8-16 所示。

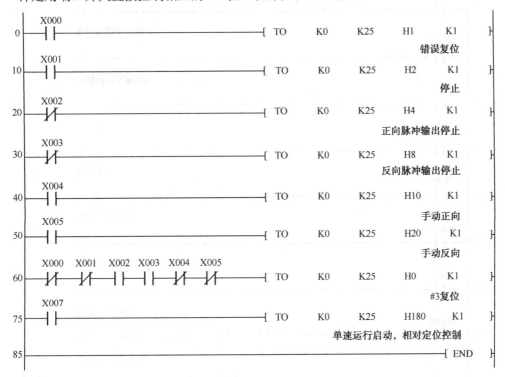

图 8-16 1PG 运行控制字操作程序（1）

在程序中，#3 复位程序行不可缺少，因为执行任何一个操作（运行模式启动除外），虽然操作按钮断开，但已写入的操作命令却仍然保留。因此，该项操作不会停止，而#3 程序行使操作命令复位，该项操作停止。

另一种是用辅助继电器 M 作为中间传递元件，端口开关直接控制 M，通过 M 去控制各个 bit 位。程序如图 8-17 所示。显然，图 8-17 所示的程序简洁得多。

3. 运行状态字（#28）

运行状态字（#28）是 1PG 各种运行状态的表示。通过 FROM 指令可以把 1PG 的运行状态及时读出，用于各种控制和显示，运行状态字仅为#28 的低 8 位，见表 8-12。

1）运行状态字的应用说明

（1）b2 为原点回归结束标志。未执行原点回归操作时，b2=0。执行原点回归，操作结束后，b2=1 并保持，直到 1PG 断电才复位。如果在控制中多次进行原点回归操作，可先用 TO 指令将 K0 写入到 b2 中，使之强制复位。如果控制要求必须先进行原点回归后才能进行定位控制操作，则该位可作为定位控制操作的驱动条件。

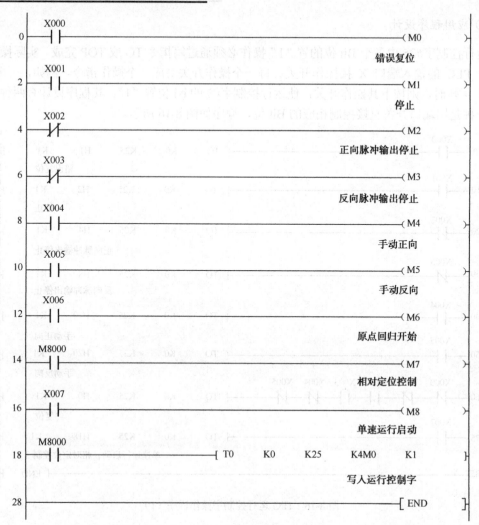

图 8-17 1PG 运行控制字操作程序（2）

表 8-12 运行状态字（#28）

Bit 位	名　称	0	1
b0	脉冲发送状态	正在发送	停止发送
b1	正/反转状态	反转	正转
b2	回原点完成信号	未执行原点回归	原点回归完成
b3	STOP 信号状态	无	有
b4	DOG 信号状态	无	有
b5	PG0 信号状态	无	有
b6	当前值溢出	未溢出	溢出
b7	错误标志位	无错	有错
b8	定位控制结束标志位	未结束	结束
b9～b15	不使用	—	—

（2）b3、b4、b5 是指 1PG 输入端口开关信号状态标志。有信号输入时为"1"，无信号输入时为"0"。

（3）b6 为当前值（#27，#26）溢出状态。当前值大于 2 147 483 647 或小于-2 147 483 648 时，该标志位为"1"。在原点回归结束或 1PG 断电时自动复位。

（4）b7 为错误标志。当 1PG 发生错误时，该标志位置"1"，并且错误内容存于#29。错误标志可利用将#25 中的 b0 位置"1"进行复位，当 1PG 断电时则自动复位。

（5）b8 为定位控制运行结束标志。当执行某一模式的定位控制（含原点回归模式）运行结束后，该标志位置"1"，在定位控制启动发生错误时被复位。b8 的功能和作用类似于 PLC 定位控制中的特殊继电器 M8029。在 1PG 进行的定位控制中，利用 b8 可以在完成一个定位控制后启用下一个定位控制。

2）应用程序设计

运行状态字是 1PG 运行状态的标志位，它是随运行状态的变化而变化的。各个标志位可以用来显示运行状态和作为驱动条件进行控制。和所有特殊功能模块一样，状态字均是通过 FROM 指令用状态位的值去控制一组特殊辅助继电器 M，再利用 M 作为驱动条件去驱动状态显示或其他指令。程序如图 8-18 所示。

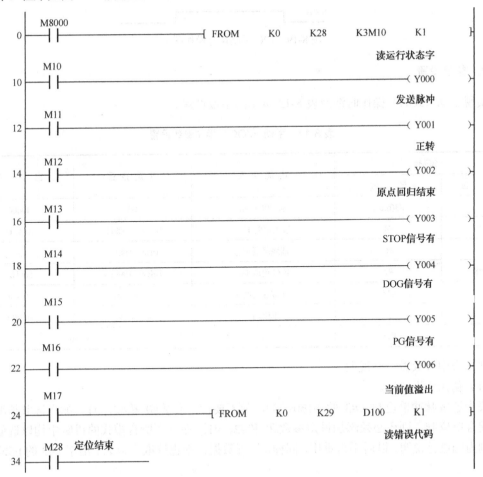

图 8-18 1PG 运行状态字操作程序

（2）M1、b5、b0 用 DPG 接收 ▲的 ▲脉冲信息。此信号随▲接入 E▲▲▲接入输入端子。

（3）M5 接收由 ▲的▲▲高速计数信息，并▲▲▲出来此信息可▲▲▲▲▲脉冲▲▲▲。

（4）b1、▲脉冲▲▲从 JOG 通过 ▲▲▲的脉▲，故▲▲在 D100 设▲ D200 这▲▲ 4 B▲单元▲▲▲用 MOV 指令进行▲▲。

（5）b5 ▲▲▲▲▲▲此▲▲的▲▲，▲故▲▲在▲脉▲时▲▲▲的▲▲，▲向▲▲对 PLC 进行打印，▲▲▲▲触点 M8029，▲向 1PG 进行▲容的▲▲▲。▲故▲▲使用▲▲▲▲▲。

8.3 操作模式及程序设计

8.3.1 手动（JOG）运行操作

1. 手动（JOG）运行操作

手动（JOG）操作模式如图 8-19 所示。关于手动（JOG）运行模式的说明已在第 1 章 1.5 节中给予讲解。这里不再阐述，可参看前面所讲内容。

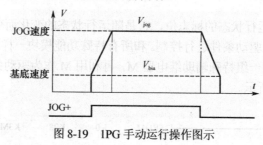

图 8-19　1PG 手动运行操作图示

2. 参数设置

实现手动（JOG）操作时涉及表 8-13 所示的参数设置。

表 8-13　手动（JOG）操作参数设置

BFM#		功能含义	设定范围	出厂值
高位	低位			
	#3(b_1b_0)	脉冲单位制	00	H0000
#5	#4	最大速度 V_{max}	10Hz~100kHz	100kHz
—	#6	基底速度 V_{bia}	0Hz~10kHz	0
#8	#7	JOG 速度 V_{jog}	10Hz~100kHz	50kHz
—	#15	加/减速时间 T	5~5000ms	100ms
—	#25	控制字	b_0~b_{11},b_{12}	H0000
—	#28	状态字	b_0~b_7	

现对表中参数做一些说明。

（1）初始化设定字。

表中选取脉冲单位制（#3 的 b1b0=00），故不要设定参数#0 和#2，#1。如果选取长度单位制或混合单位制，则还必须添加设定参数#0 和#2，#1。在下面所有模式的讲解中均以选取脉冲单位制为例进行说明，以后不再重申。同样，位置数据倍率也选取为以×1 倍率（#3 的 b5b4=00）为例。

（2）控制字。

控制字主要为手动（JOG）正/反转驱动命令，其 b4=1 时为正转启动，b5=1 为反转启动。

（3）速度参数。

表 8-13 中最大速度 V_{max}、基底速度 V_{bia}、加/减速时间 T 是所有运行模式所共享的，不是专门针对手动（JOG）运行模式而设置的。

3. 程序设计

【例 8-3】某 1PG 的手动（JOG）操作，参数见表 8-14。试编制手动（JOG）运行程序。

表 8-14　参 数 设 置

BFM#		功 能 含 义	设 定 范 围	出 厂 值
高　位	低　位			
#5	#4	最大速度 V_{max}	100kHz	100kHz
—	#6	基底速度 V_{bia}	0	0
#8	#7	JOG 速度 V_{jog}	20kHz	50kHz
—	#15	加/减速时间 T	1000ms	100ms

程序设计如图 8-20 所示。

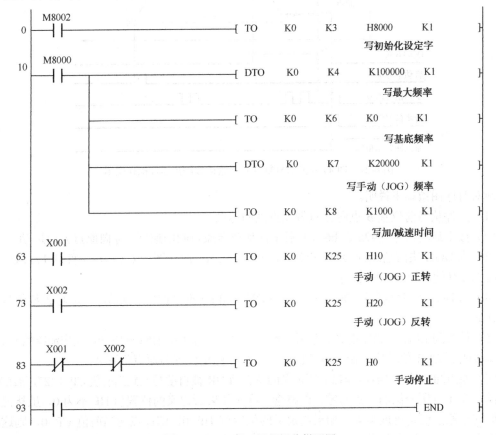

图 8-20　1PG 手动运行操作梯形图

8.3.2 原点回归运行操作

1PG 的原点回归模式与第 1 章 1.5 节中所介绍的零点信号计数原点回归操作模式相同。在第 1 章中，仅对原点回归模式的回归过程进行了说明，未对具体的信号流程进行分析，这里对 1PG 的原点回归模式进行较为详尽的分析。

1. 两种原点回归运行操作方式

1PG 有两种原点回归操作方式，这两种方式的不同点在于对 Z 相信号 PG0 计数的开始时间不同，其他都是一样的。

1）DOG 开关信号复位时开始计数停止

这种方式的时序如图 8-21 所示。该时序图的前提条件设置是：DOG 开关以常开触点接入（#3 的 b12=0），Z 相信号数 PG0=1（#12=1）。DOG 块后端开始计数（#3 的 b13=1）。

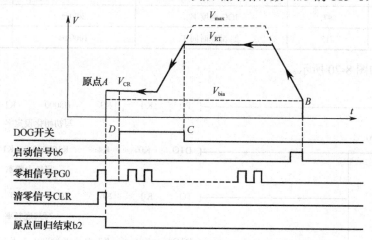

图 8-21　DOG 开关信号复位时开始计数停止运行操作图示

现对时序图做如下说明。

（1）工件从当前位置 B 点向 A 点做原点回归运动。

（2）按下启动信号（#25 之 b6=1）后工件加速至原点回归速度 V_{RT} 向原点方向运动。

（3）当 DOG 块前端碰到 DOG 开关（由 OFF→ON）时（图中 C 点），工件从 V_{RT} 减速至爬行速度 V_{CR} 继续向原点方向运动。

（4）当 DOG 块后端离开 DOG 开关（由 ON→OFF）时（图中 D 点），开始对 Z 相信号 PG0 进行计数。

（5）计数到由#12 所设定的 Z 相信号数后（这里设定为 1），1PG 向驱动器发出清零信号 CLR，驱动器接收到 CLR 信号后，命令电动机停止运行，停止位置为原点位置 A。

（6）原点回归后由（#14，#13）所定义的位置值 HR 被自动写入到当前值 CP（#27，#26）中。

结合第 1 章所介绍的原点与零点的概念，这时如果所定义的位置值 HP 不为 0，虽然已是原点，但这个原点仅是机械零点，如果所定义的位置值 HP=0，即原点的当前值 CP=0，则这时为电气零点，且电气零点和机械零点合二为一。一般情况下，所采取的是电气零点的设置，即 HP

定义为 0。

原点回归结束，原点回归结束标志值（#28 的 b2）为 ON，直到强制复位或电源断开复位。

（7）在这种方式的原点回归中，DOG 开关信号的导通时间要大于电动机由原点回归 V_{RT} 减速至爬行速度 V_{CR} 的减速时间，否则不能在爬行速度结束原点回归，从而引起原点回归位置的误差。

2）DOG 开关信号动作时开始计数停止

这种方式的时序如图 8-22 所示。其前提条件设置是：DOG 开关以常开触点接入（#3 的 b12=0），零相信号数 PG0=5（#12=5），DOG 块的前端开始计数（#3 的 b13=0）。

（1）由图中可以看出，当 DOG 块前端碰到 DOG 开关（由 OFF→ON 时）时（图中 C 点）就开始对 Z 相信号 PG0 进行计数，当计数到由#12 所设定的 Z 相信号数后（这里设定为 5），电动机停止位置为原点位置 A（其他均同以上说明，不再重复）。

（2）在这种方式的原点回归中，由#12 所设定的 Z 相信号数目的经历时间必须超过电动机减速时间，否则不能在爬行速度结束原点回归，从而引起原点回归的误差。

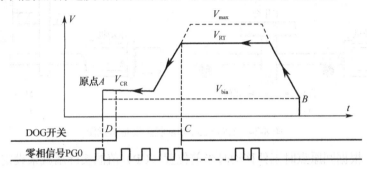

图 8-22　DOG 开关信号动作时开始计数停止运行操作图示

2. 回归方向与搜索功能

1）回归方向

以上所讨论的原点回归方向均是在伺服电动机反转方向上进行的。实际上原点的位置也可以在正转方向上进行，如图 8-23 中的 B 点。

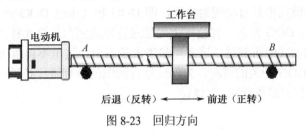

图 8-23　回归方向

对于两种不同的原点回归方向，1PG 是不能识别的，但原点不是在 A 点就是在 B 点，因此一旦原点位置确定后，其回归方向也就确定。因此，可以设置一个标志位，用它的状态来选择原点回归方向，在 1PG 里是利用控制字（#3）的 b9、b10 两个 Bit 位来完成这个功能的。#3 的 b9、b10 位的功能含义见表 8-15。

表 8-15　运行控制字（#25）

#3	状　态	功　能　含　义
b₉	0	工件正向移动时，希望为当前位置（CP）值增加
	1	工件正向移动时，希望为当前位置（CP）值减小
b₁₀	0	工件向原点移动时，当前位置（CP）值减小
	1	工件向原点移动时，当前位置（CP）值增加

在具体设定时首先要根据实际机械传动机构来确定 b9，一般情况下，工件运动的正转方向是以伺服电动机顺时针旋转时的方向所确定的，如图 8-24 所示，图中（a）为伺服电动机顺时针旋转时工件向右移动，因此其正转方向为向右，图中（b）为经过一级齿轮转动后，工件在伺服电动机顺时针旋转时向左移动。因此，其正转方向为向左。如果希望在正转方向上，当前位置（CP）值是增加的，则设 b9=0，希望在正转方向上当前位置（CP）值是减小的，则 b9=1。

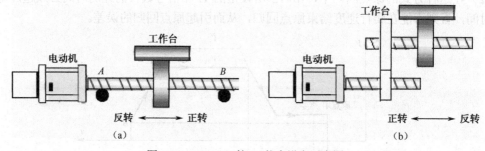

图 8-24　1PG #25 的 b9 状态设定示意图

b9 设定后，根据回原点时工件移动时当前位置（CP）值的实际增减来设定 b10。如图 8-24（a）中 A 点，如果 b9=0，则工件向 A 点原点回归时，其当前位置（CP）值是减小的，所以 b10=0，反之，在 B 点，其当前位置（CP）值是增加的，则 b10=1。

b9、b10 可以有 4 种组合，已经包含了所有可能。但在具体设计时，总是希望原点为电气零点（CP=0），并且在原点回归过程中，当前位置值（CP）是逐渐减小的。因此，凡是原点在工件的正转方向上，均设 b9=1，反之，设 b9=0，然后再来设定 b10。

2）搜索功能

1PG 的原点回归模式带有自动搜索功能，即 DOG 块（未过 DOG 开关）、DOG 块在 DOG 开关上和 DOG 块已过 DOG 开关三种位置上均能进行原点回归。这 3 种情况的原点过程已在第 1 章 1.5.3 节原点回归模式中讲解过，读者可参考上述章节，这里不再阐述。

对于 DOG 块过 DOG 开关的情况，为保证原点回归的顺利进行必须在有效行程的两端加装限位开关，才能保证其正常执行原点回归。

3. 参数设置

实现原点回归操作时涉及表 8-16 所示的参数设置。

控制字中，#25 的 b6 为原点回归操作启动命令

表 8-16 原点回归操作参数设置

BFM#		功 能 含 义	设 定 范 围	出 厂 值
高 位	低 位			
	#3	初始化设定字	$b_0 \sim b_{14}$	H0000
#5	#4	最大速度 V_{max}	10Hz～100kHz	100kHz
—	#6	基底速度 V_{bia}	0Hz～10kHz	0
#10	#9	原点回归速度 V_{RT}	10Hz～100kHz	50kHz
—	#11	爬行速度 V_{CR}	10Hz～100kHz	1kHz
—	#12	回原点零相信号数 PG0	0～323767	10
#14	#13	原点位置 HP	0～±999999	0
—	#15	加/减速时间 T	5～5000ms	100ms
—	#25	控制字	$b_0 \sim b_{11}, b_{12}$	H0000
—	#28	状态字	$b_0 \sim b_7$	

4. 程序设计

【例 8-4】如图 8-25 所示，工件向原点 A 进行原点回归运行，各项参数设定见表 8-17。

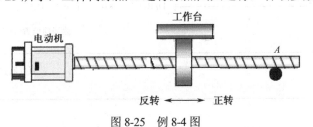

图 8-25 例 8-4 图

表 8-17 参 数 设 置

BFM#		功 能 含 义	设 定	出 厂 值
高 位	低 位			
	#3($b_1 b_0$)	脉冲单位制	00	H0000
#5	#4	最大速度 V_{max}	100kHz	100kHz
—	#6	基底速度 V_{bia}	0	0
#10	#9	原点回归速度 V_{RT}	25kHz	50kHz
—	#11	爬行速度 V_{CR}	1500Hz	1kHz
—	#12	回原点零相信号数 PG0	1	10
#14	#13	原点位置 HP	0	0
—	#15	加/减速时间 T	100ms	100ms

由表 8-17 可知，V_{max}、V_{bia}、HP 和 T 均与出厂值相同，故可不用程序修改。

由图 8-25 可见，原点 A 在正转方向上，#3（b9）=1。向原点回归过程中，当前位置（CP）值是减小的，#3（b10）=0。

程序设计如图 8-26 所示。

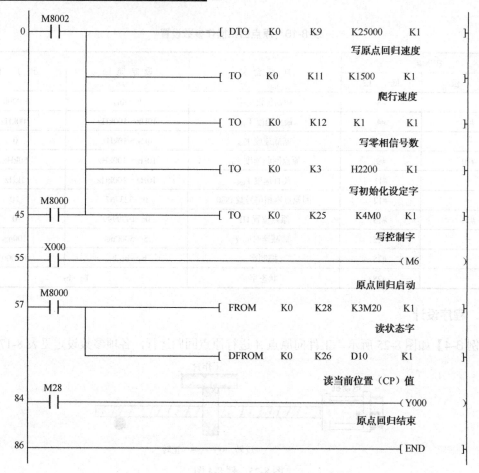

图 8-26　1PG 原点回归运行操作程序梯形图

8.3.3　单速定位操作

1. 单速定位操作

单速定位操作运行图如图 8-27 所示。关于单速运行模式说明见第 1 章 1.5 节。

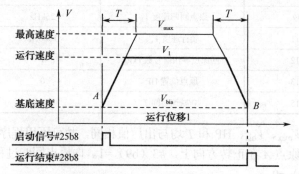

图 8-27　1PG 单速定位操作运行图示

2. 参数设置

单速运行定位操作所涉及的参数见表 8-18。

表 8-18　单速定位操作参数设置

BFM#		功 能 含 义	设　定	出 厂 值
高　位	低　位			
	#3	初始化设定字	$b_0 \sim b_{14}$	H0000
#5	#4	最大速度 V_{max}	10Hz～100kHz	100kHz
—	#6	基底速度 V_{bia}	0～10kHz	0
—	#15	加/减速时间 T	5～5000ms	100ms
#18	#17	运行位置 1	0～±999 999	0
#20	#19	运行速度 V_1	10Hz～100kHz	10Hz
	#25	控制字	$b_0 \sim b_{11}, b_{12}$	H0000
#27	#26	当前位置值 CP	−2 147 483 648～2 147 483 647	
—	#28	状态字	$b_0 \sim b_7$	

（1）单速定位操作除设定各个速度/位置参数和加/减速时间外，还必须先对运行方式（绝对/相对位置运行）进行设定。运行方式由#25 的 b7 状态决定：b7=0，绝对定位方式运行；b7=1，相对定位方式运行。一旦设定后，参数运行位置 1（#18，#17）的数值必须按照设定的方式写入。

（2）在绝对位置运行时，1PG 会自动将运行位移值与当前值（CP）进行比较，通过比较结果来确定工件的位移方向。在相对位置运行时，1PG 是通过位置参数的正、负来识别方向的，当位置参数为正时，工件向当前值（CP）增加的方向运行，当位置参数为负时，工件向当前值（CP）减小的方向运行。

（3）单速定位操作的启动命令由#25 的 b8 决定，当 b8=1 时，运行操作开始。

（4）在单速运行中，其位置的当前值（CP）存储在（#27，#26）里，对当前值进行监控是定位控制必须进行的控制要求，可以通过 PC、显示器或触摸屏对当前值（CP）进行监控。

（5）单速定位操作结束后，定位结束标志位（#28 的 b8）置 ON。利用 b8 可以在完成一段单速定位操作后启动下一个单速定位操作。

3. 程序设计

【例 8-5】某 1PG 的单速定位操作/位置参数设置见表 8-19。运行方式为相对位置运行。试编写单速定位操作运行程序。

程序设计如图 8-28 所示。

表 8-19　参 数 设 置

BFM#		功 能 含 义	设定范围	出 厂 值
高　位	低　位			
	#3	初始化设定字	$b_0 \sim b_{14}$	H0000
#5	#4	最大速度 V_{max}	100kHz	100kHz
—	#6	基底速度 V_{bia}	0	0
—	#15	加/减速时间 T	1000ms	100ms

续表

BFM#		功 能 含 义	设 定 范 围	出 厂 值
高 位	低 位			
#18	#17	运行位置1	45000	0
#20	#19	运行速度 V_1	30kHz	10Hz

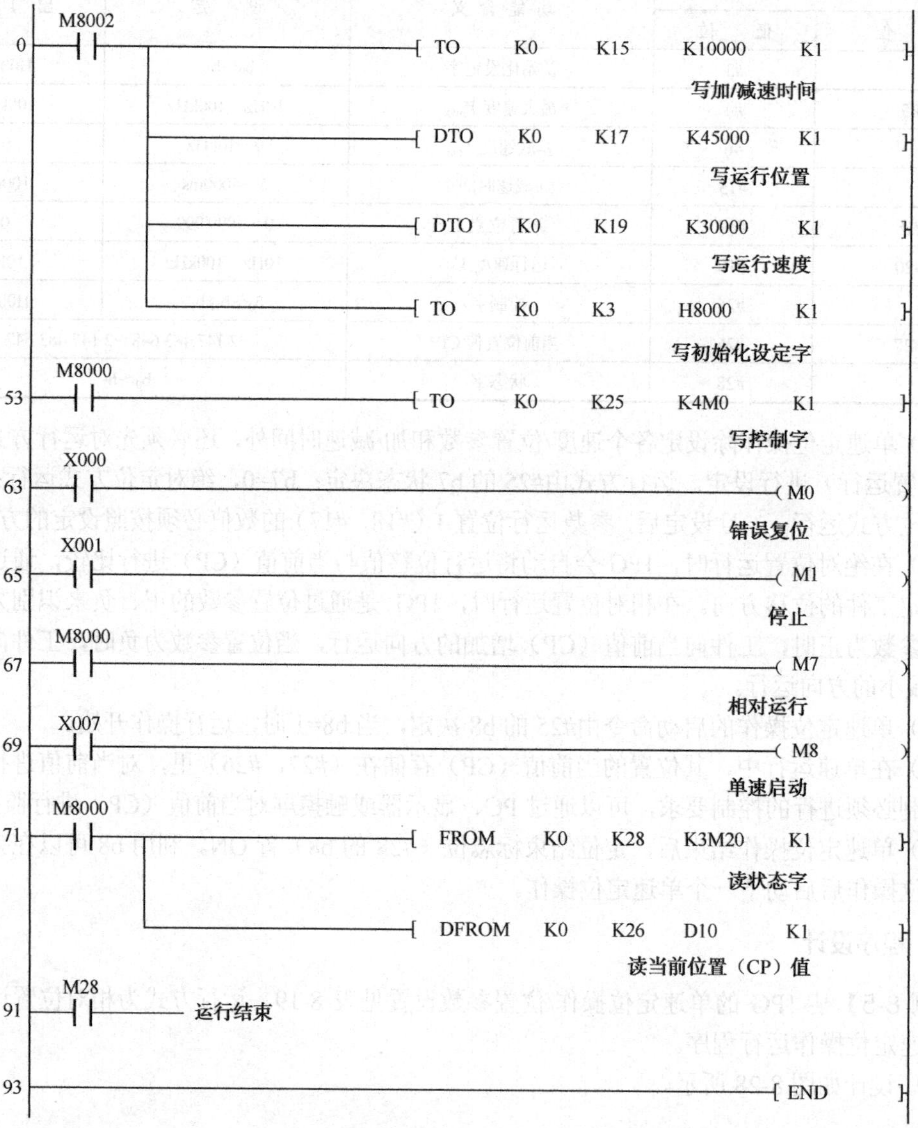

```
       M8002
0      ─┤├─────┬──────────────[ TO    K0    K15   K10000   K1 ]─┤
                                              写加/减速时间
               ├──────────────[ DTO   K0    K17   K45000   K1 ]─┤
                                              写运行位置
               ├──────────────[ DTO   K0    K19   K30000   K1 ]─┤
                                              写运行速度
               └──────────────[ TO    K0    K3    H8000    K1 ]─┤
                                              写初始化设定字
       M8000
53     ─┤├────────────────────[ TO    K0    K25   K4M0     K1 ]─┤
                                              写控制字
       X000
63     ─┤├──────────────────────────────────────────────( M0 )─┤
                                              错误复位
       X001
65     ─┤├──────────────────────────────────────────────( M1 )─┤
                                              停止
       M8000
67     ─┤├──────────────────────────────────────────────( M7 )─┤
                                              相对运行
       X007
69     ─┤├──────────────────────────────────────────────( M8 )─┤
                                              单速启动
       M8000
71     ─┤├────────┬────────────[ FROM  K0    K28   K3M20   K1 ]─┤
                                              读状态字
                 └────────────[ DFROM K0    K26   D10     K1 ]─┤
                                              读当前位置（CP）值
       M28
91     ─┤├────────[ 运行结束 ]
93                                                       ─[ END ]─┤
```

图 8-28   1PG 单速定位操作运行程序梯形图

8.3.4   中断单速定位操作

1. 中断单速定位操作

1PG 中断单速定位操作如图 8-29 所示。关于中断单速运行模式的说明见第 1 章 1.5 节。

　　1PG 中断单速定位操作在收到启动信号后会同时自动地将当前值（CP）的内容清零，而且在无限制运行阶段，当前值（CP）的内容仍保持为零，直到接收到中断信号后才开始重新计数，这样当定长位移结束时，当前值（CP）的内容与定长位移的值相同。因此，在使用时，定长位移只能以相对定位方式写入。如果控制中还有使用绝对定位的定位控制，则必须特别注意。

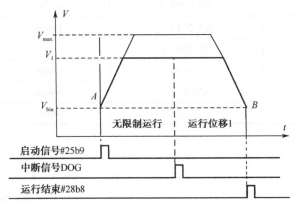

图 8-29　1PG 中断单速定位操作运行图示

2. 参数设置

中断单速运行定位操作所涉及的参数见表 8-20。

表 8-20　中断单速定位操作参数设置

BFM#		功 能 含 义	设　定	出 厂 值
高　位	低　位			
	#3	初始化设定字	$b_0 \sim b_{14}$	H0000
#5	#4	最大速度 V_{max}	10Hz～100kHz	100kHz
—	#6	基底速度 V_{bia}	0～10kHz	0
—	#15	加/减速时间 T	5～5000ms	100ms
#18	#17	运行位置 1	0～±999 999	0
#20	#19	运行速度 V_1	10Hz～100kHz	10Hz
	#25	控制字	$b_0 \sim b_{11}, b_{12}$	H0000
#27	#26	当前位置值 CP	−2 147 483 648～2 147 483 647	
—	#28	状态字	$b_0 \sim b_7$	

　　（1）中断单速定位操作的启动命令由#25 的 b9 决定，当 b9=1 时，运行操作开始。

　　（2）中断单速中断信号由 1PG 的 DOG 端口开关信号决定。如果 DOG 开关以常开触点接入（#3b12=0），则当#3 的 b13=0 时，DOG 开关由 OFF→ON 时为中断信号，而当#3 的 b13=1 时，DOG 开关由 ON→OFF 时为中断信号（可参看本章 8.2.4 节初始化设定字）。

　　（3）中断单速定位操作的其他参数设置及运行结束标志位均与单速定位操作相同，不再阐述。

3. 程序设计

【例 8-6】　某 1PG 中断定位操作速度/位置参数设置见表 8-21，中断信号 DOG 开关常开接入，且当由 ON→OFF 时有效，试编制中断定位操作运行程序。

表 8-21 参 数 设 置

BFM#		功能含义	设定范围	出 厂 值
高 位	低 位			
	#3	初始化设定字	$b_0 \sim b_{14}$	H0000
#5	#4	最大速度 V_{max}	100kHz	100kHz
—	#6	基底速度 V_{bia}	0	0
—	#15	加/减速时间 T	1000ms	100ms
#18	#17	运行位置 1	45000	0
#20	#19	运行速度 V_1	30kHz	10Hz

程序设计如图 8-30 所示。

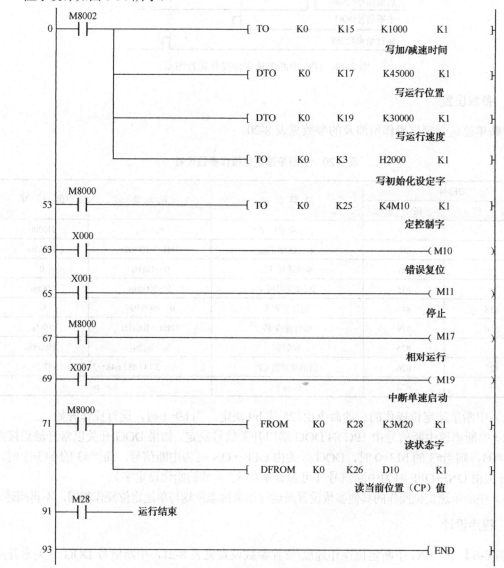

图 8-30 1PG 中断单速定位操作运行程序梯形图

8.3.5 双速定位操作

1. 双速定位操作

1PG 双速定位操作如图 8-31 所示，关于双速运行模式说明见第 1 章 1.5 节。

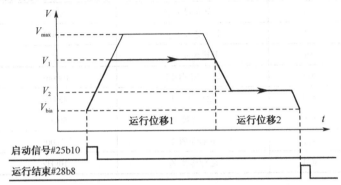

图 8-31 1PG 双速定位操作运行图示

2. 参数设置

双速定位操作所涉及的速度/位置参数见表 8-22。

表 8-22 双速定位操作参数设置

BFM#		功 能 含 义	设 定	出 厂 值
高 位	低 位			
	#3	初始化设定字	$b_0 \sim b_{14}$	H0000
#5	#4	最大速度 V_{max}	10Hz～100kHz	100kHz
—	#6	基底速度 V_{bia}	0～10kHz	0
—	#15	加/减速时间 T	5～5000ms	100ms
#18	#17	运行位置 1	0～±999 999	0
#20	#19	运行速度 V_1	10Hz～100kHz	10Hz
#22	#21	运行位置 2	0～±999 999	0
#24	#23	运行速度 V_2	10Hz～100kHz	10Hz
	#25	控制字	$b_0 \sim b_{11}, b_{12}$	H0000
#27	#26	当前位置值 CP	−2 147 483 648～2 147 483 647	
—	#28	状态字	$b_0 \sim b_7$	

双速定位操作的速度/位置参数说明均与单速定位操作相同，这里不再重复。双速定位操作的启动信号是#25 的 b10 位。当 b10=1 时，双速定位操作开始运行。

3. 程序设计

【例 8-7】 某设备加工时，分快速接近、低速加工前进来完成工件的加工。其速度和位置参数等设定见表 8-23。试编写利用 1PG 双速定位操作运行的程序。

程序设计如图 8-32 所示。

表 8-23　参数设置

BFM#		功能含义	设定范围	出厂值
高　位	低　位			
	#3	初始化设定字	$b_0 \sim b_{14}$	H0000
#5	#4	最大速度 V_{max}	100kHz	100kHz
—	#6	基底速度 V_{bia}	0	0
—	#15	加/减速时间 T	1000ms	100ms
#18	#17	运行位置 1	45 000	0
#20	#19	运行速度 V_1	50kHz	10Hz
#22	#21	运行位置 2	5000	0
#24	#23	运行速度 V_2	10kHz	10Hz

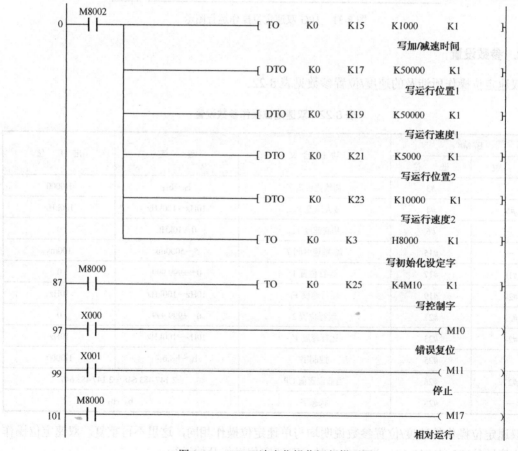

图 8-32　1PG 双速定位操作运行梯形图

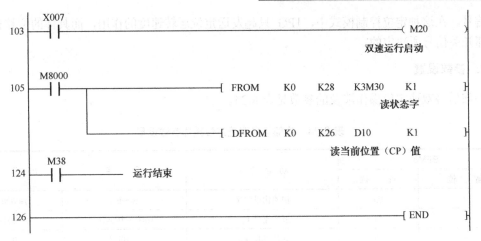

图 8-32　1PG 双速定位操作运行梯形图（续）

8.3.6　外部信号双速定位操作

1. 外部信号双速定位操作

在某些双速定位控制中常常因工件位置或工件尺寸的改变而对快速进给的位移量和工件加工的位移量都会有所改变，这时如果仍然利用双速定位操作，则必须要修改快速进给的位移量（#18，#17）和慢速进给的位移量（#22，#21）。这时就显得不太方便。一个简易的方法是：在快进行程上装一个限位开关，当快进进给碰到限位开关时，开始慢速进给加工工件。同时，在慢速进给行程上也装一个限位开关，当慢速碰到行程开关时停止进给，表示工件的加工完成。这种方法既简单又方便，非常实用。

1PG 根据上面所讲的方法开发了外部信号双速定位操作模式，其定位操作如图 8-33 所示。

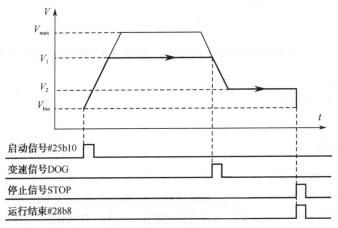

图 8-33　1PG 外部信号双速定位操作运行图示

由图中可知，外部信号双速定位操作启动后以运行速度 V_1 快速前进，前进位移不确定。当碰到 1PG 的 DOG 端的开关信号时，马上由运行速度 1 变速至运行速度 2 慢速前进，同样前进位移不确定，直到碰到 1PG 的 STOP 端口的开关时，停止脉冲输出，工件停止运行，发出运行结束信号。在这种定位控制模式中，1PG 只起发送定位运转速度的作用，而具体的位移行程是由外部开关信号所决定的。

2. 参数设置

外部信号双速定位操作涉及的参数见表 8-24。

表 8-24　外部信号双速定位操作参数设置

BFM#		功 能 含 义	设 定	出 厂 值
高　位	低　位			
	#3	初始化设定字	$b_0 \sim b_{14}$	H0000
#5	#4	最大速度 V_{max}	10Hz～100kHz	100kHz
—	#6	基底速度 V_{bia}	0～10kHz	0
—	#15	加/减速时间 T	5～5000ms	100ms
#20	#19	运行速度 V_1	10Hz～100kHz	10Hz
#24	#23	运行速度 V_2	10Hz～100kHz	10Hz
	#25	控制字	$b_0 \sim b_{11}, b_{12}$	H0000
#27	#26	当前位置值 CP	−2 147 483 648～2 147 483 647	
—	#28	状态字	$b_0 \sim b_7$	

（1）工件运行的方向由运行速度 V_1 的正/负决定，如为正则运行方向使当前值（CP）增加，为负则运行方向使当前值（CP）减小。而运行速度 V_2 的符号会被忽略，以其绝对值作为第 2 段的运行速度，其方向与第 1 段的运行方向相同。

（2）变速信号由 DOG 端口开关确定，如 DOG 开关以常开触点接入（#3b12=0），则信号由 OFF→ON 时有效，反之则由 ON→OFF 时有效（#3b12=1）。

（3）停止信号由 STOP 端口开关所确定，如 STOP 开关以常开触点接入（#3b14=0），则信号由 OFF→ON 时有效，以常闭触点接入（#3b14=1），则信号由 ON→OFF 时有效。

3. 程序设计

外部信号双速定位操作程序的设计比较简单，可参考上面的定位操作程序自行编制。

8.3.7　变速定位操作

1. 变速定位操作

变速定位操作如图 8-34 所示，关于变速运行模式的说明见第 1 章 1.5 节。

在 1PG 的变速定位操作中，运行速度是通过改变参数运行速度 V1（#20，#19）的内容来达到的，因此图中的运行速度 V1、V2、V3 的存储地址均为（BFM#20，BFM#19），只是在不同时刻驱动不同的写入指令而已。

2. 参数设置

变速定位操作所涉及的速度/位置参数见表 8-25。

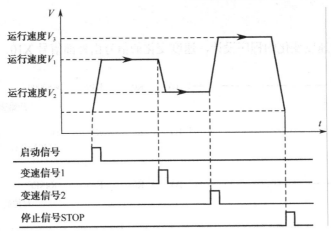

图 8-34 1PG 外部信号双速定位操作运行图示

表 8-25 变速定位操作参数设置

BFM#		功 能 含 义	设　　定	出　厂　值
高　位	低　位			
	#3	初始化设定字	$b_0 \sim b_{14}$	H0000
#5	#4	最大速度 V_{max}	10Hz～100kHz	100kHz
—	#6	基底速度 V_{bia}	0～10kHz	0
#20	#19	运行速度 V_1	10Hz～100kHz	10Hz
	#25	控制字	$b_0 \sim b_{11},b_{12}$	H0000
#27	#26	当前位置值 CP	−2 147 483 648～2 147 483 647	
—	#28	状态字	$b_0 \sim b_7$	

（1）变速定位操作的初始化设定字（#3）的设定内容仅为单位制选择（b1,b0）和脉冲输出方式（b8）为有效设定。

（2）运行速度由参数运行速度 V_1（#20，#19）设定，改变运行速度只要改变（#20，#19）的内容即可。在脉冲发送的任意时刻均可随时改变运行速度，但在速度变更时，没有加/减速时间控制功能，如需增加加/减速功能，可以通过程序设计来达到。

（3）变速定位操作的运行方向由运行速度 V_1（#20，#19）的符号决定，如为正值，则运行方向为当前值（CP）增加的方向，负值则反之。

（4）控制字（#25）中仅 b0（错误标志）和 b12（变速定位操作指令）有效，其余 b0～b11均设为 0。

（5）b12=1，1PG 发出脉冲，执行速度定位操作，b12=0，停止发出脉冲，停止运行。1PG不能用（#20，#19）设为 0 来停止运行，在 b12=1 时，即使（#20，#19）设定为 0，仍然会输出脉冲。

（6）当 b12=1 时，可以改变运行速度，但不要改变运行方向，即不要改变（#20，#19）的符号，如需改变运行方向，应先将#25 的 b12=0，然后改变运行速度（#20，#19）的符号，再重新将#25 的 b12=1。

3. 程序设计

图 8-35 为 3 种速度变化的程序设计，速度变化的信号由外部信号 X10、X11 控制。

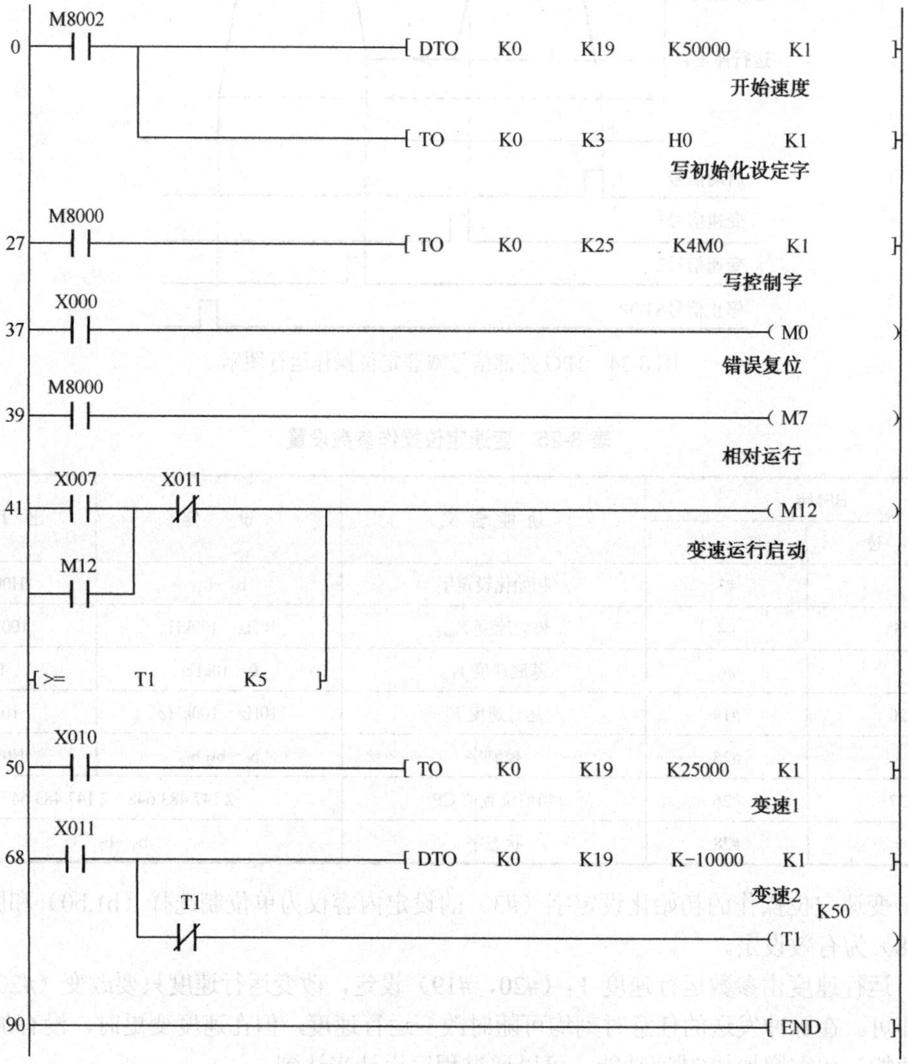

```
     M8002
0    ┤├──────────────────────────────[ DTO    K0      K19     K50000    K1  ]┤
       │                                                           开始速度
       │
       └──────────────────────────────[ TO     K0      K3      H0        K1  ]┤
                                                            写初始化设定字
     M8000
27   ┤├──────────────────────────────[ TO     K0      K25     K4M0      K1  ]┤
                                                                写控制字
     X000
37   ┤├─────────────────────────────────────────────────────────────( M0  )┤
                                                                   错误复位
     M8000
39   ┤├─────────────────────────────────────────────────────────────( M7  )┤
                                                                   相对运行
     X007      X011
41   ┤├────────┤/├──────┬──────────────────────────────────────────( M12 )┤
     M12       │                                                 变速运行启动
     ┤├────────┤
                         │
       [>=    T1    K5 ]─┘
     X010
50   ┤├──────────────────────────────[ TO     K0      K19     K25000    K1  ]┤
                                                                    变速1
     X011
68   ┤├──────────────────────────────[ DTO    K0      K19     K-10000   K1  ]┤
              T1                                                     变速2
              ┤/├──────────────────────────────────────────────( T1  )┤
                                                                      K50
90   ──────────────────────────────────────────────────────────────[ END ]┤
```

图 8-35 1PG 变速定位操作运行

8.4 应用程序设计例讲

8.4.1 单速定位往复运动

1. 控制要求

（1）有原点回归操作，且原点位置为电气零点。

（2）有手动（JOG）正/反转操作。

（3）自动单速定位往复运动控制。

按下自动启动按钮后，工件以 50 000Hz 的速度从 A 点开始正转运行位移为 100 000 个脉冲当量距离（脉冲当量为 10cm），到达目标位置 B 后停止 2s 并显示，然后以相同速度反转相同距离回到起始位置 A，停止 3s 显示，又以正转方向运动……如此反复循环，直到按下停止按钮为止。

相应的操作图示如图 8-36、图 8-37、图 8-38 所示。

在原点回归操作中，工件在位置 1（DOG 开关左侧）、位置 2（DOG 开关中间）和位置 3（DOG 开关右侧）都进行原点回归。各个操作的速度参数如图中所示。

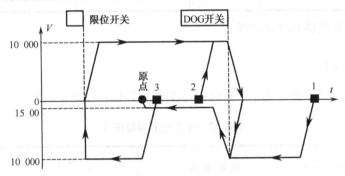

图 8-36　原点回归操作运行图示

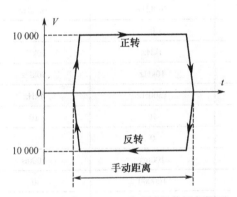

图 8-37　手动（JOG）正/反转操作运行图示

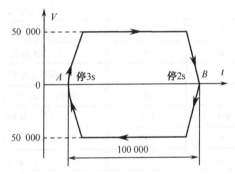

图 8-38　自动单速定位往复运动图示

2. PLC 和 1PG 的端口分配

PLC 和 1PG 的各个端口设计功能见表 8-26。

表 8-26　PLC 和 1PG 端口的分配

FX₂ₙ-PLC		FX₂ₙ-1PG	
端　　口	功能说明	端　　口	功能说明
X0	错误复位	DOG	DOG 信号输入
X1	停止命令	STOP	减速停止信号输入
X2	正向脉冲停止	PG0+-PG0-	Z 相脉冲输入
X3	反向脉冲停止	FP-COM0	正转脉冲输出
X4	手动（JOG）正转命令	RP-COM0	反转脉冲输出

续表

FX_{2N}-PLC		FX_{2N}-1PG	
端　口	功 能 说 明	端　口	功 能 说 明
X5	手动（JOG）反转命令	CLR–COM1	清零信号输出
X6	原点回归操作命令		
X7	自动往返操作命令		
Y1	B 点停留显示		
Y2	A 点停留显示		

3. 1PG 缓冲存储器 BFM#设置

1）速度/参数设置

根据控制要求和各个操作图示，1PG 的速度/位置参数设置见表 8-27。

表 8-27　速度/位置参数设置

BFM#		功 能 含 义	设　定	出 厂 值
高　位	低　位			
#5	#4	最大速度 V_{max}	100kHz	100kHz
—	#6	基底速度 V_{bia}	0	0
#8	#7	JOG 速度 V_{jog}	1kHz	50kHz
#10	#9	原点回归速度 V_{RT}	10kHz	50kHz
—	#11	爬行速度 V_{CR}	1500Hz	1kHz
—	#12	回原点零相信号数 PG0	10	10
#14	#13	原点位置 HP	0	0
—	#15	加/减速时间 T	100ms	100ms
#18	#17	运行位置 1	100000	0
#20	#19	运行速度 V_1	50kHz	10Hz
#27	#26	当前位置值 CP	D11，D10	
—	#28	状态字	M20～M31	

2）初始化设定字（#3）

按照控制要求，初始化设定字的设定见表 8-28。

表 8-28　初始化设定字（#3）的参数设置

Bit 位	名　称	设　置	功 能 含 义
b1,b0	速度/位置单位设置	00	脉冲单位制
b3,b2	—	00	—
b5,b4	位置数据倍率设置	00	×1
b7,b6	—	00	—

续表

Bit 位	名 称	设 置	功 能 含 义
b8	脉冲输出方式	0	正向脉冲（FP）和反向脉冲（RP）输出
b9	旋转方向	0	正转时，当前位置值 CP（#27、#26）增加
b10	原点位置方向	0	返回原点时，当前位置值 CP（#27、#26）减小
b11	—	0	—
b12	DOG 信号输入极性	0	DOG 信号为 1 有效
b13	原点偏移计数起点	1	DOG 信号放开后开始计数
b14	STOP 信号极性	0	为 "1" 时停止运行
b15	STOP 停止模式	0	停止后再启动继续

由表中数字设定初始化设定字#3=B 0010 0000 0000 0000=H2000。

1PG 系统的单位设置为脉冲单位制，以 Hz 为速度单位，以脉冲个数 PLS 为位置单位，因此无需对#0 和#2，#1 进行设置。其脉冲当量为 10μm，必须按照工件的实际定位机构参数和伺服驱动器中的电子齿轮比一起设置脉冲当量为 10μm。伺服驱动器的其他参数设置及"非与"1PG 的连接可根据实际情况设置"与"连接。图 8-11 的连接图可供参考。

当前位置（CP）的值#18，#17 从 1PG 读出后转存数据寄存器 D11、D10，可从文本显示器或触摸屏上进行监视。1PG 的运行状态由状态字控制继电器 M20～M31，可供用户对运行状态进行监控。

3）控制字（#25）

控制字为操作命令，一般是将其各操作命令位通过继电器 M 进行状态操作，再通过 PLC 输入端口外接开关、按钮等控制继电器 M 的状态，从而间接对 1PG 的各种操作命令进行控制操作。

本例中用 M0～M15 的状态控制 1PG 中的 b0～b15 位，实际上仅使用 M0～M8 位。

本例中，1PG 的运行方式设定为相对定位运行方式，即 b7=1。

4. 程序设计

1PG 的定位控制程序如图 8-39 所示。

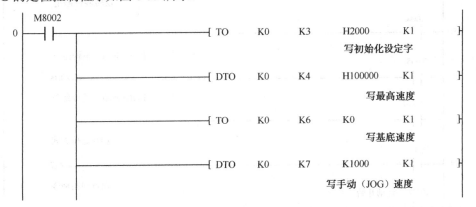

图 8-39 自动单速定位往复运动程序梯形图

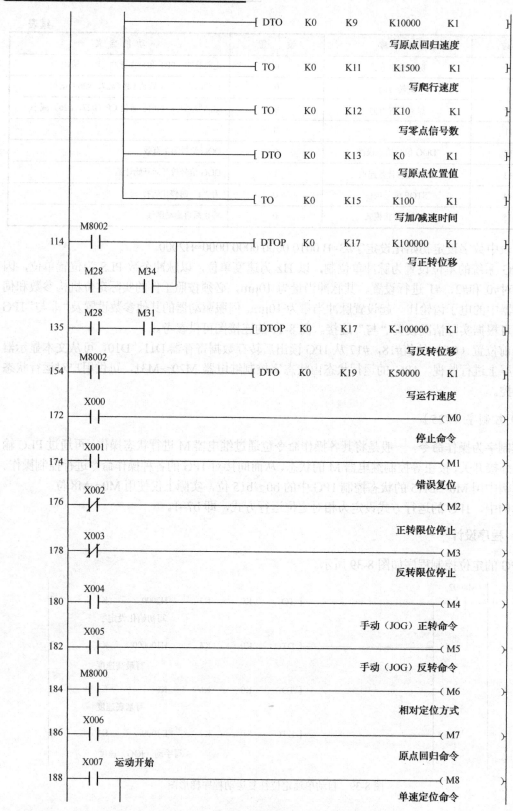

图 8-39　自动单速定位往复运动程序梯形图（续）

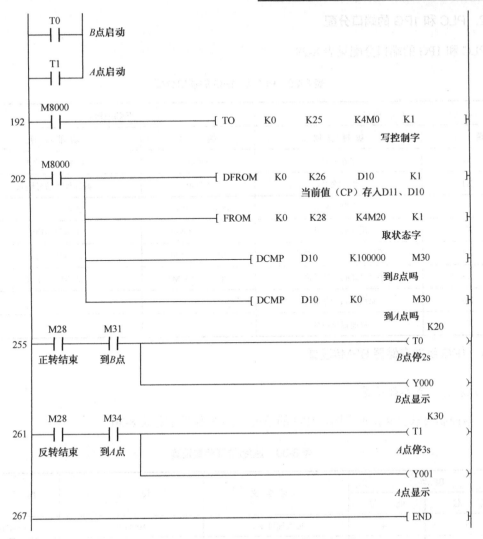

图 8-39　自动单速定位往复运动程序梯形图（续）

8.4.2　双速定位运动

1. 控制要求

（1）有原点回归操作，且原点位置为电气零点。同 8.4.1 节例子。

（2）有手动（JOG）正/反转操作。同例。

（3）定位控制运动为快进→慢进→快退到起始位置结束。要求快进→慢进应用 1PG 的双速定位操作，快退应用单速定位操作，且快进与快退速度相同。其运动图示如图 8-40 所示。

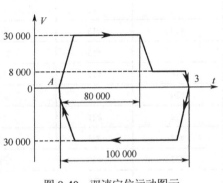

图 8-40　双速定位运动图示

319

2. PLC 和 1PG 的端口分配

PLC 和 1PG 的端口分配见表 8-29。

表 8-29　PLC 和 1PG 的端口分配

FX$_{2N}$-PLC		FX$_{2N}$-1PG	
端　口	功　能　说　明	端　　口	功　能　说　明
X0	错误复位	DOG	DOG 信号输入
X1	停止命令	STOP	减速停止信号输入
X2	正向脉冲停止	PG0+ － PG0-	Z 相脉冲输入
X3	反向脉冲停止	FP － COM0	正转脉冲输出
X4	手动（JOG）正转命令	RP － COM0	反转脉冲输出
X5	手动（JOG）反转命令	CLR － COM1	清零信号输出
X6	原点回归操作命令		
X7	双速定位命令		

3. 1PG 缓冲存储器 BFM#设置

1）速度/位置参数设置

根据控制要求及操作示意图，1PG 的速度/位置参数设定见表 8-30。

表 8-30　速度/位置参数设置

BFM#		功 能 含 义	设　　定	出　厂　值
高　　位	低　　位			
#5	#4	最大速度 V_{max}	100kHz	100kHz
—	#6	基底速度 V_{bia}	0	0
#8	#7	JOG 速度 V_{jog}	1kHz	50kHz
#10	#9	原点回归速度 V_{RT}	10kHz	50kHz
—	#11	爬行速度 V_{CR}	1500Hz	1kHz
	#12	回原点零相信号数 PG0	10	10
#14	#13	原点位置 HP	0	0
—	#15	加/减速时间 T	100ms	100ms
#18	#17	运行位置 1	80 000/100 000	0
#20	#19	运行速度 V_1	50kHz	10Hz
#22	#21	运行位置 2	20000	0
#24	#23	运行速度 V_2	8kHz	10Hz
#27	#26	当前位置值 CP	D11、D10	
—	#28	状态字	M20~M31	

2）初始化设定字（#3）

初始化设定字（#3）见表 8-31，其说明同 8.4.1 节例子。

表 8-31 初始化设定字（#3）的参数设置

Bit 位	名　称	设　置	功　能　含　义
b1,b0	速度/位置单位设置	00	脉冲单位制
b3,b2	—	00	—
b5,b4	位置数据倍率设置	00	×1
b7,b6	—	00	—
b8	脉冲输出方式	0	正向脉冲（FP）和反向脉冲（RP）输出
b9	旋转方向	0	正转时，当前位置值 CP（#27，#26）增加
b10	原点位置方向	0	返回原点时，当前位置值 CP（#27，#26）减小
b11	—	0	—
b12	DOG 信号输入极性	0	DOG 信号为 1 有效
b13	原点偏移计数起点	1	DOG 信号放开后开始计数
b14	STOP 信号极性	0	为"1"时停止运行
b15	STOP 停止模式	0	停止后再启动继续

3）控制字（#25）

控制字说明同 8.4.1 节例子。

4. 程序设计

1PG 双速定位控制程序如图 8-41 所示。

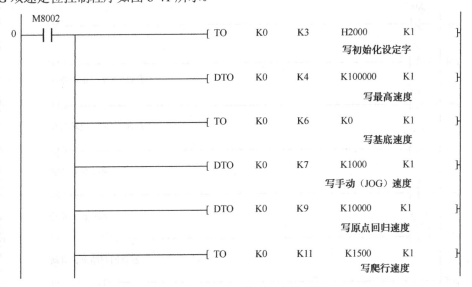

图 8-41 1PG 双速定位控制程序梯形图 1

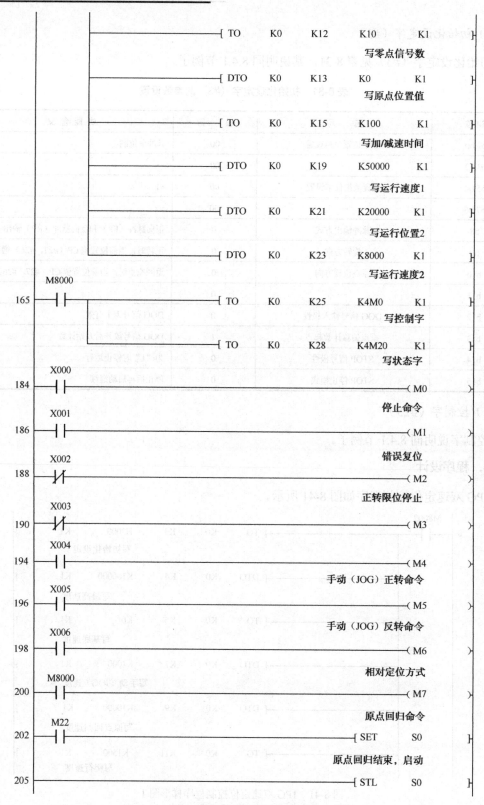

图 8-41　1PG 双速定位控制程序梯形图 1（续）

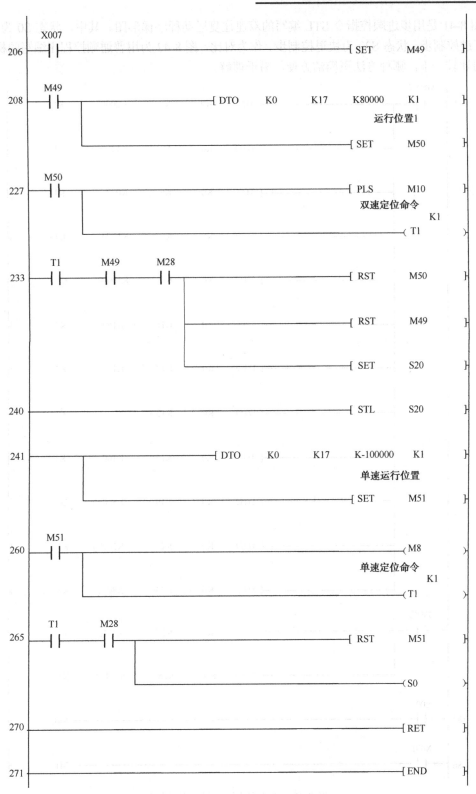

图 8-41 1PG 双速定位控制程序梯形图 1（续）

图 8-41 是用步进顺控指令 STL 编写的双速往复运动程序梯形图。其中，状态 S0 为双速快进、工进控制步，状态 S20 为快退控制步。作为对比，图 8-42 为用普通顺控程序编写的梯形图。读者可比较一下，哪种方法更简洁方便，易于理解。

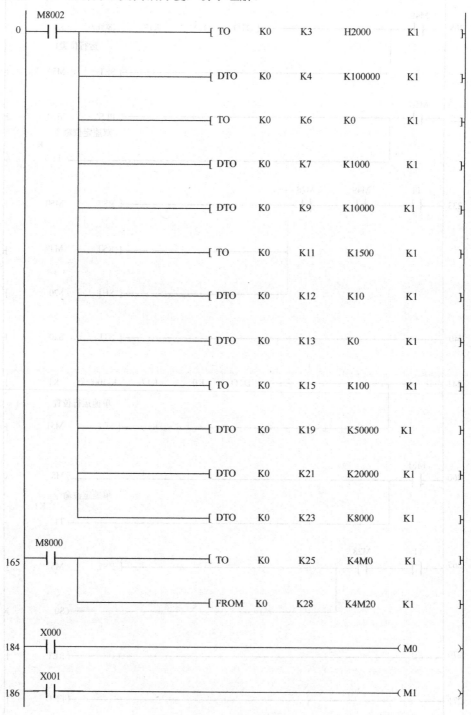

图 8-42　双速定位控制程序梯形图 2

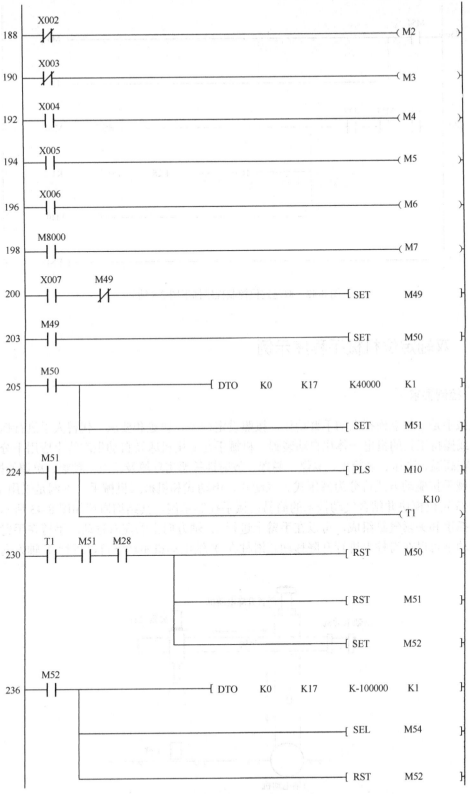

图 8-42　双速定位控制程序梯形图 2（续）

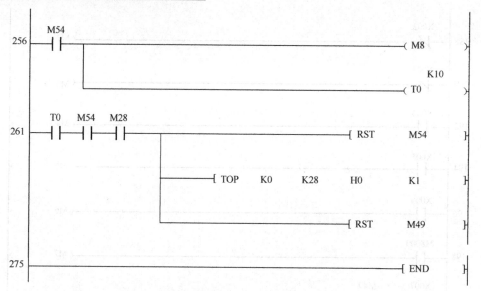

图 8-42 双速定位控制程序梯形图 2（续）

8.4.3 双轴定位机械手程序示例

1. 控制要求

机械手是一种能模拟人的手臂动作，按照设定程序、轨迹和要求，代替人手进行抓取、搬运工件或操持工具的机电一体化自动装置。机械手在专用机床及自动生产线上应用十分广泛。特别是在高温、高压、多粉尘、易燃、易爆、放射性等恶劣环境及笨重、频繁、单调的操作中。

机械手按驱动方式可分为液压式、气动式、电动式和机械式机械手。本例是采用 PLC 加两个 1PG 定位模块并结合气动技术的简易机械手控制示例。其结构原理如图 8-43 所示。机械抓手由抓手和夹紧气缸组成，可以在手臂上进行 X 轴方向上的左右移动。手臂在手臂升降电动机驱动下可以在滑柱上进行升降移动。滑柱在 Y 轴电动机驱动下可以进行 Y 轴方向上的前后移动。

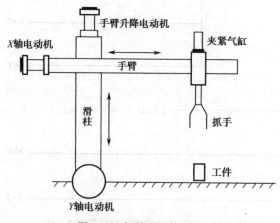

图 8-43 机械手结构原理

机械手的工作过程是：当工件在 A 点被检测到时，机械抓手通过 X 轴和 Y 轴方向上的定位指令运行到 A 点，手臂下降，机械抓手抓住工件并夹紧，手臂上升，根据定位指令运行到 B 点，到 B 点后手臂下降，机械抓手夹紧松开并放下工件，然后手臂上升，等待下一次工件检测信号。重复进行上述工作过程。

控制要求如下。

（1）机械手能进行回原点操作，能进行手动操作，工作时能运行至指定位置 A 点，并从 A 点抓取工件移动到指定位置 B 点，在 B 点放下工件后等待下一次操作指令，如此循环操作，直到抓取达到指定的件数后停止。

（2）设置启动、停止后的复位操作，设置手动正/反转操作。

（3）要求能在触摸屏上进行以下操作。

① 输入 A 点和 B 点的绝对地址坐标。

② 执行启动、停止和复位操作。

③ 执行手动正、反转操作。

④ 输入抓取工件的设定件数，并能显示当前已抓取工件的件数。

2. I/O 端口分配与 PLC 软元件设置

双轴定位机械手控制由 PLC+两个 1PG 定位模块组成，PLC 通过程序控制两个 1PG 的定位运行，完成机械手的抓取和搬运操作。控制程序梯形图如图 8-44 所示。编者对梯形图做了比较详细的注释，这里不再进一步说明。为帮助读者方便阅读和理解程序，把程序中相关的 PLC I/O 端口分配和 PLC 内部软元件设置及触摸屏对象与 PLC 软元件设置列成表 8-32、表 8-33 和表 8-34，供读者在阅读程序时参考。

1PG 的初始化设定字（BFM#3）设置为 H2132，其相应的初始化设置见表 8-35。

表 8-32 PLC I/O 端口分配

输 入 端 口	功 能 含 义	输 入 端 口	功 能 含 义	输 出 端 口	功 能 含 义
X0	启动	X10	Y 轴后限位	Y20	运行指示灯（绿）
X1	停止	X11	Y 轴 DOG 开关	Y21	停止指示灯（红）
X2	复位	X12	Y 轴前限位	Y22	手臂升降
X3	X-Y 轴选择	X13	X 轴左限位	Y23	抓手
X4	手动正转	X14	X 轴 DOG 开关	Y24	工件夹紧
X5	手动反转	X15	X 轴右限位		
X6	手臂下限位	X20	工件检测		
X7	手臂上限位				

表 8-33 PLC 内部软元件设置

X 轴	Y 轴	功 能 含 义	D	数 据 含 义
M1	M101	STOP 信号	(D1、D0)	X 轴当前位置值
M2	M102	正向脉冲输出停止	(D3、D2)	Y 轴当前位置值
M3	M103	反向脉冲输出停止	(D11、D10)	X 轴绝对地址值

续表

X 轴	Y 轴	功 能 含 义	D	数 据 含 义
M4	M104	手动正转（JOG+）	（D21、D20）	Y轴绝对地址值
M5	M105	手动反转（JOG-）		
M6	M106	原点回归启动		
M7	M107	定位坐标选择		
M8	M108	单速运行启动		
M58	M158	定位控制结束		
M200		运行中继		
M201		复位中继		
M205		定位中继		

表 8-34 触摸屏对象与 PLC 软元件设置

PLC 软元件	触摸屏对象	PLC 软元件	触摸屏对象
M250	Y轴手动正转	（D31、D30）	A 点 X 轴绝对地址值
M251	Y轴手动反转	（D41、D40）	A 点 Y 轴绝对地址值
M252	X轴手动正转	（D51、D50）	B 点 X 轴绝对地址值
M253	X轴手动反转	（D61、D60）	B 点 Y 轴绝对地址值
M260	停止	D100	已抓取件数
M261	复位	D102	设定件数
M262	启动		

表 8-35 初始化设定字（#3）的参数设置（H2132）

Bit 位	名 称	设 置	功 能 含 义
b1,b0	速度/位置单位设置	10	混合单位制
b3,b2	—	00	—
b5,b4	位置数据倍率设置	11	×1000
b7,b6	—	00	—
b8	脉冲输出方式	1	脉冲（FP）+方向（RP）输出
b9	旋转方向	0	正转时，当前位置值 CP（#27，#26）增加
b10	原点位置方向	0	返回原点时，当前位置值 CP（#27，#26）减小
b11	—	0	—
b12	DOG 信号输入极性	0	DOG 信号为 1 时有效
b13	原点偏移计数起点	1	DOG 信号放开后开始计数
b14	STOP 信号极性	0	为"1"时停止运行
b15	STOP 停止模式	0	停止后再启动继续

X轴初始化

```
        M8002
0  ┤├┬──────────────────┤ TO    K0    K0    K400    K1  ]─
       │
       ├──────────────────┤ DTO   K0    K1    K6000   K1  ]─
       │
       ├──────────────────┤ TO    K0    K3    H2132   K1  ]─
       │
       ├──────────────────┤ DTO   K0    K4    K2500   K1  ]─
       │
       ├──────────────────┤ TO    K0    K6    K300    K1  ]─
       │
       ├──────────────────┤ DTO   K0    K7    K1500   K1  ]─
       │
       ├──────────────────┤ DTO   K0    K9    K1500   K1  ]─
       │
       ├──────────────────┤ TO    K0    K11   K500    K1  ]─
       │
       ├──────────────────┤ TO    K0    K12   K0      K1  ]─
       │
       ├──────────────────┤ DTO   K0    K13   K0      K1  ]─
       │
       └──────────────────┤ TO    K0    K15   K500    K1  ]─
```

Y轴初始化

```
         M8002
140 ┤├┬──────────────────┤ TO    K1    K0    K400    K1  ]─
        │
        ├──────────────────┤ DTO   K1    K1    K5000   K1  ]─
        │
        ├──────────────────┤ TO    K1    K3    H2132   K1  ]─
        │
        ├──────────────────┤ DTO   K1    K4    K2500   K1  ]─
        │
        ├──────────────────┤ TO    K1    K6    K300    K1  ]─
        │
        ├──────────────────┤ DTO   K1    K7    K1500   K1  ]─
        │
        ├──────────────────┤ DTO   K1    K9    K1500   K1  ]─
        │
        ├──────────────────┤ TO    K1    K11   K500    K1  ]─
        │
        ├──────────────────┤ TO    K1    K12   K0      K1  ]─
        │
        └──────────────────┤ DTO   K1    K13   K0      K1  ]─
```

图 8-44 机械手程序梯形图

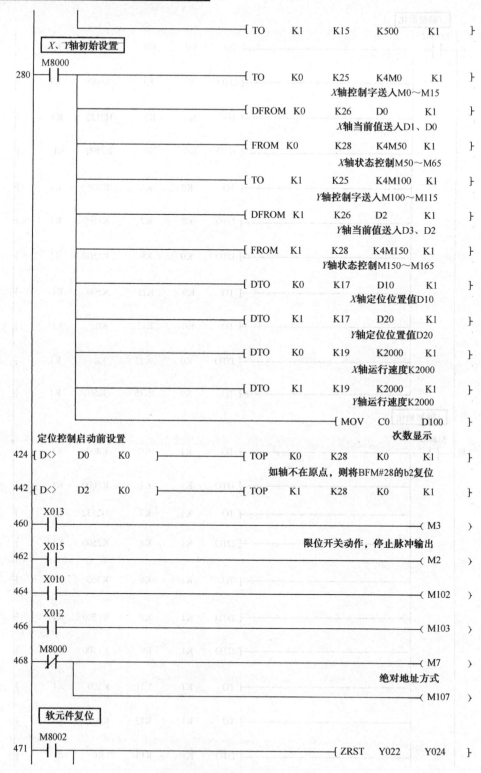

图 8-44 机械手程序梯形图（续）

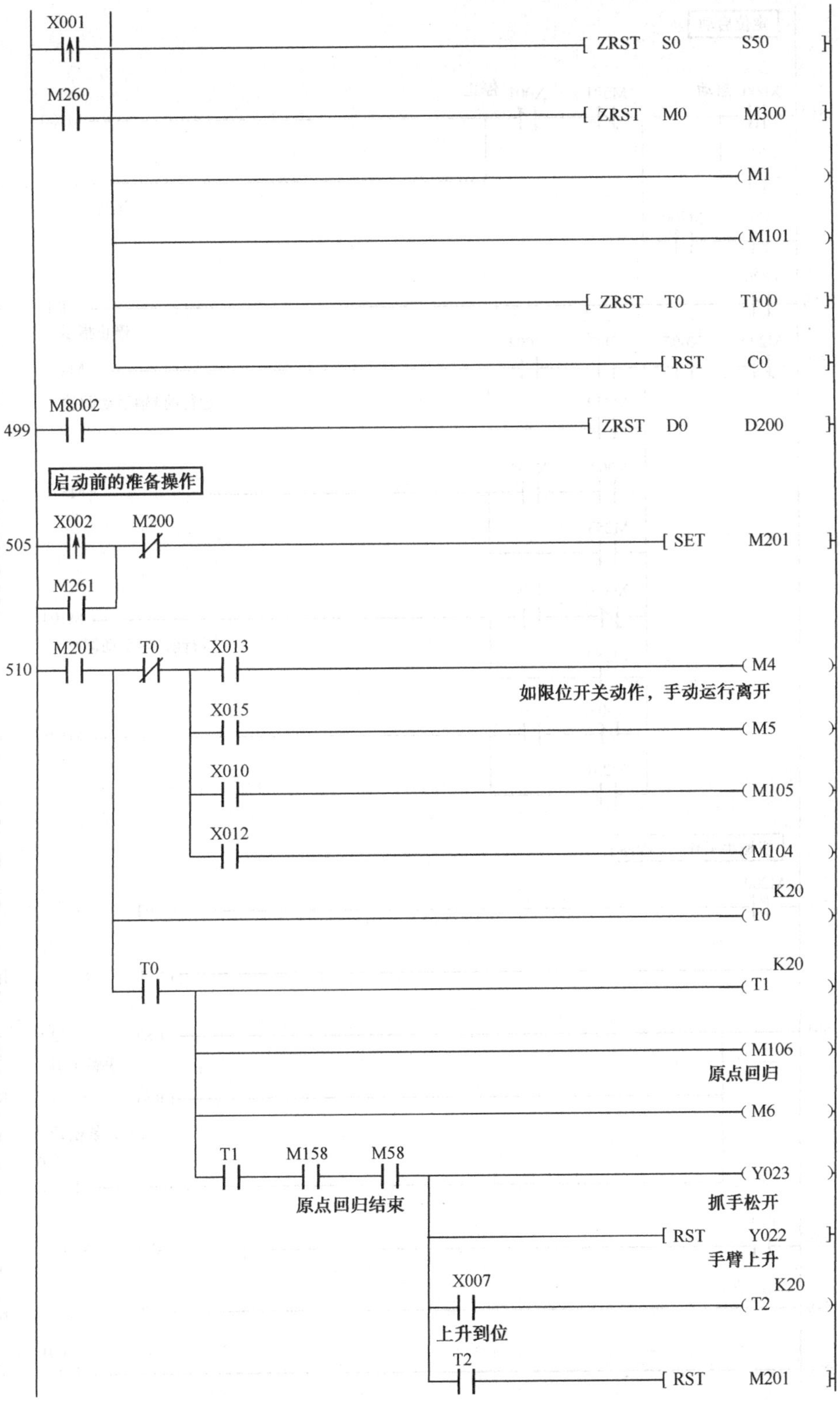

```
       X001
       ─┤↑├──────────────────────────────────────────────[ ZRST   S0      S50 ]─

       M260
       ─┤ ├──────────────────────────────────────────────[ ZRST   M0      M300 ]─

                ┌─────────────────────────────────────────────────────────( M1 )─

                ├─────────────────────────────────────────────────────────( M101 )─

                ├───────────────────────────────────────[ ZRST   T0      T100 ]─

                └────────────────────────────────────────────[ RST    C0 ]─

       M8002
 499   ─┤ ├──────────────────────────────────────────────[ ZRST   D0      D200 ]─
```

┌─────────────────────┐
│ 启动前的准备操作 │
└─────────────────────┘

```
       X002    M200
 505   ─┤ ├────┤/├────────────────────────────────────────────[ SET    M201 ]─
       M261
       ─┤ ├─┘

       M201    T0     X013
 510   ─┤ ├────┤/├────┤ ├───────────────────────────────────────────( M4 )─
                       │                      如限位开关动作，手动运行离开
                       │       X015
                       ├───────┤ ├───────────────────────────────────( M5 )─
                       │       X010
                       ├───────┤ ├───────────────────────────────────( M105 )─
                       │       X012
                       └───────┤ ├───────────────────────────────────( M104 )─
                                                                        K20
                ┌─────────────────────────────────────────────────────( T0 )─
                │       T0                                               K20
                └───────┤ ├─┬─────────────────────────────────────────( T1 )─
                            │
                            ├───────────────────────────────────────( M106 )─
                            │                                       原点回归
                            ├───────────────────────────────────────( M6 )─
                            │
                            │   T1     M158    M58
                            └───┤ ├────┤ ├────┤ ├─┬─────────────────( Y023 )─
                                  原点回归结束              │            抓手松开
                                                        ├───────[ RST    Y022 ]─
                                                        │            手臂上升
                                                        │   X007            K20
                                                        ├───┤ ├───────────( T2 )─
                                                        │  上升到位
                                                        │   T2
                                                        └───┤ ├───────[ RST    M201 ]─
```

图 8-44 机械手程序梯形图（续）

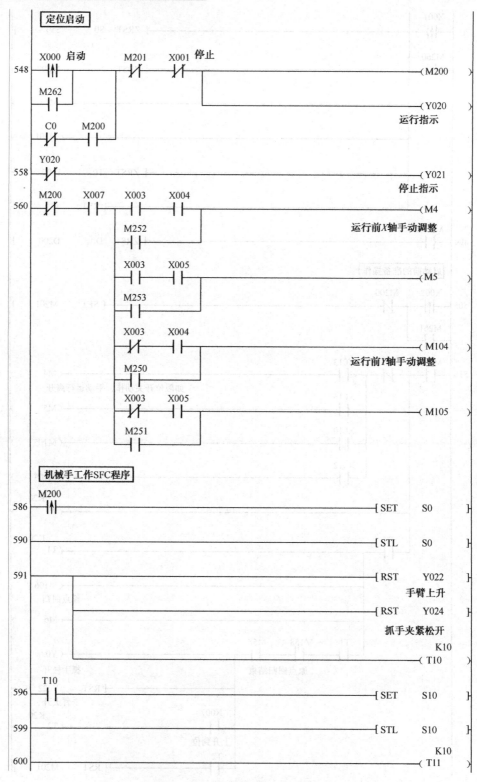

图 8-44 机械手程序梯形图（续）

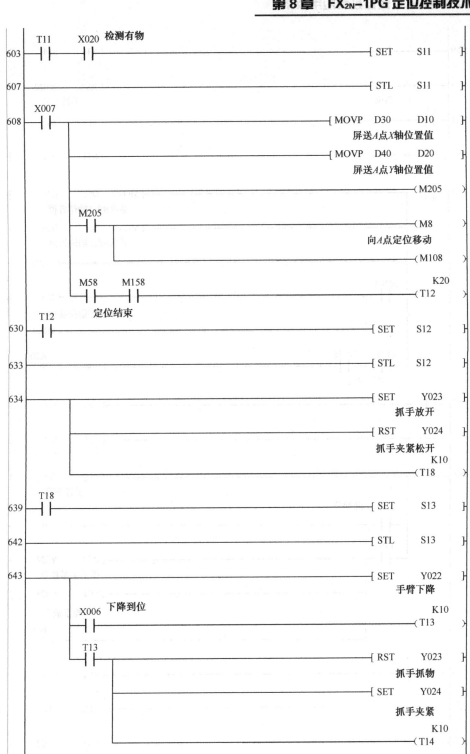

图 8-44　机械手程序梯形图（续）

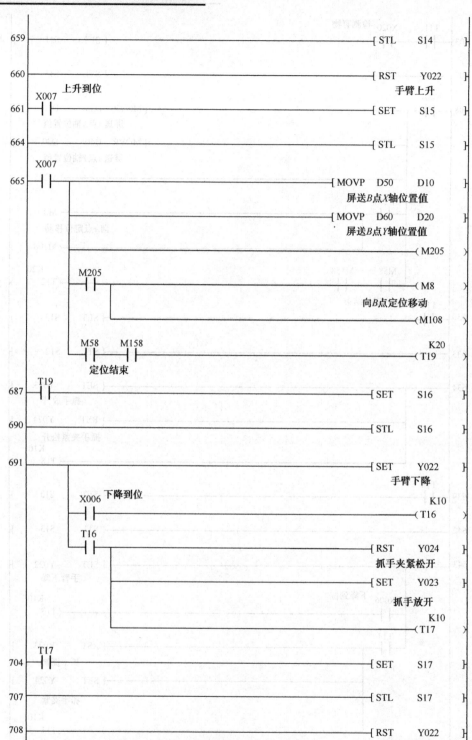

图 8-44　机械手程序梯形图（续）

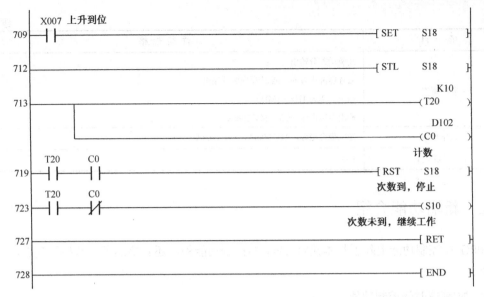

图 8-44　机械手程序梯形图（续）

8.5　FX₂ₙ-10PG 定位模块介绍

8.5.1　性能简介

三菱电机在 FX₂ₙ-1PG 的基础上又开发了 FX₂ₙ-10PG 定位模块，相比 1PG，10PG 虽然也同样用于单轴定位控制，但其处理速度更快，定位控制范围更大，缓冲存储器 BFM 更多，控制功能也更强。

10PG 的主要技术性能见表 8-36。

表 8-36　10PG 的主要技术性能

项　　目	性　能　规　格
控制轴数	1 轴（FX₂ₙ PLC 最多可接 8 个 10PG）
速度指令	由缓冲存储器设定运行速度 速度范围为 1Hz～1MHz 速度单位有 Hz，cm/min，inch/min 和 10deg/min
位置指令	由缓冲存储器来设定移动距离 位置范围为 −2 147 483 648～2 147 483 648 位置单位有 PLS，mm,mdeg 和 0.0001 英寸 可选相对定位或绝对定位 设置倍率有 ×1，×10，×100，×1000

项　目	性　能　规　格
脉冲输出	线驱动差分输出
	可选脉冲＋方向，或正/反向脉冲输出
	输出频率为 1Hz～1MHz
	输出电压电流 DC5～24V/25mA
输出规格	光电耦合绝缘，24V/70mA，5V/120mA
占用 I/O 点数	8 点

8.5.2　新增功能介绍

10PG 在控制功能上除了基本兼容 1PG 的控制功能外，还新增加了一些控制功能，简单介绍如下。

1.　加/减速时间控制功能

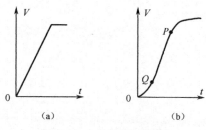

图 8-45　加/减速方式图示

1PG 的加/减速时间是同一时间，且加/减速方式为线性加/减速，如图 8-45（a）所示，而 10PG 的加/减速时间是分开设置的，加/减速方式也增加了 S 形加/减速，如图 8-45（b）所示。

S 形加/减速在减速的起始阶段（Q 点前）和终止阶段（P 点后）上升比较缓慢，中间部分（QP）仍呈线性加速，加速过程呈 S 形。对于运输皮带之类的控制对象，被输送物体的惯性往往会在启动过快或停止过急的情况下容易滑动或跌落。S 形方式可防止这种情况的发生。电梯从考虑乘客的舒适度出发，同样希望起始和停止前比较缓慢，不会对人的感觉产生冲击，采用 S 形方式就比较好。

2.　中断双速定位操作

1PG 的操作模式中有中断单速定位操作。10PG 在此基础上增加了中断双速操作模式，如图 8-46 所示。

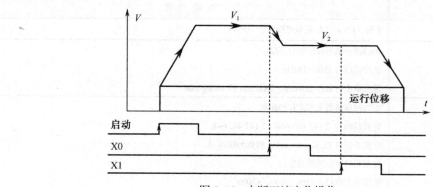

图 8-46　中断双速定位操作

中断双速定位操作启动后，工件以速度 V_1 运行，直到碰到中断信号 X0 后变速到速度 V_2 运行，当碰到第二个中断信号 X1 后开始进行定长计数运行，定长位移由参数给定。10PG 规定，双速中断定位操作的两个中断信号必须从 X0 和 X1 输入，且 X0 为第一中断信号，X1 为第二中断信号。

3. 中断停止定位操作

中断停止定位操作是对单速定位操作的一种补充。中断停止定位操作启动后，如果允许中间没有碰到中断信号，则以单速 V 向目标位置 1 运动，达到目标位置后停止运行。如果在运行中碰到中断信号 X0，则马上在当前位置停止运行。其运行操作时序如图 8-47 所示。

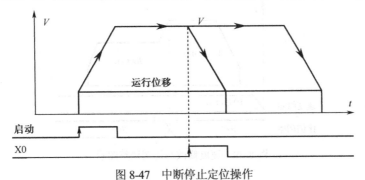

图 8-47　中断停止定位操作

4. 数据表格定位操作

数据表格定位操作类似于表格操作定位模式。10PG 在缓冲存储器中设置了一个定位数据表格存储器（#100～#1299），可设定 200 行的定位控制数据，每一行数据是一个定位控制操作，由相应的定位位置值、定位速度值、M 代码及运行控制参数组成。

M 代码用于定位以外的其他动作控制。运行时，10PG 会自动将当前行的 M 代码送入#29 中，并由 PLC 进行读取，进行相应的处理。

运行控制参数用来定义数据表格定位的运行方式，有单步运行、连续运行（多速度操作）、位置到速度运行、结束运行和跳转运行等方式可供选择。

5. 电子手轮定位操作

电子手轮又叫手动脉冲发生器、手脉等，常用于数控机床、印刷机械等设备上。其内部实际上是一个增量式编码器，当手轮转动时，编码器产生与手轮运动相对应的脉冲信号，一般电子手轮产生的脉冲信号为双输入 A-B 相脉冲及 Z 相脉冲信号。

10PG 的输入接口设计有 A₊、A₋、B₊、B₋四个输入端口，可以与差分驱动输出或 NPN 集电极开路输出的电子手轮相连，接收电子手轮输出的控制脉冲。10PG 的输出脉冲是电子手轮脉冲经过内部电子齿轮比参数的处理得到的。如图 8-48 所示。

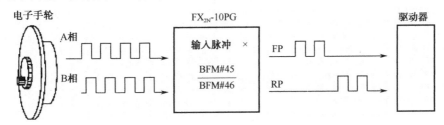

图 8-48　电子手轮定位操作

6. 速度修改与比例调整功能

10PG 针对运行速度 1、运行速度 2、手动（JG）速度、原点回归速度和爬行速度专门设置了一个状态标志位（#26 的 b10 位），当位状态标志#26 的 b10=0 时可以在运行过程中对上述速度进行调整。调整的方法既可改变速度缓冲存储器 BFM 的存储值，也可以通过专设的速度比例调整参数（#21）进行。速度比例调整参数设置的是一个百分比，当该参数设置后，上述速度即按原来的 BFM 所给定的速度进行比例调整，如图 8-49 所示。

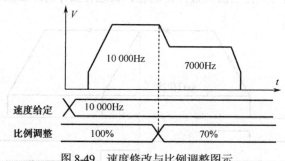

图 8-49 速度修改与比例调整图示

第 9 章　FX_{2N}-20GM 的组成与连接

学习指导：从这章开始将进入对三菱定位控制单元 FX_{2N}-20GM 的学习。20GM 定位单元的学习共分为 4 章。本章主要介绍 20GM 定位单元的硬件知识，这些知识包括产品结构组成、性能规格和与外部设备的连接，最后简单介绍 20GM 定位单元的故障及其诊断。

9.1　产品结构的组成

9.1.1　简介

三菱关于定位控制用的特殊功能模块有 FX_{2N}-1PG、FX_{2N}-10PG、FX_{2N}-10GM、FX_{2N}-20GM、FX_{3U}-20SSC、FX_{2N}-1RM-SET 和 FX_{3U}-2HSY-ADP 等，它们在第 2 章均有过简单介绍，其中 FX_{2N}-1PG 在第 8 章做了详尽讲解，这里先对 FX_{2N}-20GM 定位控制单元（下称 20GM）给出简单介绍。

20GM 定位单元是一个自身带有电源、CPU、存储器、各种 I/O 接口、各种内部软元件等基本硬件与软件的智能模块。其实质上是带有双轴位置控制功能的特殊 PLC。它与 FX_{2N}-1PG 定位模块的最大区别在于它可以像 1PG 一样作为 FX PLC 的特殊功能模块使用，而且还可以自身作为独立的定位控制单元使用。

20GM 定位单元具有独立的 cod 语言指令系统（包括基本逻辑控制指令、顺控指令和 cod 定位控制指令）、编程软元件（I/O 继电器，辅助继电器 M，数据寄存器 D 和变址寄存器 V、Z）、通用机专用的 I/O 接口，可以进行独立编程，独立运行控制。

20GM 定位单元也可以作为 FX PLC 的特殊功能模块与 PLC 相连，利用 PLC 的 FROM/TO 读/写指令，通过 20GM 的缓冲存储器 BFM#对 20GM 进行读/写操作。写入各种控制命令、读出各种状态信息和完成对连接在 PLC 上的外部设备操作。

在定位控制功能上，20GM 具有独立 2 轴和同步 2 轴两种控制模式，可进行快速定位、中断定位、变速定位、原点回归、直线插补和圆弧插补等多种定位操作。

20GM 的程序编制有文本文件和图形文件两种形式，可以通过专有的图形定位控制软件 FX-VPS 进行编辑和输入。通过 VPS 的监控窗口，还可以做出由定位单元所控制的各种装置及设备的状态信息、当前位置、运动图形和正在执行的程序信息等。

9.1.2 FX₂ₙ–20GM 的产品结构组成

1. 外形尺寸与安装

20GM 外形尺寸为 86mm×90mm×74mm，如图 9-1 所示，质量为 0.4kg，底部有安装槽，可以安装在 5mm 宽的 DIN 导轨上。

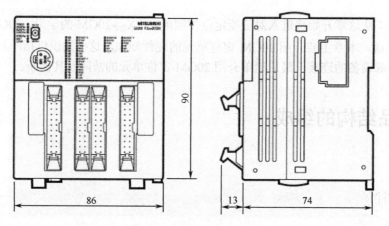

图 9-1　20GM 外形尺寸图

2. 组成

一个完整的 20GM 定位单元除了 20GM 主机外，还包括电源线（FX₂ₙ-100MPCB）一根，用于给定位单元供 24V 电源，与 FX 系列 PLC 的连接电缆（FX₂ₙ-GM-5EC）一根，当定位单元连接到 PLC 主机右侧作为特殊模块使用时需要此连接电缆。

20GM 主机的各部分名称如图 9-2 所示，其相应说明见表 9-1。

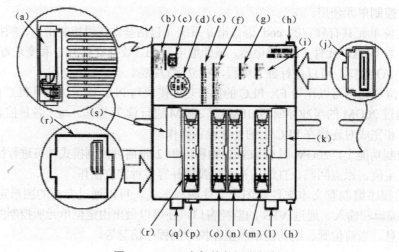

图 9-2　20GM 主机的各部分名称图

表 9-1　20GM 主机的各部分名称说明

编　号	名　称	编　号	名　称
(a)	电池	(k)	PLC 扩展模块连接器
(b)	运行指示 LED	(l)	用于 DIN 轨道安装的挂钩
(c)	手动/自动开关	(m)	Y 轴电动机驱动器的连接器：CON4
(d)	编程工具连接器	(n)	X 轴电动机驱动器的连接器：CON3
(e)	通用 I/O 显示	(o)	输入设备连接器：CON2
(f)	输入/输出显示	(p)	电源连接器
(g)	X 轴状态显示	(q)	通用 I/O 连接器：CON1
(h)	锁定到 FX₂ₙ-20GM 的固定扩展模块	(r)	存储板连接器
(i)	Y 轴状态显示	(s)	PLC 连接器
(j)	FX₂ₙ-20GM 扩展模块连接器		

3．手动/自动选择与状态指示

1）手动/自动选择

手动/自动操作开关与状态显示在左上角，如图 9-3 所示。

手动/自动操作开关为 20GM 的操作模式选择，类似于 FX PLC 的 STOP/RUN 选择开关。当需要读/写程序或设定参数时，必须选择手动（MANU）模式，此时定位程序和子任务程序均停止运行，而在自动（AUTO）模式下，则运行定位程序和子任务程序。

在自动模式下，开关由自动切换到手动时会保持正在执行的定位操作，然后等待指令执行结束后才转入手动模式。

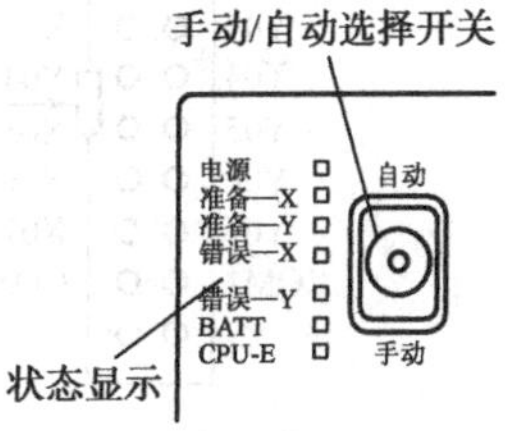

图 9-3　手动/自动选择与状态指示

2）状态指示

20GM 的显示有 3 种，一种是定位单元本身的状态显示，一种是通用 I/O 端口和专用 I/O 端口显示，还有一种是 X 轴和 Y 轴的运行状态显示。

在手动/自动选择开关的右侧是定位单元的状态显示，有 7 个 LED 指示灯，其对应的状态指示说明见表 9-2。根据 LED 指示灯的状态可以大致判断 20GM 定位单元的某些状态和错误指示。

表 9-2　状态指示说明

LED	FX₂ₙ-20GM
电源	当正常供电时发亮，如果供电时此 LED 灯熄灭，供电电压可能不正常或电源线路可能由于其他物体进入而不正常
准备-X	当 FX₂ₙ-20GM 的 X 轴准备接收各种操作命令时发亮，当进行 X 轴定位即脉冲正在输出时熄灭
准备-Y	当 FX₂ₙ-20GM 的 Y 轴准备接收各种操作命令时发亮，当进行 Y 轴定位即脉冲正在输出时熄灭
故障-X	当在 X 轴定位操作中存在错误时发亮或闪烁，用户可读出错误代码检查错误内容
故障-Y	当在 Y 轴定位操作中存在错误时发亮或闪烁，用户可读出错误代码检查错误内容

LED	FX$_{2N}$-20GM
电池（BATT）	如果在电池电压低时打开电源，此 LED 灯发亮
CPU-E	当发生监视计时器错误时发亮

4. 编程工具连接器

这个连接器为 20GM 的编程口，当 20GM 连接编程工具（E-20TP-E）或计算机进行程序读/写或参数设置时用该口通过编程电缆与计算机或编程工具连接。

编程口的通信接口标准为 RS-422。

5. CON1～CON4 连接器与显示

20GM 上有 4 个接线连接端口，分别为 CON1、CON2、CON3、CON4。其中 CON1 为 20GM 的通用 I/O 接口，用于外接 20GM 自带的 8 个输入信号和 8 个输出信号，CON2 为 20GM 的专用 I/O 接口，用于外接 20GM 的专用定位控制信号接口。CON3、CON4 是用于与伺服/步进驱动器相连接控制 *X* 轴/*Y* 轴的输入/输出信号接口，如图 9-4 所示。

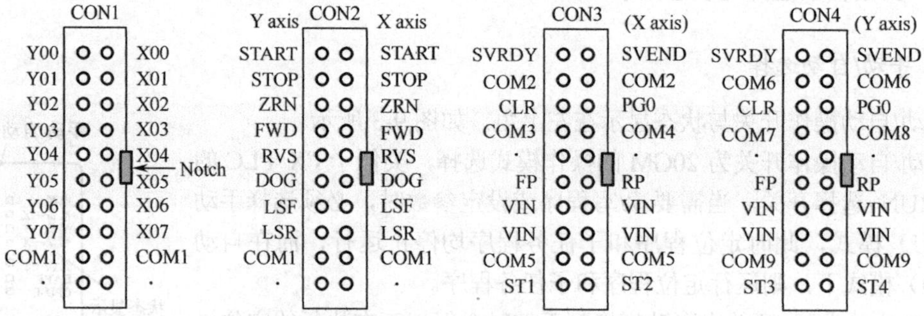

图 9-4　CON1～CON4 连接器

在图中相同名称的端子内部是相通的，如（COM1-COM1，VIN-VIN 等）。"·"为空端子，不用接线。

CON1、CON2、CON3、CON4 均为针孔式的接线方法，在接到外部信号时要通过连接器接线到外部信号，或是购买三菱的连接电缆，如 FX-16E-500CAB-S 一端带有连接器可以插到模块的接口上，另一端没有带有接头，是散线，可以用来外接外部信号，型号中 500 代表长度，可以根据需要选择，也可以选用连接电缆与接线端子台，将模块上的信号引入到端子台上，然后在端子台上进行接线。连接端子台的电缆两端都有接头，一端接到模块，另一端接到端子台上，电缆型号见表 9-3。端子台型号有 FX-16E-TB、FX-32E-TB 等。FX-16E-TB 带有一个接头，为 16 点端子台，连接一个连接电缆，FX-32E-TB 带有两个接头，为 32 点端子台，可以连接两条连接电缆。图 9-5 为 FX-32E-TB 端子台外形图。

表 9-3　端子台电缆

连接电缆型号	长　度	说　　明
FX-16E-150CAB	1.5m	扁平电缆，两端安装 20 针接头
FX-16E-300CAB	3m	
FX-16E-500CAB	5m	

续表

连接电缆型号	长　度	说　明
FX-16E-150CAB-R	1.5m	圆形多芯电缆，两端安装 20 针连接头
FX-16E-300CAB-R	3m	
FX-16E-500CAB-R	5m	

6. 扩展模块的连接

当 20GM 单独使用时，20GM 本身除了可以控制
两个轴伺服外还带有 8 点输入和 8 点输出，用来连接
外部的通用输入/输出信号。如果自带的 I/O 点不够使
用，还可以扩展 I/O 到 64 点（扩展 48 个点）。20GM
本身没有专用的扩展模块，一般利用 FX₂ₙc 的 I/O 扩
展模块进行扩展（其接口与 20GM 匹配）。如图 9-6 所
示为 20GM 定位单元与三个扩展模块 FX₂ₙc-16EXT 或
FX₂ₙc-16EYR-T 的示意图。扩展模块只能使用晶体管输
出型的。

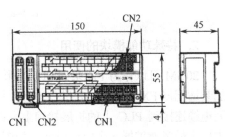

图 9-5　FX-32E-TB 端子台外形图

图 9-7 为连接示意图。从 20GM 右侧移去扩展连接器盖板，拉起挂钩，把扩展模块上的卡
爪塞进 20GM 上的装配孔中进行连接，然后拉下挂钩以固定扩展模块，连接多个扩展模块以同
样的方式进行。

如果要扩展 FX₂ₙ 的 I/O 扩展模块，则需要加接一个转换适配器 FX₂ₙc-CNV-1F。适用的扩
展模块有 FX₂ₙ-16EX，FX₂ₙ-16EYT 等。

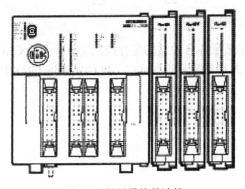

图 9-6　扩展模块的连接

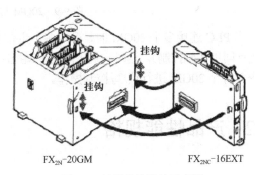

图 9-7　扩展模块连接示意图

9.1.3　20GM 控制系统配置

1. 单独使用

20GM 单独作为定位控制器使用时通过驱动器可以带动两个定位装置运动。根据控制要求
可设定为独立 2 轴模式或同步 2 轴模式。其系统配置如图 9-8 所示。

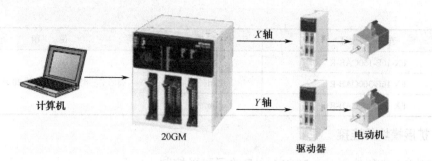

图 9-8　20GM 单独使用系统配置图

2. 特殊功能模块的使用

20GM 可以作为 FX 系列 PLC 的特殊功能模块使用，当扩展到 FX_{2NC} 系列 PLC 右侧时，要加装适配器 FX_{2NC}-CNV-IF 进行连接，扩展到 FX_{2N} 系列 PLC 时可以直接连接，用 20GM 上的扩展电缆连接到 PLC 上的扩展接口上，或是连接到 PLC 右边扩展模块的扩展接口上。一个 PLC 主机上最多能扩展 8 个定位单元，如图 9-9 所示。

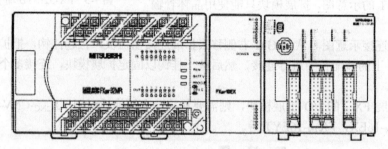

图 9-9　20GM 与 PLC 的使用连接

当 PLC 连接多个 20GM 时，可对多个定位装置进行各自独立的运行控制（每一个 20GM 可以进行同步 2 轴控制），这时它们之间的协调控制由 PLC 编制梯形图完成。PLC 则通过 FROM/TO 指令对各个 20GM 进行读/写控制操作。

9.2　产品性能规格

9.2.1　电源规格

电源规格见表 9-4。

表 9-4　电源规格

项　目	FX_{2N}-20GM
电源	24V DC，−15%～+10%
容许电源失效时间	如果瞬时电源故障时间为 5ms 或更短，运行将继续

项　　目	FX₂N-20GM
电力消耗	10W
熔断器	125V AC，1A

9.2.2　主要规格

主要规格见表 9-5。

表 9-5　主　要　规　格

项　　目	内　　容
环境温度	0～55°（运行），−20°～+70°（存储）
环境湿度	35%～85%，无冷凝运行，35%～90%（存储）
抗振性	10～57Hz：0.035mm 幅度的一半。57～150Hz：4.9m/s² 加速
抗冲击性	147m/s² 加速，作用时间为 11ms，X，Y，Z 方向各 3 次
抗噪性	1000V$_{p-p}$，1μs。30～100Hz，用噪声模拟器测试
绝缘承载电压	500AC，大于 1min，在所有点、端子和地之间测试
绝缘电阻	5MΩ，大于 500DC，在所有点、端子和地之间测试
接地	3 级（100Ω 或更小）
大气条件	无腐蚀性气体，灰尘为最少

9.2.3　性能规格

性能规格见表 9-6。

表 9-6　FX₂N-20GM 性能规格

项　　目	FX₂N-20GM
控制轴数	2 轴
插补	有，两轴直线插补或是圆弧插补
运行状态	既可以作为 PLC 的特殊单元扩展用，也可以单独使用（可以扩展输入/输出）
程序内存	内置 7.8KB RAM（电池保持）
内存掉电保持	标配 FX₂NC-32BL 型电池
定位单位	指令单位 0.001、0.01、0.1mm/deg/0.1inch 或 1、10、100、1000PLS
累计地址	±2，147，483，647 个脉冲
指令速度	最大 200kHz，153，000cm/min（200kHz 以下），执行插补时最大 100kHz，自动梯形加/减速
原点回归	手动或自动的 DOG 式机械原点回归（有 DOG 搜索功能），通过设置电气原点可以进行电气原点回归
绝对位置检测	通过带 ABS 检测功能的伺服可以进行绝对位置检测、读取

项　目	FX₂ɴ-20GM
控制输入	操作系统：MANU、FWD、RVS、ZRN、START、STOP、手脉、步进运行输入 机械系统：DOG、LSF、LSR、中断 4 点 伺服系统：SVRDY、SVEND、PG0 通用输入：主机 X0～X7，扩展 X10～X67（八进制编号）
控制输出	伺服系统：FP、RP、CLR 通用输出：主机 Y0～Y7，扩展 Y10～Y67（八进制编号）
控制方式	通过专用编程工具向定位单元写入程序，执行定位控制
程序编号	O00～O99 同时两轴，OX00～OX99，OY00～OY99 独立两轴，O100 子任务程序
定位指令	Cod 编号方式 19 种
顺控指令	LD、LDI、AND、ANDI、OR、ORI、ANB、ORB、SET、RST、NOP 共 11 种
应用指令	FNC 编号方式 19 种
参数	系统设定 12 种，定位用 27 种，输入/输出控制用 19 种
M 代码	m00 程序停止（WAIT），m02（END）结束程序，m01、m03～m99 可以任意使用，子任务使用 m100（WAIT）、m102（END）
软元件	输入：X0～X67、X375～X377 输出：Y0～Y67 辅助继电器：M0～M99（通用），M100～M511（通用锁定）、M9000～M9175（特殊） 指针：P0～P127 数据寄存器：D0～D99（通用），D100～D3999（通用锁定），D4000～D6999（文件寄存器、锁存寄存器），D9000～D9313（特殊） 变址：V0～V7（16 位用），Z0～Z7（32 位用）
占用点数	当扩展到 PLC 后使用时，占用 PLC 的输入或是输出 8 点
与 PLC 通信	采用 FROM/TO 指令通过缓冲区执行
驱动电源	DC24V+10%～15% 5W
适用的 PLC	FX₁ɴ、FX₂ɴ、FX₃ᴜ、FX₂ɴᴄ（需要 FX₂ɴᴄ-CNV-IF）、FX₃ᴜᴄ（需要 FX₂ɴᴄ-CNV-IF 或是 FX₃ᴜᴄ-1PS-5C）

9.2.4　输入规格

输入规格见表 9-7。

表 9-7　输入规格

项　目		通用输入端口	伺服端口
输入信号名称	组 1	START，STOP，ZRN，FWD，RYS，LSF，LSR	SVRDY，SVEND
	组 2	DOG	PG0
	组 3	通用输入：X0～X7 中断输入：X0～X3	—
	组 4	手动脉冲发生器 中断输入：X0～X7	—

项　目		通用输入端口	伺服端口
电路绝缘		通过光耦合器	通过光耦合器
运行指示		当输入为 ON 时，LED 灯亮	当输入为 ON 时，LED 灯亮
信号电压		24V DC±10%	5～24V DC±10%
输入电流		7mA/24V DC	7mA/24V DC
输入 ON 电流		4.5mA 或更小	0.7mA 或更大
输入 OFF 电流		1.5mA 或更小	0.3mA 或更小
信号格式		无源接点或 NPN 集电极开路输入	
响应时间	组 1	大约 3ms	大约 3ms
	组 2	大约 0.5ms	大约 50μs
	组 3	大约 3ms	—
	组 4	大约 2kHz	—
I/O 同时转为 ON 比例		50%或更少	

说明：[1] 在使用步进电动机的情况下，短接 ST1/ST3 和 ST2/ST4 端子，电阻为 3.3kΩ或 1kΩ。

[2] 定位单元根据参数和程序自动地调整目标，并自动改变滤波器常数，手动脉冲发生器的最大响应频率为 2kHz。

9.2.5　输出规格

输出规格见表 9-8。

表9-8　输　出　规　格

项　目	通　用　输　出	驱　动　输　出
信号名称	Y0～Y7	FP，RP，CLR
电路绝缘	通过光耦合器	
运行指示	输出是 ON 时，LED 亮	
外部电源	5～24V DC±10%	
负载电流	50mA 或更小	20mA 或更小
开路漏电流	0.1mA/24V DC	
输出 ON 电压	最大 0.5V（CLR 最大为 1.5V）	
响应时间	对于 OFF→ON 和 ON→OFF 来说，最大都为 0.2ms	脉冲输出 FP、RP 最大 200kHz，CLR 信号的脉冲输出宽度约为 20ms
I/O 同时转为 ON 的比率	50%或更少	

输出脉冲波形以以下形式的脉冲波形输出到驱动单元。用户可以不用参数来设置脉冲输出波形，脉冲输出波形根据实际频率自动变换。

（1）在插补指令驱动情况下（FX₂ₙ-20GM）。

当发出一个同步 2 轴驱动命令（cod02/03/01/31）时，运行频率为 1Hz～100kHz 时得到如图 9-10 所示的波形。

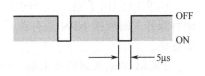

图 9-10　插补指令驱动输出脉冲波形

（2）在其他指令驱动情况下，运行频率为 200～101kHz 时，ON 周期规定为 2.5μs。因此，在 200kHz 时，ON 周期变得与 OFF 周期相等。

运行频率为 100kHz～1Hz 时，占空比为 50%。

9.3 连接

9.3.1 电源接线

当 20GM 单独使用时，需外接 DC24V 电源，如有扩展模块，扩展模块可以与 20GM 共用 DC24V 直流电源。如图 9-11 所示。

20GM 有专用的电源连接端子，当 20GM 作为 PLC 的特殊功能模块使用时，20GM 及其扩展模块仍然需要单独的 DC24V 电源供电，如图 9-12 所示。

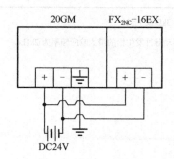

图 9-11　20GM 单独使用时的电源接线

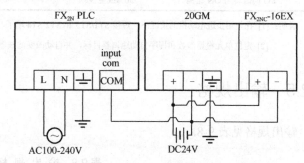

图 9-12　20GM 特殊功能模块使用时的电源接线

9.3.2 输入/输出端口的信号接线

20GM 的 I/O 端口分为两种：通用 I/O 端口和专用的输入端口。它们的内部电路是一样的，仅是用途不同而已。通用 I/O 端口和 PLC 的输入/输出端口一样，共 16 个，输入 8 个，编号从 X0～X7，输出 8 个，编号从 Y0～Y7。专用输入端口相当于特殊功能键，输入一个信号完成一个控制功能。

输入/输出端口的信号状态由相应的 LED 指示灯表示，在 20GM 的上方近编程口处，如图 9-2 所示。

1. 20GM 的通用输入端口信号接线

图 9-13 给出了输入端子的内部电路图，图中表明输入电路为电流输出型（漏型）电路。外接有源开关时应接 NPN 型有源开关。当输入端开关闭合时，输入信号为 ON，同时相对应的指示灯亮。

20GM 的输入端口要求输入电流为 DC24V，7mA，但为了更可靠地打开定位单位，输入电流应不小于 4.5mA，为了更可靠地关闭定位单元，输入电流不大于 1.5mA。使用时必须注意。

表 9-9 表示了各个输入端子在 CON1 连接器的针脚号及端子的功能应用。

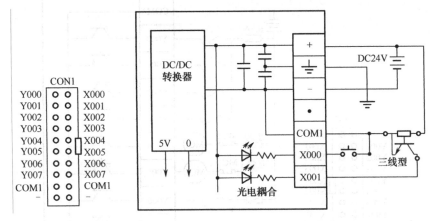

图 9-13　输入端子的端口针脚号与内部电路图

表 9-9　CON1 连接器的针脚号及端子的功能应用

连　接　器	针　脚　号	缩　写	功能/应用
CON1	1	Y0	通用输出 通过参数，这些针脚可分配到数字开关数字变换的输出，准备信号，m 代码，绝对位置（ABS）检测控制信号等
	2	Y1	
	3	Y2	
	4	Y3	
	5	Y4	
	6	Y5	
	7	Y6	
	8	Y7	
	9、19	COM1	公共端子
	11	X0	通用输入 通过参数，这些针脚可以分配各数字开关的输入、m 代码 OFF 命令、手动脉冲发生器、绝对位置（ABS）检测数据、步进模式等。 当一个参数设置的 STEP 输入打开时就选择了步进模式，程序的执行根据开始命令的"OFF-ON"继续到下一行，直到当前命令结束步进操作才无效
	12	X1	
	13	X2	
	14	X3	
	15	X4	
	16	X5	
	17	X6	
	18	X7	

2. 20GM 的通用输出端口信号接线

输出端子内部电路图如图 9-14 所示，这是 NPN 晶体管型的输出电路。为驱动外部负载，必须外接 5～24V 直流稳压电源（一般以 24V 为好）。电源的负极必须接输出端的公共端 COM1，不能接错。

当通用输出信号有输出时，在模块内部对应的 Y 端子和 COM1 端子间导通，并且对应的输出信号 LED 灯亮，用户可以在外部 Y 和 COM1 之间接入负载。输出电路中不提供熔断器，用户可以在应用中接入熔断器。

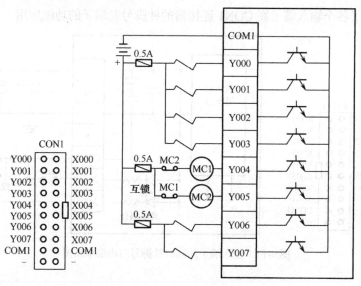

图 9-14　输出端子的端口针脚号与内部电路图

3. 20GM 的专用输入端口信号接线

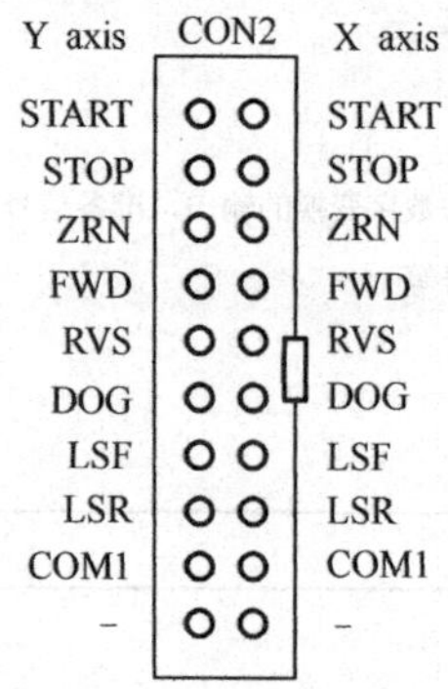

Y axis　CON2　X axis

START　　　START
STOP　　　STOP
ZRN　　　　ZRN
FWD　　　　FWD
RVS　　　　RVS
DOG　　　　DOG
LSF　　　　LSF
LSR　　　　LSR
COM1　　　COM1
—　　　　　—

图 9-15　专用输入端口针脚号

除了普通输入/输出端口信号接线外，**20GM** 定位单元还有 16 个专用输入端口（X 轴和 Y 轴各占 8 个），分别对 X 轴和 Y 轴进行端口操作。其内部电路和通用输入端口一样，专用输入端口位于连接器 CON2 上，如图 9-15 所示。操作功能见表 9-10。

专用输入端口的接线在 20GM 独立 2 轴模式下，其 START 和 STOP 端口的开关信号对 X 轴和 Y 轴来说是各自独立的，而在同步 2 轴模式下，START 和 STOP 信号必须同时与 X 轴和 Y 轴的相应端口相连。

如果在实际控制中不需要外部手动操作 ZRN、FWD 和 RVS，这三个端口可以通过参数设置变为通用输入端口，编号规定为 X372～X377。

表 9-10　CON2 连接器的针脚号及端子的功能应用

连　接　器	针　脚　号	缩　　写	功能/应用
CON2	1（Y） 11（X）	START	自动操作开始输入：在自动模式的准备状态（当脉冲输出时）下，当 START 信号从 ON 变为 OFF 时，开始命令被设置且运行开始，此信号被停止命令 m00 或 m02 复位
	2（Y） 12（X）	STOP	停止输入：当停止信号从 OFF 变为 ON 时，停止命令被设置且操作停止。STOP 信号优先级高于 START、FWD 和 RVS 信号，停止操作根据参数 23 的设置（0～7）不同而不同
	3（Y） 13（X）	ZRN	原点回归开始输入（手动）：当 ZRN 信号变为 ON 时，回归命令被设置，机械开始回原点。当原点回归结束或发出停止命令时，ZRN 信号被复位

连接器	针脚号	缩写	功能/应用
CON2	4（Y）	FWD	正向旋转输入（手动）：当 FWD 信号变为 ON 时，定位单元发出一个最小单位的向前脉冲。当 FWD 信号保持 ON 状态 0.1s 以上，定位单元发出持续的向前脉冲
	14（X）		
	5（Y）	RVS	反向旋转输入（手动）：当 RVS 信号变为 ON 时，定位单元发出一个最小单位的反向脉冲。当 RVS 信号保持 ON 状态 0.1s 以上，定位单元发出持续的反向脉冲
	15（X）		
	6（Y）	DOG	DOG（近点信号）输入
	16（X）		
	7（Y）	LSF	正向旋转行程结束
	17（X）		
	8（Y）	LSR	反向旋转行程结束
	18（X）		
	9、19	COM1	公共端子

4．20GM 的伺服端口信号接线

20GM 定位单位除了通用的输入/输出信号和专用输入信号外，还有和驱动器连接的相关信号。图 9-16 表示了各个信号端口的针脚号，其中 CON3 为 X 轴伺服端口，CON4 为 Y 轴伺服端口，如图 9-16 所示。所画电路图为 20GM 伺服输出信号（FP、RP、CLR）的内部电路原理图。20GM 的伺服输入信号（SVRDV、SVEND、PGO）的内部电路同通用输入端口电路。

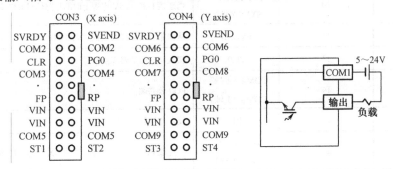

图 9-16　伺服端口信号针脚号与内部电路图

20GM 的伺服端口信号分为输入和输出两种，见表 9-11。简述如下。

（1）输入信号指 20GM 接收从驱动器发来的信号。

SVRDY：伺服开启，表示驱动器准备好了，处于可运行状态，20GM 接到此信号后才能执行定位控制运行。

SVEND：定位完毕，当驱动器在设定范围里完成定位操作后发出的信号，20GM 接到该信号后才能执行下一个指令操作。

PG0：零点信号，编码器的 Z 相信号，通过驱动器输出到 20GM，用于原点回归操作。

（2）输出信号为 20GM 发出的定位脉冲输出端口和清零信号。

FP：正向旋转脉冲输出。

RP：反向旋转脉冲输出。

CLR：清零信号，此信号输出到驱动器上用于清除驱动器内偏差计数器的滞留脉冲，使之为 0。

输出信号在 20GM 内部不带电源，必须外置 5～24V 电源（外接或取自驱动器内部电源），这时 VIN 为外置电源正极输入端口。

（3）ST1/ST3 和 ST2/ST4。这是 20GM 连接步进驱动器时，当 PR0 信号端连接到 5V 电源上时，必须将 ST1/ST3 和 ST2/ST4 短接的信号端口。

表 9-11　CON3、CON4 连接器的针脚号及端子的功能应用

CON3（X 轴）	CON4（Y 轴）	缩写	功能/应用
1	1	SVRDY	从伺服驱动器接收 READY 信号（这表明操作准备完毕）
2、12	2、12	COM2（X 轴） COM6（Y 轴）	SVRDY 和 SVEND 信号（X 轴）公共端
3	3	CLR	输出偏差计数器清除信号，接到伺服驱动器清零端（CR）
4	4	COM3	CLR 信号（X 轴）公共端
5、15	5、15	—	空端
6	6	FP	正向旋转脉冲输出
7、8、 17、18	7、8、 17、18	VIN	FP 和 RP 的电源输入
9、19	9、19	COM5	FP 和 RP 信号（X 轴）公共端
10	10	ST1（X 轴） ST3（Y 轴）	当连接 PG0 到 5V 电源上时的短路信号 ST1 和 ST3
11	11	SVEND	从伺服驱动器接收定位完成（INP）信号
13	13	PG0	接收伺服驱动器零点信号
14	14	COM4（X 轴） COM8（Y 轴）	PG0 公共端
16	16	RP	反向旋转脉冲输出
20	20	ST2（X 轴） ST4（Y 轴）	当连接 PG0 到 5V 电源上时的短路信号 ST2 和 ST4

9.3.3　20GM 与驱动器连接

1. 20GM 与 MR-J3 伺服驱动器的连接

图 9-17 为 20GM 与三菱伺服驱动器 MR-J3 的连接电路图，图中较完整地画出了 20GM 的伺服端口与伺服驱动器的连接电路图。关于伺服驱动器的主电路及其余控制电路均未画出。本图供读者参考。

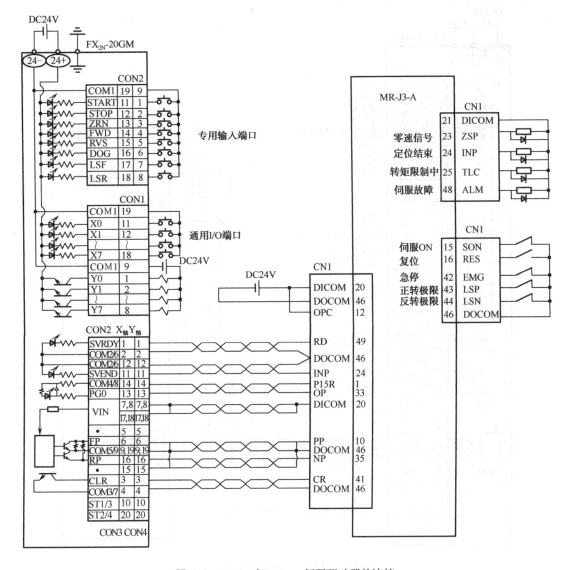

图 9-17 20GM 与 MR-J3 伺服驱动器的连接

2. 20GM 与步进驱动器的连接

图 9-18 为 20GM 与步进驱动器的连接电路图。现对电路图做一些说明。

图中的原点传感器是加装的，其输出为一圈仅一个脉冲信号。这时 20GM 的"PG0"端口信号连接到电源上时必须短接 ST1/ST3（X 轴）或 ST2/ST4（Y 轴）端口，如图中所示。如果不加装原点传感器则参数 Pr17 零点信号计数必须设定为 0。

在参数 Pr22 伺服预备检查设定为 1（无效）且参数 Pr21 定位完成校验时间设定为 0 的情况下，20GM 的"SVRDY"和"SVEND"端口均可不接。

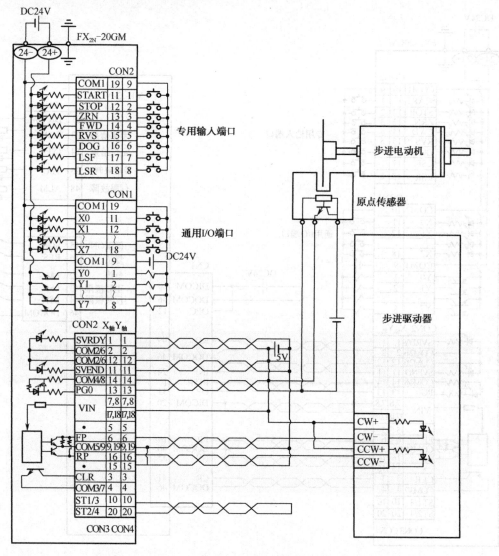

图 9-18 20GM 与步进驱动器的连接

9.4   故障与维护

9.4.1   故障与故障诊断

　　20GM 在工作时如果有错误发生，首先可以通过定位单元上的各种 LED（发光二极管）的显示来查找故障情况。

1. 利用状态显示进行故障诊断

1）电源指示

当接通电源后，如果定位单元上的电源 LED 不亮，则可以断开定位单元上的 I/O 等接线；如果断开后电源 LED 正常，则可能是直流 24V 电源负载超负荷；如果断开 I/O 等接线后电源指示灯仍然不亮，则可能是定位单元内部电源等损坏，要将模块进行检测维修。

2）准备状态指示

当定位单元已准备好接收各种操作命令时，不论是手动或自动模式，"准备"LED 均会亮起。

当正在执行定位操作（正在输出脉冲）时，该指示灯会熄灭，当输入停止命令或从自动模式切换成手动模式而使操作停止时，指示灯会亮起。

3）故障指示

在定位单元操作期间如果发生故障，"故障"LED 指示灯会亮起或闪烁，此时可以使用外部设备从定位单元中读取错误代码，根据代码找出故障原因并排除。

注意，如果发生外部故障，故障指示灯会闪烁，而当发生故障代码为 9002 的故障时，CPU-E 指示灯会亮起。

常见故障如下。

（1）参数出错：故障代码 2004（速度超出范围）。

（2）程序出错：故障代码 3000（无程序号）。

（3）程序出错：故障代码 3001（无 END 指令）。

（4）外部出错：故障代码 4004（限位开关动作）。

4）电池故障指示

当电池电压过低时，电池指示灯亮起。

如果电池电压低，则开启电源时，电池指示灯靠 5V 电源供电，而特殊辅助继电器被激活。在检测到电池电压偏低时大约一个月后，电池 LED 亮起，程序（当使用 RAM 存储器时）和各种靠电池支持的存储器备份在发生断电后就不再被保存。因此，务必在电池 LED 灯亮起后及时更换电池。

5）CPU 故障指示

如果用手动模式开启定位单元的电源，CPU-E 指示灯会亮起，说明监视计时器已发生故障，遇到这种情况时，检查电池电压是否过低、是否存在异常干扰源或存有外来导体杂物。

2. 利用 LED 显示进行故障诊断

1）I/O 端口 LED 指示

各种通用 I/O 端口和专用输入端口的 LED 显示如不能正常显示接口的信号状态，须检查各输入端口的输入接线、开关的好坏等。如果输出端口指示灯不能正常显示，则晶体管可能已损坏。

2）脉冲输出 LED 指示

脉冲输出端口（FP 和 RP）在正常脉冲输出时，其指示灯是高频闪烁的，因此看起来发光会暗淡一些，这是正常的输出指示。

9.4.2 故障代码表

1. 故障代码表

故障代码见表 9-12。

表 9-12 故障代码表

故障类型	故障代码	具 体 现 象	排 除	同步 2 轴模式	独立 2 轴模式
无故障	0000	无故障	—	—	—
系统参数	1100～1111	如果 100～111 中任意一参数设定不正确，即显示相应的故障代码 1100～1111	确保被认为出错的参数设定在正确范围内	全局故障	全局故障
参数设定错误	2000～2056	如果任意 0～24 中的定位参数或 30～56 的 I/O 控制参数设定不正确，即显示相应的故障代码 2000～2056		局部故障	局部故障
程序出错	3000	当启动命令是用自动模式给出时，指定的程序号不存在	改变程序号或编制程序	全局故障	局部故障
	3001	程序中无"m02（END）"，在规定结尾处无此命令	在规定程序的结尾处添加此命令		
	3003	当设定值超过 32 位时，设定值寄存器溢出	将设定值改为小于 32 位的值	局部故障	局部故障
	3004	设定值无效，当输入值不在设定范围内	将设定值改为设定范围内的值		
	3005	命令形式无效，当不能省略的设定（如移动距离和速度）被省略或输入了另一个轴的设定值	确定每条指令后的程序形式		
	3006	缺少 CALL 调用指令和 JUMP 条状指令的标号	给跳转目的地和调用的标号编号		
	3007	调用命令无效，嵌套超过 15 层或是该调用与 RET 的标号不对应	调整嵌套不超过 15 层，确认调用的层数	全局故障	
	3008	重复指令故障，嵌套层超过 15 或是 RPT 与 RPTEND 的标号不对应	调整嵌套不超过 15 层，确认重复指令		
	3009	O、N、P 数据有问题，规定了在设定范围之外的 O、N、P 数	确认是否有相同的数		
	3010	轴的设定有问题，同时存在相对于两个独立轴同步程序的轴	统一程序		全局故障

故障类型	故障代码	具 体 现 象	排 除	同步 2 轴模式	独立 2 轴模式
外部故障（LED 闪烁）	4002	伺服结束故障，未从伺服驱动器接收到定位完成信号	检查参数 21 及接线	局部故障	局部故障
	4003	伺服准备故障，未从伺服驱动器接收到准备完成信号	检查参数 22 及接线		
	4004	限位开关激活	检查参数 20，检查限位开关逻辑及检查接线		
	4006	ABS 数据传输出错	确认参数 50～52 及接线		
严重故障	9000	存储器错误	如果关闭电源后再启动该故障仍然再次出现，则需要维修	全局故障	全局故障
	9001	和校验错误			
	9002	监视计时器出错（CPU-E LED 亮起）			
	9003	硬件出错			

注：全局故障：即使仅 X 轴或 Y 轴发生故障，故障指示仍然对 2 轴而言，并且 2 轴都停止。

局部故障：故障指示仅对曾发生过的轴而言，在同步 2 轴运行期间，2 轴同时停止，在独立 2 轴运行时，仅发生故障的轴停止。

2. 故障确认

当发生故障检测到 X 轴、Y 轴或子任务有错误时，对应的特殊继电器会接通（所对应的缓冲区中的位也会接通），同时故障的代码也会存储到对应的特殊寄存器中（对应的缓冲区中也会存储故障代码），见表 9-13。可以通过编程软件连接定位单元进行监控来确认错误代码，如果定位单元连接到 PLC 主机右侧，也可以在 PLC 程序中通过 FROM 读取定位单元的缓冲存储器（BFM）来查看代码。

表 9-13 故障检测特殊继电器

	故 障 检 测		故 障 代 码	
	特 殊 M	BFM#	特 殊 D	BFM#
X 轴	M9050	#23（b3）	D9061	#9061
Y 轴	M9082	#25（b2）	D9081	#9081
子任务	M9129	#28（b1）	D9102	#9102
操作	当检测到故障时 ON		存储故障代码	

3. 故障复位

故障复位首先要排除产生故障的各种外部和内部原因，再执行下面的复位操作。

（1）通过软件执行故障复位操作。

（2）将工作模式设为手动并发出"STOP"命令。

（3）接通表 9-14 所示的特殊 M 或 BFM#。

表 9-14　故障复位特殊 M 或 BFM#

	故障检测	
	特殊 M	BFM#
X 轴	M9007	#20（b7）
Y 轴	M9023	#21（b7）
子任务	M9115	#27（b3）

9.4.3　维护

1．定期维护

20GM 定位单元中大部分零件永远不需要更换，但是电池的工作寿命大约为 5 年（质保期为一年），到期后若电池指示灯亮起，则应及时更换，其他均无需进行保养。经常维修仅是对外部接头是否松动，接线是否可靠和面板内温度是否过高，是否有异物落入面板内等进行定期检查。

2．电池更换

电池更换步骤如下（参看图 9-19）：
（1）关闭 20GM 的电源。
（2）用手指或螺纹头揭开面板的上部，并打开盖板。
（3）从电池座上取出电池，并拆下接头。
（4）将新电池装入电池座内，盖好面板。

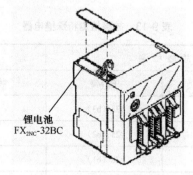

锂电池
FX$_{2NC}$-32BC

图 9-19　电池更换示意图

第 10 章　FX₂N-20GM 参数设置与指令应用

学习指导：这一章专门讲解 FX₂N-20GM 的参数设置和指令应用。这是掌握定位控制单元 20GM 的应用关键所在，读者务必反复学习，并通过具体实践加深理解。可能很多实际应用本书中并未讲到，希望读者在实践中进行验证和补充。

10.1　参数及其设置

10.1.1　参数简介

任何定位控制都必须设置定位控制用的各种数据，如速度数据、位置控制数据等。这些数据的设置在不同的定位控制中其设置方法也是不一样的。三菱 FX PLC 是通过特殊数据寄存器来保存这些数据的，而在初始化程序中，必须将这些数据传送到指定的特殊数据寄存器中，有些数据则是通过定位指令本身给出的。对于 FX₂N-1PG 模块来说，这些数据通过 PLC 的写指令在初始化程序中写入到模块的相应缓冲存储器 BFM#中，而 20GM 的内存中则有专门的参数存储单元。其中除系统参数外，其余参数同时被分配到指定的特殊数据存储器中。另外，20GM 中还设置有与特殊数据寄存器相对应的缓冲存储器 BFM#，当 20GM 与 PLC 相连接时，PLC 通过对这些缓冲存储器的读/写来对参数进行修改，修改的数据同时被送到相对应的特殊数据寄存器中。在应用 20GM 图形定位控制软件 VPS 设置参数时，参数值同时被送到参数存储单元和特殊数据寄存器中。当 20GM 断电再送电和从手动模式（MANU）转变为自动模式（AUTO）时会进行一次初始化操作，把参数存储单元的数值送到特殊数据寄存器中。

20GM 的参数设置主要是通过图形软件 VPS 进行的，用户可以通过在 VPS 的工作窗口（WORKspace）内单击参数（Parameter）文件夹打开不同的参数设置对话框进行设置，也可以在编制图形程序时通过单击图形打开参数设置对话框进行设置。在参数设置对话框中，每一个勾选项或编辑框都会对应于相应的参数编号。用户只要按控制要求进行勾选或填入数据即可。

每一个参数在 20GM 出厂时都有一个出厂初始值（也叫出厂值、默认值），在实际应用时，用户根据实际定位控制要求对部分参数出厂值进行修改（即重新设置），与控制要求无关的参数则保留其出厂值不变。参数修改后被保存在参数存储器中，并不随断电或拨到手动模式而丢失，直到进行新的修改输入清除原有值。

当一个参数所设置的值超过了其允许范围时，20GM 在不同情况下进行不同的处理操作。

在使用 VPS 软件进行设置时会弹出错误信息对话框，并告诉你正确的设置范围。

在运行中用外部设备设置时会发生参数设定错误，20GM 停止运行。同时，20GM 面板上的错误指示灯 ERROR-X 或 ERROR-Y 会亮，这时必须输入一个正确的参数值来清除错误状态。

使用定位程序来写参数值时，虽然 20GM 不停止运行，但错误参数值被 20GM 默认为如下值：当输入值大于有效范围时，与时间和速度有关的参数被设为最大值；当输入值小于有效范围时，则按最小值执行。

每一个参数都有一个编号，20GM 的参数根据其应用范围可分为三类。

1. 定位控制参数

这类参数主要确定定位控制单位体系、各种运行速度和与定位控制相关的各种控制要求等。

2. I/O 控制参数

20GM 本身带有 I/O 端口，可外接输入和输出设备，接收各种输入信号和向外输出开关或脉冲信号。I/O 参数就是确定 I/O 端口相关的内容，如规定程序号、M 代码的目的地址、手脉的使用等。

3. 系统参数

这类参数主要针对 20GM 本身的存储器大小、文件寄存器数目及关于子任务的相应控制要求等。

三菱的定位控制各种参数的含义具有连贯性，即某一参数的说明不论是在 FX PLC 中，还是在定位模块 1PG 和定位控制单元 20GM 中都是一样的。因此，在下面关于 20GM 参数的讲解中，凡是与在 FX PLC 定位控制指令及定位模块 1PG 中内容含义相同的参数都不再叙述。

10.1.2　定位控制参数

1. 单位参数

单位参数的含义是给控制系统的速度、位置确定一个单位。单位定义后，所有控制系统的速度、位置值均以此单位为准进行计算。20GM 的单位设置含义是和 1PG 一样的。读者请参看第 8 章 8.2.2 节所述。

单位参数有 4 个：

1）参数 0: 单位体系（Units）

选择定位系统的速度和位置单位。有三种单位可供选择。

（1）机械系：以长度为位置和速度的基本单位制。

（2）电动机系：以脉冲数为位置基本单位制，以脉冲数/秒（Hz）为速度的基本单位制。

（3）机械电动机系：以长度为位置基本单位制，以脉冲数/秒（Hz）为速度的基本单位制，又叫混合系。

当选择机械系和机械电动机系为基本单位系统时，其位置基本单位有三种长度供选择。

MM：以长度 mm（公制）为基本单位。

Deg：以圆周的"度"为基本单位。

Inch：以 inch（英制）为基本单位。

2）参数 1：脉冲率（电动机一圈脉冲数）

脉冲率指电动机的每转脉冲数（PLS/REV），仅在机械系和机械电动机系设定时该项设置才有效。

3）参数 2：进给率（电动机一圈位移量）

进给率指电动机每转的位移量。单位为 μm/REV，mdeg/REV 和 0.1minch/REV。仅在机械系和机械电动机系设定时才有效。

实际上，Pr2÷Pr1 得单位脉冲的位移量，即脉冲当量 δ。对电动机系统来说，其设置的是脉冲单位制。脉冲当量必须结合伺服驱动器的电子齿轮比一起设置，故无须设置 Pr1 和 Pr2。对机械系和机械电动机系来说，则通过 Pr1 和 Pr2 来设置系统的脉冲当量。因此，必须设置 Pr1 和 Pr2。

4）参数 3：最小设定单位

这个参数是对 Pr0 的补充。选择好长度单位后，必须在这里设置使用的最小单位率，设定后才是定位程序中定位数据的基本单位，即实际运行定位数据的单位为 Pr3×Pr0。

例如，在定位程序中，高速定位指令 cod00　DRV　X1000　f2000 中，位移目标 X 轴为 1000，这个 1000 的单位是什么呢？这个单位就是 Pr0×Pr3，如果设 Pr0=0，Pr3=2，则 1000 的单位是 10^{-2}，即 0.01mm，而 1000 则表示 1000×0.01mm=10mm。如果设 Pr=1，Pr3=2，则 1000 的单位是 10PLS，1000 代表 10000PLS。

最小设定单位选择见表 10-1。

表 10-1　最小设定单位选择

参数设定	Pr 0 = 0, 2			Pr 0 = 1
	mm	deg	inch	pls
0	10^{0}	10^{0}	10^{-1}	10^{3}
1	10^{-1}	10^{-1}	10^{-2}	10^{2}
2	10^{-2}	10^{-2}	10^{-3}	10^{1}
3	10^{-3}	10^{-3}	10^{-4}	10^{0}

上述各项参数的设定范围及出厂值见表 10-2。

表 10-2　Pr0～Pr3 设定范围和出厂值

参数号	说　明	设定范围	出　厂　值
0	0：机械系（长度单位制） 1：电动机系（脉冲单位制） 2：机械电动机系（混合单位制）	0～2	1
1	脉冲率（电动机一圈脉冲数）	1～65535	2000
2	进给率（电动机一圈位移量）	1～999999	2000
3	最小设定单位	0～3	2

2. 速度参数

这是用来设置各种速度的参数。关于各种速度参数的详细说明请参看第 1 章 1.5 节定位控制模式分析。

1）参数 4：最大速度

最大速度为系统最大速度设置。所有速度参数必须小于最大速度。如果在定位控制中没有设定速度，机械按此速度运行。

2）参数 5：JOG 速度

JOG 速度为系统手动正/反转速度设置。

3）参数 6：Bias 速度

Bias 速度为系统的基底速度设置。设定机械开始运行的最小速度，当运行速度小于该速度时，机械并不动作。基底速度对步进电动机有作用，伺服电动机可设为 0。

4）参数 7：偏差补偿

该参数是对滚珠丝杠传动回差的补偿，如图 10-1 所示。

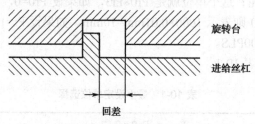

图 10-1　丝杠的回差

当机械系统采用滚珠丝杠传动方式时，丝杠与螺母之间会存在一定的间隙。当丝杠以正转方向停止时，如果下一步是反转方向，则由于间隙的存在产生了回差，即所移动的间隙距离并不在实际移动距离之内，便造成了定位误差。这个误差虽然很小，但它是一种积累误差，反复运动的次数越多，误差会越来越大，而三菱 FX PLC 的内置定位功能是不能修正这种机械系统误差的，只能在定位指令中预先考虑回差部分，从而设定输出脉冲数。20GM 则专门设置了参数 7 对回差进行补偿。

偏差补偿的补偿是在定位操作按当前值增加的方向运行时，机械不会进行补偿，仅当定位操作进行反向操作（当前值减小方向）时会把补偿量自动加到定位控制中，但补偿量不会加到当前值寄存器中。

5）参数 8：加速时间

系统的加速时间指从 0 到达最大速度所需的时间。当设定值为 0 时，机器的实际加速时间在 1ms 之内。

6）参数 9：减速时间

系统的减速时间指从最大速降速至 0 所需的时间。当设定值为 0 时，机器的实际减速时间在 1ms 之内。

7）参数 10：插补时间常数

此参数是设定在进行插补控制时达到程序规定速度所需的时间。其实际含义是插补操作时的加/减速时间，而不是达到最大速度的加/减速时间。

上述各项参数的设定范围及出厂值见表 10-3。

表 10-3　Pr4～Pr10 的设定范围和出厂值

参 数 号	说　明	设 定 范 围	出 厂 值
4	最大速度	机械系：1～153000 电动机系：10～200kHz 机械电动机系：10～200kHz	200000
5	JOG 速度	同上	20000
6	Bias 速度	同上	0
7	Backlash（反向回差）	0～65536	0
8	ACC 时间	1～5000	200
9	DEC 时间	1～5000	200
10	插补	0～5000	100

3. 机械回零参数

机械回零参数是指机械在进行原点回归操作时的各种相关参数。关于原点回归操作的说明请参看第 1 章 1.5 节定位控制模式分析。

1）参数 13：原点回归速度

机械回零时的初始速度比较高，但必须低于设置的最大速度。

2）参数 14：爬行速度

机械回零时的爬行速度比较低，为碰到 DOG 信号由 OFF 变为 ON 后的速度。机械以零点返回速度减速至爬行速度，并以爬行速度回归零点。

3）参数 15：原点回归方向

指原点回归方向。机械回零的方向可以是向当前值增加方向（Pr15=0）回零点，也可以是向当前值方向减小的方向（Pr15=1）回零点。

4）参数 16：原点地址

机械完成回零操作后的当前地址值，所设定的值被看成绝对地址值。如果进行 ABS 位置检测，应设为 0。该参数相当于原点的设置。有关原点的知识请参看第 1 章 1.5.2 原点和零点。

5）参数 17：零相信号计数

设定机械回零时的零相信号计数值，在原点回归的中间，当 DOG 开关由 ON 变为 OFF 后开始对零相信号计数，计数达到该值时，运行停止。停止点为原点。

零相信号通常为编码器的 Z 相输出脉冲，而计数的开始则由 Pr18 确定。

6）参数 18：零相信号计数开始点

零相信号开始计数时间有三种选择。

Pr18=0，近点块前端：前端使 DOG 开关由 OFF 变为 ON 时开始计数。

Pr18=1，近点块后端：后端使 DOG 开关由 ON 变为 OFF 时开始计数。

Pr18=2，不用：不使用近点块。

当 Pr17=0，Pr18=0 时，DOG 开关一打开或关闭，机械会在原点回归速度上突然停止，这会造成机械事故，因此为保证以爬行速度回零，必须保证零相信号数的设置能在 Pr18=0 时使回零减速至爬行速度。

7）参数 19：限位开关输入逻辑

为机械运行的极限开关逻辑关系设定。Pr19=0，当极限开关逻辑设定为常开时，极限开关应接成闭合输入。Pr19=1，当设定为常闭时，则应接成常开输入。

8）参数 20：DOG 开关输入逻辑

为 DOG 开关的逻辑关系设定。其含义与设置同极限开关逻辑关系设置一样。

上述各项参数的设定范围及出厂值见表 10-4。

表 10-4　Pr13～Pr20 的设定范围和出厂值

参 数 号	说 明	设 定 范 围	出 厂 值
13	原点返回速度	机械系：1～153000 电动机系：10～200kHz 机械电动机系：10～200kHz	100000
14	爬行速度	同上	1000
15	原点回归方向	0.1	1
16	原点地址	−999999～+999999	0
17	零点信号计数	0～65535	1
18	零点信号计数开始点	0.1.2	1
19	DOG 开关输入逻辑	0.1	0
20	限位开关输入逻辑	0.1	0

4. 其他参数

其他参数指系统的其他一些独立参数，如脉冲输出形式、旋转方向、停止模式等。

1）参数 11：脉冲输出方式

参数 11 设定 20GM 控制单元的脉冲输出方式，有两种脉冲输出方式选择。脉冲输出波形图见图 8-13 和图 8-14。

（1）Pr11=0，正/反向脉冲输出方式。

这时 20GM 的 FP 为正向脉冲输出端口；RF 为反向脉冲输出端口。这种方式下可进行插补操作。

（2）Pr11=1，脉冲+方向输出方式。

这种方式下 20GM 的 FP 端口为脉冲输出端口，RP 端口为脉冲方向输出端口。这种方式下不能进行插补操作。当 Pr17=0，Pr18=0 时，DOG 开关一打开或关闭，机械会在零点回归速度上突然停止，这会造成机械事故，因此为保证以爬行速度回零，必须保证零点信号数的设置能在 Pr18=0 时使回零减速至爬行速度。

当输出信号为高电平时，定位单元上的对应 LED 点亮。

2）参数 12：旋转方向

参数 12 对电动机的旋转方向进行设定。以正向脉冲输出时，对当前值的增加和减小进行设定。有两种脉冲输出方式可以选择。

Pr12=0，当正向脉冲（FP）输出时当前值增加的方向。

Pr12=1，当正向脉冲（FP）输出时当前值减小的方向。

3）参数 21：定位完成校验时间

参数 12 为定位完成错误校验时间设置。如果在输出脉冲结束后定位完成信号仍未在该设定的时间里产生，就会产生伺服结束错误，如图 10-2 所示。

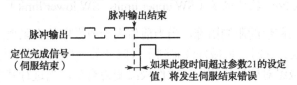

图 10-2　定位完成校验时间

当伺服结束检查指令（CHK）或自动执行伺服结束检查指令（DRV，DRVZ 等）执行时，校验在该参数设定的时间内进行，如果 Pr21=0，不进行伺服结束检查。

20GM 的 SVEND 端口接收从 MR-J3 伺服驱动器 INP 端口发出的定位完成信号。如果伺服驱动器不带有定位完成信号，则设置 Pr21=0。

4）参数 22：伺服预备检查

这个参数用来决定是否接收伺服驱动器所发出的伺服准备完成信号。

Pr22=0，接收伺服准备完成信号。

Pr22=1，不接收伺服准备完成信号。

20GM 的 SVRDY 端口接收从 MR-J3 伺服驱动器的 RD 端口发出的伺服准备完成信号。如果伺服驱动器不带有伺服准备完成信号，则设置 Pr22=1。

5）参数 23：停止模式

该参数用来设置机械接收到停止信号（由 STOP 端口输入或由专门辅助继电器 M9002 或 M9018 变 ON）后的停止操作模式。具体设置及停止模式如下。

（1）Pr23=0 或 4，无效模式（Invalid）：STOP 命令在自动（AUTO）模式下无效。但错误清除在手动（MAUN）模式下有效。

（2）Pr23=1，全部剩余距离模式（Complete remaining distance）：机械减速停止，并在接收到开始（START）信号命令时从剩余的距离处开始启动（剩余距离有效），当执行插补或中断定位时，程序执行跳到 END。

（3）Pr23=2，开始下一步模式（Start from the NEXT step）：机械减速停止，并在接收到开始（START）信号命令时从下一步处重新启动（剩余距离无效），当执行插补或中断定位时程序跳到 END。当 STOP 命令在 TIM 指令执行时发出，程序执行立即继续到下一步，并忽略剩余时间。

（4）Pr23=3 或 7，跳到结束模式（Jump to END）：机械减速停止，程序执行跳到 END。当 STOP 命令在 TIM 指令执行时发出，程序执行立即继续到下一步，并忽略剩余时间。当 STOP 命令在 m 代码等待时发出，m 代码变为 m02（END）。

（5）Pr23=4，全部剩余距离（插补）模式（Complete remaining distance（interpolation））：即使在进行插补时，当 M9015 连续路径模式为 OFF 时，剩余距离驱动仍采用与 Pr23=1 一样的方式进行。

（6）Pr23=5，开始从下一步（插补）模式（Start from the NEXT step（interpolation））：即使在进行插补时，当 M9015 连续路径模式为 OFF 时，NEXT 跳转仍采用与 Pr23=2 一样的方式进行。

6）参数 24：电气零点位置（Cod30 address）

该参数用来设定由指令 DRVR 执行的电气回零点的绝对地址。

7）参数 25、参数 26：软件极限（SW upper limit，SW lower limit）

这两个参数为对当前值的限制措施，当当前值大于所设定的上限值或小于所设定的下限值时，就会产生超限错误。这时，机械好像碰到了极限开关一样地停止运行。

在进行回零操作或绝对位置检测后，软件极限变为有效，当进行其中的任一个操作后，当前值建立标志 M9144（X 轴）和 M9145（Y 轴）变为 ON。

当参数 25 的设定值等于或小于参数 26 的设定值时，软元件极限功能无效。

当极限错误发生时，将激发错误代码，在发生极限错误状态的情况下，此极限方向的操作是不可以的，但反向点动操作是可以的。当机器从超出极限位置的区域返回时，错误被清除。

上述各项参数的设定范围及出厂值见表 10-5。

表 10-5　Pr11、Pr12、Pr21～Pr26 的设定范围和出厂值

参 数 号	说　　明	设 定 范 围	出 厂 值
11	脉冲输出方式	0、1	0
12	旋转方向	0、1	0
21	定位完成校验时间	0-5000	0
22	伺服预备检查	0、1	1
23	停止模式	0～7	1
24	电气零点位置	−999 999～+999 999	0
25，26	软件极限	−2 147 483 648～+2 147 483 647	0

10.1.3　I/O 控制参数

这部分参数是用来设定 I/O 功能的，包括读程序号、输出 M 代码和检测绝对位置参数值。

1. 程序编号参数

1）参数 30：程序编号来源选择

这是关于被执行程序的编号说明。通过 Pr30 设定读取执行程序的编号。程序编号来源有 4 种，只能选择一种。

Pr30=0，程序编号固定为 0。

Pr30=1，通过定位控制单元的外接数字开关，读取 0～9 的程序编号。

Pr30=2，通过定位控制单元的外接数字开关，读取 0～99 的程序编号。

Pr30=3，通过从所连接的可编程控制器（PLC）的数据寄存器 D 中读取。

当 Pr30=1 或 Pr30=2 通过数字开关读取程序编号时，参数 31、32、33 必须被设置。

2）参数 31：数字开关输入口的首址

该参数指数字开关 8421BCD 码输入口的首址。所占用的点数与数字开关的位数有关。

3）参数 32：数字开关分时扫描输出口首址

该参数指在输出口上所占用的分时扫描输出口首址。所占用的点数与数字开关的位数有关。

4）参数 33：读取间隔

该参数指在输出口上分时扫描读取的时间，即输出口为 ON 的时间。

Pr31，Pr32，Pr34 说明如下：

当程序编号通过 20GM 的外接数字开关读取时，数字开关与 20GM 的 I/O 口接线如图 10-3 所示。图中有两个数字开关，可读取 0～99 的程序编号。每个数字开关有 8421 码 4 根线接入 20GM。Pr31 所设置的就是这 4 根线接入输入口 X 的首址，占用 4 个点。由于两个数字开关接入同一输入口，所以输入的方法是通过分时扫描轮流输入两个数字开关的数值，这个分时扫描任务是由 20GM 的输入口 Y 来完成的。Pr32 所设置的就是这个分时扫描输出口的首址，而分时的时间（即数字开关数值读取时间）由 Pr33 设定。相关关系的时序图如图 10-4 所示。

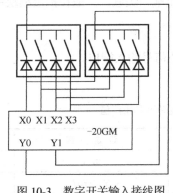

图 10-3　数字开关输入接线图

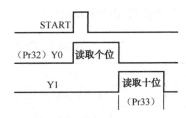

图 10-4　数字开关读取时序

5）参数 34：准备信号（RDY）有效

该参数表示确定定位单元准备完成时是否输出信号。Pr34=0，无效；Pr34=1，有效，这时必须设置 Pr35。

6）参数 35：准备信号（RDY）输出

该参数表示准备完成信号的输出端口。

上述各项参数的设定范围及出厂值见表 10-6。

表 10-6　Pr30～Pr35 的设定范围和出厂值

参 数 号	说　　明	设 定 范 围	出　厂　值
30	程序编号选择	0～3	0
31	数字开关输入口的首址	X0～X67，X372～X374	0
32	数字开关分时扫描输出口首址	Y0～Y67	0
33	读取间隔	7～100ms	20
34	准备信号有效	0，1	0
35	准备信号输出	Y0～Y67	0

2. M 代码参数

当 M 代码通过 20GM 的通用输出端口传送到 PLC 时，必须设置 M 代码参数。

1）参数 36：M 代码外部输出有效

该参数用来设定 M 代码是否通过定位单元的通用端口输出到外部。

（1）Pr36=0，无效，但与 M 代码相关的专用继电器与专用数据寄存器，如 M 代码、M 代码 ON 信号、M 代码 OFF 信号等仍有效。这时 M 代码可以通过 PLC 与缓冲存储器通信来发送。

（2）Pr36=1，有效，M 代码通过定位单元的通用端口输出到外部，此时要同时设置 Pr37、Pr38。

2）参数 37：M 代码外部输出端口

该参数用来设置来自定位单元的 M 代码输出端口，此输出占用 9 点，其设置的端口为 M 代码 ON 信号输出端口，而其余的 8 点两位 M 代码的 BCD 码输出信号由连续编号的 8 个通用输出口组成。其地址编号不需要与 M 代码 ON 信号输出端口关联，一般在扩展模块中选择。

3）参数 38：M 代码 OFF 命令输入端口

该参数用来设置接收由 PLC 的 M 代码 OFF 命令信号输入端口。

上述各项参数的设定范围及出厂值见表 10-7。

表 10-7　Pr36～Pr38 设定范围和出厂值

参 数 号	说　　明	设 定 范 围	出　厂　值
36	M 代码外部输出有效	0，1	0
37	M 代码外部输出端口首址	Y0～Y57	0
38	M 代码 OFF 命令输入端口	X0～X67，X372～X377	0

3. 手动脉冲发生器参数

这是用来设置定位系统中需要手动脉冲发生器时的各项参数。手动脉冲发生器俗称电子手轮、手脉等，主要用于数控机床和其他定位控制系统中的原点定位设定，用手动方式进行步进微调等。从功能上看，手脉相当于一个手动旋转编码器，但它的结构组成比旋转编码器复杂一些，有倍率设计多种电路输出方式。一般为 A-B 相输出信号，20GM 的手脉信号输入端口是固定的，见表 10-8。

表 10-8　手脉信号输入端口

手脉信号输入端口	Pr39=1	Pr39=2
X0	A 相	X轴: A 相
X1	B 相	X轴: B 相
X2	—	Y轴: A 相
X3	—	Y轴: B 相

当 Pr39=1 时使用一个手脉，但这个输入的手脉信号既可以为 X 轴所用，也可以被 Y 轴所用。具体使用见 Pr42 的说明。当 Pr39=2 时使用两个手脉，这两个手脉分别用于 X 轴和 Y 轴。

手脉应用时有一些注意事项。

当处于 MANU 模式或定位单元等待 END（m02）的 AUTO 模式下时，可用手动脉冲发生器进行操作。

在手动脉冲发生器可用的情况下，当使能信号 ON 时，除了 MANU/AUTO 切换输入时，其他任何输入信号都被忽略掉。

当使用手动脉冲发生器时，因为手脉的指定输入端口与指令 cod31（INT）和指令 cod72（DINT）所指定的中断输入端口相重叠，所以在使用时确保所使用的输入端口不要相重叠。

手脉的参数如下。

1）参数 39: 手动脉冲发生器

该参数用来设置是否选用手动脉冲发生器，选用一个还是两个手动脉冲发生器，如设置使用手动脉冲发生器则必须设置参数 40、41 和 42。

Pr39=0，无效，不使用手动脉冲发生器。

Pr39=1，有效，使用一个手动脉冲发生器。

Pr39=2，有效，使用两个手动脉冲发生器。

2）参数 40: 放大系数

该参数用来设置从手动脉冲发生器输入脉冲的倍率，即输出脉冲乘以该处设置的倍率为定位控制器输出脉冲。

3）参数 41: 除法比率

该参数表示设置从手动脉冲器输入脉冲倍率后再除以 Pr41 的比率数，即定位控制器输出脉冲数=（手动脉冲器输入脉冲×Pr40）÷Pr41。

4）参数 42: 使能输入端口编号

这里设置手动脉冲器脉冲使能端口，仅当此端口为 ON 时，定位控制器才接收手动脉冲器的输出脉冲。

该参数占用两个输入端口 Xn 和 Xn+1。这两个端口的功能可由下例说明。假定 Pr42=5，则占用 X5 和 X6 两个端口。这两个端口的功能和参数 39 的设置有关。

Pr39=1：

　　X05=ON：接收手脉信号。

　　X06=OFF：X 轴接收手脉信号

　　X06=ON：Y 轴接收手脉信号。

Pr39=2：

　　X05=ON：X 轴接收手脉信号

　　X06=ON：Y 轴接收手脉信号。

上述各项参数的设置范围和出厂值见表 10-9。

表 10-9　Pr39～Pr42 的设定范围和出厂值

参 数 号	说 明	设 定 范 围	出 厂 值
39	手动脉冲发生器	0～2	0
40	放大系数	1～255	1
41	除法比率	2^n, $n=0\sim7$	0
42	使能输入端口编号	X2～X67 或 X4～X67	2

4. 绝对位置方式参数

这是用来设置需要绝对位置控制的参数。当定位控制应用绝对位置系统时，其绝对地址值是由当前值寄存器保存的，但当系统发生停电和故障时，运动停在当前位置，而当前值存储器已被清零。再次通电后，就希望把运动的当前绝对位置值送入当前值寄存器而取消所必须的回零操作。

ABS 数据的传送是通过通信方式进行的，而通信方式是通过一系列 20GM 与伺服驱动器之间的各种控制信号的时序来完成的。通信信号的输入、输出及数据传送是由 20GM 的通用 I/O 端口和专用输入端口 SVEND 来完成的。20GM 和 MR-J2 的 ABS 检测连线如图 10-5 所示。

图中，参数设置为：Pr50=1、Pr51=0、Pr52=0。

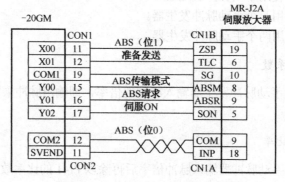

图 10-5　ABS 数据读取检测连线

绝对地址检测参数如下。

1）参数 50：ABS 检测有效

该参数用来设定是否检测绝对位置。

Pr50=0，ABS 检测无效。

Pr50=1，ABS 检测有效。当断电后再打开电源，当前值自动被从带有绝对位置检测功能的伺服电动机中读出并保存在当前值寄存器中。这时必须同时设置 Pr51 和 Pr52。

2）参数 51：ABS 检测信号输入端口首址

该参数用来设置-20GM 接收 ABS 数据检测的通信信号输入口的首址，占用两个点。

　　Xn：ABS 数据位 1。ABS 数据位 0 则由固定-20GM 的专用输入端口 SVEND 担任。

　　Xn+1：伺服驱动器的发送准备信号。

3）参数 52：ABS 检测信号输出端口首址

该参数用来设置-20GM 发送 ABS 数据检测的通信信号输出端口地址，占用三个点。

　　Yn ：ABS 传输模式。

　　Yn+1：ABS 请求发送信号。

　　Yn+2：伺服 ON 信号。

上述各项参数的设置范围和出厂值见表 10-10。

表 10-10　Pr50～Pr52 的设定范围和出厂值

参 数 号	说　　明	设 定 范 围	出 厂 值
50	ABS 检测有效	0，1	0
51	ABS 检测信号输入端口首址	X0～X66	0
52	ABS 检测信号输出端口首址	Y0～Y65	0

5. 其他参数

这是关于系统的其余相关参数的设置，如单步操作相关参数。

1）参数 53：单步操作有效设置

这是决定是否执行单步操作的参数，

Pr53=0，无效，不进行单步操作。

Pr53=1，有效，进行单步操作，同时要在 Pr54 中设置使单步操作开始执行的输入端口。

2）参数 54：单步操作信号输入端口

单步操作模式在此处设置的输入信号 ON 时有效，当 Pr53=1 且 Pr54 设置的输入信号设置为 ON 时，单步模式有效，在此模式下，当 START 信号变为 ON 时，指定的程序一次执行一行。

如果不设置 Pr 53 和 Pr 54，通过使 M9000（X 轴）或 M9002（Y 轴）变为 ON 也可以实现单步操作，如果使用以上专用辅助继电器，则 Pr 53、Pr 54 的设置不是必需的。

3）参数 56：FWD/RVS/ZRN 的通用输入端口应用

在 20GM 中，端口 FWD（正转点动）/RVS（反转点动）/ZRN（回零）是专用的输入端口，不能像 X 端口那样作为通用输入端口，但是在控制中并不需要这三个专用输入端口时，则可通过参数设置使之变成 20GM 的通用输入端口。Pr56 就是使专用输入端口 FWD/RVS/ZRN 变成通用输入端口的设置参数。Pr56 有 5 种选择，每种选择相对应的设置说明见表 10-11。

表 10-11　Pr56 设定值说明

参数设置值	通用输入有效	专用 M 信号有效
0	无效（Never）	有效
1	Auto 模式下有效（In auto mode）	Manu 模式下有效
2	有效（Always）	无效
3	Auto 模式下有效（Auto with special）	有效
4	有效（Always with special）	有效

表中专用 M 信号有效是指用于写入操作的代替端口开关命令的特殊辅助继电器，它们可由定位程序驱动，其功能相当于 FWD/RVS/ZRN 端口的开关动作。专用 M 继电器与相应专用端口的对应关系见表 10-12。

表 10-12　专用 M 继电器与相应专用端口的对应关系

专 用 端 口	X 轴专用 M	Y 轴专用 M
ZRN	M9004	M9020
FWD	M9005	M9021
RVS	M9006	M9022

由表中可知，当 Pr55=2 或 4 时，专用输入端口就会变成通用输入端口 X。各端口的 X 编号则由 10-13 定义，不能随便自取。

表 10-13　专用输入端口变成通用输入端口 X 编号

专用端口	X 轴通用端口编号	Y 轴通用端口编号
ZRN	X375	X372
FWD	X376	X373
RVS	X377	X374

上述各项参数的设置范围和出厂值见表 10-14。

表 10-14　Pr53、Pr54 和 Pr56 的设定范围和出厂值

参 数 号	说 明	设 定 范 围	出 厂 值
53	单步操作有效设置	0, 1	0
54	单步操作信号输入端口	X0～X67，X372～X377	0
56	FWD/RVS/ZRN 的通用输入端口应用	0～4	0

10.1.4　系统参数

系统参数包括定位控制器本身的系统参数设置和子任务程序参数设置、系统参数值控制器的程序存储容量、文件寄存器设定和内部锂电池状态等。子程序参数指子任务程序的启动、停

止子任务程序的错误输出等。

系统参数存于参数寄存器中，没有相对应的特殊数据寄存器和缓冲存储器，因此不能通过 PLC 对其进行读/写操作，只能在图形定位控制软件 VPS 中进行设定和修改。

1. 系统参数

1）参数 100：存储容量

该参数表示控制器程序存储容量选择，Pr100=0，8K。Pr100=1，4K。

2）参数 101：文件寄存器

该参数用来设置文件寄存器的大小，一个文件寄存器占用程序存储器的一步。设定范围为 0～3000，占用寄存器 D4000～D6999。即占用寄存器 D××××=设定值+4000。

3）参数 102：电池状态

该参数用来设置-20GM 内置锂电池的状态显示，有三种选择：

Pr102=0，当电池电压变低时，LED 指示灯亮，但不告警。

Pr102=1，当电池电压变低时，LED 指示灯不亮，也不告警。

Pr102=2，当电池电压变低时，LED 指示灯亮并对外发出告警信号。这时必须设置 Pr103。

4）参数 103：电池状态告警输出端口

当电池电压变低时，LED 指示灯亮并对外发出告警信号，该参数用来设置告警信号输出的输出端口。

上述各项参数设置范围和出厂值见表 10-15。

表 10-15 Pr100～Pr103 的设定范围和出厂值

参 数 号	说　　　明	设 定 范 围	出 厂 值
100	存储容量	0, 1	0
101	文件寄存器	0～3000	0
102	电池状态	0～2	0
103	告警输出端口	Y0～Y67	0

2. 子任务程序参数

1）参数 104：启动子任务程序（Start）

该参数用来设置子任务程序开始启动时刻，有 3 种选择。

Pr104=0，当模式从手动（MANU）转为自动（AUTO）（初始值）时，开始执行子任务程序。

Pr104=1，当通过 Pr105 设定的 X 端口变为 ON 时，开始执行子任务程序。

Pr104=2，指上述两种情况下都可以开始执行子任务程序。

2）参数 105：启动子任务程序端口（Start Input）

当 Pr104=1 或 2 时，该参数用来设定子任务程序启动的输入号。

3）参数 106：子任务程序停止（Stop）

该参数用来设置子任务程序停止执行时刻，有两种选择。

Pr106=0，当模式从自动转为手动时，停止执行子任务程序。

Pr106=1，当模式从自动转为手动或通过 Pr107 指定输入端口信号为 ON 时，停止执行子任务程序。这时必须设置 Pr107。

4）参数 107：停止执行子任务程序端口

当 Pr106=1 时，该参数用来设定子任务程序的端口输入号。

5）参数 108：子任务程序错误（Error）

该参数用来设定当子任务程序发生错误时，-20GM 对错误的处理方式。有两种选择：

Pr108=0，当错误发生时，不从定位单元输出错误信号。

Pr108=1，当错误发生时，从定位单元输出错误信号。这时必须设置 Pr109。

6）参数 109：子任务程序错误信号输出端口（Error Output）

当 Pr108=1 时，设定子程序错误信号输出端口号。

7）参数 110：子任务程序单步执行-循环操作（Single Step）

该参数用来设定子任务程序的操作模式。有两种操作模式。

单步操作模式：每当开始输入变为 ON 时，执行一行程序。

循环操作模式：在开始输入信号为 ON 时执行程序直到结束，然后自动停止执行。

在复位 M9112 或指定的端口输入为 ON 时，执行循环操作，指定的子任务程序执行到结束，然后自动停止执行。

（1）Pr110=0，不使用通用输入端口作为单步操作信号，在程序中设置 M9112 时进行单步操作，当 M9112 变为 ON 时，执行单步操作。指定的子任务程序每次仅执行一步。在程序中复位 M9112 时，则执行循环操作模式。

（2）Pr110=1，指定通用输入端口作为单步操作信号，当输入端口为 ON 或 M9112 变为 ON 时执行单步操作。当输入端口为 OFF 或 M9112 变为 OFF 时执行循环操作，这时必须设置 Pr111。

8）参数 111：子任务程序循环操作输入端口（Single Step Input）

当 Pr110=1 时，需要外部输入信号，此参数用于设定输入信号 X 的编号，

上述各项参数的设置范围和出厂值见表 10-16。

表 10-16 Pr104～Pr105 设定范围和出厂值

参 数 号	说　　明	设 定 范 围	出 厂 值
104	启动子任务程序	0～2	0
105	启动子任务程序输入端口	X0～X67，X372～X377	0
106	停止子任务程序	0，1	0
107	停止子任务程序输入端口	X0～X67，X372～X377	0
108	子任务程序错误	0，1	0

续表

参　数　号	说　明	设　定　范　围	出　厂　值
109	子任务程序错误输出端口	Y0～Y67	0
110	单步/循环操作	0，1	0
111	操作模式输入端	X0～X67，X372～X377	0

10.2　指令及其应用

10.2.1　指令概述

20GM 的指令分为通用的顺控指令和专用的定位控制指令。

1．顺控指令

顺控指令包括逻辑处理基本指令和功能指令两种。它们类似于 PLC 中的基本逻辑指令和应用指令，可以用来编制梯形图程序，也可以应用于 20GM 特有的 cod 指令程序中。

基本逻辑指令有 LD、LDI、AND、ANI、OR、ORI、ORB、SET、RST、NOP 等。其含义与应用均与 PLC 中基本逻辑指令相同。

功能指令类似于 PLC 功能指令（又称应用指令），主要用来完成各种程序流程、数据传送、数据处理和外部设备的操作等。一共有 29 个。功能指令的大多数解读和应用基本上和三菱 PLC 中的部分指令类似，因此下面介绍时仅作一些简单说明。

2．定位控制指令

定位控制指令是 20GM 特有的编程指令，其采用的是 20GM 专用的 cod 编程系统。它的格式类似于数控机床 CNC 的编程语言。当 20GM 独立使用时，定位控制指令主要用于控制伺服电动机实现位置控制，如快速定位、插补定位、原点回归等定位操作。定位控制指令（下称 cod 指令）对掌握 20GM 的应用十分重要。在学习具体的定位控制指令前，先了解一下关于定位控制指令的相关预备知识。

1）指令格式

20GM 定位控制指令格式如图 10-6 所示。

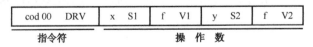

cod 00　DRV	x　S1	f　V1	y　S2	f　V2
指令符		操　作　数		

图 10-6　定位控制指令格式

cod 指令由两部分组成：指令符和操作数。

（1）指令符。

指令符由指令代码编号 cod00 和助记符 DRV 组成。指令代码 cod×× 实际上是操作码，每一个定位控制指令都赋予一个指定的代码。助记符仅为用户识别的符号。在文本文件输入时，只需输入 cod×× 或助记符均可完成指令的输入。

指令符表示指令所执行的具体定位操作，即做什么。

（2）操作数。

操作数是 cod 指令执行具体操作的内容，即做什么，做多少，主要指具体的定位位置及运行速度等。

操作数可有可无，如果指令没有操作数（如 CHK、DRVZ、SETR、CANC、ABS、INC 等），则执行规定的操作。如果有操作数，操作数就是指令执行的操作内容。

一个指令的操作数可以是一个也可以是多个，即指令格式中，每一个小格表示一个操作数。多少是根据指令的操作内容而定的。

每一个操作数由符号和具体数值组成。前面的符号含义是：X—X 轴、Y—Y 轴、f—速度、I，j—中点坐标、r—半径、K—10ms，后面的数值含义则取决于单位体系参数的设置。数值既可以直接用数字写入也可以用数据寄存器间接写入。16 位数据寄存器用 D 表示，32 位数据寄存器用 DD 表示，用于间接指定的数据寄存器也可以用变址寄存器 V 和 Z 进行修改，如 DDV2，DD10Z3 都是合法的操作数。与 FX PLC 不同的是，这里 V 为 16 位变址寄存器，而 Z 为 32 位变址寄存器。操作数也可以省略，哪些指令可以省略，省略后的含义是什么，留在具体指令中讲解。

2）伺服结束检查

伺服结束检查的含义是在定位控制指令驱动结束后，系统首先要确认伺服驱动器的偏差计数器中滞留脉冲小于指定数量（由伺服驱动器参数设定），然后继续执行下一个操作。

cod 指令中的定位控制指令（DRV、DRVZ、SINT、DINT）都具有自动进行伺服结束检查的功能。对不具备有自动进行伺服结束检查的指令（CW、CWW 等）可以使用伺服结束检查指令 cod09 CHK 来完成这项功能。

不管是自动完成还是通过指令 CHK 来完成伺服结束检查，都必须先开启伺服结束功能设置检查时间（Pr21≠0），如果伺服结束信号不能在 Pr21 所设置的时间内送到 20GM 的 SVEND 端口，则发生外部错误信号，停止下一步操作。如果设置 Pr21=0，伺服结束检查无效，不执行伺服结束检查。

3）定位控制参数设置

cod 指令的操作数仅为执行时的位置、速度或其他参数值。与指令执行时的一些相关参数，如执行 cod00（DRV）高速定位指令还涉及单位体系、加/减速时间、伺服结束检查和停止模式等参数，这些参数都必须事先设置好才能保证每条定位指令的正确执行。

一般来说，可先将定位控制参数 Pr0～Pr26 进行列表，再根据具体控制要求进行修改，如出厂值符合要求，无需变动。

4）指令分组

根据具体使用情况，cod 指令被分成以下四组。

（1）A 组。

该组指令在连续使用相同的指令时在程序中可以省略指令符，直接填写必要的操作数。该组指令有 cod00（DRV）、cod01（LIN）、cod02（CW）、cod03（CCW）和 cod31（INT）。

（2）B 组。

该组指令不能省略指令符，只在指定了该指令的行号后有效。该组指令有 cod04（TMR）、cod09（CHK）、cod28（DRVZ）、cod29（SETR）、cod30（DRVR）、cod71（SINT）、cod72（DINT）和 cod92（SET）。

（3）C 组。

该组中指令一旦执行就一直保持有效，直到组中的另一条指令被执行。该组指令有 cod73（MOVC）、cod74（CNTC）、cod75（RADC）和 cod76（CANC）。

如：N200　cod73（MOVC）X10　　　　　X 轴按+10 修正

　　　⋮　　（这里 X 轴均执行按+10 修正）

　　　⋮

　　　N300　cod73（MOVC）X20　　　　　X 轴按+20 修正

　　　　　（下面 X 轴按+20 修正）

（4）D 组。

该组指令中一旦执行就一直保持有效，直到组中另一条指令被执行。该组指令有 cod90（ABS）和 cod91（INT）。

如：N300　cod91（INT）　　相对地址

　　　⋮　　（这里指令位置均为相对地址值）

　　　⋮

　　　N400　cod90（ABS）　　绝对地址

　　　　　（下面指令位置均为绝对地址值）

10.2.2　定位控制指令

1. 高速定位指令 DRV

1）指令格式与解读

cod 00　DRV	x　S1	f　V1	y　S2	f　V2

操作数内容与取值如下。

操 作 数	内容与取值
S1	X 轴目标地址或其存储地址
V1	X 轴运行速度
S2	Y 轴目标地址
V2	Y 轴运行速度

解读：将 X 轴以速度 V1 运行到目标地址 S1 处。将 Y 轴以速度 V2 运行到目标地址 S2 处。

2）指令应用

（1）单轴与双轴联动。

DRV 指令功能类似于 FX₂N PLC 中的脉冲输出指令 PLSY。PLSY 指令所控制的是单轴运行，而 DRV 指令控制的是双轴运行。在不同的控制模式中，DRV 指令的使用会有所不同。

在独立 2 轴模式时，DRV 指令只能对其中一轴进行操作，另一轴操作数设为 0。

在双轴联动模式时，DRV 指令可对两轴同时控制。与线性插补指令 LIN 不同的是，DRV 指令的两轴不是同时到达终点的，而是一开始走出一段斜线，然后谁先到谁先停。剩下一轴继续走完设定位移。如图 10-7 中（a）、（b）所示。仅当 X 轴和 Y 轴的位移与速度变成比例时，即 S1/V1=S2/V2 时才会同时到达终点走出一段斜线。如图 10-7（c）所示（参见第 1 章 1.5 节），因此在双轴联动时，一般用 LIN 指令走斜线，而用 DRV 指令对一轴进行操作。

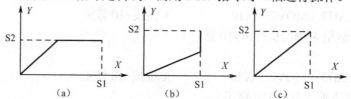

图 10-7　双轴联动模式时，执行 DRV 指令

（2）目标地址与速度。

指令中的目标地址可以是实际数值，也可以是其存储地址。其设定范围见表 10-17。

表 10-17　目标地址与速度设定范围

目 标 地 址	设 定 范 围
直接地址	0～±999999
存储地址（16 位）	xD0～xD6999
存储地址（32 位）	xDD0～xDD6998

在 DRV 指令前必须用指令 ABS 或 INC 决定目标地址的执行方式是相对定位还是绝对定位。目标地址的实际位移是由单位体系参数决定的。

所设定的运行速度必须小于 Pr4 设定的最大速度。如果未设定速度，机械将以最大速度运行。速度值可以是实际数值，也可以是其存储地址。其直接设定范围时为 0～200000，存储地址范围同表 10-17。

（3）伺服结束检查。

DRV 指令在指令执行结束后会进行一次伺服结束检查，因此必须设置参数 Pr22=0 及检验时间 Pr21。

2. 线性插补定位指令 LIN

1）指令格式与解读

cod 01　LIN	x　S1	y　S2	f　V

操作数内容与取值如下。

操 作 数	内容与取值
S1	X 轴目标地址或其存储地址
S2	Y 轴目标地址或其存储地址
V	运行速度

解读：将控制对象以直线插补方式沿直线送到目标地址坐标处 (X, Y)。该指令仅在双轴联动模式下可用。

2）指令应用

（1）目标地址与速度。

该指令的执行结果就是在平面直角坐标系上从当前位置处以直线方式运行到目标位置处，如图 10-8 所示。

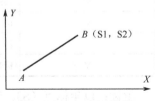

图中 A 为当前位置，B 为目标位置。LIN 指令的斜线轨迹是用直线插补方法获得的（详见第 1 章 1.6 节联动与插补分析）。这一点与 DRV 指令是完全不同的。

图 10-8　LIN 指令执行

指令中的目标地址值可以是实际数值，也可以是存储地址，其设定范围见表 10-17。

目标地址的执行方式由前面的指令 ABS 或 INC 决定。目标地址的实际位移由单位体系参数决定。

所设定的速度必须小于 Pr4 所设置的最大速度。如果未设定速度，机械按以下速度操作：第一次执行为 100kHz，第二次或以后为以前设定的速度值。

速度值可以是实际数值，也可以是存储地址。其设定范围为：当为实际数值时为 0～100000，如为存储地址，数据寄存器的范围同表 10-17。

如果操作数中仅指定一个轴（X 轴或 Y 轴）的目标位置和运行速度，不指定另一个轴，如 cod01（LIN）X100 f2000，或 cod01（LIN）y500 f1000 等。这时 LIN 指令仅在 X 轴方向上或 Y 轴方向上作直线运行，而在连续路径操作中，为多步操作模式。

（2）路径操作。

如果连续执行插补指令 LIN、CW、CW 就会进行路径操作，在坐标系上出现连续的折线、弧、圆等路径。

（3）停止模式。

使用这条指令时要注意参数 Pr23（停止模式）的设置。对插补指令 LIN、CW、CWW 来说，有 3 种停止选择。

Pr23=0，不执行停止命令。定位控制不停止运行。

Pr23=5，接到停止命令后，定位控制运行停止，程序执行跳转到 END。当再次启动后，定位控制继续执行该条指令在原来停止的地方开始继续运行。

Pr23=6，接到停止命令后，定位控制运行停止，程序执行跳转到 END。当再次启动后，定位控制不执行该条指令，直接执行下一条指令。

Pr23 的出厂值为 1。用户如果不需要这种停止模式，可根据控制要求进行修改。

（4）伺服结束检查。

LIN 指令及下面要介绍的圆弧插补指令 CW、CWW 均在指令执行完毕后不进行伺服结束检查。因此，应用上述插补指令进行路径操作时，都要在指令的下一步应用伺服结束检查指令 CHK 对定位结束信号进行检查，保证路径操作的正确执行。

3. 圆弧插补定位指令（指定圆弧中心点）CW、CWW

1）指令格式与解读

cod 02　CW	x　S1	y　S2	i　S3	j　S4	f　V

cod 03 CCW	x S1	y S2	i S3	j S4	f V

操作数内容与取值如下：

操　作　数	内容与取值
S1	圆弧插补时终点 X 的坐标值
S2	圆弧插补时终点 Y 的坐标值
S3	圆弧插补时圆弧中心点 X 的坐标值
S4	圆弧插补时圆弧中心点 Y 的坐标值
V	圆弧插补时的运行速度

解读：以坐标点（S3，S4）为圆心，以速度 V 在平面上顺时针（CW）或逆时针（CWW）在当前位置与终点坐标（S1，S2）之间走出一条圆弧轨迹。该指令仅在双轴联动模式下可用。

2）指令应用

（1）功能说明。

这是一条采用圆弧插补方式在平面上划出一条圆弧的指令。圆弧插补方式可参看第 1 章 1.6 节。

在实际应用中，如果没有指定终点坐标（S1，S2），即 S1=S2=0 时，则移动的轨迹是一个完整的圆。

中心点（S3，S4）的坐标值规定为当前位置的相对位置（增量值）值，而终点（S1，S2）的坐标值则由之前的定位方式指令 ABS 或 INC 所决定。它们的位置单位和设定范围同指令 DRV。

根据路径的不同，圆弧插补指令分为顺时针（CW）和逆时针（CWW）两种。它们的操作码也不相同。对于相同的当前位置、目标位置和中心点增量值，两种指令所走出的圆弧是不一样的，如图 10-9 所示，这一点在应用时应注意。

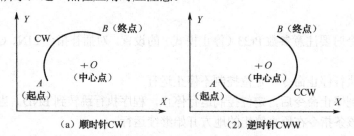

图 10-9　CW、CWW 的执行说明

（2）其他。

利用 CW、CWW 圆弧插补指令进行圆弧插补，其半径是恒定的，插补的方式是 X 轴和 Y 轴方向上一步一个脉冲向圆弧靠近，它就是在 X 轴和 Y 轴方向上每一个脉冲所走的距离是相等的，也就是说，X 轴和 Y 轴的脉冲当量应该一样，这样才能得到一个真正的圆弧，如果 X 轴和 Y 轴方向上的脉冲当量不相等，则插补的结果是一个变了形的圆弧（不是圆的一段弧，而是一段光滑的曲线）。

当 20GM 定位单元单位体系参数 Pr0 设置为机械体系时，必须将 X 轴和 Y 轴的脉冲率（参数 Pr1）和进给率（参数 Pr2）的比率设定为相等的。如果单位体系参数 Pr0 设置为电动机体系，则必须通过 X 轴和 Y 轴的伺服驱动器电子齿轮比的设置使它们的脉冲当量一致。

指令的运行速度 V 的设定范围和 DRV，LIN 指令一样。当连续执行插补指令操作时，执行路径操作。停止模式 Pr23 的设置说明见 LIN 指令所述。

4. 圆弧插补定位指令（指定圆弧半径）CW、CWW

1）指令格式与解读

cod 02 CW	x S1	y S2	r S3	f V
cod 02 CCW	x S1	y S2	r S3	f V

操作数内容与取值如下。

操　作　数	内容与取值
S1	圆弧插补时终点坐标 X 值
S2	圆弧插补时终点坐标 Y 值
S3	圆弧插补时圆弧的半径
V	圆弧插补时运行速度

解读：以 S3 为圆弧半径（中心点由指令自动指定），在平面上以速度 V 在当前位置与终点位置（S1，S2）之间走出一条圆弧轨迹。该指令仅在双轴联动模式下可用。

2）指令应用

（1）功能说明。

这条指令可以理解为指定圆弧中心点的圆弧插补指令 CW、CWW 的派生指令，其指令符完全一样，只是操作数不同。上面的指令指的是圆心，而这条指令指定的是圆弧半径。由数学知识可知，两点 A，B 之间画一条圆弧，其圆心一定在两点连线的垂直平分线上，如图 10-10 所示。如果指定了圆弧的半径，则两个点 O_1，O_2 均可选作圆心。两个圆心形成两个圆，则所连接 A、B 两点之间的圆弧也有大弧和小弧之分，如图 10-11 所示。图中，AMB 与 AQB 为小弧，ANB 与 ARB 为大弧。

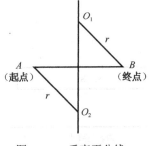

图 10-10　垂直平分线

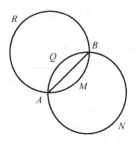

图 10-11　大弧和小弧

该插补指令也有顺时针执行和逆时针执行两种方式。当顺时针（CW）执行时，所形成的圆弧只能是 AQB（小弧）和 ARB（大弧）。同样，逆时针（CWW）执行时所形成的是小弧 AMB 和大弧 ANB。

在指令执行时，所移动的轨迹到底是大弧还是小弧则由操作数 S3（r）的正负决定。当 r 为正值时，移动轨迹为小弧；当 r 为负值时，移动轨迹为大弧。图 10-12 表示了指令在顺时针和逆时针执行时，根据 r 的正负所形成的小弧和大弧的示意图。

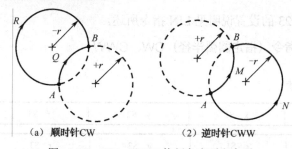

(a) 顺时针CW   (2) 逆时针CWW

图 10-12   CW、CWW 执行之小弧和大弧

这条指令不能产生一个整圆。如果要画出一个完整的圆轨迹，只能使用上述指定中心点的插补指令。

（2）半径 r。

由图 10-12 可知，如果 r 为 0，或 r 小于 A、B 距离的一半，则过 A、B 两点不能作出一个圆，因此 r 的设定值一定要大于 A、B 间距离值的一半。否则，指令会出错，并不执行。

r 的取值为当前位置的增量值，当 r 设定后，指令会自动计算出圆心位置，不需要用户设定。半径 r 的单位和设定范围与 DRV 指令相同。

（3）其他。

指令的终点坐标值的单位和设定范围与 DRV 指令相同。路径操作、停止模式和相应参数设置说明均与指定圆弧中心点的圆弧插补指令相同，这里不再叙述。

3）指令符省略应用

对指令 DRV、LIN、CW、CWW 来说，如果在程序中连续使用相同的指令，则可以省略其代码编号，只需输入必要的操作数。

如：N00   cod00（DRV）   X100   Y0

      N01   X200   Y0

上述程序中，N00 行执行了 DRV 指令，N01 行没有指令符，它表示仍然执行 DRV 指令，目标位置是 X200。注意，只有在连续执行相同的指令时才可以这样。

5. 等待时间指令 TIM

1）指令格式与解读

cod 04 TIM	K S1

操作数内容与取值如下。

操 作 数	内容与取值
S1	等待时间，单位为 ms

解读：执行上一条指令完成后和开始执行下一条指令的暂停时间。

2）指令应用

TIM 指令的执行时序如图 10-13 所示。当指令执行后进行伺服结束检查时，TIM 时间应从收到伺服结束检查信号时开始计算。

TIM 指令主要用于定位动作的延迟。例如，各种操作的等待时间、电动机的启动时间等，目的是等这些操作完成后再执行下一条指令。

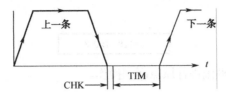

图 10-13　TIM 指令的执行时序

计时单位为 10ms，如 K100 表示 100×10ms=1s。其设定值的范围见表 10-18。

表 10-18　设定值范围

目 标 地 址	设 定 范 围
直接指定	k0～k169535
存储地址（16 位）	D0～D6999
存储地址（32 位）	DD0～DD6998

6. 伺服检查指令 CHK

1）指令格式与解读

cod 09　CHK

解读：指令执行伺服结束检查，该指令无操作数。

2）指令应用

执行定位控制指令时，当伺服放大器上偏差计数器的滞留脉冲小于一定数量时，伺服放大器会向 20GM 发出一个定位结束信号（由 SVEND 专用端口接收），伺服结束检查是指在脉冲输出结束后在一定的时间内检测定位结束信号。如果在规定的时间内接收到定位结束信号，则表示定位控制指令正常，而如果在规定的时间里没有接收到定位结束信号，20GM 会认为发生定位错误而停止执行下一条指令。

伺服检查指令 CHK 一般常用在插补指令 LIN、CW、CWW 后。当连续进行插补操作时，如果中间不增加指令 CHK，则在连接的转折点处连成一条光滑曲线，如图 10-14（a）所示，但如果在每一条插补指令后增加 CHK 指令，则会走完完整的折线和圆弧，而在转折点形成拐点，如图 10-14（b）所示。

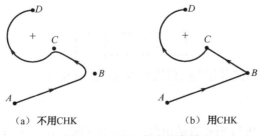

（a）不用CHK　　　　　　（b）用CHK

图 10-14　CHK 指令的应用

7. 原点回归指令 DRVZ

1）指令格式与解读

cod 28　DRVZ

解读：执行这条指令时机械进行原点回归操作。

2）指令应用

（1）执行功能。

机械原点回归操作是所有定位控制系统必须进行的操作。在每次断电后重新启动时都要先进行一次原点回归操作，目的是使每次操作的绝对地址值保持一致，即使系统能够进行 ABS 操作，也无须断电后进行原点回归操作。但系统在首次投入运行前也必须先执行一次原点回归操作。确保原点的准确性，所以原点回归操作是必不可少的。

20GM 的原点回归操作执行的是零相信号计数模式的原点回归操作，关于零相信号计数模式的原点回归操作说明请参看第 1 章 1.5 节定位控制运行模式分析。

（2）相关特殊辅助继电器和数据寄存器。

DRVZ 指令的操作涉及一些特殊辅助继电器和数据寄存器，见表 10-19。

表 10-19　相关特殊辅助继电器和数据寄存器

X 轴	Y 轴	设 定 范 围
M9057	M9089	原点回归操作完成标志位
M9008	M9024	禁止原点回归操作标志位
D9233，D9232	D9433，D9432	原点地址存储器
D9249，D9248	D9449，D9448	电气零点地址存储器
D9005，D9004	D9015，D9014	当前位置地址存储器

（3）原点地址

与 FX PLC 不同，20GM 的原点位置还专门设置了一个原点位置地址存储器。其地址值由参数 Pr16 规定。当系统要进行 ABS 检测（参数 Pr50=1）时，Pr16 必须设置为 0。当不进行 ABS 检测时，该地址值可在-999 999～+999 999 之间任意设置，这时所设置的为绝对地址值，但不管设为何值，执行原点回归指令 DRVZ 后总是回到该点。

8. 设置电气零点指令 SETR

1）指令格式与解读

cod 29　SETR

解读：这条指令执行后把运行当前值送到电气零点寄存器中。

2）指令应用

这条指令修正由参数 Pr24 所设置的电气零点地址的值。电气零点是有别于原点的一个定位控制位置参考点，其值存储于电气零点存储器中，是一个绝对地址值。

9. 电气回零指令 DRVR

1）指令格式与解读

cod 30 DRVR

解读：指令执行时，继续以参数 Pr4 所设置的速度回到电气零点位置。

2）指令应用

该指令是电气零点回归指令，在运行的任何位置，执行该指令使机械直接以高速（Pr4 设置的最高速度）回到电气零点，与电气零点所设置的绝对地址值无关，运行的加/减时间由参数 Pr8 和 Pr9 决定。

指令执行完成后，自动执行伺服结束检查。

10. 中断停止指令 INT

1）指令格式与解读

cod 31 INT	x S1	y S2	f V

操作数内容与取值如下：

操 作 数	内容与取值
S1	X 轴终点位置
S2	Y 轴终点位置
V	运行速度

解读：机械以速度 V 向终点位置运行，在运行过程中，如果所指定的 X06 发出中断信号，则终止定位操作，并减速停止，然后执行下一条指令，该指令仅在同步 2 轴下使用。

2）指令应用

该指令可用图 10-15 来说明。

图中，当机械从起点运行至 M 点时，中断输入信号 X06=ON，机械减速运行至 N 点并停止，接着执行下一条指令，而余下的剩余位移 NP 则被忽略。如果在运行过程中没有发生中断信号（X06=OFF），则机械运行到终点位置。

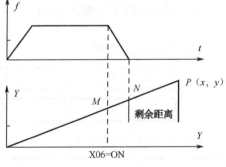

图 10-15 INT 指令图示

应用这条指令同样要注意停止模式的设置。指令的中断信号是由输入端口 X06 所发出的，这是 20GM 所指定的端口，不可用其他端口，应用时必须注意。

11. 单速中断定位指令 SINT

1）指令格式与解读

cod 71 SINT	x S	fx V
cod 71 SINT	y S	fy V

操作数内容与取值如下。

操 作 数	内容与取值
S	X 轴或 Y 轴的给定位移
V	运行速度

解读：指令执行后，机械以速度 V 运行，直到所指定的中断输入信号 X04（X 轴）或 X05（Y 轴）为 ON 后，机械以相同速度 V 运行给定位移 S 后停止。

2）指令应用

该指令与 FX3U 的单速中断定长进给指令 DVIT 的功能一样。其定位模式分析可参看第 1 章 1.5.5 节中断单速定长运行模式分析。

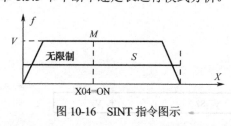

图 10-16 SINT 指令图示

图 10-16 说明了指令的执行过程。

图中，机械以速度 V 从当前位置开始运行，运行至 M 点接到由指定端口 X04 发出的中断信号后继续运行所指定的位移 S 后停止。

在接到中断信号之前的这段时间里机械一直不停地运行，其运行位移没有限制，直到发出中断信号为止。

该指令只能在独立 2 轴模式下应用，中断信号输入端口 X 轴指定为 X04，Y 轴指定为 X05。中断后的定长位移 S 为中断位置 M 处的增量地址值，不管之前所设置的定位方式是绝对方式定位（ABS）还是相对方式定位（INC）。

该指令在应用时要注意速度 V 和位移 S 之间的关系。当速度较高而位移较小时，机械会急剧减速而产生过冲，这一点在应用到步进电动机上尤其要注意。

12. 双速中断定位指令 DINT

1）指令格式与解读

cod 72 DINT	x S	fx V1	fx V2
cod 72 DINT	y S	fy V1	fy V2

操作数内容与取值如下。

操 作 数	内容与取值
S	X 轴或 Y 轴的给定运行位移
V1	运行速度 1
V2	运行速度 2

解读：指令执行后，先以速度 V_1 运行。当所指定的中断输入信号从 X00（X 轴）或 X02（Y 轴）输入时，机械马上减速至速度 V_2 继续运行，直到接到停止信号 X01（X 轴）或 X03（Y 轴）后继续以 V_2 速度运行所给定的位移 S 后停止。

2）指令应用

该指令为双速中断定长定位模式，关于定位模式的分析可参看第 1 章 1.5 节。图 10-17 说明了指令运行的过程。

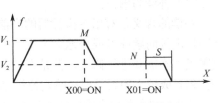

图 10-17　DINT 指令图示

图中，机械以 V_1 速度开始运行。当中断开始信号 X00 为 ON 时（X 轴），从 M 点开始减速至速度 V_2 继续运行，运行至中断停止信号 X01 为 ON 时（X 轴），即图中 N 点后继续以速度 V_2 运行指定的位移 S 后停止。

与 SINT 指令一样，该指令只能在独立 2 轴模式下应用。中断开始信号指定为 X00（X 轴）、X02（Y 轴），中断停止信号指定为 X01（X 轴）和 X03（Y 轴）。当机械没有接收到中断开始或中断停止信号时会一直以速度 V_1 或 V_2 继续运行下去。位移 S 为停止信号处 N 的增量地址值。

指令对速度 V_1 和速度 V_2 的指定没有要求，可以 $V_1>V_2$，也可以 $V_2>V_1$。

3）中断输入端口的应用

中断指令（INT、SINT、DINT）的中断输入信号都被指定为相应的通用输入端口 X。在 20GM 中，这些通用的输入端口同时又被指定为手动脉冲器的输入端口，这样就会产生重叠现象，而一个输入端口是不能同时作为两种不同类型用途的。表 10-20 列出了重叠的通用输入端口的用途，供读者在应用时参考。

表 10-20　通用输入端口的使用

X 端口	INT	SINT	DINT	手　　脉
X00			X 轴中断开始	X 轴 A 相输入
X01			X 轴中断停止	X 轴 B 相输入
X02			Y 轴中断开始	Y 轴 A 相输入
X03			Y 轴中断停止	Y 轴 B 相输入
X04		X 轴中断输入		使能输入
X05		Y 轴中断输入		使能输入
X06	中断输入			使能输入

13. 直线补偿指令 MOVC

1）指令格式与解读

cod 73　MOVC	x　S1	y　S2

操作数内容与取值如下。

操　作　数	内容与取值
S1	X 轴补偿值
S2	Y 轴补偿值

解读：指令执行后对 X 轴、Y 轴的相对位移值进行补偿。

2）指令应用

（1）补偿与修正。

补偿的含义是对指令执行后的当前位置值进行修正。因为在实际运行中，由于机械结构及脉冲输出等问题或多或少地会产生一些定位误差，一般来说，这些定位误差控制在一定的误差范围里并不需要进行修正，但是在某些情况下，如往复运动或连续多次定位控制中，微小的误差会积累成较大的误差而影响定位控制的精度，这时可利用补偿指令对误差进行修正。

修正的过程是对定位控制指令所指定的终点位置值加上或减去补偿指令所设定的补偿值。其实质是在当前值寄存器中对机械位置的当前值进行加/减后作为新的当前值存入 到当前值寄存器中。

（2）应用模式。

该指令在不同控制模式下的应用不同。当在应用独立 2 轴模式下，指令只能对 X 轴或 Y 轴分别进行补偿，而在双轴联动模式下则可同时对 X 轴和 Y 轴进行补偿。该指令执行后，应接着执行定位控制指令 DRV 或 LIN。

（3）特殊辅助继电器。

指令在绝对定位方式（ABS）和相对定位方式（INC）下均可使用。不管哪种方式，其补偿值都是增量值。但在相对定位方式（INC）下，是否执行 MOVC 指令还取决于两个特殊辅助继电器的状态。这两个特殊辅助继电器为 M9163（X 轴）和 M9164（Y 轴）。对 X 轴来说，当 M9163 的状态为 ON 时，则不执行 X 轴方向上的补偿。同样，当 M9164 为 ON 时，不执行 Y 轴方向上的补偿。

（4）补偿取消。

补偿指令 MOVC（包括中心点补偿指令 CNTC 和半径补偿指令 RADC）一旦在程序执行后会对后面的定位控制指令产生补偿作用。如果需要取消补偿，则必须执行补偿取消指令 CANC 后方能取消。

14. 中心点补偿/半径补偿指令 CNTC/RADC

1）指令格式与解读

cod 74 CNTC	i S1	j S2

操作数内容与取值如下。

操 作 数	内容与取值
S1	中心点 X 坐标补偿值
S2	中心点 Y 坐标补偿值

解读：对执行中心点圆弧插补指令 CW/CWW 的中心点坐标位置值进行补偿。

cod 75 RADC	r S

操作数内容与取值如下。

操 作 数	内容与取值
S	圆弧半径 r 的补偿值

解读：对执行半径圆弧插补指令 CW/CWW 的圆弧半径 r 值进行补偿。

2）指令应用

这两条指令对圆弧插补指令 CW/CWW 的中心坐标值或半径 r 进行修正，不管系统是绝对定位方式还是相对定位方式，补偿值均是以增量值进行补偿的。

同样，当特殊辅助继电器 M9163（X 轴）和 M9164（Y 轴）开启时将忽略在相对定位方式下所设置的修正值。

15. 补偿取消指令 CANC

1）指令格式与解读

cod 76　CANC

解读：指令执行后取消由指令 MOVC，CNTC，RADC 所设置的补偿。

2）指令应用

在程序中应用指令后取消前面所使用的补偿指令的补偿，但不能取消其后的补偿指令的补偿。

16. 绝对/相对定位指令 ABS/INC

1）指令格式与解读

cod 90　ABS

解读：指令执行后，其后的定位控制位移量被认为是相距原点的绝对地址值。

cod 91　INC

解读：指令执行后，其后的定位控制位移量被认为是相距当前位置的增量地址值。

2）指令应用

关于绝对定位和相对定位的基本知识见第 1 章 1.5 节定位控制运行模式分析。

这两条指令就是规定定位控制指令中位移量的性质，因此指令必须置于定位控制指令前，在执行了 ABS 或 INC 指令后，其后的定位控制位移量分别被理解为距离电气原点的绝对地址值（ABS）和距离当前位置的增量值（INC）

当程序中指定了绝对定位（ABS）时，对于指令 SINT，DINT，MOVC，CNTC 和 RADC 中所指定的位移值或补偿值仍然被作为增量值。

当特殊辅助继电器 M9163（X 轴）和 M9164（Y 轴）为 ON 时，如果为相对定位（INC）执行时，由指令 MOVC，CNTC 和 RADC 所指定的补偿值将被忽略。

这两条指令一旦执行其中一条，则其后的程序均按指令所指定的定位方式理解，直到在程序中被另一条指令所取代。如果不指定定位方式，则 20GM 视为绝对定位（ABS）方式。

17. 当前值改变指令 SET

1）指令格式与解读

cod 92　SET	x　S1	y　S2

操作数内容与取值如下。

操 作 数	内容与取值
S1	取代 X 轴当前值寄存器的数值
S2	取代 Y 轴当前值寄存器的数值

解读：执行该指令后，当前值寄存器的值被指令所设置的值替代。

2）指令应用

该指令的执行实质上是在程序执行中间对电气零点的位置进行了修正。

如图 10-18 所示为独立 2 轴模式的 X 轴示意图。图中，如果机械运行至 A 点，其当前值寄存器的值为 100，即距离原点 0 的位移为 100。这时执行指令 cod92（SET）X250 后，当前值寄存器的值为 250。因为 250 是距离原点的值，因此就相当于把原点 0 向左移动了 150，原点由 0 点移到了 B 点。

同样，在双轴联动模式下，坐标系的原点通过 SET 指令的执行也进行了移动。如图 10-19 所示，如当前位置为 A 点（300，100），这时执行指令 cod92（SET）X400，Y200 后，原来的坐标发生了偏移，从 0 点移到了 B 点。

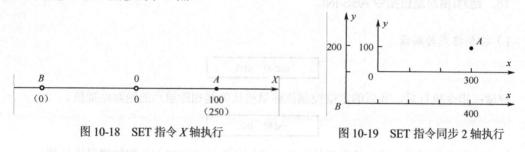

图 10-18　SET 指令 X 轴执行　　　　图 10-19　SET 指令同步 2 轴执行

10.2.3　顺控指令

10.2.3.1　基本逻辑处理指令

基本逻辑处理指令与 FX$_{2N}$ PLC 的基本逻辑控制指令相类似，但比 FX$_{2N}$ PLC 的少，其功能和适用位元件也类似。其主要功能是组成驱动输出继电器 Y、辅助继电器 M 和应用指令的逻辑运算条件。20GM 的基本逻辑处理指令见表 10-21，读者可参看参考文献[2]，这里不再详细讲解。

表 10-21　基本逻辑处理指令

助 记 符	名 称	功 能	适用位元件
LD	取正	常开触点运算开始	
LDI	取反	常闭触点运算开始	
AND	与	串接常开触点	
ANI	与反	串接常闭触点	X、Y、M
OR	或	并接常开触点	
ORI	或反	并接常闭触点	

续表

助 记 符	名 称	功 能	适用位元件
ANB	串接电路块	串联电路块的并接	电路块
ORB	并接电路块	并联电路块的串接	
SET	置位	输出动作保持（ON）	Y、M
RST	复位	输出动作复位（OFF）	
NOP	空操作	无操作	无

在基本逻辑处理指令中，SET、RST 指令和 FX₂N PLC 的 SET、RST 指令的使用有所区别。在 FX₂N PLC 中，SET、RST 指令必须有驱动条件，仅当驱动条件成立时才执行 SET 和 RST 指令，而在 20GM 的 cod 指令程序中 SET、RST 指令可以有驱动条件驱动，也可以没有驱动条件直接驱动。图 10-20 表示了这两种应用情况。

（a）FX₂N PLC 中的 SET 用法　　　（b）20GM 中的 SET 用法

图 10-20　SET 的两种应用

10.2.3.2　程序流程指令

20GM 的功能指令同样也和 FX₂N PLC 的功能指令类似。每一条指令都由功能号、助记符和操作数组成，在程序中执行一定的功能。在下面的讲解中，凡 20GM 中与 FX₂N PLC 中功能相类似的指令都不作详细讲解。读者可参看参考文献[2]《三菱 FX₂N PLC 功能指令应用详解》一书中的相关内容。

程序流程转移是指程序在顺序执行过程中发生了转移的现象，即跳过一段程序去执行指定程序，使程序执行发生转移的指令有条件转移和无条件转移指令、调用子程序指令、循环指令和返回母线指令等。

1. 条件转移指令 CJ

1）指令格式与解读

```
├─┤├──┤ FNC 00 CJ │ S. │
```

操作数内容与取值如下。

操 作 数	内容与取值
S.	程序转移地址，S=P0～P255

解读：驱动条件成立时，程序转移到指针为 S 处往下执行，驱动条件不成立时，程序按顺序执行下一行程序。

2）指令应用

该指令与 FX₂N PLC 的功能指令 CJ 的功能相同。

2. 条件非转移指令 CJN

1）指令格式与解读

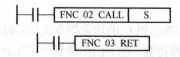

操作数内容与取值如下。

操　作　数	内容与取值
S.	程序转移地址，S=P0～P255

解读：驱动条件不成立时，程序转移到指针为 S 处往下执行，驱动条件成立时，程序按顺序执行下一行程序。

2）指令应用

CJN 指令与 CJ 指令功能一样，只是转移条件不同而已。如果 CJ 指令的转移条件为常开触点 X0，那么用常闭触点 X0 作为 CJ 指令的转移条件。其功能和 CJN 一样。

如果 CJN 指令被其他指令跳过，即使驱动条件不成立，CJN 指令也不被执行。

3. 子程序调用指令 CALL、子程序返回指令 RET

1）指令格式与解读

```
       ┤├───┤ FNC 02 CALL   S. │
       ┤├───────┤ FNC 03 RET │
```

操作数内容与取值如下。

操　作　数	内容与取值
S.	调用子程序地址，S=P0～P255

解读：驱动条件成立后，程序立即转移到指针为 S 的子程序段执行，在子程序执行时碰到子程序返回指令 RET 立即返回到调用子程序指令 CALL 的下一行程序顺序往下执行。

2）指令应用

CALL 为调用子程序指令，RET 为子程序返回指令。

CALL 指令和 RET 指令与 FX$_{2N}$ PLC 的子程序调用指令 CALL 及子程序返回指令 RET 功能相同。其应用也类似。

从指针 S 开始到 RET 结束的程序段称作子程序段。子程序段应安排在主程序结束的后面，即在指令 M02（END）之后，也就是所谓的副程序区。

20GM 的 CALL 指令可以嵌套，但最多 15 层调用子程序嵌套。

4. 无条件转移指令 JMP

1）指令格式与解读

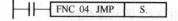

操作数内容与取值如下。

操 作 数	内容与取值
S.	程序转换地址，S=P0～P255

解读：程序无条件地转移到 S 处顺序往下执行。

2）指令应用

JMP 指令没有驱动条件，程序执行过程中碰到 JMP 指令立即进行程序转移。

5. 返回母线指令 BRET

1）指令格式与解读

```
 ┤├──── FNC 05 BRET
```

解读：执行该指令后，后面的指令都被看成连接到母线的指令。

2）指令应用

（1）功能说明。

BRET 指令是 20GMcod 指令程序的一个特有的指令。cod 指令程序和梯形图程序不一样，它是一种类似于数控机床 CNC 的编程语言，由行号及指令组成，并不存在什么母线。这里所谓的母线是编译成类似梯形图的叫法。先看图 10-21，这是两个应用 SET 指令的梯形图程序。图中，SET Y1 是有明显区别的。（a）中 SET Y1 受到驱动条件 X0 的控制，而（b）中 SET Y1 则没有驱动条件。程序执行到这一行时将 Y1 置位，但是这两种不同的控制情况用 20GM 的 cod 指令来编写，程序却是一样的。BRET 指令就是为了区别这种情况而设置的。

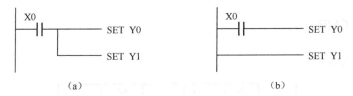

图 10-21　SET 指令的两个应用梯形图

图 10-22 是对 BRET 指令功能的说明，如果没有 BRET 指令，cod 程序会自动认为图（a）中的 SET Y1 受 X0 的驱动，而在中间增加了 BRET 指令后，cod 程序控制则认为 SET Y1 是直接驱动的，不受 X0 的控制。

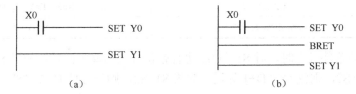

图 10-22　BRET 指令功能的说明

（2）指令应用。

BRET 指令的功能就是使下一条指令为直接驱动（返回母线），但是在 cod 指令程序中，下面各种指令在程序中使用时会自动返回母线直接驱动，不需要在其前面添加 BRET 指令。

① 全部定位控制指令（cod 指令）。

② 在 AFTER 模式下的 m 代码指令。

③ 无驱动条件的应用指令 RET、JMP、RPT、RPE 等执行条件转移指令 CJ、CJN 等。

6. 循环指令 RPT、RPE

1）指令格式与解读

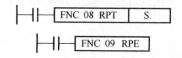

操作数内容与取值如下。

操 作 数	内容与取值	可用软元件
S.	循环次数，S=1～32767	K、H、KnX、KnY、KnM、D、V、Z

解读：RPT 为循环开始指令，RPE 为循环结束指令，该指令与 FX$_{2N}$ PLC 中 FOR—NEXT 循环指令类似。

2）指令应用

循环程序可以嵌套，但不能超过 15 层。

循环次数如设为 0，则仅执行循环一次就结束；如设为负值，程序不停止地连续执行陷入无限循环中。这一点利用字元件作循环次数寄存器时要注意。

10.2.3.3 比较与传送指令

1. 比较指令 CMP

1）指令格式与解读

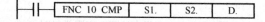

操作数内容与取值如下。

操 作 数	内容与取值	可用软元件
S1.	比较数据 1	K、H、KnX、KnY、KnM、D、V、Z
S2.	比较数据 2	K、H、KnX、KnY、KnM、D、V、Z
D.	比较结果驱动位元件首址	X、Y、M

解读：当驱动条件成立时，对 S1 和 S2 进行带符号数的算术比较，如果 S1>S2，则位元件 D 导通；如果 S1=S2，则位元件 D+1 导通；如果 S1<S2，则位元件 D+2 导通。

2）指令应用

该指令和 FX$_{2N}$ PLC 的 CMP 指令功能一样，一旦驱动，如果执行后驱动条件断开，而执行结果仍然保持。该指令也可进行 32 位操作。

2. 区域比较指令 ZCP

1）指令格式与解读

| ┤├ | FNC 11 ZCP | S1. | S2. | S. | D. |

操作数内容与取值如下。

操 作 数	内容与取值	可用软元件
S1.	比较数据下限值	K、H、KnX、KnY、KnM、D、V、Z
S2.	比较数据上限值	K、H、KnX、KnY、KnM、D、V、Z
S.	被比较数据	K、H、KnX、KnY、KnM、D、V、Z
D.	比较结果驱动位元件首址	X、Y、M

解读：当驱动条件成立时，把 S 与 S1，S2 进行带符号数的算术比较，如果 S<S1，则位元件 D 导通；如果 S1≤S≤S2，则位元件 D+1 导通，如果 S>S2，则位元件 D+2 导通。

2）指令应用

该指令与 FX₂ₙ PLC 的 ZCP 指令功能一样，在使用中应注意 S2>S1，该指令也可用于 32 位操作。

3. 传送指令 MOV

1）指令格式与解读

| ┤├ | FNC 12 MOV | S. | D. |

操作数内容与取值如下。

操 作 数	内容与取值	可用软元件
S.	传送的源数据字元件地址	K、H、KnX、KnY、KnM、D、V、Z
D.	传送的目的字元件地址	KnY、KnM、D、V、Z

解读：驱动条件成立时，将 S 中的字元件数据传送到字元件 D 中，传送后 S 中的数据保持不变。

2）指令应用

该指令与 FX₂ₙ PLC 的 MOV 指令功能一样。该指令也可以进行 32 位操作。

4. 放大传送指令 MMOV

1）指令格式与解读

| ┤├ | FNC 13 MMOV | S. | D. |

操作数内容与取值如下。

操 作 数	内容与取值	可用软元件
S.	传送的 16 位源数据字元件地址	K、H、KnX、KnY、KnM、D、V、Z
D.	传送的 32 位目的双字元件地址	KnY、KnM、D、V、Z

解读：驱动条件成立时把一个 16 位的字元件数据传送到一个 32 位的双字元件中。

2）指令应用

该指令的执行功能是将 S 中的 16 位传送到 32 位双字的低 16 位。将 S 中的 b15 位（符号位）传送到 32 位双字的高 16 位（b16～b31 位），指令执行后，相当于把一个 16 位的带符号二进制数变成了一个 32 位的带符号二进制数，因此指令被称为放大传送。传送后，S 和 D 中的数值是相等的。

指令的传送可用图 10-23 说明。

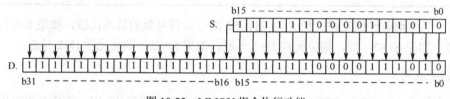

图 10-23　MMOV 指令执行功能

5. 缩小传送指令 RMOV

1）指令格式与解读

操作数内容与取值如下。

操 作 数	内容与取值	可用软元件
S.	传送的 32 位源数据双字元件地址	K、H、KnX、KnY、KnM、D、Z
D.	传送的 16 位字元件地址	KnY、KnM、D、V

解读：驱动条件成立时，把一个 32 位的双字元件数据传送到一个 16 位字元件中。

2）指令应用

该指令的执行功能是将 S 中的 b0～b14 位传送到 D 中的 b0～b14 位，而把 S 中的符号位 b31 传送到 D 中的符号位 b15。S 中的 b15 位到 b30 位则被忽略，不予传送，如图 10-24 所示。

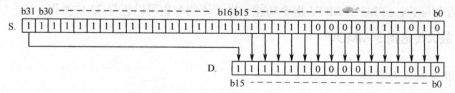

图 10-24　RMOV 指令的执行功能

该指令实际上是把一个 32 位的数据变成一个 16 位数据。因此，该指令被称为缩小传送。但传送后，D 的数值不一定等于 S 中低 16 位的数值。

10.2.3.4 算术与逻辑运算指令

1. 二进制转换 BCD 码指令 BCD

1）指令格式与解读

```
| |--[ FNC 18  BCD  | S. | D. |
```

操作数内容与取值如下。

操 作 数	内容与取值	可用软元件
S.	二进制存储地址	KnX、KnY、KnM、D、V、Z
D.	8421BCD 码存储地址	KnY、KnM、D、V、Z

解读：驱动条件成立时将 S 中的二进制数转换成 8421BCD 码十进制数送到 D 中。

2）指令应用

BCD 指令的功能是把二进制数转换成 8421BCD 码。8421BCD 码是用 4 位二进制数来表示一位十进制数的编码。8421BCD 编码知识请参阅参考文献[2]。

指令可以 16 位应用，也可以 32 位应用。在 16 位应用时，二进制数的范围在 0～9999 之间。在 32 位应用时，二进制数的范围在 0～99 999 999 之间，超出范围指令不被执行。

如果 D 被指定为 KnY，则在输出端口 Y 接上带锁存的 8421BCD 码 7 段显示数码管，可以直接用十进制数显示 S 中的二进制数。

2. BCD 码转换二进制指令 BIN

1）指令格式与解读

```
| |--[ FNC 19  BIN  | S. | D. |
```

操作数内容与取值如下。

操 作 数	内容与取值	可用软元件
S.	8421BCD 码数存储地址	KnX、KnY、KnM、D、V、Z
D.	转换后，二进制数存储地址	KnY、KnM、D、V、Z

解读：驱动条件成立时，将 S 中的 8421BCD 码数转换成二进制数送到 D 中。

2）指令应用

BCD 指令、BIN 指令和 FX_{2N} PLC 中的 BCD、BIN 指令的功能相同。

BIN 指令主要用来获取接在输入端口 X 上 8421BCD 码的数字开关设定值，转换成二进制数后送入 20GM 的内存单元中。

如果 S 中出现非 8421BCD 码以外的编码（伪码 1010～1111），指令则不执行。

3. 算术运算指令 ADD、SUB、MUL、DIV

1) 指令格式与解读

FNC 20 ADD	S1.	S2.	D.
FNC 21 SUB	S1.	S2.	D.
FNC 22 MUL	S1.	S2.	D.
FNC 23 DIV	S1.	S2.	D.

操作数内容与取值如下。

操 作 数	内容与取值	可用软元件
S1.	参与算术运算数据 1	K、H、D、V、Z
S2.	参与运算数据 2	K、H、D、V、Z
D.	运算结果存储地址	D、V、Z

解读：驱动条件成立时，将 S1 和 S2 进行带符号整数的算术运算（加、减、乘、除），并将运算结果送到 D 中。

2) 指令应用

这 4 条指令是进行算术运算的，和 FX_{2N} PLC 中的算术运算指令功能一样，4 种运算在应用中有不同的注意点，下面分别给予说明。

（1）加法（ADD）、减法（SUB）。

加/减运算有 16 位操作（ADD、SUB）和 32 位操作（DADD、DSUB）之分。其运算示意图如图 10-25 所示。

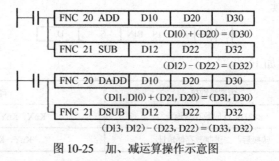

| FNC 20 ADD | D10 | D20 | D30 |
(D10) + (D20) = (D30)
| FNC 21 SUB | D12 | D22 | D32 |
(D12) − (D22) = (D32)

| FNC 20 DADD | D10 | D20 | D30 |
(D11, D10) + (D21, D20) = (D31, D30)
| FNC 21 DSUB | D12 | D22 | D32 |
(D13, D12) − (D23, D22) = (D33, D32)

图 10-25　加、减运算操作示意图

加/减法运算会涉及几个特殊继电器，它们是零标志位、进位标志位、借位标志位。

● 零标志位：当运算结果为 0 时，该标志位为 ON。
● 进位标志位：当运算结果超过 D 所表示的最大值时，该进位标志位为 ON。
● 借位标志位：当运算结果超过 D 所表示的最小值时，该进位标志位为 ON。

20GM 中，不同的控制模式和不同的独立轴其标志位不同，见表 10-22。

（2）乘法。

乘法运算的 16 位操作和 32 位操作运算示意图如图 10-26 所示。

表 10-22　标　志　位

标　志　位	同步 2 轴或 X 轴	Y 轴	子　任　务
零	M9061	M9093	M9133
借位	M9062	M9094	M9134
进位	M9063	M9095	M9135

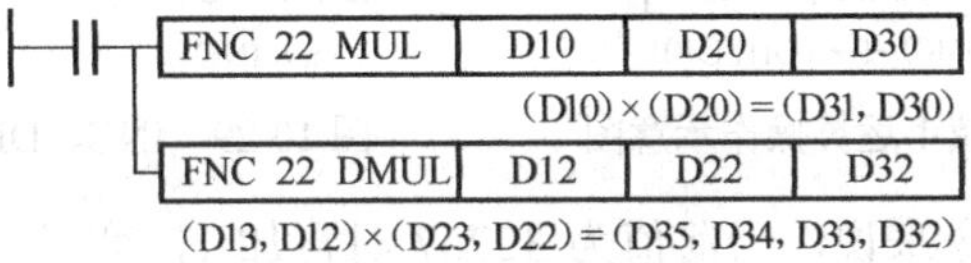

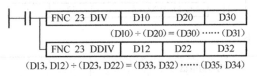

图 10-26　乘法运算操作示意图

32 位操作运算的结果是 64 位数据，和 FX_{2N} PLC 一样，20GM 也不能监视 64 位数据，所以参加乘法运算的操作必须能使其乘积小于 32 位数。

（3）除法。

除法运算的 16 位操作和 32 位操作运算示意图如图 10-27 所示。除法结果分为两部分，一部分是商，另一部分是余数。商的符号由 S1 和 S2 的符号决定（同为正，异为负），余数的符号则由 S1 的符号决定。

当除数（S2）为 0 时，指令不被执行。

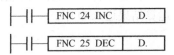

图 10-27　除法运算操作示意图

4. 加 1 减 1 指令 INC、DEC

1）指令格式与解读

操作数内容与取值如下。

操　作　数	内容与取值	可用软元件
D.	指令执行存储字元件	KnY、KnM、D、V、Z

解读：驱动条件成立时，每执行一次，D 的值就加 1（INC）或减 1（DEC）。

2）指令应用

（1）运算示意。

加 1 减 1 运算的 16 位操作和 32 位操作的示意图如图 10-28 所示。

（2）与加、减指令不同，加 1 减 1 指令的执行结果对零标志 M8020、溢出标志 M8021 及 M8022

没有影响，实际上 INC 和 DEC 指令是一个单位累加（累减）环形计数器，如图 10-29 所示。

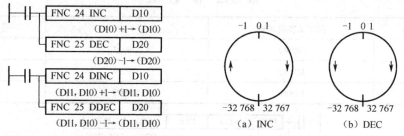

图 10-28　加 1 减 1 运算操作示意图　　　图 10-29　INC、DEC 数的变化

如图可见，对加 1 指令来说，当前值为 32767 时再加 1，变成–32768（减 1 指令为–32768 再减 1 时为 32767），当前值为–1 时，加 1 变成 0（减 1 指令为 1 时，再减 1 为 0）。上述变化时溢出及结果为 0 都不会影响标志位。

5. 逻辑运算指令 WAND、WOR、WXOR

1）指令格式与解读

```
┤├──┤FNC 26 WAND│ S1. │ S2. │ D. │
┤├──┤FNC 27 WOR │ S1. │ S2. │ D. │
┤├──┤FNC 28 WXOR│ S1. │ S2. │ D. │
```

操作数内容与取值如下。

操 作 数	内容与取值	可用软元件
S1.	参与逻辑运算的字元件 1	K、H、KnX、KnY、KnM、D、V、Z
S2.	参与逻辑运算的字元件 2	K、H、KnX、KnY、KnM、D、V、Z
D.	逻辑运算结果存放字元件	KnY、KnM、D、V、Z

解读：驱动条件成立后，将 S1 与 S2 的相对应的二进制位进行逻辑与（WAND）、逻辑或（WOR）和逻辑异或（WXOR），运算结果送入 D 中。

2）指令应用

按位进行逻辑运算的口诀是：

逻辑与：见 0 为 0，全 1 为 1（F=A·B）。

逻辑或：见 1 为 1，全 0 为 0（F=A+B）。

逻辑异或：同为 0，异为 1（F=A⊙B）。

逻辑运算的目的是保留某些位值，复位或置于某些位值。

6. 求补指令 NEG

1）指令格式与解读

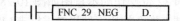

操作数内容与取值如下。

操 作 数	内容与取值	可用软元件
D.	求补运算字元件	KnY、KnM、D、V、Z

解读：驱动条件成立后将 D 进行求补码运算（按位求反加 1），并将结果送入 D 中。

2）指令应用

该指令与 FX₂N PLC 中求补指令 NEG 的功能一样。

10.2.3.5　外部设备指令

1. 数字开关读指令 EXT

1）指令格式与解读

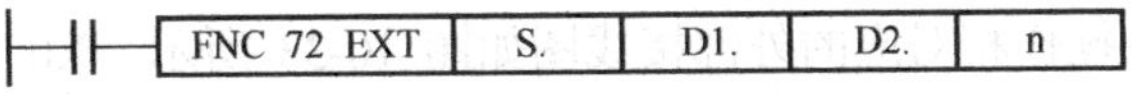

	FNC 72 EXT	S.	D1.	D2.	n

操作数内容与取值如下。

操 作 数	内容与取值	可用软元件
S.	数字开关接入 X 端口首址，占用 4 个点	X
D1.	分时输入选通扫描 Y 端口首址，占用 1~8 个点	Y
D2.	读入数字开关数值，存储地址	D、V、Z
N	数字开关位数，n=k1~k8，k17~k24	K1~K8

解读：驱动条件成立时，把连接在由 S1 所指定 X 端口上的 n 位数字开关的值采用由 D1 所指定的 Y 端口选通分时扫描的方式读入并转换成二进制数后存入 D2。

2）指令应用

（1）功能说明。

该指令功能与 FX₂N PLC 的 DSW 指令相同，但应用有所不同。

EXT 指令实际上就是一个读取 20GM 或扩展 I/O 模块上外接数字开关设定值的指令，现以图 10-30 所示的指令来说明。

图 10-30 所示的指令操作相对应的外部接线图如图 10-31 所示。

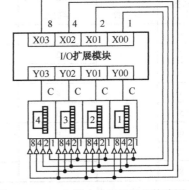

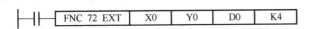

图 10-30　EXT 指令的应用

图 10-31　EXT 指令的应用外部接线图

指令中 K4 表示有 4 位数字开关，最大可输入 9999。4 位数字开关的 8421 码输出共同接在 X0~X3 的 4 个输入端口上，Y0~Y3 为选通信号，当驱动条件成立时，Y0~Y3 按照参数 Pr33 所设置的时间（初始值为 20ms）依次轮流导通，（又叫分时扫描）当 Y0 导通时，数字开关"1"被读入，Y1 导通时，数字开关"2"被读入，依次类推，只要驱动条件成立，Y0~Y3 不停地依次循环轮流导通，这样将 4 个数字开关的值实时地读到 20GM 的内存中。

当指令为 32 位应用（DEXT）时，最多可输入 8 位数字开关的值，这时数字开关的输入仍然为 X0~X3 的 4 个点（即所有数字开关均为并联输入），但分时扫描选通输入端口要增加到 8 个端口，这时最大可输入 99999999，但转换后的二进制数存入 32 位数据寄存器（D1，D0）中。

（2）正/负数的读入。

EXT 指令当用 K17~K24（分别对应于 1~8 位数字开关）来指定位数时，负数也能被读取，这时数字开关的输入端口占用 5 个点，其中 S 为正/负数指定输入端口，S+1~S+4 为数字开关 8421 输入端口。

现以图 10-32 所示的指令加以说明。

图 10-32 所示指令操作相对应的外部接线图如图 10-33 所示。X0 为正/负数识别开关，当 X0=ON 时，读入的数字开关为负数；当 X0=OFF 时，读入的数字开关为正数，其余说明同上。

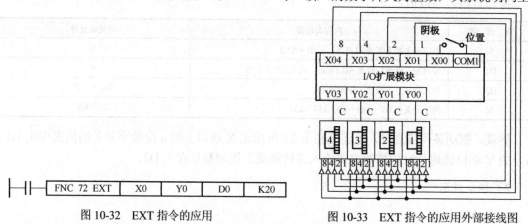

图 10-32　EXT 指令的应用　　　　　　图 10-33　EXT 指令的应用外部接线图

表 10-23 列出了读取正/负数时 EXT 指令操作数的设定值相互之间的关系。

表 10-23　EXT 指令操作数的设定值相互之间的关系

读取位数	正　数			正/负　数			数据寄存器
	输入端口数	选通端口数	n 设定	输入端口数	选通端口数	n 设定	
1		1	K1		1	K17	D
2		2	K2		2	K18	
3		3	K3		3	K19	
4	4	4	K4	5	4	K20	
5		5	K5		5	K21	
6		6	K6		6	K22	D+1，D
7		7	K7		7	K23	
8		8	K8		8	K24	

2．7 段码显示指令 SEGL

1）指令格式与解读

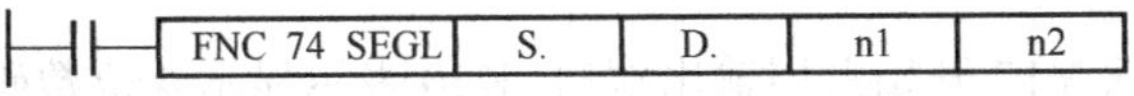

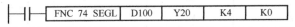

操作数内容与取值如下。

操 作 数	内容与取值	可用软元件
S.	需显示数据存储地址	D、V、Z
D.	外接数码管输出端口 Y 首址，占用 n+4 个点	Y
n1	显示 8421BCD 码位数	K、H
n2	数据信号与选通信号的逻辑关系：K0~K3	K、H

解读：驱动条件成立时，将 S 中的数据送到连接在以 D 为首址的输出端口的 n1 位带锁存功能的 7 段数码管中显示。

2）指令应用

（1）功能说明。

该指令与 FX₂ₙ PLC 的 SEGL 指令的功能一样，但应用有所不同，现以图 10-34 所示的指令加以说明。

$$\dashv\vdash\boxed{\text{FNC 74 SEGL}}\boxed{\text{D100}}\boxed{\text{Y20}}\boxed{\text{K4}}\boxed{\text{K0}}$$

图 10-34　SEGL 指令的应用

与图 10-34 所示的指令操作相对应的外部接线如图 10-35 所示。由于指令输出的是 8421BCD 码，因此不能直接与 7 段显示数码管相连，必须与带有 BCD 码-7 段码译码器的 4 线输出锁存数码管相连。数据线 8421 并联接在 Y21~Y23 的输出端口，选通线则由 Y24 开始连接，其选通输出的过程与 EXT 类似，不再阐述。

指令为 16 位应用时，最大可显示 9999；为 32 位应用时，最大可显示 99999999。因此，数据寄存器（D100）存储数值不能超过 9999，（D101，D100）不能超过 99999999。

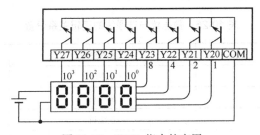

图 10-35　SEGL 指令的应用

（2）正/负数的读出。

与 EXT 指令一样，SEGL 指令也可以读取正/负数。这时，操作数 D 本身为正/负数识别信号，其后的输出端口为与数码管相连接的端口，相当于多占用一个输出端口，而 n1 则用 K17~K24 来指定显示的位数 1~8 位。

现以图 10-3 所示的指令来说明。

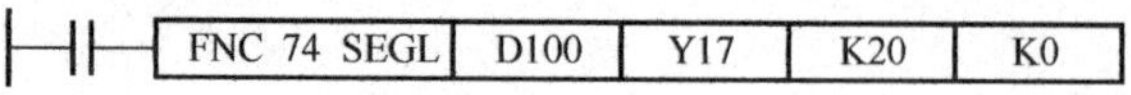

| ⊢⊢ | FNC 74 SEGL | D100 | Y17 | K20 | K0 |

图 10-36　SEGL 指令的应用

指令中，Y17 表示从 Y17 开始占用输出端口。K20 表示显示 4 位数码管（显示位数=n1-16）。Y17 本身为正/负数识别信号，Y17=ON，为负数，Y17=OFF，为正数。其后的 Y20～Y27 为数码管的数据线与选通线端口，接线同图 10-35。

表 10-24 列出了 SEGL 指令在读取正/负数时的操作数设定值之间的关系。

表 10-24　SEGL 指令操作数设定值之间的关系

读取位数	正　数		正/负数		数据寄存器
	输入端口数	n1 设定	输入端口数	n1 设定	
1	5	K1	6	K17	D
2	6	K2	7	K18	
3	7	K3	8	K19	
4	8	K4	9	K20	
5	9	K5	10	K21	
-6	10	K6	11	K22	
7	11	K7	12	K23	D+1, D
8	12	K8	13	K24	

（3）逻辑设定。

操作数 n2 是数据线与选通线的逻辑关系设置。具体设置见表 10-25。表中，有关逻辑规定说明如下。

数据线：正逻辑表示高电平时读出有效。
　　　　负逻辑表示低电平时读出有效。

选择线：正逻辑表示高电平时有效，数据锁存并保持。
　　　　负逻辑表示低电平时有效，数据锁存并保持。

表 10-25　数据线与选通线的逻辑关系设置

数据线逻辑	选通线逻辑	n2 设定值
正逻辑	正逻辑	K0
正逻辑	负逻辑	K1
负逻辑	正逻辑	K2
负逻辑	负逻辑	K3

（4）特别说明。

这条指令只能用于子任务中，且根据子任务的运行周期处理显示 4 位需要 12 个运行周期，并且只能使用 2 次。

3. 输出指令 OUT

1）指令格式与解读

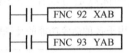

操作数内容与取值如下。

操 作 数	内容与取值	可用软元件
D.	输出位元件	Y、M

解读：驱动条件成立，D 为 ON，驱动条件断开，D 为 OFF。

2）指令应用

这是一条非保持型的输出驱动指令。类似于 PLC 的 OUT 指令。该指令也可直接连接母线，即无驱动条件，这时 D 保持驱动状态。

4. 绝对位置检测指令 XAB、YAB、

1）指令格式与解读

|| FNC 92 XAB ||

|| FNC 93 YAB ||

解读：驱动条件成立时，自动执行 X 轴绝对位置检测（XAB）或 Y 轴绝对位置检测（YAB）。

2）指令应用

（1）功能说明。

在 10.1.3 节 I/O 控制参数里讲解了绝对位置方式参数，说明了在定位控制中应用绝对定位系统时必须把 20GM 与伺服驱动器进行正确连接，然后对参数 Pr50、Pr51、Pr52 进行正确设置。当断电后再打开电源时，机械运行当前值会自动被从带有绝对位置检测功能的伺服电动机中读出，并保持到 20GM 的当前值寄存器中。这就是绝对位置（ABS）自动检测功能。这个功能仅仅在断电后再重启电源时才会自动检测，而在其他时间，如定位控制运行时则不能进行 ABS 检测，指令 XAB 与 YAB 弥补了这个不足。

不管在什么时间，执行指令 XAB 或 YAB 都是从伺服驱动器中读取伺服电动机的当前绝对位置值，并把它存入 20GM 的当前值寄存器中。

指令执行的前提是外部通信信号的连接正确,参数 Pr50、Pr51 和 Pr52 设置正确。

（2）脉冲执行。

该指令通常用于子任务中，使用时当驱动条件的导通时间大于子任务的操作周期时会发生每个操作周期都重复的执行情况。这不是程序所希望的指令执行。程序希望驱动条件每导通一次，ABS 检测指令仅执行一次。图 10-37 为产生一个脉冲信号 M0 去执行 ABS 检测指令的样例。

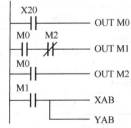

图 10-37　脉冲执行应用样例

（3）应用注意。

如果在 20GM 正在运行时出现了"只开启伺服放大器"的紧急停止输入或者伺服放大器电

源关闭,则会发生"伺服开启输入"不能进入 20GM 的情况,即使后来伺服放大器恢复正常。伺服放大器仍将被停用。在这种情况下,如果执行了 ABS 检测指令 XAB 或 YAB,伺服放大器将会恢复正常操作。

10.3　特殊辅助继电器和特殊数据寄存器

10.3.1　特殊辅助继电器

20GM 定位单元设置了许多特殊辅助继电器和特殊数据寄存器,它们在指令程序编写中非常有用,其中特殊辅助继电器从 M9000 开始,主要用来进行各种操作命令的输入和 20GM 状态信息的读出。

表 10-26 为用于各种命令功能的特殊辅助继电器。这些继电器在程序中使之为 ON 后相当于启动了开始、停止和相应的输入端信号为 ON 的操作,相比于外部端口命令操作来说,用特殊辅助继电器来完成操作命令,其最大的优点是可以在程序中进行控制。

表 10-26　用于各种命令功能的特殊辅助继电器

X 轴	Y 轴	子 任 务	属　性	说　　明	
M9000	M9016	M9112		单步模式操作	
M9001	M9017	M9113		开始命令	
M9002	M9018	M9114		停止命令	
M9003	M9019	—		m 码关闭命令	
M9004	M9020	—		机械回零命令	当这些特殊 Ms 由一个主任务程序(同步 2 轴程序或 X/Y 轴程序)或子任务程序驱动时,它们的功能相当于定位单元"输入端子命令"的替代命令
M9005	M9021	—	R/W	FWD JOG(正向点动)命令	
M9006	M9022	—		RVS JOG(反向点动)命令	
M9007	M9023	M9115		错误复位	
M9008	M9024	—		回零轴控制	
M9009	M9025	—		未定义	
M9010	M9026	—		未定义	
M9011	M9027~	M9116~		未定义	
M9012	M9030	M9125	—	但是 M9118 的功能有指定功能	—
M9013					
	M9014			16 位 FROM/TO 模式	—
M9015		—	W	连续路径模式	
—	M9031	M9126		未定义	
		M9127	R/W	电池 LED 亮灯控制	

X 轴	Y 轴	子 任 务	属　性	说　明	
—	—	M9132			
—	—	M9133			
—	—	M9134	—	未定义	
—	—	M9135			
M9036～ M9040	M9041～ M9045	—			
M9046，M9047					
M9160	—	—	W	在操作过程中以多步速度进 行 m 码控制	FX₂N–20GM 未定义

[1] W：此特殊辅助继电器是只写的。

　　R/W：此特殊辅助继电器可读可写。当从一个外部输入端子给出一个命令输入时，该继电器为 ON。

[2] 在同步 2 轴模式中，即使只对 X 轴或 Y 轴发出单步模式命令、开始命令或 m 码关闭命令，这些命令对两个轴都有效。

[3] 命令输入用的特殊辅助继电器的开/关状态由 20GM 内的 CPU 连续监控。

[4] 当电源打开后，每个特殊辅助继电器都被初始化为关闭状态。

　　表 10-27 为表示 20GM 的各种运行状态的标志继电器，它们表示了 20GM 在运行中的各种状态，如标志位、端口输入状态标志、回零标志等。这些状态可以通过 PLC 指令将其读出，以供控制程序使用。

表 10-27　用于状态的特殊辅助继电器

X 轴	Y 轴	子 任 务	属　性	说　明	
M9048	M9080	M9128		就绪/忙	
M9049	M9081	—		定位结束	
M9050	M9082	M9129		错误检测	
M9051	M9083	—		m 码开启信号②	
M9052	M9084	—		m 码备用状态②	
M9053	M9085	M9130		m00（m100）备用状态	
M9054	M9086	M9131		m02（m102）备用状态	
M9055	M9087	—		停止保持驱动备用状态	
M9056	M9088	M9132	R①	进行中的自动执行②（进行中 的子任务操作）	这些特殊 Ms 根据定位单 元的状态而打开/关闭
M9057	M9089	—		回零结束	
M9058	M9090	—		未定义	
M9059	M9091	—		未定义	
M9060	M9092	M9118		操作错误②	
M9061	M9093	M9133		零标志②	
M9062	M9094	M9134		借位标志②	
M9063	M9095	M9135		进位标志②	

X 轴	Y 轴	子 任 务	属 性	说 明	
M9064	M9096	—		DOG 输入	
M9065	M9097	—		START 输入	
M9066	M9098	—		STOP 输入	
M9067	M9099	—		ZRN 输入	
M9068	M9100	—		FWD 输入	这些特殊 Ms 根据定位单元的开关状态而打开/关闭
M9069	M9101	—		RVS 输入	
M9070	M9102	—		未定义	
M9071	M9103	—		未定义	
M9072	M9104	—		SVRDY 输入	
M9073	M9105	—		SVEND 输入	
—	—	M9139		独立 2 轴/同步 2 轴	
—	—	M9140		端子输入：MANU	这些特殊 Ms 根据定位单元中正在执行的程序、端子输入状态等而打开/关闭
—	—		R	未定义	
—	—	M9142		未定义	
—	—	M9143		电池电压低	
M9144	M9145	—	R/W[1]	当前值建立标志[3]（这个标志在执行一次回零或是绝对位置检测后设置，在电源断开后复位）	
M9163	M9164	—	R/W	用于位移补偿、中点补偿、半径补偿等指令的校正数据	

① R、R/W 含义同上表。

② X 轴和 Y 轴在同步两轴操作中同时操作。

③ 即使绝对位置检测结束后，回零标志位（M9057 和 M9089）也不会开启，当你想用一个标志来表示绝对位置检测结束时应使用"当前值建立标志"（M9144 和 M9145）（返回到零点后，当前值建立标志不会复位）。

10.3.2 特殊数据寄存器

特殊数据寄存器从 D9000 开始，分为两大类，一类是 20GM 的参数设定值寄存器，专门用来存放 20GM 的有关参数设定，与参数寄存器相对应，20GM 的内部还置有缓冲存储器 BFM#。缓冲存储器的编号与参数寄存器的编号一一对应，当通过外部设备（PLC-触摸屏）改变缓冲存储器的内容时，与其编号相同的参数寄存器也随之改变，同样对 20GM 的参数重新进行了设置。其设定值也随之送入编号相对应的缓冲存储器中。表 10-28 和表 10-29 为寄存参数设定值的特殊数据寄存器。

另一类特殊数据寄存器是寄存 20GM 程序运行时各种数据和产品相关信息的。表 10-30 为产品信息和运行数据特殊数据寄存器。

表 10-28　参数值存储特殊数据寄存器表（1）

X轴		Y轴		属 性		说　明
高　位	低　位	高　位	低　位	R/W	位　数[①]	
D9201	D9200	D9401	D9400			参数 0：单位体系
D9203	D9202	D9403	D9402			参数 1：电动机每转一圈所发出的命令脉冲数量
D9205	D9204	D9405	D9404			参数 2：电动机每转一圈的位移
D9207	D9206	D9407	D9406			参数 3：最小命令单元
D9209	D9208	D9409	D9408			参数 4：最大速度
D9211	D9210	D9411	D9410			参数 5：JOG 速度
D9213	D9212	D9413	D9412			参数 6：偏移速度
D9215	D9214	D9415	D9414			参数 7：间歇校正
D9217	D9216	D9417	D9416			参数 8：加速时间
D9219	D9218	D9419	D9418	R/W	32 位	参数 9：减速时间
D9221	D9220	D9421	D9420			参数 10：插补时间常数[②]
D9223	D9222	D9423	D9422			参数 11：脉冲输出格式
D9225	D9224	D9425	D9424			参数 12：旋转方向
D9227	D9226	D9427	D9426			参数 13：回零速度
D9229	D9228	D9429	D9428			参数 14：点动速度
D9231	D9230	D9431	D9430			参数 15：回零方向
D9233	D9232	D9433	D9432			参数 16：机械零点的地址
D9235	D9234	D9435	D9434			参数 17：零点信号计数
D9237	D9236	D9437	D9436			参数 18：零点信号计数开始计时
D9239	D9238	D9439	D9438			参数 19：DOG 开关输入逻辑
D9041	D9040	D9441	D9440			参数 20：限位开关逻辑
D9043	D9042	D9443	D9442			参数 21：定位结束错误校验时间
D9045	D9044	D9445	D9444			参数 22：伺服就绪检测
D9047	D9046	D9447	D9446	R/W	32 位	参数 23：停止模式
D9049	D9048	D9449	D9448			参数 24：电气零点位置
D9051	D9050	D9451	D9450			参数 25：软件极限（高位）
D9053	D9052	D9453	D9452			参数 26：软件极限（低位）

　　① 参数均为 32 位特殊数据寄存器，必须使用 32 位指令。

　　② 虽然给 Y 轴分配了特殊辅助寄存器（D9421、D9420），但仅用于 X 轴的特殊辅助寄存器（D9221、D9220）有效，Y 轴数据被忽略。

表 10-29　参数值存储特殊数据寄存器表（2）

X轴		Y轴		属 性		说　明
高位	低位	高位	低位	R/W	位数①	
D9261	D9260	D9461	D9460	R/W	32 位	参数 30：程序号规定方式②
D9263	D9262	D9463	D9462			参数 31：DSW 分时读取的首输入号②
D9265	D9264	D9465	D9464			参数 32：DSW 分时读取的首输出号②
D9267	D9266	D9467	D9466			参数 33：DSW 读取时间间隔②
D9269	D9268	D9469	D9468			参数 34：RDY 输出有效②
D9271	D9270	D9471	D9470			参数 35：RDY 输出号②
D9273	D9271	D9473	D9471			参数 36：m 码外部输入有效②
D9275	D9274	D9475	D9474			参数 37：m 码外部输出信号②
D9277	D9276	D9477	D9476			参数 38：m 码关闭命令输入号②
D9279	D9278	D9479	D9478			参数 39：手动脉冲发生器
D9281	D9280	D9481	D9480			参数 40：手动脉冲发生器生成的每脉冲倍率因子
D9283	D9282	D9483	D9482			参数 41：倍增结果的除法系数
D9285	D9284	D9485	D9484			参数 42：用于启动手动脉冲发生器首输入号
D9287	D9286	D9487	D9486			参数 43：空
D9289	D9288	D9489	D9488			参数 44：空
D9291	D9290	D9491	D9490			参数 45：空
D9293	D9292	D9493	D9492			参数 46：空
D9295	D9294	D9495	D9494			参数 47：空
D9297	D9296	D9497	D9496			参数 48：空
D9299	D9298	D9499	D9498			参数 49：空
D9301	D9300	D9501	D9500	R③		参数 50：ABS 接口
D9303	D9302	D9503	D9502			参数 51：ABS 首输入号
D9305	D9304	D9505	D9504			参数 52：ABS 控制的首输出号
D9307	D9306	D9507	D9506	R/W		参数 53：单步操作
D9309	D9308	D9509	D9508			参数 54：单步模式输入号
D9311	D9310	D9511	D9510			参数 55：空
D9313	D9312	D9513	D9512			参数 56：用于 FWD/RVS/ZRN 的通用输入声明

① 参数均为 32 位特殊数据寄存器，必须使用 32 位指令，

② 在同步 2 轴模式下，X 轴设定值有效，Y 轴设定值无效。

③ D9300～D9305 和 D9500～D9505 被分配作为检测绝对位置的参数。因为绝对位置检测是在定位单元电路开启时执行的，所以不能通过特殊辅助继电器启动，要执行绝对位置检测，可以用一个定位用的外围单元来直接设定参数。

表 10-30 产品信息和运行数据特殊数据寄存器

| X 轴 | | Y 轴 | | 子 任 务 | | 属 性 | | 说 明 |
高 位	低 位	高 位	低 位	高 位	低 位	读 写	位 数	
—	D9000	—	D9010	—	—	R/W		程序号（参数 30）②
—	D9001	—	D9011	—	—		16 位①	正在执行的程序号③
—	D9002	—	D9012	—	D9100	R		正在执行的行号③
—	D9003	—	D9013	—	—			m 码（二进制）③
D9005	D9004	D9015	D9014	—	—	R/W	32 位	当前位置
—	—	—	—	—	D9020			存储器容量
—	—	—	—	—	D9021			存储器类型
—	—	—	—	—	D9022			电池电压
—	—	—	—	—	D9023			低电池电压检测电平（初始值为 3.0V）
—	—	—	—	—	D9024	R	16 位	检测到瞬时电源中断数量
—	—	—	—	—	D9025			瞬时电源中断检测时间（初始值为 10ms）
—	—	—	—	—	D9026			型号为 5210
—	—	—	—	—	D9027			版本
	D9060		D9080		D9101			正中执行的步号③
	D9061		D9081	(D9103)	D9102			错误码③
	D9062		D9082	—	—		16 位	指令组 A：当前 cod 状态③
	D9063		D9083	—	—	R		指令组 B：当前 cod 状态③
D9065	D9064	D9085	D9084	D9105	D9104		32 位	暂停时间设定值③
D9067	D9066	D9087	D9086	D9107	D9106		32 位	暂停时间当前值③
(D9069)	D9068	(D9089)	D9088	(D9109)	D9108		16 位	循环次数设定值③
(D9071)	D9090	(D9091)	D9090	(D9111)	D9110			循环次数当前值③
D9075	D9074	D9095	D9094			R	32 位	当前位置（转换成脉冲）
(D9077)	D9076	(D9097)	D9096	(D9113)	D9112	R	16 位	发生操作错误的步号③
D9121	D9120	D9123	D9122	—	—			X/Y 的轴补偿数据
D9125	D9124	—	—	—	—	R/W		圆弧中心点（i）补偿数据

| X 轴 | | Y 轴 | | 子 任 务 | | 属 性 | | 说 明 |
高 位	低 位	高 位	低 位	高 位	低 位	读 写	位 数	
—	—	D9127	D9126	—	—	R/W		圆弧中心点（j）补偿数据
从高位 D9129 到低位 D9028				—	—			圆弧中心点（r）补偿数据

① 16 位特殊数据寄存器使用 16 位指令，32 位特殊数据寄存器使用 32 位指令。

② 在同步 2 轴模式下，用于 X 轴的特殊数据寄存器有效，而用于 Y 轴的特殊数据寄存器被忽略。

③ 在同步 2 轴模式下，用于 X 轴的和用于 Y 轴的特殊数据寄存器的存储数据相同。

当前位置数据寄存器为 D9005、D9004（X 轴）和 D9015、D9014（Y 轴），所存储数据是以参数 3 中设定的实际单位为基准的，而用来表示转换成脉冲形式的当前值数据寄存器 D9075、D9074（X 轴）和 D9095、D9094 的数据是随 D9005、D9004 和 D9015、D9014 的变化而自动变化的。

第 11 章　FX₂ₙ-20GM 编程软件 VPS 的使用

学习指导　本章介绍 FX₂ₙ-20GM 编程软件 VPS 的使用，目前已很少使用手持编程器 E-20TP 对 20GM 进行输入、监控和程序测试。多数是使用图形定位控制软件 VPS 在计算机上对 20GM 进行程序编制、下载和监控。因此，这一章是学习 20GM 定位控制技术应用的必学章节，而目前所有 PLC 出版物都没有对 VPS 软件进行过详细的介绍。这一章填补了这方面的空白。

关于 VPS 软件的操作，读者可配合视频课程一起学习。

11.1　概述

11.1.1　简介

图形定位控制软件（Visual Positioning Controller Software）简称 VPS，是为 FX-10GM，FX-20GM 和 FX（E）-20GM 三种定位控制器新开发的设计软件。

VPS 丰富的应用功能如下。

（1）通过图形用户界面（GUI）进行控制器的图形程序编制。

（2）可以很方便地使用逻辑图形和文本格式进行程序编制。因此，用户可以很灵活地把图形和文字描述结合起来编制逻辑程序。

（3）允许用户在 HMI（触摸屏）上设计用图形显示的对控制器程序的监控。

（4）存储所有 VPS 文件的程序和参数资料。

（5）可以打印图形程序、监控对象和参数信息。

（6）写入程序和参数到控制器。

（7）从控制器中读出程序和参数，向图形用户界面提供数据。

（8）支持一些特殊功能，如 Export、Import、Drag、Drap 等。

（9）对控制器数据进行监控。

（10）可以在运行时方便地修改控制器程序和参数。

（11）给初学者提供了在线的上下文帮助功能，使软件用户能得到无条件的广泛学习。

（12）提供了具有菜单、工具栏及各类窗口的良好用户界面。

11.1.2　软件界面

1. 安装与启动

VPS 的安装和三菱其他软件一样，安装过程比较简单，单击安装文件后自动进入安装程序。安装完毕后可将软件图标置于桌面上。

编程软件安装后可以单击桌面图标，或如图 11-1 所示在计算机的开始菜单中选择打开编程软件。

图 11-1　在开始菜单中打开编程软件

2. 激活软件与软件界面

单击图标，编程软件打开后，出现如图 11-2 所示的软件界面。该界面为 VPS 软件未被激活的情况，还必须通过单击画面上的图标（New）或（Open）来激活软件。

单击后出现一个"选择配置设备型号"对话框，如图 11-3 所示，用户可根据需要选择所需要的定位控制模式。

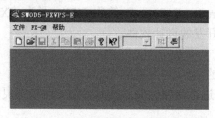

图 11-2　未被激活的软件界面

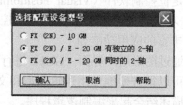

图 11-3　定位控制模式的选择

（1）独立 1 轴模式。勾选 FX（2N）-10GM

该选项用于编写 FX$_{2N}$-10GM 程序，FX$_{2N}$-10GM 只能控制一个轴。

（2）独立 2 轴模式。勾选 FX（2N）/E-20GM 有独立的 2-轴。

该选项用于编写 FX$_{2N}$-20GM 程序，FX$_{2N}$-20GM 能够控制两个轴，但两个轴是独立控制的，因此不能使用 FX$_{2N}$-20GM 的插补功能。

（3）同时 2 轴模式。勾选 FX（2N）/E-20GM 同时的 2-轴。

该选项也用于编写 FX$_{2N}$-20GM 程序，但是可以使用 FX$_{2N}$-20GM 的插补功能控制两轴同时运行。

选择一种如独立 2 轴后，单击"确认"后进入如图 11-4 所示的软件界面。

关于软件界面上的各个应用窗口和栏目说明如下。

（1）菜单栏。菜单栏用于选择软件操作的各个命令工具。在编程界面左上方。

菜单栏的显示栏目与在视图中所打开的窗口有关，如打开流程图窗口（FLOW chat 1），则菜单栏显示如图 11-5 所示。

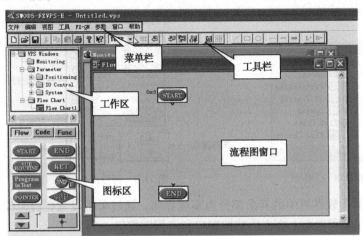

图 11-4 VPS 软件界面

图 11-5 流程图窗口菜单栏显示

如打开监控窗口（Monitoring Window），则菜单栏显示如图 11-6 所示。

| 文件 | 编辑 | 视图 | 插入 | 工具 | FX-GM | 参数 | 窗口 | 关闭 |

图 11-6 监控图窗口菜单栏显示

（2）工具栏。工具栏在菜单栏下面，工具栏提供如图 11-7 所示的常用操作的快捷图标。

图 11-7 工具栏快捷图标

单击图标后可以是进行某些操作，也可以是对某些操作进行处理。工具栏的显示或隐藏由视图菜单中进行选择。工具图标呈现灰色，则在当前窗口不可用。如果打开相应的窗口，则灰色才能变成可用的亮色。

（3）工作区。工作区在编程界面的左侧，用于进行参数设置及进入编程界面。如图 11-8 所示。工作区以文件夹的形式出现，有三个文件夹。

① 监控（Monitoring）：单击后，在编程界面上出现监控窗口（Monitoring Window）。

② 参数（Parameter）：用来设置定位控制单元的定位参数（Positioning）、I/O 控制参数（IO control）和系统参数（System）。

③ 流程（Flow Chart）：用来在编程界面上创建多个主任务流程图（Flow Chart1）和一个子任务流程图（Subtask）窗口。所有创建的流程图窗口均会显示在文件夹下。

（4）符号图标区。符号图标区用来提供 VPS 软件进行程序编制时所使用的各种图标及工具。在工作区下面，如图 11-9 所示。

① 图标类别选择：选择编程时使用的流程图符号图标、代码符图标、功能符图标。

② 图标选择：选择编程时使用的相应的符号图标。

③ 连线：在编程界面放置好各个图标后，用此连线将各个符号按程序顺序连接起来。

④ 图标滚动：利用上下箭头或滚动条移动显示图标选择中的更多符号图标。

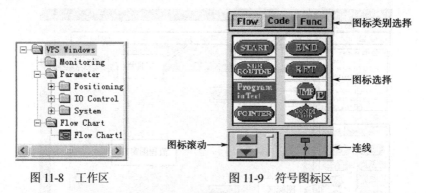

图 11-8　工作区　　　　　　　　　图 11-9　符号图标区

（5）编程界面。软件界面的其余部分为编程界面，通过单击设置栏内监控文件夹和流程图里流程图标号，在编程界面上会出现监控窗口和流程图窗口。

11.1.3　窗口

当打开一个新的 VPS 文件时，一个空白的监控窗口和一个空白的流程图窗口会自动弹出。监控窗口和流程图窗口简介如下。

1. 流程图窗口（Flow Chart Window）

VPS 是用符号图标来描述控制器定位控制功能的。这个工作是放在流程图窗口来完成的。用户在流程图窗口利用符号图标画出定位控制程序的逻辑图形。这个图形称为流程图。流程图中，每个图标都代表控制器的一个或多个可执行指令。全部流程就完成一个控制任务。

VPS 打开时会弹出默认为："Flow chart1"的空白流程图窗口。在这个窗口里，图标"START"及"END"已被自动画入。用户仅需在"START"和"END"图标之间编制控制流程图就行。在编程界面里，可以通过鼠标右键单击工作区内的"Flow chart1"来添加多个流程图窗口，并顺序给予命名"Flow chart2"、"Flow chart3"等。同时，通过"Flow chart"还可以在编程界面上增加 1 个且只能是 1 个"子程序流程图"窗口。

打开的流程图窗口可以关闭、最小化、最大化、删除和更新。在流程图中，除符号图标和连线外，监视对象、图形对象及链接和嵌入式对象都不能放在流程图及其子程序窗口。

2. 监控窗口（Monitoring Window）

监控窗口可以作为人机界面窗口，用户可以在监控窗口上做出由控制器控制的各种设备的图形状态资料。这是一个独立的窗口。与流程图窗口（Flow Chart Window）的状态信息无关。

监控窗口用户可以完成下列任务。

（1）可以同时监控多台设备的状态和内容。

（2）可以监控控制器 X 轴、Y 轴的当前位置，在监控窗口画出 X 轴、Y 轴的运动图形。

（3）可以监控控制器的状态。

（4）可以监控当前正在执行的程序信息（程序步编号、错误代码等）。

（5）也可以执行像开始、停止、手动等手动操作对象的命令。

（6）利用绘图工具和附件工具条绘制自己的图形。

（7）在监控窗口内可以对对象进行链接和嵌入（OLE）。

（8）可以打印窗口的内容。

11.2　参数的软件设置

11.2.1　定位参数

FX₂N-20GM 的参数有初始设置值，如果需要改变参
数值，则可以通过 FX₂N-20GM 的编程软件来实现，编程
软件打开后，在软件的左边有个工作区（WORKspace），
其中"Parameter"为参数选择设置。参数设置中又分为
"Positioning"（定位参数）、"IO Control"（I/O 控制参数 ）、
"System"（系统参数）三大类。每一类中又分为各种参
数对话框进行各种参数设置。用户只需要按控制要求进
行填写或勾选即可。如图 11-10 所示。

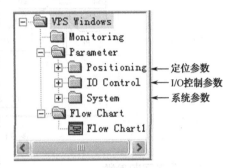

图 11-10　参数设置

双击"定位参数"（Positioning），文件夹打开后有 4
个参数可根据控制要求进行设置。这 4 个参数分别是单
位参数（Units）、原点回归参数（Machine Zero）、速度参数（Speed）及参数设置（Setting）。

1. 单位参数

双击"Units"，出现如图 11-11 所示的对话框。该对话框参数设置相当于参数 0、1、2 和 3
的设置内容。

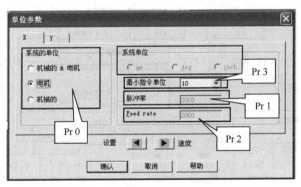

图 11-11　"单位参数"对话框

该对话框是用来设置定位轴速度和位置所使用的系统单位制及与单位制有关的参数设置
的，如脉冲率、进给率、最小命令单位等。图中初始设置对应是 X 轴，可以通过单击左上角
的 X、Y 在 X 轴和 Y 轴之间进行切换分别设置两个轴（在后面的参数设置中均如此），在
"Positioning"中一个参数设置好后，既可以单击"确认"关闭再到软件左边目录中去单击
"Positioning"对其他参数进行设置，也可以直接单击第一个参数设置框中的左、右箭头，直接

417

切换到下一个或上一个参数设置项。如在图 11-11 系统单位设置项中单击向右箭头可以切换到速度参数设置对话框。单击向左箭头可以切换到参数设置对话框。

2. 速度参数

双击"Speed"出现"速度参数"对话框。如图 11-12 所示。该对话框用来设置定位轴运动的各种速度和加/减速时间等。该对话框参数设置相当于参数 4、5、6、7、8、9 和 10 的设置内容。

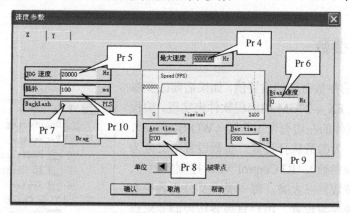

图 11-12 "速度参数"对话框

3. 原点回归参数

双击"Machine Zero",出现"机械零点"参数对话框,如图 11-13 所示。该对话框用来设置定位轴进行原点回归操作时所相关的速度、信号逻辑、返回方向、原点信号计数等参数。该对话框参数设置相当于参数 13、14、15、16、17、18、19 和 20 的设置内容。

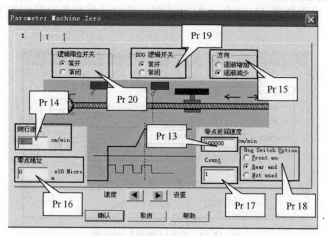

图 11-13 "机械零点"参数对话框

4. 参数设置

双击"Setting"出现"参数设置"对话框,如图 11-14 所示。该对话框用来设置与定位控制有关的其他独立参数,如输入脉冲形式、当前值变化、停止模式、运动极限值及伺服预备检查等。该对话框参数设置相当于参数 11、12、21、22、23、24、25 和 26 的设置内容。

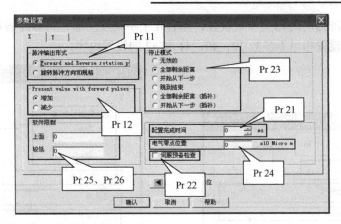

图 11-14 "参数设置"对话框

11.2.2 I/O 参数

双击"IO Control",文件夹打开后有 5 个参数可根据要求进行设置。这 5 个参数是程序编号（Program Number）、m 代码（Program M code）、手动脉冲发生器（Manual Pulse Generator）、绝对位置（Absolute Position）及其他参数（Others）。

1. 程序编号

双击"Program Number",出现如图 11-15 所示的对话框。"程序编号"用来提供程序编号的规定方法、外部数字开关输入的标题输入号和是否输出定位单元准备信号及输出点。

该对话框参数设置相当于参数 30、31、32、33、34 和 35 的设置内容。

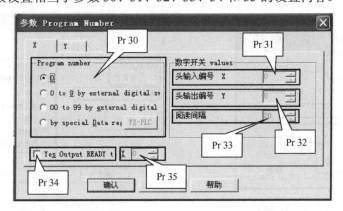

图 11-15 "程序编号"对话框

2. M 代码

双击"M code",出现如图 11-16 所示的对话框。"M 代码"用来进行与 M 代码相关的参数设置。该对话框参数设置相当于参数 36、37 和 38 的设置内容。

3. 手动脉冲发生器

双击"Manual Pulse Generator",出现如图 11-17 所示的对话框。"手动脉冲发生器"用于控制器使用手动脉冲器时的相关参数设置，如有几个手动发生器、每脉冲倍加系数、除法比率等。该对话框参数设置相当于参数 39、40、41 和 42 的设置内容。

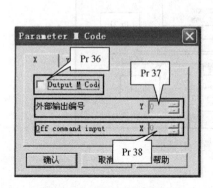
图 11-16 "m 代码"对话框

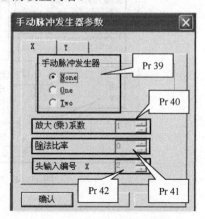
图 11-17 手动脉冲发生器对话框

4. 绝对位置

双击"Absolute Position"，出现如图 11-18 所示的对话框。"绝对位置"是当 VPS 被设定为绝对定位系统时所需要设置的参数。该对话框参数设置相当于参数 50、51 和 52 的设置内容。

5. 其他参数

双击"Others"，出现如图 11-19 所示的对话框。"其他参数"是指对 VPS 系统的单步操作和正/反转点动（FWD、RVS）或回零（ZRV）操作时所需要设置的参数。该对话框参数设置相当于参数 53、54 和 56 的设置内容。

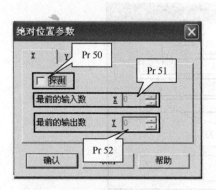
图 11-18 "绝对位置"对话框

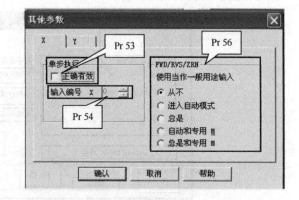
图 11-19 "其他参数"对话框

11.2.3 系统参数

双击"System"，文件夹打开后，有两个参数可根据要求进行设置。这两个参数是系统参数（System）和子程序参数（Subtask）。

1．系统参数

双击"System"，出现如图 11-20 所示的对话框。"系统参数"用来设置程序存储器大小、文件寄存器的使用范围、电池状态的告警输出等相关参数。

该对话框参数设置相当于参数 100、101、102 和 103 的设置内容。

2．子程序参数

双击"Subtask"，出现如图 11-21 所示的对话框。"子程序参数"用来设置子程序相关的参数。如果没有子程序，这些设置值被忽略。

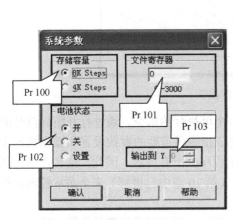

图 11-20　"系统参数"对话框

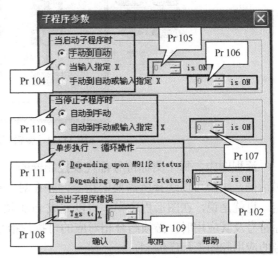

图 11-21　"子程序参数"对话框

该对话框参数设置相当于参数 102、104、105、106、107、108、109、110 和 111 的设置内容。

11.3　编程图标符号的应用

11.3.1　符号图标简介

1．图标符号的组成

VPS 用图标符号来描述控制器的定位控制功能。这个工作是放在流程图窗口来完成的。用户在流程图窗口利用图标符号画出定位控制程序的逻辑图形，这个图形叫流程图。流程图中通过对这些图标符号相连接来完成控制程序的编写，每个定位控制程序流程图由"START"符号开始，以"END"符号结束，全部流程就完成一个控制任务。这种由流程图形式编制的定位控制程序称为图形程序，而把由各种指令所编制的定位控制程序称为文本程序，也叫 cod 语言程序。一个编辑好的流程图程序如图 11-22 所示。

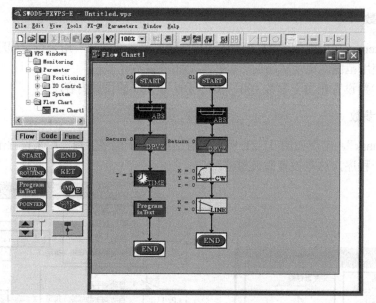

图 11-22　编辑好的流程图程序

流程图中，每个图标符号都代表控制器的一个或多个可执行的指令。通过打开图标符号的对话框，用户可以选择所需要的指令，并在对话框中完成指令所需要的参数设置和操作数的设定。也就是说，在图形程序中，可以完成 cod 语言文本程序的所有内容。因此，读者在学习图标符号及其应用时，必须结合相对应的可执行指令内容（第 10 章中已讲解）来全面掌控图形符号的应用和图形程序编制。

VPS 的图标符号有三种，每种包含多个不同功能的图标。这三种图标符号为流程符号、指令符号和功能符号。

（1）流程符号（Flow Symbols）。流程符号是表示控制程序流程的可执行指令。程序流程是指程序在执行过程中的顺序，当在顺序执行过程中发生了程序的转移时，例如，无条件转移、条件转移、子程序调用、子程序返回等，这时必须使用流程符号进行程序转移的执行。

（2）指令符号（Code Symbols）。指令符号是表示控制过程中实际定位控制动作的可执行指令，是具体对控制对象进行各种定位操作的驱动指令，如完成高速定位操作、回原点操作、插补定位操作、定时控制和输出 m 代码等动作。

（3）功能符号（Function Symbols）。功能符号主要是用来进行流程图中所需要各种数据处理的可执行指令，如循环、数据的传送、运算、比较、转换等。

2. 符号图标的设置

所有的符号图标必须进行相关设置才能进行按控制要求所进行的执行。这些设置有参数设置、程序编号设置、程序转移方向设置、m 代码设置、指令操作数设定等。

在 VPS 软件中，相关设置是对通过图标的对话框操作来完成的，双击图标会出现该图标的对话框。对话框中有三种设置处理方法，一是进行勾选，二是进行具体的数值设置，三是打开新的对话框。

对话框中呈现灰色的选项表示当前情况下不能设置，直到变为光亮后才可以进行设置处理，或者表示当前模式下不需要进行设置处理。

打开对话框后会发现某些勾选项已经勾选或设置上已有数值。实际上，这是 20GM 设置的出厂值，用户可根据控制要求进行修改。

3. 符号图标的信息标注

VPS 软件设计了符号图标的信息标注功能。它由两部分显示组成。

（1）图标的相关信息说明。它显示在图标左面。具体显示内容与图标对话框的设置有关。用户进行设置后就会在图标的左面显示与图标有关的信息。这些信息可以使用户基本了解该图标的设置内容。

图 11-23　注释对话框

（2）图标的注释。它显示在图标的右面。它完全由用户根据自己的想法对图标添加附加说明。用户只需在如图 11-23 所示的注释对话框中填入所需说明文字即可。说明文字有长度限制，仅限于 16 个字符以下。

图标的信息说明和注释内容可以通过图 11-23 中显示注释和显示目录的勾选决定是否显示。勾选表示显示，不勾选表示不显示。

11.3.2　流程符号说明

在编程软件界面图标区中单击"Flow、Code、Func"三个图标中的"Flow"，在此图标的下方会出现一批流程符号（Flow Symbols）的选择项，包括 START、END、JMP、CONDITION、CALL 等流程选择，程序文本符号"Program in Text"还允许用户输入文本格式的程序文件。

流程符号在图形程序中起到程序转移的作用，和程序流程指令相对应，单击图标会出现相应的图标对话框，对话框中除了指明程序的流向外，部分流程符号还要设置相应的转移条件、转移方向等，读者必须结合第 10 章中所介绍的功能指令（FNC）进行理解。在每个图标的说明中均给出了图标所对应的功能指令（FNC）。

VPS 提供了 9 种如图 11-24 所示的流程符号。

图 11-24　流程符号图标

1. 程序开始图标

图 11-25　START 对话框

在一个流程图窗口中可以编写多个定位控制流程图，但每个定位控制流程图必须以"START"等符号图标开始。以其编号不同来区别不同的定位控制程序。

激活 VPS 后，流程图窗口会自动出现一个"START"图标和一个"END"图标。在"START"图标的右面所显示的信息 OX0 为当前定位模式和定位控制程序编号。该图标对应于 cod 指令程序中的程序号行。

单击图标出现如图 11-25 所示的"START 对话框"。

（1）轴选择。用户在此勾选定位轴，轴的选择与 VPS 的定位控制模式有关。若为独立两轴模式，则 X 和 Y 轴均需选择。若为同时两轴模式，则无须轴选择，X 轴和 Y 轴均为灰色。

（2）程序编号（Number）。主任务程序编号选择为 00～99，子任务程序编号固定为 100。

选择独立两轴运行时，X 轴编号为 OXn，Y 轴编号为 OYn。如果选择同时两轴模式，则编号是"On"，n=00～99。

（3）参数按钮。单击后出现参数设置对话框。对图标来说，出现的都是与本图标相关的参数设置。至于具体的参数讲解及参数对话框设置已在第 10 章及本章 11.2 节中介绍过，因此在讲解图标应用时，不再对参数及参数对话框做进一步说明。

2. 程序结束图标 `END`

每个程序的末尾必须要有 END 指令。单击图标出现"END 对话框"，在对话框中，主任务程序结束勾选 m02。子任务程序结束勾选 m102。

该图标代表了 END 指令（程序结束）功能。

3. 子程序开始图标 `SUB ROUTINE`

子程序开始符号用于开始一个子程序。在主任务或子任务程序中使用了"CALL"指令调用子程序时，图标为调用指针指向的子程序开始符号。

单击图标出现"SUBROUTINE 对话框"，在对话框中，编号（Number）为子程序转移地址指针编号，20GM 为 0～255。

4. 子程序结束图标 `RET`

子程序结束符号用于结束一个子程序。该符号对应于指令 FNC03（RET）。单击图标出现"RET 对话框"，如果子程序结束，则勾选 m02。如果子程序最后不是结束而是跳转到其他位置，则可以不用此符号，而用指针图标指明跳转指针的编号。

5. 文本程序编写图标 `Program in Text`

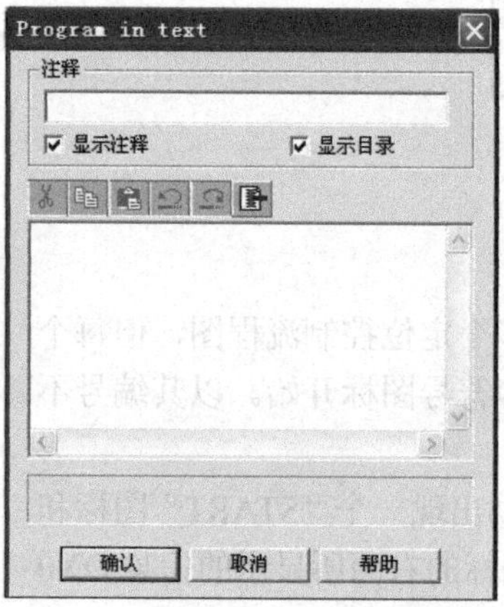

图 11-26 "Program in Text"对话框

此符号用于文本程序的编写，所谓文本程序是指用 cod 语言编制的主任务程序和用顺控指令编制的子任务程序。

在编程界面中双击后出现如图 11-26 所示的"Program in Text 对话框"，该对话框实现文本程序的输入，用户通过本对话框可以输入任意数量的指令，并检查指令的语法，对话框设置了一些编辑用的工具按钮。

1）程序文本编辑和错误信息框

这是一个多行编辑框。每一行仅输入一条指令，一条指令为一行。当前行的指令的语法结构通过按回车键来检测，并进行格式化处理。用户可以输入指令代码（如 cod 00）也可以输入指令符（如 DRV），同时按下回车键后，指令（包括代码之后的名称、操作数）和行将重新被格式化，而空指令（NOP）没有分号，在分号后面的任意文字都被视为注释，表示程序编号的描述（OX, OY, O）和 END（END 和 RET）指令都不被接受。

下面一个小框是错误信息框，输入指令后按下回车键或在全部文本输入后按下"确定"键，软件会检查程序文本内的每一行语法，文本程序出现语法结构错误时，错误信息会在下方框中显示。该信息框为只读框，错误未纠正前，对话框也不能关闭，直到所有错误被改正为止。

2）工具按钮

剪切、复制按钮是用来对文本程序进行剪切、复制的；清除按钮用来删除在程序文本中无信息的和语法错误行；取消、重做按钮用来恢复刚刚被清除的信息和重新恢复被取消按钮清除的信息。

3）粘贴按钮

这个按钮用来把编制好的文本程序粘贴到 WINDOWS 的附件/记事本中，形成格式为".txt"的文本文件。VPS 软件既可以利用图形编制 20GM 的定位控制程序，也可以用 cod 语言编制定位控制程序，且 VPS 软件还具有将这两种程序互相进行转换的特殊功能，即文本文件的导入和导出。其中，图形程序的格式为".vps"，而文本文件的格式为".txt"

6. 无条件跳转图标

该图标对应于无条件跳转指令 FNC04（JUMP），用于无条件跳转到用指针指定的程序行，单击图标出现如图 11-27 所示的"JUMP"对话框。

（1）指针编号（JUMP Number）。指针编号为程序将转移到该处。

（2）"打开程序"按钮。单击"打开程序"按钮，如果指针所指向的程序存在，则将打开指针特定的流程图窗口，如果指针指向的程序不存在，则创建一个新的跳转程序流程图窗口。

（3）END 指令组合（Combination of END instruction）。这是一个选择是 JUMP 指令还是 JUMP 指令和 END 指令相组合的勾选项。如果被勾选（默认是勾选）表示为 END 指

图 11-27　"JUMP"对话框

令与 JUMP 指令组合，否则为 JUMP 指令，仅当勾选时 m02 和 m102 才能选择其中一个。这在某些循环程序中经常用到，见 11.4.3 节中例 4。一般情况下，跳转到指针指向的程序时，请取消勾选。

7. 指针图标

指针符号用于一个独立部分程序编写的开始，当要编写一段独立程序时，用 POINTER 开始，其相对于独立程序的"START"符号。

单击图标出现如图 11-28 所示的"POINTER"对话框，在对话框中设置指针编号。

8. 有条件跳转图标

该图标对应于功能指令 FNC00（CJ）、FNC01（CJN）、FNC10（CMP）和 FNC11（ZCP）。单击图标出现如图 11-29 所示的"Conditional Jump"对话框。

图 11-28 "POINTER"对话框　　　图 11-29 "Conditional Jump"对话框

1）条件跳转选择

在对话框中进行不同条件跳转指令的勾选。

（1）by ON/OFF of bit signal。该选项对应于有条件转移指令 FNC00（CJ）和 FNC01（CJN）。

（2）by Compare。该选项对应于比较指令 FNC10（CMP）。

（3）by Zone Compare。该选项对应于区域比较指令 FNC11（ZCP）。

选中后单击"确认"按钮出现相应跳转条件对话框。用户可在对话框中设置相应的条件。

2）顺序方向选择

条件跳转转移通常都有两个转移方向，一个是条件成立，转移至相应的程序行，另一个是条件不成立，不发生转移，顺序执行下一行程序。当然，也可以条件不成立，转移至相应程序行。条件成立，顺序执行下一行。VPS 软件对上述转移方向做了规定。

VPS 规定：条件转移在图标下方与其相连的为顺序方向，而在图标右边相连的为非顺序方向。同时规定：如果勾选"开"或"Satisfied"，则条件不成立，顺序转移，在图标下方显示"N"；如果勾选"关"或"NOT Satisfied"，则条件成立，顺序转移，在图标下方出现"Y"。VPS 的这种规定增加了条件转移的灵活性，使图标程序更加直观。

图 11-30 "CALL"对话框

9. 子程序调用图标 `CALL`

该图标对应于子程序调用指令 FNC02（CALL），用于通过指针调用一个子程序。单击图标，出现如图 11-30 所示的对话框。

设置被调用子程序指针编号后，单击"打开子程序"按钮打开子程序流程图窗口。如果指针所指向的子程序存在，则显示当前存在的子程序流程图，如果所指向的子程序不存在，则为创建子程序窗口。

11.3.3　指令符号说明

指令符号（Code Symbols）用于控制定位单元的一些具体动作，如执行定位控制、进行定时控制、输出 m 代码等动作。每个指令符号都对应于一个或多个 cod 指令。选择相应的图标后还必须单击图标，打开其相应的对话框，进行各种参数和操作数的设置。本节不对对话框的设置做详细介绍，读者必须结合第 10 章中定位控制指令的知识来掌握图标的作用。

VPS 提供了 12 种如图 11-31 所示的指令符号图标。

图 11-31　指令符号图标

1. 高速定位图标

该符号对应于指令 cod00（DRV）。

用此符号设置定位单元控制进行高速定位动作，单击图标出现如图 11-32 所示的"DRV"
对话框。

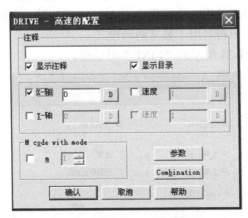

图 11-32　"DRV"对话框

（1）轴选择。勾选定位轴，并在位置框里填写目标位置值，可直接填写位置值，也可单击
按钮 D，在寄存器 D 里间接设置目标位置值。

（2）速度。勾选后在速度框里直接设置定位轴的运行速度，也可单击按钮 D 在寄存器 D 里
间接设置速度值。

（3）参数按钮。单击该按钮出现参数对话框，可以设定指令的相应参数。

（4）组合（Combination）按钮。单击该按钮出现"组合设定"对话框，可以根据控制要求
设定定位方式（INC/ABS），设定位移补偿（MOVC）。伺服检查无须设置。

2. 原点回归图标

该符号对应于指令 cod28（DRVZ）。

当执行这个指令时将会进行原点回归操作，单击图标出现如图 11-33 所示的"DRVZ"对话框。

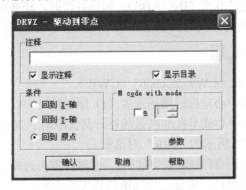

图 11-33　"DRVZ"对话框

（1）轴选择。可以勾选 X 轴回原点、Y 轴回原点及 X、Y 轴同时回原点。具体由定位控制
模式确定。

（2）参数按钮。单击该按钮出现参数对话框，可以设定指令的相应参数。

3. 线性插补定位图标

该符号对应于指令 cod01（LIN）和 cod31（INT）

执行指令 cod01（LIN），同时使用两个轴在直角坐标平面上沿直线路径移动到目标位置。在独立两轴模式时，该符号不能用。执行指令 cod31（INT）时，中断信号有效，当发出中断信号时，定位减速运行停止。该符号用于独立两轴模式。

单击图标后出现如图 11-34 所示的"LINE"对话框。

图 11-34 "LINE"对话框

（1）指令选择。勾选中断停止使能，执行 cod31（INT）指令，图标也变为中断停止图标。不勾选，则执行 cod01（LIN）指令，图标为线性插补图标。

（2）轴选择：勾选定位轴，并在位置框里直接填写目标位置值，也可单击按钮 D，在寄存器 D 里间接设置目标位置值。

（3）速度：勾选后在速度框里直接设置定位轴的运行速度。也可单击按钮 D，在寄存器 D 里间接设置速度值。

（4）参数按钮：单击该按钮出现参数对话框，可以设定指令的相应参数。

（5）组合（Combination）按钮：单击该按钮出现"组合设定"对话框，选择 cod01（LIN）指令时根据控制要求选择定位方式（INC/ABS）。勾选补偿时，还必须设定补偿值。勾选伺服结束检查。选择 cod31（INT）时，仅选择定位方式，伺服结束检查和位移补偿可忽略。

4. 圆弧插补定位图标 CIR

该符号对应于指令 cod02（CW）或 cod03（CWW）。

这个符号的功能是指绕中心坐标以圆周速度（f）顺时针（CW）或逆时针（CWW）运行画圆弧到指定位置。用于指定中心或半径的圆弧插补，其仅能用于 20GM 的双轴同时运行模式。

单击图标出现如图 11-35 所示的"CIR"对话框。

（1）CW/CWW 选择。用于圆弧插值的顺时针、逆时针方向选择，选择 Clockwise 为顺时针，选择 Counter Clockwise 为逆时针。图标会按照所选择方向改变。

（2）圆心坐标（i，j）/半径 r 选择。用来指定圆弧插补时的圆心坐标位置或圆的半径选择。勾选"中央的点"，选择圆心（i，j）的位置值。勾选"范围"，选择半径 r，可直接填写位置值，也可单击按钮 D，在寄存器 D 里间接设置目标位置值。

（3）速度。勾选后，在速度框里直接设置定位轴的运行速度，也可单击按钮 D，在寄存器 D 里间接设置速度值。

（4）圆弧插补目标位置。勾选定位轴，并在位置框里填写目标位置值，可直接填写位置值，也可单击按钮 D，在寄存器 D 里间接设置目标位置值。

（5）参数按钮。单击该按钮出现参数对话框，可以设定指令的相应参数。

（6）组合（Combination）按钮。单击该按钮出现"组合设定"对话框，对系统定位方式（ABS/INC）、中心点或半径补偿及伺服结束检查进行设置。

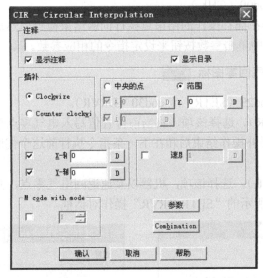

图 11-35 "CIR"对话框

5. 相对定位或绝对定位图标

该符号对应于指令 cod90（INC）或 cod91（ABS）。

此符号用于设置是使用相对定位还是绝对定位控制。单击图标出现如图 11-36 所示的"寻址-增量/绝对"对话框。

（1）定位方式勾选。勾选是使用绝对定位方式（ABS）还是相对定位方式（增量，INC）。

（2）参数按钮。单击该按钮出现参数对话框，可以设定指令的相应参数。

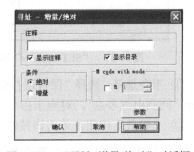

图 11-36 "寻址-增量/绝对"对话框

6. 定时器图标

该符号对应于指令 cod04（TIM）。

这条指令用来设定上一条指令执行结束到下一条指令开始执行的等待时间，在这两条指令之间可以串入这个定时器，单击此符号后可以在对话框中设置具体的等待时间。

7. 当前值改变图标

该符号对应于指令 cod92（SET）。

执行此指令时，当前值寄存器中的数值将变为由该指令指定的值。当前值相对于原点的绝对位置值，因此改变了当前值实际上改变了原点和电气零点的位置。

单击图标后出现如图 11-37 所示的"SET Address"对话框。

（1）当前值设定。在 X、Y 框内设定当前值，也可单击按钮 D，在寄存器 D 里间接设置当前值。

（2）参数按钮。单击该按钮出现参数对话框，可以设定指令的相应参数。

8. 伺服结束检查图标

该符号对应于指令 cod09（CHK）。

通过这条指令，机器在插补操作的结束点执行伺服结束检查，然后转移到下一个操作。单击此符号后可以在对话框中单击参数按钮来设定指令的相应参数。

9. 设置电气零点/电气回零图标

该符号对应于指令 cod29（SETR）或 cod30（DRVR）。

（1）零点设置（SETR）。选择该项，将当前位置值写入电气零点存储器中，同时还执行一次"伺服结束检查"，在插补操作结束后和在下一条指令执行前这个伺服检查仅在零点设置中才执行。

（2）回零操作（DRVR）。选择该项，机器以高速返回电气零点，并执行"伺服结束检查"。单击图标出现如图 11-38 所示的"SETR/DRVR"操作对话框。

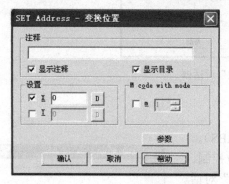

图 11-37　"SET Address"对话框

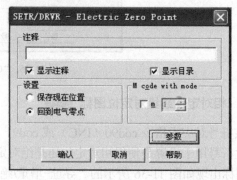

图 11-38　"SETR/DRVR"操作对话框

① 指令选择。选择"保持现在位置"，对应于指令 cod29（SETR），图标变为"SET RET"。选择"回到电气零点"，对应于指令 cod30（DRVR），图标变为"DRV RET"。

② "参数"按钮。单击该按钮出现参数设置对话框，可以设定相应参数。

10. 中断点动（分为 1 步速度、2 步速度）图标

该符号对应于指令 cod71（SINT）、cod72（DINT）。

该符号可选择执行中断单速运行 cod71（SINT）和中断双速运行 cod72（DINT）的中断功能指令。

（1）单速运行。当系统接到中断信号后（中断输入信号为 ON）后，不改变当前运行的速度。继续运行指定的距离后停止。

（2）双速运行。机器按原来速度（一速）运行。当系统接到变速输入信号时（OFF→ON），机器按指定的第二种速度运行。运行中，如果接到停止信号（OFF→ON），则机器继续运行指定的距离后停止。

单击图标出现如图 11-39 所示的"INTERRUPT"对话框。

（1）指令选择。勾选（One step interrupt）执行中断单速运行 cod71（SINT），勾选双速（Two step interrupt），选择执行中断双速运行 cod72（DINT），勾选后，图标也变为"SINT"或"DINT"。

（2）轴选择。勾选 X 轴或 Y 轴，然后在相应的方框里设定运行距离值和速度值，也可单击按钮 D，在寄存器 D 里间接设置运行距离值和速度值。

（3）参数按钮。单击该按钮出现参数对话框，可以设定相应的参数。

（4）组合按钮。单击该按钮出现"组合设定"对话框，对话框中仅能设定位移补偿 MOVC 的值。

图 11-39 "INTERRUPT"对话框

11. 位置补偿图标

该符号对应于指令 cod73（MOVC）、cod74（CNTC）、cod75（RADC）和 cod76（CANC）。用来进行各种定位和插补指令时补偿选择和取消补偿。

（1）MOVC：位移补偿（运动修正）。对执行定位指令的运行距离通过这条指令进行补偿，其对应于指令 cod73。

（2）CNTC：中心补偿（中心修正）。对执行由指定中点的圆弧插补指令 cod03 所指定的中心点位置进行补偿。在该指令完成后执行插补指令。

（3）RADC：半径补偿（范围修正）。对执行指定圆弧半径 r 的圆弧插补指令 cod2 和 cod3 所指定的半径进行补偿。

（4）CANC：补偿取消（修正取消）。取消以上三种补偿。

单击图标出现"补偿"对话框，用来选择补偿种类进行补偿设置。单击参数按钮出现单位参数对话框，可以设定相应的参数。

12. m 代码图标

该符号没有相应的指令对应。

m 代码指令用来驱动各种协助定位操作的辅助设备，m 代码分为 AFTER 和 WITH 模式，在 AFTER 模式下，当一步指令执行完成后输出 m 码，在 WITH 模式下，在指令过程中输出 m 码指令，两者同时执行。M 码存储在定位单元的缓冲区中。

11.3.4 功能符号说明

功能符号（Function Symbols）主要进行一些数据处理。VPS 提供了 9 种如图 11-40 所示的功能符号图标。

图 11-40 功能符号图标

1. 循环开始与循环结束图标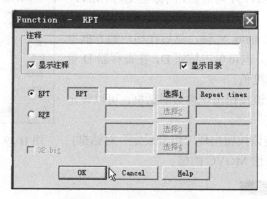

该符号对应于 FNC08 RPT（循环开始）和 FUN09 RPE（循环结束）。循环的次数在 RPT 对话框中设定。

单击图标出现如图 11-41 所示的 RPT 对话框。

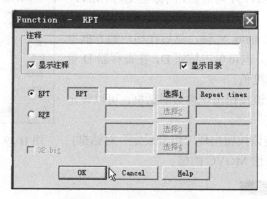

图 11-41　"RPT" 对话框

（1）RPT。勾选该项，循环开始。同时，在选择框中直接设定循环次数。也可单击"选择 1"，选择循环次数软元件。"选择 1"对话框说明见（2）位元件/字元件选择对话框。

RPE：勾选该项，循环结束。无需填写选择框。

注意：RPT 和 RPE 是两个图标。在循环开始时，单击 RPT，其后为循环流程。最后再次单击该图标，勾选 RPE，表示循环结束。勾选不同在流程图中图标的显示也不同（所勾选项名称为蓝色）。

（2）位元件/字元件选择对话框

在功能指令（FNC）的指令格式中，存在各种操作数，这些操作数所使用的软元件是有一定使用范围的，在编写 cod 语言文本程序时，所用软元件是直接在指令格式中出现的，而在 VPS 中编制图形程序时，这些软元件是通过位元件/字元件装置对话框来完成的。

位元件装置对话框如图 11-42 所示。

① 元件（Device）：下拉菜单，选择位元件。

② 元件编号（Device Number）：选择位元件的编号。

字元件装置对话框如图 11-43 所示。

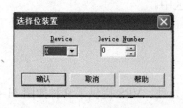

图 11-42　位元件装置对话框

图 11-43　字元件装置对话框

① 元件（Device）：下拉菜单，选择字元件。

② 组数（Digit）：仅当选择组合位元件时为 Kn 的组数选择。选择其他字元件时无效。16 位数据选 1～4，32 位数据选 1～8。

③ 元件编号（Device Number）：选择字元件的编号和组合位元件的位元件首址。

④ 指针：变址指针选择，勾选"None"时，不能填入编号。勾选 V、Z 时，须填入相应编号。变址指针仅适用于 D、DD、KnX、KnY、KnM 字元件。

上述两个对话框会在功能指令图标中反复出现，供用户对指令操作数的软元件进行选择。以后不再重复讲解。

2. 传送图标

该符号对应于 FNC12 MOV（传送）、FNC13 MMOV（放大传送）和 FNC14 RMOV（缩小传送）指令。

MOV：把源址数据传送到终址中去。

MMOV：放大传送，用于把 16 位的源址数据传送到 32 位的终址中去。

RMOV：缩小传送，用于将 16 位的源址数据传送到 32 位的终址中去。

单击图标出现如图 11-44 所示的"MOV"对话框。

（1）指令选择：在 MOV、MMOV、RMOV 中勾选其中一个，执行相应的指令功能。该图标为三个指令共用，用于不同指令时，图标中的文字随之变化。

（2）选择按钮：单击它出现位元件/字元件选择对话框，可以设定相应的软元件，也可在选择框中直接设定。

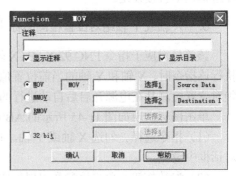

图 11-44　"MOV"对话框

（3）32 bit：勾选则所填数据为 32 位数据，不勾选则为 16 位数据。

3. BCD 或 BIN 数据转换图标

该符号对应于 FNC 18 BCD（BCD 转换）和 FNC 19 BIN（BIN 转换）指令。

BCD 转换：将二进制源数据转换成输出到外部设备中的 BCD 码（用数码管显示等）。

BIN 转换：将用数字开关的设定值 BCD 码数据转换成二进制数据传送到目标地址中去。

单击图标出现 BCD 对话框。

（1）指令选择。在 BCD 或 BIN 中勾选一个，执行相应的指令功能。该图标为两个指令共用，用于不同指令时，图标中的文字随之变化。

（2）选择按钮。单击它出现位元件/字元件选择对话框，可以设定相应的软元件，也可在选择框中直接设定。

4. 加、减、乘、除运算图标

该符号对应于算术运算指令 FNC 20 ADD（加）、FNC 21 SUB（减）、FNC 22 MUL（乘）、FNC 23 DIV（除）、FNC 24 INC（加 1）、FNC 25 DEC（减 1）和 FNC 29 NEG（求补码）指令。

数值运算指令通过双击此符号，可以选择设置为加法指令（ADD）、减法指令（SUB）、乘法指令（MUL）、除法指令（DIV）、加 1 指令（INC）、减 1 指令（DEC）、补码指令（NEG）。

单击图标出现算法对话框。

（1）指令选择。从 7 种算术运算中勾选一种运算，执行相应的指令功能。该图标为 7 个指令共用，用于不同指令时，图标中的文字随之变化。

（2）选择按钮。单击该按钮出现位元件/字元件选择对话框，可以设定相应的软元件，也可在选择框中直接设定。

5. 逻辑与、逻辑或、逻辑异或图标

该符号相对应于 FNC 26 WAND（逻辑与）、FNC 27 WOR（逻辑或）和 FNC 28 WXOR（逻辑异或）指令。

单击图标出现 Logical 对话框。

（1）指令选择。从 3 种逻辑运算中勾选一种，执行相应的指令功能。该图标为 3 个指令共用，用于不同指令时，图标中的文字随之变化。

（2）选择按钮。单击该按钮出现位元件/字元件选择对话框，可以设定相应的软元件，也可在选择框中直接设定。

6. X 轴或 Y 轴绝对位置检测图标

该符号对应于指令 FNC 92 XAB（X 轴绝对位置检测）和 FNC 93 YAB（Y 轴绝对位置检测）。执行该指令时，X 轴和 Y 轴的当前位置值从伺服驱动器中被读取到当前值存储器中。一般来说，绝对位置检测是在电源开启后自动进行的，而这条指令可以在任何时间进行绝对位置检测。

单击图标出现如图 11-45 所示的 ABS 对话框，

（1）指令选择。勾选 X 轴或 Y 轴，执行相应的指令功能。其相应设定在"绝对位置参数"对话框中设置。

（2）参数按钮。单击该参数出现如图 11-46 所示的"绝对位置参数"对话框。

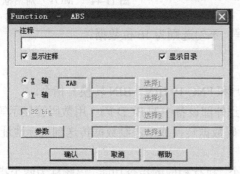

图 11-45 "ABS"对话框

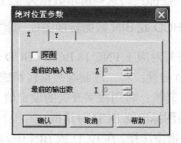

图 11-46 "绝对位置参数"对话框

对话框中各参数说明如下。

（1）轴选择。可以勾选 X 轴、Y 轴和两轴同时勾选。

（2）探测（ABS Interface）：该项对应于参数 Pr50 的设定。勾选表示 ABS 检测有效，则参数 Pr51、Pr52 均须设定。不勾选表示不检测绝对位置，且不能使用本指令。

（3）当前的输入数（Head Input Number）。该项相当于参数 Pr51 的设定。设定绝对位置数据 ABS 检测信号输入端口首址。

（4）当前的输出数（Head Output Number）。该项相当于参数 Pr52 的设定。设定绝对位置数据 ABS 检测信号输出端口首址。

7. 数字开关分时读图标

该符号对应于分时读数字开关指令 FNC 72 EXT。

执行此指令时，从数字开关分时读取数据。一个 8421BCD 码开关数据值被转换成二进制码送入指定地址。

单击图标出现 EXT 对话框。单击选择按钮出现位元件/字元件选择对话框，可以设定相应的软元件，也可在选择框中直接设定。

8. 7 段数码管分时显示图标　▭

该符号对应于 7 段数码管的分时显示指令 FNC 74 SEGL。

执行此指令时，分时输出用于控制一个带锁存功能的 7 段数码管显示。

单击图标，出现 SEGL 对话框。单击选择按钮，出现位元件/字元件选择对话框，可以设定相应的软元件，也可在选择框中直接设定。

9. 置位/复位指令　▭

该符号对应于指令 SET 和 RST。

执行此指令时，置位（SET）或是复位（RST）M、Y 等元件。

单击图标，出现 SET/RST 对话框。单击选择按钮，出现位元件/字元件选择对话框，可以设定相应的软元件，也可在选择框中直接设定。

11.4　图形程序的编制

11.4.1　程序编制说明

20GM 的定位控制程序有两种保存的形式，一是 cod 指令文本程序，二是图形程序。不管是哪种形式的程序，都必须由两个部分组成：程序本身和全部参数设置。这两种程序形式可以通过 VPS 操作进行转换。

当需要把定位控制程序写入到 20GM 中时，只有图形程序才能通过 VPS 软件写入 20GM 中，而 cod 指令文本程序不能够直接写到 20GM 中，必须通过转换操作把 cod 指令文本程序转换成图形程序后才能写到 20GM 中。

1. cod 指令文本程序

cod 指令文本程序由用户直接在 Windows XP 系统软件的"附件/记事本"中创建和编辑。如图 11-47 所示。

20GM 定位单元对 cod 指令文本程序的编制有固定的格式要求。

（1）必须按照文件名、系统参数、子任务参数、定位控制参数、I/O 参数和程序的顺序编写。如图 11-48 所示。

（2）不管是独立 2 轴还是同步 2 轴，定位控制参数和 I/O 参数都必须按 X 轴和 Y 轴顺序进行设置，如图 11-49 所示。

（3）所有标题和参数值都必须用方括号[ ]括起，不能用圆括号（ ）括起。

（4）除 VPS 文件名可用中文外，其余均用英文编制。

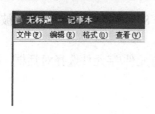

图 11-47　附件/记事本　　　　　　　　图 11-48　cod 指令文本程序的顺序

（5）定位控制程序编写按照图 11-50 所示的格式编制。所有定位控制指令必须书写 cod 编号，所有功能指令必须书写 FUC 编号。

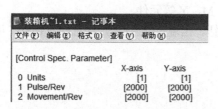

图 11-49　定位控制参数和 I/O 参数顺序

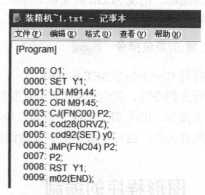

图 11-50　定位控制程序的编写

cod 指令文本文件编制完成后，单击"文件/保存"按钮，弹出"另存为"对话框，填入文件名，单击"保存"后生成一个后缀为".txt"的文本文件被保存在指定的文件夹中。

2. 图形程序

图形程序是指在 VPS 软件流程图上编制的定位控制程序。通过流程图编制图形程序也有两种方式。一种是全部程序用符号图标进行编制，如图 11-51（a）所示。另一种只用三种图标：开始、结束和文本程序编写图标，如图 11-51（b）所示。这时，cod 指令文本程序全部在文本程序编写图标中编写。两种图形程序均可写入 20GM。

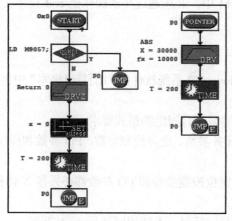

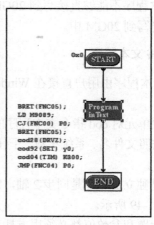

（a）　　　　　　　　　　　　　　　（b）

图 11-51　图形程序的两种编写方式

编制图形程序时的参数设定也有两种方式，一是在应用流程图图标时，通过图标的相应对话框同时进行相关参数和操作数的设定。二是通过工作栏（WORKspace）中参数文件夹的参数对话框集中进行参数设置（详见本章 11.2 节所述）。不管用哪种方式设置参数，一个完整的图形程序必须包括全部参数的设定。在具体应用时，只要设定与定位控制相关的参数，多数参数均可以出厂值保留不变。

3. cod 指令文本程序与图形程序的比较

Cod 指令文本程序是 20GM 定位单元指定的编程语言程序，也是定位单元编译程序可以识别的程序。编程手册对文本程序做了较为详细的介绍。从编者的角度来看，用户应该首先要掌握的是文本程序的编制。文本程序的特点是容易理解和掌握。当文本程序被打印出来后，由于它包含了全部的参数设定值和所有的主任务程序及子任务程序。因此，非常方便检查和交流。文本程序的缺点是对程序流程不直观，它不能直接写入 20GM 中，必须转换成图形程序后才能写入 20GM 中。

图形程序是利用 VPS 软件编制的流程图程序，它的特点是对控制流程非常直观，用了哪些指令、指令的先后顺序，特别是对程序的转移都非常清晰地呈现在图形上，用于了解控制流程特别方便。图形程序的最大缺点是图标众多，不易掌控，程序设计，因人而异，不像 cod 指令程序那样有一定的规律可循。初次接触 20GM 定位单元应用时，面对控制要求，不知道从何入手去设计图形程序，一般只能通过长时间实践的积累去掌握图形程序的设计方法。图形程序的另一个缺点是对参数的设定值并不能从图形程序上直观地看到。

编者的看法是，读者要首先学会和掌握 cod 指令文本程序的设计，并通过文本程序再来设计图形程序。这样做比直接设计图形程序容易很多。等到积累的设计经验多了，才跳过文本程序的设计直接用指令图标设计图形程序。这点仅供读者参考。

11.4.2　图形程序的基本操作

1. 图标符号的基本操作

图标符号的基本操作包括图标的粘贴、移动、删除和连接四种操作。

1）粘贴

粘贴是指把符号从图标符号栏复制到流程图上。其操作是左键单击需要复制的图标符号（击中后图标呈凹下状），然后将鼠标移到流程图上（这时鼠标呈十字状），再单击左键，图标符号便被复制到流程图上。

2）移动

移动是指将图标移动任意位置上，用鼠标单击流程图上所需移动的图标（图形四边会出现框点），按住左键可对图标进行任意位置的移动。用户也可以通过键盘上的上、下、左、右箭头对图标进行上、下、左、右轻微移动。

3）删除

如欲删除某个图标，可单击该图标后，打开"编辑"菜单，单击"剪切"或"删除"，也可利用键盘上的"Delete"键进行删除。

4）连接和对齐

当图形程序的所有图标均进行粘贴设置后，必须将所有图标从开始到结束用直线顺序相连接。单击符号图标栏的"连线"，然后从"START"图标开始在图标之间进行连接，由于图标可能不在一条直线上而在流程图上，所有控制图形必须按顺序直线对齐。这是最后一步的编程工作。这时可利用调整图标，快速进行直线对齐的调整。其操作步骤如下：

（1）在"视图（View）"菜单内激活"标准工具栏"，使其快捷图标出现在 VPS 界面上。此时，调整图标是灰色的，不能使用。

（2）选择要调整的对象。

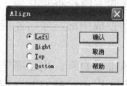

图 11-52　Align 对话框

（3）当多个对象被选中时，调整图标变为亮色。单击"调整"图标。

（4）从弹出的图 11-52 所示的对话框中选择选项。

左（Left）、右（Right）：将选中对象按最后选中的对象左右对齐。建议采用。

上（Top）、下（Bottom）：将选中对象按最后选中的对象上/下边重叠。不建议采用。

2. 流程图窗口的操作

VPS 打开时就会弹出默认为："Flow chart1"的空白流程图窗口。在这个窗口里，图标"START"及"END"已被自动画入。用户仅需在"START"和"END"图标之间编制控制流程图即可。

流程图窗口的基本操作包括创建、关闭、最小化、最大化、删除和更新。

1）创建新流程图窗口

在编程界面中可以通过鼠标右键单击工作区内的"FLOW chart"文件夹来添加多个流程图窗口，并顺序给予命名"Flow chart2"，"Flow chart3"等。同时，通过"Flow chart"还可以在编程界面上增加 1 个且只能 1 个"子程序流程图"窗口。

操作步骤如下。

（1）鼠标右键单击"Flow Chart"文件夹，出现如图 11-53 所示菜单。单击"新流程图"出现"Add Flow Chart"对话框，更改标题或不更改标题后，单击"确认"按钮，一个新增加的流程图窗口便出现在界面上。

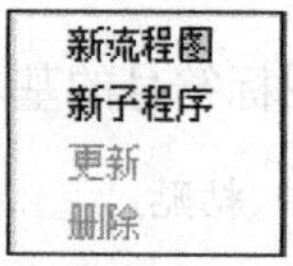

（2）单击"新子程序"，出现"Add New Subtask"对话框，单击"确认"按钮，一个子任务流程图窗口出现在界面上。

图 11-53　菜单

（3）新增加的窗口都会自动添加"START"和"END"图标。用户可根据需要保留或删除。

2）关闭、最小化和最大化

每个流程图窗口的右上侧都有三个快捷图标。如图 11-54 所示。

图 11-54　快捷图标

（1）最小化。将窗口最小化后置于界面下方。需要时可恢复原样。

（2）最大化。将窗口最大化。需要时可恢复原样。

（3）关闭。将窗口从界面上消失，隐藏在工作区的文件夹内。

3）删除

如要彻底删除某流程图窗口，只需在图 11-53 所示的菜单中单击"删除"即可。注意，仅在工作区里存在流程图，并用右键单击时，"更新"、"删除"才显示为亮色。

4）标题更新

图 11-53 所示中的更新是指对流程图窗口的标题进行修改。单击"更新"后，出现"Update Flow Chart"对话框，在对话框标题栏内进行修改即可。

11.4.3 图形程序编制基础示例

1. 图形程序编制说明

在流程图上编制图形程序有一定的规则和要求。

（1）图形程序必须和 VPS 的定位控制模式相一致。

（2）一个 VPS 图形程序可以有多个流程图窗口，可以有多个主任务程序，但只能有一个子任务流程图窗口，也只能有一个子任务程序。

（3）每个流程图窗口的图形程序只能以"START"图标（主任务程序、子任务程序）或"指针"图标或"子程序"图标开始。.

（4）在流程图中，除符号图标和连线外，监视对象、图形对象及链接和嵌入式对象都不能放在流程图及其子程序窗口。

（5）一个图形程序可以置于一个流程图窗口内，如图 11-55（a）所示，也可分别置于多个流程图窗口，如图 11-55（b）所示。

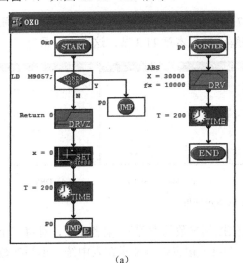
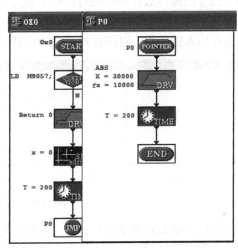

（a）   （b）

图 11-55　图形程序编制方式

（6）所有的符号图标必须进行相关设置才能进行按控制要求的执行。这些设置有参数设置、程序编号设置、程序转移方向设置、M 代码设置、指令操作数设定等。

参数设置有两种方式，一是在对话框中进行设置。二是集中在工作区内的参数对话框中集中设置，读者可根据习惯选择。

2. 基础图形程序编制示例

图形程序编制比较难以讲解。如要一步一步地叙述其编制过程，则非常烦琐，占用篇幅也过多。下面采用 cod 指令文本程序和图形程序相结合的方式做介绍。这仅是一种尝试，仅供读者参考。希望读者阅后根据自己的体验给我们提出宝贵的建议，以便再版时修订。

这种方法是先根据定位控制要求编制出 cod 指令文本程序，然后按照文本程序编制出图形程序，并把它们放在一起进行对比，同时编者对图形程序编制过程做一些说明。

图形程序不管多复杂，它总是由一些基本程序段组成的。这些基本程序段可以被看作基础程序。下面通过示例说明这些基础程序段的编制。

【例 11-1】 定位装置以当前位置为准进行移动 900，移动结束后，接通输出 Y0。

讲解：根据控制要求，相应的 cod 指令程序和编制的图形程序如图 11-56 所示。对比一下 cod 指令程序和图形程序，可以看出如下几点。

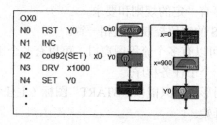

图 11-56 【例 11-1】cod 指令程序和编制的图形程序

（1）图标"START"表示了主任务程序的程序号。

（2）每一行指令都有一个图标相对应。

（3）指令的操作数在图标的对话框中设置。

上面三点就是图形程序编制的要点。图 11-57 为图标的对话框图示，每个对话框都要根据指令来勾选并填入操作数。对图标对话框的详细讲解请参看本章 11.3 节，这里不再重复。

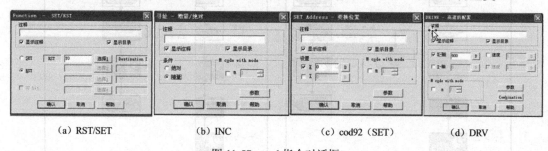

  (a) RST/SET   (b) INC   (c) cod92（SET）   (d) DRV

图 11-57 cod 指令对话框

图标程序还必须对参数进行设定（主要是定位控制参数的设置）。编者建议，对每一个定位控制系统，把定位控制参数列成一个表格，见表 11-1。根据控制要求在表中统一填写参数值，然后利用工作区里参数设置对话框进行统一设定。至于 I/O 参数、系统参数和子任务参数，一般均保留为出厂值。有需要时才进行重新设置。

表 11-1 定位控制参数设定表

参 数	名 称	出 厂 值	设 定 值	参 数	名 称	出 厂 值	设 定 值
Pr0	单位体系	1		Pr14	爬行速度	1000	
Pr1	脉冲率	2000		Pr15	原点回归方向	1	
Pr2	进给率	2000		Pr16	原点地址值	0	
Pr3	最小设定单位	2		Pr17	零相信号计数	1	
Pr4	最大速度	200000		Pr18	信号计数开始点	1	
Pr5	JOG 速度	20000		Pr19	限位开关逻辑	0	
Pr6	Bias 速度	0		Pr20	DOG 开关逻辑	0	
Pr7	偏差补偿	0		Pr21	错误校验时间		
Pr8	加速时间	200		Pr22	伺服准备检查	0	
Pr9	减速时间	200		Pr23	停止模式	1	
Pr10	插补时间常数	100		Pr24	电气零点地址	0	
Pr11	脉冲输出方式	0		Pr25	软件限位（上）	0	
Pr12	旋转方向	0		Pr26	软件限位（下）	0	
Pr13	原点回归速度	100000					

【例 11-2】 系统启动后，如果已完成原点回归操作则转到指针 P0 处往下运行。否则，执行原点回归操作后往下运行。

讲解： 相应的 cod 指令程序和图形程序如图 11-58 所示。指令对话框如图 11-59 所示。这是一个条件转移的图形程序。转移条件是 M9057 是否闭合。转移条件一般在条件转移指令 CJ 图标的对话框中指明，如图 11-59（a）所示。指令 CJ P0 用两个图标完成，一个用条件转移图标指明转移条件，另一个用指针图标指明转移方向（指针地址），这时还必须另外编制执行指针 P0 所指示的图形程序。

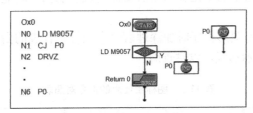

图 11-58 【例 11-2】cod 指令程序和编制的图形程序

（a）CJ （b）JUMP （c）DRVZ

图 11-59 cod 指令对话框

示例为 OX0，表示是 X 轴回到原点。如果是 2 轴同步定位模式，则该图形程序表示 X 轴和 Y 轴同步回到原点。

【例 11-3】 在 2 轴同步模式下，两轴各自进行原点回归操作，首先进行 X 轴原点回归，然后再进行 Y 轴原点回归。

讲解： 在 2 轴同步模式下，利用例【11-2】的图形程序可以完成 2 轴同时回到原点，但希望 X 轴和 Y 轴分别先后各自回到原点，因此必须利用两个特殊继电器 M9008 和 M9024。它们的功能如下。

M9008：禁止 X 轴进行原点回归操作。

M9024：禁止 Y 轴进行原点回归操作。

当单独进行 X 轴原点回归时，必须先使 M9024 为 ON，并关闭 M9008，然后再对 X 轴进行原点回归。单独对 Y 轴进行原点回归时，要开启 M9008，关闭 M9024 进行。Cod 指令程序和图形程序如图 11-60 所示。

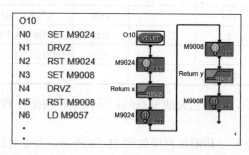

图 11-60 【例 11-3】cod 指令程序和编制的图形程序

由图形程序可以看出，X 轴和 Y 轴原点回归用的是同一个图标 "DRYZ"，而 SET 和 RST 指令用的也是同一个图标 "SET"。一个图标为多个指令所共用，由对话框进行区别处理，从图标的左侧说明及图标本身图案的变化表示当前图标所代表的指令功能。这就是图形软件的一个重要特点。

为方便读者在开始学习图形程序时加深理解每个图标所代表的指令功能，现将每个图标所代表的指令列成表 11-2 所示形式，以供查阅。

表 11-2　图标所代表的指令对照表

图　标	指　令	图　标	指　令	图　标	指　令
START	程序号	DRV	DRV	RPT RPTE	RPT RPE
END	程序结束	DRVZ	DRVZ	BCD BIN	BCD BIN
Program in Text	写入文本程序	LINE	LIN INT	MOV	MOV, MMOV RMOV
JMPE	JMP	CIR	CW CWW		ADD, SUB, MUL, DIV INC, DEC, NEG
SUB ROUTINE	子程序指针 P	SET address	SET		WAND, WOR WXOR

图 标	指 令	图 标	指 令	图 标	指 令
RET	RET	CHK	CHK	EXT	EXT
POINTER	转移指针 P	DRV Ret	SETR DRVR	X-ABS Y-ABS	XAB YAB
	CJ, CJN, CMP, ZCP	INTRRUPT	SINT DINT	SEGL	SEGL
CALL	CALL	INC/ABS	INC ABS	SET	SET RST
		TIME	TIME		
		CORRECT	MOVC, CNTC RADC, CANC		
		MCode	M 代码		

【例 11-4】 20GM 外接数字开关，试编制一个读取 4 位数字开关信息的子任务程序。数字开关连接输入口为 X0~X3。数字开关分时扫描输出口为 Y0~Y3。读取数据二进制存储地址为 D0。

讲解： 所编制的完整的 cod 指令程序和图形程序如图 11-61 所示。先分析一下 cod 指令程序。这是一个不停地循环执行 EXT 指令的子任务程序。它能非常及时地把数字开关的当前值读到 D0 中。具体到图形程序时，读者会发现这个图形程序与上面所示例的图形程序有两个不同点，一是在图标"START"和"EXT"的连线上出现了一个黑点 P0（图中箭头所指）。二是图形程序没有"END"图标。对这两点分别讲解如下。

在图标的连线上用黑点 P0 来表示无条件转移指针 P0 的位置是 VPS 软件的另一种表示方法，这种方法常用在本示例所代表的循环程序中。特点是简洁明了。其操作步骤是：将鼠标对准连线，单击左键，连线两头会出现小白点，然后再双击左键，出现"NODE"对话框，在对话框中输入指针编号，单击"确认"按钮。这时，在连线的中点会出现一个黑点，左面用指针编号来表示。

和上面示例不同的是，该完整图形程序没有子程序结束指令 SEND（m102），而根据 cod 指令程序编制规则，主任务程序和子任务程序必须有程序结束指令 END（m02）或 SEND（m102）。这里，SEND 是通过"JMP"图标对话框中的设置完成的，如图 11-62 所示。在对话框中有一勾选项"Combination of END instruction"，当出现这种循环程序时，应勾选该项，然后再勾选"m102"，它表示这里的 JMP 图标包含了"JMP"和"SEND"两个指令的组合。

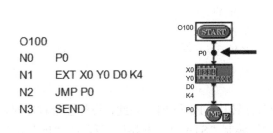

```
O100
N0      P0
N1      EXT X0 Y0 D0 K4
N2      JMP P0
N3      SEND
```

图 11-61 【例 11-4】cod 指令程序和编制的图形程序

图 11-62 JUMP 对话框

11.4.4　图形程序编制示例

【例 11-5】 某系统采用 20GM 定位单元进行定位控制，系统的控制要求如下。

（1）当系统启动后，第一次按下启动按钮，先 X 轴回原点，后 Y 轴回原点。原点位置值为 0。

（2）回原点完成后再次按下启动按钮，自动实现如下定位控制动作。

① Y 轴快速回到 500 000 处停止。

② 在 500 000 位置处，输出 Y0 接通。

③ 暂停 1.5s 后，Y 轴快速返回原点停止。

④ X 轴快速运动到 1 000 000 处停止。

⑤ Y 轴再次快速运动到 5 000 00 处停止。

⑥ 在 500 000 位置处断开输出 Y0。

⑦ 暂停 1s 后，Y 轴快速返回到原点停止。

⑧ X 轴快速返回到原点停止，动作结束。

根据控制要求，cod 指令定位控制程序如下。

O10			
N0	LD M9089		Y 轴在原点吗
N1	CJ　P0		在，转 P0
N2	SET M9008		禁止 X 轴回原点
N3	DRVZ		Y 轴回原点
N4	RST M9008		允许 X 轴回原点
N5	P0		P0
N6	LD M9057		X 轴在原点吗
N7	CJ P1		在，转 P1
N8	SET M9024		禁止 Y 轴回原点
N9	DRVZ		X 轴回原点
N10	P1		P1
N11	DRV y500000		Y 轴运动到 500000 处
N12	SET Y0		启动 Y0
N13	DRV y0		Y 轴返回原点
N14	DRV x1000000		X 轴运动到 1000000 处
N15	DRV y500000		Y 轴运动到 500000 处
N16	RST Y0		停止 Y0
N17	DRV y0		Y 轴返回原点
N18	DRV x0		X 轴返回原点
N19	END		结束

分析一下 cod 指令程序，程序中有两个条件转移：P0 和 P1。因此，设计图形程序时，使用三个流程图窗口，标题分别为"主任务 O10"编制"START"开始图形程序、"P0"编制指针 P0 图形程序和"P1"编制指针 P1 图形程序。编制好的图形程序如图 11-63、图 11-64 和图 11-65

所示。

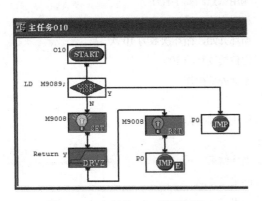

图 11-63　主任务 O10 图形程序

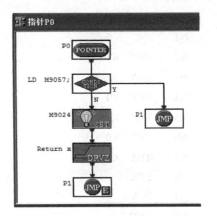

图 11-64　指针 P0 图形程序

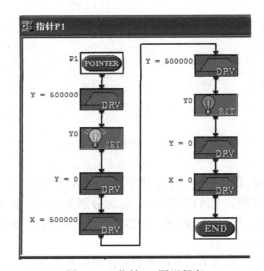

图 11-65　指针 P1 图形程序

【例 11-6】　某系统采用 20GM 定位单元进行定位控制，系统的控制要求如下。

（1）定位装置仅在第一次启动后进行原点回归。

（2）重复 10 次定长定位，每一次定长定位完成后驱动 Y0，外部操作完成后复位 Y0。

（3）10 次重复后返回电气零点。

定位控制运行图如图 11-66 所示。

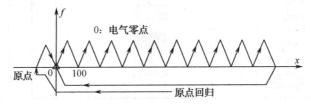

图 11-66　运行图

根据控制要求，cod 指令的定位控制程序如下。

主任务程序如下。

OX0

N0	CALL P127	调用原点回归子程序
N1	INC	相对定位方式
N2	RPT K10	循环开始，循环次数为 10 次
N3	DRV K100	定位装置移动 100
N4	SET Y0	驱动外部操作
N5	TIM K150	
N6	RST Y0	停止外部操作
N7	TIM K150	
N8	RPE	循环结束
N9	DRVR	回电气零点
N10	END	结束
N11	P127	原点回归子程序
N12	LD M9057	
N13	CJ P126	
N14	DRVZ	
N15	DRV x100	
N16	SETR	
N17	P126	
N18	RET	子程序返回

　　分析一下 cod 指令程序，程序中有一个调用子程序：CALL P127 和一个条件转移指令：P126。因此，设计图形程序时，使用三个流程图窗口，标题分别为"主任务 Ox0"编制"START"开始图形程序、"P127"编制子程序和"P126"编制指针 P126 的图形程序。编制好的图形程序如图 11-67、图 11-68 和图 11-69 所示。

　　程序中设置了电气零点，因而原点处的绝对地址值应设为负值。

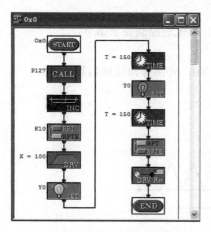

图 11-67　主任务 Ox0 图形程序

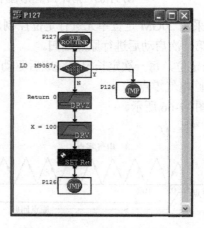

图 11-68　子程序 P127 的
　　　　图形程序

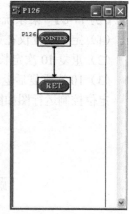

图 11-69　P126 的
　　　图形程序

11.5 图形程序的操作

11.5.1 20GM 程序的存/取操作

20GM 定位单元的 cod 指令程序是以后缀.txt 的格式保存的，而图形程序是以.vps 的格式保存的，如图 11-70 所示。它们的存取方式和普通软件上文件的存取方式基本一致。这里仅做一些简单说明。

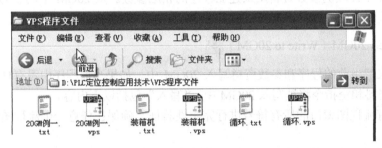

图 11-70 20GM 程序的保存格式

1. cod 指令文本程序

如需读取 cod 指令文本程序，则直接双击文件夹中标有后缀为.txt 的文件即可。文件打开后，如对其中内容进行了修改，则再次保存时单击"保存"仍以原文件名进行保存，而单击"另存为"则可以新的文件名保存。

2. 图形程序

图形文件编制完成后，在软件工具栏单击"保存"快捷图标，并填写文件名，就可保存在指定的文件夹中。

图形文件的读取有两种方式，一是直接在文件夹中打开后缀为.vps 的 VPS 图形文件。二是在 VPS 软件的工具栏内单击"打开"图标，然后在相应的文件夹里选择要打开的文件即可。不管用哪种方式打开，在打开后的 VPS 软件界面上并不会出现流程图，需要单击左侧工作栏内"流程图（Flow Chart）"文件夹里的流程图才会出现流程图图形程序。注意，一个完整的图形程序可能会包含多个流程图。

11.5.2 图形程序的读/写操作

图形程序的读/写操作指从 20GM 定位单元中把程序复制到 VPS 软件上和把编制完成的图形程序下载到 20GM 定位单元中。读/写操作均包括两部分内容：程序和参数设定值。在进行读/写操作前要先进行通信设置的操作，确保计算机与 20GM 通信正常后才能进行读/写操作。

1. FX-GM 工具栏图标

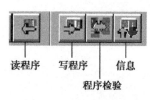

图 11-71　工具栏图标

与读/写操作相关的工具栏图标如图 11-71 所示。相应说明如下。

1）读取 20GM 程序（Read From 20GM）

该图标用来读取 20GM 的程序和参数。如果读取已打开了 VPS 系统文件，则必须先关闭文件。读取操作包括以下内容。

（1）从 20GM 上读取文件名并验证。

（2）从 20GM 上读取程序和参数信息。

如果从 20GM 上读取的文件是有效的，则从 20GM 中读取的程序被破解并生成一个新的 VPS 程序。从 20GM 中读取的参数资料用来建立程序的相应参数。从 20GM 中读取的程序则被破解为新程序的等效图形程序表示，也就是相应的符号图标在流程图窗口中创建。

2）写程序到 20GM（Write to 20GM）

该图标用来把当前的程序和参数资料写入 20GM 中。如果当前程序中没有任何指令图标，那么所有参数资料和空指令将被写入 20GM 中。"写入"包括以下内容。

（1）对所有流程图窗口的所有符号进行完整性验证，确保在任意一个流程图中不存在无效的符号。

（2）对全部程序执行语义验证，在程序的结束以后部分用空指令填满。如果有错，弹出相关错误信息。

3）20GM 程序检验（Verify 20GM Data）

该图标用来验证 20GM 中的程序和参数信息与当前程序和参数信息是否一致。根据比较结果，弹出相应的消息框（成功、失败）

4）20GM 信息（Diagnosis of 20GM）

单击该图标出现对话框。当 20GM 与 PC 相连时，对话框会显示相关的信息资料，如存储容量、型号、版本号和存储盒资料。

2. 通信设置操作

在进行读/写操作前，需要对计算机与 20GM 的通信设置端口进行一次检测，只有检测无误才能进行读/写操作。

通信检测操作步骤如下。

（1）置 20GM 的"手动/自动"选择开关于"手动（MANU）"位置。

（2）单击"FX-GM"命令菜单，出现下拉菜单如图 11-72 所示，从下拉菜单中单击"通信设置"，出现如图 11-73 所示的"选择通信端口"对话框，勾选对话框中的 com1 表示 20GM 的通信端口为 COM1。

（3）单击"测试"按钮会弹出如图 11-74 所示的测试结果说明对话框。

如果出现图 11-74（a）所示的对话框，说明测试正确，计算机与 20GM 通信已经正确连接。如果出现图 11-74（b）所示的对话框，说明通信连接错误，20GM 的端口选择错误。

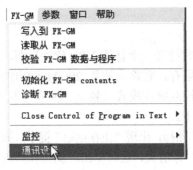

图 11-72　"FX-GM"命令菜单

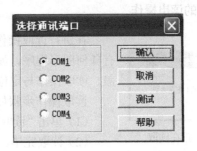

图 11-73　"选择通信端口"对话框

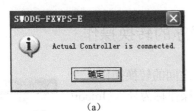

(a)

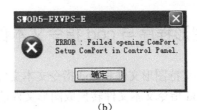

(b)

图 11-74　测试结果说明对话框

（4）出现通信端口选择错误时，首先查看计算机的通信端口设置。

右键单击"我的电脑/设备管理器/端口"，从下拉菜单中可以看到通信端口是 COM1 还是 COM2 或其他编号。然后，在图 11-73 中重新选择与计算机编号相同的 COM 端口重新进行测试，直到测试正确为止。

3. 程序的写入操作

在通信设置测试正确的基础上进行读/写操作。程序的写入操作步骤如下。

（1）把需要写入到 20GM 的图形文件（包含流程图程序和参数）置入到当前 VPS 界面上。

（2）单击"写入"图标，出现再次确认对话框，如图 11-75 所示，单击"是"按钮。

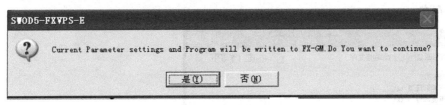

图 11-75　再次确认对话框

（3）出现"写入正在进行中"提示，如图 11-76 所示，说明图形程序正在被写入 20GM 中。写入完毕，出现完成对话框如图 11-77 所示，单击"确定"按钮写入操作完成。

图 11-76　写入正在进行中

图 11-77　完成对话框

4. 程序的读出操作

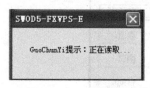

图 11-78　正在读取

在进行读取操作时打开一个新的 VPS 软件界面，界面上最好没有任何图形程序。如果有，它将会被从 20GM 读出的图形程序所覆盖。读取操作与定位控制操作模式（独立 2 轴或同步 2 轴）无关。

读取操作步骤如下。

（1）单击"读取"图标，出现"正在读取"提示，如图 11-78 所示。

（2）读取完毕，图标消失，这时单击左侧工作栏内流程图（Flow chart），图形程序便出现在流程图界面上。

11.5.3　图形程序与 cod 指令文本程序的转换操作

VPS 软件支持图形文件和 cod 指令文本文件之间的转换操作。

把一个 cod 指令文本文件转换成图形文件的操作称为导入（Import Text）操作。

把一个图形文件转换成 cod 指令文件的操作称为导出（Export Text）操作。

导入和导出操作是通过单击"文件"菜单，在下列菜单中单击"Import Text"和"Export Text"来完成的，如图 11-79 所示。

图 11-79　"文件"菜单

1. cod 指令文本程序转换为图形程序的操作（导入操作）

导入操作步骤如下。

（1）单击"文件"菜单中"Import Text"出现如图 11-80 所示的"导入（Import Dialog）"对话框。在这个对话框中，通过菜单选择需要转换的 cod 指令文本文件（后缀为.txt），也可手动输入一个文件名。如果选择后出现如图 11-81 所示的说明，表示所选择的文本文件不存在。

图 11-80　导入对话框

图 11-81　文件不存在说明

（2）文本文件选择正确后单击"Import"按钮，出现如图 11-82 所示的对话框，单击"是"按钮，转换操作开始。

（3）转换完成出现图 11-83 所示的对话框，说明文件导入操作已完成，单击"确定"按钮，转换后的图形程序出现在流程图上。

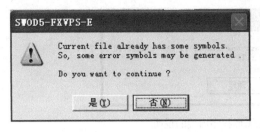

图 11-82　导入确认对话框　　　　　图 11-83　文件导入完成对话框

关于导入操作的几点说明。

（1）在当前 VPS 文件已经存在流程图的情况下，新的流程图会附加在已经存在的流程图上。

（2）cod 指令文本文件应有固定格式，详见 12.4.1 节所述。格式不符合要求，导入操作会停止执行。

（3）一个独立的流程图是由开始、指针或子任务符号创建生成的。

（4）在导入流程指令的同时仅有流程符号被生成，而其他符号（指令代码、功能）被联合生成文本程序符号。

（5）发生错误将使该图标变为红色（错误分类见后述）。

（6）如在导入的文本文件中没有出现 END 或 RET，则会生成 END 或 RET 符号。

如果 cod 指令文本程序中有某些错误，导入操作可以继续进行，但在转换后的图形文件中图标会对错误进行显示。

图标变为红色的符号是错误符号。错误符号表示有一些不协调或者不正确的指令出现在文本文件中，它们不能形成正常有效的符号。错误符号的信息（在图标的左边）将显示输入到文本文件中的实际值，供用户检查错误所在。当用户双击错误符号时会出现相应的对话框，如果设定数值不超出范围，将会在对话框中显示设定数据。举个例子，如果用户双击一个错误的指针（Pointer）符号，当在文本文件中指针的设定超出了范围，则指针号将会为 0。

下面的情况会使错误符号与导入同时生成。

（1）除程序号、指针号和子程序号外，在文本程序中的错误符号（在语法上是不正确的指令）仍然会被生成。

（2）任何一个重复的程序号或在语法上不正确的程序号（如控制器型号不匹配或程序号超出范围）都将显示为"START"符号错。

（3）任何一个重复的指针号或指针号超出范围都将显示为"Pointer"符号错。

（4）重复的子程序号、指针号将被显示为"Subroutine"符号错。

（5）任一"JMP"和"CALL"的指针号如果不在当前 VPS 系统文件中或出现在导入的文本文件中，将显示"Jump"符号错或"Call"符号错。

2. 图形程序转换为 cod 指令文本程序的操作（导出操作）

导出操作步骤如下。

（1）将需要准备执行导出操作的图形程序置于当前 VPS 软件上，如无图形程序，则不能进行导出操作。

（2）单击"文件"菜单中的"Export Text"，如无图形程序则出现图 11-84 所示的说明，表示没有可导出的文件。如存在图形程序则出现图 11-85 所示的"导出（Export Dialog）"对话框。

图 11-84　无图形程序出现的说明

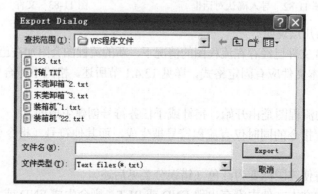

图 11-85　导出对话框

（3）在对话框中"文件名"的空框中手动输入一个 cod 指令文本文件的文件名（后缀为.txt）。

（4）单击"Export"按钮转换操作开始。如果所输入的文件名不存在，则会出现提示对话框，如图 11-86 所示。如果已在磁盘中存有同名文件，则会出现如图 11-87 所示的对话框。不论哪种情况，均单击"是"，转换操作开始。

图 11-86　提示对话框

图 11-87　有同名文件对话框

（5）转换完毕后操作并不显示完成信息。用户可去相关文件夹中查看转换后的".txt"的文件名是否存在。

关于导出操作的几点说明。

（1）导出操作在生成代码输出之前会对图形程序执行一次检验。检验会提供错误和告警信息。如果发生错误，则导出不执行。同时，在告警情况下，用户可以在告警信息框中选择是继续导出或停止导出的文本过程。

（2）以下情况会导致显示错误信息，然后停止导出程序。

① 出现超出符号所允许取值范围外的数据值，这时这个符号是无效的。

② 出现错误的符号。

③ 对符号进行不正确的连接，如出现了空白的连线。

（3）以下情况下会出现告警信息，用户应给出是继续导出还是停止导出的选择。

① 流程图窗口上没有任何符号，即程序中没有符号。

② 出现了不能通过任一流程的符号，即不相关的符号。

③ 跳转和呼叫子程序的指针不存在。

（2）IC 卡插入到位信息点亮，表示信息读写成功。

3. XP 操作开关连接计算机的串行通信接口，安装 CableⅠ直接连接。在计算机上可以进行 XP 操作。

第 12 章   FX₂N-20GM cod 指令程序的编制

学习指导：本章主要学习 20GM 自有的 cod 语言文本程序编制及其相关知识。20GM 的定位控制程序必须用 cod 语言编制，即使是用 VPS 编制的图形语言程序也被自动转换成 cod 语言文本程序写入 20GM 中。当 20GM 作为 PLC 的一个特殊功能模块配置时，在 PLC 中必须编制对 20GM 进行各种操作的梯形图程序也在这一章中给予介绍，总之这是应用 20GM 定位控制及其重要的一章。

12.1   预备知识

12.1.1   程序编制应知

1. 程序格式

20GM 定位单元可以编写两种形式的控制程序，一种是采用专用的 cod 指令编写的定位控制程序。另一种是只能利用顺控指令编写的顺控程序。两种程序编制完成，都必须通过图形软件 VPS 写入 20GM 定位单元中。

用 cod 指令编写的定位控制程序又称主任务程序，它类似于 CNC 的编程方法，有一定的格式和编程规则要求。Cod 指令的定位控制程序如下。

Ox10		程序号
N0000	LD M9057;	
N0001	FNC00(CJ) P1;	
N0002	cod28(DRVZ);	原点回归
N0003	P1;	
N0004	cod00(DRV) x200 f2000	高速运行到 X200 处
N0005	m1;	输出 m1 命令
:	:	
:	:	
N0100	m02(END);	结束

定位移位由程序号和程序行组成。程序行由程序行号、程序指令和 ";" 号组成。程序注释是程序的说明，并不是程序的组成部分，也不会写入 20GM 中。对定位程序的各部分组成说明如下。

1）程序号

每一个定位程序都必须分配一个程序号，放在定位程序的最前面。一个 20GM 可以有多个互相独立的定位控制程序，完成不同的定位控制任务。程序号是这些独立程序的识别标志。20GM 是通过读取要执行的程序号来运行相应的定位控制程序的。

20GM 定位单元对程序号有表 12-1 所示的规定。

表 12-1　程序号规定

任务和操作		程序号的标识及范围
主任务	独立 x 轴	Ox00～Ox99
	独立 y 轴	Oy00～Oy99
	同步 2 轴	O00～O99
子任务		O100

在主任务中独立 2 轴模式下，每个轴都分配了 00～99 共 100 个程序号，同步 2 轴也有 100 个程序号，但子任务中却只有 1 个程序号 0100，说明子程序只能有 1 个。

2）行号

每一行程序都有一个行号，行号以 N 开头，后面是一个四位数的编号。从 N0000～N9999。在定位程序中，行号必须由小到大，顺序排列。首行行号不一定从 N0000 开始，可以从任一指定的行号开始。相同的行号可以分配给不同程序号的程序。

3）指令

每一行必须有一个指令且只能有一个指令，定位控制指令或顺控指令。m 代码和程序转移指针号也当做一条指令使用。

每个程序的结束必须是 END 指令，对于主任务来说是 m02（END），对于子任务来说是 m102（END）。

4）其他

在 20GM 中不能混合使用独立 2 轴运行程序和同步 2 轴运行程序。如果同时存在两种类型的程序，则会出现程序错误。

参数 Pr30 指定要执行程序号的来源，在 12.1.2 节自动操作的说明中讲解了三种读取程序号的方法。

程序的执行是一步一步执行的。当输入启动信号后会自动根据 Pr30 的设定去读取要执行的程序号，然后从头到尾一行一行地去执行每一条指令，仅当上一条指令执行完毕后才去执行下一条指令。如此下去，直到执行 END 指令后结束程序的执行，进入待机时刻。

2. 主任务与子任务程序

20GM 定位单元把用 cod 语言指令编制的定位控制程序分成主任务程序和子任务程序两类。

1）主任务程序

主任务程序是指用 cod 语言指令编制的能够完成定位控制操作的程序。所谓的 20GM 的定位程序就是指主任务程序。它的特点如下。

（1）主任务程序是 20GM 必须编制的程序。它可以应用所有的 cod 语言指令（定位控制指令、基本逻辑指令和顺控指令）编程。

（2）主任务程序必须含有定位控制指令所编制的定位控制程序，完成定位控制操作。

（3）一个 20GM 的程序中可以有多个主任务程序，它们用程序 OX，OY（独立 2 轴）和 O（同步 2 轴）表示。同一个控制轴不同的主任务程序其编号不同。一定时间内只能运行一个主任务程序。要执行的程序号由参数 Pr30 决定。

（4）每一个主任务程序由"START"开始，每个程序的结尾必须是 m02（END）指令，m00（WAIT）表示暂停。

2）子任务程序

子任务程序是相对于主任务程序而言的，它实际上是 20GM 所运行程序的一部分。当 20GM 定位单元独立使用时，一个主任务程序可以完成所有的定位或非定位顺控控制要求，但是如果在主任务程序中有一部分是通用的顺控程序（数字开关输入、数码管显示、错误检测和数据处理运算等）或一个顺控控制程序需要执行较长时间时，可以把这部分顺控程序单独编成子任务程序。当 20GM 定位单元作为 PLC 的一个特殊功能模块使用时，子任务程序可以用 PLC 的梯形图程序所代替。这时，无须编制子任务程序。因此，一般来说，子任务程序是 20GM 定位单元独立使用时才需要编制的依附于主任务程序的独立程序。

20GM 定位单元对子任务程序的编制有下面一些规定和要求。

（1）子任务程序是由基本逻辑指令、顺控指令和指定的定位控制指令所组成的程序。它不能执行定位控制操作，只能完成顺控操作。在子任务程序中能够使用的 cod 指令如下。

Cod04（TIM）	稳定时间
Cod73（MOVC）	位移补偿
Cod74（CNTC）	圆弧中心点补偿
Cod75（RADC）	圆弧半径补偿
Cod76（CANC）	补偿取消
Cod92（SET）	当前值改变

（2）一个 20GM 的定位程序可以有多个主任务程序，但子任务程序只能有一个，其程序编号规定为 0100，子任务程序的结束必须使用 m102（END）指令来结束，而 m100（WAIT）表示在子任务程序中的暂停。在子任务程序中不能使用 m 代码指令，也就是说，不能在子任务程序中去输出外部设备操作。

（3）子任务程序可以在 20GM 程序区的任何位置编制。为了容易识别，一般都把子任务程序放在主任务程序的最后编制。

（4）子任务程序的开始、停止、错误检测和单步操作等均是由子任务参数所决定的。这些参数有：

Pr104	子任务开始方式选择。
Pr105	子任务开始信号输入端口（仅当 Pr104="1"或"2"时有效）
Pr106	子任务停止方式选择
Pr107	子任务停止信号输入端口（仅当 Pr106="1"时有效）
Pr108	子任务错误信号输出选择

Pr109	子任务错误信号输出端口（仅当 Pr109="1"时有效）
Pr110	子任务单步/循环操作选择
Pr111	子任务单步/循环信号输入端口（仅当 Pr110="1"时有效）

这些参数在第 10 章中均有较详细的讲解，这里不再阐述。

（5）特殊辅助继电器 M9113 和 M9114。

子任务程序的开始和停止可以利用上述所讲的通入输入端口信号进行，也可以在程序中通过控制特殊辅助继电器 M9113 和 M9114 的状态进行。

| M9113=ON | 子任务程序开始执行 |
| M9114=ON | 子任务程序停止执行 |

它们和子任务的关系可用图 12-1 表示。

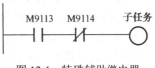

图 12-1　特殊辅助继电器
M9113 和 M9114

在多个主任务程序和一个子任务程序的定位程序中，只要子任务程序处于开启状态，不管执行哪一个主任务程序都会同时执行子任务程序，但在某些定位控制中，仅需要执行部分主任务程序时才执行子任务程序，而其他部分主任务程序不需要执行子任务程序。这时，可以利用 M9113 和 M9114 对子任务程序是否执行进行灵活控制。这种情况下，子任务程序相当于一个子程序进行调用执行，而 M9113 相当于调用执行子任务程序指令。

当多个主任务程序具有不同的子任务程序时，由于子任务程序只能编制一个，这时可以只对一个主任务程序编制其子任务程序，而对其他主任务程序的子任务程序只能把它编入主任务程序中作为主任务程序的一部分，也可以把所有的子任务程序编入一个子任务程序中，在主任务程序中设置不同的状态开关，由子任务程序去识别这些开关状态而执行不同的程序段来完成。

子程序的执行速度大约 1～3ms/行，如果子任务程序需要重复执行，则建议把行数限制在 100 以内，以免运行时间太长。

3. 原点与电气零点

在第 1 章 1.5 节中专门介绍了在定位控制中所涉及的原点和零点的概念。这些基本概念在 FX PLC 的定位控制中比较清晰，其基本知识点是：①执行原点回归操作所停止的点为原点。②原点是定位控制的所有位置的参考点。③所有位置的绝对地址值是相对于原点位置而言的值。④当前值寄存器的值是与原点的距离值，也即当前位置的绝对地址值。

在脉冲输出定位模块 1PG 中，上述基本概念发生了少许变化，即原点的位置可以不为 0，而是一个任意数值，由缓冲存储器（BFM#14，BFM#13）设置所决定。本书在讲解时，一律把（BFM#14，BFM#13）设置为 0，没有讨论非 0 值情况，而在 20GM 中，除了原点外，还增加了电气零点，给出了相关操作指令、参数等。因此，有必要针对 20GM 的原点和电气零点做一些说明。

原点（在 20GM 编程手册中称为机械零点，本书为了和前述概念一致，改称为原点）就是执行了原点回归指令 cod28（DRVZ）后所停止的位置。原点非常重要，它是 20GM 定位单元定位控制的基准参考点。它的位置是由 DOG 块、DOG 开关的机械安装结构和参数 Pr17，Pr18 决定的。结构和参数设置一旦确定，则该点位置就已确定，且为唯一的点。但该点的地址值是由参数 Pr16 所设定的，可以为 0，也可为正值、为负值，但不管该点是什么值，都是绝对地址值。其值一旦确定，坐标轴上所有点的绝对地址值也已确定。如图 12-2 所示，图中，A 为原点，如设其地址值为-100（Pr16=-100），则 B 点绝对地址值为 0，C 点绝对地址值为 100 等。那么，当前位置寄存器存储的值就是这个绝对地址值。定位指令 DRV、LIN、CW、CWW、INT 在绝对定位方式下的目标位置值也是这个绝对地址值。例如，当机械停止在原点时，若用高速定位指令 cod00（DRV）X100 驱动时，定位完成后不是距离原点 A 为 100 的点 B，而是绝对地址为 100 的 C 点。

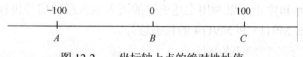

图 12-2   坐标轴上点的绝对地址值

电气零点是执行了电气回零指令 cod30（DRVR）后所停止的点，它与机械结构无关，是一个人为指定的点（由参数 Pr24 设定）。一般情况下，把绝对地址为 0 的点作为电气零点。（图 12-2 中的 B 点）如果原点是定位控制的基准参考点，那么电气零点可以作为机械运行的起点。在绝对定位方式下所有定位指令的目标位置是与电气零点的距离值。它的另一个优点是，执行 DRVR 指令，可以高速地从当前位置回到电气零点。

20GM 关于原点和电气零点的指令有 4 个，参数有 2 个，见表 12-2。

表 12-2   原点和电气零点的指令参数

指令或参数	名 称	功能和内容
Cod28 DRVZ	原点回归	执行原点回归操作
Cod29 SETR	设置电气零点	把当前位置值写入电气零点寄存器中
Cod30 DRVR	电气回零	以高速返回电气零点
Cod92 SET	当前值改变	以指令设定值写入当前值寄存器中
Pr 16	原点地址值	设定原点的绝对地址值
Pr 24	电气零点地址值	设定电气零点的绝对地址值

虽然指令 cod29（SETR）可以在坐标轴上的任意位置设置电气零点，但在一般应用情况下，电气零点的设置不外乎有两种情况，一种是和原点共为一点。另一种是以绝对地址值为 0 的位置设为电气零点。

指令 cod92（SET）为当前值改变指令。指令执行后，当前值寄存器中的值变成了指令所指定的值。对原点来说，它并不能改变原点的位置，但却改变了原点的绝对地址值。对电气零点来说，它不能改变电气零点的绝对地址值，但却改变了电气零点的位置，相当于把电气零点的位置进行了偏移。这一点在应用时必须注意。

4. 连续路径操作

在 20GM 定位单元中，如果连续执行插补控制指令 cod01（LIN）、cod02（CW）和 cod03（CWW），称为连续路径操作。

1）连续路径操作

当 20GM 定位单元不停地执行连续路径操作时，直线与直线、直线与圆弧、圆弧与圆弧的转折点处不是一个拐点，而是一条圆弧光滑地把它们连接在一起。图 12-3 表示了这种光滑连接的图形。

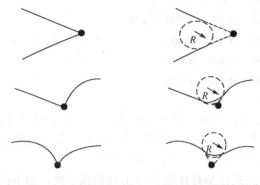

（a）不执行连续路径操作　　　（b）执行连续路径操作

图 12-3　连续路径操作

图中 R 为光滑连接圆弧的半径，称为曲率半径。曲率半径的大小与插补时间常数有关（由参数 Pr10 决定），时间常数越大，曲率半径越大。如图 12-4 所示。

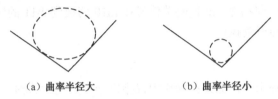

（a）曲率半径大　　　　　　（b）曲率半径小

图 12-4　曲率半径

在连续应用插补指令的中间不能插入其他任何指令，如果插入了其他指令，连续路径的操作会停止执行，机械会暂停运行，然后执行下一条操作，但在以下情况下，机械会停止运行。

① 执行了其他定位控制指令。

② 执行了顺序控制指令（不含基本逻辑指令）。

③ 执行了 AFTER 模式下的代码指令。

④ 执行了伺服结束检查指令。

使用插补指令进行连续路径操作时，参数 Pr11 的脉冲输出方式必须设为 0，即为正/负脉冲输出。

当使用步进电动机来执行连续路径时，两个步进电动机的特性不会完全一样，有可能造成电动机工作失常。

2）连续路径时的 m 代码操作

连续路径时不能执行 AFTER 模式的 m 代码指令，但能执行 WITH 模式的 m 代码指令，而连续路径执行 WITH 模式的 m 代码指令和不连续路径执行 WITH 模式的 m 代码指令的操作是不一样的。

下面为不是连续路径 WITH 模式的 m 代码指令程序：

```
N20    LIN    X100    Y300    f200    m10
N21    RST    YO
```

在执行定位指令 LIN 的同时输出 m10 代码指令，仅当定位指令 LIN 执行结束和 m 代码关信号开启后才执行下一条指令 RST YO。

下面是连续路径 WITH 模式的 m 代码指令程序：

```
N10    LIN    X100    Y200    f2000    m10
N11    LIN    X150    Y250    f2000
N12    LIN    X100    Y300    f2000
N13    LIN    X200    Y400    f2000
N14    RST    YO
```

执行 N10 行 LIN 指令的同时输出 m10 代码指令。如果 LIN 指令执行完毕，即使 m 代码关信号未开启，下面的一系列 LIN 指令也会得到连续执行，仅当连续路径的所有插补指令执行完毕且 m 代码关信号开启后才执行下一条指令 RST YO。

但如在连续路径中连续执行 WITH 模式的 m 代码指令时，如下程序所示。

```
N10    LIN    X100    Y200    f2000    m10
N11    LIN    X200    Y500    f2000    m11
N12    LIN    X500    Y1000   f2000    m12
```

程序中，m 代码输出指令是一条一条切换进行的，如果在切换点以前没有给出 m 代码关信号，将不能执行新的 m 代码指令。m 代码关信号在 m10 切换到 m11 的切换点之后才开启，这时 m11 不能被读取，也不能得到执行。

3）多步操作

LIN 是一个线性插补指令，如果在操作中仅指定一个要运行的轴（X 轴或 Y 轴）而不指定另一个轴，那么当连续使用 LIN 指令进行连续路径操作时所形成的是一个多段多速的多步操作。

下面是一个多步操作的示例程序：

```
O0
N00    INC
N01    LIN    X1500    f3000
N02    LIN    X1000    f2000
N03    LIN    X2500    f1600
N04    END
```

其运行图如图 12-5 所示。

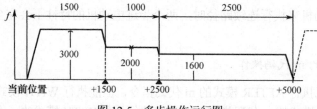

图 12-5 多步操作运行图

多步操作可以是绝对定位方式（ABS），也可以是相对定位方式（INC），但在连续路径执行期间，不要改变定位方式。

在多步操作中，其加/减速时间由参数 Pr10 决定。因此，如果从当前操作速度转变到下一步操作速度是需要一定加速（减速）时间的。如果这时移动的距离太小或移动时间太短，机械不可能连续操作而会短暂停顿。

对多步操作的步数（连续路径的数量）没有任何限制，使用 m 代码指令的说明同上述连续路径操作相同。

4）连续路径的数量

连续路径的数量是指可以连续执行插补指令的条数。插补指令连续执行的条数与特殊辅助继电器 M9015 的状态有关。

（1）M9015 的状态为 OFF 时。

这时对连续路径的数量没有什么限制，但如果存在如下所列的情况，机械可能会暂停操作。

① 路径移动的时间≤50ms。

② 路径移动的时间小于等于参数 Pr10 所设定的值。

（2）M9015 的状态为 ON 时。

连续路径限制为 30 条指令操作。当超过 30 条指令时机械会暂停操作，然后开始下一条连续路径。当 RPT 和 RPE 之间的连续路径数量≤30 时，该循环操作也是连续执行的。

12.1.2　20GM 的定位操作与执行方式

1. 原点回归操作

1）原点回归操作命令执行方式

原点回归操作是一种必需的基本操作，20GM 执行的是零相信号计数方式下的原点回归模式。20GM 有下面几种执行原点回归操作的方式。

（1）输入 ZRN 信号执行原点回归操作。

这是一种手动控制执行原点回归操作的方式。在 20GM 的专用输入口 ZRN 端口接入一个开关信号，当信号从 OFF 变为 ON 时，20GM 的原点回归操作开始，当原点回归操作结束或发出停止命令时，ZRN 的信号应复位。

在手动模式（MANU）下，该方式始终有效，而在自动模式（AUTO）下，当执行 m02（END）命令待机时有效。

（2）执行原点回归指令 cod28（DRVZ）。

在主任务程序中，利用原点回归指令 cod28（DRVZ）来完成原点回归操作，这种方式仅在自动模式下程序运行执行指令期间才能完成。

（3）子任务中执行原点回归操作。

主任务程序中可以利用执行原点回归指令 DRVZ 来完成原点回归操作。在子任务中，由于不能使用定位控制指令，只能使用顺控指令，其执行原点回归操作方式是开启特殊辅助继电器 M9004（对 X 轴）和 M9020（对 Y 轴）来进行原点回归操作。该方式在手动模式时无效。

（4）由 PLC 发出原点回归操作命令。

当 20GM 作为 PLC 的一个特殊功能模块配置时，可以通过编写梯形图发出原点回归操作命令。

通过 TO 指令利用辅助继电器 M 控制 20GM 的相应特殊辅助继电器 M9000～M9030，再利用 PLC 输入端口控制相应的 M 即可，梯形图程序如图 12-6 所示。

这种原点回归方式与利用 20GM 的专用端口"ZRN"方式一样，在手动模式下，始终有效，在自动模式下，仅当完成 m02（END）指令后待机有效。

```
        X0
        ─┤├─────────────────────────────────────────────( M4 )────
                                                          X轴原点回归

        X1
        ─┤├─────────────────────────────────────────────( M14 )───
                                                          Y轴原点回归

        M8000
        ─┤├──┬────────────────┤ TO    K0    K20    K2M0    K1 ├───
             │                                 M0～M7写入BFM#20中
             │
             └────────────────┤ TO    K0    K21    K2M10   K1 ├───
                                              M10～M7写入BFM#21中
```

图 12-6　PLC 发出原点回归操作命令的梯形图程序

2）DOG 块与原点回归操作调试

在原点回归操作中，DOG 块是一个非常重要的装置，它与 DOG 开关（又叫近点开关）一起组成了原点回归操作过程中的速度变换及原点停止信号。如图 12-7 所示，当机械从起点位置开始执行原点回归操作命令时，先以较高的原点回归速度运行，当 DOG 块的前端使 DOG 开关的状态发生变化时，发出变速信号，机械由原点回归速度减速至较低的爬行速度继续向原点运行。当 DOG 块的后端使 DOG 开关的状态又一次发生变化时，发出停止信号，机械停止点为原点位置，这就是 ZRN 指令所执行的原地回归模式。设机械从原点回归速度减速至爬行速度的时间内所运行的距离为 d，DOG 块的长度为 D，如图 12-7 所示，为保证机械以较低的爬行速度回归至原点位置，DOG 块的长度 D 应略大于 d。这就说明，DOG 的长度并不能随意选取。DOG 开关的位置也不能随意安装，但在实际控制工况中，常常会碰到因结构或环境影响而使 DOG 开关无法安装，而 DOG 块的大小也受到一定限制，或者需要一些特殊的原点位置等。在这种情况下，上述原点回归模式就无法满足，而 20GM 则专门设计了两个参数 Pr17 和 Pr18 来应对上述工况。在不同的 DOG 开关和 DOG 块大小的情况下，利用 Pr17 和 Pr18 的设定来完成原点回归操作。下面就 4 种常见情况进行说明。

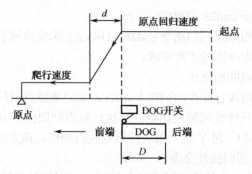

图 12-7　DOG 块与原点回归操作调试

（1）无 DOG 开关。

无 DOG 开关就是工况不允许或控制方式无需安装 DOG 开关，这时 DOG 块也可以不要。在这种情况下，只能用手动方法进行原点回归。具体操作及调试如下。

将参数 Pr18 设定为"2（无 DOG 模式）"，使用外部专用端口 FWD（正转）或 RVS（反转）按钮手动使机械回到指定位置（即原点位置）停止。当机械停止时，按下专用端口 ZRN（原点回归）按钮，原点回归完成。按下 ZRN 按钮的同时 20GM 发出清零信号（CRL），将伺服放大器的偏差计数器的滞留脉冲清零，同时将参数 Pr16 中设定的零点地址值写入当前值寄存器中。

实际上这是一种手动方式原点回归操作，如反复操作，原点位置的重置性很差，只适用于一次性原点回归操作，例如，当系统选用绝对定位方式且伺服电动机使用绝对式编码器具有绝对位置检测功能时。

（2）DOG 块长度小于 *d*。

在某些工况中，DOG 块的长度被限制在很小的范围内，甚至短过减速距离 *d*。在这种情况下，原点回归操作参数设置及调试如下。

先以极低的原点回归速度调整 DOG 开关或 DOG 块的位置，应确保 DOG 块激活 DOG 开关点处于两个连续的零相脉冲信号之间，如图 12-8 中 DOG 块前端激活 DOG 开关时在零相脉冲 a、b 之间。

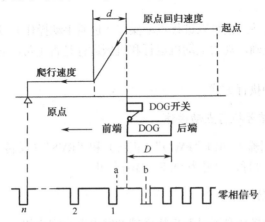

图 12-8 DOG 块长度小于 *d* 的原点回归操作

参数 Pr18 可以设定为"0"（DOG 块前端开始计数）或"1"（DOG 块后端开始计数）。

参数 Pr17 所设定的零相信号计数的数目必须保证机械能减速至爬行速度向原点位置回归。

在实际定位控制运行中，机械也很可能在 DOG 开关和极限开关之间停止。这时，如果进行原点回归操作，则 20GM 执行具有自动搜索功能的原点回归操作。其过程为：机械仍然向原点位置方向上移动，直至触及反向极限位开关为止，然后反向移动通过 DOG 开关后，又重新沿原点回归方向做原点回归操作，最后停止在原点位置。其路径如图 12-9 所示，图中 *A* 为停止点。

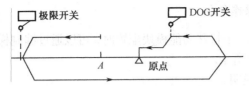

图 12-9 在 DOG 开关和极限开关之间的原点回归操作

（3）DOG 块长度大于 *d*。

如果工况允许 DOG 块的长度不受到限制，则 DOG 块的长度 *D* 一般做成略大于 *d*，这时DOG 块本身已保证了机械减速至爬行速度向原点回归。设置和调试也较为方便。

先调整 DOG 开关或 DOG 块位置，确保 DOG 块激活 DOG 开关点位于两个连续的零相脉冲之间。如图 12-8 所示。

参数 Pr18 设定为"1"（DOG 块后端开始计数）。

参数 Pr17 设定的零相信号计数的数目。

（4）DOG 块长度远大于 d。

当 DOG 开关距反向限位开关较远且需要进行太长的搜索时，可以把 DOG 块的长度加大，大到远远大于减速距离 d 时，其设置和调速操作如下。

先调整 DOG 开关或 DOG 块位置，以确保 DOG 块激活 DOG 开关点位于两个零相脉冲信号之间，如图 12-8 所示。

参数 Pr18 设定为"0"（DOG 块前端开始计数）。

参数 Pr17 设定零相脉冲数的数目。设定值应能保证机械停止后避免 DOG 块仍然与 DOG 开关相接触的情况发生。

2. 点动操作

20GM 的接线完成后马上就可以进行点动操作（也叫手动操作），通过点动操作可以检查外部硬件之间的接线是否正确，观察电动机运行和机械运行是否正常，对 20GM 和驱动器的参数调整进行了解。

点动操作有下面几种执行方式。

1）输入 FWD/RVS 信号执行点动操作

这是用 20GM 的专用输入端口"FWD"（正转）和"RVS"（反转）的开关信号进行点动操作的。信号为 ON，操作进行，信号为 OFF，操作停止。

2）子任务中执行点动操作命令

在子任务程序中手动操作是通过开启特殊辅助继电器来完成的。

相应的各个继电器见表 12-3。

表 12-3　手动操作的特殊辅助继电器

点 动 操 作	X 轴	Y 轴
FWD	M9005	M9021
RVS	M9006	M9022

3）由 PLC 发出点动操作命令

当 20GM 作为 PLC 的一个特殊功能模块配置时，可以通过编制梯形图程序发出点动操作命令。程序梯形图如图 12-10 所示。

关于点动操作的一些说明。

① 上述三种点动操作的执行方式在手动模式下始终有效，在自动模式下执行 mo2（END）指令后待机期间有效。

② 用按钮进行操作时，按住按钮的时间必须超过 0.1s 才会产生脉冲串进行点动操作。

③ 参数 Pr5 设置点动操作速度，出厂值为 20kHz，可根据需要进行修改。

④ 手动脉冲所产生的脉冲会加/减到 X 轴的当前值寄存器（D9005，D9004）或 Y 轴的当前值寄存器（D9015，D9014）中去。

⑤ 手动操作停止时不发出定位完成信号，但可以检查 READY/BUSY 信号以确认操作是否完成。操作完成标志为特殊辅助继电器 M9048（X 轴）和 M9080（Y 轴）的开启。

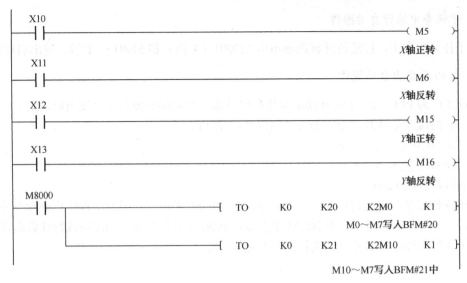

图 12-10　由 PLC 发出点动操作命令的梯形图程序

3. 单步操作

单步操作指在单步操作模式下每输入一次启动（START）信号就执行一行定位程序。

单步操作模式为参数 Pr53 必须设定为"1"（单步操作有效）。在 Pr53 设定为"1"的前提下，执行单步操作有以下三种方式。

1）通用输入端口信号执行单步操作

单步操作可以由 20GM 的通用输入端口的开关信号执行。通用输入端口的编号由参数 Pr54 设定，这种方式在手动模式下无效，在自动模式下始终有效。

2）子任务中执行单步操作

在自动模式下，也可以从子任务程序中驱动特殊辅助继电器 M9000（X 轴）和 M9016（Y 轴）来完成单步操作功能。

3）由 PLC 发出单步操作

同样，当 20GM 作为 PLC 的一个特殊功能模块配置时可以通过编制梯形图程序发出单步操作命令。在程序中驱动下面三个缓冲存储器中任一个的相应二进制位为"1"即可。

> BFM#20 之 b0 位（X 轴）
> BFM#21 之 b0 位（Y 轴）
> BFM#27 之 b0 位（子任务程序中）

4. 自动操作

自动操作指定位程序及子任务程序在自动模式下的执行。实际上就是给程序发出启动命令，有三种方式向程序发出启动命令。

1）专用输入端口信号执行自动操作

通过 20GM 的专用输入端口"START"发出启动信号。

2）子任务中执行自动操作

在子任务程序中，接通特殊辅助继电器 M9001（X 轴）和 M9017（Y 轴）发出启动信号。

3）由 PLC 发出自动操作

20GM 作为 PLC 的一个特殊功能模块配置时通过编制梯形图程序来发出启动信号。在程序中驱动下面的缓冲存储器中相应的二进制位"1"即可。

BFM#20 之 b1 位（X 轴）

BFM#21 之 b1 位（Y 轴）

程序编制可参看图 12-10。

上述操作仅是给定位程序发出启动命令，对 20GM 来说，除了发出程序启动命令外，还必须要告诉被执行的程序号。当为 20GM 根据参数 Pr30 的设置从相应的端口或特殊数据寄存器中读取到所执行的程序号后才开始执行指定的定位程序。

12.1.3　m 代码

1. 格式及执行模式

定位控制单元 20GM 的主要功能为定位控制，在实际控制中定位的目的是为了加工，如定长切断，当到达定长后需要在外部设备对物品进行切断。当外部设备动作完成后又必须告诉 20GM 外部操作完成以进行下一步定位操作。当 20GM 独立使用时，这些对外部设备的操作是由输出/输入端口来完成的。20GM 的通用 I/O 端口就是完成这样功能的。但是，20GM 的通用 I/O 端口是有限的。20GM 本体仅有 8 个输入点和 8 个输出点，加上扩展 I/O 模块，总共也只能得到 64 个 I/O 点。这对复杂一些的控制来说是远远不够的。另外，虽然 20GM 具有 19 条定位指令和 41 条顺控指令能满足一般控制的编程要求，但当控制要求相对复杂时，不论是从编程的方便性，还是从程序容量和编程功能来看，20GM 都不如 PLC。利用 20GM 通过 PLC 来控制外部设备的操作是一个非常不错的组合。m 代码指令就是为完成这个功能而设计的。

什么是 m 代码指令？在 20GM 的 cod 指令程序中，m 代码是一个特殊的操作指令，主要用来输出去驱动相应的外部设备进行定位控制的各种操作，如切断、夹紧、钻孔等。在 20GM 中，m 代码指令的应用是有一定规则的。

1）指令格式

m 代码指令格式为 m+编号，如 m01，m10，m99 等。为了和特殊辅助继电器 M 相区别，规定 m 代码用小写"m"表示。

m 代码指令编号从 00～99，共有 100 个 m 代码指令（X 轴和 Y 轴各 100 个）。其中 m00 为 WAIT（暂停等待）指令，m02 为 END（结束）指令，其余的 m01，m03～m99 均为输出驱动指令。

2）执行模式

在 cod 指令程序中，m 代码指令有两种执行模式，它们的执行时序是不同的。

（1）单独执行模式（AFTER）。

在单独执行模式下，m 代码在程序中单独占用一行，仅在上一条定位指令执行结束后才开始执行 m 代码指令，执行完 m 代码指令后才继续往下执行。

图 12-11 为单独执行模式的 cod 指令程序和其执行时序图。程序中有两个 m 代码指令 m10 和 m11。当有两个连续的 m 代码指令时，中间应延迟一点时间（大于 PLC 的扫描时间）。

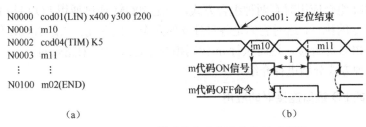

（a）　　　　　　　　　　　　　　（b）

图 12-11　AFTER 模式的指令程序和执行时序图

（2）与定位同时执行模式（WITH）。

当 m 代码指令不是单独占用一行程序而是作为最后一个操作数加到任何定位控制指令的最后时就为与该指令同时执行的 WITH 模式。其 cod 指令程序和时序图如图 12-12 所示。

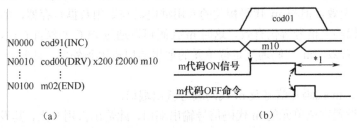

（a）　　　　　　　　　　　　　　（b）

图 12-12　WITH 模式的指令程序和执行时序图

2. m 代码操作

在 cod 指令程序中，m 代码的操作分成三步进行。

（1）当执行到 m 代码指令时 m 代码开信号自动开启，并且将 m 代码指令的编号自动存入到特殊数据寄存器中。m 代码开信号一直保持开启状态，直到 m 代码关信号开启。

（2）PLC 通过程序执行 m 代码指令的控制命令实现对外部设备的控制。

（3）外部设备控制完成后发出控制结束信号，20GM 的 m 代码关信号开启结束 m 代码指令的操作，继续下一条 cod 指令的执行。

20GM 中，m 代码指令的开信号、关信号和编号相关的特殊辅助继电器 M、特殊数据寄存器 D 和缓冲寄存器见表 12-4。

表 12-4　m 代码指令相关的特殊 M、特殊 D 和 BFM#

m 代码	同步 2 轴/X 轴		Y 轴	
	缓冲存储器	特殊 M/D	缓冲存储器	特殊 M/D
m 代码开信号	BFM#23(b3)	M9051	BFM#25(b3)	M9083
m 代码关信号	BFM#20(b3)	M9003	BFM#21(b3)	M9019
m 代码编号存储	BFM#9003	D9003	BFM#9013	D9013

PLC 与 20GM 组合应用时，PLC 是通过编制程序来完成 m 代码指令所实现对外部设备控制的。由上述所讲的 m 代码指令的操作可知，PLC 程序必须完成下述功能。

① 能接收 m 代码开信号，能存储 m 代码编号。

② 能执行 m 代码所实现的外部设备操作。

③ 操作完成后，能向 20GM 发出 m 代码关信号。

PLC 与 20GM 组合应用时有两种组合方式，一是 20GM 通过通用 I/O 口与 PLC 进行信号传输完成 m 代码指令的执行，这时它们是各自独立的两个控制单元。二是 20GM 作为 PLC 的一个特殊功能模块与 PLC 相连接，这时执行 m 代码指令是通过通信来完成的。

下面对这两种方式分别进行介绍。

3. 与 PLC 的 I/O 端口连接时的应用

1）参数设置

当 20GM 与 PLC 通过 I/O 端口连接传输相关信号时涉及 20GM 的三个 I/O 参数的设置。

（1）参数 36：m 代码外部输出有效。

该参数用来设定 m 代码是否通过定位单元的通用端口输出到外部。

① Pr36=0，无效，但与 m 代码相关的专用继电器与专用数据寄存器，如 m 代码编号、m 代码开信号、m 代码关信号等仍有效。这时 m 代码可以通过 PLC 与缓冲存储器通信来发送。

② Pr36=1，有效，m 代码通过定位单元的通用端口输出到外部，此时要同时设置 Pr37 和 Pr38。

（2）参数 37：m 代码开信号及 m 代码编号输出端口。

该参数用来设置定位单元的 m 代码信号输出端口，此输出占用 9 点，其设置的端口为 m 代码开信号输出端口 1 点，而其余的 8 点为两位 m 代码的 BCD 码输出信号。由连续编号的 8 个通用输出口组成。BCD 码输出信号地址的编号一般在扩展模块中选择。

（3）参数 38：m 代码关信号输入端口

该参数用来设置接收由 PLC 的 m 代码关信号输入端口。

2）信号 I/O 端口的连接与 m 代码的执行

信号端口的连接与参数的设置有关，假设 m 代码参数设置如下。

Pr36=1，m 代码外部输出有效。

Pr37=7，m 代码开信号由 Y07 端口输出。

Pr38=7，m 代码关信号由 X07 端口输入。

则其与 FX-PLC 的 I/O 信号连接如图 12-13 所示。图中，Y07 为 m 代码开信号输出端口，PLC 上的 X17 为开信号输入。m 代码编号作为两位 BCD 码由 20GM 的 I/O 扩展模块 FX2NC-16EYT 的 Y10～Y17 端口输出到 PLC 的 X20～X27 端口，而 PLC 的外部设备操作完成信号 Y0 则送到 20GM 的 X07 作为 m 代码的关信号。

这种通过 I/O 端口信号连接的方式其 m 代码执行过程如下。

（1）在 20GM 的 cod 指令程序中执行到 m 代码指令时，20GM 自动开启 m 代码开信号，同时自动将 m 代码编号以两位 BCD 码的形式送到其扩展模块 16EYT 的 Y10～Y17 端口。

（2）FX PLC 的 X17 端口接到 m 代码开信号后随即通过程序对从 X20～X27 接收到的 m 代码编号数据进行处理。处理的内容是读取 m 代码编号，对编号进行译码，根据译码结果去驱动相应的输出，对外部设备进行控制。

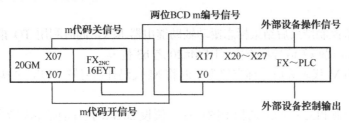

图 12-13　与 PLC 的 I/O 端口连接

（3）当外部设备操作完成时，通过输入端输入设备操作结束信号驱动输出 Y0，作为 m 代码关信号输入到 20GM 的 X07 端口。

（4）当 20GM 接到 m 代码关信号时，关闭 m 代码开信号（Y07 变 OFF），并执行下一条指令。

3）PLC 程序编制

根据上述 m 代码的执行过程，PLC 编制的相应梯形图程序如图 12-14 所示。

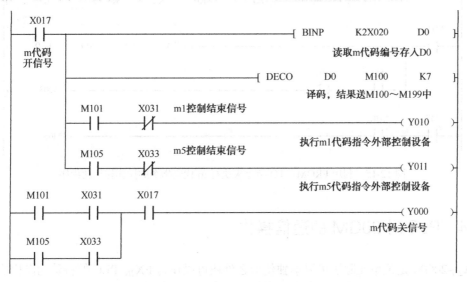

图 12-14　m 代码执行梯形图程序

4. 为 PLC 的特殊功能模块时的应用

当 20GM 作为 PLC 的一个特殊功能模块与 PLC 连接时，PLC 是通过编制程序利用 FROM，TO 指令来执行 m 代码指令操作的。

下面以 X 轴为例说明具体执行过程。

（1）在 20GM 的 cod 指令程序中执行到 m 代码指令时，20GM 自动将 m 代码开信号标志位（BFM#23 的 b3 位）置 ON，同时将 m 代码编号存入 BFM#3（D9003）中。开信号标志位一直为 ON，直到 m 代码关信号标志位为 1 时才置 OFF，执行下一条 cod 指令。

（2）PLC 中通过 FROM 指令读取 m 代码开信号标志位状态并复制到辅助继电器 M 中，同取也读取 BFM#3 的内容并复制到 D 中。

（3）利用继电器 M 驱动译码指令 DECO，并用 D 译码结果驱动相应的 m 代码外部控制设备。

（4）外部设备控制结束后结束标志驱动辅助继电器 MX，同时利用 TO 指令将 MX 的状态复制到 20GM 的 m 代码关信号标志位（BFM#20 之 b3 位）。

（5）20GM 的 M 代码关信号标志位为 1 时将 M 代码开信号置 OFF，并执行 M 代码指令的下一条指令。

图 12-15 所示为 PLC 中相应的梯形图程序。假设 20GM 执行的是 m3 指令代码，PLC 中 m 代码开信号存入 M103，M 代码编号存入 D5，M 代码关信号存入 M63。X10 为控制结束信号，M203 为外部设备控制命令。程序不再进行注释，读者根据上面设定自行分析。

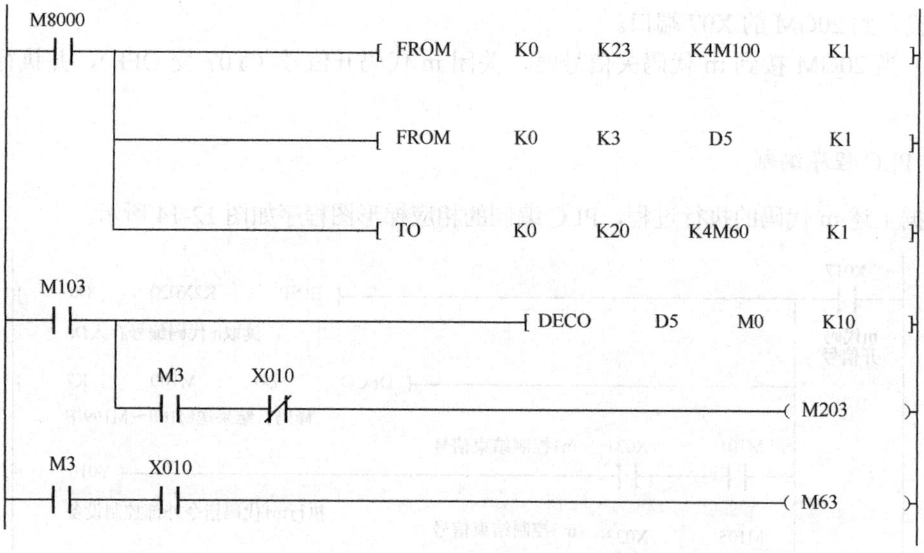

图 12-15　利用 FROM，TO 指令来执行 m 代码指令的操作梯形图程序

12.1.4　PLC 对 20GM 的通信操作

FX$_{2N}$-20GM 定位单元除了可以单独使用之外还可以作为 FX$_{2N}$ PLC 的特殊功能模块使用，此时 PLC 可以通过对定位单元的内置缓冲存储器进行读/写操作实现对定位单元的控制。同时，当 PLC 与触摸屏相连时可以非常方便地在触摸屏上对 20GM 进行参数设置、状态读取、操作数修改和各种操作等。

1. 缓冲存储器 BFM#

20GM 的内置缓冲存储器是一个由若干个 16 位存储单元组成的内置存储区，编号从 BFM#0 开始，到 BFM#9599 结束。这些缓冲存储区与 20GM 的通用 I/O 端口、辅助继电器和数据寄存器相对应，见表 12-5。在 20GM 中，当缓冲存储器的内容发生变化时，与其相对应的辅助继电器或数据寄存器的状态或内容也同时发生变化，反之也一样。同时，它们之间还存在互锁关系，互锁的目的是不能同时对缓冲存储器和与其相对应的数据寄存器或辅助继电器进行写入操作。

表 12-5　缓冲存储器 BFM#

BFM 号	被分配设备	被分配属性		说　明
#0~#19	D9000~D9019	根据特殊数据寄存器属性而变化		特殊数据寄存器被分配给缓冲存储器，这些缓冲存储器和 BFM#9000~#9019 重复相同
#20	M9015~M9000			
#21	M9016~M9031	R/W		
#22	M9032~M9047			
#23	M9048~M9063			特殊数据寄存器被分配给缓冲存储器
#24	M9064~M9079			
#25	M9080~M9095	R	16 位	
#26	M9096~M9111			
#27	M9112~M9127			
#28	M9128~M9143			
#29	M9144~M9159	R/W		
#30	M9160~M9175			
#31	未定义	—	—	
#32	X00~X77	R	16 位	输入继电器被分配给缓冲存储器
#33~#46	未定义	—	—	X10~X357 没有被分配
#47	X360~X377	R	16 位	
#48	Y0~Y7	R/W	16 位	输出继电器被分配给缓冲存储器
#49~#63	未定义	—	—	Y10~Y67 没有被分配
#64~#95	M0~M15 至 M496~MM511	R/W	16 位	通用辅助继电器被分配给缓冲存储器
#96~#99	未定义	—	—	
#100, #101~ #3998, #3999	D100、D101~ D3998、D3990	R/W	32 位	通用数据寄存器被分配给缓冲存储器 但是 D0~D99 没有分配
#4000, #4001~ #6998, #6999	D4000、D4001~ D6998、D6990	R	32 位	文件寄存器被分配给数据缓冲区
#7000~#8999	未定义	—	—	
#9000~#9019	D9000~D9019	根据特殊数据寄存器属性而变化		特殊数据寄存器被分配给缓冲存储器，这些缓冲存储器和 BFM#9000~#9019 重复相同
#9119~#9020	D9119~D9020	根据特殊数据寄存器属性而变化		特殊数据寄存器被分配给缓冲存储器
#9200~#9339	D9200~D9339	R/W	32 位	X 轴参数被分配给缓冲存储器
#9400~#9599	D9400~D9599	R/W	32 位	Y 轴参数被分配给缓冲存储器

1）与辅助继电器 M 相对应

20GM 的辅助继电器分为通用继电器和特殊辅助继电器两种。通用继电器为 M0~M15，M496~M511 共 32 个。它们与缓冲存储器 BFM#64~BFM#95 有一一对应关系。

当缓冲存储器 BFM#与特殊辅助继电器 M 相对应时，每一个 BFM#单元对应于 16 个 M。而

BFM#单元的每一个二进制位对应于一个 M，由小到大依次相对应。例如，BFM#20 对应于 M9000～M9015 共 16 个 M，则其对应关系如图 12-16 所示。

BFM#20	b15	b14	...	b2	b1	b0
	M9015	M9014	...	M9002	M9001	M9000

图 12-16　BFM#与特殊辅助继电器 M 的对应关系

当 BFM#20 中某个二进制位为 1 时，则其相对应的特殊辅助继电器为 ON。例如，b1=1，则 M9001 为 ON，M9001 为 X 轴定位控制启动信号，通过控制 BFM#20 的 b1 位的状态可以发出 X 轴的启动信号。

2）与数据寄存器 D 相对应

20GM 的数据寄存器分为通用数据寄存器（D0～D3999）、文件寄存器（D4000～D6999）和特殊数据寄存器（D9000～D9599）三种。

当缓冲存储器 BFM#与数据寄存器 D 相对应时，缓冲存储器 BFM#的编号与数据寄存器的编号相等，但有两个例外，一是 D9000～D9019 与 BFM#0～BFM#19 相对应，是一一对应关系，即 BFM#0 对应 D9000，BFM#19 对应 D9019 等，同时也有 BFM#9000～BFM#9019 与 D9000～D9019 相对应。二是 D0～D99 没有相应的 BFM#与其相对应。

数据寄存器使用时有 16 位与 32 位之分，缓冲存储器也与之相对应，在实际应用时，可以把 32 位缓冲存储器当做 16 位来用，这时必须开启特殊辅助继电器 M9014（BFM#20 之 b14 位），但是不能把特殊数据寄存器作为 16 位使用。

文件寄存器只能进行读操作，不能进行写操作，其他数据寄存器均可进行读/写操作。

D9300～D9305 和 D9500～D9505 被分配为绝对位置检测参数，因为绝对位置检测是在 20GM 电源开启时自动执行的，所以相对应的缓冲存储器是不能用来启动绝对位置检测的，但是这些缓冲存储器可以被读取。

2. 写入操作

当表 12-5 中的 BFM#能进行写入操作（属性为 W）时，就可以应用 PLC 的写指令 TO 进行写入操作。写入操作可以改变辅助继电器的状态和数据寄存器的内容。在 PLC 中编制写入操作程序可以使用 PLC 或触摸屏对 20GM 进行多种控制操作。

1）指定程序号

把参数 Pr30 设为"3"，（从 PLC 中设置程序号）就可以利用 PLC 或触摸屏来指定 20GM 的运行程序号。程序号传送的 PLC 梯形图程序如图 12-17 所示。

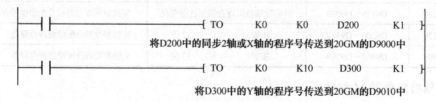

图 12-17　指定程序号的梯形图程序

现对传送程序做一点说明：D200 为同步 2 轴或 X 轴程序号在 PLC 中的存储地址，D300 为 Y 轴程序号在 PLC 中的存储地址。K0 为 20GM 的缓冲存储器 BFM#0，查看表 12-5，其对应

20GM 的特殊数据寄存器 D9000，同样 K10 为 BFM#10，对应于 D9010，查表 10-30，D9000 为同步 2 轴或 X 轴的程序号存储器，D9010 为 Y 轴的程序号存储器。程序的功能是将 PLC 的 D200 的内容复制到 20GM 的 BFM#0 中，PLC 的 D300 的内容复制到 20GM 的 BFM#10 中，由于 20GM 的 D9000 和 D9010 是随 BFM#0、BFM#10 而变化的，这就间接地用 PLC 的 D200，D300 设定了 20GM 的程序号。当对 20GM 开启 START 信号后，20GM 会自动从 D9000，D9010 中读取程序号，然后去运行相应的定位程序。D200，D300 可以通过外部设备（数字开关、触摸屏）等随时进行修改，以执行不同程序号的定位程序。

程序号应在定位程序执行前传送，当定位程序执行后，重新设定的程序号虽然被 20GM 接收，但不能改变当前定位程序的运行，直到当前定位程序执行结束（END）后并重新给出 START 命令时才按新的程序号执行。

2）发出操作命令

当 PLC 利用其辅助继电器 M 的状态对写 20GM 特殊辅助继电器相对应的 BFM#单元进行写入操作时，PLC 就可以发出与这些特殊辅助继电器所指定的控制命令来控制 20GM 的多种操作。与控制操作相关的缓冲存储器是 BFM#20，BFM#21 和 BFM#27 单元。它们的二进制位与其相对应的特殊辅助继电器编号及相对应的控制操作见表 12-6。

表 12-6　与控制操作相对应的特殊 M

BFM#20（同步 2 轴或 X 轴）		BFM#21（Y 轴）		BFM#27（子任务）		控 制 操 作
二进制位	特殊 M	二进制位	特殊 M	二进制位	特殊 M	
b0	M9000	b0	M9016	b0	M9112	单步操作
b1	M9001	b1	M9017	b1	M9113	开始操作（START）
b2	M9002	b2	M9018	b2	M9114	停止操作（STOP）
b3	M9003	b3	M9019	b3	—	m 代码关信号
b4	M9004	b4	M9020	b4	—	原点回归（DRVZ）
b5	M9005	b5	M9021	b5	—	正向点动操作（FWD）
b6	M9006	b6	M9022	b6	—	反向点动操作（RVS）
b7	M9007	b7	M9023	b7	M9115	错误复位
b8	M9008	b8	M9024	b8	—	回零轴操作
b9~b15			未定或另做他用			

图 12-18 为 PLC 控制同步 2 轴或 X 轴各种命令操作的梯形图程序，如希望控制 Y 轴或子任务的命令操作时，则驱动相应的辅助继电器。

各种操作的驱动条件可以是 PLC 的输入端口连接的开关信号，也可以是触摸屏所指定的辅助继电器信号。其中单步、开始、停止、原点回归、正转点动和反转点动操作命令与 20GM 定位单元的专用输入端口信号是并行处理的。两者都可以完成相关的命令操作。

3）设定定位指令操作数

在 cod 指令程序中，如果要经常修改定位指令的位置、速度数据等操作数时，20GM 定位单元只能通过外接数字开关应用 EXT 指令进行。当 20GM 作为 PLC 的一个特殊功能模块连接时，通过写指令 TO 可间接地对定位指令的位置、速度数据进行设置，如果 PLC 连接有触摸屏，则在触摸屏上就可以很方便地设置和修改定位指令的操作数。

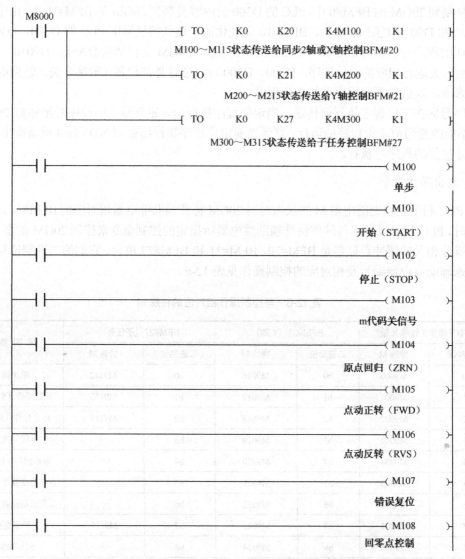

图 12-18 PLC 控制同步 2 轴或 X 轴各种命令操作的梯形图

首先，在 20GM 的定位程序中，定位指令操作数必须用其内部数据寄存器 D（16 位）或 DD（32 位）间接指定。例如，cod00（DRV）×D100 或 cod00（DRV）×DD200 在 PLC 的梯形图程序中通过写指令 TO 或 DTO 将寄存在 PLC 的数据寄存器 D 或 DD 中的数据传送到 20GM 的相应缓冲存储器 BFM#100（16 位）或 BFM#201，BFM#200（32 位）中即可。梯形图程序如图 12-19 所示。

20GM 规定，数据寄存器和文件寄存器（D0～D6999）均为 32 位操作，应用 DTO 指令。但在实际应用时，如需要作为 16 位操作，必须先开启特殊辅助继电器 M9014（BFM#20 之 b14 位）后才能应用 TO 指令。

PLC 可以随时写入定位数据，但由于 20GM 是在程序执行时读取数据的，所以必须在执行前写入数据，在指令执行时或指令执行后写入的数据要等到下次执行该指令时才生效。

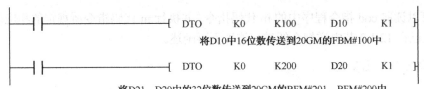

将D10中16位数传送到20GM的FBM#100中

将D21，D20中的32位数传送到20GM的BFM#201，BFM#200中

图 12-19　设定定位指令操作数的梯形图程序

4）设置定位单元参数

PLC 可以通过写指令 DTO 来设定或修改 20GM 的参数值，但不能修改系统参数的设置。图 12-20 为用 DTO 指令重新设定 X 轴的加/减速时间的梯形图程序例。

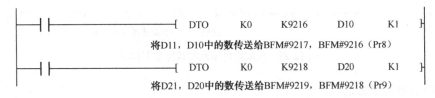

将D11，D10中的数传送给BFM#9217，BFM#9216（Pr8）

将D21，D20中的数传送给BFM#9219，BFM#9218（Pr9）

图 12-20　设置定位单元参数的梯形图程序

20GM 规定，数据寄存器和文件寄存器（D0～D6999）均为 32 位操作应用 DTO 指令。但在实际应用中，如需要作为 16 位操作时必须先开启特殊辅助继电器 M9014（BFM#20 之 b14 位）后才能应用 TO 指令。

PLC 可以随时写入定位数据，但由于 20GM 是在程序执行时读取数据的，所以必须在执行前写入数据，在指令执行时或指令执行后写入的数据要等到下次执行该指令时才生效。

所有参数均为 32 位缓冲存储器存储，在写入时应用 DTO 指令，参数的改变应确保在程序运行前完成，不要在运行过程中去改变参数，避免出现不正确的定位。当定位单元的电源关闭时，参数内容被复位到原来的设定值。

3. 读取操作

1）读取当前值

把当前值读到 PLC 的数据寄存器中，相应的缓冲存储器为：

同步 2 轴或 X 轴：BFM#9005，BFM#9004 或 BFM#5，BFM#4。

同步 2 轴或 Y 轴：BFM#9015，BFM#9014 或 BFM#15，BFM#14。

梯形图程序如图 12-21 所示。

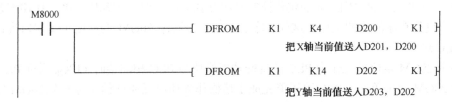

把X轴当前值送入D201，D200

把Y轴当前值送入D203，D202

图 12-21　读取当前值梯形图程序

2）读取 m 代码指令

PLC 可以读取 cod 指令程序中的 m 代码指令，并执行 m 代码指令所规定的相应的外部设备控制。这点已在 12.1.3 节中详细介绍过。这里不再阐述。

3）读取定位单元参数

PLC 可以通过 DFROM 指令读取 20GM 定位单元的定位控制参数和 I/O 参数，但不能读取系统参数。

图 12-22 为读取 Pr3 最大速度和 Pr4 点动速度的梯形图程序。

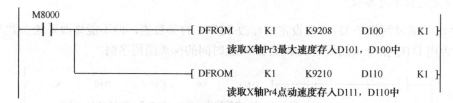

图 12-22　读取定位单元参数梯形图程序

4）读取各种标志信息

20GM 里有许多关于定位控制各种状态信息的只读特殊辅助继电器，PLC 可以通过 FROM 指令将这些继电器的状态读到 PLC 的辅助继电器 M 中，并用辅助继电器 M 驱动指示灯的显示状态或驱动相关的控制电路。

关于定位控制的各种状态信息的特殊继电器见表 10-27。梯形图程序如图 12-23 所示。

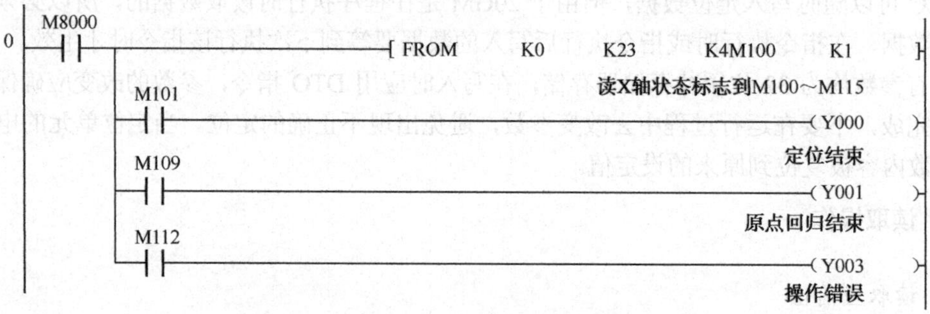

图 12-23　读取各种标志信息的梯形图程序

4. 20GM 的协调操作

每一个 20GM 定位单元可以控制独立 2 轴或同步 2 轴运行，如果要控制多轴联动就需要多个 20GM 定位单元，而它们之间的定位控制是相互独立的。但在实际应用中，往往需要它们在一个系统中进行有序的协调工作。这种有序的工作可以通过 20GM 的通用 I/O 端口进行，也可以通过 PLC 进行。

把多个 20GM 定位单元作为 PLC 的特殊功能模块与 PLC 相连接时（FX$_{2N}$ 系列 PLC 最多可连接 8 个 20GM 定位单元），PLC 除了能完成上述操作外还可以通过程序对各个 20GM 定位单元的定位控制运动进行系统所要求的协调处理，还可以协调处理 20GM 和其他外部设备之间的关系。

12.2　常用控制编程示例

12.2.1　定位系统设置

本节将介绍几个 20GM 定位单元 cod 语言指令程序编制示例，在讲解这些示例前需要对程序的硬件环境和软件进行一些说明。

1. 硬件环境

所有示例都是把 20GM 定位单元作为一个独立的定位控制器来处理的。其外部连接硬件如图 12-24 所示。

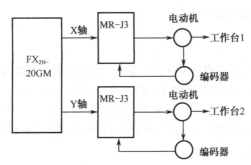

图 12-24　示例外部连接硬件图

20GM 定位单元的通用 I/O 端口与专用 I/O 端口的外部连接与参数设置有关，20GM 定位单元与伺服驱动器的具体连接参看第 6 章相关内容。

2. 参数设置

参数设置主要指定定位控制参数的设置（Pr0～Pr26）。I/O 控制参数和系统参数一般先设定为出厂值，然后根据具体的控制要求进行设置。

定位控制参数当然也要根据控制要求进行设定，一般不需要修改的仍保持为出厂值。本节中的所讲示例有多种情况，因此，统一给定位控制参数进行设定。如果在某个示例中需要对参数进行不同设定，则在所讲示例中给予说明。

定位控制参数设定见表 12-7。

表 12-7　定位控制参数设定

参　数	名　称	设　定　值	参　数	名　称	设　定　值
Pr0	单位体系	1	Pr14	爬行速度	1000
Pr1	脉冲率	2000	Pr15	原点回归方向	1
Pr2	进给率	2000	Pr16	原点地址值	0
Pr3	最小设定单位	3	Pr17	零相信号计数	1

参　数	名　称	设 定 值	参　数	名　称	设 定 值
Pr4	最大速度	200000	Pr18	信号计数开始点	1
Pr5	JOG 速度	20000	Pr19	限位开关逻辑	0
Pr6	Bias 速度	0	Pr20	DOG 开关逻辑	0
Pr7	偏差补偿	0	Pr21	错误校验时间	5000
Pr8	加速时间	200	Pr22	伺服准备检查	0
Pr9	减速时间	200	Pr23	停止模式	1
Pr10	插补时间常数	100	Pr24	电气零点地址	0
Pr11	脉冲输出方式	0	Pr25	软件限位（上）	0
Pr12	旋转方向	0	Pr26	软件限位（下）	0
Pr13	原点回归速度	100000			

关于参数设定的一些说明如下。

1）单位体系 Pr0

单位体系参数 Pr0=1 为电动机体系（出厂值）。这样设置的原因是符合本书对定位控制的讲解，在 20GM 定位单元中不需要设置 Pr1（脉冲率）和 Pr2（进给率），而把脉冲当量的设置留给伺服驱动器的电子齿轮比去调节。关于脉冲当量的计算在第 1 章中已给予了详尽讲解。

当单位体系确为电动机体系后，示例中的所有目标位置值均为脉冲数值 PLS，而所有的速度取值为输出脉冲频率 Hz。

2）原点位置地址值 Pr16

原点位置地址值参数 Pr16 在表中未设置。根据不同的程序在示例中进行说明。

3）其他参数设置

对其他参数基本按照出厂值设定。如果示例中对某些参数设置（包括 I/O 控制参数和系统参数）需要进行修改，则在相应的示例中给予说明。

12.2.2　常用控制编程示例（独立 2 轴）

说明：在下面各例中，除参数 Pr16 外，其他定位参数设定参见表 12-7，如有改变，则在示例中加以说明。

1．高速定长定位

1）控制要求

定位装置以当前位置为参考点，移动 1000 后停止，停止后，接通输出 Y0。

2）运行图

运行图如图 12-25 所示。

图 12-25 运行图

3）程序

主任务程序如下。

```
OX0
N0   RST   Y0              复位输出 Y0
N1   INC                   相对定位方式
N2   cod92（SET）x0        当前值设为 0
N3   DRV   x1000          定位装置移动至 1000 处
N4   SET   Y0              驱动输出 Y0
```

4）参数

参数 Pr16 设为"0"。

2. 往复运动定长定位

1）控制要求

如图 12-26 所示，定位装置将工件从左工作台移动至右工作台，控制要求如下。

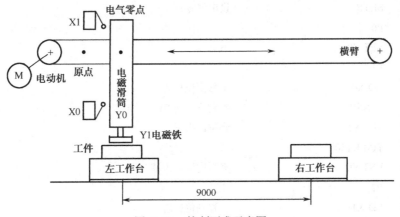

图 12-26 控制要求示意图

（1）定位装置仅在第 1 次启动后进行原点回归。

（2）电磁滑筒内下移电磁铁 Y0 接通，定位装置向下移动，碰到下限开关 X0 后停止。

（3）夹紧电磁铁 Y1 接通，夹住工件，夹紧时间为 1.5s。

（4）过了夹紧时间下移电磁铁 Y0 断开，定位装置向上移动。碰到上限开关 X1 后，定位装置向右工作台移动。

（5）移动到位后，Y0 接通，工件下移，下移到位（X0 断开），夹紧电磁铁 Y1 断开，夹头松开放下工件。

（6）过了 1.5s 后，Y0 断开，定位装置向上移动，上移到位（X1 断开），定位装置快速返回电气零点（左工作台）等待下次启动。

2）运行图

运行图如图 12-27 所示。

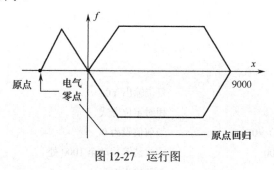

图 12-27　运行图

3）程序

主任务程序如下。

OX0		
N0	LD M9057	原点回归标志位
N1	CJ　P0	已回归，转 P0
N2	DRVZ	未回归，执行原点回归
N3	DRV X0	移动至绝对地址 0 处
N4	SETR	设电气零点
N5	P0	
N6	SET Y0	下移
N7	P1	
N8	LD X0	下移到位标志
N9	CJN P1	不到位，转 P1
N10	SET Y1	到位，夹紧
N11	TIM K150	
N12	RST Y0	夹紧完毕，上移
N13	P2	
N14	LD X1	上移到位标志
N15	CJN P2	不到位，转 P2
N16	DRV x9000	到位，定位装置移至 9000 处
N17	SET Y0	下移
N18	P3	
N19	LD X0	
N20	CJN P3	
N21	RST Y1	夹紧松开
N22	TIM K150	
N23	RST Y0	上移

N24	P4	
N25	LD X1	
N26	CJN P4	
N27	DRVR	返回电气零点
N28	END	结束

4）参数

参数 Pr16 设为 "-130"。

3. 循环操作定长定位

1）控制要求

（1）定位装置仅在第一次启动后进行原点回归。

（2）重复 10 次定长定位，每一次定长定位完成后驱动 Y0，外部操作完成后，复位 Y0。

（3）10 次重复后返回电气零点。

2）运行图

运行图如图 12-28 所示。

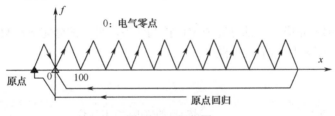

图 12-28　运行图

3）程序

主任务程序如下。

OX0		
N0	CALL P127	调用原点回归子程序
N1	INC	相对定位方式
N2	RPT K10	循环开始，循环次数为 10 次
N3	DRV K100	定位装置移动 100
N4	SET Y0	驱动外部操作
N5	TIM K150	
N6	RST Y0	停止外部操作
N7	TIM K150	
N8	RPE	循环结束
N9	DRVR	回电气零点
N10	END	结束
N11	P127	原点回归子程序
N12	LD M9057	

N13	CJ P126	
N14	DRVZ	
N15	DRV x100	
N16	SETR	
N17	P126	
N18	RET	子程序返回

4）参数

参数 Pr16 设定为"-130"。

4. 位移变化定位

1）控制要求

控制要求和高速定长定位控制一样，只是定位距离是可以改变的，即可以通过 20GM 的数字开关接入来设定定位距离。

关于 20GM 外接数字开关及其功能指令 EXT 的详细说明请参看第 10 章 10.2.3.5 外部设备指令的数字开关读指令 EXT。

2）程序

该程序分成两部分完成，一部分完成定位控制任务，另一部分完成从数字开关读入设定距离值，分别编成主任务程序和子任务程序。

程序如下：

OX0		
N0	RST Y0	按 D0 的值进行定长定位
N1	INC	
N2	SET x0	
N3	DRV xD0	
N4	SET Y0	
N5	END	主任务结束
O100		
N6	P0	从数字开关读入定位数据（存入 D0）
N7	EXT X0 Y0 D0 K4	
N8	JMP P0	
N9	SEND	子任务结束

3）参数

参数 Pr16 设定为"0"。

5. 中断停止（忽略剩余距离）

1）控制要求

（1）定位装置仅在第一次启动后执行原点回归。

（2）当中断输入 X6 接通时，定位装置减速停止，然后直接执行下一步操作。

（3）当输出 Y0 接通和断开时，定位装置返回到原点。

2）运行图

运行图如图 12-29 所示。

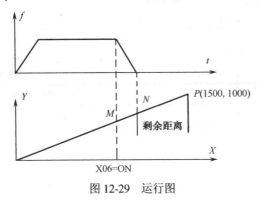

图 12-29　运行图

3）程序

主任务程序如下。

```
        O0
    N0    LD    M9057              X 轴零点回归标志
    N1    LD    M9089              Y 轴原点回归标志
    N2    CJ    P126
    N3    DRVZ
    N4    P126
    N5    INT   X1500  Y1000  f2000    位移到（1500,1000）处
    N6    SET   Y0
    N7    TIM   K150
    N8    RST   Y0
    N9    TIM   K150
    N10   LIN   x0  y0  f2000         直线返回零点
    N11   END                        结束
```

程序执行至 N5 行时，如有 X6 中断信号，则减速停止，执行下一行指令 SET Y0，如没有中断信号，则运行至（1500,1000）处，执行下一行指令 SET Y0。

4）参数

参数 Pr16 设定为"0"。

6. 多步操作

1）控制要求

（1）定位装置仅在第 1 次启动命令返回原点。

（2）设置绝对地址"0"处为电气零点。

（3）按照图 12-30 的运行图进行定位控制运行。

2）运行图

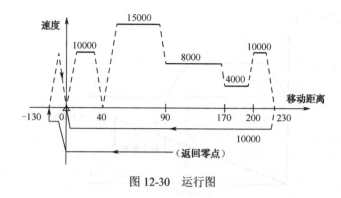

图 12-30　运行图

3）程序

主任务程序如下。

```
O0                              程序号
N00    CALL    P127             调用原点子程序
N01    DRV     X400    f10000   高速位移至 400 处
N02    LIN     X960    f15000   连续路径操作
N03    LIN     X1700   f8000
N04    LIN     X2000   f4000
N05    LIN     X2300   f10000
N06    CHK                      伺服检查定位完成
N07    DRV     X0      f10000   返回电气零点
N08    END                      结束
N09    P127                     回原点子程序
N10    LD      M9057
N11    CJ      P126             已经回原点，转到 P126
N12    DRVZ                     原点回归
N13    DRV     X0               移至绝对地址"0"处
N14    SETR                     设为电气零点
N15    P126
N16    RET                      子程序返回
```

4）参数

参数 Pr16= "-130"。

12.2.3　常用控制编程示例（同步 2 轴）

1. 直线插补

1）控制要求

（1）仅在第 1 次用启动命令进行原点回归。

（2）定位装置沿直线从原点位移至目标位置（1000,800）处。

（3）输出 Y0，控制外部设备动作，延时 1.5s 后断开 Y0，停止外部设备动作。

（4）延时 1.5s 后定位装置返回原点。

2）运行图

运行图如图 12-31 所示。

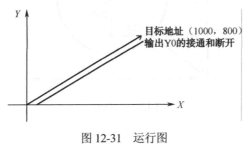

图 12-31　运行图

3）程序

O10				程序号
N00	LD	M9057		
N01	CJ	P254		
N02	DRVZ			原点回归
N03	P254			
N04	LIN	X1000	Y800　f200	位移至（1000,800）处
N05	SET	Y0		外部设备动作
N06	TIM	K150		1.5s 后停止外部设备动作
N07	RST	Y0		
N08	TIM	K150		1.5s 后位移至原点
N09	LIN	X0	Y0　f200	
N10	END			结束

4）参数

X 轴及 Y 轴的参数 Pr16 均设定为"0"，原点绝对地址值为"0,0"。

2. 圆弧插补

1）控制要求

（1）仅在第 1 次启动时进行原点回归。

（2）定位装置直线移至点 B（300,200）处。

（3）以点 A（500,400）为圆心，作一过点 B 的整圆。

（4）定位装置在点 B 处返回原点。

2）运行图

运行图如图 12-32 所示。

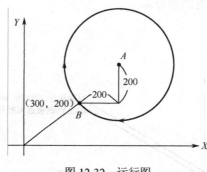

图 12-32　运行图

3）程序

在定位控制指令中，只有指定中心点的圆弧插补指令 CW 和 CWW 在未指定终点坐标时移动轨迹是一个完整的圆，但必须指出指令相对于当前位置的增量值的圆心坐标（i,j）。由运行圆可知，其圆心的 X 轴和 Y 轴的增量值为：

$$\begin{cases} i = 500 - 300 = 200 \\ j = 400 - 200 = 200 \end{cases}$$

定位程序如下。

```
O10
N00    LD     M9057
N01    CJ     P30
N02    DRVZ
N03    P30
N04    LIN    X300    Y200    f1200        移动至（300,200）处
N05    CHK                                 确认定位完成
N06    CW     i200    j200    f1200        作圆
N07    CHK
N08    LIN    X0      Y0      f1200        返回原点
N09    END
```

4）参数

X 轴和 Y 轴的参数 Pr16 均设定为 0，原点的绝对地址值为（0，0）。

3. 单位参数连续路径操作

1）控制要求

（1）定位装置仅在第 1 次启动时进行原点回归。

（2）定位装置从原点位移至 B 点，输出 Y0，然后沿 B-C-D-E-F-G-H-I-J-B 重复 10 次移动操作，重复 10 次后断开 Y0，返回原点。

2）运行图

运行图如图 12-33 所示。

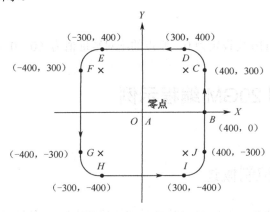

图 12-33　运行图

3）程序

O12				
N00	LD	M9057		
N01	CJ	P254		
N02	DRVZ			
N03	P254			
N04	LIN	X400		从 A→B
N05	SET	Y0		
N06	TIM	K150		
N07	RPT	K10		循环开始，循环次数为 10
N08	LIN	Y300	f1200	从 B→C
N09	CCW	X300	Y400	i-100	从 C→D（圆弧）
N10	LIN	X-300		从 D→E
N11	CCW	X-400	Y300	j-100	从 E→F（圆弧）
N12	LIN	Y-300		从 F→G
N13	CCW	X-300	Y-400	i100	从 G→H（圆弧）

N14	LIN	X300			从 H→I
N15	CCW	X400	Y-300	j100	从 I→J（圆弧）
N16	LIN	Y0			从 J→B
N17	RPE				循环结束
N18	RST	Y0			
N19	TIM	K150			
N20	LIN	X0	Y0		返回原点
N21	END				结束

在连续路径操作时，如果插补的运行速度是相同的，则在插补指令中可以省略表示，如程序中 N08 指出了运行速度为 f1200，而以后的插补指令中均省略了速度表示，则说明以后的插补指令的运行速度均为 f1200，同样，如果指定中心点的圆弧插补指令 CW，CCW 中，中心点增量为 0 时也可省略表示。

4）参数

X 轴和 Y 轴的参数 Pr16 均设定为 0，原点的绝对地址值为（0，0）。

12.3 PLC 控制 20GM 编程示例

12.3.1 编程示例控制概述

本节介绍 20GM 定位单元作为 PLC 特殊功能模块的应用。所讲示例是一个双轴专用机床的控制。必须说明的是，讲解示例的目的是让读者全面了解一下 PLC 控制 20GM 定位单元进行定位控制的全面设计过程，包括系统组成、硬件接线、参数设置、定位控制程序设计和 PLC 控制梯形图设计等。由于定位控制的控制对象和控制要求不完全相同。因此，示例中的所有讲解仅供读者在应用 20GM 定位单元时参考，不能把所讲解的内容完全不变地移植到实际生产控制中。控制系统中涉及 PLC 与变频器的控制、变频器功能参数设置、PLC 与伺服驱动器的控制、伺服驱动器功能参数设置和 20GM 定位单元与伺服驱动器的控制。本节均不给予详尽讨论，请读者注意。

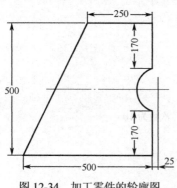

图 12-34 加工零件的轮廓图

如果要大批量加工某一零件，采用专用设备（也叫非标设备）是一个高效低成本的加工方法。例如，加工如图 12-34 所示的轮廓零件就可以设计一个双轴联动刀具在主轴电动机带动下进行切削加工的专用设备。配合适当的电气控制设计就可以实现半自动化、全自动化的生产控制。

图 12-35 为这种简易的双轴联动专用切削设备示意图。其机械结构、机械传动等设计不属于本书的讨论范围。下面仅讨论涉及 20GM 的电气控制系统设计。

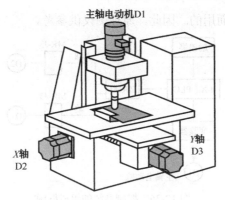

图 12-35　双轴联动专用切削设备示意图

1. 控制系统组成

（1）主轴控制。由主轴电动机 M1 带动刀具旋转对工件进行成形加工，并通过变频器控制实现变速调整。

（2）工作台控制。工件置于工作台上，工作台由 X 轴进给伺服电动机 M2 和 Y 轴进给伺服电动机 M3 进行联动同步控制，控制工作台按图 12-33 所示的图形进行位移加工。

（3）工件控制。工件控制有工件的装、卸，工件的夹紧和松开。系统仅考虑工件的夹紧和松开由液压泵电动机 M4 完成，工件的装、卸由人工完成。

（4）辅助控制。除上述控制的其他控制，如冷却系统控制、润滑系统控制等。这里不予考虑。

2. 控制要求

（1）能够实现以下手动操作。

① 主轴的点动操作。

② 工作台的开始（START）、停止（STOP）、回零（ZRN）、点动正转（FWD）和反转（RVS）操作。

③ 工件的夹紧和松开操作。

（2）能够实现工作台的快进、工进、快退，完成符合图纸要求的切削加工。

12.3.2　系统的组成与电气原理图

1. 控制系统组成的框图

双轴专用机床的控制系统组成系统框图，如图 12-36 所示。

2. 电气原理图

双轴专用机床的电气原理图如图 12-37、图 12-38、图 12-39 和图 12-40 所示。关于电气原理图中的说明放在 PLC 控制梯形图设计中一起讲解。

这里仅画出了 PLC 的变频器、PLC 与 20GM 和 20GM 的原理接线图。很多接线，如电源电路的接线、根据更多控制要求和控制器件中本身的接线、故障与报警状态接线均未画出，而画出的原理图也是为配合讲解而用的。因此，原理图仅供参考。

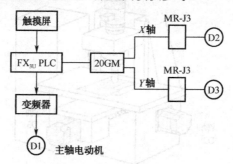

图 12-36　控制系统的组成框图

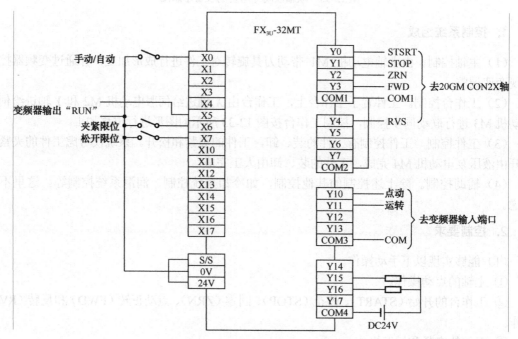

图 12-37　电气原理图之一（PLC）

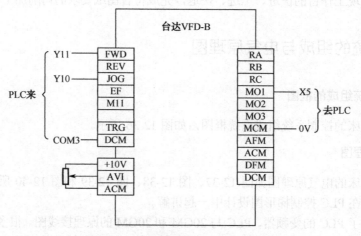

图 12-38　电气原理图之二（变频器）

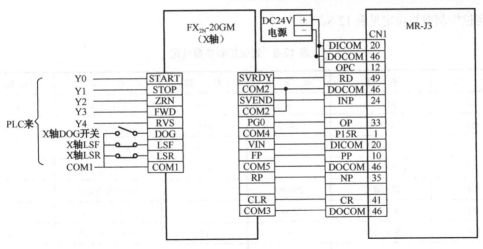

图 12-39 电气原理图之三（20GM-MRJ3）

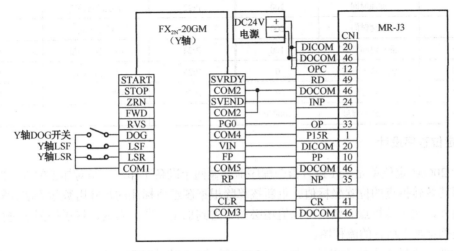

图 12-40 电气原理图之四（20GM-MR-J3）

12.3.3 定位控制的程序设计

1. 20GM 定位单元的参数设置

定位单元参数设置主要指 20GM 的定位控制参数的设置（Pr0～Pr26），而 I/O 控制参数和系统参数则根据实际控制要求来设置，如无需要则保留为出厂值。具体可参看第 10 章参数设置和指令应用所述内容。

对于两轴系统而言，两轴（X 轴，Y 轴）的参数所对应的数据寄存器不同，因而它们的参数需要分别设置。

当定位为双轴联动时，双轴的单位体系参数和双轴的脉冲当量必须一致，以保证在执行圆弧插补指令 CW、CCW 时能运行一个不变形的圆弧。

参数设置确定后，本例采用通过 PLC 的 TO 指令把所设定的参数在每次通电后送入 20GM 的相应特殊数据寄存器中，这样做可以方便对参数进行修改。

定位控制参数设定见表 12-8。

表 12-8　定位控制参数设定

参　数	名　称	设 定 值	参　数	名　称	设 定 值
Pr0	单位体系	1	Pr14	爬行速度	1000
Pr1	脉冲率	2000	Pr15	原点回归方向	1
Pr2	进给率	2000	Pr16	原点地址值	0
Pr3	最小设定单位	3	Pr17	零相信号计数	1
Pr4	最大速度	200000	Pr18	信号计数开始点	1
Pr5	JOG 速度	20000	Pr19	限位开关逻辑	0
Pr6	Bias 速度	0	Pr20	DOG 开关逻辑	0
Pr7	偏差补偿	0	Pr21	错误校验时间	5000
Pr8	加速时间	200	Pr22	伺服准备检查	0
Pr9	减速时间	200	Pr23	停止模式	1
Pr10	插补时间常数	100	Pr24	电气零点地址	0
Pr11	脉冲输出方式	0	Pr25	软件限位（上）	0
Pr12	旋转方向	0	Pr26	软件限位（下）	0
Pr13	原点回归速度	100000			

2. 定位程序设计

设计 20GM 定位单元 cod 语言指令程序前要做两个准备工作，一是对加工的零件图形尺寸重新核算其各转折点的位置坐标值。重新核算除根据图纸所标注的尺寸用数学方法计算出各点的坐标值外，实际转折点的位置坐标值还必须考虑到加工工艺、刀具、材质等因素进行适当补偿。二是确定加工运行的流程图。

示例的加工转折点位置坐标值如图 12-41 所示（不考虑实际补偿值），加工运行流程图如图 12-42 所示。

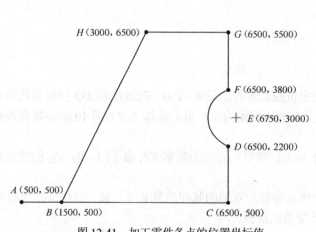

图 12-41　加工零件各点的位置坐标值

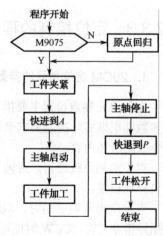

图 12-42　加工运行流程图

由加工运行流程图所编制的 cod 语言指令定位控制程序如下。

O01						
N01	LD	M9057				原点回归标志
N02	CJ	P0				已回归，转 P0
N03		P0				指针 P0
N04	ABS					绝对定位方式
N05	m05					工件夹紧
N06	DRV	X500	f1500	Y500	f1500	快进至 A 点
N07	m03					主轴电动机启动
N08	TIM	K100				主轴电动机加速正常
N09	LIN	X1500	Y500	f200		工进到 B 点
N10	CHK					
N11	LIN	X6500	Y500	f200		工进到 C 点
N12	CHK					
N13	LIN	X6500	Y2200	f200		工进到 D 点
N14	CHK					
N15	CCW	X6500	Y3800	i2500	j800	f200	D—F 圆弧加工
N16	CHK					
N17	LIN	X6500	Y5500	f200		工进到 G 点
N18	CHK					
N19	LIN	X3000	f5500	f200		工进到 H 点
N20	CHK					
N21	LIN	X1500	Y500	f200		工进到 B 点
N22	m04					主轴停止
N23	TIM	K100				主轴减速停止
N24	DRV	X500	f1500	Y500	f1500	快速退回 A 点
N25	m06					工件松开
N26	END					结束

12.3.4　PLC 梯形图程序设计

1. 程序设计内容

本节讨论的 PLC 梯形图程序设计仅涉及与 20GM 定位单元运行相关的程序设计。这些程序包括三部分内容。

1）定位单元 20GM 的初始化设置

初始化设置指 20GM 的参数设置、定位程序编号传送等。

2）手动操作控制

手动操作控制通过 PLC 的输入端口接入按钮、开关或在触摸屏上设置相应的触摸键完成各种手动操作。

3）m 代码指令控制

在定位控制程序中采用了 4 个 m 代码指令，分别用来控制外部设备的操作。这些外部设备的操作是由 PLC 的相应的输出端口来完成的。m 代码指令控制程序是 PLC 对定位控制程序中 m 代码指令的读取，对 m 代码指令的编号进行译码处理，然后去控制外部设备的操作。操作完成还必须将结束信号传送至 20GM 定位单元，使定位控制程序执行下一条定位指令。

为方便读者阅读梯形图程序，将程序中 PLC 的 I/O 端口分配及触摸屏上的触摸键设置成表 12-9 到表 12-11 供读者在阅读程序时对照查阅。

表 12-9　PLC 的 I/O 端口分配

输 入 端 口				输 出 端 口			
端　口	应　用	端　口	应　用	端　口	应　用	端　口	应　用
X0	手动/自动	X10		Y0	START	Y10	主轴点动
X1	高速/低速	X11		Y1	STOP	Y11	主轴运行
X2		X12		Y2	ZRN	Y12	
X3		X13		Y3	FWD	Y13	
X4		X14		Y4	RVS	Y14	
X5	变频器 RUN	X15		Y5		Y15	工件夹紧
X6	夹紧限位	X16		Y6		Y16	工件松开
X7	松开限位	X17		Y7		Y17	

表 12-10　触摸屏对象与 PLC 逻辑软元件设置

触摸屏对象	PLC 逻辑软元件	触摸屏对象	PLC 逻辑软元件
START	M20	STOP	M24
ZRN	M21	工件夹紧	M25
FWD	M22	工件松开	M26
RVS	M23	主轴点动	M27

表 12-11　PLC 软元件设置

辅助继电器		数据寄存器	
M3、M13	主轴启动	D100-D151	定位参数存储
M4、M14	主轴停止	D10	程序号存储
M5、M15	工件夹紧		
M6、M16	工件松开		
M103	m 代码开信号		
M203	m 代码关信号		

2. PLC 梯形图程序设计

1）初始化程序设计

PLC 通电后通过 M8002 扫描脉冲将所设定的定位控制参数值（Pr0～Pr26）和需要的 I/O 控制参数及系统参数值分别送入 PLC 的数据寄存器 D100～D153 中和相应的 D 中。当然，这其中如果参数采用了出厂值并不需要修改则可以省略掉初始化，但这样做给下面的整体传送程序带来了不便。

设计手动/自动切换开关 SA1，当 SA1 断开时为手动，其常闭触点 X0 为 ON，PLC 通过 TO 指令分别将 D100～D153 中所存储的参数值整体送到 20GM 的相应 X 轴和 Y 轴的缓冲存储器 BFM#9200 后的 54 个单元和 BFM#9400 后的 54 个单元中。同时将两轴同步程序编号 O1 送入 20GM 的缓冲存储器 BFM#0 中，自动运行时就执行编号为 O1 的定位控制程序。

当 SA1 闭合时为自动，参数传送及程序编号传送被切断，将执行自动控制的定位控制程序。因此，在执行定位控制程序前，必须先将 SA1 转为手动，并将参数传送至 20GM 定位单元，然后再将 SA1 转为自动。

初始化梯形图程序如图 12-43 所示。

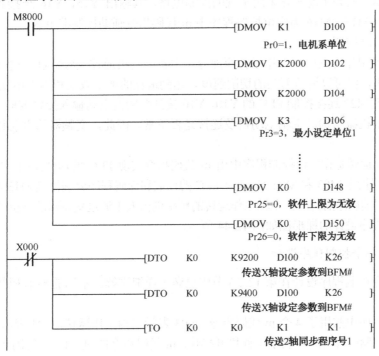

图 12-43　初始化梯形图程序

2）手动控制程序设计

手动控制可以通过 PLC 输入端口的按钮开关信号进行，也可以通过触摸屏的触摸键来实现，当然也可以二者并有。本例中采用触摸屏的触摸键来控制。触摸屏上各个触摸键对象与 PLC 中 M 继电器的对应关系见表 12-12。

（1）20GM 定位单元进行手动操作。

对于 20GM 定位单元来说，其手动控制可以直接将开关信号接到定位单元的专用输入端口上实现相应的控制，但这些信号不能被其他控制所采用，会使控制系统有一定的局限性，本节采用由 PLC 输出端口间接控制 20GM 的专用输入端口设计方式。例如，用触摸键 M21 控制 Y2，将 Y2 接到 20GM 的 ZRN 端口来手动控制 20GM 的原点回归操作。

ZRN，FWD，RVS 的手动操作应在手动方式下进行。有两种方式保证它们在手动方式下进行，一是将 20GM 的手动/自动选择开关拨到"手动（MANU）"模式。二是在"自动（AUTO）"模式下，将 SA1 置于手动位置（SA1=OFF）。程序中利用 SA1 的常闭触点对手动操作进行联锁，保证了手动操作一定在手动方式下进行。

FWD，RVS 的手动操作有两个目的，一是在正式运行前，对系统的各机械部件、电气元器件和接线进行试运行，对硬件和软件进行调试；二是对 X 轴、Y 轴的位置进行调整，但这种用按钮进行位置调整，其精度较低且操作不方便。如果需要较高精度的位置调整，建议给 20GM 定位单元配备双轴手动脉冲发生器，连接到 20GM 的输入端口，并设定相应的手动脉冲发生器参数 Pr39～Pr42。

（2）工件手动操作。

工件的夹紧、松开手动操作采用常规的控制电路，其输出 Y15，Y16 连接到相应的控制电磁阀。程序中的 M15，M16 为定位控制程序中 m 代码指令辅助控制继电器。

（3）主轴转动控制。

主轴转动控制分为点动和工作运转两部分。主轴电动机通过变频器进行速度调节，这样做虽然增加了成本，但可以调节刀具的切削速度，达到最佳的加工效果和加工精度要求。

点动触摸键 M27 连接控制 PLC 的 Y10，Y10 接到变频器点动输入接口 JOG。主轴点动的目的是调试主轴的机械结构，主轴电动机及连接是否正常。因此，变频器的点动频率应设置低一些，以便于观察。

主轴的工作运转是在定位控制程序中由 m 代码指令实现 PLC 的辅助控制。当执行主轴启动和停止的 m 代码指令 M03 和 M04 时，通过 PLC 的读取和译码程序分别控制 M13 和 M14 的输出，从而达到控制主轴启停的目的。主轴工作运转的频率则由人工通过变频器的电位器进行调节。

手动控制程序设计的梯形图如图 12-44 所示。

3）m 代码指令控制程序设计

m 代码指令控制程序设计在第 12.2.3 节中已做了详细讲解。示例的 m 代码指令控制程序如图 12-45 所示。

定位控制程序中共用了 4 个 m 代码指令，m03 表示主轴工作运转，m04 表示主轴停止运转，m05 表示工件夹紧操作，m06 表示工件松开操作。m 代码指令的执行由 m 代码指令读取、译码、m 代码控制执行和 m 代码关闭四部分程序组成。

（1）m 代码指令读取。

m 代码指令读取有两个内容，一是将缓冲存储器 BFM#23 中的内容读入 PLC 的 M100～M115 的各个辅助继电器中，当定位程序在执行 m 代码指令时，系统会自动将 BFM#23 单元的 b3 位置 ON，同时将 m 代码编号存入 20GM 的特殊寄存器 D9003 中。b3 位相对应于 M103。M103 为 ON，则驱动译码指令 DECO 执行。二是将 m 代码指令的编号读到 PLC 的数据寄存器 D10 中。

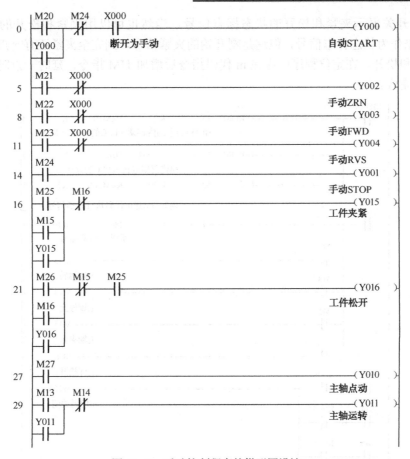

图 12-44 手动控制程序的梯形图设计

（2）译码和 m 代码指令的执行。

译码是对 PLC 的 D10 中存储的 m 代码指令编号进行编译的，用来对不同的辅助继电器位置 ON，如果 D10 中的数据是 3，则相应的继电器 M3 为 ON，如果 D10 中的数据为 6，则驱动 M6 为 ON。这样，就将定位程序中所执行的 m 代码指令转换成相应的辅助继电器为 ON，然后在 PLC 的控制梯形图中去驱动相应的外部设备动作，完成 m 代码所指定的控制任务。

（3）m 代码关信号。

外部设备动作完成后必须给出完成信号，这个信号要作为 m 代码关信号传送至 20GM 的缓冲存储器 BFM#20 中，使 BFM#20 单元的 b3 位置于 ON，表示 m 代码指令执行完毕，以执行下一条定位指令。

程序中 M203 为 m 代码关信号，通过写指令 TO 使 20GM 的 BFM#20 单元的 b3 位为 ON。

每一个 m 代码指令指定的外部设备执行完毕后必须提供一个状态标志信号，这个状态标志信号接到 PLC 的输入端口，在程序中驱动 M203。当然，也可以利用 PLC 的输出端口信号做状态标志信号。

具体到本示例，主轴是通过变频器控制的，当 m03 代码执行时，变频器便处于运行状态，变频器的"RUN"输出端口将输出一个 ON 信号，而当变频器停止时，该信号将变为 OFF，因此，可以将这个信号作为主轴运行和停止的状态标志信号接入 PLC 的输入端口，至于工件的夹紧和松开应外接限位开关 X6、X7，当夹紧完成后，压下限位开关，当松开完成后，压下另一个限位开关表示夹紧和松开的状态标志信号。当然也可以用夹紧和松开的输出口信号 Y15、Y16 来作为状态标志信号，但这是刚开始的夹紧信号，到完全夹紧还有一点时间，为保证完全夹紧和松开，在定位程序中应在 m 代码指令后增加 TIM 指令，延时一点时间，让夹紧和松开动作完成。

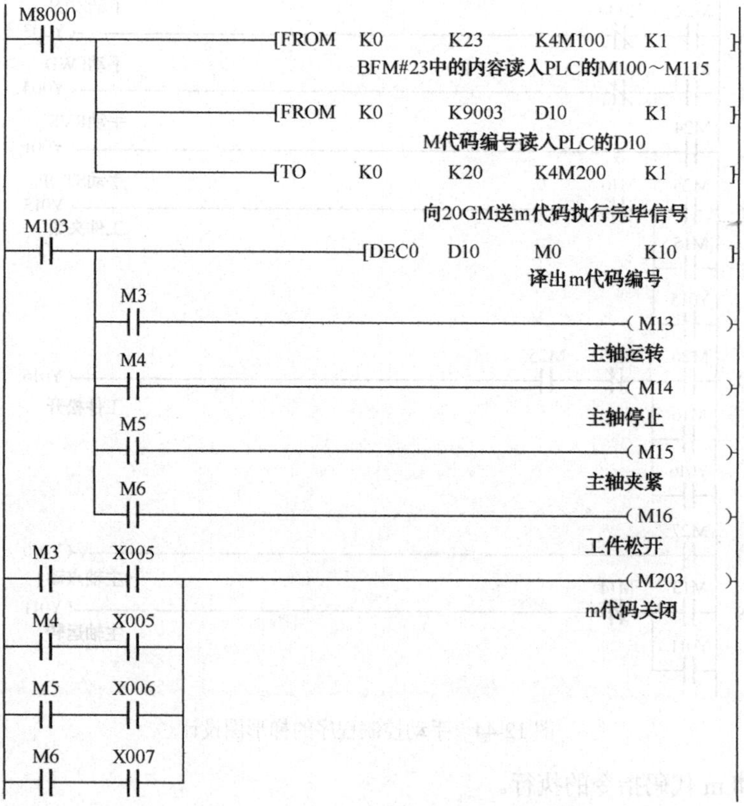

图 12-45　m 代码指令控制程序梯形图

（2）译出和关闭 m 代码的条件。

每扫描一次 PLC 将 BFM#9003 中 m 代码编号读入 PLC 的 D10 中，同时 BFM#23 的状态标志也读入 PLC 的 M100～M115，如果 D10 中的编号为 3，则调出 m 代码执行标志 M3 为 ON，将在 D10 中的编号 3 乘 以 2，得到 6，表示 M3 所需完成的定位动作编号，将对应的输出口位置继电器变为 ON，程序完成相对应的定位动作。在完成定位动作后就必须关闭 m 代码，以便执行下一个 m 代码指令。

（3）m 代码关闭。

当执行完各个 m 代码所对应的定位动作后，就不再需要这个 m 代码了，应该关闭 20GM 的这个需要的 BFM#20 中，使 BFM#20 的相应位变为 ON，将 m 代码关闭就可以了，关闭的条件由各定位完成限位开关来完成。

附录A FX₃ᵤ PLC 定位控制特殊软元件速查列表

表 A-1 特殊辅助继电器

软元件编号				名　称	R/W	适 用 指 令
Y000	Y001	Y002*6	Y003*1			
M8029				指令执行结束标志位	R	PLSY/PLSR/DSZR/DVIT/ZRN PLSV/DRVI/DRVA
M8329				指令执行异常结束标志位	R	PLSY/PLSR/DSZR/DVIT/ZRN PLSV/DRVI/DRVA
M8338*2				加/减速动作*3	R/W	PLSV
M8336*4				中断输入指定有效*3*7	R/W	DVIT
M8340	M8350	M8360	M8370	脉冲输出中监控（BUSY/READY）	R	PLSY/PLSR/DSZR/DVIT/ZRN PLSV/DRVI/DRVA
M8341	M8351	M8361	M8371	清零信号输出功能有效*3	R/W	DSZR/ZRN
M8342	M8352	M8362	M8372	原定回归方向指定*3	R/W	DSZR
M8343	M8353	M8363	M8373	正转极限	R/W	PLSY/PLSR/DSZR/DVIT/ZRN
M8344	M8354	M8364	M8374	反转极限	R/W	PLSV/DRVI/DRVA
M8345	M8355	M8365	M8375	近点信号 DOG 逻辑反转*3	R/W	DSZR
M8346	M8356	M8366	M8376	零点信号逻辑反转*3	R/W	DSZR
M8347	M8357	M8367	M8377	中断信号逻辑反转*3*5*7	R/W	DVIT
M8348	M8358	M8368	M8378	定位指令驱动中	R	PLSY/PLSR/DSZR/DVIT/ZRN PLSV/DRVI/DRVA
M8349	M8359	M8369	M8379	脉冲停止指令*3	R/W	PLSY/PLSR/DSZR/DVIT/ZRN PLSV/DRVI/DRVA
M8460	M8461	M8462*2	M8463*2	用户中断输入指令*3*7	R/W	DVIT
M8464	M8465	M8466*2	M8467*2	清零信号软元件指定有效*3	R/W	DSZR/ZRN

*1 在 FX₃ᵤ PLC 上连接了两台 FX₃ᵤ-2HSY-ADP 时，与脉冲输出端 Y0003 相关的软元件有效。

*2 Ver2.20 以上的 FX₃ᵤ꜀、FX₃ᵤ PLC 或者 FX₃ᴳ PLC 对应。

*3 RUN-STOP 时清除。

*4 Ver1.30 以上的 FX₃ᵤ、FX₃ᵤ꜀ PLC 对应。

*5 对用户中断输入指令软元件而言，逻辑反转功能不动作。

*6 在使用 14 点、24 点的 FX₃ᴳ PLC，脉冲输出端 Y002 不能指定。

*7 只对应 FX₃ᵤ、FX₃ᵤ꜀ PLC

表 A-2　特殊数据寄存器

软元件编号				名　　称	数　　据	出　厂　值	适 用 指 令
Y000	Y001	Y002[*5]	Y003[*1]				
D8336[*2]				中断输入指定	16 位	—	DVIT
D8341	D8351	D8361	D8371	当前值寄存器	32 位	0	DSZR/DVIT/ZRN
D8340	D8350	D8360	D8370				PLSV/DRVI/DRVA
D8342	D8352	D8362	D8372	基底速度（Hz）	16 位	0	DSZR/DVIT/ZRN
							PLSV/DRVI/DRVA
D8344	D8354	D8364	D8374	最高速度（Hz）	32 位	100000	DSZR/DVIT/ZRN
D8343	D8353	D8363	D8373				PLSV/DRVI/DRVA
D8345	D8355	D8365	D8375	爬行速度（Hz）	16 位	1000	DSZR
D8347	D8357	D8367	D8377	原点回归速度（Hz）	32 位	50000	DSZR
D8346	D8356	D8366	D8376				
D8348	D8358	D8368	D8378	加速时间（MS）	16 位	100	DSZR/DVIT/ZRN
							PLSV[*3]/DRVI/DRVA
D8349	D8359	D8369	D8379	减速时间（MS）	16 位	100	DSZR/DVIT/ZRN
							PLSV[*3]/DRVI/DRVA
D8464[*4]	D8465[*4]	D8466[*4]	D8467[*4]	清零信号软元件指定	16 位	—	DSZR/ZRN

[*1] 在 FX$_{3U}$ PLC 上连接了两台 FX$_{3U}$-2HSY-ADP 时，与脉冲输出端 Y0003 相关的软元件有效。

[*2] Ver2.2 以上的 FX$_{3UC}$、FX$_{3U}$PLC 或者 FX$_{3G}$PLC 中可以指定用户中断指令软元件。

[*3] 只在 Ver2.20 以上的 FX$_{3UC}$、FX$_{3U}$ PLC 或者 FX$_{3G}$ PLC 对应的加/减速动作时有效。

[*4] Ver2.20 以上的 FX$_{3UC}$、FX$_{3U}$ PLC 或者 FX$_{3G}$ PLC 对应。

[*5] 在使用 14 点、24 点的 FX$_{3G}$ PLC 时，脉冲输出端 Y002 不能指定。

附录 B MR-J3 伺服驱动器参数列表

表 B-1 基本设定参数 PA 列表

序 号	简 称	名 称	初 始 值	单 位	P	S	T
PA01	*STY	控制模式	0000h	—	○	○	○
PA02	*REG	再生选件	0000h	—	○	○	○
PA03	*ABS	绝对位置控制系统	0000h	—	○	—	—
PA04	*AOP1	功能选择 A-1	0000h	—	○	○	○
PA05	*FBP	伺服电动机旋转一周所需的指令脉冲数	0	—	○	—	—
PA06	CMX	电子齿轮分子（指令输入脉冲倍率分子）	1	—	○	—	—
PA07	CDV	电子齿轮分母（指令输入脉冲倍率分母）	1	—	○	—	—
PA08	ATU	自动调谐模式	0001h	—	○	○	—
PA09	RSP	自动调谐响应性	12	—	○	○	—
PA10	INP	到位范围	100	pls	○	—	—
PA11	TLP	正转转矩限制	100.0	%	○	○	○
PA12	TLN	反转转矩限制	100.0	%	○	○	○
PA13	*PLSS	指令脉冲输入形式	0000h	—	○	—	—
PA14	*POL	转动方向选择	0	—	○	—	—
PA15	*ENR	编码器输出脉冲	4000	pls/rev	○	○	○
PA16			0	—			
PA17		制造商设定用	0000h	—			
PA18			0000h	—			
PA19	*BLK	参数写入禁止	000Bh	—	○	○	○

表 B-2 增益、滤波器参数 PB 列表

序 号	简 称	名 称	初 始 值	单 位	P	S	T
PB01	FILT	自适应调节模式（自适应滤波器Ⅱ）	0000h	—	○	○	—
PB02	VRFT	抑制振动调节模式（高级抑制振动控制）	0000h	—	○	—	—
PB03	PST	位置指令加/减速时间常数（位置平滑）	0	ms	○	—	—
PB04	FFC	前馈增益	0	%	○	—	—
PB05	—	制造商设定	500	—			
PB06	GD2	负载和伺服电动机惯量比	7.0	倍	○	○	—

序　号	简　称	名　称	初　始　值	单　位	P	S	T
PB07	PG1	模型环增益	24	rad/s	○	—	—
PB08	PG2	位置环增益	37	rad/s	○	—	—
PB09	VG2	速度环增益	823	rad/s	○	○	—
PB10	VIC	速度积分补偿	33.7	ms	○	○	—
PB11	VDC	速度微分补偿	980	—	○	○	—
PB12	—	制造商设定	0	—			
PB13	MH1	机械共振抑制滤波器 1	4500	Hz	○	○	—
PB14	MHQ1	陷波形状选择 1	0000h	—	○	○	—
PB15	MH2	机械共振抑制滤波器 2	4500	Hz	○	○	—
PB16	MHQ2	陷波形状选择 2	0000h	—	○	○	—
PB17	—	制造商设定用	0000	—	—	—	—
PB18	LPF	低通滤波器设定	3141	rad/s	○	○	—
PB19	VRF1	抑制振动控制 振动频率设定	100.0	Hz	○		
PB20	VRF2	抑制振动控制 振动频率设定	100.0	Hz	○		
PB21	—	制造商设定用	0.00	—			
PB22	—		0.00	—			
PB23	VFBF	低通滤波器选择	0000h	—	○	○	—
PB24	*MVS	微振动抑制控制选择	0000h	—	○		
PB25	*BOP1	功能选择 B-1	0000h	—	○		
PB26	*CDP	增益切换选择	0000h	—	○	○	—
PB27	CDL	增益切换条件	10	—	○	○	—
PB28	CDT	增益切换时间常数	1	ms	○	○	—
PB29	GD2B	增益切换 负载和伺服电动机惯量比	7.0	倍	○	○	—
PB30	PG2B	增益切换 位置控制增益	37	rad/s	○	—	—
PB31	VG2B	增益切换 速度控制增益	823	rad/s	○	○	—
PB32	VICB	增益切换 速度积分补偿	33.7	ms	○	○	—
PB33	VRF1B	增益切换 抑制振动控制 振动频率设定	100.0	Hz	○	—	—
PB34	VRF2B	增益切换 抑制振动控制 共振频率设定	100.0	Hz	○	—	—

表 B-3　扩展设定参数 PC 列表

序　号	简　称	名　称	初　始　值	单　位	P	S	T
PC01	STA	加速时间常数	0	ms	—	○	○
PC02	STB	减速时间常数	0	ms	—	○	○
PC03	STC	S 曲线加/减速时间常数	0	ms	—	○	○
PC04	TQC	转矩指令时间常数	0	ms	—	—	○

续表

序 号	简 称	名 称	初 始 值	单 位	P	S	T
PC05	SC1	内部速度指令 1	100	r/min	—	○	—
		内部速度限制 1			—	—	○
PC06	SC2	内部速度指令 2	100	r/min	—	○	—
		内部速度限制 2			—	—	○
PC07	SC3	内部速度指令 3	100	r/min	—	○	—
		内部速度限制 3			—	—	○
PC08	SC4	内部速度指令 4	100	r/min	—	○	—
		内部速度限制 4			—	—	○
PC09	SC5	内部速度指令 5	100	r/min	—	○	—
		内部速度限制 5			—	—	○
PC10	SC6	内部速度指令 6	100	r/min	—	○	—
		内部速度限制 6			—	—	○
PC11	SC7	内部速度指令 7	100	r/min	—	○	—
		内部速度限制 7			—	—	○
PC12	VCM	模拟速度指令最大转动速度	0	r/min	—	○	—
		模拟速度限制最大转动速度			—	—	○
PC13	TLC	模拟转矩指令最大输出	100.0	%	—	—	○
PC14	MOD1	模拟监视 1 输出	0000h	—	○	○	○
PC15	MOD2	模拟监视 2 输出	0001h	—	○	○	○
PC16	MBR	电磁制动器顺序输出	100	ms	○	○	○
PC17	ZSP	零速度	50	r/min	○	○	○
PC18	*BPS	报警记录清除	0000h	—	○	○	○
PC19	*ENRS	编码器脉冲输出选择	0000h	—	○	○	○
PC20	*SNO	站号设定	0	局	○	○	○
PC21	*SOP	通信功能选择	0000h	—	○	○	○
PC22	*COP1	功能选择 C-1	0000h	—	○	○	○
PC23	*COP2	功能选择 C-2	0000h	—	—	○	○
PC24	*COP3	功能选择 C-3	0000h	—	○	—	—
PC25	\	制造商设定用	0000h	—	—	—	—
PC26	*COP5	功能选择 C-5	0000h	—	○	○	—
PC27	\		0000h	—	—	—	—
PC28	\	制造商设定用	0000h	—	—	—	—
PC29	\		0000h	—	—	—	—
PC30	STA2	加速时间常数 2	0	ms	—	○	○
PC31	STB2	减速时间常数 2	0	ms	—	○	○
PC32	CMX2	指令输入脉冲倍率分子 2	1	—	○	—	—

续表

序　号	简　称	名　称	初　始　值	单　位	P	S	T
PC33	CMX3	指令输入脉冲倍率分子 3	1	—	○	—	—
PC34	CMX4	指令输入脉冲倍率分子 4	1	—	○	—	—
PC35	TL2	内部转矩限制 2	100.0	%	○	○	○
PC36	*DMD	状态显示选择	0000h	—	○	○	○
PC37	VCD	模拟速度指令偏置	0	mV	—	○	—
		模拟速度限制偏置			—	—	○
PC38	TPO	模拟转矩指令偏置	0	mV	—	—	○
		模拟转矩限制偏置			—	○	—
PC39	MO1	模拟监视 1 偏置	0	mV	○	○	○
PC40	MO2	模拟监视 2 偏置	0	mV	○	○	○

表 B-4　输入/输出设定参数 PD 列表

序　号	简　称	名　称	初　始　值	单　位	P	S	T
PD01	*DIA1	输入信号自动 ON 选择 1	0000h	＼	○	○	○
PD02	＼	制造商设定用	0000h	＼	○	＼	＼
PD03	*DI1	输入端子选择 1（CN1-15）	00020202h	＼	○	○	○
PD04	*DI2	输入端子选择 2（CN1-16）	00212100h	＼	○	○	○
PD05	*DI3	输入端子选择 3（CN1-17）	00070704h	＼	○	○	○
PD06	*DI4	输入端子选择 4（CN1-18）	00080805h	＼	○	○	○
PD07	*DI5	输入端子选择 5（CN1-19）	00030303h	＼	○	○	○
PD08	*DI6	输入端子选择 6（CN1-41）	00202006h	＼	○	○	○
PD09	＼	制造商设定用	00000000h	＼	＼	＼	＼
PD10	*DI8	输入端子选择 8（CN1-43）	00000A0Ah	＼	○	○	○
PD11	*DI9	输入端子选择 9（CN1-44）	00000B0Bh	＼	○	○	○
PD12	*DI10	输入端子选择 10（CN1-45）	00232323h	＼	○	○	○
PD13	*DO1	输出端子选择 1（CN1-22）	0004h	＼	○	○	○
PD14	*DO2	输出端子选择 2（CN1-23）	000Ch	＼	○	○	○
PD15	*DO3	输出端子选择 3（CN1-24）	0004h	＼	○	○	○
PD16	*DO4	输出端子选择 4（CN1-25）	0007h	＼	○	○	○
PD17	＼	制造商设定用	0003h	＼	＼	＼	＼
PD18	*DO6	输出端子选择 6（CN1-49）	0002h	＼	○	○	○
PD19	*DIF	输入滤波器设定	0002h	＼	○	○	○
PD20	*DOP1	功能选择 D-1	0000h	＼	○	○	○
PD21	＼	制造商设定用	0000h	＼	＼	＼	＼
PD22	*DOP3	功能选择 D-3	0000h	＼	○	○	○
PD23	＼	制造商设定用	0000h	＼	＼	＼	＼
PD24	*DOP5	功能选择 D-5	0000h	＼	○	○	○

附录 C FX2N-1PG 定位模块一览表

表 C-1 缓冲存储器 BFM#编号及功能含义

BFM# 高 位	BFM# 低 位	功 能 含 义	设 定 范 围	出 厂 值
—	#0	电动机一圈脉冲数	1～32767	2000
#2	#1	电动机一圈脉冲位移量	1～999999	1000
—	#3	初始化设定字	b_0～b_{14}	H0000
#5	#4	最大速度	10Hz～100kHz	100kHz
—	#6	基底速度	0～10kHz	0
#8	#7	手动（JOG）速度	10Hz～100kHz	10kHz
#10	#9	原点回归速度	10Hz～100kHz	50kHz
—	#11	爬行速度	10Hz～100kHz	1kZ
—	#12	回原点零相信号数	0～323767	10
#14	#13	原点位置	0～±999999	0
—	#15	加/减速时间	5～5000ms	100ms
—	#16	不能使用	—	
#18	#17	运行位置 1	0～±999999	0
#20	#19	运行速度 1	10Hz～100kHz	10Hz
#22	#21	运行位置 2	0～±999999	0
#24	#23	运行速度 2	10Hz～100kHz	10Hz
—	#25	控制字	b_0～b_{11},b_{12}	H0000
#27	#26	当前位置	−2147483648～2147483647	
—	#28	状态字	b_0～b_7	
—	#29	错误代码字	—	
—	#30	模块识别码	K5110	
—	#31	不能使用	—	

表 C-2 初始化设定字（#3）

Bit 位	名 称	0	1	出 厂 值
b_1,b_0	速度/位置单位设置	见表 8-6		00
b_3,b_2	—	0, 0		00
b_5,b_4	位置数据倍率设置	见表 8-9		00
b_7,b_6	—	0, 0		00

Bit 位	名　　称	0	1	出　厂　值
b8	脉冲输出方式	正向脉冲（FP）和反向脉冲（RP）输出	带方向控制（FP）的脉冲输出（FP）	0
b9	旋转方向	正转时，当前位置值 CP（#27，#26）增加	正转时，当前位置值 CP（#27，#26）减小	0
b10	原点位置方向	返回原点时，当前位置值 CP（#27，#26）减小	返回原点时，当前位置值 CP（#27，#26）增加	0
b11	—	0		0
b12	DOG 信号输入极性	DOG 信号为 1 有效	DOG 信号为 0 有效	0
b13	原点偏移计数起点	立即开始计数	DOG 信号放开后开始计数	0
b14	STOP 信号极性	为"1"时停止运行	为"0"时停止运行	0
b15	STOP 停止模式	停止后再启动继续	停止后再启动不继续	0

表 C-3　运行控制字（#25）

Bit 位	名　　称	0	1
b0	错误复位	—	=1 时执行
b1	STOP 信号	—	0→1 时执行
b2	正向脉冲输出停止	—	=1 时执行
b3	反向脉冲输出停止	—	=1 时执行
b4	手动正转（JOG+）	—	=1 时执行
b5	手动反转（JOG-）	—	=1 时执行
b6	原点回归启动	—	0→1 时执行
b7	定位坐标选择	绝对坐标定位	相对坐标定位
b8	单速运行启动	—	0→1 时执行
b9	中断单速运行启动	—	0→1 时执行
b10	2 段速运行启动	—	0→1 时执行
b11	外部信号定位启动	—	0→1 时执行
b12	可变速运行启动	—	=1 时执行
b13~b15	不使用	—	—

表 C-4　运行状态字（#28）

Bit 位	名　　称	0	1
b0	脉冲发送状态	正在发送	停止发送
b1	正/反转状态	反转	正转
b2	回原点完成信号	未执行原点回归	原点回归完成
b3	STOP 信号状态	无	有
b4	DOG 信号状态	无	有
b5	PGO 信号状态	无	有
b6	当前值溢出	未溢出	溢出
b7	错误标志位	无错	有错
b8	定位控制结束标志位	未结束	结束
b9~b15	不使用	—	—

附录 D　FX₂N-20GM 定位单元一览表

表 D-1　产品信息和运行数据特殊数据寄存器

X轴		Y轴		子任务		属性		说　明
高位	低位	高位	低位	高位	低位	读/写	位数	
—	D9000	—	D9010	—	—	R/W		程序号（参数30）*1
—	D9001	—	D9011	—	—			正在执行的程序号*2
—	D9002	—	D9012	—	D9100	R	16位	正在执行的行号*2
—	D9003	—	D9013	—	—			m码（二进制）*2
D9005	D9004	D9015	D9014	—	—	R/W	32位	当前位置
—	—	—	—	—	D9020			存储器容量
—	—	—	—	—	D9021			存储器类型
—	—	—	—	—	D9022			电池电压
—	—	—	—	—	D9023	R	16位	低电池电压检测电平（初始值3.0V）
—	—	—	—	—	D9024			检测到瞬时电源中断数量
—	—	—	—	—	D9025			瞬时电源中断检测时间（初始值10ms）
—	—	—	—	—	D9026			型号5210
—	—	—	—	—	D9027			版本
	D9060		D9080		D9101			正中执行的步号*2
	D9061		D9081	(D9103)	D9102		16位	错误码*2
	D9062		D9082	—	—			指令组A：当前cod状态*2
	D9063		D9083			R		指令组B：当前cod状态*2
D9065	D9064	D9085	D9084	D9105	D9104		32位	暂停时间设定值*2
D9067	D9066	D9087	D9086	D9107	D9106		32位	暂停时间当前值*2
(D9069)	D9068	(D9089)	D9088	(D9109)	D9108		16位	循环次数设定值*2
(D9071)	D9090	(D9091)	D9090	(D9111)	D9110			循环次数当前值*2
D9075	D9074	D9095	D9094			R	32位	当前位置（转换成脉冲）
(D9077)	D9076	(D9097)	D9096	(D9113)	D9112	R	16位	发生操作错误的步号*2
D9121	D9120	D9123	D9122	—	—			X/Y轴补偿数据
D9125	D9124					R/W		圆弧中心点（i）补偿数据
—	—	D9127	D9126					圆弧中心点（j）补偿数据
从高位 D9129 到低位 D9028								圆弧中心点（r）补偿数据

[1] 16 位特殊数据寄存器使用 16 位指令，32 位特殊数据寄存器必须使用 32 位指令。

[2] *1：在同步 2 轴模式下，用于 X 轴的特殊数据寄存器有效，而用于 Y 轴的特殊数据寄存器被忽略。

[3] *2：在同步 2 轴模式下，用于 X 轴和用于 Y 轴的特殊数据寄存器存储的数据相同。

　　当前位置数据寄存器为 D9005、D9004（X 轴）和 D9015、D9014（Y 轴），所存储的数据是以参数 3 中设定的实际单位为基准的，而用来表示转换成脉冲形式的当前值数据寄存器 D9075、D9074（X 轴）和 D9095、D9094 的数据是随 D9005、D9004 和 D9015、D9014 的变化而自动变化的。

表 D-2　参数值存储特殊数据寄存器表 1

X轴		Y轴		属　性		说　　明
高位	低位	高位	低位	R/W	位数	
D9201	D9200	D9401	D9400			参数 0：单位体系
D9203	D9202	D9403	D9402			参数 1：电动机每转一圈所发出的命令脉冲数量
D9205	D9204	D9405	D9404			参数 2：电动机每转一圈的位移
D9207	D9206	D9407	D9406			参数 3：最小命令单元
D9209	D9208	D9409	D9408			参数 4：最大速度
D9211	D9210	D9411	D9410			参数 5：JOG 速度
D9213	D9212	D9413	D9412			参数 6：偏移速度
D9215	D9214	D9415	D9414			参数 7：间歇校正
D9217	D9216	D9417	D9416			参数 8：加速时间
D9219	D9218	D9419	D9418			参数 9：减速时间
D9221	D9220	D9421	D9420			参数 10：插补时间常数[*1]
D9223	D9222	D9423	D9422			参数 11：脉冲输出根式
D9225	D9224	D9425	D9424			参数 12：旋转方向
D9227	D9226	D9427	D9426	R/W	32 位	参数 13：回零速度
D9229	D9228	D9429	D9428			参数 14：点动速度
D9231	D9230	D9431	D9430			参数 15：回零方向
D9233	D9232	D9433	D9432			参数 16：机械零点的地址
D9235	D9234	D9435	D9434			参数 17：零点信号计数
D9237	D9236	D9437	D9436			参数 18：零点信号计数开始计时
D9239	D9238	D9439	D9438			参数 19：DOG 开关输入逻辑
D9041	D9040	D9441	D9440			参数 20：限位开关逻辑
D9043	D9042	D9443	D9442			参数 21：定位结束错误校验时间
D9045	D9044	D9445	D9444			参数 22：伺服就绪检测
D9047	D9046	D9447	D9446			参数 23：停止模式
D9049	D9048	D9449	D9448			参数:24：电气零点位置
D9051	D9050	D9451	D9450			参数 25：软件极限（高位）
D9053	D9052	D9453	D9452			参数 26：软件极限（低位）

[1] 参数均为 32 位特殊数据寄存器，必须使用 32 位指令。

[2] [*1]：虽然给 Y 轴分配了特殊辅助寄存器 D9421、D9420，但仅用于 X 轴的特殊辅助寄存器 D9221、D9220 有效，Y 轴数据被忽略。

表 D-3 参数值存储特殊数据寄存器表 2

X轴		Y轴		属性		说　明
高位	低位	高位	低位	R/W	位数	
D9261	D9260	D9461	D9460			参数 30：程序号规定方式*1
D9263	D9262	D9463	D9462			参数 31：DSW 分时读取的首输入号*1
D9265	D9264	D9465	D9464			参数 32：DSW 分时读取的首输出号*1
D9267	D9266	D9467	D9466			参数 33：DSW 读取时间间隔*1
D9269	D9268	D9469	D9468			参数 34：RDY 输出有效*1
D9271	D9270	D9471	D9470			参数 35：RDY 输出号*1
D9273	D9271	D9473	D9471			参数 36：m 码外部输入有效*1
D9275	D9274	D9475	D9474			参数 37：m 码外部输出信号*1
D9277	D9276	D9477	D9476			参数 38：m 码关闭命令输入号*1
D9279	D9278	D9479	D9478	R/W		参数 39：手动脉冲发生器
D9281	D9280	D9481	D9480			参数 40：手动脉冲发生器生成的每脉冲倍率因子
D9283	D9282	D9483	D9482			参数 41：倍增结果的除法系数
D9285	D9284	D9485	D9484			参数 42：用于启动手动脉冲发生器首输入号
D9287	D9286	D9487	D9486		32 位	参数 43：空
D9289	D9288	D9489	D9488			参数 44：空
D9291	D9290	D9491	D9490			参数 45：空
D9293	D9292	D9493	D9492			参数 46：空
D9295	D9294	D9495	D9494			参数 47：空
D9297	D9296	D9497	D9496			参数 48：空
D9299	D9298	D9499	D9498			参数 49：空
D9301	D9300	D9501	D9500			参数 50：ABS 接口
D9303	D9302	D9503	D9502	R*2		参数 51：ABS 首输入号
D9305	D9304	D9505	D9504			参数 52：ABS 控制的首输出号
D9307	D9306	D9507	D9506			参数 53：单步操作
D9309	D9308	D9509	D9508	R/W		参数 54：单步模式输入号
D9311	D9310	D9511	D9510			参数 55：空
D9313	D9312	D9513	D9512			参数 56：用于 FWD/RVS/ZRN 的通用输入声明

[1] 参数均为 32 位特殊数据寄存器，必须使用 32 位指令。

[2] *1：在同步 2 轴模式下，X 轴设定值有效，Y 轴设定值无效。

[3] *2：D9300～D9305 和 D9500～D9505 被分配作为检测绝对位置的参数。因为绝对位置检测是在定位单元电路开启时执行的，所以不能通过特殊辅助继电器启动。要执行绝对位置检测，可以用一个定位用的外围单元来直接设定参数。

表 D-4　参数值存储特殊数据寄存器表

X 轴		Y 轴		属 性		说　明
高位	低位	高位	低位	R/W	位数	
D9201	D9200	D9401	D9400			参数 0：单位体系
D9203	D9202	D9403	D9402			参数 1：电动机每转一圈所发出的命令脉冲数量
D9205	D9204	D9405	D9404			参数 2：电动机每转一圈的位移
D9207	D9206	D9407	D9406			参数 3：最小命令单元
D9209	D9208	D9409	D9408			参数 4：最大速度
D9211	D9210	D9411	D9410			参数 5：JOG 速度
D9213	D9212	D9413	D9412			参数 6：偏移速度
D9215	D9214	D9415	D9414			参数 7：间歇校正
D9217	D9216	D9417	D9416			参数 8：加速时间
D9219	D9218	D9419	D9418			参数 9：减速时间
D9221	D9220	D9421	D9420			参数 10：插补时间常数[1]
D9223	D9222	D9423	D9422			参数 11：脉冲输出格式
D9225	D9224	D9425	D9424			参数 12：旋转方向
D9227	D9226	D9427	D9426	R/W	32 位	参数 13：回零速度
D9229	D9228	D9429	D9428			参数 14：点动速度
D9231	D9230	D9431	D9430			参数 15：回零方向
D9233	D9232	D9433	D9432			参数 16：机械零点的地址
D9235	D9234	D9435	D9434			参数 17：零点信号计数
D9237	D9236	D9437	D9436			参数 18：零点信号计数开始计时
D9239	D9238	D9439	D9438			参数 19：DOG 开关输入逻辑
D9041	D9040	D9441	D9440			参数 20：限位开关逻辑
D9043	D9042	D9443	D9442			参数 21：定位结束错误校验时间
D9045	D9044	D9445	D9444			参数 22：伺服就绪检测
D9047	D9046	D9447	D9446			参数 23：停止模式
D9049	D9048	D9449	D9448			参数 24：电气零点位置
D9051	D9050	D9451	D9450			参数 25：软件极限（高位）
D9053	D9052	D9453	D9452			参数 26：软件极限（低位）

[1] 参数均为 32 位特殊数据寄存器，必须使用 32 位指令。

[2] [1]：虽然给 Y 轴分配了特殊辅助寄存器 D9421、D9420，但仅用于 X 轴的特殊辅助寄存器 D9221、D9220 有效，Y 轴数据被忽略。

表 D-5　用于状态的特殊辅助继电器

X轴	Y轴	子 任 务	属 性	说 明	
M9048	M9080	M9128		就绪/忙	
M9049	M9081	—		定位结束	
M9050	M9082	M9129		错误检测	
M9051	M9083	—		m 码开启信号[*1]	
M9052	M9084	—		m 码备用状态[*1]	
M9053	M9085	M9130		m00（m100）备用状态	
M9054	M9086	M9131		m02（m102）备用状态	
M9055	M9087	—		停止保持驱动备用状态	
M9056	M9088	M9132		进行中的自动执行[*1]（进行中的子任务操作）	
M9057	M9089	—		回零结束	
M9058	M9090	—		未定义	
M9059	M9091	—		未定义	
M9060	M9092	M9118	R	操作错误[*1]	这些特殊 Ms 根据定位单元的状态而打开/关闭
M9061	M9093	M9133		零标志[*1]	
M9062	M9094	M9134		借位标志[*1]	
M9063	M9095	M9135		进位标志[*1]	
M9064	M9096	—		DOG 输入	
M9065	M9097	—		START 输入	
M9066	M9098	—		STOP 输入	
M9067	M9099	—		ZRN 输入	
M9068	M9100	—		FWD 输入	
M9069	M9101	—		RVS 输入	
M9070	M9102	—		未定义	
M9071	M9103	—		未定义	
M9072	M9104	—		SVRDY 输入	
M9073	M9105	—		SVEND 输入	
—	—	M9139		独立 2 轴/同步 2 轴	这些特殊 Ms 根据定位单元中正在执行的程序、端子输入状态等而打开/关闭
—	—	M9140		端子输入：MANU	
—	—		R	未定义	
—	—	M9142		未定义	
—	—	M9143		电池电压低	
M9144	M9145		R/W	当前值建立标志[*2]（这个标志在执行一次回零或是绝对位置检测后设置，在电源断开后复位）	
M9163	M9164	—	R/W	用于位移补偿、中点补偿、半径补偿等指令的校正数据	

[1] W、R/W 含义同上表。

[2] [*1]：X轴和 Y轴在同步两轴操作中同时操作。

[3] [*2]：即使绝对位置检测结束后，回零标志位（M9057 和 M9089）也不会开启。当想用一个标志来表示绝对位置检测结束时，应使用"当前值建立标志"（M9144 和 M9145）（返回到零点后，当前值建立标志不会复位）。

表 D-6　用于命令的特殊辅助继电器

X 轴	Y 轴	子 任 务	属　性	说　　　明	
M9000	M9016	M9112		单步模式操作	当这些特殊 Ms 由一个主任务程序（同步 2 轴程序或 X/Y 轴程序）或子任务程序驱动时，它们的功能相当于定位单元的"输入端子命令"的替代命令
M9001	M9017	M9113		开始命令	
M9002	M9018	M9114	R/W	停止命令	
M9003	M9019	—		m 码关闭命令	
M9004	M9020	—		机械回零命令	
M9005	M9021	—		FWD JOG（正向点动）命令	
M9006	M9022	—		RVS JOG（反向点动）命令	
M9007	M9023	M9115		错误复位	
M9008	M9024	—		回零轴控制	
M9009	M9025	—		未定义	
M9010	M9026	—		未定义	
M9011				未定义	
M9012	M9027～M9030	M9116～M9125	—	但是 M9118 的功能有指定功能	
M9013					
M9014				16 位 FROM/TO 模式	
M9015			W	连续路径模式	
—	M9031	M9126		未定义	
		M9127	R/W	电池 LED 亮灯控制	
—	—	M9132			
		M9133			
		M9134	—		
		M9135		未定义	
M9036～M9040	M9041～M9045	—			
M9046，M9047					
M9160	—	—	W	在操作过程中以多步速度进行 m 码控制	FX₂ₙ-20GM 未定义

[1] W：此特殊辅助继电器是只写的。

R/W：此特殊辅助继电器可读可写。当从一个外部输入端子给出一个命令输入时，该继电器为 ON。

[2] 在同步 2 轴模式中，即使只对 X 或 Y 轴发出单步模式命令、开始命令或 m 码关闭命令，这些命令对两个轴都有效。

[3] 命令输入用的特殊辅助继电器的开/关状态由 20GM 内的 CPU 连续监控。

[4] 当电源打开后，每个特殊辅助继电器都被初始化为关闭状态。

附录 E 深圳研控步进电动机与适配驱动器

表 E-1 二相研控步进电动机与适配驱动器

机 座	型 号	步 距 角	额 定 电 压	额 定 电 流	适配驱动器
42	YK42HB33-01A	1.8°	4V	0.95A	YKA2204MA/YKB2204MA YKA2304ME/YKA2304MF
	YK42HB38-01A	1.8°	4V	1.2A	
	YK42HB47-01A	1.8°	4V	1.2A	
	YK42HB60-01A	1.8°	7.2V	1.2A	
57	YK57HB41-02A	1.8°	2.8V	2A	YKA2304ME/YKA2404MA YKA2404MB/YKA2404MC YKA2404MD/YKA2405M
	YK57HB51-03A	1.8°	2.2V	3A	
	YK57HB56-03A	1.8°	2.9V	3A	
	YK57HB76-03A	1.8°	3.0V	3A	
57XN	YK57XN55-03A	1.8°	2.4V	3A	YKA2304ME/YKA2404MA YKA2404MB/YKA2404MC YKA2404MD/YKA2405M
	YK57XN78-03A	1.8°	3.6V	3A	
	YK57XN78-4208A	1.8°	2.5V	4.2A	
60	YK60HB56--03A	1.8°	3.6V	2A	YKA2404MA/YKA2404MB YKA2404MD/YKA2405M YKC2405M/YKB2608MG YKB2608MH
	YK60HB65-03A	1.8°	4.8V	2A	
	YK60HB86-03A	1.8°	6V	2A	
	YK60HB86-04A	1.8°	2.8V	4A	
86	YK86HB65-04A	1.8°	3.9V	2.8A	YKA2608M C/YKA2608MD YKA2608M G/YKA2608MH YKA2608M /YKA2608M-H
	YK86HB80-04A	1.8°	3.2V	4.2A	
	YK86HB118-06A	1.8°	5.4V	4.2A	
	YK86HB156-06A	1.8°	5.2V	4.2A	
110	YK110HB99-05A	1.8°	5V	5.5A	YKA2609MA/YKA2811MA
	YK110HB115-06A	1.8°	2.6V	6A	
	YK110HB150-06A	1.8°	5.2V	6.8A	
	YK110HB201-08A	1.8°	5.4V	8A	
130	YK130HB197-06A	1.8°	4.5V	6A	YKA2811MA
	YK130HB225-06A	1.8°	4.6V	6A	
	YK130HB280-07A	1.8°	4.5V	7A	

表 E-2　四相研控步进电动机与适配驱动器

机　座	型　号	步 距 角	额 定 电 压	额 定 电 流	适配驱动器
57	YK364A	1.2°	1.2V	5.2A	YKB3606MA
	YK366A	1.2°	1.3V	5.6A	
	YK368A	1.2°	1.7V	5.8A	
	YK3610A	1.2°	2.2V	5.8A	
86	YK397A-H	1.2°	6.6V	1.75A	YKA3611MA/YKA3422MA
	YK397A	1.2°	8.5V	5.8A	YKB3606MA/YKA3611MA
	YK3910-H	1.2°	9.3V	2A	YKA3611MA/YKA3422MA
	YK3910A	1.2°	4V	5.8A	YKA3611MA
	YK3913A-H	1.2°	4.5V	2.25A	YKA3422MA/YKB3722MA
	YK3913A	1.2°	5.2V	5.8A	YKA3422MA/YKA3611MA
110	YK31112A	1.2°	3.1V	2.5A	YKB3722MA/YKD3722MA
	YK31115A	1.2°	6.6V	3.5A	
	YK31118A	1.2°	7V	3.7A	
	YK31122A	1.2°	7.4V	4A	
130	YK31317A	1.2°	9.3V	5A	
	YK31320A	1.2°	5.5V	5A	
	YK31323A	1.2°	16.8V	6A	
	YK31328A	1.2°	19.8V	6A	

参 考 文 献

[1] 李金城. PLC 模拟量与通信控制应用实践. 北京：电子工业出版社，2011.

[2] 李金城. 三菱 FX$_{2N}$ PLC 功能指令应用详解. 北京：电子工业出版社，2011.

[3] 付明忠. 三菱 FX PLC 定位控制应用. 深圳技成培训内部视频课程，2010.

[4] 三菱电机. FX$_{3U}$·FX$_{3UC}$ 系列微型可编程控制器编程手册【基本·应用指令说明书】，2005.

[5] 三菱电机. FX$_{3U}$·FX$_{3U}$·FX$_{3UC}$ 系列微型可编程控制器用户手册【定位控制篇】，2009.

[6] 三菱电机. FX 系列特殊功能模块用户手册.

[7] 三菱电机. FX$_{2N}$-10PG 脉冲输出模块用户手册.

[8] 三菱电机. FX$_{2N}$-10GM 和 FX$_{2N}$-20GM 硬件/编程手册，2000.

[9] 三菱电机. MR-J3-□A 伺服放大器技术资料集.

[10] 三菱电机. FX$_{2NC}$-485ADP INSTALLATION MANUAL，2002.

[11] 龚仲华. 三菱 FX 系列 PLC 应用技术. 北京：人民邮电出版社，2010.

[12] 龚仲华. 交流驱动从原理到完全应用. 北京：人民邮电出版社，2010.

[13] 坂本正文. 步进电机应用技术. 北京：科学出版社，2010.

[14] 崔龙成. 三菱电机小型可编程控制器应用指南. 北京：机械工业出版社，2012.

[15] 宋伯生. PLC 编程实用指南。北京：机械工业出版社，2008.

[16] 朱朝宽 杨洪. PLC 在机床数字化控制上的高级应用与设计. 北京：机械工业出版社，2012.

读者调查表

1、您觉得这本书怎么样？有什么不足？还能有什么改进？

_____

_____

_____

_____

2、您在哪个行业？从事什么工作？需要什么方面的图书？

_____

_____

_____

3、您有无写作意向？愿意编写哪方面图书？

_____

_____

_____

4、其他

_____

_____

说明：

（1）此表可以填写后撕下寄回给我们。

地址： 北京市万寿路 173 信箱（1017 室）　　陈韦凯（收）　　邮编：100036

（2）也可以将意见和投稿信息通过电子邮件联系：bjcwk@163.com　　联系人：陈编辑

欢迎您的反馈和投稿！

反侵权盗版声明

电子工业出版社依法对本作品享有专有出版权。任何未经权利人书面许可，复制、销售或通过信息网络传播本作品的行为，歪曲、篡改、剽窃本作品的行为，均违反《中华人民共和国著作权法》，其行为人应承担相应的民事责任和行政责任，构成犯罪的，将被依法追究刑事责任。

为了维护市场秩序，保护权利人的合法权益，我社将依法查处和打击侵权盗版的单位和个人。欢迎社会各界人士积极举报侵权盗版行为，本社将奖励举报有功人员，并保证举报人的信息不被泄露。

举报电话：（010）88254396；（010）88258888

传　　真：（010）88254397

E-mail：　　dbqq@phei.com.cn

通信地址：北京市万寿路 173 信箱

　　　　　电子工业出版社总编办公室

邮　　编：100036